普通高等教育“十一五”国家级规划教材
教育部普通高等教育国家级精品教材
高等院校通信与信息专业系列教材

通 信 原 理

第 3 版

高媛媛　魏以民　郭明喜　沈越泓　编著

机 械 工 业 出 版 社

本书在模块级、系统级层次上，系统全面地阐述了通信系统的原理。

全书共分11章，内容包括：绪论、确知信号与随机信号、信道、模拟通信系统、数字基带信号传输系统、正弦载波数字调制、现代数字调制、模拟信号的数字传输、差错控制编码、同步原理和现代数字通信理论与技术等。

本书可以作为通信与信息专业本科生教材，也可作为通信工程技术人员的参考书。

本书配套授课用教学资源，需要的教师可登录 www. cmpedu. com 免费注册、审核通过后下载，或联系编辑索取（微信：13146070618，电话：010-88379739）。

图书在版编目（CIP）数据

通信原理/高媛媛等编著. —3版. —北京：机械工业出版社，2020.6（2025.1重印）

高等院校通信与信息专业系列教材

ISBN 978-7-111-66043-9

Ⅰ.①通… Ⅱ.①高… Ⅲ.①通信原理-高等学校-教材 Ⅳ.①TN911

中国版本图书馆CIP数据核字（2020）第119686号

机械工业出版社（北京市百万庄大街22号 邮政编码100037）

策划编辑：李馨馨 责任编辑：李馨馨 尚 晨 车 忱

责任校对：高亚苗 封面设计：鞠 杨

责任印制：邓 博

北京盛通数码印刷有限公司印刷

2025年1月第3版第7次印刷

184mm×260mm · 25印张 · 621千字

标准书号：ISBN 978-7-111-66043-9

定价：85.00元

电话服务	网络服务
客服电话：010-88361066	机 工 官 网：www. cmpbook. com
010-88379833	机 工 官 博：weibo. com/cmp1952
010-68326294	金 书 网：www. golden-book. com
封底无防伪标均为盗版	机工教育服务网：www. cmpedu. com

高等院校通信与信息专业系列教材
编委会名单

出版说明

党的二十大报告首次提出“加强教材建设和管理”，表明了教材建设国家事权的重要属性，凸显了教材工作在党和国家事业发展全局中的重要地位，体现了以习近平同志为核心的党中央对教材工作的高度重视和对“尺寸课本、国之大者”的殷切期望。教材作为教育目标、理念、内容、方法、规律的集中体现，是教育教学的基本载体和关键支撑，是教育核心竞争力的重要体现。建设高质量教材体系，对于建设高质量教育体系而言，既是应有之义，也是重要基础和保障。为落实立德树人根本任务，发挥铸魂育人实效，培养国家和社会急需的通信与信息领域的新工科人才，配合高等院校通信与信息专业的教学改革和教材建设，机械工业出版社会同全国在通信与信息领域具有雄厚师资和技术力量的高等院校，组成阵容强大的编委会，组织长期从事教学的骨干教师编写了这套面向普通高等院校的通信与信息专业系列教材，并将陆续出版。

这套教材力求做到：专业基础课教材概念清晰、理论准确、深度合理，并注意与专业课教学的衔接；专业课教材覆盖面广、深度适中，不仅体现相关领域的最新进展，而且注重理论联系实际。

这套教材的选题是开放式的。随着现代通信与信息技术日新月异的发展，我们将不断更新和补充选题，使这套教材及时反映通信与信息领域的新发展和新技术。我们也欢迎在教学第一线有丰富教学经验的教师及通信与信息领域的科技人员积极参与这项工作。

由于通信与信息技术发展迅速，而且涉及领域非常宽，所以在这套教材的选题和编审中如有缺点和不足之处，诚请各位老师和同学提出宝贵意见，以利于今后不断改进。

机械工业出版社

高等院校通信与信息专业系列教材编委会

前　言

2020年距离《通信原理（第2版）》正式出版整整12年了。12年间，通信技术得到了飞速发展，各种新技术层出不穷，如大规模多输入/输出技术、非正交多址接入技术、同时同频全双工技术、毫米波技术、Turbo信道编码技术、LDPC信道编码技术等，同时也涌现出了令人眼花缭乱的各种应用。2019年，是第五代蜂窝移动通信元年，以大带宽、超低时延、高可靠、超大规模连接为主要特征的第五代蜂窝移动通信系统开始在全球部署，2020年中国及全世界已踏入5G移动通信和人工智能时代，基于5G应用的物联网、车联网将极大改变人类社会的生存、生产及生活方式。今后，5G还会发展到6G甚至7G，然而不论通信技术如何日新月异，它仍然是建立在通信的基本原理之上的，扎实掌握通信系统的基本原理是进一步学习研究进而提出通信新技术的坚实基础。

编者长期从事“通信原理”课程的本科、硕士及博士教学，我们通过多年的教学，认为对于这门课程，本科层次的教学定位是在回答“是什么”的基础上，适当回答“为什么”的问题；硕士研究生层次的教学定位是回答“为什么”的问题；博士生层次的教学定位是要在了解前人解决问题的基础上，提出新问题和解决新问题，培养他们创新能力的过程。共性是都要培养学生建立通信系统整体框架的概念，在系统级、模块级层次上去研究、分析和设计通信系统的能力。

本书为普通高等教育“十一五”国家级规划教材和教育部普通高等教育国家级精品教材《通信原理（第2版）》的改版。第3版教材在保持第2版基本框架、水准和难度的基础上，结合多年来教学实践中发现的问题及读者的反馈建议，对教材进行了修订。本次修订着眼以下几个原则。

（1）理论严谨。通信原理是对所有实际通信系统工作原理的抽象和概括，有其严格的数学基础，涉及概率论、随机过程、信号与系统、信号检测理论、数字信号处理等相关理论基础，主要体现在教材的第2章和第5章。本次改版在第2章信号分析基础中增加了概率论和信号系统中与通信原理直接相关的内容，按照其内在逻辑关系进行了梳理。第5章“最佳接收”部分是对信号检测、信号估计理论的应用，主要参考了John G Proakis的《数字通信》（第5版）（英文版）严谨的理论思路，改版时用通俗易懂的方式对推导过程加以改造。

（2）内容准确。重点对第1、2、5、10等章的内容进行了改写，提高了前后章节符号的一致性、语言描述的准确性、公式写法的规范性，误码性能分析过程更详细，条件更清楚，结论更具体，波形均用MATLAB仿真，结果更准确。

（3）框架合理。根据内在逻辑关系调整了部分内容的顺序及描述，更加强调与通信系统各模块之间的关系，强调与通信信号流程之间的关系，强调从模块级、系统级上理解各部分内容之间的关系。

（4）通俗易懂。增加了例题，精选并改编了部分习题（删除了一些需要烦琐计算的习题，如卷积、复杂函数的变换分析等）；更加注重概念的理解和重要结论的灵活运用；注重对数学公式物理含义的解释，使得重、难点内容更加直观易懂。

（5）方便使用。针对各章节的重、难点内容，在相应位置给出了二维码，读者可通过二维码扫码直接观看由编者对相应内容的PPT录屏讲解，方便读者自学。附录中还增加了常用傅里叶变换公式及傅里叶变换性质列表，增加了帕塞瓦尔定理证明、互补误差函数和Q函数的数值表、符号表、缩略词表、常用三角公式、常用积分公式和级数公式等，方便查询使用。

本教材的参考学时是80学时，全书共分11章。第1章介绍通信基本概念，通信原理的研究对象，给出了通信系统的组成框图及评价指标。第2章介绍了分析设计通信系统所用的数学工具。第3章介绍了常用信道，信号通过信道后产生各种失真及信道中噪声的特点，并建立信道的数学模型，为后续各章节分析通信系统性能打下基础。第4章介绍了模拟通信系统中的关键模块——调制解调器的工作原理，并在通信系统模型的基础上，利用统计理论的方法分析了各种调制解调制度的性能。第5章介绍了数字基带信号传输，尽管这是一种最简单的数字传输系统，但通过本章的学习使读者了解如何利用数学模型来分析和设计数字通信系统，并建立数字通信系统整体概念，其分析方法和结论可以直接用于频带传输系统。第6章阐述了最基本的数字调制技术、解调方法及其抗白噪声性能，为学习现代数字调制技术奠定了基础。第7章介绍了现代通信系统中的调制技术。第8章介绍了抽样定理、PCM（脉冲编码调制）、增量调制等模拟信号数字化的方法及其性能。第9章介绍了差错控制的一般原理、常用线性码、循环码、卷积码及现代编码技术，是一类通过降低通信的有效性换取通信可靠性的具体方法。第10章介绍了数字通信系统正常工作时，必须建立的位同步、载波同步和帧同步的工作原理与性能。第11章简单介绍了现代数字通信理论与技术，该章内容作为本科学生的选学内容。附录给出了帕塞瓦尔定理证明、互补误差函数和Q函数的数值表、符号表、缩略词表、常用三角公式、常用积分公式和级数公式、CCK64_QPSK扩频补码集、部分习题参考答案、二进制随机脉冲序列功率谱密度推导。

本书由高媛媛编写第4~6章、第7章的7.1~7.3节以及附录I，修订第1章和第5章；魏以民编写第8~10章及附录C、D、E、F，修订第10章；沈越泓编写第1~3章、第7章的7.4节和7.5节、第11章以及附录G；郭明喜修订第2章，编写附录A和附录B；沙楠参与了第5章习题和第7章的7.3节的部分整理工作；书稿中的图、习题的制作和录入得到了研究生王世界、刘笑辰、张广娜、王小雨、黄晟、奚晨婧等的帮助。高媛媛对全书进行了初稿修改和定稿，并统编全书。

为方便广大读者自学，针对重、难点内容进行了视频讲解，并用二维码形式标注在书中相应位置，读者通过扫描二维码可直接在线观看讲解或下载学习。

囿于编者学识，书中一定存在表述不准确之处，恳切欢迎读者对书中的缺点和错误给予批评指正。

本书配套的教学资源可通过登录www.cmpedu.com或联系编辑获取（电话：010-88379739，微信：13146070618）。

编者的联系方式：高媛媛 njyygao@vip.sina.com；魏以民 weiym73@qq.com；郭明喜 gogomx@vip.163.com。

编　者

目　录

第1章 绪 论

通信原理是一门介绍信息传输基本原理（理论和技术）的课程。它的研究对象是通信系统。研究目的是利用尽可能小的通信资源，获得尽可能高的通信质量。研究方法是在系统级、模块级层次上将实际通信系统抽象成数学模型，采用数学分析和计算机模拟的方法对其进行研究，得到系统性能与系统参数之间的定量关系。在给定系统参数的情况下，估算系统的性能（系统分析）；在给定系统性能要求的情况下，设计和优化系统的参数（系统设计）。在系统的数学模型比较复杂，用数学分析方法获得系统性能与系统参数之间定量关系有困难时，可以采用计算机模拟仿真（如用 MATLAB 软件仿真）的方法获得这些参数之间的关系，达到优化通信系统的目的。

1.1 通信的基本概念

什么是通信？通信就是信息传输或消息传输。从古到今，人类的社会活动总离不开消息的传递和交换，古代的消息树、烽火台和驿马传令，以及现代社会的文字、书信、电报、电话、广播、电视、遥控、遥测等，这些都是消息传递的方式或信息交流的手段。人们可以用语言、文字、数据或图像等不同的形式来表达信息。但是这些语言、文字、数据或图像本身不是信息而是消息，信息是消息中所包含的人们原来不知而待知的内容。因此，通信的根本目的在于传输含有信息的消息，否则，就失去了通信的意义。基于这种认识，“通信”也就是“信息传输”或“消息传输”。

实现通信的方式很多，随着社会的需求、生产力的发展和科学技术的进步，目前的通信越来越依赖利用“电”来传递消息的电通信方式。由于电通信迅速、准确、可靠且不受时间、地点、距离的限制，因而近百年来得到了迅速的发展和广泛的应用。当今，在自然科学领域涉及“通信”这一术语时，一般均是指“电通信”。广义来讲，光通信也属于电通信，因为光也是一种电磁波。本书中的通信均指电通信。

1.1.1 通信的发展

一般认为，电通信是从 1837 年摩尔斯发明了有线电报开始的，同时标志着数字通信系统的诞生。摩尔斯电报是一种变长的二进制代码。每个英文字母由一组滴答序列（码字）构成，其中常用字母用短码字表示，非常用字母用长码字表示。因此，摩尔斯码是最早的变长信源编码方法。这种编码方法具有平均每个二进制代码的信息量最大的优点。

1864 年，麦克斯韦提出了电磁场理论，证明了电磁波的存在，并于 1887 年被赫兹用实验证实，为无线通信打开了大门。

1866 年，跨接欧美的海底电报电缆敷设成功。

1876 年，贝尔发明了有线电话，开辟了人类通信新纪元，使得通信逐渐进入千家万户。

1897 年，马可尼实现了横贯大西洋的无线电通信，第一次用无线电实现与横跨英吉利海峡的船舶之间的联络，证明了运动中的无线通信的可能性。

1924 年，奈奎斯特对带限电报信道上无码间串扰的最大可用信号速率问题进行了研究。奈奎斯特要在给定 W（Hz）带宽内设计最佳脉冲形状，要求此脉冲在取样时刻 k/T（$k=0$，±1，±2，…）无码间串扰，且比特速率达到最大。他的设计结果是：最佳脉冲形状为（$\sin 2\pi Wt$）/$2\pi Wt$，此脉冲在取样时刻是无码间串扰的；最大脉冲速率是 $(1/T)_{\max}=2W$（单位：脉冲/s）。现在将此速率称为奈奎斯特速率。奈奎斯特的研究结果给出了在给定信道带宽的条件下，可靠（无码间串扰）传输信号码元的最大传输速率（有效性）。给出了可靠性与有效性之间的联系。

1928 年，Hartley 在奈奎斯特研究结果的基础上，研究了多电平传输问题。Hartley 的研究结论告诉人们：在可靠传输条件下，可以不断提高传输的有效性直至达到有效性的极点——最大数据速率。他为人们提高通信的有效性提供了奋斗目标。

1936 年，英国广播公司开始进行商用电视广播。

1939 年和 1942 年，在通信发展史上，另一重大发展的标志是 Kolmogorov（1939）和 Wiener（1942）的工作。他们研究讨论的问题是：在信道中存在加性噪声 $n(t)$ 的情况下，如何根据观察到的接收信号 $r(t)=s(t)+n(t)$ 估计所发送的信号 $s(t)$。Kolmogorov 和 Wiener 引用了数理统计理论中的最小均方误差准则，设计出了一种滤波器，从 $r(t)=s(t)+n(t)$ 中获得了所需信号 $s(t)$ 的近似波形。所得到的滤波器称为最佳线性（Kolmogorov-Wiener）滤波器。

1946 年，美国发明了第一台电子计算机。

1948 年，香农（Shannon）提出了著名的香农定理，开创了信息论与统计通信理论，为通信技术的飞速发展奠定了坚实的理论基础和明确的奋斗目标。他证明了：发射功率、带宽、（加性）噪声将限制信息的传输速率，这种限制可与信道联系起来并且可以用单一的参数信道容量来表示。例如，在存在加性高斯白噪声的条件下，一个带宽为 W 的带限信道的信道容量（bit/s）为

$$C=W\log_2\left(1+\frac{P}{WN_0}\right) \tag{1-1}$$

其中，P 是在发射信号功率给定条件下信道输出端最大的信号平均功率；N_0 是加性高斯白噪声的单边功率谱密度。信道容量 C 的含义是：如果信源的信息速率 R 不大于 C，那么在理论上存在一种方法可使信源的输出能够以任意小的差错概率通过信道传输到接收端。另一方面，如果 $R>C$，那么，无论在收发设备中采用何种处理方法，都无法实现可靠的传输。关于信道容量的详细说明可参阅第 3 章。

1950 年，汉明将近世代数引入信道编码领域，在差错检测和差错控制编码方面有重大突破。汉明的工作激励了人们，此后的许多年中信道编码有了极大的发展。表 1-1 给出了一些研究成果，其中有些已超出本课程讨论的范围，但是它仍然告诉我们，只有不断引入新的理论，通信理论和通信系统的性能才有可能有质的飞跃。

1960 年，第一个卫星发射并于 1962 年开启了实用卫星通信的时代。

1983 年，第一代蜂窝状移动通信网首先在美国投入使用，多址接入方式为 FDMA，以模拟通信为特征。我国在 1987 年开始使用模拟式蜂窝电话通信，1987 年 11 月，第一个移动电话局在广州开通。

表 1-1 信道编码发展大事记

序号	时间	事件
1	1954~1971 年	Muller(1954)、Reed(1954)、Reed 和 Solomon (1960)、Bose 和 Ray-Chaudhuri(1960)，Goppa(1970,1971)发展了新的分组编码
2	1966 年	Forney 提出了级连码
3	1964~1968 年	提出 BCH 码
4	1961~1971 年	提出并发展了卷积编译码方法
5	1977 年	提出有效信源编码算法
6	1982 年	提出格状编码调制
7	1993 年	提出 Turbo 编码与迭代译码

1983 年，美国国防部将阿帕网（ARPANET）分为军网和民网，后者逐渐发展为今天的互联网。

1990 年代，第二代蜂窝移动通信系统在全世界得以广泛应用，多址接入方式为 TDMA，以数字通信为特征，可实现话音和数据通信。

2000 年代，第三代蜂窝移动通信系统在全世界得以广泛应用，多址接入方式为 CDMA，可实现移动终端上网。

2010 年代，第四代蜂窝移动通信系统在全世界得以广泛应用，多址接入方式为 CDMA，移动终端上网速度大大提升，可实现高质量视频图像的传输。

2020 年，第五代蜂窝移动通信开始在全球部署，以大带宽、超低时延高可靠、超大规模连接为主要特征，中国及全世界已踏入 5G 移动通信和人工智能时代。

1.1.2 消息、信息与信号

消息（message）：消息是信息的载体，是通信系统传输的对象。例如语言、文字、数据或图像等。消息可分为两类：离散消息（消息是可数的或有限的，如文字、符号、数据等）和连续消息（消息的状态连续变化或不可数，如语音、图像等）。

信息（information）：信息是消息的内涵或有效内容，即消息中所包含的受信者原来不知而待知的内容。信息与消息的关系可以理解为：消息是信息的物理表现形式，而信息是消息中所包含的有效内容，消息中有可能包含信息也有可能不包含信息。通信的根本目的在于传输含有信息的消息。基于这种认识，“通信”也就是“信息传输”或“消息传输”。

信号（signal）：信号是消息的传输载体。在电通信系统中传输的是电信号，即消息的传递是通过它的物质载体——电信号来实现的，通常的做法是把消息寄托在电信号的某一参量上（如连续波的幅度、频率或相位；脉冲波的幅度、宽度或位置）。与消息相对应，可将信号分为两大类：模拟信号和数字信号。

模拟信号（analog signal）：代表信息或消息的参量取值连续或无穷多个值，且直接与连续消息相对应。例如电话机送出的语音信号、电视摄像机输出的图像信号等。模拟信号有时也称连续信号（见图 1-1a），这里连续的含义是指代表信息的参量连续变化，在某一取值范围内可以取无穷多个值，而不一定在时间上也连续，如图 1-1b 中所示的抽样信号（PAM 信号）。

数字信号（digital signal）：代表信息或消息的参量只能取有限个值，例如电报信号、计算机输入/输出信号、PCM 信号等。最典型的数字信号是只有两种取值的信号，如图 1-2a 所示的二进制双极性信号信号。数字信号在时间上不一定是离散的，如图 1-2b 所示的二进制相位调制信号（2PSK 信号）。

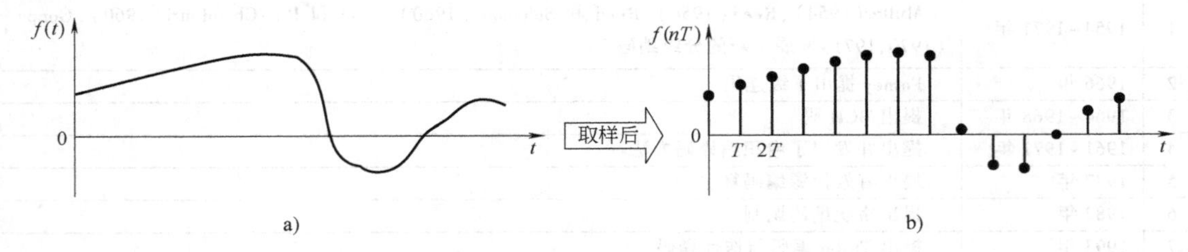

图 1-1 模拟信号波形

a）连续信号 b）抽样信号（PAM 信号）

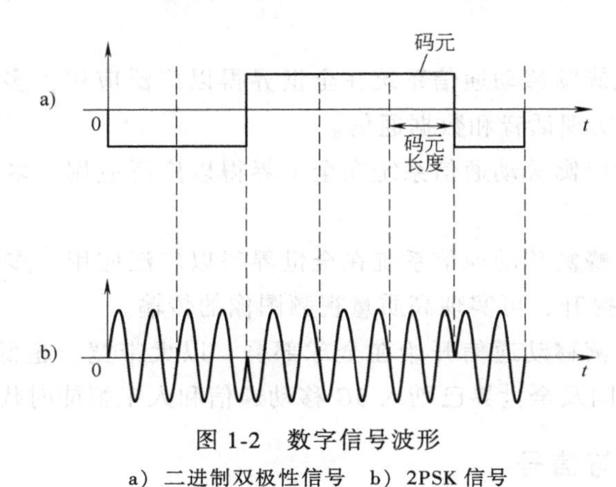

图 1-2 数字信号波形

a）二进制双极性信号 b）2PSK 信号

综上所述，通信就是信息（或消息）的传输和交换。实现通信的方式很多，利用“电信号”来传递消息的方式称为“电通信”，本书中简称通信。

1.2 通信系统模型

二维码 1-1

1.2.1 通信系统一般模型

通信是从一地向另一地传递和交换信息。实现信息传递所需的一切设备和传输媒质的总和称为通信系统。基于点对点通信系统的模型可用图 1-3 来描述。

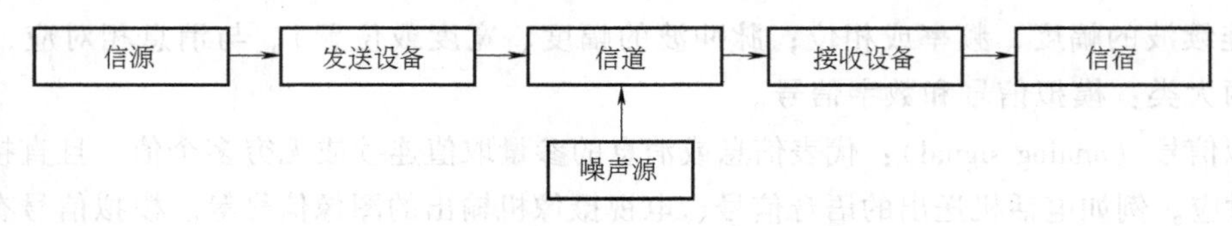

图 1-3 通信系统一般模型

1. 信息源

信息源（简称信源）是消息的产生地，其作用是把各种消息转换成原始电信号（称为基带信号）。根据消息的各类不同，信源可分为模拟信源和数字信源。模拟信源输出连续的模拟信号，如电话机、电视摄像机等属于模拟信源；数字信源输出离散的数字信号，如电传机、计算机等各种数字终端属于数字信号。

2. 发送设备

发送设备的基本功能是将信源和信道匹配起来，即将信源产生的消息信号变换成适合在信道中传输的信号。根据不同的信道特性，发送设备可能包含很多模块，如模数变换、加密、信道编码、调制、多路复用等。

3. 信道

信道是信号传输的通道，指传输信号的物理媒质。在无线信道中，信道可以是大气（自由空间）；在有线信道中，信道可以是明线、电缆或光纤。信号在传输的过程中会受到信道中干扰和噪声的影响。

4. 噪声源

噪声源不是人为加入的，而是信道中的噪声及分布在通信系统其他各处噪声的集中表示。噪声是有害的，通常也是随机的，噪声的存在会影响正常信号的传输，降低通信质量。

5. 接收设备

接收设备的基本功能是完成发送设备的反变换（如解调、译码等），其作用是从受到干扰和噪声影响的接收信号中正确恢复出原始电信号。

6. 信宿

信宿是传输信息的归宿，其作用是将接收设备恢复出的原始电信号转换成相应的消息。

图 1-3 概括地反映了通信系统的共性，因此称之为通信系统的一般模型。根据研究对象以及所关注问题不同，会使用不同形式的更为具体的通信系统模型。通信原理后续各章的讨论都是围绕通信系统的模型展开的。通信原理的研究对象就是通信系统模型。

通常，按照信道中传输的是模拟信号还是数字信号，相应地把通信系统分为模拟通信系统和数字通信系统。

1.2.2 模拟通信系统模型

模拟通信系统是利用模拟信号来传递信息的通信系统，其模型如图 1-4 所示，图中的调制器和解调器就代表图 1-3 中的发送设备和接收设备。系统中需要两种重要变换。第一种变换是在发送端把连续消息变换成原始电信号，在接收端进行相反的变换。这里所说的原始电信号通常称为基带信号，基带信号的含义是频谱集中在零频附近的信号，如语音信号的频率范围为 300~3400Hz，图像信号的频率范围为 0~6MHz。有些信道可以直接传输基带信号，而以自由空间作为信道的无线信道却无法直接传输这些信号。因此常常需要有第二种变换，即将原始电信号变换成适合在信道中传输的信号，并在接收端进行反变换。这种变换和反变换通常称为调制和解调，相应的模块称为调制器和解调器。经过调制后的信号称为已调信号，有三个基本特征：一是携带有信息；二是适合在信道中传输；三是信号的频谱具有带通形式且中心频率远离零频，因而又称频带信号。

需要指出，消息从发送端到接收端的传递过程中，不仅仅只有上述两种变换，实际通信系统中可能还有滤波、放大、天线辐射、控制等过程。本书只着重研究上述两种变换与反变换，其余过程被认为都是足够理想的，而不予讨论。

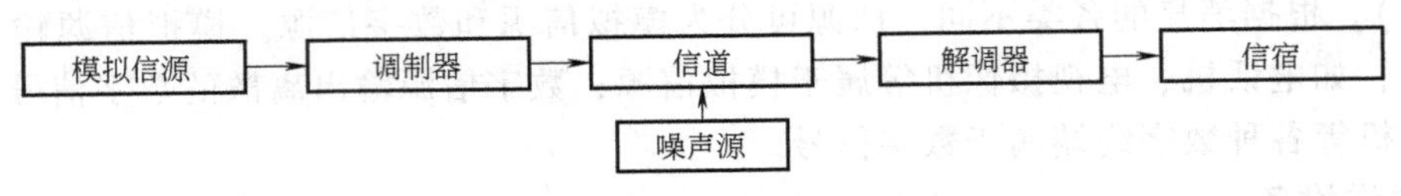

图 1-4 模拟通信系统模型

1.2.3 数字通信系统模型

点对点数字通信系统一般模型如图 1-5 所示。

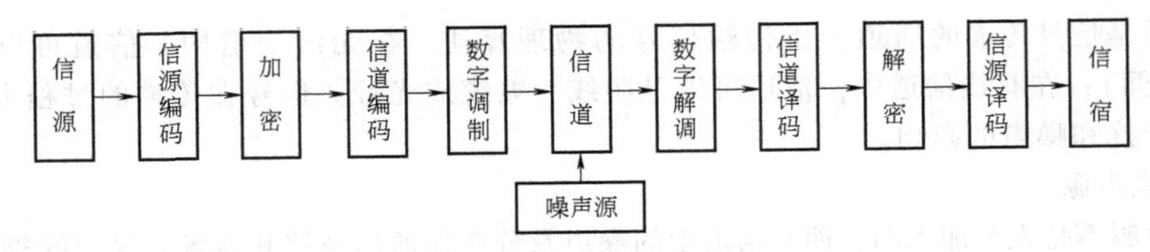

图 1-5 数字通信系统模型

1. 信源

信源一般指由电传机、计算机等送来的数字基带信号，也可以是模拟的。

2. 信源编码与译码

信源编码（Source Coding）有两个基本功能：一是提高信息传输的有效性，即通过某种压缩编码技术（如哈夫曼编码、声码器技术）设法降低信源的冗余度，减少码元数目。二是完成模/数转换，即当信源输出的是模拟信号时，信源编码器将其转换成数字信号，以实现模拟信号的数字传输（详见第 8 章）。信源译码完成信源编码的逆过程，即数/模转换和解压缩。

3. 加密与解密

在需要实现保密通信的场合，为了实现信息的安全传输，人为地将被传输的数字序列扰乱，即加密（Encryption），如可以把数字信号和一个周期很长的 m 序列模 2 加，即完成了加密；接收端需产生同样的 m 序列与收到的加密信号进行模 2 加，即恢复了原来发送的数字信号，也就是解密。

4. 信道编码与译码

信道编码（Channel Coding）和信道译码（Channel Decoding）的作用是进行差错控制，也称为差错控制编（译）码或纠错编（译）码。数字信号在传输过程中，由于信道噪声或干扰等影响而发生的差错原则上是可以通过差错控制编（译）码来控制的。信源编码器将信源编码器输出的数字基带信号按照一定的规律加入冗余码元，在接收端信道译码器将依据同一规律发现或纠正传输中的错误，提高通信系统的可靠性（详见第 9 章）。

5. 数字调制与解调

数字调制是将数字基带信号的信息携带至某一载波的参数上，频域表现为基带信号的频谱搬移到高频处，形成适合信道传输的频带信号。基本的数字调制方式有 ASK（幅移键控）、FSK（频移键控）、PSK（相移键控）等。在接收端将收到的频带信号还原为数字基带信号的过程则称为解调（详见第 6 章和第 7 章）。

若信道是低通型的，则不需要数字调制与解调，代替它们的是码型及波形变换，此时的数字通信系统称为数字基带传输系统，上述对应带通型信道的称为数字频带传输系统。

6. 同步

同步（Synchronization）是使收发两端的信号在时间上保持步调一致，是保证数字通信系统有序、准确、可靠工作的前提条件。为实现数字信息的正确传输，同步系统是数字通信系统中必不可少的组成部分。图 1-5 中同步子系统没有画出，因为它的位置往往是不固定的。同步的原理、实现方法等将在第 10 章讨论。

1.2.4 数字通信的特点

目前，无论是模拟通信还是数字通信，在不同的通信业务中都得到了广泛的应用。但是，数字通信的发展速度已明显超过模拟通信，成为当代通信技术的主流。与模拟通信相比，数字通信更能适应现代社会对通信技术越来越高的要求，其具有以下优点。

（1）抗干扰能力强。数字通信系统传输的是离散取值的数字波形，接收端不是以精确还原被传输的波形为目的，而是从受到噪声干扰的信号中判断出发送的是哪一个波形为目的。以二进制信号为例，可以代表的波形只有两个，波形在传输过程中必然会发生波形畸变，接收端对其进行抽样判决，以辨别是两个状态中的哪一个，即可判断出发送的是哪个波形。只要噪声的大小不足以影响判决的正确性，就能正确接收。数字通信在远距离传输时，如微波中继通信，各中继站可利用数字通信特有的判决再生接收方式，对数字信号波形进行整形再生而消除噪声积累。而模拟通信系统中传输的是连续变化的模拟信号，它要求接收机能够高度保真地重现信号波形，如果模拟信号叠加上噪声后，即使噪声很小，也很难消除它。

（2）传输差错可控。数字通信中可以采用信道编码技术使误码率降低，提高传输的可靠性。

（3）易于与各种数字终端接口，用现代计算机技术对信号进行处理、加工、变换、存储，从而形成智能网。

（4）易于集成化，从而使通信设备微型化。

（5）易于加密处理，且保密强度高。

一般来说，数字通信的许多优点都是用比模拟通信占用更宽的系统频带而换得的。以电话为例，一路模拟电话通常只占用 4kHz 带宽，而一路传输质量相同的数字电话则可能占用 20~60kHz 的带宽。在系统频带紧张的场合，数字通信的这一缺点显得很突出，但是在系统频带富裕的场合，比如毫米波通信、光通信等场合，数字通信几乎成了唯一的选择。另外，由于数字通信对同步要求高，因而系统设备复杂。但是，随着微电子技术、计算机技术、数据压缩技术的发展以及宽带信道（卫星、毫米波、光纤）的广泛应用，数字通信的应用会越来越广泛。

1.3 通信系统分类与通信方式

1.3.1 通信系统的分类

1. 按通信业务分类

根据通信业务类型不同，通信系统可分为话务（电话业务）通信和非话务通信。电话业务在电信领域中一直占主导地位，它属于人与人之间的通信。近年来，非话务通信发展迅速，非话务通信主要是分组数据业务、计算机通信、数据库检索、电子邮件、电子数据交换、传真存储转发、可视图文及会议电视、图像通信等。

2. 按调制方式分类

根据信道中传输的信号是否经过调制，可将通信系统分为基带传输和频带传输。基带传输是将未经调制的信号直接传送，如音频市内电话。频带传输是对各种信号调制后传输的总称。调制的方式很多，表 1-2 列出了一些常见的调制方式。

表 1-2 常见的调制方式

<table>
<tr><th colspan="3">调制方式</th><th>用途</th></tr>
<tr><td rowspan="10">连续波调制</td><td rowspan="4">线性调制</td><td>常规双边带调幅(AM)</td><td>广播</td></tr>
<tr><td>抑制载波双边带调幅(DSB)</td><td>立体声广播</td></tr>
<tr><td>单边带调幅(SSB)</td><td>载波通信、无线电台、数传</td></tr>
<tr><td>残留边带调幅(VSB)</td><td>电视广播、数传、传真</td></tr>
<tr><td rowspan="2">非线性调制</td><td>频率调制(FM)</td><td>微波中继、卫星通信、广播</td></tr>
<tr><td>相位调制(PM)</td><td>中间调制方式</td></tr>
<tr><td rowspan="4">数字调制</td><td>幅度键控 ASK</td><td>数据传输</td></tr>
<tr><td>频率键控 FSK</td><td>数据传输</td></tr>
<tr><td>相位键控 PSK、DPSK、QPSK 等</td><td>数据传输、数字微波、空间通信</td></tr>
<tr><td>其他高效数字调制 QAM、MSK 等</td><td>数字微波、空间通信</td></tr>
<tr><td rowspan="7">脉冲调制</td><td rowspan="3">脉冲模拟调制</td><td>脉幅调制 PAM</td><td>中间调制方式、遥测</td></tr>
<tr><td>脉宽调制 PDM(PWM)</td><td>中间调制方式</td></tr>
<tr><td>脉位调制 PPM</td><td>遥测、光纤传输</td></tr>
<tr><td rowspan="4">脉冲数字调制</td><td>脉码调制 PCM</td><td>市话、卫星、空间通信</td></tr>
<tr><td>增量调制 DM</td><td>民用、军用数字电话</td></tr>
<tr><td>差分脉码调制 DPCM</td><td>电视电话、图像编码</td></tr>
<tr><td>其他语言编码方式 ADPCM、APC、LPC</td><td>中低速数字电话</td></tr>
</table>

3. 按信号特征分类

按照信道中所传输的是模拟信号还是数字信号，相应地把通信系统分成模拟通信系统和数字通信系统。

4. 按传输媒质分类

按传输媒质分，通信系统可分为有线通信系统和无线通信系统两大类。有线通信是用导线（如架空明线、同轴电缆、光导纤维、波导等）作为传输媒质完成通信的，如市内电话、有线电视、海底电缆通信等。无线通信是依靠电磁波在空间传播达到传递消息的目的的，如短波电离层传播、微波视距传播、卫星中继等。

5. 按工作频段分类

按通信设备的工作频率不同分为长波通信、中波通信、短波通信、微波通信、远红外线通信等。表 1-3 列出了通信使用的频段、常用的传输媒质及主要用途。

工作波长和频率的换算公式为

$$\lambda=\frac{c}{f}=\frac{3\times10^{8}}{f} \tag{1-2}$$

式中，λ 为工作波长（m）；f 为工作频率（Hz）；c 为光速（m/s）。

表 1-3 通信波段与常用传输媒质

频率范围	波长	符号	传输媒质	用 途
3Hz～30kHz	10^4～10^8m	甚低频 （VLF）	有线线对 长波无线电	音频、电话、数据终端长距离导航、时标
30～300kHz	10^3～10^4m	低频 （LF）	有线线对 长波无线电	导航、信标、电力线通信
300kHz～3MHz	10^2～10^3m	中频 （MF）	同轴电缆 短波无线电	调幅广播、移动陆地通信、业余无线电
3～30MHz	10～10^2m	高频 （HF）	同轴电缆 短波无线电	移动无线电话、短波广播定点军用通信、业余无线电
30～300MHz	1～10m	甚高频 （VHF）	同轴电缆 米波无线电	电视、调频广播、空中管制、车辆、通信、导航
300MHz～3GHz	10～100cm	特高频 （UHF）	波导 分米波无线电	微波接力、卫星和空间通信、雷达
3～30GHz	1～10cm	超高频 （SHF）	波导 厘米波无线电	微波接力、卫星和空间通信、雷达
30～300GHz	1～10mm	极高频 （EHF）	波导 毫米波无线电	雷达、微波接力、射电天文学
10^7～10^8GHz	3×10^{-5}～3×10^{-4}cm	紫外可见光 （红外）	光纤 激光空间传播	光通信

6. 按信号复用方式分类

传输多路信号有三种基本复用方式，即频分复用、时分复用和码分复用。频分复用是用频谱搬移的方法使不同信号占据不同的频率范围；时分复用是用脉冲调制的方法使不同信号占据不同的时间区间；码分复用是用正交的脉冲序列分别携带不同信号。传统的模拟通信中都采用频分复用，随着数字通信的发展，时分复用通信系统的应用愈来愈广泛，码分复用主要用于移动通信和空间通信的扩频通信中。此处，随着通信技术的发展，近年又出现了波分复用、空分复用等。

1.3.2 通信方式

通信方式是指通信双方之间的工作方式或信号传输方式。

1. 按消息传递的方向与时间关系分

对于点对点之间的通信，按消息传递的方向与时间关系，通信方式可分为单工、半双工及全双工通信三种。

（1）单工通信，是指消息只能单方向传输的工作方式，因此只占用一个信道，如图 1-6a 所示。广播、遥测、遥控、无线寻呼等就是单工通信方式的例子。

（2）半双工通信，是指通信双方都能收发消息，但不能同时进行收和发的工作方式，如图 1-6b 所示。例如，使用同一载频的对讲机，收发报机以及问询、检索、科学计算等数据通信都是半双工通信方式。

（3）全双工通信，是指通信双方可同时进行收发消息的工作方式。一般情况全双工通信的信道必须是双向信道，如图 1-6c 所示。普通电话、手机都是最常见的全双工通信方式，计算机之间的高速数据通信也是这种方式。

2. 按数字信号排列顺序分

在数字通信中，按数字信号代码排列的顺序可分为并行传输和串行传输。

并行传输是将代表信息的数字序列以成组的方式在两条或两条以上的并行信道上同时传输，如图 1-7a 所示。并行传输的优点是节省传输时间，速度快。缺点是需要的传输信道多，设备复杂，成本高，一般适用于计算机和其他高速数字系统，特别适用于设备之间的近距离通信。

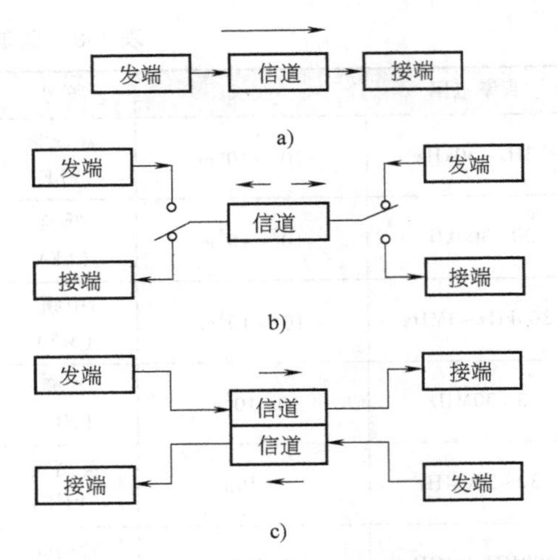

图 1-6　单工、半双工和全双工通信方式示意图
a）单工　b）半双工　c）全双工

串行传输是数字序列以串行方式一个码元接一个码元地在一条信道上传输，如图 1-7b 所示。远距离数字通信都采用这种传输方式。串行传输的优点是只需一条通信信道，经济性好。缺点是相比并行传输而言速度慢。

此外，还可以按通信的网络形式划分。由于通信网的基础是点与点之间的通信，所以本课程的重点放在点与点之间的通信上。

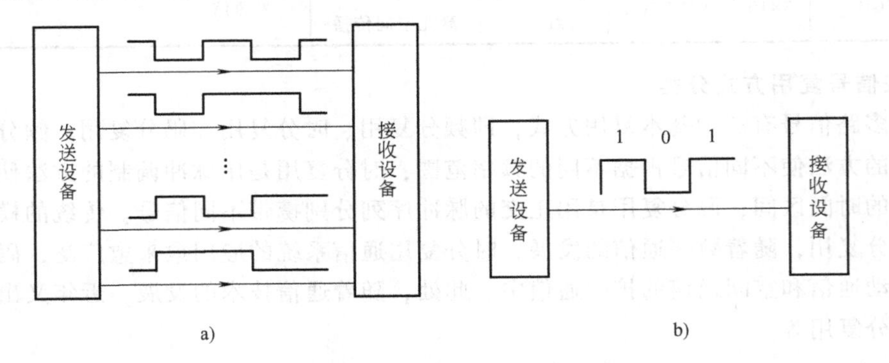

图 1-7　并行和串行通信方式示意图
a）并行传输　b）串行传输

1.4　信息及其度量

1.4.1　信息量的含义

通信的根本目的在于传输消息中所包含的信息。信息是指消息中所包含的有效内容，或者说是受信者预先不知而待知的内容。不同消息包含的信息量不同，不同受信者从同一消息中所获得的信息量不同，从而需要对信息进行度量。因此，信息含量就是对消息中这种不确定性的度量。

消息是多种多样的。因此度量消息中所含信息量的方法，必须能够用来度量任何消息，而与消息的种类无关。同时，这种度量方法也应该与消息的重要程度无关。

首先，让我们从常识的角度来感觉三条消息。①太阳从东方升起；②太阳比往日大两倍；③太阳将从西方升起。第一条几乎没有带来任何信息，第二条带来了大量信息，第三条带来的信息多于第二条。究其原因，第一事件是一个必然事件，人们不足为奇；第三事件几乎不可能发生，它使人感到惊奇和意外，也就是说，它带来更多的信息。因此，信息含量是与惊奇这一因素相关联的，这是不确定性或不可预测性的结果。越是不可预测的事件，越会使人感到惊奇，带来的信息量就越大。

根据概率论知识，事件的不确定性可用事件出现的概率来描述。可能性越小，概率越小；反之，概率越大。因此，消息中包含的信息量与消息发生的概率密切相关。消息出现的概率越小，消息中包含的信息量就越大。假设 $P(x)$ 是一个消息发生的概率，I 是从该消息获悉的信息，根据上面的认知，显然 I 与 $P(x)$ 之间的关系反映为如下规律。

（1）信息量是概率的函数，即

$$I=f[P(x)]$$

（2）$P(x)$ 越小，I 越大；反之，I 越小，且

$$P(x)\to 1 \text{ 时}, I\to 0$$

$$P(x)\to 0 \text{ 时}, I\to \infty$$

（3）若干个互相独立事件构成的消息，所含信息量等于各独立事件信息量之和，也就是说，信息具有相加性，即

$$I[P(x_1)P(x_2)\cdots]=I[P(x_1)]+I[P(x_2)]+\cdots$$

综上所述，信息量 I 与消息出现的概率 $P(x)$ 之间的关系应为

$$I=\log_a\frac{1}{P(x)}=-\log_a P(x) \tag{1-3}$$

信息量的单位与对数底数 a 有关。$a=2$ 时，信息量的单位为比特（bit）；$a=\mathrm{e}$ 时，信息量的单位为奈特（nat）；$a=10$ 时，信息量的单位为十进制单位，叫哈特莱。上述三种单位的使用场合，应根据计算及使用的方便来决定。目前广泛使用的单位为比特。

下面首先讨论等概率出现的离散消息的度量，先看一个简单的例子。

【例 1-1】 设二进制离散信源，以相等的概率发送数字 0 或 1，则信源每个输出的信息含量为

解：

$$I(0)=I(1)=\log_2\frac{1}{1/2}=\log_2 2=1\text{bit}$$

可见，传送等概率的二进制波形之一（$P=1/2$）的信息量为 1bit。同理，传送等概率的四进制波形之一（$P=1/4$）的信息量为 2bit，恰好是二进制每一波形包含信息量的 2 倍，从信息相等的角度看，每一个四进制波形需要用 2 个二进制脉冲表示；传送等概率的八进制波形之一（$P=1/8$）的信息量为 3bit，恰好是二进制每一波形包含信息量的 3 倍，可用 3 个二进制脉冲表示。

综上所述，对于离散信源，M 个波形等概率（$P=1/M$）发送，且每一个波形的出现是独立的，即信源是无记忆的，则传送 M 进制波形之一的信息量为

$$I=\log_2\frac{1}{P}=\log_2\frac{1}{1/M}=\log_2 M \quad （单位：bit） \tag{1-4}$$

式中，P 为每一个波形出现的概率；M 为传送的波形数量。

若 M 是 2 的整幂次，比如 $M=2^k$（$k=1, 2, 3, \cdots$），则式（1-4）可改写为

$$I=\log_2 2^k = k \quad \text{（单位：bit）} \tag{1-5}$$

式中，k 是二进制脉冲数目，也就是说，传送每一个 M（$M=2^k$）进制波形的信息量就等于用二进制脉冲表示该波形所需的脉冲数目 k。

1.4.2 信息熵的概念

接下来我们讨论非等概率出现的离散消息的度量。

【例 1-2】 在 26 个英文字母中，字母 e 和 v 出现的概率分别为 0.105 和 0.008，试求 e 和 v 的信息量各为多少。

解： 由于 $P_e=0.105$，$P_v=0.008$，由信息量定义式（1-3），得两个字母的信息量分别为

e 的信息量 $$I_e=\log_2\frac{1}{P_e}=\log_2\frac{1}{0.105}=3.25\text{bit}$$

v 的信息量 $$I_v=\log_2\frac{1}{P_v}=\log_2\frac{1}{0.008}=6.97\text{bit}$$

一般，设离散信源是一个由 M 个符号组成的符号集，其中每个符号 x_i（$i=1, 2, 3, \cdots, M$）出现的概率为 $P(x_i)$，且有 $\sum_{i=1}^{M} P_i = 1$。则 $x_1, x_2, \cdots, x_M$ 所包含的信息量分别为

$$-\log_2 P(x_1), -\log_2 P(x_2), \cdots, -\log_2 P(x_M)$$

于是，每个符号所含信息量的统计平均值，即平均信息量为

$$\begin{aligned} H(s) &= P(x_1)[-\log_2 P(x_1)] + P(x_2)[-\log_2 P(x_2)] + \cdots + P(x_n)[-\log_2 P(x_M)] \\ &= \sum_{i=1}^{M} P(x_i) I(x_i) = -\sum_{i=1}^{M} P(x_i)\log_2 P(x_i) \end{aligned} \tag{1-6}$$

由于平均信息量 $H(s)$ 同热力学中的熵形式一样，故通常又称它为信源熵，其单位为 bit/symbol。可以证明，当信源中每个符号等概独立出现时，式（1-6）即成为式（1-4），此时信源的熵有最大值。

【例 1-3】 某离散信源由 0、1、2、3 共 4 个符号组成，且各符号独立出现。

（1）若符号 0、1、2、3 出现的概率分别为 3/8、1/4、1/4、1/8，求每个符号的平均信息量。

（2）求某消息序列 201020130213001203210100321010023102002010312032100120210 的信息量。

（3）若 4 种符号等概出现，求每个符号的平均信息量。

解：

（1）由式（1-6），求得信源每个符号的平均信息量（信源熵）为

$$\begin{aligned} H(s) &= \sum_{i=1}^{M} P(x_i) I(x_i) \\ &= \left(-\frac{3}{8}\log_2\frac{3}{8} - \frac{1}{4}\log_2\frac{1}{4} - \frac{1}{4}\log_2\frac{1}{4} - \frac{1}{8}\log_2\frac{1}{8}\right) \text{bit/symbol} \\ &= 1.906\text{bit/symbol} \end{aligned}$$

（2）此消息中，符号0出现23次，1出现14次，2出现13次，3出现7次，共有57个符号，故该消息的信息量为

$$I=23\times I(0)+14\times I(1)+13\times I(2)+7\times I(3)=108\text{bit}$$

也可用信源熵来求。由（1）得信源熵为 $H(s)=1.906\text{bit/symbol}$，故57个符号的信息量为

$$I=57\times H(s)=57\times 1.906\text{bit}\approx 108.64\text{bit}$$

可见两种算法的结果有一定误差，但当消息序列很长时，用熵的概念来计算比较方便。而且随着消息序列长度的增加，两种计算误差将趋于零。

（3）当4种符号等概时，每个符号携带相同的信息量，信源熵达到最大值，即

$$H(s)_{\max}=\log_2 M=\log_2 4=2\text{bit/symbol}$$

1.5 通信系统的性能指标

二维码 1-2

在设计和评价通信系统时，必然要建立一套衡量系统性能优劣的性能指标，也称质量指标。

通信系统的性能指标涉及其有效性、可靠性、适应性、标准性、经济性及维护使用等。尽管不同的通信业务对系统性能的要求不尽相同，但从研究信息传输的角度来说，有效性与可靠性是通信系统的主要性能指标。

所谓有效性主要是指消息传输的“速度”问题，而可靠性主要是指消息传输的“质量”问题。不同的通信系统对有效性和可靠性的要求及度量方法也不尽相同。

1.5.1 模拟通信系统的性能指标

1. 有效性

对于模拟通信系统，传输同样的信源信号，所需的带宽越小，频带利用率越高，有效性越好。如传输一路模拟电话，采用单边带调幅的语音信号占用的带宽为4kHz，而采用调频的语音信号占用的带宽则为48kHz（调频指数为5时），这表明单边带调幅系统的有效性比调频系统的好。

2. 可靠性

模拟通信系统的可靠性通常用接收端输出信号与噪声功率比（S/N）（简称信噪比）来衡量，它反映了信号经传输后的“保真”程度和抗噪声能力。相同条件下，系统输出的 S/N 越大，通信质量越高。S/N 与调制方式有关，如调频信号的 S/N 比调幅的高，即抗噪声能力强。但是，调频信号所需的传输带宽却比调幅的宽。可见，有效性和可靠性是一对矛盾。

1.5.2 数字通信系统的性能指标

1. 有效性

数字通信系统的有效性通常用码元传输速率 R_s、信息传输速率 R_b 及频带利用率 η 来衡量。

（1）码元传输速率 R_s

码元传输速率 R_s 定义为每秒钟传输码元的数目，单位为波特（Baud）。码元传输速率又称码元速率或波特率。例如，若1s内传输2400个码元，则码元速率为2400Baud。

设每个码元的长度为 $T_s(s)$，则有

$$R_s=\frac{1}{T_s} \tag{1-7}$$

（2）信息传输速率 R_b

信息传输速率 R_b 的定义为每秒钟传输的信息量，单位是比特/秒（bit/s）。信息传输速率又称为信息速率或传信率。码元速率和信息速率的关系为

$$R_b=R_s\times H(s) \quad （单位：bit/s） \tag{1-8}$$

式中，$H(s)$ 为信源中每个符号所含的平均信息量（信源熵），等概传输时，信源熵有最大值 $\log_2 M$（bit/symbol），信息速率也达到最大，即

$$R_b=R_s\times \log_2 M \quad （单位：bit/s） \tag{1-9}$$

或

$$R_s=\frac{R_b}{\log_2 M} \quad （单位：Baud） \tag{1-10}$$

式中，M 为符号的进制数。例如码元速率为1200Baud，采用八进制（$M=8$）等概传输时，信息速率为3600bit/s；采用二进制（$M=2$）等概传输时，信息速率为1200bit/s，可见，二进制码元速率和信息速率在数值上是相等的。而在相同的码元速率下，进制数 M 越大，信息传输速率越高。

【例 1-4】 某信源符号集由A、B、C、D、E组成，且为无记忆信源（即各符号的出现是相互独立的），每一符号出现的概率分别为3/8、1/4、1/4、1/8，每个符号占用时间1ms。求1h信源输出的信息量。

解： 码元宽度 $T_s=1\text{ms}=1\times10^{-3}\text{s}$，故码元速率为 $R_s=1/T_s=1000\text{Baud}$。

该信源的熵为

$$\begin{aligned}H(s)&=\left(\frac{3}{8}\log_2\frac{8}{3}+\frac{1}{4}\log_2 4+\frac{1}{4}\log_2 4+\frac{1}{8}\log_2 8\right)\text{bit/symbol}\\&\approx 1.906\text{bit/symbol}\end{aligned}$$

则信息速率 $R_b=H(s)\times R_s=(1.906\times1000)\text{bit/s}=1906\text{bit/s}$，从而1h传输的信息量为

$$I=(1906\times3600)\text{bit}=6.8616\times10^6\text{bit}$$

【例 1-5】 某二进制系统1h传送了18Gbit信息。问：

（1）其码元速率和信息速率为多少？

（2）若保持信息速率不变，改用八进制传输，则码元速率为多少？

解： 由题意，$T=3600\text{s}$，$I=1.8\times10^{10}\text{bit}$

（1）信息速率 $R_b=I/T=1.8\times10^{10}/3600=5\times10^6\text{bit/s}$，又因为 $M=2$，故码元速率 $R_s=R_b=5\times10^6\text{Baud}$

（2）$R_b=5\times10^6\text{bit/s}$，且 $M=8$，则码元速率为

$$R_s=R_b/\log_2 M=5\times10^6/\log_2 8\text{Baud}=1.67\times10^6\ \text{Baud}$$

（3）频带利用率 η

比较不同通信系统的有效性时，单看它们的传输速率是不够的，还应看在这样的传输速率下所占用信道的频带宽度。所以，真正衡量数字通信系统传输效率的应当是单位频带内的码元传输速率或信息传输速率，即

$$\eta = \frac{R_s}{B} \quad （单位：Baud/Hz） \tag{1-11}$$

或

$$\eta = \frac{R_b}{B} \quad （单位：bit/s/Hz） \tag{1-12}$$

【例 1-6】 设 A 系统为二进制传输系统，码元速率为 2000Baud，占用信道带宽为 2000Hz，B 系统为八进制传输系统，码元速率为 500Baud，占用信道带宽为 1000Hz。试问：A、B 两个系统中哪个系统的有效性更高？

解：由题意，$M_A = 2$，$M_B = 8$，$R_{sA} = 2000\text{Baud}$，$R_{sB} = 500\text{Baud}$，$B_A = 2000\text{Hz}$，$B_B = 1000\text{Hz}$，故可求得

A 系统的信息传输速率为　$R_{bA} = R_{sA}\log_2 M_A = 2000\times\log_2 2\text{bit/s} = 2000\text{bit/s}$

A 系统的信息频带利用率为　$\eta_A = \frac{R_{bA}}{B_A} = \frac{2000}{2000} = 1$ （bit/s/Hz）

B 系统的信息传输速率为　$R_{bB} = R_{sB}\log_2 M_B = 500\times\log_2 8\text{bit/s} = 1500\text{bit/s}$

B 系统的信息频带利用率为　$\eta_B = \frac{R_{bB}}{B_B} = \frac{1500}{1000}\text{bit/(s·Hz)} = 1.5$ （bit/s/Hz）

2. 可靠性

数字通信系统的可靠性用差错概率来衡量。差错概率通常用误码率及误信率表示。

（1）误码率 p_e

误码率是指错误接收的码元数在传输总码元数中所占的比例，更确切地说，误码率是码元在传输系统中被传错的概率，即

$$p_e = \frac{\text{错误码元数}}{\text{传输总码元数}} = \frac{N_{s\_error}}{N_{s\_total}} = \frac{N_{se}}{N_{st}} \tag{1-13}$$

（2）误信率 p_b

误信率又称误比特率，是指错误接收的信息量在信息总量中所占的比例，即

$$p_b = \frac{\text{错误比特数}}{\text{传输总比特数}} = \frac{N_{b\_error}}{N_{b\_total}} = \frac{N_{be}}{N_{bt}} \tag{1-14}$$

显然，在二进制中有 $p_b = p_e$。

【例 1-7】 设某四进制数字传输系统的码元速率为 1500Baud，连续工作 1h 后，接收端收到 8 个错误码元，且每个错误码元中仅发生 1bit 错误。求该系统的误码率和误比特率。

解：该系统的信息传输速率为 $R_b = R_s\log_2 M = 1500\times 2\text{bit/s} = 3000\text{bit/s}$

因此 1h 传递的码元数为　$N = R_s \cdot t = 1500\times 3600 = 5.4\times 10^6$

所以误码率为

$$p_e = \frac{N_{se}}{N_{st}} = \frac{8}{5.4\times 10^6} \approx 1.48\times 10^{-6}$$

二维码 1-3

由于每个错误码元中只发生 1bit 的错误，误比特率为

$$p_b = \frac{N_{be}}{N_{bt}} = \frac{8\times 1}{5.4\times 10^6\times\log_2 4} = 7.4\times 10^{-7}$$

1.6 小结

通信的根本目的在于传输含有信息的消息。消息是信息的物理表现形式，而信息是消息中所包含的有效内容。

信号是消息的传输载体。与消息相对应，可将信号分为两大类：模拟信号和数字信号。

按照信道中传输的是模拟信号还是数字信号，相应地把通信系统分为模拟通信系统和数字通信系统。

按消息传递的方向与时间关系，通信方式可分为单工、半双工及全双工通信三种。

按数字信号代码排列的顺序可分为并行传输和串行传输。

信息量是对消息发生的不确定性的度量。一个二进制等概信源中的码元含有1bit的信息量，一个M进制等概信源中的每个符号含有$\log_2 M$比特的信息量。等概发送时，信源熵具有最大值。

有效性和可靠性是度量通信系统性能的两个主要指标。两者相互矛盾又相对统一。模拟通信系统中，有效性用可用带宽表示，可靠性用输出信噪比表示。数字通信系统的有效性通常用码元速率R_B、信息速率R_b及频带利用率η来衡量。可靠性用误码率及误信率表示。

1.7 思考题

1. 以无线广播和电视为例，说明图1-3模型中信源、信宿及信道包含的具体内容是什么？
2. 什么是数字信号？什么是模拟信号？两者的根本区别是什么？
3. 按调制方式，通信系统如何分类？
4. 按传输信号的特征，通信系统如何分类？
5. 按传输信号的复用方式，通信系统如何分类？
6. 什么是数字通信？数字通信有哪些特点？
7. 通信方式是如何确定的？
8. 通信系统的主要指标是什么？
9. 什么是误码率？什么是误信率？它们之间的关系如何？
10. 什么是码元速率？什么是信息速率？它们之间的关系如何？
11. 什么是信源符号的信息量？什么是离散信源的信源熵？
12. 通信系统的研究对象是什么？
13. 研究通信系统的目的是什么？
14. 研究通信系统的方法是什么？
15. 通信系统发展的动力是什么？

1.8 习题

1. 已知英文字母e和v出现的概率分别为0.105和0.008，试求e和v信息量各为多少。

2. 已知二进制信源（0，1），若0符号出现的概率为1/3，求出现1符号的信息量。

3. 某信源符号集由A、B、C、D、E、F组成，设每个符号独立出现，其概率分别为1/4、1/4、1/16、1/8、1/16、1/4，试求该信息源输出符号的平均信息量。

4. 一个由字母A、B、C、D组成的字，对于传输的每一个字母用二进制脉冲编码，00代表A，01代表B，10代表C，11代表D，每个脉冲的宽度为5ms。

（1）不同的字母是等可能时，试计算传输的平均信息速率；

（2）若每个字母出现的可能性分别为

$$P_A=\frac{1}{5},\ P_B=\frac{1}{4},\ P_C=\frac{1}{4},\ P_D=\frac{3}{10}$$

试计算传输的平均信息速率。

5. 设一数字传输系统传送二进制码元的速率为2400Baud，试求该系统的信息速率；若该系统改为传送十六进制信号码元，码元速率不变，则这时的系统信息速率为多少？（设各码元独立等概出现）

6. 某信息源的符号集由A、B、C、D和E组成，设每一符号独立出现，其出现概率分别为1/4、1/8、1/8、3/16和5/16，信息源以1000Baud速率传送信息。

（1）求传送1h的信息量；

（2）求传送1h可能达到的最大信息量。

7. 设有4个消息符号，其前3个符号出现概率分别是1/4、1/8、1/8，各符号的出现是相对独立的。求该符号集的平均信息量。

8. 已知二进制数字信号的信息速率为2400bit/s，若信息速率保持不变，试问变换成四进制数字信号时，信号传输速率为多少波特？

9. 已知某四进制数字传输系统的传信率为2400bit/s，接收端在半小时内共收到216个错误码元，试计算该系统的误码率P_e。

10. 某系统经长期测定，它的误码率$P_e=10^{-5}$，系统码元速率为1200Baud，问在多长时间内可能收到360个错误码元。

第2章　确知信号与随机信号

本章复习性地简介了信号系统的相关内容，包括确知信号的时域和频域性质，同时介绍了随机变量和随机过程的基本知识，以及信号和噪声的模型，它们是分析和设计通信系统的基础，对理解和掌握通信理论知识是非常重要的。

信号系统的内容（如信号的时域、频域分析、谱密度和相关函数等）、随机变量等在信号系统、概率论等课程中已经学习过，熟悉的读者可以直接跳过这部分。而随机过程属于数学学科的内容，为了读者迅速掌握相关知识点，本章不准备从严格的数学角度介绍随机过程的完整内容，而将结合本课程的特点从工程的角度有重点的介绍，请读者注重文中概念的描述和重要结论的说明，如果读者对随机过程也非常熟悉，可以跳过本章，直接开始学习第3章的内容。

2.1　信号和系统的分类

2.1.1　信号的分类

一个“信号”（signal）$s(t)$，它可以代表一个实际的物理信号，也可以是一个数学上的函数。

1. 确定性信号与随机信号

若信号可以由一确定的数学表达式表示，则信号的波形是唯一确定的，这种信号就是“确定性信号”。反之，如果信号具有不可预知的不确定性，则称之为“随机信号”或“不确定性信号”。

2. 周期信号与非周期信号

若一个信号 $s(t)$ 满足下面的关系

$$s(t)=s(t+T),\ \forall t \in R \tag{2-1}$$

则称之为“周期信号（periodic signal）”，其中满足式（2-1）的正的最小 T 值称为该信号的“基波周期（fundamental period）”，简称周期。

3. 时间连续信号与时间离散信号

在自变量的整个连续区间内都有定义的信号是“时间连续信号”或“连续时间信号”（continuous-time singal），简称连续信号。

仅在一些离散的点上才有定义的信号称为“时间离散信号”或“离散时间信号”（discrete-time signal），简称离散信号。

4. 因果信号与非因果信号

如果一个信号只在自变量的非负左闭区间［0，∞）才取非零值，而在（－∞，0）开区间内取值均为0，那么这样的信号就称为“因果信号”（causal signal），否则就称为“非因果信号”。

5. 能量信号和功率信号

对连续信号 $s(t)$ 和离散信号 $s(n)$，分别定义它们的“能量”（energy）为

$$E[s(t)] = \int_{-\infty}^{\infty} |s(t)|^2 \mathrm{d}t \tag{2-2}$$

$$E[s(n)] = \sum_{n=-\infty}^{\infty} |s(n)|^2 \tag{2-3}$$

其中，$|\cdot|$表示取模运算，显然对于实数的取模等于实数的绝对值，而对复数的取模可以表示为它本身与其共轭（用 $(\cdot)^*$ 表示共轭）的乘积的平方根，即

$$|C| = \sqrt{C \cdot C^*} \text{ 或 } |C|^2 = C \cdot C^*$$

如果一个信号其能量是有限的，即 $E[\cdot] < \infty$，则称之为“能量有限信号（energy-limited signal）”，简称能量信号。

对于能量无限的信号，往往研究它的功率。信号的功率分别定义为

$$P[s(t)] = \lim_{T\to\infty} \frac{1}{T} \int_{-\frac{T}{2}}^{\frac{T}{2}} |s(t)|^2 \mathrm{d}t \tag{2-4}$$

$$P[s(n)] = \lim_{N\to\infty} \frac{1}{2N+1} \sum_{n=-N}^{N} |s(n)|^2 \tag{2-5}$$

若信号的功率是有限的，即 $P[\cdot] < \infty$，则称之为“功率有限信号”（power-limited signal），简称功率信号。

很显然，如果信号 $s(t)$ 是周期信号，且周期为 T，那么其功率为

$$P[s(t)] = \frac{1}{T} \int_{\mathrm{T}} |s(t)|^2 \mathrm{d}t \tag{2-6}$$

其中 $\int_T (\cdot)\mathrm{d}t$ 表示在任意一个宽度为 T 的区间积分。同样如果信号 $s(n)$ 是周期信号，且周期为 N，Z 为整数域，那么其功率为

$$P[s(n)] = \frac{1}{N} \sum_{n=m}^{m+N-1} |s(n)|^2 \quad (\forall m \in Z) \tag{2-7}$$

一般来说，周期信号、准周期信号及随机信号，由于其时间是无限的，所以它们不是能量信号，而是功率信号；在有限区间有定义的确定信号一般都是能量信号。

6. 实信号与复信号

信号（函数或序列）取值为实数的信号称为“实值信号”（real-valued signal），简称实信号；而取值为复数的信号称为“复值信号”（complex-valued signal），简称复信号。

2.1.2　系统的分类

在通信领域中，系统是一个很灵活的概念，它所包括的范围可大可小。例如，大到包含

移动用户、基站、传输信道等庞大的移动通信系统，小到通信设备中的某一具体电路。数学上，系统是用它的输入信号 $s(t)$ 和输出信号 $r(t)$ 之间的函数关系来描述的，如图 2-1 所示。

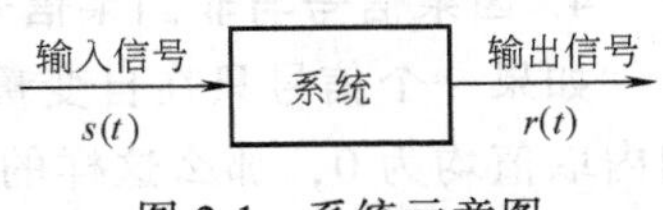

图 2-1 系统示意图

输入输出之间的关系记作：$r(t)=g[s(t)]$，其中，“$g[\cdot]$”是由系统的结构所决定的函数关系。下面从此函数关系的特点出发，讨论系统的分类。

1. 线性系统和非线性系统

均匀性和叠加性是判别系统是否为线性系统的依据。

(1) 均匀性

在图 2-1 所示的系统中，如果下式成立：

$$kr(t)=g[ks(t)] \tag{2-8}$$

式中，k 为任一常数，则称系统满足均匀性。均匀性表明，当输入信号增大 k 倍时，系统的输出信号也增大 k 倍。

(2) 叠加性

在图 2-1 所示系统中，假设当输入为 $s_1(t)$ 时，输出为 $r_1(t)$，而当输入为 $s_2(t)$ 时，输出为 $r_2(t)$。那么当输入为 $s_1(t)+s_2(t)$时，若输出为 $r_1(t)+r_2(t)$，即

$$r_1(t)+r_2(t)=g[s_1(t)+s_2(t)] \tag{2-9}$$

则该系统被称为满足叠加性。

既满足均匀性又满足叠加性的系统，称为线性系统，否则称为非线性系统。

2. 时不变系统与时变系统

时不变系统（也称为恒参系统）是指系统内的参数不随时间而变化的系统，其输入输出信号的函数关系也不随时间而变化。即若 $r(t)=g[s(t)]$，则有

$$r(t-t_0)=g[s(t-t_0)] \tag{2-10}$$

这说明对时不变系统，当输入信号延时 t_0 时，输出信号只是相应地延时了 t_0，输出信号的形状并没有发生变化。若不满足式（2-10），则称为时变系统（也称随参系统）。在时变系统中，在不同时刻输入信号，即使输入信号相同，也会得到不同的输出信号。

3. 物理可实现系统与物理不可实现系统

物理可实现系统是指系统的输出不可能在系统的输入加入之前就出现。设 $t=0$ 时刻开始在输入端加入信号，则在 $t<0$ 时，输出 $r(t)=0$，只有当 $t>0$ 时，输出 $r(t)$才可能有值。凡是实际的系统都是物理可实现系统。

那么为什么要引入物理不可实现系统的概念呢？这是因为它能提示信号传输的某些规律，简化问题的分析。理想低通滤波器就是一个物理不可实现的系统，它在输入还没出现之前，已经有输出信号了。

2.2 确知信号的频域性质

确知信号的频域特性，由其各频率分量的分布来表示，是信号的重要性质之一，信号的带宽和抗噪声性能都与其有密切的联系。不同类型的信号，其频域特性的描述也有所不同，本节主要讨论功率信号的频谱、能量信号的频谱密度、能量信号的能量谱密度和功率信号的

功率谱密度，并在此基础上给出信号带宽的定义。

2.2.1 功率信号的频谱

对于周期性的功率信号，其频谱（frequency spectrum）函数可以由傅里叶级数展开来表示。由高等数学的知识，我们知道，满足“狄里赫利（Dirichlet）条件”的任何周期函数可以展开成“正交函数线性组合”的无穷级数，即傅里叶级数（FS）。这里，正交函数集可以是三角函数集或复指数函数集。下面先给出这两种情况下的傅里叶级数表示法，再解释功率信号频谱函数的含义。

第一种情况，以三角函数作为正交函数集。此时周期为 T_1、频率为 $f_1=1/T_1$、满足狄里赫利条件的周期函数 $s(t)$ 可展开成“三角形式的傅里叶级数”为

$$s(t) = a_0 + \sum_{n=1}^{\infty}(a_n\cos2\pi nf_1t + b_n\sin2\pi nf_1t) \tag{2-11}$$

其中直流分量（对应0频率）为

$$a_0 = \frac{1}{T_1}\int_{T_1}s(t)\mathrm{d}t \tag{2-12}$$

n 次谐波的余弦分量（对应频率 nf_1）为

$$a_n = \frac{1}{T_1}\int_{T_1}s(t)\cos2\pi nf_1t\mathrm{d}t\ ,\ n\in N \tag{2-13}$$

n 次谐波的正弦分量（对应频率 nf_1）为

$$b_n = \frac{1}{T_1}\int_{T_1}s(t)\sin2\pi nf_1t\mathrm{d}t\ ,\ n\in N \tag{2-14}$$

称 a_n、b_n 为三角形式的“傅里叶级数系数”（Fourier series coefficients），简称“傅里叶系数”。称 $f_1=1/T_1$ 为信号的“基波”或“基频”，而 nf_1 为信号的“n 次谐波”。基波也称为“一次谐波”。如果合并同频率的正余弦项，可以得到

$$s(t) = c_0 + \sum_{n=1}^{\infty}c_n\cos(2\pi nf_1t + \varphi_n) \tag{2-15}$$

或

$$s(t) = d_0 + \sum_{n=1}^{\infty}d_n\sin(2\pi nf_1t + \theta_n) \tag{2-16}$$

其中，φ_n 和 θ_n 分别对应合并同频率项后 n 次谐波的余弦项和正弦项的初相位。根据三角公式，我们可以得到这些傅里叶系数之间的关系

$$a_0=b_0=c_0 \tag{2-17}$$

$$a_n=c_n\cos\varphi_n=d_n\sin\theta_n \tag{2-18}$$

$$b_n=-c_n\sin\varphi_n=d_n\cos\theta_n \tag{2-19}$$

$$c_0=d_0=a_0 \tag{2-20}$$

$$c_n^2=d_n^2=a_n^2+b_n^2 \tag{2-21}$$

$$\varphi_n=-\arctan(b_n/a_n) \tag{2-22}$$

$$\theta_n=-\arctan(a_n/b_n) \tag{2-23}$$

第二种情况，以复指数函数作为正交函数集。此时，可以像求三角形式傅里叶级数展开

式那样求复指数形式的傅里叶级数展开。实际上，由于正余弦函数与复指数函数通过欧拉公式发生联系，因此也可以直接通过三角函数形式的傅里叶级数求复指数形式的傅里叶级数。

假设符合狄里赫利条件的周期函数展开的“复指数形式的傅里叶级数”为

$$s(t)=\sum_{n=-\infty}^{\infty}F_n e^{j2\pi nf_1t} \tag{2-24}$$

其中，F_n 由下式给出：

$$F_n=\frac{1}{T_1}\int_{T_1}s(t)e^{-j2\pi nf_1t}dt\ ,\ n\in Z \tag{2-25}$$

称式（2-24）和式（2-25）分别是复指数形式的傅里叶级数综合与分析式，其中 F_n 称为“复傅里叶级数系数”（complex Fourier series coefficients），简称“傅里叶系数”。当 $n=0$ 时，有

$$F_0=\frac{1}{T_1}\int_{T_1}s(t)dt \tag{2-26}$$

是 $s(t)$ 的平均值（直流分量）。

上面我们给出了周期信号傅里叶级数展开的两种形式，其中，复指数形式的傅里叶级数展开在通信系统原理中得到了更多的应用。实际中对于周期性的功率信号，其频谱函数正是由式（2-25）傅里叶级数展开的系数 F_n 来表示的。

一般来讲 F_n 是一个复数，代表信号 $s(t)$ 在频率 nf_1 处的复振幅，我们把它记作

$$F_n=|F_n|e^{j\theta_n} \tag{2-27}$$

其中，$|F_n|$ 为信号在频率 nf_1 处的幅度，θ_n 为信号在频率 nf_1 处的相位。

由式（2-27）可知，对于周期性功率信号来说，其频谱函数 F_n 是离散的，只在 f_1 的整数倍处取值。由于 n 可以为负值，所以在负频率上 F_n 也有值，因此通常称 F_n 为双边谱。需要指出的是，双边谱中的负频谱仅在数学上有意义，并没有实际的物理意义。分析表明，数学上频谱函数的负频率分量的模和对应的正频率分量的模相加，就等于物理上实信号频谱的模。这种物理可实现的实信号的频谱只存在直流分量和正频谱，因此常称之为单边谱。两种谱各有其适用的场合，双边谱便于数学分析，单边谱便于实验测量。

下面通过实例来说明周期功率信号频谱的分析和表示方法。

【例 2-1】 求图 2-2 所示的周期矩形脉冲信号 $s(t)$ 的频谱，单个脉冲的宽度为 τ，高度为 A，周期为 T_0。

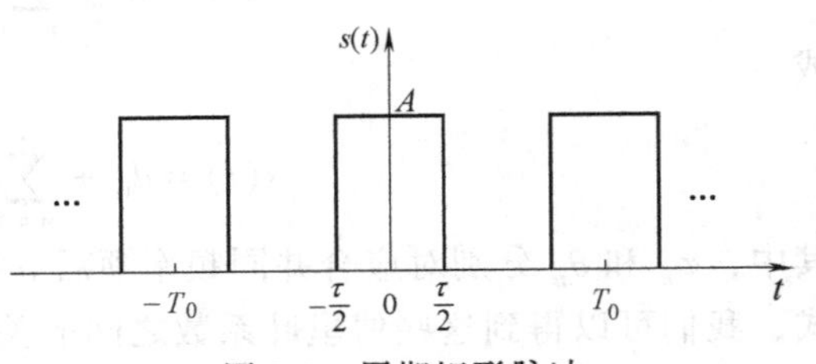

图 2-2 周期矩形脉冲

解： 由图 2-2 可知，$s(t)$ 的波形关于纵轴对称，是实偶函数，由式（2-25）可求出：

$$F_n=\frac{1}{T_0}\int_{-\tau/2}^{\tau/2}Ae^{-j2\pi nf_0t}dt=\frac{1}{T_0}\left[-\frac{A}{j2\pi nf_0}e^{-j2\pi nf_0t}\right]_{-\tau/2}^{\tau/2}$$

$$=\frac{A}{T_0}\frac{e^{j2\pi nf_0\tau/2}-e^{-j2\pi nf_0\tau/2}}{j2\pi nf_0}=\frac{A}{\pi nf_0T_0}\sin\pi nf_0\tau=\frac{A\tau}{T_0}\mathrm{Sa}(\pi nf_0\tau) \tag{2-28}$$

式中，Sa(·) 为抽样函数，也称 Sa 函数，其定义为

$$\mathrm{Sa}(t)=\sin(t)/t \tag{2-29}$$

与 Sa 函数类似的还有一个"sinc 函数"，其表达式为 $\mathrm{sinc}(t)=\sin(\pi t)/(\pi t)=\mathrm{Sa}(\pi t)$，使用时需注意两者的差别。

由（2-28）式可以看出 F_n 为实函数。将 F_n 代入式（2-24）可得

$$s(t)=\sum_{n=-\infty}^{\infty}F_n\mathrm{e}^{\mathrm{j}2\pi nf_0t}=\frac{A\tau}{T_0}\sum_{n=-\infty}^{\infty}\mathrm{Sa}(n\pi f_0\tau)\,\mathrm{e}^{\mathrm{j}2\pi nf_0t} \tag{2-30}$$

该展开式表明周期信号可以分解成很多频率成分的正弦波[⊖]可以看出，周期为 T_0 的信号分解后包含有直流和 f_0（基波）、$2f_0$（2 次谐波）、$3f_0$、…、nf_0 等频率分量。这就是周期信号的频谱，并且它是离散的。将 $|F_n|$ 和 $\angle F_n$ 对频率 f 作图，则该图称为信号 $s(t)$ 的离散频谱图。$|F_n|$ 的图表示幅度与频率的关系，通常称为幅度谱，而 $\angle F_n$ 的图表示相位与频率的关系，称为相位谱。F_n 与 f 的关系曲线即频谱图如图 2-3 所示（以 $T_0=5\tau$ 为例）。

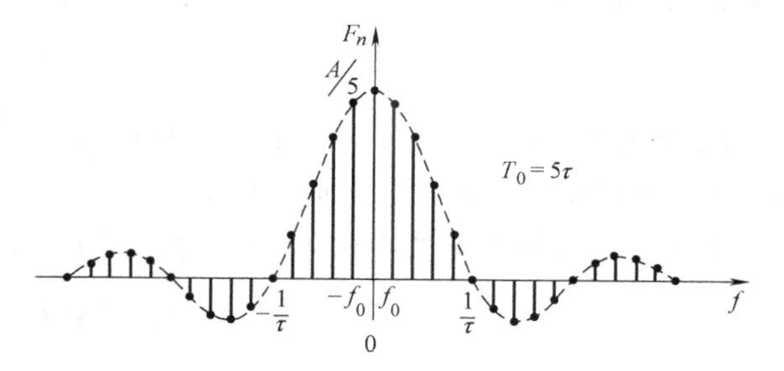

图 2-3　周期矩形脉冲频谱图

图中，频谱的包络按照 $\mathrm{Sa}(\pi f\tau)$ 的曲线（虚线）变化，$f=0$ 时，由 Sa 函数定义式（2-29），并结合罗比塔法则可以求得 $\mathrm{Sa}(0)=1$，所以 $F_0=A/5$，第一个零点出现在 $|f|=1/\tau$ 处，从 $f=0$ 到第一个零点间的离散频谱为 4 条，分别为 f_0、$2f_0$、$3f_0$、$4f_0$，而 $5f_0$ 的频谱正好为 0。

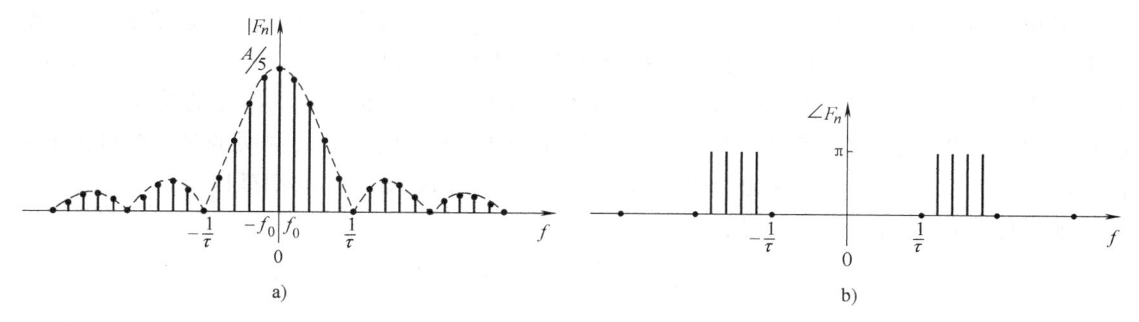

图 2-4　周期矩形脉冲的幅度谱和相位谱

a）幅度谱　b）相位谱

如果只研究幅度与频率的关系，可以画出幅度谱，即 $|F_n|$ 与 f 的关系图，此时只要把图 2-3 频谱图中负的变为正的即可。如果只研究相位与频率的关系，则可以用相位谱，即 φ_n 与 f 的关系图，如图 2-3 所示频谱图中凡是正的相位为 0，凡是负的相位为 π。图 2-4 给出了该周期矩形脉冲的幅度谱和相位谱图。由于相位频谱很少应用，因此，以后如果不作说明，频谱和频谱图都是指幅度谱。

2.2.2　能量信号的频谱密度

对于能量信号 $s(t)$，通常将它的傅里叶变换 $S(f)$ 定义为其频谱密度（frequency spec-

⊖　除非特别说明，本书中"正弦波"均指 sin 或 cos。

trum density)，$s(t)$ 的傅里叶变换（FT）为

$$S(f)=\int_{-\infty}^{\infty}s(t)\mathrm{e}^{-\mathrm{j}2\pi ft}\mathrm{d}t\triangleq\Gamma[s(t)] \tag{2-31}$$

频谱密度函数 $S(f)$ 的“傅里叶反变换”（IFT）为

$$s(t)=\int_{-\infty}^{\infty}S(f)\mathrm{e}^{\mathrm{j}2\pi ft}\mathrm{d}f\triangleq\Gamma^{-1}[S(f)] \tag{2-32}$$

式（2-31）和式（2-32）在时域信号 $s(t)$ 与频率域频谱密度函数 $S(f)$ 之间建立了一一对应关系，通常称 $s(t)$ 与 $S(f)$ 为一对“傅里叶变换对”（FT pair），并简记为

$$s(t)\Leftrightarrow S(f) \tag{2-33}$$

FT 和 IFT 的定义表明 FT 与 IFT 具有唯一性。即如果两个函数的 FT 或 IFT 相等，那么这两个函数必然相等。换言之，如果 $\Gamma[s(t)]=S(f)$，则必然有 $\Gamma^{-1}[S(f)]=s(t)$；反之亦然。

由于信号的傅里叶变换 $S(f)$ 一般为复值函数，故可以写成

$$S(f)=|S(f)|\mathrm{e}^{\mathrm{j}\varphi(f)} \tag{2-34}$$

其中，$|S(f)|$ 称为信号的“幅度频谱密度函数”，简称“幅度谱（函数）”，表示信号的幅度密度随频率变化的幅频特性；而 $\varphi(f)=\angle S(f)$ 为信号的“相位频谱密度函数”，简称“相位谱（函数）”，表示信号的相位随频率变化的相频特性。通常情况下，可把信号的幅度谱 $|S(f)|$ 与相位谱 $\varphi(f)$ 单独画出。

能量信号的频谱密度 $S(f)$ 和周期功率信号的频谱 F_n 的主要区别在于前者是连续谱，后者为离散谱。能量信号的能量有限，且分布在连续的频率轴上，所以每个频率点上信号的幅度为无穷小，只有在某段频率间隔 Δf 上才有确定的非零幅度。功率信号的功率有限，但能量无限，所以它在无限多的离散频率点上有确定的非零幅度。需要说明的是，在讨论能量信号时，通常也把频谱密度称为频谱，这时需要注意它们在概念上的细微区别。

如果能量信号 $s(t)$ 为实信号，则

$$S(f)=\int_{-\infty}^{\infty}s(t)\mathrm{e}^{-\mathrm{j}2\pi ft}\mathrm{d}t=\left[\int_{-\infty}^{\infty}s(t)\mathrm{e}^{\mathrm{j}2\pi ft}\mathrm{d}t\right]^{*}=[S(-f)]^{*} \tag{2-35}$$

可以看出，其频谱密度的正频率部分和负频率部分成复数共轭关系，对于实功率信号，其频谱也具有类似的特性。

【例 2-2】 试求单位矩形脉冲信号（unit rectangle impulse signal）的频谱密度。

解： 宽度为 τ、中心位于原点的“单位矩形脉冲信号”通常用 $D_\tau(t)$ 表示，其表达式为

$$D_\tau(t)=\begin{cases}1, & |t|\leqslant\tau/2\\0, & |t|>\tau/2\end{cases} \tag{2-36}$$

单位矩形脉冲信号也称门函数，如图 2-5a 所示。

其频谱密度就是 $D_\tau(t)$ 的傅里叶变换，即

$$\begin{aligned}S(f)&=\int_{-\infty}^{\infty}D_\tau(t)\mathrm{e}^{-\mathrm{j}2\pi ft}\mathrm{d}t=\int_{-\tau/2}^{\tau/2}\mathrm{e}^{-\mathrm{j}2\pi ft}\mathrm{d}t=\frac{1}{-\mathrm{j}2\pi f}(\mathrm{e}^{-\mathrm{j}\pi f\tau}-\mathrm{e}^{\mathrm{j}\pi f\tau})\\&=\frac{2\mathrm{j}\sin(\pi f\tau)}{\mathrm{j}2\pi f}=\tau\frac{\sin(\pi f\tau)}{\pi f\tau}=\tau\mathrm{Sa}(\pi f\tau)\end{aligned} \tag{2-37}$$

对应的频谱函数波形如图 2-5b 所示。

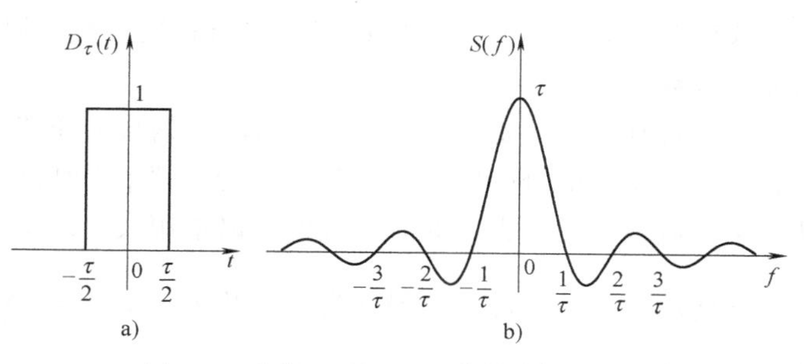

图 2-5　单位矩形脉冲信号及其频谱函数

【例 2-3】 试求单位冲激信号（unit impulse signal）的频谱密度。

解：先解释一下冲激信号的概念，冲激信号有一个总的“冲激强度”（area of impulse）（对单位冲激信号而言为 1），它在整个时间域上的积分是该强度值；同时该信号除了冲激点之外其他的函数取值均为零。据此可以给出单位冲激信号的“狄拉克（Dirac）定义法”，即

$$\begin{cases}\int_{-\infty}^{\infty}\delta(t)\mathrm{d}t = 1\\ \delta(t) = 0\ (t \neq 0)\end{cases} \tag{2-38}$$

满足式（2-38）的信号 $\delta(t)$ 就称为“单位冲激信号”（unit impulse sigal），或“δ 函数”“δ 信号”。单位冲激信号 $\delta(t)$ 可以看作是一个高度无穷大、宽度无穷小、面积为 1 的脉冲，显然这是一种理想信号，实际中并不存在。单位冲激函数具有如下性质：

（1）$\delta(t)$ 为偶函数，即 $\delta(t)=\delta(-t)$

（2）尺度变换性，即 $\delta(at)=\delta(t)/|a|$，$a\neq 0$

（3）抽样特性，即 $\int_{-\infty}^{\infty}s(t)\delta(t-t_0)\mathrm{d}t = s(t_0)$，这表明式中的积分可以看作是在 $t=t_0$ 时刻对 $s(t)$ 的抽样，δ 函数的这个特性非常有用。

下面求单位冲激信号的频谱密度，即 $\delta(t)$ 的傅里叶变换

$$S(f) = \Gamma[\delta(t)] = \int_{-\infty}^{\infty}\delta(t)\mathrm{e}^{-\mathrm{j}2\pi ft}\mathrm{d}t = \mathrm{e}^{-\mathrm{j}2\pi ft}\big|_{t=0} = 1 \tag{2-39}$$

这里就用到了 δ 函数的抽样特性。式（2-39）表明 $\delta(t)$ 的频谱密度等于常数 1，即它的各频率分量连续均匀地分布在整个频率轴。图 2-6 给出了 $\delta(t)$ 的波形和频谱密度曲线。

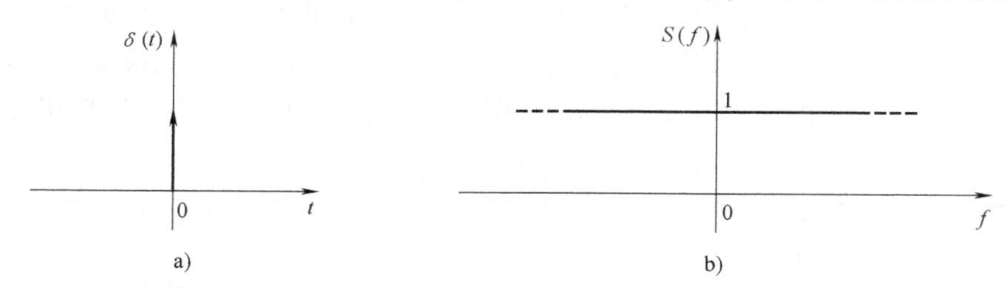

图 2-6　单位冲激函数的波形和频谱密度

a）$\delta(t)$ 波形　b）$\delta(t)$ 频谱密度

反过来，我们也可以求频域为冲激函数 $\delta(f)$ 时对应的时域信号 $s(t)$，即

$$s(t) = \Gamma^{-1}[\delta(f)] = \int_{-\infty}^{\infty}\delta(f)\mathrm{e}^{\mathrm{j}2\pi ft}\mathrm{d}t = 1 \tag{2-40}$$

由此得

$$1\Leftrightarrow\delta(f),\ A\Leftrightarrow A\delta(f) \tag{2-41}$$

这说明，幅度恒为1（或A）的直流信号，对应的频谱密度为频域单位（或强度为A）的冲激函数。

需要特别指出的是，有时也可以将功率信号当作能量信号看待，以计算其频谱密度。从概念上讲，功率信号的频谱中，其各个谐波频率上都具有一定的非零功率，在这些频率上的功率密度应该为无穷大。此时，我们可以采用式（2-38）定义的δ函数来描述其频谱密度。

周期功率信号$s(t)$可以展开为傅里叶级数$s(t)=\sum_{n=-\infty}^{\infty}F_n e^{j2\pi nf_0t}$，由式（2-41）结合傅里叶变换的叠加及频移特性（见表2-2），可得

$$S(f)=\Gamma[s(t)]=\sum_{n=-\infty}^{\infty}F_n\delta(f-nf_0) \tag{2-42}$$

式（2-42）就是周期功率信号$s(t)$的频谱密度。

下面结合几个实例来说明周期功率信号的频谱密度表示方法。

（1）余弦信号$s(t)=\cos(2\pi f_0t)$

由欧拉公式可得$s(t)=\cos(2\pi f_0t)=(e^{j2\pi f_0t}+e^{-j2\pi f_0t})/2$，即$F_1=F_{-1}=1/2$，所以

$$S(f)=\frac{1}{2}[\delta(f+f_0)+\delta(f-f_0)] \tag{2-43}$$

（2）周期为T_0的周期冲激函数$\delta_{T_0}(t)=\sum_{n=-\infty}^{\infty}\delta(t-nT_0)$

由（2-25）可得，$F_n=\frac{1}{T_0}\int_{-T_0/2}^{T_0/2}\delta_{T_0}(t)e^{-j2\pi nf_0t}dt=\frac{1}{T_0}$，所以

$$S(f)=\Gamma[\delta_{T_0}(t)]=\frac{1}{T_0}\sum_{n=-\infty}^{\infty}\delta(f-nf_0) \tag{2-44}$$

（3）周期为T_0，宽度为τ，高度为A的矩形脉冲信号$s(t)$，结合式（2-30）给出的傅里叶级数展开式可得

$$S(f)=\Gamma[s(t)]=\frac{A\tau}{T_0}\sum_{n=-\infty}^{\infty}\mathrm{Sa}(n\pi f_0\tau)\delta(f-nf_0) \tag{2-45}$$

上面的分析和实例表明，引入单位冲激函数$\delta(t)$后，我们可以把频谱密度的概念推广到功率信号上。我们已经知道，要求信号的频谱密度，只需计算其傅里叶变换即可。表2-1和表2-2分别列出了常用信号的傅里叶变换以及傅里叶变换的主要性质，供以后使用时参考。

表2-1 典型非周期信号的傅里叶变换

序号	时域$s(t)$	频域$S(f)$
1	$\delta(t)$	1
2	1	$\delta(f)$
3	$AD_\tau(t)$ （宽度为τ，幅度为A的矩形脉冲）	$A\tau\mathrm{Sa}(\pi f\tau)$
4	$AB\mathrm{Sa}(\pi Bt)$	$AD_B(f)$ （宽度为B，幅度为A的矩形频谱特性）
5	$\begin{cases}\frac{A}{2}\left(1+\cos\left(\frac{2\pi}{\tau}t\right)\right) & \lvert t\rvert\le\frac{\tau}{2}\\ 0 & 其他\ t\end{cases}$ （升余弦脉冲）	$\frac{A\tau}{2}\mathrm{Sa}(\pi f\tau)\frac{1}{1-f^2\tau^2}$

（续）

序号	时域 $s(t)$	频域 $S(f)$
6	$\frac{AB}{2}\mathrm{Sa}(\pi Bt)\frac{1}{(1-B^2t^2)}$	$\begin{cases}\frac{A}{2}\left(1+\cos\left(\frac{2\pi}{B}f\right)\right) & \|f\|\leqslant\frac{B}{2}\\ 0 & 其他\end{cases}$ （升余弦频谱特性）
7	$A\cos2\pi f_0t$	$\frac{A}{2}[\delta(f-f_0)+\delta(f+f_0)]$
8	$A\sin2\pi f_0t$	$\frac{A}{2j}[\delta(f-f_0)-\delta(f+f_0)]$
9	$\begin{cases}A & 0<\|t\|<(1-\alpha)\frac{\tau}{4}\\ \frac{A}{2}\left[1+\sin\frac{2\pi}{\tau\alpha}\left(\frac{\tau}{4}-\|t\|\right)\right] & (1-\alpha)\frac{\tau}{4}\leqslant\|t\|\leqslant(1+\alpha)\frac{\tau}{4}\\ 0 & 其他\ t\end{cases}$ （滚降系数为 α 的余弦滚降波形）	$\frac{A}{\pi f}\frac{\sin\left(\frac{\pi f\tau}{2}\right)\cos\left(\frac{\alpha\pi f\tau}{2}\right)}{(1-\alpha^2f^2\tau^2)}$
10	$\frac{A}{\pi t}\frac{\sin\left(\frac{\pi Bt}{2}\right)\cos\left(\frac{\alpha\pi Bt}{2}\right)}{(1-\alpha^2B^2t^2)}$	$\begin{cases}A & 0<\|f\|<(1-\alpha)\frac{B}{4}\\ \frac{A}{2}\left[1+\sin\frac{2\pi}{\alpha B}\left(\frac{B}{4}-\|f\|\right)\right] & (1-\alpha)\frac{B}{4}\leqslant\|f\|\leqslant(1+\alpha)\frac{B}{4}\\ 0 & 其他\ f\end{cases}$ （滚降系数为 α 的余弦滚降频谱特性）
11	$\begin{cases}A\left(1-\frac{2}{\tau}\|t\|\right) & \|t\|\leqslant\frac{\tau}{2}\\ 0 & \|t\|>\frac{\tau}{2}\end{cases}$（三角脉冲）	$\frac{A\tau}{2}\mathrm{Sa}^2\left(\frac{\pi f\tau}{2}\right)$
12	$f_0\mathrm{Sa}^2(\pi f_0t)$	$\begin{cases}1-\frac{\|f\|}{f_0} & \|f\|\leqslant f_0\\ 0 & \|f\|>f_0\end{cases}$（三角频谱特性）
13	$\begin{cases}A & 0<\|t\|<(1-\alpha)\frac{\tau}{4}\\ \frac{A}{2}\left[1+\frac{4}{\alpha\tau}\left(\frac{\tau}{4}-\|t\|\right)\right] & (1-\alpha)\frac{\tau}{4}\leqslant\|t\|\leqslant(1+\alpha)\frac{\tau}{4}\\ 0 & 其他\ t\end{cases}$ （滚降系数为 α 的梯形脉冲）	$\frac{A\tau}{2}\mathrm{Sa}\left(\frac{\pi f\tau}{2}\right)\mathrm{Sa}\left(\frac{\alpha\pi f\tau}{2}\right)$
14	$f_0\mathrm{Sa}(\pi f_0t)\mathrm{Sa}(\alpha\pi f_0t)$	$\begin{cases}1 & 0<\|f\|<(1-\alpha)\frac{f_0}{2}\\ \frac{1}{2}\left[1+\frac{2}{\alpha f_0}\left(\frac{f_0}{2}-\|f\|\right)\right] & (1-\alpha)\frac{f_0}{2}\leqslant\|f\|\leqslant(1+\alpha)\frac{f_0}{2}\\ 0 & 其他\ f\end{cases}$ （滚降系数为 α 的梯形频谱特性）
15	$\mathrm{e}^{-a\|t\|}$，$(a>0)$（双边指数型脉冲）	$\frac{2a}{a^2+(2\pi f)^2}$
16	$\frac{1}{a\sqrt{2\pi}}\exp\left(-\frac{t^2}{2a^2}\right)$，$(a>0)$（钟形脉冲）	$\exp(-2a^2\pi^2f^2)$

表 2-2　傅里叶变换性质

性质	表达式
1. 线性叠加性	$as_1(t)+as_2(t)\Leftrightarrow aS_1(f)+bS_2(f)$
2. 奇偶虚实性	$S(-f)=S^*(f)$（实信号的 FT 具有共轭对称性） $S(-f)=-S^*(f)$（纯虚信号的 FT 具有奇共轭对称性）

（续）

3. 反褶和共轭性	$s(-t)\Leftrightarrow S(-f)$（时域反褶，频域反褶） $s^*(t)\Leftrightarrow S^*(-f)$（时域共轭，频域共轭+反褶） $s^*(-t)\Leftrightarrow S^*(f)$（时域共轭+反褶，频域共轭）
4. 对偶性	$S(t)\Leftrightarrow s(-f)$
5. 尺度变换特性	$s(at)\Leftrightarrow\frac{1}{\vert a\vert}S\left(\frac{f}{a}\right),a\neq0$
6. 时域平移（时移）特性	$s(t-t_0)\Leftrightarrow S(f)\mathrm{e}^{-\mathrm{j}2\pi ft_0}$
7. 频域平移（频移）特性	$s(t)\mathrm{e}^{\mathrm{j}2\pi f_0t}\Leftrightarrow S(f-f_0)$
8. 微分特性	$\frac{\mathrm{d}}{\mathrm{d}t}s(t)\Leftrightarrow \mathrm{j}2\pi fS(f)$（时域微分） $(-\mathrm{j}t)s(t)\Leftrightarrow\frac{\mathrm{d}S(f)}{\mathrm{d}f}$（频域微分）
9. 积分特性	$\int_{-\infty}^{t}s(\tau)\mathrm{d}\tau\Leftrightarrow\frac{1}{\mathrm{j}2\pi f}S(f)+\pi S(0)\delta(f)$（时域积分） $\pi s(0)\delta(t)+\frac{1}{-\mathrm{j}t}s(t)\Leftrightarrow\int_{-\infty}^{f}S(\lambda)\mathrm{d}\lambda$（频域积分）
10. 卷积定理	$s_1(t)*s_2(t)\Leftrightarrow S_1(f)S_2(f)$（时域卷积） $s_1(t)\cdot s_2(t)\Leftrightarrow S_1(f)*S_2(f)$（频域卷积）
11. 冲激脉冲调制	$s(t)\delta_{T_0}(t)\Leftrightarrow\frac{1}{T_0}\sum_{n=-\infty}^{\infty}S(f-nf_0)$，其中 $f_0=\frac{1}{T_0}$
12. 余弦波调制	$s(t)\cos2\pi f_0t\Leftrightarrow\frac{1}{2}[S(f+f_0)+S(f-f_0)]$
13. 正弦波调制	$s(t)\sin2\pi f_0t\Leftrightarrow\frac{j}{2}[S(f+f_0)-S(f-f_0)]$

2.2.3 能量信号的能量谱密度

对于能量信号 $s(t)$，由式（2-2）可知，其能量可表示为 $E=\int_{-\infty}^{\infty}\vert s(t)\vert^2\mathrm{d}t$，若其傅里叶变换（频谱密度）为 $S(f)$，则由能量信号的帕塞瓦尔（Parseval）定理（证明见附录A）可知：

$$E=\int_{-\infty}^{\infty}\vert s(t)\vert^2\mathrm{d}t=\int_{-\infty}^{\infty}\vert S(f)\vert^2\mathrm{d}f \tag{2-46}$$

式（2-46）将信号能量与信号的频谱密度联系起来了，这样就有时域和频域两种计算能量的方法，实际中可以灵活选用。由式（2-46）也可以看出能量信号的总能量等于各个频率分量单独贡献出来的能量的积分，不同频率间的乘积对信号的能量没有任何影响。具体来讲，就是 $\vert S(f)\vert^2$ 在频率轴 f 上的积分也可以用来表示信号的能量。

如果定义：

$$G(f)=\vert S(f)\vert^2 \tag{2-47}$$

则可以称 $G(f)$ 为信号的能量谱密度（energy spectrum density），其单位为J/Hz，它表示频率 f 处宽度为 $\mathrm{d}f$ 的频带内的信号能量，也可以看作是单位频带内的信号能量。此时，式（2-46）可以写为

$$E=\int_{-\infty}^{\infty}G(f)\,\mathrm{d}f \tag{2-48}$$

对于实信号 $s(t)$，由于 $\vert S(f)\vert^2=\vert S(-f)\vert^2$，因此 $G(f)$ 是实偶函数，故能量计算公式可

简化为

$$E = 2\int_{0}^{\infty} G(f)\,\mathrm{d}f \tag{2-49}$$

【例 2-4】 试求宽度为 τ，高度为 A 的单个矩形脉冲的能量谱密度。

解：由表 2-1 典型非周期信号的傅里叶变换可知，该矩形脉冲的频谱密度为

$$S(f) = A\tau\mathrm{Sa}(\pi f\tau)$$

由式（2-47）可得，其能量谱密度为

$$G(f) = |S(f)|^2 = |A\tau\mathrm{Sa}(\pi f\tau)|^2 = A^2\tau^2|\mathrm{Sa}(\pi f\tau)|^2$$

图 2-7 给出了对应的能量谱密度示意图。

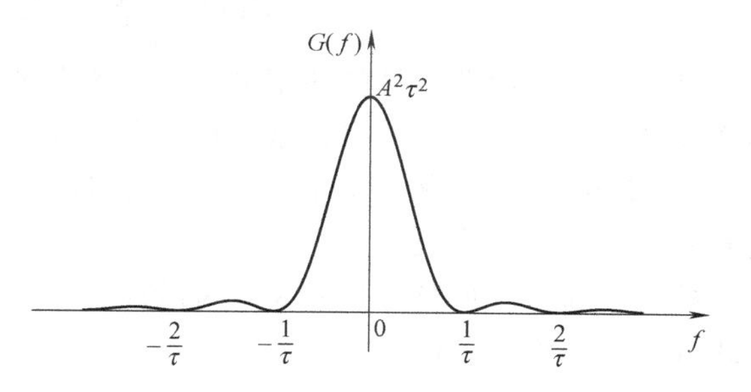

图 2-7　单个矩形脉冲信号的能量谱密度示意图

2.2.4　功率信号的功率谱密度

对于功率信号 $s(t)$，其能量为无穷大，因此不能计算其能量谱密度。但由于其功率有限，我们可以求出其功率谱密度。为此，我们先将 $s(t)$ 截短为持续时间为 T 的截短信号 $s_T(t)$，其中 $-T/2<t<T/2$，这样我们就得到了一个能量信号 $s_T(t)$，此时就可以用傅里叶变换求出其能量谱密度 $|S_T(f)|^2$ 以及能量 E_T，其平均功率可表示为 E_T/T，然后令 $T\to\infty$ 取极限即可得出原功率信号的平均功率，即

$$E_T = \int_{-\infty}^{\infty} |s_T(t)|^2\mathrm{d}t = \int_{-\frac{T}{2}}^{\frac{T}{2}} |s(t)|^2\mathrm{d}t = \int_{-\infty}^{\infty} |S_T(f)|^2\mathrm{d}f \tag{2-50}$$

$$P = \lim_{T\to\infty}\frac{1}{T}\int_{-\frac{T}{2}}^{\frac{T}{2}} |s(t)|^2\mathrm{d}t = \lim_{T\to\infty}\frac{1}{T}\int_{-\infty}^{\infty} |S_T(f)|^2\mathrm{d}f = \int_{-\infty}^{\infty}\lim_{T\to\infty}\frac{|S_T(f)|^2}{T}\mathrm{d}f \tag{2-51}$$

式（2-51）中的被积函数就定义为信号的功率谱密度（power spectrum density），通常记作 $P(f)$，其单位为 W/Hz，即

$$P(f) = \lim_{T\to\infty}\frac{|S_T(f)|^2}{T} \tag{2-52}$$

如果该功率信号具有周期性，则可将 T 取为信号的周期 T_0，由周期信号帕塞瓦尔定理（证明见附录 A）可知：

$$P = \frac{1}{T_0}\int_{-\frac{T_0}{2}}^{\frac{T_0}{2}} |s(t)|^2\mathrm{d}t = \sum_{n=-\infty}^{\infty} |F_n|^2 \tag{2-53}$$

其中，F_n 为周期信号 $s(t)$ 的傅里叶级数的系数。如果 $f_0=1/T_0$ 为此信号的基波频率，则 F_n 为其第 n 次谐波（频率为 nf_0）的幅度，$|F_n|^2$ 为第 n 次谐波的功率，也可以称之为此信号的离散功率谱。

下面我们进一步分析该信号的功率谱密度。由式（2-51）和式（2-52）可知，信号功率也可表示为 $P=\int_{-\infty}^{\infty}P(f)\mathrm{d}f$，所以

$$\int_{-\infty}^{\infty} P(f)\,\mathrm{d}f = \sum_{n=-\infty}^{\infty} |F_n|^2 \tag{2-54}$$

再利用冲激函数的特性可知 $\int_{-\infty}^{\infty} |F_n|^2\delta(f-nf_0)\,\mathrm{d}f = |F_n|^2$，因此

$$\sum_{n=-\infty}^{\infty} |F_n|^2 = \int_{-\infty}^{\infty} \sum_{n=-\infty}^{\infty} |F_n|^2\delta(f-nf_0)\,\mathrm{d}f \tag{2-55}$$

结合式（2-54）可得

$$P(f) = \sum_{n=-\infty}^{\infty} |F_n|^2\delta(f-nf_0) \tag{2-56}$$

可以看出，周期信号的功率谱密度是离散的，而且都是冲激函数。对于 F_n 不为零的 nf_0 频率成分，具有一定的功率，这一点与非周期功率信号不同。

【例 2-5】 试求例 2-1 中周期矩形脉冲信号 $s(t)$ 的功率谱密度。

解：该周期矩形脉冲信号 $s(t)$ 的频谱已由式（2-28）给出，即

$$F_n = \frac{A\tau}{T_0}\mathrm{Sa}(\pi nf_0\tau)$$

由式（2-56）可得

$$P(f) = \sum_{n=-\infty}^{\infty}\left(\frac{A\tau}{T_0}\right)^2 \mathrm{Sa}^2(\pi f\tau)\,\delta(f-nf_0)$$

图 2-8 给出了对应的功率谱密度示意图，其中 $T_0=5\tau$。

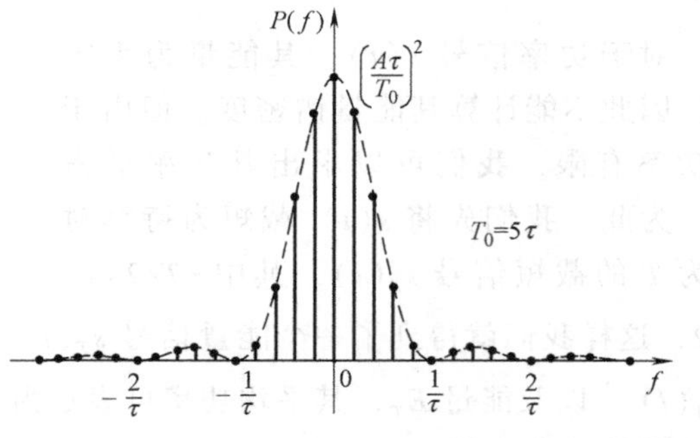

图 2-8 周期矩形脉冲信号的功率谱密度示意图

2.2.5 信号带宽的定义

研究 $G(f)$ 和 $P(f)$ 的目的之一是为了研究信号能量（或功率）在频域内的分布规律，以便合理地选择信号的通频带，对传输电路提出恰当的频带要求，尽量做到在信号不失真或失真不大的条件下提高信噪功率比。

带宽这个名称在通信系统中经常出现，而且常常代表不同的含义，因此在这里先对带宽这个名称做一些说明：从通信系统中信号传输过程来看，通常有两种不同含义的带宽，一种是信号的带宽（或者是噪声的带宽），这是由信号（或噪声）能量谱密度 $G(f)$ 或功率谱密度 $P(f)$ 在频域上的分布规律确定的，也就是本节要定义的带宽；另一种是信道的带宽，这是由传输电路的传输特性决定的。信号带宽和信道带宽的符号用 B 或 W 表示，单位为 Hz。

从理论上讲，除了极个别信号外，信号的频谱分布都是无穷宽的。如例 2-4 中得出了单个矩形脉冲的能量谱密度 $G(f)=|\tau\mathrm{Sa}(\pi f\tau)|^2$，由图 2-7 给出的波形可知，其频谱是很宽的，一直延伸到无穷。如果把凡是有信号频谱的范围都算带宽，那么很多信号的带宽变为无穷大了，显然这样定义带宽是不恰当的，一般信号虽然频谱很宽，但绝大部分实用信号的主要能量（或功率）都是集中在某一个不太宽的频率范围以内的，因此通常根据信号能量（或功率）集中的情况，恰当地定义信号的带宽。常用的定义有以下 4 种。

1. 第一零点带宽

在数字通信中，如果信号的能量（功率）谱有明显的主瓣，一种最常用的定义就是以

主瓣宽度（由第一零点位置决定）作为信号带宽，简称第一零点带宽。在该段频谱中通常包含了信号 90%以上的能量或功率。如例 2-4 中宽度为 τ 的单位的矩形脉冲，其能量谱密度为图 2-7 所示，它的第一个零点为 $1/\tau$，所以通常以 $1/\tau$ 作为其带宽。需要注意的是，这种定义不能用于没有明显主瓣的信号。

2. 3dB 带宽

对于具有明显的单峰形状能量谱（或功率谱）密度，且其峰值位于 $f=0$ 处的信号，其带宽 B 可定义为正频率轴上 $G(f)$ 或 $P(f)$ 下降到 3dB（即下降到峰值的一半）时对应的频率间隔，习惯上称为“3dB 带宽”，有时也称其为半功率带宽。如图 2-9 所示的能量谱/功率谱曲线中，由 $G(f_1)=G(0)/2$ 或 $P(f_1)=P(0)/2$，可得 3dB 带宽 $B=f_1$ Hz。

3. 等效矩形带宽

如图 2-10 所示，用一个矩形的频谱代替信号的频谱，矩形频谱具有的能量与信号的能量相等，矩形频谱的幅度为信号频谱 $f=0$ 时的幅度，该矩形频谱的宽度即定义为信号的等效矩形带宽 B，其计算方法如下。

由 $2BG(0)=\int_{-\infty}^{\infty}G(f)\,\mathrm{d}f$ 或 $2BP(0)=\int_{-\infty}^{\infty}P(f)\,\mathrm{d}f$，可得信号带宽为

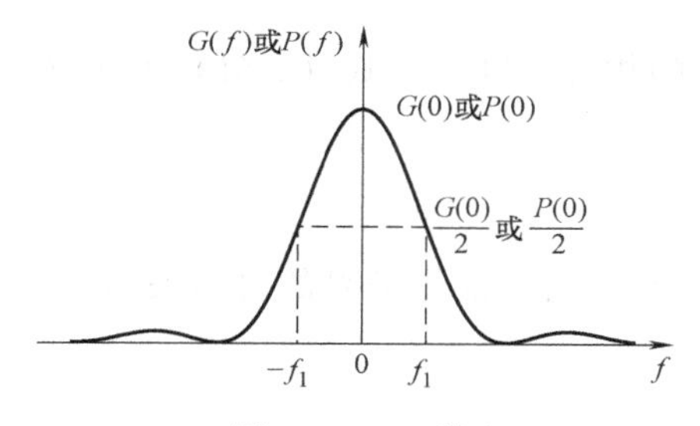

图 2-9　3dB 带宽

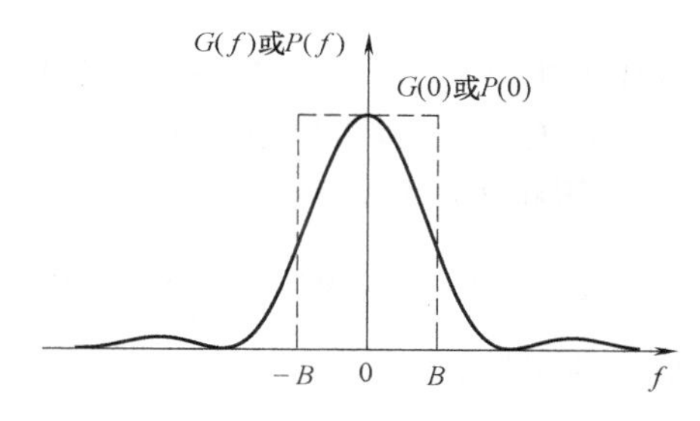

图 2-10　等效矩形带宽

$$B=\frac{\int_{-\infty}^{\infty}G(f)\,\mathrm{d}f}{2G(0)}=\frac{\int_{0}^{\infty}G(f)\,\mathrm{d}f}{G(0)} \tag{2-57}$$

或

$$B=\frac{\int_{-\infty}^{\infty}P(f)\,\mathrm{d}f}{2P(0)}=\frac{\int_{0}^{\infty}P(f)\,\mathrm{d}f}{P(0)} \tag{2-58}$$

4. 百分比带宽

以集中一定百分比的能量（功率）的频带范围来定义信号的带宽，简称为百分比带宽，其计算方法如下。

对能量信号，可由式（2-59）求出 B，即

$$\frac{2\int_{0}^{B}|S(f)|^2\mathrm{d}f}{E}=\gamma \tag{2-59}$$

对功率信号，可由式（2-60）求出 B，即

$$\frac{2\int_{0}^{B}\left[\lim_{T\to\infty}\frac{|S_T(f)|^2}{T}\right]\mathrm{d}f}{P}=\gamma \tag{2-60}$$

上面的 γ 为带内信号占总信号的能量（或功率）百分比，可取90%、95%或99%等。

需要注意的是，带宽 B 是指正频率区域，不计负频率区域。如果信号是低频信号，那么能量集中在低频区域，$2\int_0^B |S(f)|^2 df$ 就是信号在（0，B）频率范围内的能量。

2.3 确知信号的时域性质

信号的相关性是现代通信中应用广泛的重要概念，它是波形之间相似性或关联性的一种测度，也是我们重点关注的时域性质之一。本节主要讨论确知信号在时域的自相关函数、互相关函数，以及它们与谱密度之间的关系。

2.3.1 能量信号的自相关函数

1. 定义

能量信号 $s(t)$ 的自相关函数定义为

$$R(\tau) = \int_{-\infty}^{\infty} s(t)\, s(t+\tau)\, dt \quad -\infty < \tau < \infty \tag{2-61}$$

自相关函数表示的是一个信号与其自身延迟 τ 后的相关程度。由式（2-61）的定义可以看出，自相关函数是时间间隔 τ 的函数，与时间 t 无关。

2. 性质和物理意义

1）$R(0)$。由于 $R(0) = \int_{-\infty}^{\infty} s^2(t)\, dt = E$，所以当 $\tau = 0$ 时，能量信号的自相关函数 $R(0)$ 等于信号的能量 E。

2）$R(0) \geqslant R(\tau)$。这一点可以从下面的分析得出。由于 $\int_{-\infty}^{\infty} [s(t) - s(t+\tau)]^2 dt \geqslant 0$，将其展开：

$$\begin{aligned}
&\int_{-\infty}^{\infty} s^2(t)\, dt - 2\int_{-\infty}^{\infty} s(t)\, s(t+\tau)\, dt + \int_{-\infty}^{\infty} s^2(t+\tau)\, dt \\
&= R(0) - 2R(\tau) + R(0) = 2R(0) - 2R(\tau) \geqslant 0
\end{aligned} \tag{2-62}$$

所以有 $R(0) \geqslant R(\tau)$。从物理意义上，$R(0)$ 是完全相同的两个波形在时间上重合在一起时得到的相关函数，因此一定是最大的。

3）$R(\tau) = R(-\tau)$，即自相关函数是偶函数。由 $R(\tau)$ 的定义，有 $R(-\tau) = \int_{-\infty}^{\infty} s(t)\, s(t-\tau)\, dt$，令 $x = t - \tau$，代入可得

$$R(-\tau) = \int_{-\infty}^{\infty} s(x+\tau)\, s(x)\, d(x+\tau) = \int_{-\infty}^{\infty} s(x)\, s(x+\tau)\, dx = R(\tau) \tag{2-63}$$

4）$R(\tau)$ 与能量谱密度 $G(f)$ 之间的关系。对式（2-61）求傅里叶变换，即

$$\begin{aligned}
\int_{-\infty}^{\infty} R(\tau)\, e^{-j2\pi f\tau} d\tau &= \int_{-\infty}^{\infty}\int_{-\infty}^{\infty} s(t)\, s(t+\tau)\, e^{-j2\pi f\tau} dt d\tau \\
&= \int_{-\infty}^{\infty} s(t)\, dt \left[\int_{-\infty}^{\infty} s(t+\tau)\, e^{-j2\pi f(t+\tau)} d(t+\tau)\right] e^{j2\pi ft}
\end{aligned} \tag{2-64}$$

令 $v = t + \tau$，代入式（2-64），可得

$$\int_{-\infty}^{\infty} R(\tau)\,\mathrm{e}^{-\mathrm{j}2\pi f\tau}\mathrm{d}\tau = \int_{-\infty}^{\infty} s(t)\,\mathrm{d}t\left[\int_{-\infty}^{\infty} s(v)\,\mathrm{e}^{-\mathrm{j}2\pi fv}\mathrm{d}v\right]\mathrm{e}^{\mathrm{j}2\pi ft}$$

$$= \int_{-\infty}^{\infty} s(v)\,\mathrm{e}^{-\mathrm{j}2\pi fv}\mathrm{d}v\int_{-\infty}^{\infty} s(t)\,\mathrm{e}^{\mathrm{j}2\pi ft}\mathrm{d}t \tag{2-65}$$

$$= S(f)S(-f)$$

其中，$S(f) = \int_{-\infty}^{\infty} s(t)\mathrm{e}^{-\mathrm{j}2\pi ft}\mathrm{d}t$，表示信号 $s(t)$ 的频谱密度。当 $s(t)$ 为实函数时，由式（2-35）可知，$S(-f)=S^*(f)$，所以

$$\int_{-\infty}^{\infty} R(\tau)\,\mathrm{e}^{-\mathrm{j}2\pi f\tau}\mathrm{d}\tau = S(f)S(-f) = S(f)S^*(f) = |S(f)|^2 = G(f) \tag{2-66}$$

其中，$G(f)$ 为能量信号 $s(t)$ 的能量谱密度。由式（2-66）可以看出，能量信号的自相关函数 $R(\tau)$ 与能量谱密度 $G(f)$ 构成了一对傅里叶变换，即 $R(\tau)\Leftrightarrow G(f)$。

2.3.2　功率信号的自相关函数

1. 定义

功率信号 $s(t)$ 的自相关函数定义为

$$R(\tau) = \lim_{T\to\infty}\frac{1}{T}\int_{-T/2}^{T/2} s(t)s(t+\tau)\,\mathrm{d}t \quad -\infty<\tau<\infty \tag{2-67}$$

对于周期性（周期为 T_0）的功率信号 $s(t)$，自相关函数可以改写为

$$R(\tau) = \frac{1}{T_0}\int_{-T_0/2}^{T_0/2} s(t)s(t+\tau)\,\mathrm{d}t \quad -\infty<\tau<\infty \tag{2-68}$$

2. 性质和物理意义

1）$R(0)$，由于 $R(0)=\lim\limits_{T\to\infty}\frac{1}{T}\int_{-T/2}^{T/2} s^2(t)\,\mathrm{d}t=P$，所以当 $\tau=0$ 时，功率信号的自相关函数 $R(0)$ 等于信号的平均功率 P。

2）$R(0)\geqslant R(\tau)$。这一点的分析与 2.3.1 节能量信号的分析类似，此处不再赘述。

3）$R(\tau)=R(-\tau)$，即自相关函数是偶函数。这一点的分析与 2.3.1 节能量信号的分析类似，这里不再赘述。

4）$R(\tau)$ 与功率谱密度 $P(f)$ 之间的关系。对于周期功率信号，由式（2-68）求傅里叶变换，并利用式（2-24），可得

$$\int_{-\infty}^{\infty} R(\tau)\,\mathrm{e}^{-\mathrm{j}2\pi f\tau}\mathrm{d}\tau = \frac{1}{T_0}\int_{-\infty}^{\infty}\int_{-T_0/2}^{T_0/2} s(t)s(t+\tau)\,\mathrm{e}^{-\mathrm{j}2\pi f\tau}\mathrm{d}t\mathrm{d}\tau$$

$$= \frac{1}{T_0}\int_{-\infty}^{\infty}\int_{-T_0/2}^{T_0/2} s(t)\sum_{n=-\infty}^{\infty}F_n\mathrm{e}^{\mathrm{j}2\pi nf_0(t+\tau)}\,\mathrm{e}^{-\mathrm{j}2\pi f\tau}\mathrm{d}t\mathrm{d}\tau \tag{2-69}$$

$$= \sum_{n=-\infty}^{\infty}\int_{-\infty}^{\infty}\frac{1}{T_0}\int_{-T_0/2}^{T_0/2} s(t)\,\mathrm{e}^{\mathrm{j}2\pi nf_0t}\mathrm{d}tF_n\mathrm{e}^{\mathrm{j}2\pi nf_0\tau}\,\mathrm{e}^{-\mathrm{j}2\pi f\tau}\mathrm{d}\tau$$

由式（2-25）有

$$F_n^* = \frac{1}{T_0}\int_{-T_0/2}^{T_0/2} s(t)\,\mathrm{e}^{\mathrm{j}2\pi nf_0t} \tag{2-70}$$

代入式（2-69），可得

$$\int_{-\infty}^{\infty} R(\tau)\,\mathrm{e}^{-\mathrm{j}2\pi f\tau}\mathrm{d}\tau = \sum_{n=-\infty}^{\infty}\int_{-\infty}^{\infty} F_n^* F_n \mathrm{e}^{\mathrm{j}2\pi n f_0 \tau}\mathrm{e}^{-\mathrm{j}2\pi f\tau}\mathrm{d}\tau$$

$$= \sum_{n=-\infty}^{\infty}\int_{-\infty}^{\infty} |F_n|^2 \delta(f-nf_0)\,\mathrm{e}^{\mathrm{j}2\pi f\tau}\mathrm{e}^{-\mathrm{j}2\pi f\tau}\mathrm{d}\tau \tag{2-71}$$

$$= \sum_{n=-\infty}^{\infty} |F_n|^2 \delta(f-nf_0) = P(f)$$

对于非周期功率信号 $s(t)$，取其截短信号 $s_T(t)$，则 $s_T(t)$ 是能量信号，且有 $\Gamma[s_T(t)]=S_T(f)$，利用能量信号的结论：$\Gamma[R_T(\tau)]=|S_T(f)|^2$，再对其求 $T\to\infty$ 的极限，即

$$R(\tau)=\lim_{T\to\infty}\frac{1}{T}\int_{-T/2}^{T/2}s(t)s(t+\tau)\,\mathrm{d}t=\lim_{T\to\infty}\frac{1}{T}R_T(\tau) \tag{2-72}$$

$$\Gamma[R(\tau)]=\Gamma\left[\lim_{T\to\infty}\frac{R_T(\tau)}{T}\right]=\lim_{T\to\infty}\frac{\Gamma[R_T(\tau)]}{T}=\lim_{T\to\infty}\frac{|S_T(f)|^2}{T}=P(f) \tag{2-73}$$

式（2-71）和式（2-73）表明，功率信号的自相关函数 $R(\tau)$ 和其功率谱密度 $P(f)$ 之间是傅里叶变换关系，即 $R(\tau)\Leftrightarrow P(f)$。

【例 2-6】 试求余弦信号 $s(t)=A\cos(2\pi f_0 t+\theta)$ 的自相关函数、功率谱密度和平均功率。

解： 信号 $s(t)$ 是周期性功率信号，根据式（2-68）的定义可得

$$R(\tau)=\frac{1}{T_0}\int_{-T_0/2}^{T_0/2}s(t)s(t+\tau)\,\mathrm{d}t=\frac{1}{T_0}\int_{-T_0/2}^{T_0/2}A\cos(2\pi f_0 t+\theta)A\cos[2\pi f_0(t+\tau)+\theta]\,\mathrm{d}t$$

利用三角变换积化和差公式，上式可变为

$$R(\tau)=\frac{A^2}{2}\cos(2\pi f_0\tau)\frac{1}{T_0}\int_{-T_0/2}^{T_0/2}\mathrm{d}t+\frac{A^2}{2}\frac{1}{T_0}\int_{-T_0/2}^{T_0/2}\cos(4\pi f_0 t+2\pi f_0\tau+2\theta)\,\mathrm{d}t=\frac{A^2}{2}\cos(2\pi f_0\tau)$$

对上式做傅里叶变换（可参考表 2-1），即可得其功率谱密度

$$P(f)=\frac{A^2}{4}[\delta(f-f_0)+\delta(f+f_0)]$$

而平均功率为 $P=R(0)=A^2/2$。

2.3.3 能量信号的互相关函数

1. 定义

两个能量信号 $s_1(t)$ 和 $s_2(t)$ 的互相关函数定义为

$$R_{12}(\tau)=\int_{-\infty}^{\infty}s_1(t)s_2(t+\tau)\,\mathrm{d}t,\quad -\infty<\tau<\infty \tag{2-74}$$

互相关函数表示的是一个信号和延迟 τ 后的另一个信号间的相关程度。由式（2-74）的定义可以看出，互相关函数也是时间间隔 τ 的函数，与时间 t 无关。

2. 性质和物理意义

1）若对所有 τ，都有 $R_{12}(\tau)=0$，则说明这两个能量信号间始终差别很大或极不相似，这种信号称为互不相关信号。

2）互相关函数与两个信号相乘的前后次序有关，即 $R_{12}(\tau)=R_{21}(-\tau)$，这一点不难证明。若令 $v=t+\tau$，代入式（2-74）有

$$R_{12}(\tau)=\int_{-\infty}^{\infty}s_1(t)\,s_2(t+\tau)\,\mathrm{d}t=\int_{-\infty}^{\infty}s_2(v)\,s_1(v-\tau)\,\mathrm{d}v=R_{21}(-\tau) \tag{2-75}$$

3）互相关函数与能量谱密度之间的关系。设 $\Gamma[s_1(t)]=S_1(f)$，$\Gamma[s_2(t)]=S_2(f)$，由式（2-74）有

$$\begin{aligned}R_{12}(\tau)&=\int_{-\infty}^{\infty}s_1(t)s_2(t+\tau)\,\mathrm{d}t=\int_{-\infty}^{\infty}s_1(t)\int_{-\infty}^{\infty}S_2(f)\,\mathrm{e}^{\mathrm{j}2\pi f(t+\tau)}\,\mathrm{d}f\mathrm{d}t\\&=\int_{-\infty}^{\infty}S_2(f)\left[\int_{-\infty}^{\infty}s_1(t)\,\mathrm{e}^{\mathrm{j}2\pi ft}\mathrm{d}t\right]\mathrm{e}^{\mathrm{j}2\pi f\tau}\,\mathrm{d}f\end{aligned} \tag{2-76}$$

而 $\int_{-\infty}^{\infty}s_1(t)\,\mathrm{e}^{\mathrm{j}2\pi ft}\mathrm{d}t=S_1(-f)$，且对实信号有 $S_1(-f)=S_1^*(f)$，所以

$$R_{12}(\tau)=\int_{-\infty}^{\infty}S_1^*(f)S_2(f)\,\mathrm{e}^{\mathrm{j}2\pi f\tau}\,\mathrm{d}f=\int_{-\infty}^{\infty}G_{12}(f)\,\mathrm{e}^{\mathrm{j}2\pi f\tau}\,\mathrm{d}f \tag{2-77}$$

其中，$G_{12}(f)=S_1^*(f)S_2(f)$ 表示 $s_1(t)$ 和 $s_2(t)$ 的互能量谱密度。

式（2-77）表明，互相关函数 $R_{12}(\tau)$ 与互能量谱密度 $G_{12}(f)$ 之间也为傅里叶变换对关系，即 $R_{12}(\tau)\Leftrightarrow G_{12}(f)$。

2.3.4　功率信号的互相关函数

1. 定义

两个功率信号 $s_1(t)$ 和 $s_2(t)$ 的互相关函数定义为

$$R_{12}(\tau)=\lim_{T\to\infty}\frac{1}{T}\int_{-T/2}^{T/2}s_1(t)s_2(t+\tau)\,\mathrm{d}t\,,\quad -\infty<\tau<\infty \tag{2-78}$$

如果两个功率信号都为周期信号，且周期均为 T，则其互相关函数可定义为

$$R_{12}(\tau)=\frac{1}{T}\int_{-T/2}^{T/2}s_1(t)s_2(t+\tau)\,\mathrm{d}t\,,\quad -\infty<\tau<\infty \tag{2-79}$$

同样功率信号的互相关函数也是时间间隔 τ 的函数，与时间 t 无关。

2. 性质和物理意义

1）若对所有 τ，都有 $R_{12}(\tau)=0$，则说明这两个功率信号间始终差别很大或极不相似，也称它们为互不相关信号。例如两个频率不同的正弦波之间，或一个直流信号和一个正弦波之间，互相关函数都恒为零，它们都是互不相关的功率信号。

2）互相关函数与两个信号相乘的前后次序有关，即 $R_{12}(\tau)=R_{21}(-\tau)$，这一点的证明与上一节的能量信号类似，这里不再赘述。

3）互相关函数与功率谱密度之间的关系。对周期相同的两个周期功率信号，由互相关函数的定义式（2-79），并结合周期函数的傅里叶级数展开式（2-24），可得

$$\begin{aligned}R_{12}(\tau)&=\frac{1}{T}\int_{-T/2}^{T/2}s_1(t)s_2(t+\tau)\,\mathrm{d}t=\frac{1}{T}\int_{-T/2}^{T/2}s_1(t)\,\mathrm{d}t\sum_{n=-\infty}^{\infty}(F_n)_2\mathrm{e}^{\mathrm{j}2\pi nf_0(t+\tau)}\\&=\sum_{n=-\infty}^{\infty}\left[(F_n)_2\mathrm{e}^{\mathrm{j}2\pi nf_0\tau}\frac{1}{T}\int_{-T/2}^{T/2}s_1(t)\,\mathrm{e}^{\mathrm{j}2\pi nf_0t}\mathrm{d}t\right]=\sum_{n=-\infty}^{\infty}\left[(F_n)_1^*(F_n)_2\mathrm{e}^{\mathrm{j}2\pi nf_0\tau}\right]\end{aligned} \tag{2-80}$$

式中，$f_0=1/T$，引入冲激函数，并交换积分和求和的顺序，可得

$$\begin{aligned}R_{12}(\tau) &= \sum_{n=-\infty}^{\infty}\int_{-\infty}^{\infty}(F_n)_1^*(F_n)_2\delta(f-nf_0)\,\mathrm{e}^{\mathrm{j}2\pi f\tau}\mathrm{d}f \\ &= \int_{-\infty}^{\infty}\sum_{n=-\infty}^{\infty}(F_n)_1^*(F_n)_2\delta(f-nf_0)\,\mathrm{e}^{\mathrm{j}2\pi f\tau}\mathrm{d}f = \int_{-\infty}^{\infty}P_{12}(f)\mathrm{e}^{\mathrm{j}2\pi f\tau}\mathrm{d}f\end{aligned} \tag{2-81}$$

其中，$P_{12}(f)=\sum_{n=-\infty}^{\infty}(F_n)_1^*(F_n)_2\delta(f-nf_0)$ 表示信号的互功率谱密度。式（2-81）表明，周期功率信号的互相关函数 $R_{12}(\tau)$ 与互功率谱密度 $P_{12}(f)$ 也为傅里叶变换对关系，即 $R_{12}(\tau)\Leftrightarrow P_{12}(f)$

2.3.5　归一化相关函数和相关系数

不管是能量信号还是功率信号，由前几节的定义可知，其自相关函数 $R(\tau)$ 和互相关函数 $R_{12}(\tau)$ 不仅与 τ 有关，还与波形的形状和幅度大小有关，所以不易直接从数值的大小判断相关程度。而用归一化相关函数和相关系数则可以比较明显地看出两个信号间相关的程度。

设信号为 $s_1(t)$ 和 $s_2(t)$，记 $R_{11}(\tau)$ 为 $s_1(t)$ 的自相关函数，$R_{22}(\tau)$ 为 $s_2(t)$ 的自相关函数，$R_{12}(\tau)$ 为 $s_1(t)$、$s_2(t)$ 的互相关函数。

定义归一化自相关函数为

$$\text{对 } s_1(t): \frac{R_{11}(\tau)}{R_{11}(0)}, \text{对 } s_2(t): \frac{R_{22}(\tau)}{R_{22}(0)} \tag{2-82}$$

定义归一化互相关函数为

$$\frac{R_{12}(\tau)}{\sqrt{R_{11}(0)R_{22}(0)}} \tag{2-83}$$

定义信号 $s_1(t)$ 和 $s_2(t)$ 的互相关系数为

$$\rho_{12}=\frac{R_{12}(0)}{\sqrt{R_{11}(0)R_{22}(0)}} \tag{2-84}$$

可见，互相关系数与 τ 无关。互相关系数的值在 -1 到 $+1$ 间变化，即 $-1\leqslant\rho_{12}\leqslant+1$。当 $s_1(t)=s_2(t)$ 时，$\rho_{12}=1$，这就是自相关系数；当 $s_1(t)=-s_2(t)$ 时，$\rho_{12}=-1$；当 $s_1(t)$ 与 $s_2(t)$ 不相关时，$\rho_{12}=0$。

【例 2-7】　已知 $s_1(t)=A\sin2\pi f_0t$，$s_2(t)=A\sin(2\pi f_0t+\pi)$，求 $s_1(t)$ 与 $s_2(t)$ 的互相关系数 ρ_{12}。

解： $R_{11}(0)=R_{22}(0)=S=A^2/2$

$$R_{12}(0)=\frac{1}{T_0}\int_{-\frac{T_0}{2}}^{\frac{T_0}{2}}(A\sin2\pi f_0t)\ [A\sin(2\pi f_0t+\pi)]\ \mathrm{d}t=-\frac{A^2}{T_0}\int_{-\frac{T_0}{2}}^{\frac{T_0}{2}}\sin^2 2\pi f_0t\mathrm{d}t=-\frac{A^2}{2}$$

所以，$\rho_{12}=-1$。

2.4　随机变量及其数字特征

2.4.1　随机变量的概念

1. 随机变量

生活中有许多随机变量的例子。例如，掷一枚硬币出现正面与反面的随机试验，我们规

定数值 1 表示出现反面，数值 0 表示出现正面，这样做就相当于引入一个变量 X，它将随机地取两个数值，而对应每一个数值都有一定的可能性，这一变量 X 就称之为随机变量（random variable）。

当随机变量 X 的取值个数有限或无穷可数时，称它为离散随机变量，否则就称之为连续随机变量，即可能的取值充满某一有限或无限区间。例如上述掷硬币随机试验的结果 X 就是一个离散随机变量，再如在给定的某一时刻测量接收机输出端上的噪声，所测得的噪声瞬时值将是一个连续随机变量。

2. 随机事件与概率

在随机试验中，对一次试验可能出现也可能不出现，而在大量重复试验中却具有某种规律性的事件，称为随机事件。假设某一试验，可能出现 A、B、C 三种结果，把试验重复 N 次，并记录每一事件发生的次数，分别用 n_A、n_B、n_C 表示，则每个事件发生的相对频率为 n_A/N、n_B/N 和 n_C/N，在 $N\to\infty$ 的情况下，这些频率就趋于事件发生的概率，用 $P(\cdot)$ 表示，即有

$$\lim_{n\to\infty}\frac{n_A}{N}=P(A),\quad \lim_{n\to\infty}\frac{n_B}{N}=P(B),\quad \lim_{n\to\infty}\frac{n_C}{N}=P(C) \tag{2-85}$$

显然，概率是在 0 到 1 之间，并包括 0 和 1 在内的一个数，$P(A)=0$的事件 A 称为不可能事件，$P(A)=1$的事件 A 称为必然事件。

3. 条件概率与统计独立

在事件 A 发生的条件下，事件 B 发生的概率用 $P(B|A)$表示。按定义，有

$$P(B|A)=\frac{P(AB)}{P(A)} \tag{2-86}$$

在一般情形下，$P(B|A)\neq P(B)$，这说明事件 A 的发生对事件 B 出现的概率有影响。当 $P(B|A)=P(B)$时，事件 B 的发生与事件 A 无关，也即事件 A 和 B 是统计独立的。此时，有

$$P(AB)=P(A)P(B) \tag{2-87}$$

这就是两事件统计独立的条件。

4. 概率的基本定理

（1）事件和的概率

$$P(A+B)=P(A)+P(B)-P(AB) \tag{2-88}$$

（2）事件积的概率

$$P(AB)=P(A)P(B|A)=P(B)P(A|B) \tag{2-89}$$

（3）全概率公式

如果事件 B 能且只能与 n 个互不相容事件 A_1，A_2，…，A_n 之一同时发生，则

$$P(B)=\sum_{i=1}^{n}P(A_i)P(B|A_i) \tag{2-90}$$

（4）贝叶斯（Bayes）公式

在全概率公式的命题中，如果知道事件 B 已发生，则诸互不相容事件之一 A_i 发生的概率为

$$P(A_i|B)=\frac{P(A_iB)}{P(B)}=\frac{P(A_i)P(B|A_i)}{\sum_{j=1}^{n}P(A_j)P(B|A_j)} \tag{2-91}$$

2.4.2 概率分布与概率密度函数

1. 概率分布函数的定义及性质

假设随机变量 X 可能取 $x_i=x_1$、x_2、x_3、x_4 共 4 个值，且有 $x_4>x_3>x_2>x_1$，相应的概率为 $P(x_i)$ 或 $P(X=x_i)$，则有

$$P(X\leqslant x_2)=P(x_1)+P(x_2)$$

$P(X\leqslant x_2)$ 的含义是随机变量取值小于等于 x_2 的概率，它等于变量取值 x_1 和 x_2 的概率之和。用 $P(X\leqslant x)$ 定义的 x 的函数称为随机变量 X 的概率分布函数，也可称为累积分布函数（Cumulative Distribute Function，CDF），简称分布函数，记作 $F(x)$，即

$$F(x)=P(X\leqslant x) \tag{2-92}$$

它表示随机变量取值小于等于 x 的概率。在这个定义中，X 可以是离散的也可以是连续的，显然 $F(x)$ 有如下特点：

1）$F(-\infty)=P(X\leqslant-\infty)=0$。

2）$F(\infty)=P(X\leqslant\infty)=1$。

3）如果 $x_1\leqslant x_2$，则 $F(x_1)\leqslant F(x_2)$，即概率分布函数 $F(x)$ 为单调不减函数。

【例 2-8】 设有随机变量 X 可能的取值有 4 个，分别是 0、1、2、3，各值出现的概率都为 1/4，即 $P(0)=P(1)=P(2)=P(3)=1/4$。求概率分布函数 $F(x)$ 并画出曲线。

解： 分几个区间来讨论。

当 $x<0$ 时，$F(x)=P(X<x)=0$

当 $0\leqslant x<1$ 时，$F(x)=P(X\leqslant x)=P(0)=1/4$

当 $1\leqslant x<2$ 时，$F(x)=P(X\leqslant x)=P(0)+P(1)=1/4+1/4=1/2$

当 $2\leqslant x<3$ 时，$F(x)=P(X\leqslant x)=P(0)+P(1)+P(2)=1/4+1/4+1/4=3/4$

当 $3\leqslant x<\infty$ 时，$F(x)=P(X\leqslant x)=P(0)+P(1)+P(2)+P(3)=1/4+1/4+1/4+1/4=1$

根据上面的讨论结果，画出 $F(x)$ 曲线如图 2-11 所示。

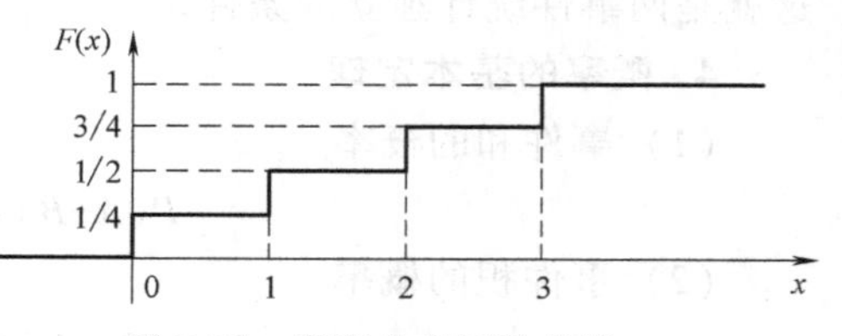

图 2-11 概率分布函数曲线

2. 概率密度函数的定义及性质

若存在连续随机变量 X，其分布函数 $F(x)$ 与一个非负函数 $f(x)$ 之间有如下关系：

$$F(x)=\int_{-\infty}^{x}f(u)\,\mathrm{d}u \tag{2-93}$$

则称 $f(x)$ 为 X 的概率密度函数（Probability Density Function，PDF），简称概率密度。因为式（2-93）表示随机变量 X 在（$-\infty$，x）区间上取值的概率，故 $f(x)$ 具有概率密度的含义。式（2-93）也可写成

$$f(x)=\frac{\mathrm{d}F(x)}{\mathrm{d}x} \tag{2-94}$$

因此，概率密度就是概率分布函数的导数。

概率密度有如下性质。

1）$f(x)\geqslant 0$。

2）$\int_{-\infty}^{\infty}f(x)\,\mathrm{d}x=1$。

3) $\int_{a}^{b} f(x)\,\mathrm{d}x = \int_{-\infty}^{b} f(x)\,\mathrm{d}x - \int_{-\infty}^{a} f(x)\,\mathrm{d}x = F(b) - F(a) = P(a < X \leqslant b)$。

要说明的是，PDF 表示随机变量取值概率在横轴上的分布情况，PDF 在横轴上的积分即面积表示概率，如图 2-12 所示。

【例 2-9】 某随机变量 X，其概率分布函数如图 2-13a 所示，求其概率密度函数 $f(x)$。

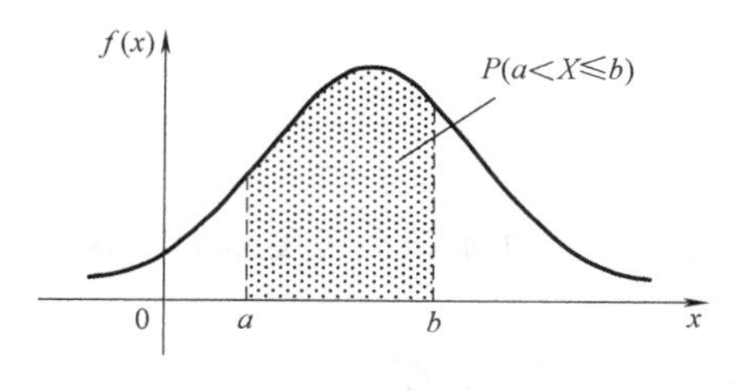

图 2-12　概率密度函数

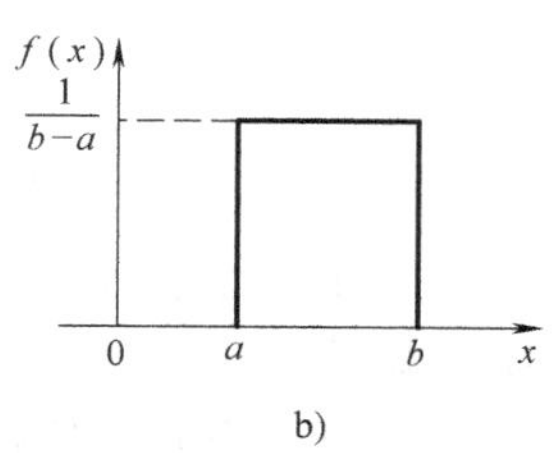

图 2-13　某随机变量概率分布和概率密度图

解：由图 2-13a 可得概率分布为

$$F(x)=\begin{cases} 0 & x<a \\ \dfrac{x-a}{b-a} & a\leqslant x\leqslant b \\ 1 & x>b \end{cases}$$

由式（2-94）得概率密度函数为

$$f(x)=\begin{cases} 0 & x<a \\ \dfrac{1}{b-a} & a\leqslant x\leqslant b \\ 0 & x>b \end{cases}$$

概率密度函数示意图如图 2-13b 所示。

3. 多维概率分布和概率密度函数

上面仅考虑了单个即一维随机变量的情况。实际上，许多随机试验的结果只用一个随机变量来描述是不够的，必须同时用两个或多个随机变量来描述。我们把这种由多个随机变量所组成的一个随机变量总体称为多维随机变量，记作：二维（X_1，X_2），…，n 维（X_1，X_2，…，X_n）。

设有两个随机变量 X、Y，我们把两个事件（$X\leqslant x$）和（$Y\leqslant y$）同时出现的概率定义为二维随机变量（X，Y）的二维概率分布函数

$$F(x,y)=P(X\leqslant x,Y\leqslant y) \tag{2-95}$$

如果 $F(x, y)$ 可表示成

$$F(x,y) = \int_{-\infty}^{x}\int_{-\infty}^{y} f(u,v)\,\mathrm{d}u\mathrm{d}v \tag{2-96}$$

则称 $f(x, y)$ 为二维概率密度函数。式（2-95）也意味着下式成立：

$$f(x,y)=\frac{\partial^2 F(x,y)}{\partial x\partial y} \tag{2-97}$$

二维联合概率分布有如下性质。

1) $f(x, y)\geqslant 0$。

2) $\int_{-\infty}^{\infty}\int_{-\infty}^{\infty} f(x, y)\mathrm{d}x\mathrm{d}y = 1$。

3) $F(-\infty, y)=F(x, -\infty)=0$。

4) $\begin{cases} F(\infty, y)=F(y)=P(Y\leqslant y) \\ F(x, \infty)=F(x)=P(X\leqslant x) \end{cases}$

5) $\begin{cases} f(x)=\int_{-\infty}^{\infty} f(x, y)\mathrm{d}y \\ f(y)=\int_{-\infty}^{\infty} f(x, y)\mathrm{d}x \end{cases}$

上面的性质 4) 和 5) 分别称为二维边际概率分布函数和二维边际概率密度函数。这说明，知道了二维概率分布，就可以求出一维概率分布。

前面讨论的统计独立的条件式（2-87）也可以用概率分布来表述，即若

$$f(x,y)=f(x)f(y) \text{ 或 } F(x,y)=F(x)F(y) \tag{2-98}$$

则称随机变量 X、Y 统计独立。

由上式可见，当随机变量 X、Y 统计独立时，可以由一维概率分布确定二维联合分布。但在一般情况下，需要引入条件概率分布，将一维和二维分布联系起来。给定随机变量 X 后，随机变量 Y 的条件概率密度定义为

$$f(y|x)=\frac{f(x,y)}{f(x)}, \quad f(x)\neq 0 \tag{2-99}$$

从而有

$$f(x,y)=f(y|x)f(x)=f(x|y)f(y) \tag{2-100}$$

结合式（2-98）可知，若随机变量 X、Y 统计独立，则有

$$f(y|x)=f(y), \quad f(x|y)=f(x) \tag{2-101}$$

以上的概念和结论可以推广到 n 维随机变量，但在本书中，掌握一维和二维就可以了。

2.4.3 几种常见的概率密度函数

1. 均匀分布

具有图 2-13b 所示概率密度函数的随机变量称为均匀分布的随机变量，其概率分布函数如图 2-13a 所示。均匀分布是常见的概率分布之一。例如，正弦振荡源所产生的振荡信号的初相在（0，2π）上均匀分布。

2. 高斯（Gauss）分布

高斯分布（也称为正态分布）随机变量的概率密度函数为

$$f(x)=\frac{1}{\sqrt{2\pi}\sigma}\exp\left[-\frac{(x-a)^2}{2\sigma^2}\right] \tag{2-102}$$

其中，a 为高斯随机变量的均值（数学期望）；σ^2 为高斯随机变量的方差（σ 为标准差）。当 $a=0$，$\sigma^2=1$ 时，我们称其为标准正态分布。

高斯分布（正态分布）随机变量的概率密度函数 $f(x)$ 如图 2-14 所示。

概率密度函数的中心位置由均值 a 确定，其形状由方差的平方根即标准差 σ 确定。图

2-15 画出了不同 a 和不同 σ 时的概率密度函数曲线示意图。由图可看出，均值 a 决定 $f(x)$ 极大值的位置，$f(x)$ 曲线的宽窄和极值与方差的平方根 σ 有关。

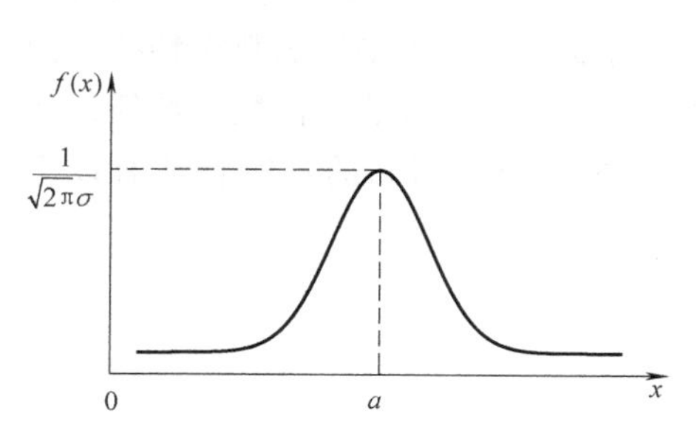

图 2-14 正态分布随机变量的概率密度函数

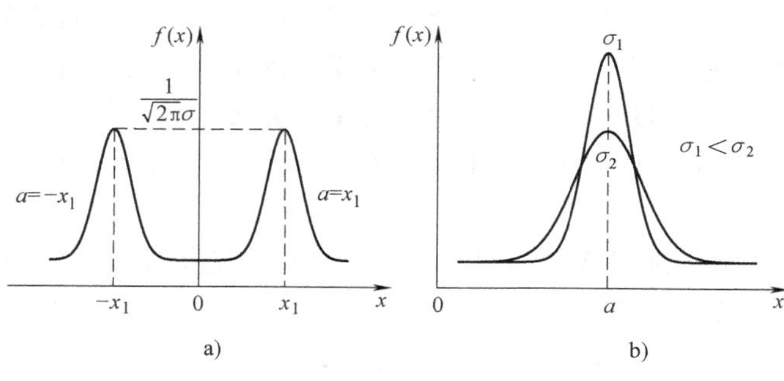

图 2-15 不同参数下高斯分布概率密度函数曲线示意图

a）σ 不变 b）a 不变

3. 瑞利（Rayleigh）分布

"通信原理"课程中遇到的窄带高斯噪声的包络是服从瑞利分布的，瑞利分布随机变量的概率密度函数为

$$f(x)=\begin{cases}\dfrac{x}{\sigma^2}\exp\left(-\dfrac{x^2}{2\sigma^2}\right) & x\geqslant 0\\ 0 & \text{其他}\end{cases} \tag{2-103}$$

式中，$\sigma>0$，其曲线如图 2-16a 所示。

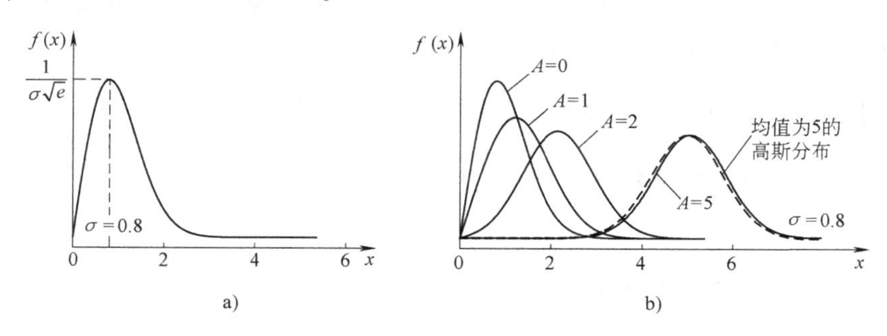

图 2-16 瑞利分布和莱斯分布随机变量的概率密度函数

a）瑞利分布 b）莱斯分布

4. 莱斯（Rice）分布

正弦（或余弦）信号加上窄带高斯噪声包络的瞬时值服从莱斯分布。莱斯分布随机变量的概率密度函数为

$$f(x)=\begin{cases}\dfrac{x}{\sigma^2}\exp\left[-\dfrac{(A^2+x^2)}{2\sigma^2}\right]I_0\left(\dfrac{Ax}{\sigma^2}\right) & x\geqslant 0\\ 0 & x<0\end{cases} \tag{2-104}$$

式中，$I_0(x)$ 为零阶贝塞尔函数；A 为正弦波的振幅，其曲线如图 2-16b 所示。当 $A=0$ 时，莱斯分布退化为瑞利分布。当 A 相对于噪声较大时，莱斯分布（图中 $A=5$ 对应的曲线）趋近于高斯分布（图中虚线）。

2.4.4 随机变量的数字特征

若要完整地描述一个随机变量的统计特性，就必须求得它的分布函数或概率密度函数。在实际应用中，除了关心随机变量的概率密度函数外，还需要考察随机变量的数字特征。因为在有些场合，要确定随机变量的分布函数，并且加以分析是比较困难的。而数字特征既能描述随机变量的部分重要特征，又便于进行运算和实际测量。经常用到的数字特征有以下几个：

1）随机变量的数学期望，也称为随机变量的均值。

2）随机变量的方差。

3）两个随机变量的相关系数。

1. 随机变量的数学期望

数学期望是随机变量的统计平均值。对于离散随机变量 X，如果它可能的取值有 x_1、x_2、x_3、…、x_n，其相应的概率分别为 $P(x_1)$、$P(x_2)$、$P(x_3)$、…、$P(x_n)$，则其数学期望定义为

$$E(X)=\sum_{i=1}^{n} x_i P(x_i) \tag{2-105}$$

对于连续随机变量 X，如果其概率密度函数为 $f(x)$，则其数学期望定义为

$$E(X)=\int_{-\infty}^{\infty} x f(x)\,\mathrm{d}x \tag{2-106}$$

【例 2-10】（1）测量某随机电压 X，测得 3.0V 的概率为 2/5，测得 3.2V 的概率为 2/5，测得 3.1V 的概率为 1/5，求该随机电压的数学期望。

（2）某连续随机变量 X 的概率密度函数 $f(x)=\dfrac{1}{\sqrt{2\pi}\sigma}\exp\left[-\dfrac{(x-a)^2}{2\sigma^2}\right]$，其中 a、σ^2 均为常数，求该随机变量的数学期望。

解：（1）由式（2-105）得

$$E(X)=\sum_{i=1}^{3} x_i P(x_i)=3.0\times\frac{2}{5}+3.2\times\frac{2}{5}+3.1\times\frac{1}{5}=3.1\text{V}$$

（2）由式（2-106）得

$$E(X)=\int_{-\infty}^{\infty} x f(x)\,\mathrm{d}x=\int_{-\infty}^{\infty} x\frac{1}{\sqrt{2\pi}\sigma}\exp\left[-\frac{(x-a)^2}{2\sigma^2}\right]\mathrm{d}x=a$$

数学期望有如下特性：

1）$E(C)=C$，C 为常数。

2）$E(X+Y)=E(X)+E(Y)$。

3）$E(XY)=E(X)E(Y)$，X、Y 统计独立。

4）$E(X+C)=E(X)+C$。

5）$E(CX)=CE(X)$。

其中 X、Y 为随机变量。

2. 方差

随机变量的方差反映了随机变量取值的集中程度，方差越小，说明随机变量取值越集

中，方差越大，说明随机变量取值越分散。

对于离散随机变量 X，如果它可能的取值有 x_1、x_2、x_3、…、x_n，其相应的概率分别为 $P(x_1)$、$P(x_2)$、$P(x_3)$、…、$P(x_n)$，则其方差定义为

$$D(X)=\sum_{i=1}^{n}[x_i-E(X)]^2P(x_i) \tag{2-107}$$

对于连续随机变量 X，如果其概率密度函数为 $f(x)$，则其方差定义为

$$D(X)=\int_{-\infty}^{\infty}[x-E(X)]^2f(x)\mathrm{d}x \tag{2-108}$$

方差有如下特性：

1）$D(C)=0$，C 为常数。

2）$D(X+Y)=D(X)+D(Y)$，此式成立的条件是 X、Y 统计独立。

3）$D(X+C)=D(X)$。

4）$D(CX)=C^2D(X)$。

5）$D(X)=E(X^2)-E^2(X)$。

如果 X 代表某随机信号，则随机信号的功率为

$$P=E(X^2)=\int_{-\infty}^{\infty}x^2f(x)\mathrm{d}x=D(X)+E^2(X)=\sigma^2+a^2 \tag{2-109}$$

其中，$E^2(X)=a^2$ 为信号的直流功率；$D(X)=\sigma^2$ 为信号的交流功率。

3. 协方差、相关矩和相关系数

两个随机变量之间的协方差定义为

$$C(XY)=E[(X-E(X))(Y-E(Y))]=E(XY)-E(X)E(Y) \tag{2-110}$$

其中，$E(XY)$ 称为两个随机变量 X、Y 之间的相关矩，它是两个随机变量乘积的均值，可由如下表达式求得：

$$E(XY)=\int_{-\infty}^{\infty}\int_{-\infty}^{\infty}xyf(x,y)\mathrm{d}x\mathrm{d}y \tag{2-111}$$

当随机变量 X、Y 相互独立时，$f(x,y)=f(x)f(y)$，上式变为

$$E(XY)=\int_{-\infty}^{\infty}xf(x)\mathrm{d}x\int_{-\infty}^{\infty}yf(y)\mathrm{d}y=E(X)E(Y) \tag{2-112}$$

相关系数反映了两个随机变量之间的相关程度，相关系数定义如下：

$$\rho=\frac{C(XY)}{\sqrt{D(X)D(Y)}} \tag{2-113}$$

显然 $\rho\leqslant 1$。下面结合协方差、相关系数和相关矩的定义，解释三个重要的概念。

1）不相关。当协方差 $C(XY)=0$ 时，相关系数 $\rho=0$，称两个随机变量是不相关的。

2）正交。当相关矩 $E(XY)=0$ 时，称两个随机变量是正交的。

3）独立。当两个随机变量的联合概率密度函数等于两个随机变量各自概率密度函数的乘积时，即 $f(x,y)=f(x)f(y)$ 时，称两个随机变量是独立的。

若两个随机变量 X、Y 是统计独立的，则它们必不相关，这是因为

$$C(XY)=E[(X-E(X))(Y-E(Y))]=\int_{-\infty}^{\infty}\int_{-\infty}^{\infty}(x-E(X))(y-E(Y))f(x,y)\mathrm{d}x\mathrm{d}y$$

$$=\int_{-\infty}^{\infty}\int_{-\infty}^{\infty}(x-E(X))(y-E(Y))f(x)f(y)\mathrm{d}x\mathrm{d}y$$

$$= \int_{-\infty}^{\infty} (x - E(X)) f(x) \mathrm{d}x \int_{-\infty}^{\infty} (y - E(Y)) f(y) \mathrm{d}y = 0$$

从而由式（2-113）可知，$\rho=0$，故 X、Y 互不相关。但是应注意，若 X、Y 互不相关，并不意味着它们是统计独立的。

2.5 随机过程及其统计特性

2.5.1 随机过程的概念

在工程实际中和各种物理现象中存在一类随时间变化的信号，它们是时间 t 的函数，在电子、通信技术领域中经常用到的电压、电流等电信号均属于这类信号。通常，信号的形式体现为以下两种：即确定性信号和随机信号。所谓确定性信号就是信号的大小随时间的变化具有某种规律性，这种信号是可以再现的，即可以用某一确定的数学关系进行描述。另一类信号为随机信号，其特点是信号随时间 t 的变化不具备某种明确的变化规律，信号在任何时刻出现的大小都不可预料，因此，不能用某一明确的数学关系描述这类信号。但是，这类信号具有某些统计特性，可用概率和统计的方法进行描述。严格地讲，实际信号都带有随机性。像语音信号、电视信号、数字信号、生物医学信号等，都带有某种随机因素。通常将这样一类具有随机性的时间函数称为随机信号，又称随机过程（random process）。

通信过程中的随机信号和噪声均可归纳为依赖于时间参数 t 的随机过程。这种过程的基本特征是，它是时间 t 的函数，但在任一时刻上观察到的值却是不确定的，是一个随机变量。或者，它可看成是随机实验的可能出现的 $\xi(t)$ 函数，存在一个由全部可能实现构成的总体，每个实现都是一个确定的时间函数，而随机性就体现在出现哪一个实现是不确定的。

为了比较直观地理解随机过程，设有 n 台性能完全相同的高灵敏度无线电接收机。在相同的工作条件下，接通电源一段时间后，在没有输入信号时，分别用 n 部记录仪同时记录各部接收机的输出噪声电压，波形结果如图 2-17 所示。

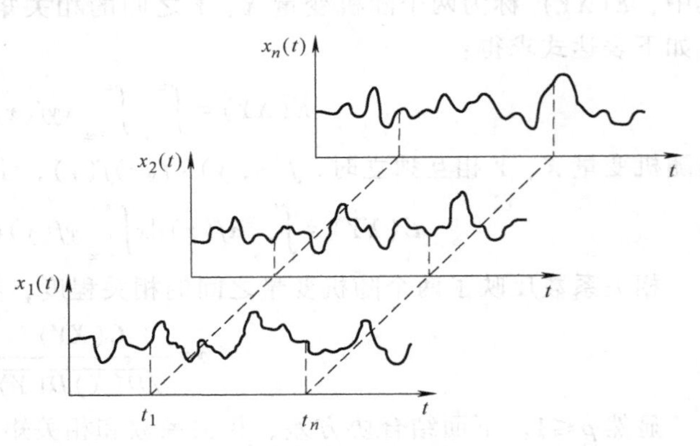

图 2-17　n 部接收机的输出噪声电压

根据测试结果，可以看出，n 台记录仪所记录的结果并不因为具有相同的工作条件而得到相同的输出波形，相反地，任何一个记录都不是其他记录的再现。这也就是说，接收机输出的噪声电压随时间的变化是不可预知的，因而它是一个随机过程。这里的一次记录（图 2-17 中的一个波形）就是一个实现，无数个记录构成的总体称为一个样本空间。

从数学的角度说，随机过程 $\xi(t)$ 的定义如下：设随机试验 E 的可能结果为 $\xi(t)$，试验的样本空间 $\boldsymbol{S}$ 为；$\{x_1(t), x_2(t), \cdots, x_i(t), \cdots\}$，$i$ 为正整数，$x_i(t)$ 为第 i 个样本函数（又称之为实现）。每次试验之后，$\xi(t)$ 取空间 $\boldsymbol{S}$ 中的某一样本函数，于是称此 $\xi(t)$ 为随机函数。当 t 代表时间量时，称此 $\xi(t)$ 为随机过程。

从另一个角度来看，随机过程是随机变量概念的拓展。在任一给定时刻 t_1 上，每一个样本函数 $x_i(t)$ 都对应一个确定的数值 $x_i(t_1)$，但是每个 $x_i(t_1)$ 都是不可预知的，这正是随机过程随机性的体现。所以，在一个固定时刻 t_1 上，不同样本的取值 $\{x_i(t_1),\ i=1,\ 2,\ \cdots,\ n\}$ 是一个随机变量，记作 $\xi(t_1)$。也就是说，随机过程在任意时刻的值是一个随机变量，所以我们又可以把随机过程看作是在时间进程中处于不同时刻的随机变量的集合。

我们来看一个例子，某信号 $S(t)=A\sin(2\pi f_c t+\theta)$，$A$、$f_c$ 为常数，相位 θ 是一个随机变量，它在 $0\leqslant\theta\leqslant 2\pi$ 范围内均匀分布，我们称这种信号为随相信号。显然，$S(t)$ 是一个随机过程，因为对时刻 t_1，t_2，$\cdots$，t_n，得到一系列随机变量 $S(t_1)$，$S(t_2)$，$\cdots$，$S(t_n)$，这些依赖于时间参数的随机变量全体构成了随相信号 $S(t)$；同样，如果给定初相 $\theta=\theta_1$，θ_2，$\cdots$，θ_n，则可得到样本函数 $S_1(t)$，$S_2(t)$，$\cdots$，$S_n(t)$，所有的样本构成了随相信号 $S(t)$。

当然，随机过程的样本函数也可以为有限个，如上述随相信号，若 θ 是一个离散随机变量，且只取 0 和 π 两个值，则此随机过程只有两个样本函数：当随机变量 θ 取值 0 时，有 $S_1(t)=A\sin 2\pi f_c t$ 是随机过程 $S(t)$ 的一个样本函数；当 θ 取值 π 时，有 $S_2(t)=-A\sin 2\pi f_c t$ 是 $S(t)$ 的另一个样本函数。

下面我们利用随机过程与随机变量之间的联系，从数学角度来分析随机过程的分布函数和数字特征。

2.5.2　随机过程的分布函数

随机过程 $\xi(t)$ 在任一时刻 t_1 的取值是随机变量 $\xi(t_1)$，则随机变量 $\xi(t_1)$ 取值小于或等于某一数值 x_1 的概率 $P(\xi(t_1)\leqslant x_1)$，记作

$$F_1(x_1;\ t_1)=P(\xi(t_1)\leqslant x_1) \tag{2-114}$$

并称它为随机过程 $\xi(t)$ 的一维概率分布函数。

如果一维概率分布函数对 x_1 的偏导数存在，则

$$f_1(x_1;t_1)=\frac{\partial F_1(x_1,t_1)}{\partial x_1} \tag{2-115}$$

称为随机过程 $\xi(t)$ 的一维概率密度函数。

显然，随机过程的一维分布函数与概率密度函数只描述了随机过程在某个时刻上的统计分布特性，并没有反映出随机过程在不同时刻取值间的内在联系。为此，需进一步引入二维分布函数和概率密度函数。

随机过程 $\xi(t)$ 在 t_1 时刻 $\xi(t_1)\leqslant x_1$ 与在 t_2 时刻 $\xi(t_2)\leqslant x_2$ 同时出现的概率为 $P(\xi(t_1)\leqslant x_1,\ \xi(t_2)\leqslant x_2)$，记作

$$F_2(x_1,\ x_2;\ t_1,\ t_2)=P(\xi(t_1)\leqslant x_1,\ \xi(t_2)\leqslant x_2) \tag{2-116}$$

称为随机过程 $\xi(t)$ 的二维概率分布函数。如果二维分布函数对 x_1、x_2 的偏导数存在，则

$$f_2(x_1,x_2;t_1,t_2)=\frac{\partial^2 F_2(x_1,x_2;t_1,t_2)}{\partial x_1\partial x_2} \tag{2-117}$$

称为随机过程 $\xi(t)$ 的二维概率密度函数。

为了更加充分地描述随机过程 $\xi(t)$，我们就需要考虑随机过程在更多时刻上的多维联

合分布函数。一般地，我们定义随机过程 $\xi(t)$ 的 N 维概率分布函数为

$$F_N(x_1,x_2,\cdots,x_N;t_1,t_2,\cdots,t_N)=P(\xi(t_1)\leqslant x_1,\xi(t_2)\leqslant x_2),\cdots,\xi(t_N)\leqslant x_N) \quad (2\text{-}118)$$

以及 N 维概率密度函数（如果下式 N 阶偏导数存在）：

$$f_N(x_1,x_2,\cdots,x_N;t_1,t_2,\cdots,t_N)=\frac{\partial^N F_N(x_1,x_2,\cdots,x_N;t_1,t_2,\cdots,t_N)}{\partial x_1\partial x_2\cdots\partial x_N} \quad (2\text{-}119)$$

由上面对随机过程分布函数和概率密度的定义可以看出，可把随机过程 $\xi(t)$ 当作一个多维随机变量 $[\xi(t_1),\xi(t_2),\cdots,\xi(t_N)]$ 来看待，而用这个多维随机变量的联合分布函数和概率密度来描述随机过程的统计特性。显然，N 越大，对随机过程统计特性的描述也越充分，但问题的复杂性也随之增加。实际上，掌握二维分布函数就已经足够了。

2.5.3 随机过程的数字特征

随机过程的分布函数（或概率密度）能够完善地描述随机过程的统计特性。但在实际工作中，往往不容易或不需要确定随机过程的分布函数和概率密度，而是用随机过程的数字特征来描述随机过程的主要统计特性。随机过程的数字特征是由随机变量的数字特征推广而得到的，主要包括数学期望、方差和相关函数。

1. 随机过程的数学期望（mathematic expectation）

随机过程 $\xi(t)$ 在任意给定时刻 t_1 的取值 $\xi(t_1)$ 是一个随机变量，它的数学期望为

$$E[\xi(t_1)]=\int_{-\infty}^{+\infty}x_1f_1(x_1;t_1)\,\mathrm{d}x_1=a(t_1) \quad (2\text{-}120)$$

换成另一个时刻 t_2 的取值 $\xi(t_2)$ 也是一个随机变量，同样可以得到它的数学期望；不同时刻对随机过程取值都会得到不同的随机变量，它们具有不同的数学期望，也就是说随机过程的数学期望随时间而变化，将式（2-120）中 t_1 换成 t，x_1 换成 x，即可得到随机过程$\xi(t)$数学期望的一般表达式为

$$E[\xi(t)]=\int_{-\infty}^{+\infty}xf_1(x;t)\,\mathrm{d}x=a(t) \quad (2\text{-}121)$$

可以看出，随机过程的数学期望是时间 t 的确定函数，常记作 $a(t)$，它表示随机过程所有 n 个样本函数曲线的摆动中心，有时候也称其为随机过程的均值。

【例 2-11】 某随机过程定义为 $\xi(t)=2\cos(2\pi t+\theta)$，其中 θ 是一个离散随机变量，等概地取两个值：0 和 $\pi/2$，求该随机过程的数学期望 $a(t)$。

解：由于 θ 离散取值 0 和 $\pi/2$，且概率相等，所以随机过程在任意时刻的取值 $\xi(t)=2\cos(2\pi t+\theta)$ 也是一个离散随机变量，取值分别为$2\cos(2\pi t)$和$2\cos(2\pi t+\pi/2)$，概率都为 1/2。所以该随机过程的数学期望为

$$a(t)=E[\xi(t)]=\frac{1}{2}\times 2\cos 2\pi t+\frac{1}{2}\times 2\cos(2\pi t+\pi/2)$$

$$=2\cos\frac{\pi}{4}\cos\left(2\pi t+\frac{\pi}{4}\right)=\sqrt{2}\cos\left(2\pi t+\frac{\pi}{4}\right)$$

2. 随机过程的方差（variance）

随机过程的方差定义为

$$D[\xi(t)]=E\{[\xi(t)-a(t)]^2\}=\sigma^2(t) \quad (2\text{-}122)$$

可以看出，随机过程的方差也是时间 t 的函数，它描述了随机过程 $\xi(t)$ 的各个样本曲线对数学期望 $a(t)$ 的偏离程度。

3. 随机过程的相关函数（correlation function）

随机过程的数学期望和方差都只与随机过程的一维概率密度函数有关，因此，它们只是描述了随机过程在各时间点的统计特性，而不能反映过程在任意两个时刻之间的内在联系，此时就需要引入随机过程的相关函数。

首先看单个随机过程 $\xi(t)$ 的自相关函数，其定义为

$$R_{\xi}(t_1,t_2)=E[\xi(t_1)\xi(t_2)]=\int_{-\infty}^{\infty}\int_{-\infty}^{\infty}x_1x_2f_2(x_1,x_2;t_1,t_2)\mathrm{d}x_1\mathrm{d}x_2 \tag{2-123}$$

可以看出，随机过程自相关函数 $R(t_1, t_2)$ 描述了随机过程不同时刻取值的关联程度。若随机过程变化平缓，说明两个时刻的取值相关性较大，则 $R(t_1, t_2)$ 较大；反之，若随机过程变化剧烈，说明两个时刻的取值相关性较小，则 $R(t_1, t_2)$ 较小。

此外也可用自协方差函数来描述随机过程内在联系的特征，其定义为

$$\begin{aligned}C_{\xi}(t_1, t_2)&=E\{[\xi(t_1)-a(t_1)][\xi(t_2)-a(t_2)]\}\\&=\int_{-\infty}^{\infty}\int_{-\infty}^{\infty}[x_1-a(t_1)][x_2-a(t_2)]f_2(x_1, x_2; t_1, t_2)\mathrm{d}x_1\mathrm{d}x_2\end{aligned} \tag{2-124}$$

由式（2-123）和式（2-124）可以得到自相关函数 $R(t_1, t_2)$ 和自协方差函数 $C(t_1, t_2)$ 的关系为

$$C(t_1,t_2)=R(t_1,t_2)-a(t_1)a(t_2) \tag{2-125}$$

显然，如果随机过程的数学期望为0，则自协方差函数 $C(t_1, t_2)$ 与自相关函数 $R(t_1, t_2)$ 完全相同。

上述相关函数和协方差函数的定义可以推广到两个或多个随机过程，以描述它们之间的关联程度，由此可得互相关函数和互协方差函数。考虑两个随机过程 $\xi(t)$ 和 $\eta(t)$，则它们的互相关函数和互协方差函数的定义分别为

$$R_{\xi\eta}(t_1,t_2)=E[\xi(t_1)\eta(t_2)] \tag{2-126}$$

$$C_{\xi\eta}(t_1,t_2)=E\{[\xi(t_1)-a_{\xi}(t_1)][\eta(t_2)-a_{\eta}(t_2)]\} \tag{2-127}$$

其中，$a_{\xi}(t_1)$ 和 $a_{\eta}(t_2)$ 分别表示随机过程 $\xi(t)$ 和 $\eta(t)$ 的数学期望。

从以上定义可以看出，相关函数和协方差函数都可以用来描述随机过程的关联程度，它们在本质是一致的，后面我们将以相关函数为主展开讨论。以式（2-123）定义的自相关函数为例，它描述的关联程度与所选时刻 t_1、t_2 有关。如果 $t_2>t_1$，并令 $t_2=t_1+\tau$，即 τ 是 t_1 与 t_2 之间的时间间隔，则自相关函数 $R(t_1, t_2)$ 可表示为 $R(t_1, t_1+\tau)$。这说明，该自相关函数依赖于起始时刻（或时间起点）t_1 及时间间隔 τ，即相关函数是 t_1 和 τ 的函数。

2.6 平稳随机过程

2.6.1 平稳随机过程的概念

在通信系统和信号处理系统中，经常遇到一类占有重要位置的特殊随机过程即平稳随机过程。所谓平稳随机过程，是指它的 n 维概率分布函数或 n 维概率密度函数与时间 t 的起始

位置无关，即对于任意的 n 和 Δt，有

$$f_n(x_1,x_2,\cdots,x_n;t_1,t_2,\cdots t_n)=f_n(x_1,x_2,\cdots,x_n;t_1+\Delta t,t_2+\Delta t,\cdots t_n+\Delta t) \tag{2-128}$$

式（2-128）给出的平稳要求非常严格，所以通常称满足该要求的随机过程为严平稳随机过程（或狭义平稳随机过程）。可见，从任意时刻开始观察，严平稳随机过程的概率密度函数都不变，也即其统计特性不随时间的平移而发生变化，这就是平稳的含义。

下面我们分析一下严平稳随机过程的一些特殊性质。如果随机过程 $\xi(t)$ 满足式（2-128）的严平稳要求，则其一维概率密度函数为

$$f_1(x;t)=f_1(x;t+\Delta t)=f_1(x) \tag{2-129}$$

可以看出，其一维分布与时间无关，再看其二维概率密度函数

$$f_2(x_1,x_2;t_1,t_2)=f_2(x_1,x_2;t_1+\Delta t,t_2+\Delta t)=f_2(x_1,x_2;\tau) \tag{2-130}$$

这里 $\tau=t_2-t_1$，表示时间间隔，可以看出其二维分布只与时间间隔 τ 有关，而与具体的时间起点无关。

基于式（2-129）和式（2-130），我们可以进一步得出该严平稳随机过程 $\xi(t)$ 的数字特征，即数学期望、方差和自相关函数。

$$E[\xi(t)] = \int_{-\infty}^{+\infty} xf_1(x)\,\mathrm{d}x = a \tag{2-131}$$

$$D[\xi(t)] = E\{[\xi(t) - a]^2\} = \int_{-\infty}^{\infty}(x - a)^2 f_1(x)\,\mathrm{d}x = \sigma^2 \tag{2-132}$$

$$R(t,t + \tau) = E[\xi(t)\xi(t + \tau)] = \int_{-\infty}^{\infty}\int_{-\infty}^{\infty} x_1x_2f_2(x_1,x_2;\tau)\,\mathrm{d}x_1\mathrm{d}x_2 = R(\tau) \tag{2-133}$$

即严平稳随机过程的数学期望和方差均为常数，自相关函数只与时间间隔有关。这种“平稳”的数字特征，有时候也可以直接用来判断随机过程是否平稳。即若一个随机过程 $\xi(t)$ 满足式（2-131）、式（2-132）和式（2-133）的特点，则称该随机过程 $\xi(t)$ 为广义平稳随机过程的；显然这三个条件相比于式（2-128）的要求要宽松得多，因此有时我们也称其为宽平稳随机过程。实际上满足式（2-131），则一定也满足式（2-132），因为

$$D[\xi(t)]=E\{[\xi(t)-a]^2\}=E[\xi^2(t)]-a^2=R(0)-a^2=\sigma^2 \tag{2-134}$$

因此只要满足式（2-131）和式（2-133）要求，即数学期望为常数，自相关函数只与时间间隔有关，就可判定该随机过程为广义平稳随机过程。显然，严平稳随机过程必定为广义平稳的，反之则不一定成立。

在通信系统中所遇到的随机信号和噪声，大多数可视为平稳随机过程。除非特别说明，以后讨论的随机过程都假定是平稳的，且均指广义平稳随机过程。

二维码 2-1

【例 2-12】 考察随机过程 $\xi(t)=A\cos(2\pi f_c t+\theta)$ 的平稳性，其中 A、f_c 是常数，相位 θ 为随机变量，在区间（0，2π）上均匀分布。

解： 由随机过程数学期望的定义式（2-121）可得

$$\begin{aligned}E[\xi(t)] &= E[A\cos(2\pi f_c t + \theta)] = AE[\cos2\pi f_c t\cos\theta - \sin2\pi f_c t\sin\theta]\\&= A\cos2\pi f_c tE[\cos\theta] - A\sin2\pi f_c tE[\sin\theta]\\&= A\cos2\pi f_c t\int_0^{2\pi}\cos\theta\frac{1}{2\pi}\mathrm{d}\theta - A\sin2\pi f_c t\int_0^{2\pi}\sin\theta\frac{1}{2\pi}\mathrm{d}\theta = 0\end{aligned}$$

根据随机过程自相关函数的定义式（2-123）可得

$$R(t_1,\ t_2) = E[\xi(t_1)\xi(t_2)] = E[A\cos(2\pi f_c t_1 + \theta)A\cos(2\pi f_c t_2 + \theta)]$$

$$= \frac{A^2}{2}E[\cos(2\pi f_c t_1 + 2\pi f_c t_2 + 2\theta) + \cos 2\pi f_c(t_1 - t_2)]$$

$$= \frac{A^2}{2}\int_0^{2\pi}\cos(2\pi f_c t_1 + 2\pi f_c t_2 + 2\theta)\frac{1}{2\pi}d\theta + \frac{A^2}{2}\cos 2\pi f_c(t_1 - t_2)$$

$$= \frac{A^2}{2}\cos 2\pi f_c(t_2 - t_1) = \frac{A^2}{2}\cos 2\pi f_c\tau = R(\tau)$$

可见，随机过程 $\xi(t)=A\cos(2\pi f_c t+\theta)$ 的数学期望为常数，自相关函数只与时间间隔 τ 有关，所以该随机过程是广义平稳随机过程。

2.6.2 各态历经性

要计算式（2-121）、式（2-123）等给出的随机过程的数字特征，必须知道该随机过程的一维、二维概率密度函数，这就需要对足够多的样本函数做统计平均求得。但在实际中，我们往往只能得到随机过程的一个或者几个样本。因此，我们自然会提出这样一个问题：能否就根据随机过程的一个样本函数来求得随机过程的数字特征呢？回答是肯定的。平稳随机过程在满足一定的条件下，一般都具有一个有趣而又非常有用的特性，这个特性称为“各态历经性”。

具有各态历经性的随机过程，其数字特征可完全由该过程的任一样本相关参量的时间特征来决定：即随机过程的数学期望（统计平均值），可以由任一样本的时间平均值来代替；随机过程的自相关函数，也可以由对应的“时间平均”来代替“统计平均”。这就是说，假设 $x(t)$ 是从平稳随机过程中任意取得的一个样本，由于它是时间的确定函数，所以可以方便地求得其时间平均值。具体来讲，其时间平均意义下的数学期望和自相关函数可表示为

$$\begin{cases} \lim\limits_{T\to\infty}\dfrac{1}{T}\displaystyle\int_{-\frac{T}{2}}^{\frac{T}{2}}x(t)\,dt = \overline{a} \\ \lim\limits_{T\to\infty}\dfrac{1}{T}\displaystyle\int_{-\frac{T}{2}}^{\frac{T}{2}}x(t)x(t+\tau)\,dt = \overline{R(\tau)} \end{cases} \tag{2-135}$$

如果平稳随机过程使下式成立：

$$\begin{cases} a = \overline{a} \\ R(\tau) = \overline{R(\tau)} \end{cases} \tag{2-136}$$

则称之为具有“各态历经性”的平稳随机过程。“各态历经”的意思是说，随机过程中的任一实现，都经历了该随机过程的所有可能状态。由式（2-136）可知，各态历经的随机过程，就其数字特征而言，无须做无限多次的考察，而只需获得一次考察，从而使“统计平均”化为“时间平均”，使计算问题大为简化。

但应注意，只有平稳随机过程才可能具有各态历经性。随机过程的平稳性仅为各态历经性的必要条件。

【例 2-13】 讨论随机过程 $\xi(t)=A\cos(2\pi f_c t+\theta)$ 的各态历经性，其中振幅 A 和初相 θ 均为随机变量，两者统计独立，θ 在（0，2π）之间均匀分布。

解：首先，求 $\xi(t)$ 在统计意义上的数学期望和自相关函数，分别为

$$E[\xi(t)] = E[A\cos(2\pi f_c t+\theta)] = 0$$

以及

$$R(t,\ t+\tau)=E[\xi(t)\xi(t+\tau)]=E[A^2\cos(2\pi f_c t+\theta)\cos(2\pi f_c t+2\pi f_c\tau+\theta)]$$

$$=E[A^2]E[\cos(2\pi f_c t+\theta)\cos(2\pi f_c t+2\pi f_c\tau+\theta)]=\frac{E[A^2]}{2}\cos(2\pi f_c\tau)$$

所以，$\xi(t)$为平稳随机过程。

取其任一实现样本 $x(t)=A_0\cos(2\pi f_c t+\theta_0)$，此时 A_0 和 θ_0 均为该次测量得到的某一确定值。根据式（2-135），可分别求得该过程的时间均值和时间自相关函数为

$$\overline{a}=\lim_{T\to\infty}\frac{1}{T}\int_{-\frac{T}{2}}^{\frac{T}{2}}x(t)\,\mathrm{d}t=0$$

$$\overline{R(\tau)}=\lim_{T\to\infty}\frac{1}{T}\int_{-\frac{T}{2}}^{\frac{T}{2}}x(t)x(t+\tau)\,\mathrm{d}t$$

$$=\lim_{T\to\infty}\frac{1}{T}\int_{-\frac{T}{2}}^{\frac{T}{2}}A_0^2\cos(2\pi f_c t+\theta_0)\cos(2\pi f_c t+2\pi f_c\tau+\theta_0)\,\mathrm{d}t=\frac{A_0^2}{2}\cos(2\pi f_c\tau)$$

由于一般情况下，$E[A^2]\neq A_0^2$，所以该过程虽然满足平稳性条件，但并不具备各态历经性。

如果题目中的振幅 A 不是随机变量，而为一恒定幅度，则有 $R(\tau)=\overline{R(\tau)}$，此时该随机过程具备各态历经性。因此，恒振幅随机相位信号既是平稳随机过程，也是各态历经性过程。

二维码 2-2

2.6.3　平稳随机过程的自相关函数

对于平稳随机过程而言，它的自相关函数是特别重要的一个函数。这是因为，一方面平稳随机过程的统计特性，比如数字特征等，可通过自相关函数来描述；另一方面，自相关函数还揭示了平稳随机过程任意两个不同时刻之间的内在联系以及平稳随机过程的频谱特性。本小节先介绍自相关函数的有关性质，下一小节再讨论与相关函数紧密联系的有关功率谱密度的概念。

设 $\xi(t)$ 为实平稳随机过程，那么其自相关函数 $R(\tau)$ 的定义见式（2-133），$R(\tau)$ 具有如下主要性质。

（1）$R(0)=E[\xi^2(t)]=S$（$\xi(t)$的平均功率）　　(2-137)

这是因为，平稳随机过程的总能量往往是无穷的，而其平均功率却是有限的。

（2）$R(\tau)=R(-\tau)$（$R(\tau)$为偶函数）　　(2-138)

这一点直接可由定义式（2-133）得到证实。

（3）$|R(\tau)|\leqslant R(0)$（$R(\tau)$的上界）　　(2-139)

这可由非负式 $E[\xi(t)\pm\xi(t+\tau)]^2\geqslant 0$ 推演而得。

（4）$R(\infty)=E^2[\xi(t)]$（$\xi(t)$的直流功率）　　(2-140)

这是因为

$$\lim_{\tau\to\infty}R(\tau)=\lim_{\tau\to\infty}E[\xi(t)\xi(t+\tau)]=E[\xi(t)]\cdot E[\xi(t+\tau)]=E^2[\xi(t)] \tag{2-141}$$

这里利用了当 $\tau\to\infty$ 时 $\xi(t)$ 与 $\xi(t+\tau)$ 变得没有依赖关系，即统计独立。

（5）$R(0)-R(\infty)=\sigma^2$（$\xi(t)$的交流功率）　　(2-142)

这一点直接由性质(1)和性质(4)得到。

由上述性质可知，用自相关函数可表述 $\xi(t)$ 的主要数字特征，且以上性质有明显的实际物理意义。

2.6.4　平稳随机过程的功率谱密度

由 2.3 节可以知道，确知信号的自相关函数与其谱密度之间有确定的傅里叶变换关系。那么，对于平稳随机过程，其自相关函数与功率谱密度之间是否也存在这种变换关系呢？任意的确定功率信号 $f(t)$，它的功率谱密度 $P_s(f)$ 可表示成

$$P_s(f)=\lim_{T\to\infty}\frac{|F_T(f)|^2}{T} \tag{2-143}$$

式中，$F_T(f)$ 是 $f(t)$ 的截短函数 $f_T(t)$（如图 2-18 所示）的频谱函数。而对于功率型的平稳随机过程而言，它的每一实现也将是功率信号，因而每一实现的功率谱也可由式（2-143）表示。但是，随机过程中哪一实现出现是不能预知的，因此，某一实现的功率谱密度不能作为过程的功率谱密度。过程的功率谱密度应看作是每一可能实现的功率谱的统计平均。设 $\xi(t)$ 的功率谱密度为 $P_\xi(f)$，$\xi(t)$ 的某一实现的截短函数为 $\xi_T(t)$，且 $\Gamma[\xi_T(t)]=F_T(f)$，于是有

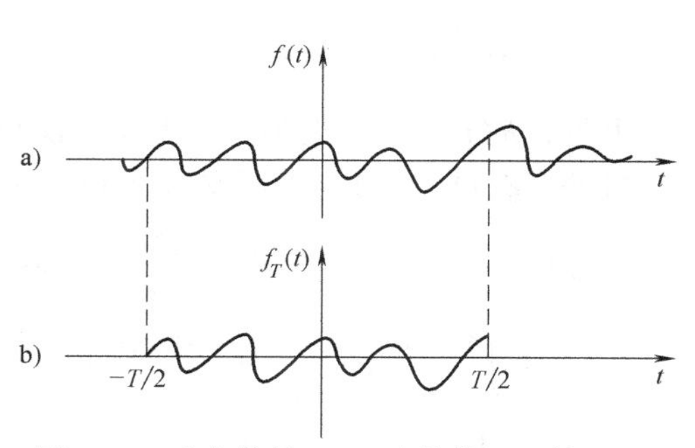

图 2-18　功率信号 $f(t)$ 及其截短函数 $f_T(t)$

$$P_\xi(f)=E[P_s(f)]=\lim_{T\to\infty}\frac{E|F_T(f)|^2}{T} \tag{2-144}$$

$\xi(t)$ 的平均功率 S 即可表示成

$$S=\int_{-\infty}^{\infty}P_\xi(f)\mathrm{d}f=\int_{-\infty}^{\infty}\lim_{T\to\infty}\frac{E|F_T(f)|^2}{T}\mathrm{d}f \tag{2-145}$$

由式（2-144）、各态历经性和积分变量的代换，可以证明[10,3]：

$$P_\xi(f)=\lim_{T\to\infty}\frac{E[\,|F_T(f)|^2\,]}{T}=\int_{-\infty}^{\infty}R(\tau)\mathrm{e}^{-\mathrm{j}2\pi f\tau}\mathrm{d}\tau \tag{2-146}$$

所以，

$$R(\tau)\Leftrightarrow P_\xi(f) \tag{2-147}$$

这说明，$\xi(t)$ 的自相关函数与其功率谱密度之间互为傅里叶变换关系。

【例 2-14】　求随机相位正弦波 $\xi(t)=\sin(2\pi f_0t+\theta)$ 的自相关函数与功率谱密度。式中，f_0 是常数；θ 是在区间（0，2π）上均匀分布的随机变量。

解：先求 $\xi(t)$ 的数学期望 $a(t)$

$$\begin{aligned}a(t)&=E[\sin(2\pi f_0t+\theta)]=E[\sin(2\pi f_0t)\cos\theta+\cos(2\pi f_0t)\sin\theta]\\&=\sin(2\pi f_0t)\int_0^{2\pi}(1/2\pi)\cdot\cos\theta\mathrm{d}\theta+\cos(2\pi f_0t)\int_0^{2\pi}(1/2\pi)\cdot\sin\theta\mathrm{d}\theta=0\end{aligned}$$

再根据式（2-123）有

$$R(t_1,t_2)=E[\xi(t_1)\xi(t_2)]=E[\sin(2\pi f_0t_1+\theta)\sin(2\pi f_0t_2+\theta)]$$

令 $t_1=t$，$t_2=t+\tau$，则上式变为

$$\begin{aligned}
R(t,\ t+\tau) &= E[\sin(2\pi f_0 t+\theta)\sin(2\pi f_0 t+2\pi f_0\tau+\theta)] \\
&= E\{\sin(2\pi f_0 t+\theta)[\sin(2\pi f_0 t+\theta)\cos(2\pi f_0\tau)+\cos(2\pi f_0 t+\theta)\sin(2\pi f_0\tau)]\} \\
&= \cos(2\pi f_0\tau)E[\sin^2(2\pi f_0 t+\theta)]+\sin(2\pi f_0\tau)E[\sin(2\pi f_0 t+\theta)\cos(2\pi f_0 t+\theta)] \\
&= \cos(2\pi f_0\tau)E\left\{\frac{1}{2}[1-\cos 2(2\pi f_0 t+\theta)]\right\}+\sin(2\pi f_0\tau)E\left[\frac{1}{2}\sin 2(2\pi f_0 t+\theta)\right] \\
&= \frac{1}{2}\cos(2\pi f_0\tau)-\frac{1}{2}\cos(2\pi f_0\tau)\int_0^{2\pi}\cos 2(2\pi f_0 t+\theta)\left(\frac{1}{2\pi}\right)\mathrm{d}\theta \\
&\quad +\frac{1}{2}\sin(2\pi f_0\tau)\int_0^{2\pi}\sin 2(2\pi f_0 t+\theta)\left(\frac{1}{2\pi}\right)\mathrm{d}\theta \\
&= \frac{1}{2}\cos(2\pi f_0\tau)
\end{aligned}$$

可见，$R(t,\ t+\tau)$ 与时间 t 无关，仅与 τ 有关。所以 $\xi(t)$ 是广义平稳随机过程。另外，$\xi(t)$ 的功率谱密度为［利用式（2-146）］

$$\begin{aligned}
P_\xi(f) &= \int_{-\infty}^{\infty}R(\tau)\mathrm{e}^{-\mathrm{j}\omega\tau}\mathrm{d}\tau=\int_{-\infty}^{\infty}\frac{1}{2}\cos(2\pi f_0\tau)\mathrm{e}^{-\mathrm{j}2\pi f\tau}\mathrm{d}\tau \\
&= \int_{-\infty}^{\infty}\frac{1}{4}\left(\mathrm{e}^{\mathrm{j}2\pi f_0\tau}+\mathrm{e}^{-\mathrm{j}2\pi f_0\tau}\right)\mathrm{e}^{-\mathrm{j}2\pi f\tau}\mathrm{d}\tau=\frac{1}{4}\int_{-\infty}^{\infty}\mathrm{e}^{-\mathrm{j}2\pi(f-f_0)\tau}\mathrm{d}\tau+\frac{1}{4}\int_{-\infty}^{\infty}\mathrm{e}^{-\mathrm{j}2\pi(f+f_0)\tau}\mathrm{d}\tau \\
&= \frac{1}{4}\delta(f-f_0)+\frac{1}{4}\delta(f+f_0)
\end{aligned}$$

容易看出，由 $R(\tau)$ 或 $P_\xi(f)$ 可求得 $\xi(t)$ 的平均功率为 1/2。

2.6.5 周期平稳随机过程

二维码 2-3

在处理携带数字信息的信号时，会经常遇到一类非平稳随机过程，由于其统计特性在时间域上表现为周期性，因而称其为周期平稳。下面来讨论具有这种性质的随机过程，设随机过程：

$$\xi(t)=\sum_{n=-\infty}^{\infty}a_n g(t-nT) \tag{2-148}$$

其中，$\{a_n\}$ 是一个时间离散的实随机序列，对于所有的 n，其均值 $E[a_n]=m_a$，自相关序列为 $\phi_{aa}(k)=E[a_n a_{n+k}]$；$g(t)$ 是确知信号。序列 $\{a_n\}$ 表示要在信道上传送的数字信息序列，$1/T$ 表示信息符号的传输速率。

下面求 $\xi(t)$ 的均值和自相关函数。首先，均值是

$$E[\xi(t)]=\sum_{n=-\infty}^{\infty}E[a_n]g(t-nT)=m_a\sum_{n=-\infty}^{\infty}g(t-nT) \tag{2-149}$$

由上式可以看到均值是随时间变化的，由平稳随机过程的定义可知，此时该随机过程是非平稳的，由式（2-129）和式（2-131）可知它既不是严格平稳也不是广义平稳，此时均值是时间 t 的周期函数，其周期为 T。

$\xi(t)$ 的自相关函数是

$$\phi_{\xi\xi}(t+\tau,\ t)=E[\xi(t)\xi(t+\tau)]=\sum_{m=-\infty}^{\infty}\sum_{n=-\infty}^{\infty}E(a_n a_m)g(t-nT)g(t+\tau-mT)$$

$$= \sum_{m=-\infty}^{\infty} \sum_{n=-\infty}^{\infty} \phi_{aa}(m-n) g(t-nT) g(t+\tau-mT) \tag{2-150}$$

观察上式，我们有

$$\phi_{\xi\xi}(t+\tau+kT, t+kT) = \phi_{\xi\xi}(t+\tau, t) \tag{2-151}$$

对于任意的 $k=\pm1$，±2，式（2-151）成立，因此 $\xi(t)$ 的自相关函数也是 T 的周期函数。具有上述式（2-149）和式（2-151）特性的随机过程称为**周期平稳随机过程**。

对于周期平稳随机过程我们用一种近似方法来得到其功率谱密度。在一个信号周期内计算时间平均自相关函数，定义如下：

$$\overline{\phi}_{\xi\xi}(\tau) = \frac{1}{T}\int_{-T/2}^{T/2} \phi_{\xi\xi}(t+\tau, t)\,\mathrm{d}t \tag{2-152}$$

该式表示周期平稳随机过程 $\xi(t)$ 的时间平均自相关函数。消除时间变量后，我们就可以方便地处理该时间平均自相关函数。对 $\overline{\phi}_{\xi\xi}(\tau)$ 的傅里叶变换得到周期平稳随机过程 $\xi(t)$ 的平均功率谱密度。这种方法利用平均功率谱密度简化了对周期平稳随机过程的频域表示，即 $\xi(t)$ 的平均功率谱密度为

$$\Phi_{\xi\xi}(f) = \int_{-\infty}^{\infty} \overline{\phi}_{\xi\xi}(\tau)\,\mathrm{e}^{-\mathrm{j}2\pi f\tau}\,\mathrm{d}\tau \tag{2-153}$$

2.7　高斯随机过程

2.7.1　高斯随机过程的概念

高斯随机过程又称正态随机过程，是实际应用中非常重要又普遍存在的随机过程。在信号检测、通信系统、电子测量等许多应用中，高斯噪声是最重要的一种随机过程，自始至终都必须考虑。此外，在许多特殊应用场合，通常假设讨论的对象具有高斯特性。高斯随机过程的统计特性及其线性变换具有许多独特的性质。所有这些，都促使人们深入研究这类随机信号与系统的各种性质与关系。

所谓高斯随机过程 $\xi(t)$，即指它的任意 n 维（$n=1$，2，…）概率密度函数由下式表示的随机过程，即

$$f(x_1, x_2, \cdots, x_n; t_1, t_2, \cdots, t_n) = \frac{1}{(2\pi)^{n/2}\sigma_1\sigma_2\cdots\sigma_n |\boldsymbol{B}|^{1/2}} \times \exp\left[\frac{-1}{2|\boldsymbol{B}|}\sum_{j=1}^{n}\sum_{k=1}^{n} |\boldsymbol{B}|_{jk}\left(\frac{x_j-a_j}{\sigma_j}\right)\left(\frac{x_k-a_k}{\sigma_k}\right)\right] \tag{2-154}$$

式中，$a_k=E[\xi(t_k)]$，$\sigma_k^2=E[\xi(t_k)-a_k]^2$，$|\boldsymbol{B}|$ 为归一化协方差矩阵的行列式，即

$$|\boldsymbol{B}| = \begin{vmatrix} 1 & b_{12} & \cdots & b_{1n} \\ b_{21} & 1 & \cdots & b_{2n} \\ \vdots & \vdots & \vdots & \vdots \\ b_{n1} & b_{n2} & \cdots & 1 \end{vmatrix}$$

$|\boldsymbol{B}|_{jk}$ 为行列式 $|\boldsymbol{B}|$ 中元素 b_{jk} 的代数余因子；b_{jk} 为归一化协方差（相关系数），即

$$b_{jk}=\frac{E\{[\xi(t_j)-a_j][\xi(t_k)-a_k]\}}{\sigma_j\sigma_k} \tag{2-155}$$

2.7.2 高斯随机过程的性质

高斯随机过程从定义上看比较复杂，但在实际应用中，我们只需要掌握它的一些重要性质就可以了。

性质1：高斯随机过程的分布完全由其数字特征决定。这一点可以由式（2-154）看出，其 n 维概率密度函数仅由 n 个随机变量的数学期望、方差和两两之间的归一化协方差（相关系数）就可以确定。所以对于高斯随机过程，只需关注其数字特征就够了。

性质2：高斯随机过程若是广义平稳的，则也是严平稳的。因为如果高斯随机过程是广义平稳的，即其数学期望与时间无关，协方差函数只与时间间隔 τ 有关，而与时间起点无关，则它的 n 维分布也与时间起点无关，满足严平稳的条件。

性质3：如果高斯随机过程中的随机变量之间互不相关，则它们也是统计独立的。因为，如果各随机变量之间两两互不相关，则在式（2-155）中，对所有 $j\neq k$ 都有 $b_{jk}=0$，故式（2-154）变为

$$\begin{aligned}f(x_1,x_2,\cdots,x_n;t_1,t_2,\cdots,t_n)&=\frac{1}{(2\pi)^{n/2}\prod_{j=1}^{n}\sigma_j}\exp\left[-\sum_{j=1}^{n}\frac{(x_j-a_j)^2}{2\sigma_j^2}\right]\\&=\prod_{j=1}^{n}\frac{1}{\sqrt{2\pi}\sigma_j}\exp\left[-\frac{(x_j-a_j)^2}{2\sigma_j^2}\right]\\&=f(x_1,t_1)\cdot f(x_2,t_2)\cdots f(x_n,t_n)\end{aligned} \tag{2-156}$$

满足统计独立的条件。

性质4：高斯随机过程之和仍为高斯随机过程。

性质5：高斯随机过程通过线性系统，其输出仍为高斯随机过程。这一点在2.8节也会提到。

2.7.3 一维高斯分布与常用特殊函数

由式（2-154）可以得到高斯随机过程的一维概率密度函数，即

$$f(x)=\frac{1}{\sqrt{2\pi}\sigma}\exp\left[-\frac{(x-a)^2}{2\sigma^2}\right]$$

二维码 2-4

此式即为2.4.3节中的式（2-102）给出的高斯分布概率密度函数，其基本特点已在2.4.3节给出。一维高斯分布在实际中应用很广，下面我们将对其做进一步的讨论，并导出在分析通信系统性能时常用的一些特殊函数。

由式（2-102）以及图2-14和图2-15可以看出一维高斯分布概率密度函数 $f(x)$ 具有如下特点：

（1）$f(x)$ 关于直线 $x=a$ 对称，即 $f(a+x)=f(a-x)$。

(2) $f(x)$在 $(-\infty, a)$ 内单调上升，在 (a, ∞) 内单调下降，且在点 a 处达到极大值 $1/(\sqrt{2\pi}\sigma)$，当 $x\to-\infty$ 或 $x\to\infty$ 时，$f(x)\to 0$。

(3) $\int_{-\infty}^{\infty} f(x)\mathrm{d}x = 1$ 及 $\int_{-\infty}^{a} f(x)\mathrm{d}x = \int_{a}^{\infty} f(x)\mathrm{d}x = 1/2$。

(4) 对不同的 a（固定 σ），表现为 $f(x)$的图形左右平移；对不同的 σ（固定 a），$f(x)$的图形将随 σ 的减小而变高和变窄。

如果式（2-102）中 $a=0$，$\sigma^2=1$，则称这种高斯分布为标准化的（在 2.4.3 节已经说明，称为标准正态分布），这时有

$$f(x)=\frac{1}{\sqrt{2\pi}}\exp\left(-\frac{x^2}{2}\right) \tag{2-157}$$

现在我们再来看一维高斯分布函数，根据分布函数的定义式（2-92），显然它可表示为

$$F(x)=\int_{-\infty}^{x}\frac{1}{\sqrt{2\pi}\sigma}\exp\left[-\frac{(t-a)^2}{2\sigma^2}\right]\mathrm{d}t \tag{2-158}$$

该积分值无法使用闭合表达式计算，工程上一般将其变换成可以利用数学手册查出积分值的特殊函数来表示。常用的特殊函数有以下几种。

(1) 概率积分函数 $\varphi(x)$

式（2-157）给出了标准正态分布的概率密度函数，通常我们将其概率分布函数称为概率积分函数 $\varphi(x)$，即

$$\varphi(x)=\frac{1}{\sqrt{2\pi}}\int_{-\infty}^{x}\exp\left[-\frac{t^2}{2}\right]\mathrm{d}t \tag{2-159}$$

显然 $\varphi(x)$ 是自变量 x 的递增函数，且 $\varphi(0)=1/2$，$\varphi(\infty)=1$。利用 $\varphi(x)$的定义，式（2-158）的一维高斯分布函数可表示为

$$F(x)=\frac{1}{\sqrt{2\pi}\sigma}\int_{-\infty}^{x}\exp\left[-\frac{(t-a)^2}{2\sigma^2}\right]\mathrm{d}t=\varphi\left(\frac{x-a}{\sigma}\right) \tag{2-160}$$

(2) Q 函数，其定义为 $Q(x)=1-\varphi(x)$，即

$$Q(x)=1-\varphi(x)=\frac{1}{\sqrt{2\pi}}\int_{x}^{\infty}\exp\left(-\frac{t^2}{2}\right)\mathrm{d}t \tag{2-161}$$

显然 $Q(x)$是自变量 x 的递减函数，且 $Q(0)=1/2$，$Q(-\infty)=1$，且当 $x\geqslant 0$ 时，有 $Q(-x)=1-Q(x)$。

(3) 误差函数 $\mathrm{erf}(x)$，其定义为

$$\mathrm{erf}(x)=\frac{2}{\sqrt{\pi}}\int_{0}^{x}\mathrm{e}^{-t^2}\mathrm{d}t \tag{2-162}$$

显然，$\mathrm{erf}(x)$是自变量 x 的递增函数，且 $\mathrm{erf}(0)=0$，$\mathrm{erf}(\infty)=1$，$\mathrm{erf}(-x)=-\mathrm{erf}(x)$。

(4) 互补误差函数 $\mathrm{erfc}(x)$，其定义为 $\mathrm{erfc}(x)=1-\mathrm{erf}(x)$，即

$$\mathrm{erfc}(x)=1-\mathrm{erf}(x)=\frac{2}{\sqrt{\pi}}\int_{x}^{\infty}\mathrm{e}^{-t^2}\mathrm{d}t \tag{2-163}$$

显然，$\mathrm{erfc}(x)$是自变量 x 的递减函数，且 $\mathrm{erfc}(0)=1$，$\mathrm{erfc}(\infty)=0$，且 $\mathrm{erfc}(-x)=2-\mathrm{erfc}(x)$。当 $x\gg 1$（在工程上只要 $x>2$）时，即可近似有

$$\operatorname{erfc}(x) \approx \frac{e^{-x^2}}{\sqrt{\pi} x} \tag{2-164}$$

在今后讨论通信系统抗噪声性能（分析误码率）时，经常会用到上述特殊函数，尤其是 Q 函数和互补误差函数 $\operatorname{erfc}(x)$ 用得更多。通过比较定义式（2-161）和式（2-163），还可以得到 $\operatorname{erfc}(x)$ 和 $Q(x)$ 的关系如下：

$$Q(x)=\frac{1}{2}\operatorname{erfc}\left(\frac{x}{\sqrt{2}}\right) \tag{2-165}$$

$$\operatorname{erfc}(x)=2Q(\sqrt{2}x) \tag{2-166}$$

当变量 x 的值给定时，相关特殊函数的值可通过查询数学手册得到，并结合它们之间的关系式算出。为方便使用，附录中给出了部分 $\operatorname{erfc}(x)$ 和 $Q(x)$ 的值。

2.8 平稳随机过程通过线性系统

在实际工程应用中，特别是在通信系统中，需要对信号进行采集、存储、变换、传输和处理，因而必须研究随机信号通过各类系统的情况，其本质就是研究随机过程通过系统后的输出特性。本节主要讨论平稳随机过程通过线性时不变系统后输出信号的统计特性，以及系统输入输出之间的一些重要关系。

在 2.1.2 节介绍了系统的分类，知道线性系统具有均匀性和叠加性，即满足式（2-8）和式（2-9）的特性。现在假设系统输入信号为 $v_i(t)$，系统的冲激响应为 $h(t)$，则对应的输出 $v_o(t)$ 等于输入信号与冲激响应的卷积，即：

$$v_o(t) = v_i(t) * h(t) = \int_{-\infty}^{\infty} v_i(\tau)h(t-\tau)\mathrm{d}\tau \tag{2-167}$$

如果 $v_o(t) \Leftrightarrow V_o(f)$，$v_i(t) \Leftrightarrow V_i(f)$，$h(t) \Leftrightarrow H(f)$，结合表 2-2 傅里叶变换的卷积特性有

$$V_o(f) = V_i(f)H(f) \tag{2-168}$$

如果考虑的线性系统是物理可实现的，由 2.1.2 节给出的定义可知，当 $t<0$ 时，有 $h(t)=0$，只有 $t \geqslant 0$ 时，$h(t)$ 才有值，所以输出信号 $v_o(t)$ 可表示为

$$v_o(t) = \int_{-\infty}^{t} v_i(\tau)h(t-\tau)\mathrm{d}\tau \tag{2-169}$$

或

$$v_o(t) = \int_{0}^{\infty} h(\tau)v_i(t-\tau)\mathrm{d}\tau \tag{2-170}$$

由式（2-170）看到，假设线性系统的输入是随机过程的一个实现 $v_i(t)$，则必将获得一个系统响应 $v_o(t)$。这个 $v_o(t)$ 可以看成是输出随机过程的一个实现。因此，只要输入有界且系统是物理可实现的，则当输入是随机过程 $\xi_i(t)$ 时，便有输出随机过程 $\xi_o(t)$，且有

$$\xi_o(t) = \int_{0}^{\infty} h(\tau)\xi_i(t-\tau)\mathrm{d}\tau \tag{2-171}$$

假定输入 $\xi_i(t)$ 是平稳随机过程，现在来分析系统的输出过程 $\xi_o(t)$ 的统计特性。我们先确定输出过程的数学期望、方差及相关函数与功率谱密度，然后再讨论输出过程的概率分布问题。

1. $\xi_o(t)$的数学期望$E[\xi_o(t)]$

根据式（2-121）的定义，有

$$E[\xi_o(t)] = E\left[\int_0^\infty h(\tau)\xi_i(t-\tau)\mathrm{d}\tau\right] = \int_0^\infty h(\tau)E[\xi_i(t-\tau)]\mathrm{d}\tau$$

再根据平稳性假设，$\xi_i(t)$的数学期望应为常数，即$E[\xi_i(t-\tau)]=E[\xi_i(t)]=\mu_i$，故上式成为

$$E[\xi_o(t)] = \mu_i E\int_0^\infty h(\tau)\mathrm{d}\tau \tag{2-172}$$

因为

$$H(f) = \int_0^\infty h(t)\mathrm{e}^{-\mathrm{j}2\pi ft}\mathrm{d}t$$

求得

$$H(0) = \int_0^\infty h(t)\mathrm{d}t$$

所以

$$E[\xi_o(t)] = \mu_i \cdot H(0) \tag{2-173}$$

由此可见，输出过程的数学期望等于输入过程的数学期望与$H(0)$相乘，并且$E[\xi_o(t)]$与t无关。

2. $\xi_o(t)$ 的自相关函数$R_o(t_1, t_1+\tau)$

根据自相关函数的定义式（2-123），有

$$\begin{aligned}R_o(t_1, t_1+\tau) &= E[\xi_o(t_1)\xi_o(t_1+\tau)] = E\left[\int_0^\infty h(\alpha)\xi_i(t_1-\alpha)\mathrm{d}\alpha\int_0^\infty h(\beta)\xi_i(t_1+\tau-\beta)\mathrm{d}\beta\right]\\ &= \int_0^\infty\int_0^\infty h(\alpha)h(\beta)E[\xi_i(t_1-\alpha)\xi_i(t_1+\tau-\beta)]\mathrm{d}\alpha\mathrm{d}\beta\end{aligned}$$

根据输入随机过程的平稳性，有

$$E[\xi_i(t_1-\alpha)\xi_i(t_1+\tau-\beta)] = R_i(\tau+\alpha-\beta)$$

于是

$$R_o(t_1,t_1+\tau) = \int_0^\infty\int_0^\infty h(\alpha)h(\beta)R_i(\tau+\alpha-\beta)\mathrm{d}\alpha\mathrm{d}\beta = R_o(\tau) \tag{2-174}$$

可见，自相关函数只依赖时间间隔τ，而与时间起点t_1无关。由式（2-173）和式（2-174）可以看出，输出过程$\xi_o(t)$也是广义平稳随机过程。

3. $\xi_o(t)$ 的功率谱密度$P_{\xi_o}(f)$

利用式（2-147），有

$$P_{\xi_o}(f) = \int_{-\infty}^\infty R_o(\tau)\mathrm{e}^{-\mathrm{j}2\pi f\tau}\mathrm{d}\tau = \int_{-\infty}^\infty \mathrm{d}\tau\int_0^\infty \mathrm{d}\alpha\int_0^\infty [h(\alpha)h(\beta)R_i(\tau+\alpha-\beta)\mathrm{e}^{-\mathrm{j}2\pi f\tau}]\mathrm{d}\beta$$

令$\tau'=\tau+\alpha-\beta$则有

$$\begin{aligned}P_{\xi_o}(f) &= \int_{-\infty}^\infty h(\alpha)\mathrm{e}^{\mathrm{j}2\pi f\alpha}\mathrm{d}\alpha\int_0^\infty h(\beta)\mathrm{e}^{-\mathrm{j}2\pi f\beta}\mathrm{d}\beta\int_0^\infty R_i(\tau')\mathrm{e}^{-\mathrm{j}2\pi f\tau'}\mathrm{d}\tau'\\ &= H^*(f)H(f)P_{\xi_i}(f) = |H(f)|^2P_{\xi_i}(f)\end{aligned} \tag{2-175}$$

可见，系统输出功率谱密度是输入功率谱密度$P_{\xi_i}(f)$与$|H(f)|^2$的乘积。这是今后很有用处的一个结论。

【例 2-15】 设某噪声的功率谱密度为 $P_i(f)=n_0/2$（$-\infty<f<\infty$），试求该噪声通过传递函数 $H(f)$ 为下式的理想低通滤波器后的功率谱密度、自相关函数及噪声功率：

$$H(f)=\begin{cases} K_0 e^{-j2\pi f t_d}, & |f|\leqslant f_H \\ 0, & 其他\ f \end{cases}$$

解：由 $H(f)$ 的表达式可知

$$|H(f)|^2=K_0^2, |f|\leqslant f_H$$

根据式（2-175）得输出功率谱密度为

$$P_o(f)=|H(f)|^2 P_i(f)=K_0^2\frac{n_0}{2}, |f|\leqslant f_H$$

由于输出噪声的自相关函数 $R_o(\tau)\Leftrightarrow P_o(f)$，所以

$$R_o(\tau)=\int_{-\infty}^{\infty}P_o(f)e^{j2\pi f\tau}df=\frac{K_0^2 n_0}{2}\int_{-f_H}^{f_H}e^{j2\pi f\tau}df$$

$$=K_0^2 n_0 f_H\frac{\sin 2\pi f_H\tau}{2\pi f_H\tau}=K_0^2 n_0 f_H \mathrm{Sa}(2\pi f_H\tau)$$

于是，输出噪声功率 N 即为 $R_o(0)$，即

$$N=R_0(0)=K_0^2 n_0 f_H$$

可见，输出的噪声功率与 K_0^2、n_0 及 f_H 成正比。

4. 输出过程 $\xi_o(t)$ 的分布

原理上，在给定输入过程的分布的情况下，借助于式（2-171）总可以确定输出过程的分布。其中一个十分有用的情形是：如果线性系统的输入过程是高斯型的，则系统的输出过程也是高斯型的。

因为式（2-171）可以表示成一个和式的极限

$$\xi_o(t)=\lim_{\Delta\tau_k\to 0}\sum_{k=0}^{\infty}\xi_i(t-\tau_k)h(\tau_k)\Delta\tau_k \tag{2-176}$$

由于 $\xi_i(t)$ 已假设成高斯型的，因此，在任一时刻上的每一项 $\xi_i(t-\tau_k)h(\tau_k)\Delta\tau_k$ 都是一个高斯随机变量。所以，在任一时刻上得到的输出随机变量，将是无限多个（独立的或不独立的）高斯随机变量之和。由概率论可知道，这个“和”也是高斯随机变量。

于是得到，在任一时刻上的输出［如式（2-176）］随机变量是服从高斯分布的结论。更一般地说[10,11]，多维高斯随机变量的线性变换仍为多维高斯随机变量；高斯随机过程经线性变换后的过程仍为高斯的。必须注意，线性变换前后虽然保持高斯统计特性，但是它们的数学期望、方差和相关函数等数字特征均发生了变化。

2.9 窄带随机过程

二维码 2-5

在通信系统中，许多实际的信号和噪声都是“窄带”的，即它们的频谱只限于以 $\pm f_c$ 为中心频率，带宽为 Δf，且满足 $\Delta f\ll f_c$ 的条件，更确切地说，应该称之为高频窄带信号或噪声。例如，无线广播系统中的中频信号及噪声就是如此。如果这时的信号或噪声是一个随机过程，则称它们为窄带随机过程。为了表述窄带随机过程，我们需要推导出窄

带信号的一般表示式。

窄带波形的定义可借助于它的频谱和波形示意图2-19来说明。图中，波形的频带宽度为Δf，中心频率为f_c。若波形满足$\Delta f \ll f_c$，则称该波形为窄带的。

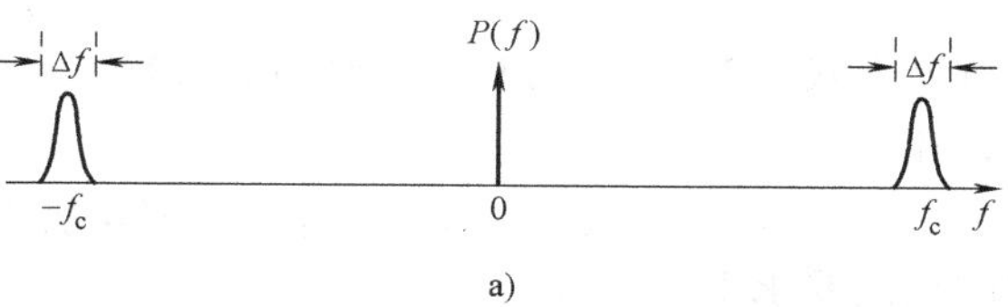

a)

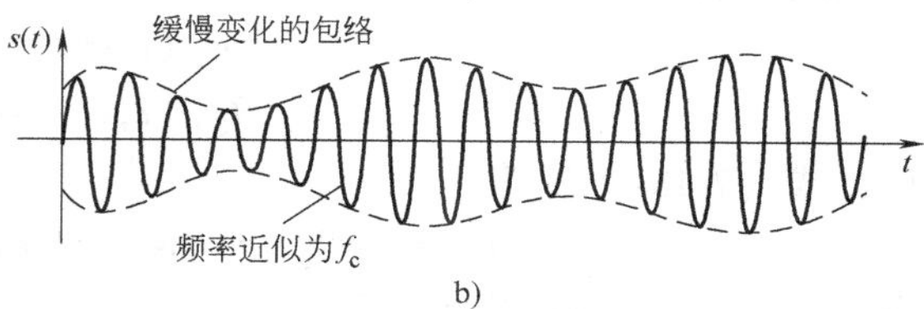

b)

图2-19　窄带波形的频谱及示意波形

a）窄带波形的频谱　b）窄带波形时间示意图

如果在示波器上观察这个过程的一个实现的波形，则它像一个包络和相位缓慢变化的正弦波。因此，窄带随机过程可用下式表示

$$\xi(t)=a_\xi(t)\cos[2\pi f_c t+\varphi_\xi(t)],\quad a_\xi(t)\geqslant 0 \tag{2-177}$$

式中，$a_\xi(t)$及$\varphi_\xi(t)$是窄带随机过程$\xi(t)$的随机包络函数及随机相位函数；f_c是正弦波的中心频率。显然，这里的$a_\xi(t)$及$\varphi_\xi(t)$变化一定比载波$\cos(2\pi f_c t)$的变化要缓慢得多。

窄带过程也可用下式表示：

$$\xi(t)=\xi_c(t)\cos(2\pi f_c t)-\xi_s(t)\sin(2\pi f_c t) \tag{2-178}$$

其中

$$\xi_c(t)=a_\xi(t)\cos\varphi_\xi(t) \tag{2-179}$$

$$\xi_s(t)=a_\xi(t)\sin\varphi_\xi(t) \tag{2-180}$$

这里的$\xi_c(t)$及$\xi_s(t)$通常分别称为$\xi(t)$的同相分量及正交分量。由以上表述看出，$\xi(t)$的统计特性可由$a_\xi(t)$、$\varphi_\xi(t)$或$\xi_c(t)$、$\xi_s(t)$的统计特性确定。那么，如果已知$\xi(t)$的统计特性，则$a_\xi(t)$、$\varphi_\xi(t)$或$\xi_c(t)$、$\xi_s(t)$的特性如何确定呢？下面我们分析一个实用的特例，即$\xi(t)$为零均值平稳高斯窄带过程时，确定随机包络$a_\xi(t)$和随机相位$\varphi_\xi(t)$的统计特性，以及同相分量$\xi_c(t)$和正交分量$\xi_s(t)$的统计特性。

1. 确定同相分量$\xi_c(t)$和正交分量$\xi_s(t)$的统计特性

对式（2-178）求数学期望

$$E[\xi(t)]=E[\xi_c(t)]\cos(2\pi f_c t)-E[\xi_s(t)]\sin(2\pi f_c t) \tag{2-181}$$

因为$\xi(t)$是平稳的，且已假设均值为零，也就是说，对于任意的时间t，有$E[\xi(t)]=0$，故由式（2-181）得

$$\begin{cases}E[\xi_c(t)]=0\\E[\xi_s(t)]=0\end{cases} \tag{2-182}$$

再来看$\xi(t)$的自相关函数。由式（2-181）可知，自相关函数可表示为

$$\begin{aligned}R_\xi(t,t+\tau)=&R_{\xi_c}(t,t+\tau)\cos(2\pi f_c t)\cos[2\pi f_c(t+\tau)]-R_{\xi_c\xi_s}(t,t+\tau)\cos(2\pi f_c t)\sin[2\pi f_c(t+\tau)]\\&-R_{\xi_s\xi_c}(t,t+\tau)\sin(2\pi f_c t)\cos[2\pi f_c(t+\tau)]+R_{\xi_s}(t,t+\tau)\sin(2\pi f_c t)\sin[2\pi f_c(t+\tau)]\end{aligned} \tag{2-183}$$

其中

$$R_{\xi_c}(t,t+\tau)=E[\xi_c(t)\xi_c(t+\tau)],R_{\xi_c\xi_s}(t,t+\tau)=E[\xi_c(t)\xi_s(t+\tau)]$$

$$R_{\xi_s\xi_c}(t,t+\tau)=E[\xi_s(t)\xi_c(t+\tau)],R_{\xi_s}(t,t+\tau)=E[\xi_s(t)\xi_s(t+\tau)]$$

因为$\xi(t)$是平稳的，故有

$$R_\xi(t,t+\tau)=R_\xi(\tau)$$

这就要求式（2-183）的右边与时间 t 无关，而仅与 τ 有关。若令 $t=0$，式（2-183）仍应成立，即

$$R_\xi(\tau)=[R_{\xi_c}(t,t+\tau)|_{t=0}]\cos(2\pi f_c\tau)-[R_{\xi_c\xi_s}(t,t+\tau)|_{t=0}]\sin(2\pi f_c\tau) \tag{2-184}$$

这时显然要求下式恒等：

$$R_{\xi_c}(t,t+\tau)=R_{\xi_c}(\tau)$$
$$R_{\xi_c\xi_s}(t,t+\tau)=R_{\xi_c\xi_s}(\tau)$$

所以，式（2-184）变为

$$R_\xi(\tau)=R_{\xi_c}(\tau)\cos(2\pi f_c\tau)-R_{\xi_c\xi_s}(\tau)\sin(2\pi f_c\tau) \tag{2-185}$$

再令 $t=1/(4f_c)$，则同理可求得

$$R_\xi(\tau)=R_{\xi_s}(\tau)\cos(2\pi f_c\tau)+R_{\xi_s\xi_c}(\tau)\sin(2\pi f_c\tau) \tag{2-186}$$

由此我们证明了，如果 $\xi(t)$ 是平稳的，$\xi_c(t)$ 与 $\xi_s(t)$ 也必将是广义平稳的。

另外，由式（2-185）及式（2-186）还看到，要使这两个式子同时成立，则应有

$$R_{\xi_c}(\tau)=R_{\xi_s}(\tau) \tag{2-187}$$

$$R_{\xi_c\xi_s}(\tau)=-R_{\xi_s\xi_c}(\tau) \tag{2-188}$$

可是根据互相关函数的性质，应有

$$R_{\xi_c\xi_s}(\tau)=R_{\xi_s\xi_c}(-\tau)$$

将上式代入式（2-188），则得

$$R_{\xi_s\xi_c}(\tau)=-R_{\xi_s\xi_c}(-\tau) \tag{2-189}$$

上式表明，$R_{\xi_s\xi_c}(\tau)$ 是 τ 的一个奇函数，故

$$R_{\xi_s\xi_c}(0)=0 \tag{2-190}$$

同理可证

$$R_{\xi_c\xi_s}(0)=0 \tag{2-191}$$

于是，由式（2-185）及式（2-186）得到

$$R_\xi(0)=R_{\xi_c}(0)=R_{\xi_s}(0) \tag{2-192}$$

即

$$\sigma_\xi^2=\sigma_{\xi_c}^2=\sigma_{\xi_s}^2 \tag{2-193}$$

又因为已证得 $\xi_c(t)$、$\xi_s(t)$ 是平稳的，而由式（2-178）可得

当 $t_1=0$ 时，$\xi(t_1)=\xi_c(t_1)$

当 $t_2=1/(4f_c)$ 时，$\xi(t_2)=-\xi_s(t_2)$

因为 $\xi(t)$ 是高斯随机过程，故 $\xi_c(t_1)$、$\xi_s(t_2)$ 也是高斯随机变量，从而 $\xi_c(t)$、$\xi_s(t)$ 也是高斯随机过程。结合式（2-190）还可以看出，在同一时刻 $\xi_c(t)$、$\xi_s(t)$ 的取值是不相关的，由于它们还是高斯型变量，因此也是统计独立的。

综上可得，同相分量 $\xi_c(t)$ 和正交分量 $\xi_s(t)$ 的统计特性具有如下结论：

1）一个均值为零、方差为 σ_ξ^2 的平稳高斯窄带过程，它的同相分量 $\xi_c(t)$ 和正交分量 $\xi_s(t)$ 同样是平稳高斯随机过程，而且数学期望均为 0，方差均为 σ_ξ^2。

2）对 $\xi_c(t)$、$\xi_s(t)$ 在同一时刻上取样得到的随机变量 ξ_c、ξ_s 是不相关或统计独立的。

2. 确定随机包络 $a_\xi(t)$ 和随机相位 $\varphi_\xi(t)$ 的统计特性

这里主要分析它们的一维分布函数。由上面的结论 2）得知，同一时刻上同相分量 ξ_c 和正交分量 ξ_s 都为高斯变量且相互独立，且数学期望均为 0，方差均为 σ_ξ^2，所以它们的二维

分布密度函数为

$$f(\xi_s,\xi_c)=\frac{1}{2\pi\sigma_\xi^2}\exp\left(-\frac{\xi_s^2+\xi_c^2}{2\sigma_\xi^2}\right) \tag{2-194}$$

设 a_ξ、φ_ξ 的二维分布密度函数为 $f(a_\xi,\ \varphi_\xi)$，则根据概率论知识[11]有

$$f(a_\xi,\varphi_\xi)=f(\xi_s,\xi_c)\left|\frac{\partial(\xi_s,\xi_c)}{\partial(a_\xi,\varphi_\xi)}\right|$$

利用式（2-179）及式（2-180）的关系，可得

$$\frac{\partial(\xi_c,\xi_s)}{\partial(a_\xi,\varphi_\xi)}=\begin{vmatrix}\dfrac{\partial\xi_c}{\partial a_\xi} & \dfrac{\partial\xi_s}{\partial a_\xi}\\ \dfrac{\partial\xi_c}{\partial\varphi_\xi} & \dfrac{\partial\xi_s}{\partial\varphi_\xi}\end{vmatrix}=\begin{vmatrix}\cos\varphi_\xi & \sin\varphi_\xi\\ -a_\xi\sin\varphi_\xi & a_\xi\cos\varphi_\xi\end{vmatrix}=a_\xi$$

所以，可得

$$f(a_\xi,\varphi_\xi)=a_\xi f(\xi_s,\xi_c)=\frac{a_\xi}{2\pi\sigma_\xi^2}\exp\left[-\frac{(a_\xi\cos\varphi_\xi)^2+(a_\xi\sin\varphi_\xi)^2}{2\sigma_\xi^2}\right]=\frac{a_\xi}{2\pi\sigma_\xi^2}\exp\left[-\frac{a_\xi^2}{2\sigma_\xi^2}\right] \tag{2-195}$$

注意，这里 $a_\xi\geqslant0$ [因 $a_\xi(t)\geqslant0$]，而 φ_ξ 在（0，2π）内取值。

再利用概率论中边际分布知识，可分别求得 $f(a_\xi)$ 及 $f(\varphi_\xi)$

$$f(a_\xi)=\int_{-\infty}^{\infty}f(a_\xi,\varphi_\xi)\mathrm{d}\varphi_\xi=\int_0^{2\pi}\frac{a_\xi}{2\pi\sigma_\xi^2}\exp\left[-\frac{a_\xi^2}{2\sigma_\xi^2}\right]\mathrm{d}\varphi_\xi=\frac{a_\xi}{\sigma_\xi^2}\exp\left[-\frac{a_\xi^2}{2\sigma_\xi^2}\right],\quad a_\xi\geqslant0 \tag{2-196}$$

可见，a_ξ 服从瑞利分布；而

$$f(\varphi_\xi)=\int_{-\infty}^{\infty}f(a_\xi,\varphi_\xi)\mathrm{d}a_\xi=\frac{1}{2\pi}\int_0^{\infty}\frac{a_\xi}{\sigma_\xi^2}\exp\left[-\frac{a_\xi^2}{2\sigma_\xi^2}\right]\mathrm{d}a_\xi$$

由瑞利分布的性质可得，上式中的积分值为 1，故

$$f(\varphi_\xi)=\frac{1}{2\pi}\quad 0\leqslant\varphi_\xi\leqslant2\pi \tag{2-197}$$

可见，φ_ξ 服从均匀分布。

结合式（2-195）、式（2-196）与式（2-197）可以看出，$f(a_\xi,\ \varphi_\xi)=f(a_\xi)f(\varphi_\xi)$，所以 a_ξ、φ_ξ 是统计独立的。

综上可得，随机包络 $a_\xi(t)$ 和随机相位 $\varphi_\xi(t)$ 的统计特性具有如下特点：

1）一个均值为零、方差为 σ_ξ^2 的平稳高斯窄带过程，其包络 $a_\xi(t)$ 的一维分布是瑞利分布，而其相位 $\varphi_\xi(t)$ 的一维分布是均匀分布。

2）包络 $a_\xi(t)$ 与相位 $\varphi_\xi(t)$ 的一维分布是统计独立的。

二维码 2-6

2.10　通信系统中的噪声

通信过程中不可避免地存在噪声，它们对通信质量的好坏，甚至能否进行正常通信有极大的影响。噪声的来源很广，种类繁多，且表现形式多样。本节将对通信系统中常用的噪声

及其模型展开分析。

2.10.1 高斯白噪声

在分析通信系统的抗噪声性能时，高斯白噪声是一种常用的噪声模型。因为通信系统中常见的热噪声就可近似为白噪声，且其瞬时取值服从高斯分布。下面我们具体介绍高斯白噪声的含义。

我们把功率谱密度在整个频域内都是均匀分布（相同大小）的噪声，称之为白噪声，即

$$P_{\mathrm{n}}(f)=\frac{n_0}{2},\quad -\infty<f<\infty \tag{2-198}$$

式中，n_0 是一个常数，单位为“瓦/赫”（W/Hz），这里的“白”字其实是借鉴了白色光谱中“白”的含义。我们知道，白光是由各种频率（颜色）的单色光混合而成，且白色光谱中所有频率分量都相等，上面定义中的噪声功率谱密度与白色光谱类似，故称白噪声。

白噪声的自相关函数可借助于式（2-147）求得。这时，因为 $1\Leftrightarrow\delta(t)$，故白噪声的自相关函数为

$$R_{\mathrm{n}}(\tau)=\frac{n_0}{2}\delta(\tau) \tag{2-199}$$

显然，白噪声的自相关函数仅在 $\tau=0$ 时才不为零；而对于其他任意的 τ 它都为零。这说明，白噪声只有在 $\tau=0$ 时才相关，而它在任意两个不同时刻上的随机变量都是不相关的。

需要注意的是，如果只考虑有物理意义的正频率，白噪声的功率谱密度也可以表示为

$$P_{\mathrm{n}}(f)=n_0,\quad f>0 \tag{2-200}$$

通常我们把式（2-198）称为双边功率谱密度，式（2-200）称为单边功率谱密度。白噪声的自相关函数及其功率谱密度示意图如图 2-20 所示。

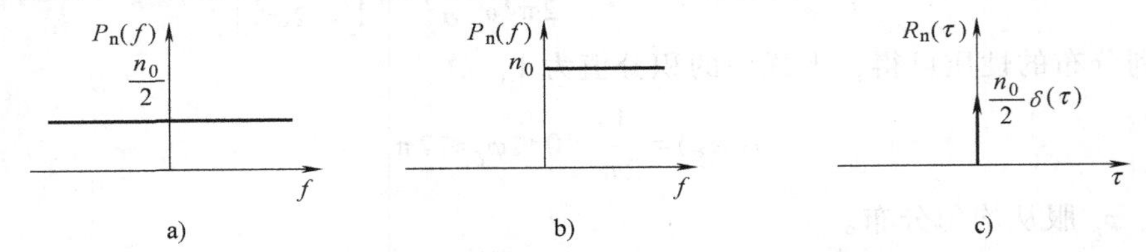

图 2-20 白噪声的相功率谱密度和相关函数

a）双边功率谱表示 b）单边功率谱表示 c）白噪声的自相关函数

可以看出，理想的白噪声具有无限带宽，因而其能量为无限大，这在现实世界是不可能存在的。所以白噪声是一种人为构造的理想化噪声模型，采用这种模型可以使问题的分析大大简化。在实际中，只要噪声的功率谱密度均匀分布的范围远远大于通信系统的工作频带，就可以将其视为白噪声，并且实践也证明了这种近似是合理的。

如果白噪声瞬时取值服从高斯分布，就称之为高斯白噪声。由高斯过程的性质可知，高斯白噪声任意两个不同时刻的取值之间不相关，因而也是统计独立的。

实际中我们还经常用到加性高斯白噪声（Additive White Gaussian Noise，AWGN）的概念，从名称上看它包含了 3 层含义：①加性，即噪声与信号是叠加关系，对信号造成的影响属于加性干扰；②高斯，即噪声的瞬时取值概率分布服从高斯分布；③白，即噪声的功率谱

密度在整个频率范围内均匀分布（大小相同）。

2.10.2　带限白噪声

二维码 2-7

如果理想白噪声通过一个带限滤波器，则会得到带限白噪声。下面我们分析几种不同的带限白噪声。

1. 理想低通白噪声

白噪声通过理想低通（lowpass）滤波器后得到的噪声称为理想低通白噪声。设理想低通滤波器的传输特性为

$$H(f)=\begin{cases}1 & |f|\leqslant B\\ 0 & |f|>B\end{cases}$$

根据随机过程通过线性系统后的功率谱公式（2-175），白噪声输入到低通滤波器后，低通滤波器输出端噪声的功率谱为

$$P_{\mathrm{LP}}(f)=P_{\mathrm{n}}(f)\,|H(f)|^2=\frac{n_0}{2}|H(f)|^2=\begin{cases}\dfrac{n_0}{2} & |f|\leqslant B\\ 0 & |f|>B\end{cases}\tag{2-201}$$

其波形如图 2-21a 所示。对式（2-201）所示的功率谱密度求积分可得到低通滤波器输出端的噪声功率，当白噪声的均值为零时，噪声功率与方差相等，此时低通白噪声的方差 σ_{LP}^2 为

$$\sigma_{\mathrm{LP}}^2=\int_{-\infty}^{\infty}P_{\mathrm{LP}}(f)\,\mathrm{d}f=\int_{-B}^{+B}\frac{n_0}{2}\mathrm{d}f=n_0B$$

对式（2-201）所示的功率谱密度求傅里叶反变换，可得低通白噪声的自相关函数 $R_{\mathrm{LP}}(\tau)$ 为

$$\begin{aligned}R_{\mathrm{LP}}(\tau)&=\Gamma^{-1}[P_{\mathrm{LP}}(f)]=\int_{-\infty}^{\infty}P_{\mathrm{LP}}(f)\,\mathrm{e}^{\mathrm{j}2\pi f\tau}\mathrm{d}f\\&=\int_{-B}^{B}\frac{n_0}{2}\mathrm{e}^{\mathrm{j}2\pi f\tau}\mathrm{d}f=n_0B\,\frac{\sin(2\pi B\tau)}{2\pi B\tau}=n_0B\mathrm{Sa}(2\pi B\tau)\end{aligned}\tag{2-202}$$

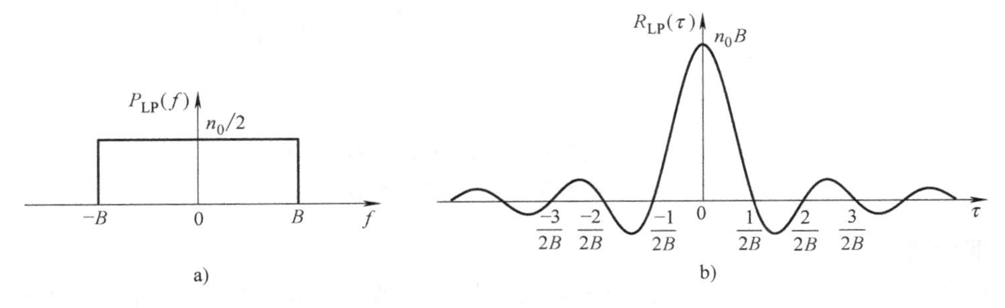

图 2-21　低通白噪声功率谱密度和自相关函数

a）功率谱密度　b）自相关函数

自相关函数 $R_{\mathrm{LP}}(\tau)$ 的波形如图 2-21b 所示。它是 $\mathrm{Sa}(x)$ 函数，有等间隔的零点。当 $\tau=\pm k/(2B)$（$k=1,2,3,\cdots$）时，$R_{\mathrm{LP}}(\tau)=0$。这个结论的物理意义是：如果对低通白噪声以 $1/(2B)$ 等间隔抽样（由第 8.1 节可知，此时满足抽样定理要求），则抽样得到的各随机变量之间是不相关的，如果是高斯白噪声，则这些随机变量之间也是相互独立的。

2. 理想带通白噪声

白噪声通过理想带通（bandpass）滤波器后的输出噪声称为带通白噪声。设理想带通滤波器的中心频率为 f_c，带宽为 B，传输特性为

$$H(f)=\begin{cases}1, & f_c-\dfrac{B}{2}\leqslant |f| \leqslant f_c+\dfrac{B}{2}\\ 0, & 其他\ f\end{cases}$$

则带通白噪声的功率谱密度 $P_{BP}(f)$ 为

$$P_{BP}(f)=\begin{cases}\dfrac{n_0}{2}, & f_c-\dfrac{B}{2}\leqslant |f| \leqslant f_c+\dfrac{B}{2}\\ 0, & 其他\ f\end{cases} \tag{2-203}$$

其波形如图 2-22a 所示。

同样当白噪声的均值为零时，噪声功率与方差相等，此时带通白噪声的方差 σ_{BP}^2 为

$$\sigma_{BP}^2=\int_{-\infty}^{\infty}P_{BP}(f)\,\mathrm{d}f=2\int_{f_c-B/2}^{f_c+B/2}\frac{n_0}{2}\mathrm{d}f=n_0B \tag{2-204}$$

对式（2-203）求傅里叶反变换，可得带通白噪声的自相关函数 $R_{BP}(\tau)$ 为

$$\begin{aligned}R_{BP}(\tau)&=\int_{-\infty}^{\infty}P_{BP}(f)\,\mathrm{e}^{\mathrm{j}2\pi f\tau}\mathrm{d}f=\int_{-f_c-B/2}^{-f_c+B/2}\frac{n_0}{2}\mathrm{e}^{\mathrm{j}2\pi f\tau}\mathrm{d}f+\int_{f_c-B/2}^{f_c+B/2}\frac{n_0}{2}\mathrm{e}^{\mathrm{j}2\pi f\tau}\mathrm{d}f\\&=n_0B\mathrm{Sa}(\pi B\tau)\cos(2\pi f_c\tau)\end{aligned} \tag{2-205}$$

其波形如图 2-22b 所示。带通白噪声的自相关函数是以 $n_0B\mathrm{Sa}(\pi B\tau)$ 为包络，再填进频率为 f_c 的载波组成。由图可见，使 $R_{BP}(\tau)=0$的 τ 值很多，以这样的 τ 为间隔对带通白噪声取值，所得到的两个值是不相关的，当白噪声为高斯分布时，这两个值之间也是独立的。

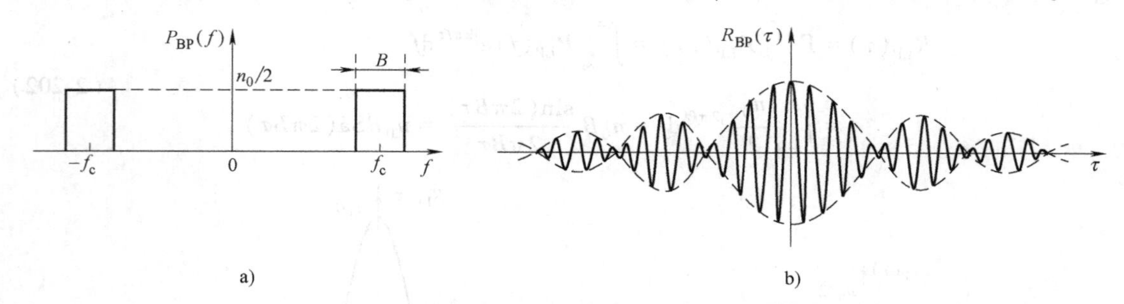

图 2-22 带通白噪声功率谱密度和自相关函数

a）带通白噪声的功率谱 b）带通白噪声的自相关函数

3. 窄带高斯白噪声

如果带通滤波器的带宽 $B \ll f_c$，则称其为窄带滤波器，若高斯白噪声通过该滤波器，则输出的噪声就是窄带高斯白噪声。

现在假设窄带高斯白噪声的均值为 0，则可直接利用 2.9 节窄带随机过程得出的结论来描述，即在时域上它可表示为 $n(t)=n_c(t)\cos(2\pi f_ct)-n_s(t)\sin(2\pi f_ct)$，其中 $n_c(t)$为同相分量，$n_s(t)$为正交分量，且它们都是高斯分布的，均值都为 0，方差 σ_c^2、σ_s^2 与 $n(t)$ 的方差 σ_n^2 相同，由式（2-204）可知 $\sigma_n^2=n_0B$，所以 $\sigma_n^2=\sigma_c^2=\sigma_s^2=n_0B$，这个结论在后面分析通信系统抗噪声性能时经常用到。

2.10.3 正弦波加窄带高斯噪声

二维码 2-8

在数字调制系统中，常用正弦波作为载波来完成调制。经过信道传输后，接收端通常会采用一个带通滤波器来降低带外噪声对系统性能的影响，带通滤波器的输出正是正弦波已调信号和窄带高斯噪声的混合波形，因此，分析正弦波叠加窄带高斯噪声后的统计特性，对深入研究这类实际问题有很强的指导意义。

正弦波和窄带高斯噪声的混合信号可表示为

$$\begin{aligned} r(t) &= A\cos(2\pi f_c t+\theta)+n(t) \\ &= A\cos(2\pi f_c t+\theta)+[x(t)\cos(2\pi f_c t)-y(t)\sin(2\pi f_c t)] \\ &= [A\cos\theta+x(t)]\cos(2\pi f_c t)-[A\sin\theta+y(t)]\sin(2\pi f_c t) \end{aligned} \tag{2-206}$$

式中，$n(t)=x(t)\cos(2\pi f_c t)-y(t)\sin(2\pi f_c t)$为窄带高斯过程，其均值为零；正弦波的 θ 在 $(-\pi,\ \pi)$ 上均匀分布，且假定振幅 A 和频率 f_c 已知。显然，信号 $r(t)$ 的包络函数为

$$z(t)=\sqrt{[A\cos\theta+x(t)]^2+[A\sin\theta+y(t)]^2}$$

令 $z_c(t)=A\cos\theta+x(t)$，$z_s(t)=A\sin\theta+y(t)$，则有

$$z(t)=\sqrt{z_c^2(t)+z_s^2(t)}$$

利用 2.9 节的结果，如果 θ 值已给定，则 z_c 及 z_s（即 $z_c(t)$ 和 $z_s(t)$ 在某时刻的取值）都是相互独立的高斯随机变量，故有

$$E(z_c)=A\cos\theta,\quad E(z_s)=A\sin\theta$$

$$D(z_c)=D(z_s)=\sigma^2(\text{即为 } n(t) \text{ 的方差})$$

所以，已给定相位 θ 为条件的 z_c 及 z_s 的联合密度函数为

$$f(z_c,z_s/\theta)=\frac{1}{2\pi\sigma^2}\exp\left\{-\frac{1}{2\sigma^2}[(z_c-A\cos\theta)^2+(z_s-A\sin\theta)^2]\right\}$$

因为式（2-206）可以改写成 $r(t)=z(t)\cos(2\pi f_c t+\varphi)$的形式，所以在某时刻其包络随机变量为

$$z=\sqrt{z_c^2+z_s^2}\qquad z\geqslant 0$$

而其相位随机变量为 $\varphi=\arctan(z_s/z_c)$，$-\pi\leqslant\varphi\leqslant\pi$，于是

$$z_c=z\cos\varphi;\quad z_s=z\sin\varphi$$

所以，以相位 θ 为条件的 z 与 φ 的联合密度函数为

$$f(z,\varphi/\theta)=f(z_c,z_s/\theta)\begin{vmatrix}\dfrac{\partial z_c}{\partial z} & \dfrac{\partial z_s}{\partial z} \\ \dfrac{\partial z_c}{\partial \varphi} & \dfrac{\partial z_s}{\partial \varphi}\end{vmatrix}=f(z_c,z_s/\theta)z=\frac{z}{2\pi\sigma^2}\exp\left\{-\frac{1}{2\sigma^2}[z^2+A^2-2Az\cos(\theta-\varphi)]\right\}$$

而以相位 θ 为条件的包络 z 的概率密度为

$$f(z/\theta)=\int_{-\pi}^{\pi}f(z,\varphi/\theta)\,\mathrm{d}\varphi=\frac{z}{2\pi\sigma^2}\exp\left\{-\frac{1}{2\sigma^2}[z^2+A^2]\right\}\times\int_{-\pi}^{\pi}\exp\left[\frac{Az}{\sigma^2}\cos(\theta-\varphi)\right]\mathrm{d}\varphi$$

由于

$$\frac{1}{2\pi}\int_{-\pi}^{\pi}\exp[x\cos\theta]\,\mathrm{d}\theta=I_0(x) \tag{2-207}$$

这里 $I_0(x)$ 为零阶修正贝塞尔函数，容易看出

$$\int_{-\pi}^{\pi}\exp\left[\frac{Az}{\sigma^2}\cos(\theta-\varphi)\right]\mathrm{d}\varphi=2\pi I_0\left(\frac{Az}{\sigma^2}\right)$$

因此

$$f(z/\theta)=\frac{z}{\sigma^2}\exp\left[-\frac{1}{2\sigma^2}(z^2+A^2)\right]I_0\left(\frac{Az}{\sigma^2}\right)$$

由此看出，$f(z/\theta)$ 与 θ 无关，故正弦波加窄带高斯过程的包络概率密度函数为

$$f(z)=\frac{z}{\sigma^2}\exp\left[-\frac{1}{2\sigma^2}(z^2+A^2)\right]I_0\left(\frac{Az}{\sigma^2}\right)\quad z\geqslant 0 \tag{2-208}$$

这个概率密度函数称为广义瑞利分布，也称莱斯（Rice）分布。

分析式（2-208）可以得出包络分布 $f(z)$ 的一些特点。首先令 $\gamma=A^2/2\sigma^2$，即 γ 为正弦信号的平均功率与窄带高斯噪声的平均功率之比（信噪比），显然，包络的分布 $f(z)$ 跟信噪比有关，下面我们看两种特殊情况。

1）当信噪比 γ 很小时，信号幅度 $A\to 0$，由于 $I_0(0)=1$，所以式（2-208）近似为式（2-103），即包络由莱斯分布退化为瑞利分布。

2）当信噪比 γ 较大时，信号幅度 A 很大，所以 Az/σ^2 很大；而当 x 较大（满足 $x>0.2$ 即可）时，有 $I_0(x)\approx \mathrm{e}^x/\sqrt{2\pi x}$，所以式（2-208）近似为 $f(z)=(1/\sqrt{2\pi}\sigma)\exp[-(z-A)^2/(2\sigma^2)]$，即在 $z=A$ 附近，包络近似服从高斯分布。

由此可见，正弦信号加窄带高斯噪声的包络 $f(z)$ 在小信噪比时近似为瑞利分布，在大信噪比时，近似为高斯分布，在其他一般情况下才服从莱斯分布。图 2-23a 给出了不同 γ 值时 $f(z)$ 的曲线。

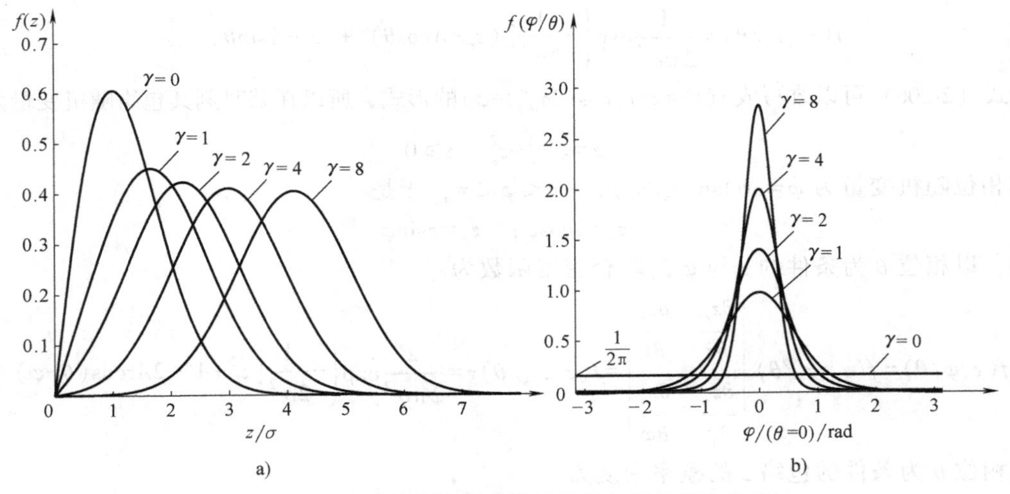

图 2-23　正弦波加高斯窄带过程的包络和相位分布

现在来求 $f(\varphi/\theta)$，它可由下式得到：

$$f(\varphi/\theta)=\int_0^{\infty}f(z,\varphi/\theta)\,\mathrm{d}z=\frac{1}{2\pi\sigma^2}\exp\left[-\frac{A^2}{2\sigma^2}\sin^2(\theta-\varphi)\right]$$

$$\times\int_0^{\infty} z\exp\left\{-\frac{[z-A\cos(\theta-\varphi)]^2}{2\sigma^2}\right\}\mathrm{d}z$$

上式经积分和整理后，得到

$$f(\varphi/\theta)=\frac{1}{2\pi}\exp\left[-\frac{A^2}{2\sigma^2}\right]+\frac{A\cos(\theta-\varphi)}{2\sqrt{2\pi}\,\sigma}\exp\left[-\frac{A^2}{2\sigma^2}\sin^2(\theta-\varphi)\right]\left\{1+\mathrm{erf}\left[\frac{A\cos(\theta-\varphi)}{\sqrt{2}\,\sigma}\right]\right\} \tag{2-209}$$

式中，$\mathrm{erf}(x)=(2/\sqrt{\pi})\int_0^x \mathrm{e}^{-z^2}\mathrm{d}z$，见式（2-162）。

因为$f(\varphi,\theta)=f(\varphi/\theta)f(\theta)$，所以，正弦波加窄带高斯噪声的相位概率密度函数$f(\varphi)$为

$$f(\varphi)=\int_{-\pi}^{\pi} f(\varphi,\theta)\mathrm{d}\theta=\int_{-\pi}^{\pi} f(\varphi/\theta)f(\theta)\mathrm{d}\theta \tag{2-210}$$

这个积分比较复杂，这里就不演算了。图 2-23b 为在给定θ（图中$\theta=0$）的条件下$f(\varphi/\theta)$的曲线，它并不直接是$f(\varphi)$的分布，但从中可以看出，相位分布$f(\varphi)$也与信噪比γ有关。信噪比越高，$f(\varphi)$的分布越集中在θ（图中为$\theta=0$）附近；随着信噪比的降低，$f(\varphi)$的分布越来越分散。这是因为，高信噪比时，合成信号的相位主要由正弦信号$A\cos(2\pi f_c t+\theta)$决定；当正弦信号越来越弱时，噪声的影响逐渐加大，从而导致合成信号的相位逐步发散，直至正弦信号完全被噪声淹没时，合成信号的相位变为均匀分布。

2.11 小结

二维码 2-9

本章首先介绍了信号系统的知识，包括信号和系统的分类、典型信号和频谱分析方法，集中讨论了确知信号的频域和时域特性，在频域上重点介绍了功率信号的频谱和功率谱密度，能量信号的频谱密度和能量谱密度，以及信号带宽的定义；在时域上重点介绍了信号的自相关和互相关函数，以及归一化相关函数和相关系数的概念，阐述了相关函数和谱密度之间的傅里叶变换关系。

然后简单介绍了随机变量及其数字特征和分布函数等概率论方面的知识，进而推广至随机过程，重点介绍了其基本概念及统计特性，平稳随机过程及其各态历经性，阐述了平稳随机过程的自相关函数和功率谱密度之间的傅里叶变换对关系，详细分析了高斯随机过程的性质、一维分布和特殊函数，讨论了平稳随机过程通过线性系统后的统计特性、窄带随机过程和通信系统中的噪声模型及统计特性等问题。

本章介绍的内容主要是作为信号和噪声分析的基础，目的是使读者在学习通信理论之前准备必要的数学知识，力求在设计、分析、优化通信系统时能得心应手。当然本章的介绍是初步的，需要深入学习和研究通信理论的读者还需学习参阅随机过程、数理统计、矩阵论等方面的更深入广泛的数学知识，可参阅文献［15~17］。

2.12 思考题

1. 信号的分类有哪些方法？
2. 试分别说明能量信号和功率信号的特性。
3. 自相关函数有哪些性质？

4. 随机变量的数字特征主要有哪些？试说明其物理意义。

5. 不相关、统计独立、正交的含义各是什么？它们之间有何关系？

6. 试简述随机过程的定义，并说明在各种情况下随机过程的意义。

7. 试画出随机振幅信号，具有随机振幅和随机相位信号的几条样本曲线。

8. 试说明随机过程各个主要数字特征的意义。

9. 什么是广义平稳随机过程？什么是狭义平稳随机过程？它们之间有什么关系？

10. 什么是平稳过程的各态历经性？对于一个各态历经的平稳随机噪声电压来说，它的数学期望和方差分别代表什么？它的自相关函数在 $\tau=0$ 时的值 $R(0)$ 又代表什么？

11. 加性高斯白噪声的英文缩写是什么？“加性”“白”“高斯”的含义是什么？

12. 试述互补误差函数 $\mathrm{erfc}(x)$ 的定义和特点，并说明它与 $Q(x)$ 函数的关系。

13. 为什么随机过程的功率谱不能有负值？那么相关函数可以有负值吗？

14. 随机过程的功率谱密度和自相关函数有什么关系？正态分布表达式中的常数 a 和 σ^2 有何意义？

15. 窄带高斯过程的随机包络和相位各服从什么分布，试写出其表达式。

16. 正弦信号加窄带高斯噪声的随机包络服从什么分布？

2.13　习题

1. 请判断下列信号是周期信号还是非周期信号，能量信号还是功率信号。

（1）$s_1(t)=\mathrm{e}^{-t}$　　（2）$s_2(t)=\sin(5\pi t)+2\cos(8\pi t)$

（3）$s_3(t)=\sin(2\pi t)\cos(200\pi t)$　　（4）$s_4(t)=5\cos(2\pi t),t\geqslant 0$

2. 试求题图 2-1a、b 所示两种情况下单个矩形脉冲的频谱密度、能量谱密度、自相关函数及其波形、信号能量。

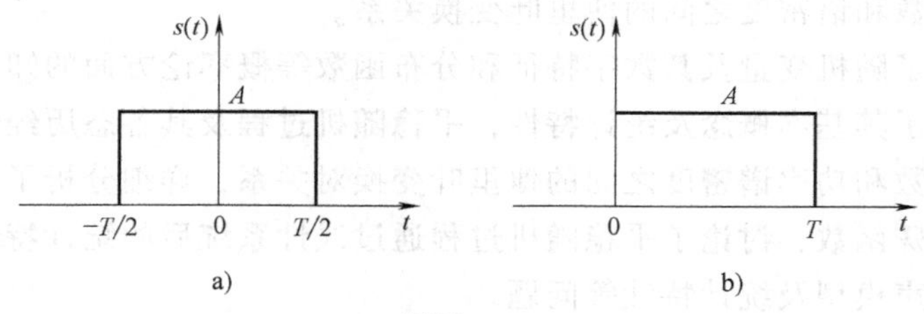

题图　2-1

3. 已知 $s(t)$ 的频谱函数如题图 2-2 所示，设 $f_0=5f_s$，试画出 $s(t)\cos(2\pi f_0 t)$ 的频谱函数图。

4. 已知功率信号 $s(t)=A\sin(200\pi t)\cos(2000\pi t)$，试求该信号的平均功率、功率谱密度和自相关函数。

5. 正弦波经过半波整流后的信号波形如题图 2-3 所示，求该信号的傅里叶级数展开式。

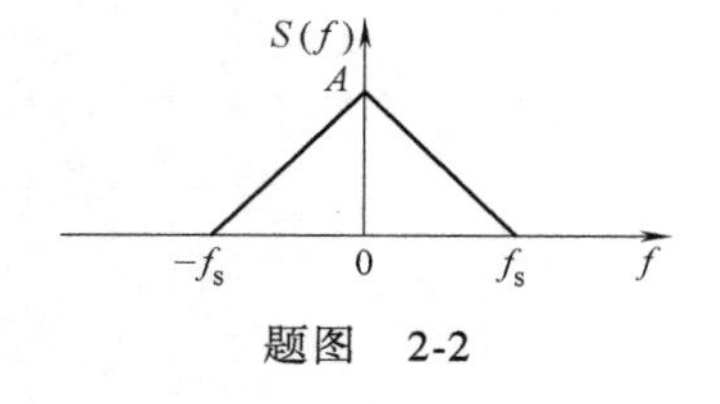

题图　2-2

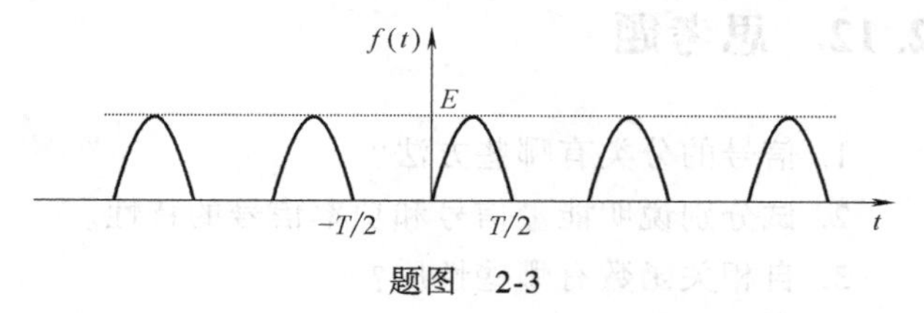

题图　2-3

6. 已知某信号的频谱函数为 $\mathrm{Sa}^2(\pi f\tau)$，求该信号的能量。

7. 已知随机变量 X 的概率密度函数为 $f(x)=A\mathrm{e}^{-|x|}$，求：(1) A 的值；(2) 数学期望和方差。

8. 试求下列均匀概率密度函数的数学期望和方差：

$$f(x)=\begin{cases}1/(2a), & -a\leqslant x\leqslant a\\ 0, & 其他\ x\end{cases}$$

9. 试求下列瑞利概率密度函数的数学期望和方差：

$$f(x)=\frac{2x}{b}\mathrm{e}^{-\frac{x^2}{b}}\quad \mathrm{x}\geqslant 0$$

10. 具有上题所示的瑞利概率密度函数，已知方差是 7，那么均值是多少？并求随机变量大于均值，而又小于 10 的概率是多少？

11. 设 (X, Y) 的二维概率密度函数为

$$f(x,y)=4xy\exp(-x^2-y^2)\quad (x\geqslant 0, y\geqslant 0)$$

求 $Z=\sqrt{X^2+Y^2}$ 的概率密度函数。

12. 两个高斯随机变量 X 和 Y，设它们的均值都是 0，方差都是 σ^2。它们的联合概率密度函数为

$$f(x,y)=\frac{1}{2\pi\sigma^2\sqrt{1-\rho^2}}\exp\left[-\frac{x^2-2\rho xy+y^2}{2\sigma^2(1-\rho^2)}\right]$$

(1) 证明上式中的 ρ 是 X 和 Y 之间的相关系数。

(2) 证明当 $\rho=0$ 时，X 和 Y 是统计独立的。

13. 设随机变量 X、Y 和随机变量 θ 之间的关系为：$X=\cos\theta$，$Y=\sin\theta$，并设 θ 在 $0\sim 2\pi$ 范围内均匀分布，试说明 X 和 Y 不是统计独立的，但却是不相关的。

14. 设随机过程 $\xi(t)$ 可表示成 $\xi(t)=2\cos(2\pi t+\theta)$，式中 θ 是一个离散随机变量，且 $P(\theta=0)=1/2$，$P(\theta=\pi/2)=1/2$，试求数学期望 $E_\xi(1)$ 及自相关函数 $R_\xi(0, 1)$。

15. 题图 2-4 给出了随机过程 $X(t)$、$Y(t)$ 的样本函数。假设样本函数出现的概率相等。

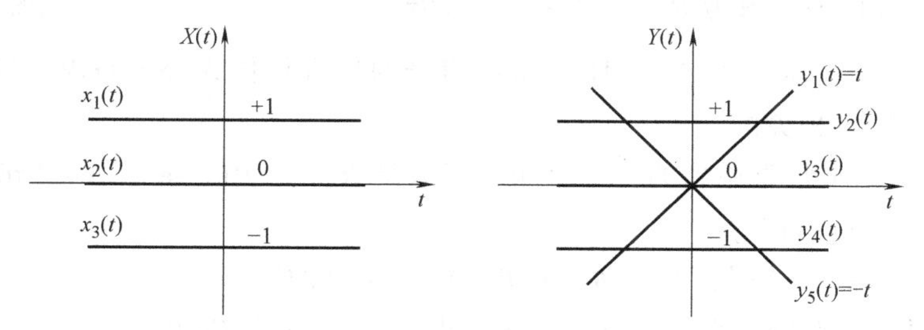

题图　2-4

(1) 试求 $a_X(t)=E\{X(t)\}$ 和 $R_X(t, t+\tau)$。过程 $X(t)$ 是广义平稳的吗？

(2) 试求 $a_Y(t)=E\{Y(t)\}$ 和 $R_Y(t, t+\tau)$。过程 $Y(t)$ 是广义平稳的吗？

16. 已知 $x(t)$ 和 $y(t)$ 是统计独立的平稳随机过程，且它们的自相关函数分别为 $R_x(\tau)$、$R_y(\tau)$。

1) 试求乘积 $z(t)=x(t)y(t)$ 的自相关函数。

2）试求之和 $z(t)=x(t)+y(t)$ 的自相关函数。

17. 设有两个随机过程

$$S_1(t)=X(t)\cos 2\pi f_0 t,\quad S_2(t)=X(t)\cos(2\pi f_0 t+\theta)$$

$X(t)$是广义平稳过程；θ 是对 $X(t)$ 独立的、均匀分布于（$-\pi$，π）上的随机变量。求 $S_1(t)$，$S_2(t)$的自相关函数，并说明它们的平稳性。

18. 假定随机过程 $X(t)$ 和 $Y(t)$ 是独立并联合平稳的。试求

（1）$Z(t)=X(t)+Y(t)$ 的自相关函数。

（2）在 $X(t)$ 和 $Y(t)$ 不相关时，$Z(t)$ 的自相关函数。

19. 考虑随机过程 $Z(t)=X\cos 2\pi f_0 t-Y\sin 2\pi f_0 t$，式中 X、Y 是独立的高斯随机变量，均值为 0，方差是 σ^2。试说明 $Z(t)$ 也是高斯的、均值为 0、方差为 σ^2，自相关函数 $R_Z(\tau)=\sigma^2\cos 2\pi f_0\tau$。

20. 考虑随机过程 $Z(t)=X(t)\cos 2\pi f_0 t-Y(t)\sin 2\pi f_0 t$，其中 $X(t)$ 和 $Y(t)$ 是高斯的、零均值、独立的随机过程，且有 $R_X(\tau)=R_Y(\tau)$。

（1）试证：$R_Z(\tau)=R_X(\tau)\cos 2\pi f_0\tau$，区别这个问题与上题。

（2）设 $R_X(\tau)=\sigma^2 e^{-a|\tau|}$（$a>0$），求功率谱 $P_Z(f)$，并作图。

21. 设随机过程 $\xi(t)=a\cos(2\pi ft+\theta)$，式中 a 和 f 为常数，θ 是在（0，2π）内均匀分布的随机变量，试证明 $\xi(t)$ 是各态历经性的平稳随机过程。

22. 已知 $s_m(t)=m(t)\cos(2\pi f_c t+\theta)$ 是一个幅度调制信号。其中 f_c 为常数，$m(t)$ 为零均值平稳随机基带信号，$m(t)$ 的自相关函数和功率谱密度分别为 $R_m(\tau)$ 和 $P_m(f)$，相位 θ 为［$-\pi$，π］上均匀分布的随机变量，并且 $m(t)$ 和 θ 相互独立。

（1）证明 $s_m(t)$ 是广义平稳随机过程。

（2）求 $s_m(t)$ 的功率谱密度 $P_s(f)$。

23. 一个均值为零的随机信号 $s(t)$，具有如题图 2-5 所示的三角形功率谱。

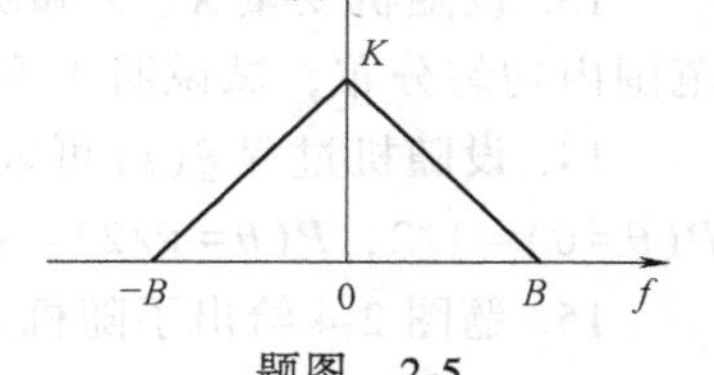

题图 2-5

（1）信号的平均功率 S 为多少？

（2）试证其自相关函数为 $R(\tau)=S\cdot Sa^2(\pi B\tau)$。

（3）设 $B=1\text{MHz}$，$K=1(\mu\text{V})^2/\text{Hz}$。试证信号的均方根值为$\sqrt{S}=1\text{mV}$，以及相距 $1\mu\text{s}$ 的 $s(t)$ 的两个样值是不相关的。

24. 在实际问题中常常遇到的一个自相关函数是 $R(\tau)=R(0)e^{-\alpha|\tau|}\cos 2\pi\beta\tau$。

（1）计算功率谱 $P(f)$。

（2）取 $\alpha=1$、$\beta=0.6$ 时，画出 $R(\tau)/R(0)$ 和 $P(f)$ 的图形。

（3）考虑两种极限情况来验算（1）的结果：①$\alpha=0$；②$\beta=0$。

25. 频带有限的白噪声 $n(t)$，具有功率谱 $P_s(f)=10^{-6}\text{V}^2/\text{Hz}$，其频率范围为 $-100\sim100\text{kHz}$。

（1）试证噪声的方均根约为 0.45V。

（2）求 $R_n(\tau)$，$n(t)$ 和 $n(t+\tau)$ 在什么间距上不相关？

（3）设 $n(t)$ 是服从高斯分布的，试求在任一时刻 t 时，$n(t)$ 超过 0.45V 的概率是多少？超过 0.9V 呢？

26. 在时间 t 和 τ 秒之后的（$t+\tau$），对相关函数为 $R_{\mathrm{n}}(\tau)$ 的高斯噪声 $n(t)$ 进行抽样，分别称此二样值为 n_1 和 n_2。

（1）写出联系所取二样值的二维联合概率密度函数 $f(n_1,\ n_2)$ 的表达式（表达式中的各个矩和相关系数都应以 $R_{\mathrm{n}}(\tau)$ 表示）。

（2）对于上题中的噪声例子，设噪声是高斯分布的，具体写出二维概率密度函数 $f(n_1,\ n_2)$。取两种情况：①$\tau=2.5\mu\mathrm{s}$；②$\tau=5\mu\mathrm{s}$。每一种情况与一维概率密度函数 $f(n_1)$、$f(n_2)$ 相比较。

27. 试求白噪声（单边功率谱为 N_0）通过具有高斯频率特性的谐振放大器后，输出噪声的自相关函数。该放大器的频率特性为 $H(f)=K\exp[-(f-f_0)^2/(2\beta^2)]$，其中参数 β 是用来确定通带带宽的，并画出 $R(\tau)$ 的图形。

28. 若通过题图 2-6 的随机过程是均值为零、双边功率谱密度为 $n_0/2$ 的高斯白噪声，试求输出过程的一维概率密度函数。

29. 将均值为 0、自相关函数为 $(n_0/2)\delta(\tau)$ 的高斯白噪声加到一个中心角频率为 f_{c}，带宽为 B 的理想带通滤波器上，如题图 2-7 所示。

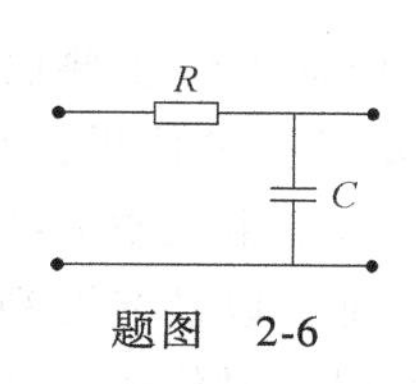

题图　2-6

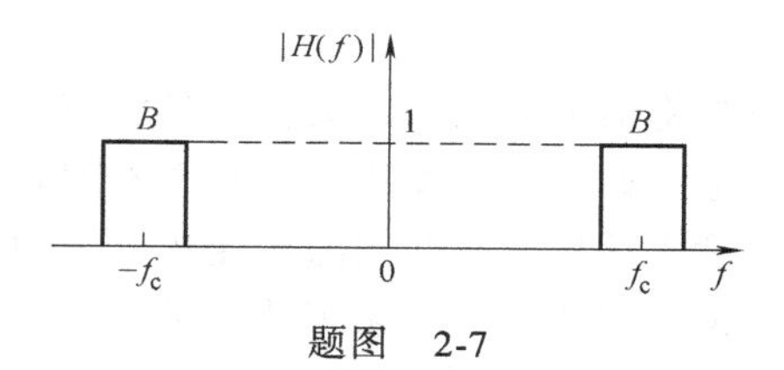

题图　2-7

（1）求出滤波器输出噪声的自相关函数及平均功率。

（2）写出输出噪声的一维概率密度函数。

30. 已知噪声 $n(t)$ 的自相关函数 $R_n(\tau)=(a/2)\mathrm{e}^{-a|\tau|}$，$a$ 为常数。

（1）求噪声的功率谱密度 $P_n(f)$ 和平均功率 S。

（2）绘出 $R_n(\tau)$ 及 $P_n(f)$ 的图形。

31. 某基带传输系统，信道中存在高斯白噪声 $n(t)$，其单边功率谱密度为 N_0(W/Hz)，接收滤波器为截止频率 f_{c} 的理想低通，求接收滤波器输出噪声 $X_0(t)$ 的自相关函数 $R_0(\tau)$，若以 $2f_{\mathrm{c}}$ 的速率对 $X_0(t)$ 进行抽样，求样值的一维概率密度函数，并判断样值间是否统计独立。

32. 已知一正弦波加窄带高斯过程的信号表达式为 $r(t)=A\cos(2\pi f_{\mathrm{c}}t+\theta)+n(t)$，并且有 $n(t)=X(t)\cos 2\pi f_{\mathrm{c}}t-Y(t)\sin 2\pi f_{\mathrm{c}}t$。

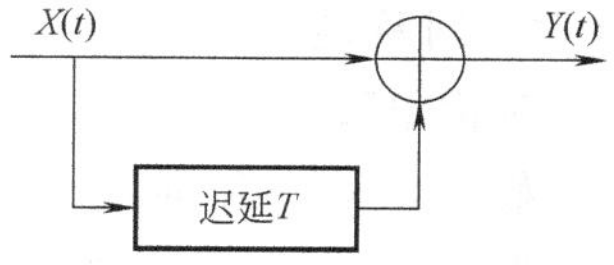

题图　2-8

（1）求 $r(t)$ 的包络平方 $Z^2(t)$ 的概率密度函数。

（2）证明 $A=0$ 时，$r(t)$ 的包络平方的相关函数为 $R(\tau)=4[\sigma^4+R_{XY}^2(\tau)+R_X^2(\tau)]$。

提示，对零均值高斯随机变量，有下列等式：

$E[x_1x_2x_3x_4]=E[x_1x_2]E[x_3x_4]+E[x_1x_3]E[x_2x_4]+E[x_1x_4]E[x_2x_3]$。

33. 设输入随机过程 $X(t)$ 是平稳的，功率谱为 $P_X(f)$，加于题图 2-8 所示的系统，试证明：输出过程 $Y(t)$ 的功率谱为 $P_Y(f)=2P_X(f)(1+\cos 2\pi fT)$

第3章 信 道

信道是指以传输媒质为基础的信号通道。它与发送设备、接收设备一起组成通信系统。没有信道，通信就无法进行；信道直接影响通信的质量。因此，有必要研究信道，根据信道的特点，正确地选用信道，合理地设计收发信设备，使通信系统达到最佳。

本章的讨论思路是：首先通过介绍实际信道的例子，在此基础上归纳信道的特性，阐述信道的数学模型，最后简介了信道容量的概念，为后续章节的讨论奠定了基础。希望读者在学习本章时注重各种实际信道的特点和信道的数学模型，这将有助于完整掌握通信系统的设计方法。

通常将信道分成两大类：恒参信道和变参信道（或称随参信道）。信道特性主要由传输媒质决定，如果传输媒质特性基本不随时间变化，所构成的信道通常属于恒参信道；相反，如果传输媒质特性随时间随机变化，则构成的信道通常属于随参信道。例如由架空明线、电缆、中长波地波传播、超短波及微波视距传播、人造卫星中继、光导纤维，以及光波视距传播等传输媒质构成的信道都属于恒参信道。而陆地移动信道、短波电离层反射信道、超短波流星余迹散射信道、超短波及微波对流层散射信道、超短波电离层散射，以及超短波超视距绕射等信道，都是常见的随参信道。下面分别介绍恒参信道、随参信道、信道的数学模型和信道容量的概念。

3.1 恒参信道

3.1.1 有线电信道

1. 对称电缆

对称电缆是在同一保护套内有许多对相互绝缘的双导线的传输媒质。通常有两种类型：非屏蔽（UTP）和屏蔽（STP）。导线材料是铝或铜，直径为0.4~1.4mm。为了减小各线对之间的相互干扰，每一对线都拧成扭绞状，如图3-1所示。由于这些结构上的特点，故电缆的传输损耗比较大，但其传输特性比较稳定，并且价格便宜、安装容易。对称电缆主要用于市话中继线路和用户线路，在许多局域网如以太网、令牌网中也采用高等级的UTP电缆进行连接。STP电缆的特性同UTP的特性相同，由于加入了屏蔽措施，对噪声有更好的屏蔽作用，但是其价格要昂贵一些。

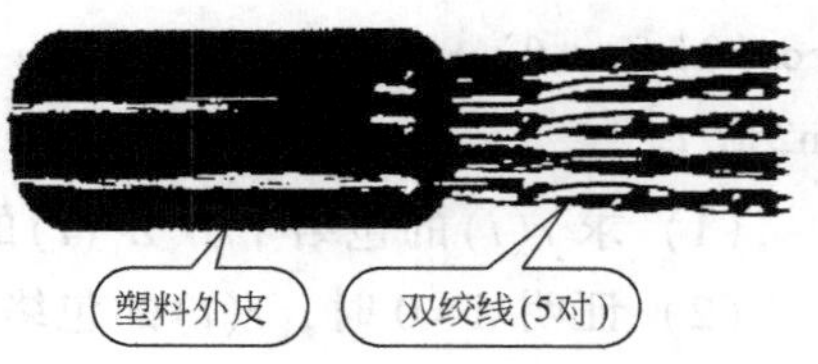

图3-1 对称电缆结构图

2. 同轴电缆

同轴电缆与对称电缆结构不同，单根同轴电缆的结构图如图 3-2a 所示。同轴电缆由同轴的两个导体构成，外导体是一个圆柱形的导体，内导体是金属线，它们之间填充着介质。实际应用中同轴电缆的外导体是接地的，对外界干扰具有较好的屏蔽作用，所以同轴电缆抗电磁干扰性能较好。在有线电视网络中大量采用这种结构的同轴电缆。

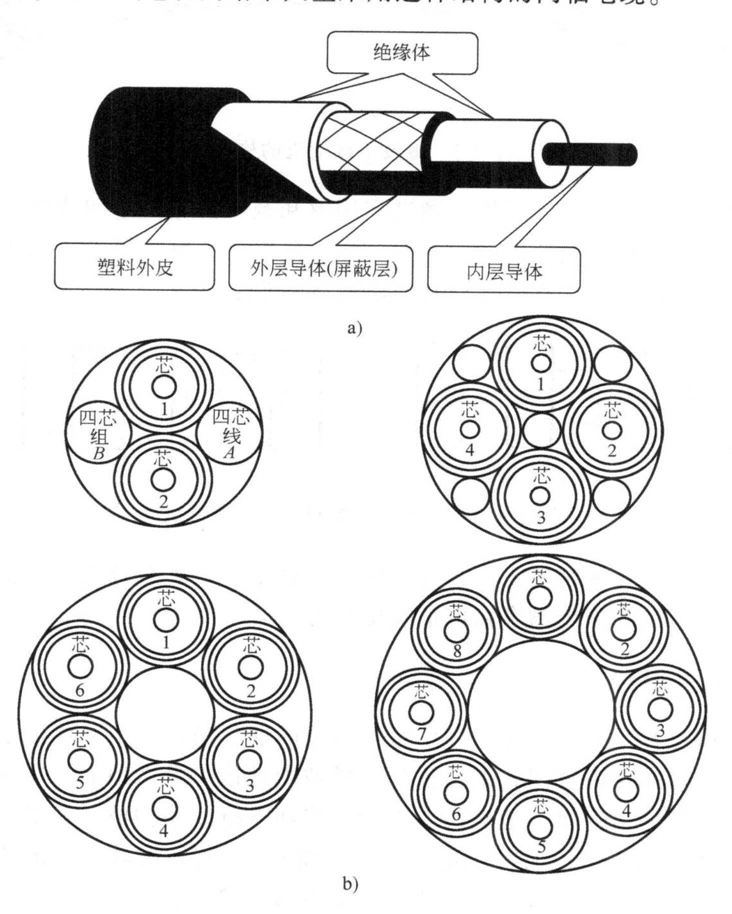

图 3-2 同轴电缆结构图

为了增大容量，可将几根同轴电缆封装在一个大的保护套内，构成多芯同轴电缆，也可装入一些二芯绞线对或四芯线组，作为传输控制信号用。表 3-1 列出了几种有线电缆的特性。

表 3-1 几种有线电缆的特性

线路类型	频率范围/MHz	信号衰减	电磁干扰
UTP 电缆	1～100	高	一般
STP 电缆	1～150	高	小
同轴电缆	1～1000	低	小

3.1.2 微波中继信道

微波频段的频率范围一般在几百兆赫兹至几十吉赫兹，其传输特点是在自由空间沿视距传输。由于受地形和天线高度的限制，两点间的传输距离一般为 30～50km，当进行长距离通信时，需要在中间建立多个中继站，如图 3-3 所示。

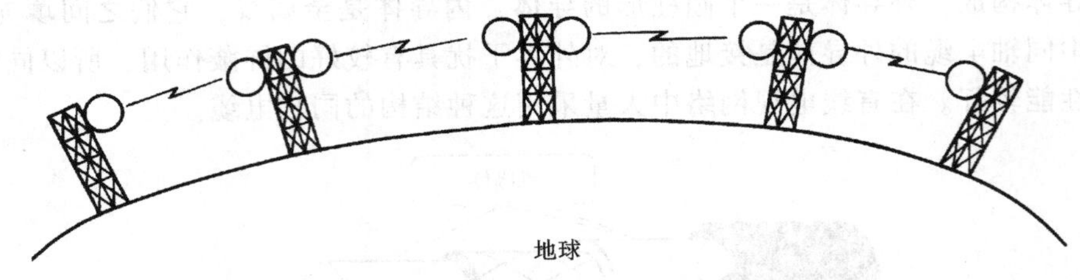

图 3-3　微波中继信道的构成

在微波中继通信系统中，为了提高频谱利用率和减小射频波道间或邻近路由的传输信道间的干扰，需要合理设计射频波道频率配置。在一条微波中继信道上可采用二频制或四频制频率配置方式，其原理如图 3-4 所示。图 3-4a 为四频制；图 3-4b 为二频制。

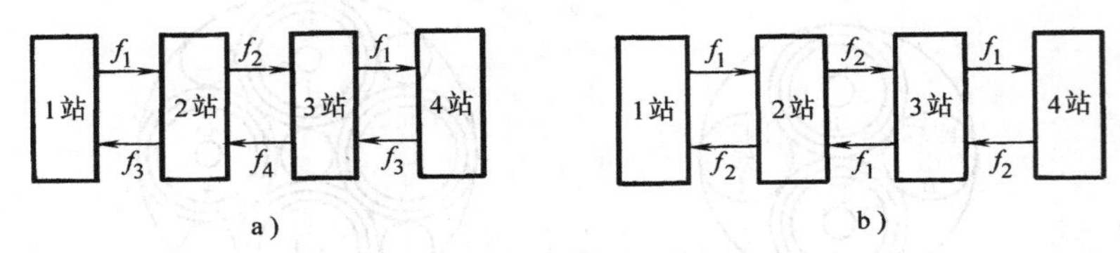

图 3-4　二频制或四频制频率配置方式

微波中继信道具有传输容量大、长途传输质量稳定、节约有色金属、投资少、维护方便等优点。因此，被广泛用来传输多路电话及电视等。

3.1.3　卫星中继信道

卫星中继信道是利用人造卫星作为中继站构成的通信信道，卫星中继信道与微波中继信道都是利用微波信号在自由空间直线传播的。微波中继信道是由地面建立的端站和中继站组成，而卫星中继信道是由卫星、地球站、上行线路和下行线路构成。若卫星运行轨道在赤道平面，离地面高度为 35780km 时，绕地球运行一周的时间恰为 24h，与地球自转同步，这种卫星称为静止卫星。不在静止轨道运行的卫星称为移动卫星。

若以静止卫星作为中继站，采用三个相差 120°的静止通信卫星就可以覆盖地球的绝大部分地域（两极盲区除外），如图 3-5 所示。若采用中、低轨道移动卫星，则需要多颗卫星覆盖地球。所需卫星的个数与卫星轨道高度有关，轨道越低所需卫星数越多。

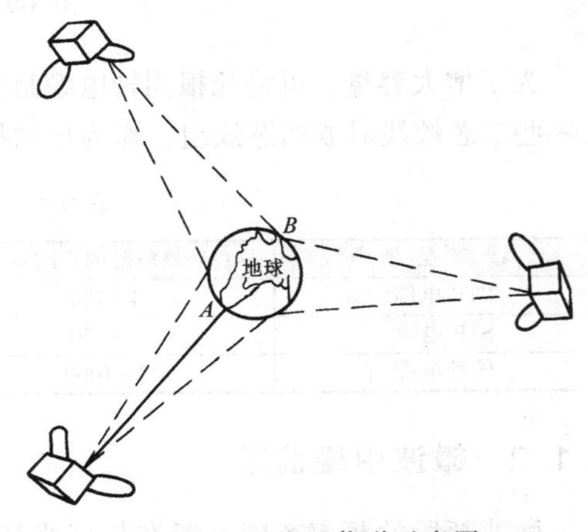

图 3-5　卫星中继信道示意图

目前卫星中继信道工作频段从几个 GHz 到几十个 GHz，信道的主要特点是通信容量大、传输质量稳定、传输距离远、覆盖区域广等。另外，由于卫星轨道离地面较远，信号衰减大，电波往返所需要的时间较长。对于静止卫星，由地球站至通信卫星，再回到地球站的一次往返需要0.26s左右，传输话音信号时会感觉明显的延迟效应。目前卫星中继信道主要用来传输多路电话、电视和数据。

3.2 随参信道

3.2.1 陆地移动信道

陆地移动通信的工作频段主要在VHF和UHF频段，该电波传播特点是以直射波为主。但是，由于城市建筑群和其他地形地物的影响，电波在传播过程中会产生反射波、散射波，电波传输环境较为复杂，因此移动信道是典型的随参信道。

1. 自由空间传播

在VHF、UHF移动信道中，电波传播方式主要有自由空间直射波、地面反射波、大气折射波、建筑物等的散射波等。

当移动台和基站天线在视距范围之内时，电波传播的主要方式是直射波。直射波传播可以按自由空间传播来分析。由于传播路径中没有阻挡，所以电波能量不会被障碍物吸收，也不会产生反射和折射。设发射机输入给天线的功率为P_T(W)，则接收天线上获得的功率为

$$P_R = P_T G_T G_R \left(\frac{\lambda}{4\pi d}\right)^2 \tag{3-1}$$

式中，G_T为发射天线增益；G_R为接收天线增益；d为接收天线与发射天线之间的直线距离；$\left(\frac{\lambda}{4\pi d}\right)^2$为各向同性天线的有效面积。当发射天线增益和接收天线增益都等于1时，式(3-1)简化为

$$P_R = P_T \left(\frac{\lambda}{4\pi d}\right)^2 \tag{3-2}$$

自由空间传播损耗定义为

$$L_{fs} = \frac{P_T}{P_R} \tag{3-3}$$

代入式(3-2)可得

$$L_{fs} = \left(\frac{4\pi d}{\lambda}\right)^2 \tag{3-4}$$

用dB可表示为

$$[l_{fs}] = 20\lg\frac{4\pi d}{\lambda} = 32.44 + 20\lg d + 20\lg f \tag{3-5}$$

式中，d为接收天线与发射天线之间直线距离，单位为km；f为工作频率，单位为MHz。由式(3-4)可以看出，自由空间传播损耗与距离d的平方成正比，距离越远损耗越大。图3-6给出了移动信道中自由空间、雾、暴雨情况下传播损耗与频率和距离的关系示意图。

2. 反射波与散射波

当电波辐射到地面或建筑物表面时，会发生反射或散射，从而产生多径传播现象，如图

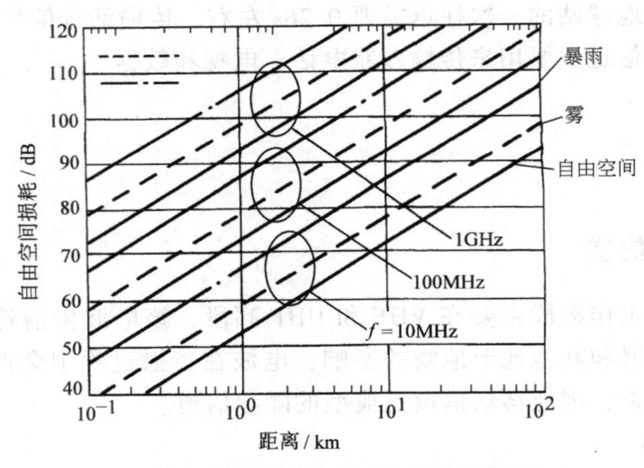

图 3-6 移动信道中自由空间传播损耗

3-7 所示。这些反射面通常是不规则和粗糙的。为了分析方便，可以认为反射面是平滑表面，此时电波的反射角等于入射角，分析模型如图 3-8 所示。不同界面的反射系数为

$$R=\frac{\sin\theta-z}{\sin\theta+z} \tag{3-6}$$

其中

$$z=\frac{\sqrt{\varepsilon_0-\cos^2\theta}}{\varepsilon_0}\text{（垂直极化）} \tag{3-7}$$

$$z=\sqrt{\varepsilon_0-\cos^2\theta}\text{（水平极化）} \tag{3-8}$$

$$\varepsilon_0=\varepsilon-\mathrm{j}60\sigma\lambda \tag{3-9}$$

式中，ε 为介电常数；σ 为电导率；λ 为波长。

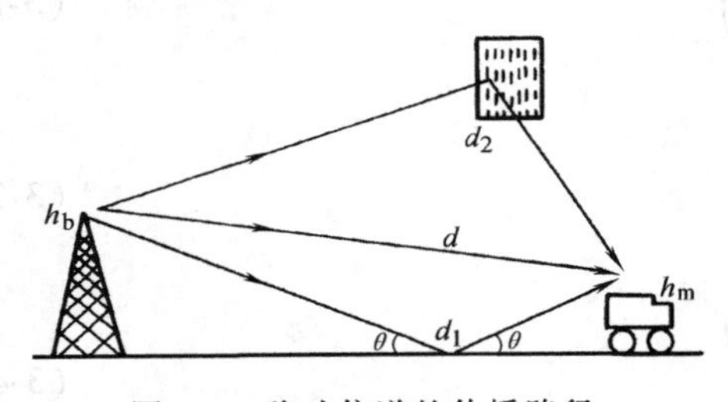

图 3-7 移动信道的传播路径

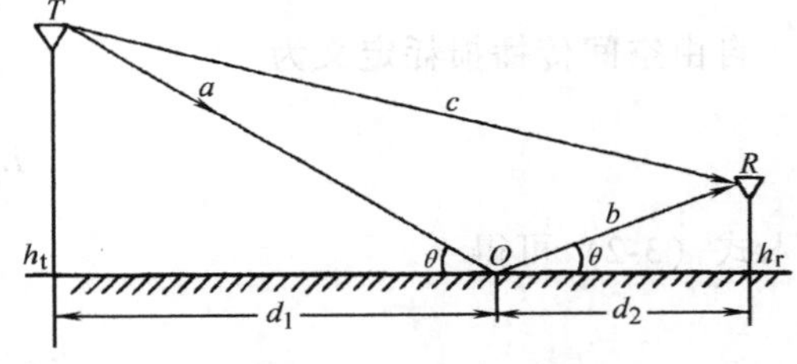

图 3-8 平滑表面反射

3. 折射波

电波在空间传播中，由于大气中介质密度随高度增加而减小，导致电波在空间传播时会产生折射、散射等。大气折射对电波传输的影响通常可用地球等效半径来表征。地球的实际半径和地球等效半径之间的关系为

$$k=\frac{r_e}{r_0} \tag{3-10}$$

式中，k 称为地球等效半径系数；$r_0=6370\text{km}$，r_0 为地球实际半径；r_e 为地球等效半径。在

标准大气折射情况下，地球等效半径系数 $k=4/3$，此时地球等效半径为

$$r_e = kr_0 = \frac{4}{3} \times 6370\text{km} \approx 8493\text{km}$$

3.2.2 短波电离层反射信道

短波电离层反射信道是利用地面发射的无线电波在电离层与地面之间的一次反射或多次反射所形成的信道。由于太阳辐射的紫外线和X射线，使离地面60~600km的大气层电离形成电离层。电离层是由分子、原子、离子及自由电子组成。当频率范围为3~30MHz（波长为10~100m）的短波（或称为高频）无线电波射入电离层时，由于折射现象会使电波发生反射，返回地面，从而形成短波电离层反射信道。

电离层厚度有数百千米，可分为 D、E、F_1 和 F_2 四层，如图3-9所示。由于太阳辐射的变化，电离层的密度和厚度也随时间随机变化，因此短波电离层反射信道也是随参信道。在白天，由于太阳辐射强，所以 D、E、F_1 和 F_2 四层都存在。在夜晚，由于太阳辐射减弱，D 层和 F_1 层几乎完全消失，因此只有 E 层和 F_2 层存在。由于 D、E 层电子密度小，不能形成反射条件，所以短波电波不会被反射。D、E 层对电波传输的影响主要是吸收电波，使电波能量损耗。F_2 层是反射层，其高度为250~300km，所以一次反射的最大距离约为4000km。

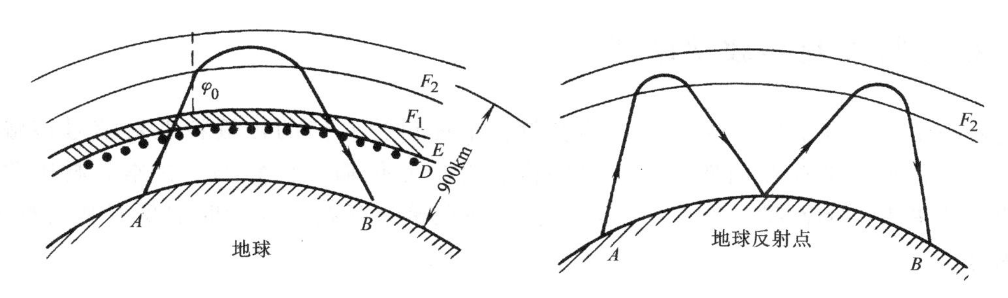

图3-9 电离层结构示意图

由于电离层密度和厚度随时间随机变化，因此短波电波满足反射条件的频率范围也随时间变化。通常用最高可用频率给出工作频率上限。最高可用频率是指当电波以 φ_0 角入射时，能从电离层反射的最高频率，可表示为

$$f_{\text{MUF}} = f_0 \sec\varphi_0 \tag{3-11}$$

式中，f_0 为 $\varphi_0=0$ 时能从电离层反射的最高频率（称为临界频率）。

在白天，电离层较厚，F_2 层的电子密度较大，最高可用频率较高。在夜晚，电离层较薄，F_2 层的电子密度较小，最高可用频率要比白天低。

短波电离层反射信道最主要的特征是多径传播，多径传播有以下几种形式：

1）电波从电离层的一次反射和多次反射。

2）电离层反射区高度所形成的细多径。

3）地球磁场引起的寻常波和非寻常波。

4）电离层不均匀性引起的漫射现象。

以上4种形式如图3-10所示。

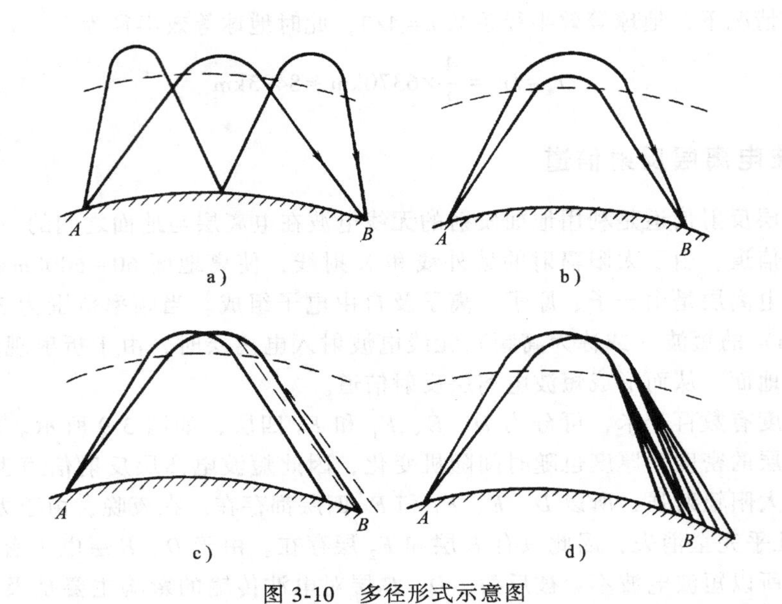

图 3-10 多径形式示意图

a) 一次反射和两次反射 b) 反射区高度不同 c) 寻常波与非寻常波 d) 漫射现象

3.3 信道特性及其数学模型

前面介绍了恒参信道和随参信道的实例，下面讨论它们的传输特性对信号传输的影响，另外，信道中都存在加性噪声，它同样会对信号传输产生影响。在本教材中除非特别说明，所考虑的加性噪声与信号相互独立，并且始终存在，其瞬时取值服从高斯分布，均值为零。

3.3.1 恒参信道特性及其数学模型

恒参信道对信号传输的影响是确定的或者是变化极其缓慢的。因此，可以认为它等效于一个非时变的线性网络。从理论上来说，只要知道网络的传输特性，则利用信号通过线性系统的分析方法，就可求得信号通过恒参信道的变化规律。

线性网络的传输特性可以用幅度-频率特性（简称幅频特性）和相位-频率特性（简称相频特性）来表征。本小节首先讨论理想情况下恒参信道的幅频特性和相频特性，然后分别讨论实际幅频特性和相频特性对信号传输的影响，最后给出具有加性高斯噪声的恒参信道数学模型。

1. 理想恒参信道特性

下面研究什么样的信道能保证信号无失真地通过。所谓无失真，就是要求信道的输出信号是输入信号的精确复制品。设输入信号为 $s_i(t)$，则无失真传输时，要求信道的输出信号

$$s_o(t)=K_0 s_i(t-t_d) \tag{3-12}$$

式中，K_0 为传输系数，它可以表示放大或衰减一个固定值；t_d 为时间延迟，表示输出信号滞后输入信号一个固定的时间。对式（3-12）进行傅里叶变换得

$$S_o(\omega)=K_0 e^{-j\omega t_d} S_i(\omega) \tag{3-13}$$

由式（3-13）得信道的传输函数为

$$H(\omega)=K_0 e^{-j\omega t_d} \tag{3-14}$$

信道的幅频特性和相频特性分别定义为（注：一般情况下，相频特性为 $\varphi(\omega)=-t_d\omega$）

$$\begin{cases} |H(\omega)|=K_0 \\ \varphi(\omega)=t_d\omega \end{cases}$$

由此可见，无失真传输的条件是：信道的幅频特性在全频率范围内是一条水平线，高度为 K_0；信道的相频特性在全频范围内是一条通过原点的直线，直线的斜率为 t_d。

若信号的角频率严格限制在 $-\omega_H \sim \omega_H$ 范围内，则无失真传输的条件只要在区间（$-\omega_H$，ω_H）内满足即可。任何一个物理信号，它的频谱往往是很宽的，因而，严格地讲，无失真的信道也需要很宽的频带。在实际通信工程中，总是要求信道在信号的有限带宽之内尽量满足无失真传输条件，毫无疑问，此时实质上是有失真传输，不过，这种失真是控制在允许的范围内罢了。

信道的相频特性通常还采用群迟延-频率特性来衡量。所谓的群迟延-频率特性就是相频特性的导数。理想恒参信道的群迟延-频率特性可以表示为

$$\tau(\omega)=\frac{\mathrm{d}\varphi(\omega)}{\mathrm{d}\omega}=t_d \tag{3-15}$$

理想信道的幅频特性、相频特性和群迟延-频率特性曲线如图 3-11 所示。由式（3-14）得，理想恒参信道的冲激响应为

$$h(t)=K_0\delta(t-t_d) \tag{3-16}$$

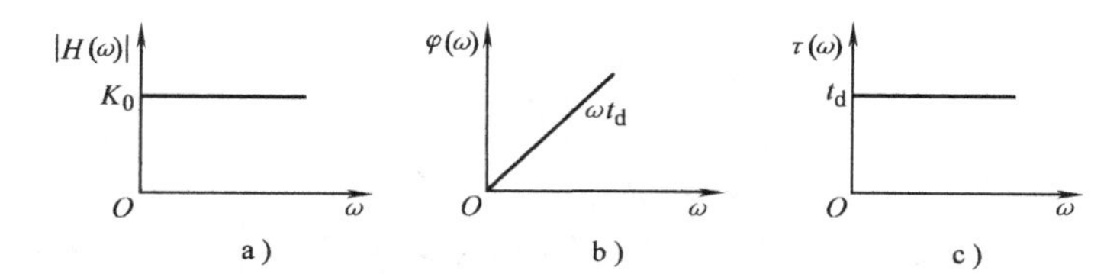

图 3-11　理想信道的幅频特性、相频特性和群迟延-频率特性

2. 幅度-频率失真

幅度-频率失真是由实际信道的幅频特性的不理想所引起的，这种失真又称为频率失真，属于线性失真。图 3-12a 所示是 CCITT M. 1020 建议规定典型音频电话信道的幅度衰减特性。由图可见，衰减幅度在 300～3000Hz 频率范围内比较平坦；300Hz 以下和 3000Hz 以上衰耗增加很快，这种衰减特性正好适应人类话音信号传输。

信道的幅频特性不理想会使通过它的信号波形产生失真。如图 3-13a 所示是原始信号，它由基波和三次谐波组成，其幅度比为 2：1。若它们经过不同的衰减到达输出端，基波和三次谐波的幅度比为 1：1，则合成信号（见图 3-13b）的波形与原始信号的波形有了明显的差别。若在这种信道中传输数字信号，则会引起相邻数字信号波形之间在时间上的相互重叠，造成码间干扰。因此，在电话信道中传输数字信号时，需要采用均衡器对信道特性进行补偿（有关均衡原理将在第 5 章介绍）。

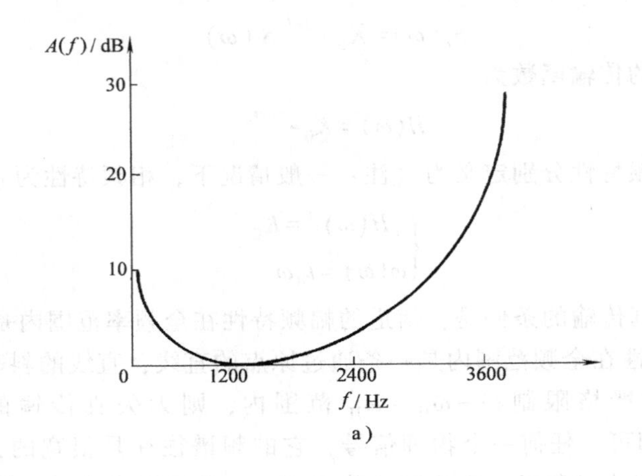

a）

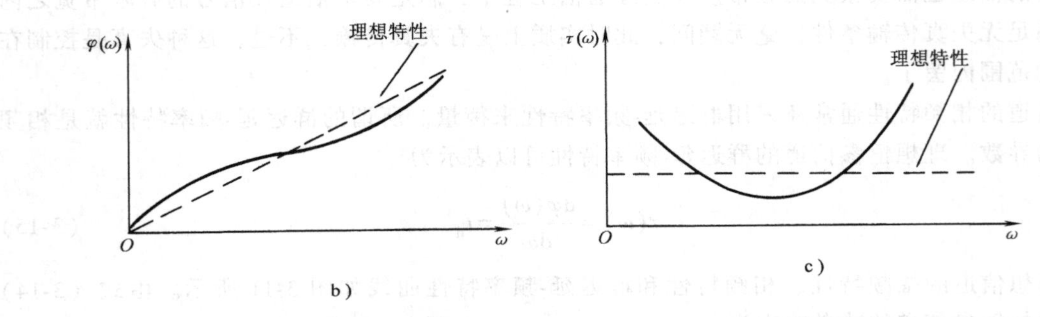

b）　　c）

图 3-12　典型音频电话信道的幅频特性、相频特性和群迟延频率特性

a）幅频特性　b）相频特性　c）群迟延频率特性

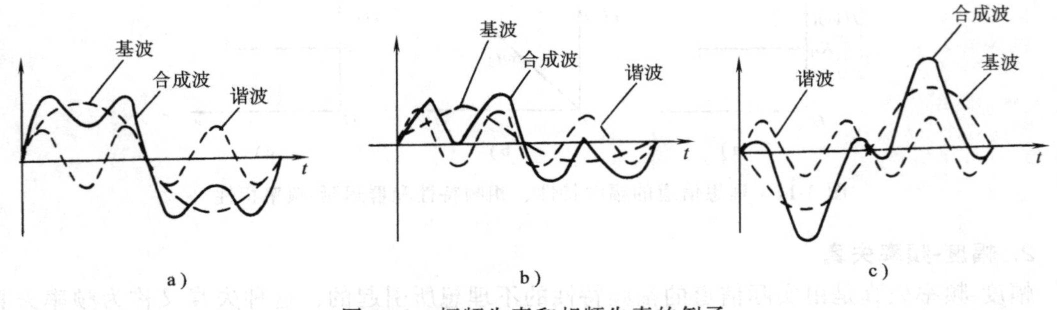

a）　b）　c）

图 3-13　幅频失真和相频失真的例子

a）原始信号　b）幅频失真　c）相频失真

3. 相位-频率失真

当信道的相频特性偏离线性关系时，会使通过信道的信号产生相位-频率失真，相位-频率失真也属于线性失真。图 3-12b、c 分别给出了一个典型的电话信道的相频特性和群迟延频率特性（图中虚线为理想特性），可以看出，相频特性和群迟延频率特性都偏离了理想特性的要求，因此会使信号产生严重的相频失真或群迟延失真。如图 3-13c 是图 3-13a 原始信号中基波经过 π 相移，三次谐波分量经过 2π 相移到达输出端合成的输出信号。由于原始信号中的不同谐波经过信道后的延时不同，所以输出信号（见图 3-13c）的

波形与原始信号的波形有了明显的差别。在话音传输中，由于人耳对相频失真不太敏感，因此相频失真对模拟话音传输影响不明显。如果传输数字信号，相频失真同样会引起码间干扰，特别当传输速率较高时，相频失真会引起严重的码间干扰，使误码率性能降低。由于相频失真也是线性失真，因此同样可以采用均衡器对相频特性进行补偿，改善信道传输条件。

4. 具有加性（高斯）噪声的恒参信道数学模型

（1）加性噪声信道

通信信道最简单的数学模型就是加性噪声信道，如图3-14所示，该信道的输入输出关系为

$$r(t)=\alpha s(t)+n(t) \tag{3-17}$$

式中，α 是信道的衰减因子，为常数；$s(t)$ 是信道的输入信号；$n(t)$ 是噪声，一般认为它是由接收机中的电子元件和放大器引入的，它是一个高斯随机过程[2]。

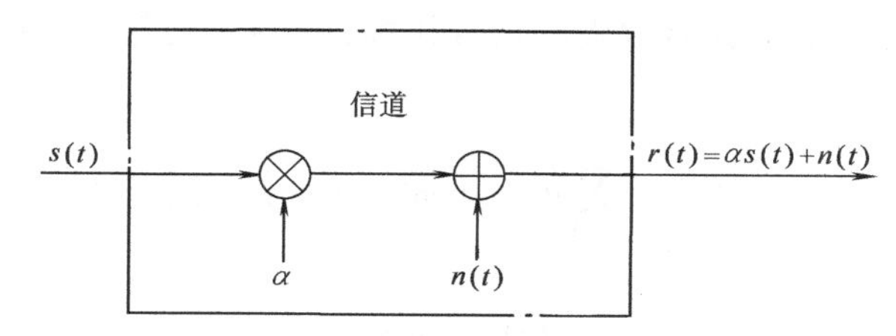

图3-14　加性噪声信道

（2）具有加性噪声的线性滤波信道

一般的恒参信道可以看成是带宽有限的线性时不变信道，可以由图3-15所示的具有加性噪声的线性滤波信道的数学模型表述，信道的输出可以表示为

$$r(t)=s(t)*h(t)+n(t)=\int_{-\infty}^{\infty}h(\tau)s(t-\tau)\mathrm{d}\tau+n(t) \tag{3-18}$$

式中，$h(t)$ 是信道的冲激响应，是一个线性滤波器；$s(t)$ 是信道的输入信号；$n(t)$ 是加性噪声；符号 * 表示卷积运算。

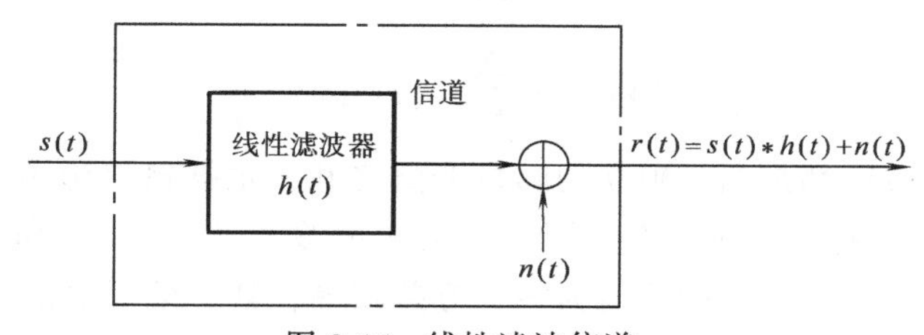

图3-15　线性滤波信道

3.3.2　随参信道特性及其数学模型

前面给出了陆地移动信道和短波电离层反射信道这两种典型随参信道的实例，这些随参信道的传输媒质具有以下三个共同特点：

1）对信号的衰耗随时间随机变化。

2）信号传输的时延随时间随机变化。

3）多径传播。

由于随参信道比恒参信道复杂得多，它对信号传输的影响也比恒参信道严重得多。下面将从两个方面进行讨论，最后给出具有加性高斯噪声的随参信道数学模型。

1. 多径衰落与频率弥散

陆地移动多径传播示意图如图 3-7 所示。基站天线发射的信号经过多条不同的路径到达移动台。假设发送信号为单一频率正弦波，即

$$s(t)=A\cos(\omega_c t) \tag{3-19}$$

多径信道一共有 n 条路径，各条路径具有时变衰耗和时变传输时延且从各条路径到达接收端的信号相互独立，则接收端接收到的合成波为

$$\begin{aligned}r(t)&=a_1(t)\cos\omega_c[t-\tau_1(t)]+a_2(t)\cos\omega_c[t-\tau_2(t)]+\cdots+a_n(t)\cos\omega_c[t-\tau_n(t)]\\&=\sum_{i=1}^{n}a_i(t)\cos\omega_c[t-\tau_i(t)]\end{aligned} \tag{3-20}$$

式中，$a_i(t)$ 为从第 i 条路径到达接收端的信号振幅；$\tau_i(t)$ 为第 i 条路径的传输时延。传输时延可以转换为相位的形式，即

$$r(t)=\sum_{i=1}^{n}a_i(t)\cos[\omega_c t+\varphi_i(t)] \tag{3-21}$$

式中

$$\varphi_i(t)=-\omega_c\tau_i(t) \tag{3-22}$$

为从第 i 条路径到达接收端的信号的随机相位。

式（3-21）可变换为

$$\begin{aligned}r(t)&=\sum_{i=1}^{n}a_i(t)\cos\varphi_i\cos(\omega_c t)-\sum_{i=1}^{n}a_i(t)\sin\varphi_i\sin(\omega_c t)\\&=X(t)\cos(\omega_c t)-Y(t)\sin(\omega_c t)\end{aligned} \tag{3-23}$$

式中

$$X(t)=\sum_{i=1}^{n}a_i(t)\cos\varphi_i \tag{3-24}$$

$$Y(t)=\sum_{i=1}^{n}a_i(t)\sin\varphi_i \tag{3-25}$$

由于 $X(t)$ 和 $Y(t)$ 都是相互独立的随机变量之和，根据概率论中心极限定理，大量独立随机变量之和的分布趋于正态分布。因此，当 n 足够大时，$X(t)$ 和 $Y(t)$ 都趋于正态分布。通常情况下 $X(t)$ 和 $Y(t)$ 的均值为零，方差相等，其一维概率密度函数为

$$f(x)=\frac{1}{\sqrt{2\pi}\sigma_x}\exp\left(-\frac{x^2}{2\sigma_x^2}\right) \tag{3-26}$$

$$f(y)=\frac{1}{\sqrt{2\pi}\sigma_y}\exp\left(-\frac{y^2}{2\sigma_y^2}\right) \tag{3-27}$$

且有 $\sigma_x=\sigma_y$。

式（3-23）也可以表示为包络和相位的形式，即

$$r(t)=V(t)\cos[\omega_c t+\varphi(t)] \tag{3-28}$$

式中

$$V(t)=\sqrt{X^2(t)+Y^2(t)} \tag{3-29}$$

$$\varphi(t)=\arctan\frac{Y(t)}{X(t)} \tag{3-30}$$

由第 2 章随机信号分析理论可知，包络 $V(t)$ 的一维分布服从瑞利分布，相位 $\varphi(t)$ 的一维分布服从均匀分布，可表示为

$$f(v)=\frac{v}{\sigma_{\mathrm{v}}}\exp\left(-\frac{v^2}{2\sigma_{\mathrm{v}}^2}\right) \tag{3-31}$$

$$f(\varphi)=\begin{cases}\dfrac{1}{2\pi} & 0\leqslant\varphi<2\pi\\ 0 & 其他\end{cases} \tag{3-32}$$

且有 $\sigma_{\mathrm{x}}=\sigma_{\mathrm{y}}=\sigma_{\mathrm{v}}=\sigma$。

对于陆地移动信道、短波电离层反射信道等随参信道，其路径幅度 $\alpha_i(t)$ 和相位函数 $\varphi_i(t)$ 虽然随时间变化，但与发射信号载波频率相比要缓慢得多。因此，相对于载波来说 $V(t)$ 和 $\varphi(t)$ 是慢变化随机过程，于是 $r(t)$ 可以看成是一个窄带随机过程。由 2.9 小节窄带高斯随机过程分析可知，$r(t)$ 的包络服从瑞利分布，$r(t)$ 是一种衰落信号，$r(t)$ 的频谱是中心在 f_{c} 的窄带谱，如图 2-19 所示。由此可以得到以下两个结论：

1）多径传播使单一频率的正弦信号变成了包络和相位受调制的窄带信号，这种信号称为衰落信号，即多径传播使信号产生瑞利型衰落。

2）从频谱上看，多径传播使单一谱线变成了窄带频谱，即多径传播引起了频率弥散。当在多径信道中传输数字信号时，信号衰落会引起突发错误，对通信造成严重的危害。在数字通信中，通常采用交织编译码技术（参见第 9 章）来减轻这种危害。

2. 频率选择性衰落与相关带宽

当发送信号是具有一定频带宽度的信号时，多径传播除了会使信号产生瑞利型衰落之外，还会产生频率选择性衰落。频率选择性衰落是多径传播的又一重要特征。

二维码 3-1

为了分析方便，假设多径传播的路径只有两条，如图 3-16 所示。其中，k 为两条路径的衰减系数，$\Delta\tau(t)$ 为两条路径信号传输的相对时延差。

当信道输入信号为 $s_{\mathrm{i}}(t)$ 时，输出信号为

$$s_{\mathrm{o}}(t)=ks_{\mathrm{i}}(t)+ks_{\mathrm{i}}[t-\Delta\tau(t)] \tag{3-33}$$

其频域表达式为

$$\begin{aligned}S_{\mathrm{o}}(\omega)&=kS_{\mathrm{i}}(\omega)+kS_{\mathrm{i}}(\omega)\mathrm{e}^{-\mathrm{j}\omega\Delta\tau(t)}\\&=kS_{\mathrm{i}}(\omega)\left[1+\mathrm{e}^{-\mathrm{j}\omega\Delta\tau(t)}\right]\end{aligned} \tag{3-34}$$

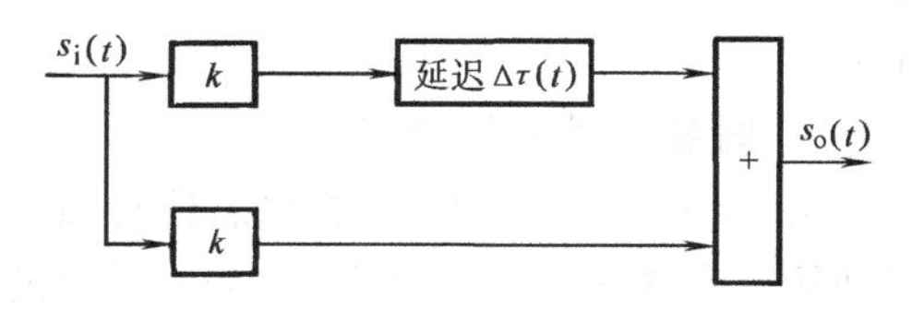

图 3-16 多径传播的路径有两条的信道模型

信道传输函数为

$$H(\omega)=\frac{S_{\mathrm{o}}(\omega)}{S_{\mathrm{i}}(\omega)}=k\left[1+\mathrm{e}^{-\mathrm{j}\omega\Delta\tau(t)}\right] \tag{3-35}$$

信道幅频特性为

$$
\begin{aligned}
|H(\omega)| &= |k[1+\mathrm{e}^{-\mathrm{j}\omega\Delta\tau(t)}]| = k|1+\cos\omega\Delta\tau(t)-\mathrm{j}\sin\omega\Delta\tau(t)| \\
&= k\left|2\cos^2\frac{\omega\Delta\tau(t)}{2}-\mathrm{j}2\sin\frac{\omega\Delta\tau(t)}{2}\cos\frac{\omega\Delta\tau(t)}{2}\right| \\
&= 2k\left|\cos\frac{\omega\Delta\tau(t)}{2}\right|\left|\cos\frac{\omega\Delta\tau(t)}{2}-\mathrm{j}\sin\frac{\omega\Delta\tau(t)}{2}\right| = 2k\left|\cos\frac{\omega\Delta\tau(t)}{2}\right|
\end{aligned}
\tag{3-36}
$$

对于固定的 $\Delta\tau$，信道幅频特性如图 3-17a 所示。对于信号不同的频率成分，信道将有不同的衰减。显然，信号通过这种传输特性的信道时，信号的频谱将产生失真。当失真随时间随机变化时，就会形成频率选择性衰落。特别是当信号的频谱宽于 $1/\Delta\tau(t)$ 时，有些频率分量会被信道衰减到零，造成严重的频率选择性衰落。

另外，相对时延差 $\Delta\tau(t)$ 通常是时变参量，故传输特性中零点、极点在频率轴上的位置也随时间随机变化，这使传输特性变得更复杂，其特性如图 3-17b 所示。

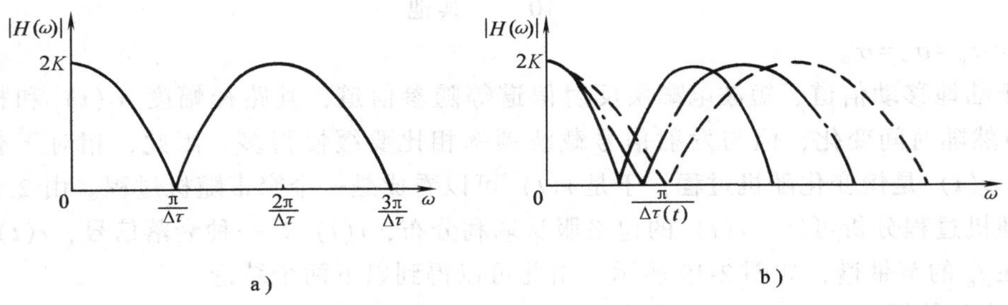

图 3-17　信道幅频特性

对于一般的实际多径传播，信道的传输特性将比两条路径信道传输特性复杂得多，但同样存在频率选择性衰落现象。多径传播时的相对时延差通常用最大多径时延差来表征。设信道最大多径时延差为 $\Delta\tau_{\mathrm{m}}$，则定义多径传播信道的相关带宽为

$$
B_{\mathrm{c}} = \frac{1}{\Delta\tau_{\mathrm{m}}} \tag{3-37}
$$

它表示信道传输特性相邻两个零点之间的频率间隔。如果信号的频谱比相关带宽宽，则将产生严重的频率选择性衰落。为了减小频率选择性衰落，就应使信号的频谱小于相关带宽。在工程设计中，为了保证接收信号质量，通常选择信号带宽为相关带宽的 1/5~1/3。

当在多径信道中传输数字信号时，特别是传输高速数字信号时，频率选择性衰落将会引起严重的码间干扰。为了减小码间干扰的影响，就必须限制数字信号传输速率。

二维码 3-2

3. 时变线性滤波信道模型

为了设计分析方便，常常把具有加性高斯噪声的随参信道（陆地移动信道和短波信道等），表示成图 3-18 所示的形式，即时变线性滤波信道，信道中具有加性高斯噪声，信道的输入输出关系为

$$
r(t) = s(t) * h(\tau;t) + n(t) = \int_{-\infty}^{\infty} h(\tau;t)s(t-\tau)\mathrm{d}\tau + n(t) \tag{3-38}
$$

式中，信道中的滤波器是用时变冲激响应 $h(\tau;t)$ 来刻画的，$h(\tau;t)$ 是信道在时刻 $t-\tau$ 施加冲激在时间 t 的响应，自变量 τ 表示“年龄”（age）[2]；$s(t)$ 是信道的输入信号；$n(t)$ 是加性噪声；$r(t)$ 是信道的输出信号；符号 $*$ 表示卷积运算。

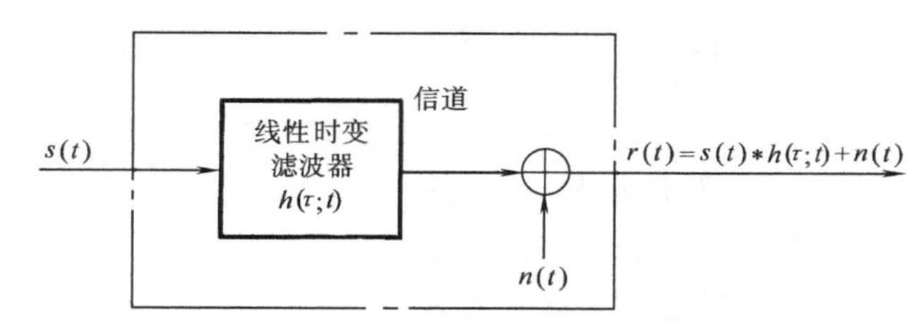

图 3-18 时变线性滤波信道

3.3.3 广义信道

根据研究目的需要引出广义信道的概念。例如有调制信道和编码信道。所谓调制信道是指图 3-19 中调制器输出端到解调器输入端的部分。从调制和解调的角度来看，调制器输出端到解调器输入端的所有变换装置及其传输媒质，不论其过程如何，都只是对已调信号进行某种变换。我们只关心变换的最终结果，而无须关心其详细物理过程。因此，研究调制和解调时，采用这种定义是方便的。

同理，在数字通信系统中，如果仅着眼于讨论编码和译码，采用编码信道的概念是十分有益的。所谓编码信道是指图 3-19 中编码器输出端到译码器输入端的部分。这样定义是因为从编译码的角度来看，编码器的输出是某一数字序列，而译码器的输入同样也是某一数字序列，它们可能是不同的数字序列。因此，从编码器输出端到译码器输入端，可以用一个数字序列变换的方框来加以概括。图 3-19 为调制信道与编码信道的示意图。当然，根据研究对象和关心的问题不同，也可以定义其他范畴的广义信道。

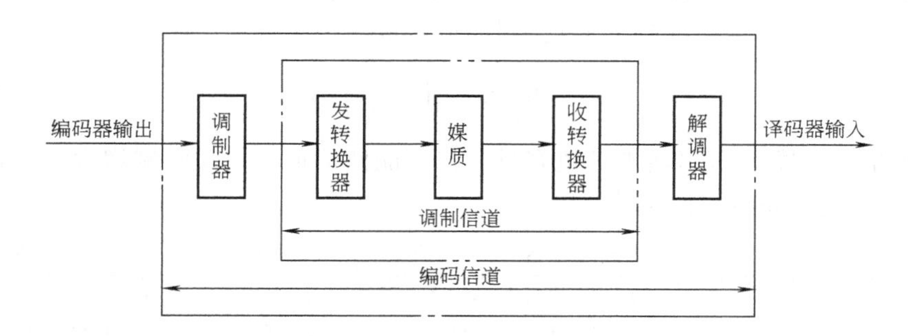

图 3-19 调制信道与编码信道

3.4 信道容量的概念

信道容量是指信道中信息无差错传输的最大速率。下面介绍香农的信道容量，人们常用香农的信道容量公式估算实际信道最大的信息传输能力。

1. 香农公式

考虑图 3-20 所示信道，给定发送信号 $s(t)$ 的平均功率为 S(W)、信道带宽为 B(Hz)，信道中加性高斯白噪声（AWGN）的双边功率谱密度为 $n_0/2$（W/Hz），则可以证明该信道的信道容量（单位为 bit/s）为[2]

$$C=B\log_2\left(1+\frac{S}{N}\right)=B\log_2\left(1+\frac{S}{n_0B}\right) \tag{3-39}$$

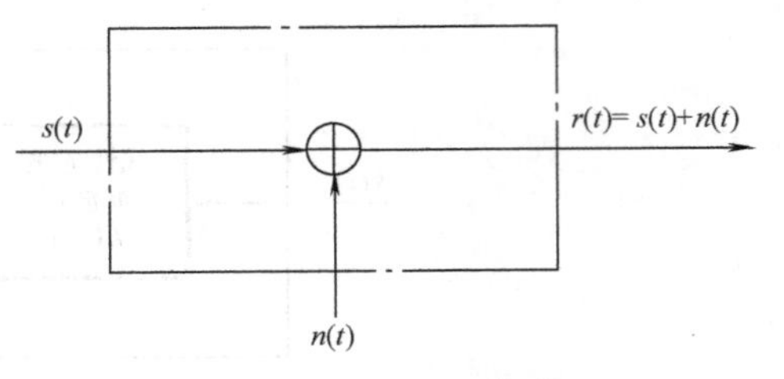

图 3-20　AWGN 信道

上式就是著名的香农（Shannon）信道容量公式，简称香农公式。它表明当给定发送信号$s(t)$的平均功率为S(W)、信道带宽为B(Hz)，信道中加性高斯白噪声（AWGN）的双边功率谱密度为$n_0/2$（W/Hz）时，该信道理论上单位时间内可传输信息量的极限数值。理论上讲，只要传输速率小于等于信道容量，则总可以找到一种信道编码方式，实现无差错传输，若传输速率大于信道容量，则不可能实现无差错传输。

（1）可以这样理解公式（3-39），给定信道带宽为B(Hz)，信道无衰减（注意信道有衰减时要另当别论），发送信号平均功率为S(W)给定，噪声是加性高斯白噪声（功率谱密度为有限值，给定，且已知），在这些条件下推导得到了香农信道容量公式（3-39），该公式表明在这些条件下，信道可传输的最大信息速率。

（2）对于如图 3-15 所示线性滤波器信道和图 3-18 所示时变线性滤波器信道，S 可以认为是接收端信号功率，B 为滤波器带宽。

由香农公式可得以下结论：

1）增大信号功率 S 可以增加信道容量，若信号功率趋于无穷大，则信道容量也趋于无穷大，即

$$\lim_{S\to\infty}C=\lim_{S\to\infty}B\log_2\left(1+\frac{S}{n_0B}\right)\to\infty \tag{3-40}$$

2）减小噪声功率 $N=n_0B$（或减小噪声功率谱密度 n_0）可以增加信道容量，若噪声功率趋于零（或噪声功率谱密度趋于零），则信道容量趋于无穷大，即

$$\lim_{N\to 0}C=\lim_{N\to 0}B\log_2\left(1+\frac{S}{N}\right)\to\infty \tag{3-41}$$

3）增大信道带宽 B 可以增加信道容量，但不能使信道容量无限制增大。信道带宽 B 趋于无穷大时，信道容量的极限值为

$$\lim_{B\to\infty}C=\lim_{B\to\infty}B\log_2\left(1+\frac{S}{n_0B}\right)=\frac{S}{n_0}\lim_{B\to\infty}\frac{n_0B}{S}\log_2\left(1+\frac{S}{n_0B}\right)=\frac{S}{n_0}\log_2 e\approx 1.44\frac{S}{n_0} \tag{3-42}$$

上式表明，保持 S/n_0 一定，即使信道带宽 $B\to\infty$，信道容量 C 也是有限的，这是因为信道带宽 $B\to\infty$ 时，噪声功率 N 也趋于无穷大。

香农公式给出了通信系统所能达到的极限信息传输速率，达到极限信息速率的通信系统称为理想通信系统。但是，香农公式只证明了理想通信系统的“存在性”，却没有指出这种通信系统的实现方法。因此，理想或性能优异的通信方式还需要不断探索。

二维码 3-3

2. 香农公式的应用举例

由香农公式（3-39）可以看出：对于一定的信道容量 C 来说，信道带宽 B、信号噪声功率比 S/N 及传输时间三者之间可以互相转换。若增加信道带宽，可以换来信号噪声功率比的降低，反之亦然。如果信号噪声功率比不变，那么增加信道带宽可以换取传输时间的减少，等等。如果信道容量 C 给定，互换前的带宽和信号噪声功率比分别为 B_1 和 S_1/N_1，互

换后的带宽和信号噪声功率比分别为 B_2 和 S_2/N_2，则有

$$B_1\log_2(1+S_1/N_1)=B_2\log_2(1+S_2/N_2)$$

由于信道的噪声单边功率谱密度 n_0 往往是给定的，所以上式也可写成

$$B_1\log_2\left(1+\frac{S_1}{n_0B_1}\right)=B_2\log_2\left(1+\frac{S_2}{n_0B_2}\right)$$

例如，设互换前信道带宽 $B_1=3\text{kHz}$，希望传输的信息速率为 10^4bit/s。为了保证这些信息能够无误地通过信道，则要求信道容量至少要 10^4bit/s 才行。

互换前，在 3kHz 带宽情况下，使得信息传输速率达到 10^4bit/s，要求信噪比 $S_1/N_1\approx9$。如果将带宽与信号功率（信噪比）进行互换，设互换后的信道带宽 $B_2=10\text{kHz}$。这时，信息传输速率仍为 10^4bit/s，则所需要的信噪比 $S_2/N_2=1$。

可见，信道带宽 B 的变化可使输出信噪功率比也变化，而保持信息传输速率不变。这种信噪比和带宽的互换性在通信工程中有很大的用处。例如，在宇宙飞船与地面的通信中，飞船上的发射功率不可能做得很大，因此可用增大带宽的方法来换取对信噪比要求的降低。相反，如果信道频带比较紧张，如有线载波电话信道，这时主要考虑频带利用率，可用提高信号功率来增加信噪比，或采用多进制的方法来换取较窄的频带。

虽然举例讨论的是带宽和信噪比的互换，从香农公式可以看出，带宽或信噪比与传输时间也存在着互换关系，在此不再赘述。

3.5 小结

信道是信号传输的通道。所以研究信道，根据信道的特性设计更加合理有效的发信设备和接收设备，对提高通信的质量（有效性和可靠性）非常重要。如何研究信道，采用什么样的方法和思路？本章做了一定尝试，即在对常遇到的实际信道进行介绍的基础上，把实际信道归纳为两种比较简单的具有代表意义的信道数学模型，其一是具有加性噪声的线性滤波信道，其二是具有加性噪声的时变线性滤波信道。它们在分析和设计通信系统时都非常重要，本书仅仅应用第一种信道模型讨论设计通信系统的有关问题（如第 5 章中），关于应用第二种信道模型设计分析通信系统的问题，读者可参阅有关文献[2]。

本章对信道的讨论是初步的，深入研究信道将有助于设计性能更佳完善的通信设备，这就要求我们做大量的研究工作，一般是通过试验和理论两个方面着手进一步探讨信道，比如通过大量的实际测试获得实际信道的各种数据等，运用统计理论、随机过程理论对测试的信道数据进行处理研究，在此基础上建立更加符合实际的信道模型，运用该模型设计新一代的通信设备，提高通信质量，这就是我们研究信道的目的所在。关于实际信道的研究，有兴趣的读者可以参阅有关专著和参考文献 [2，3，6，18~24]。

3.6 思考题

1. 如何区分一个信道是恒参信道还是随参信道？通信中常用的信道哪些属于恒参信道？哪些属于随参信道？

2. 什么是理想信道？理想信道的传输函数具有什么特点？

3. 随参信道的主要特点是什么？信号在随参信道中传输会产生哪些衰落现象？

4. 产生幅度衰落和频率弥散的原因是什么？

5. 什么是相关带宽？相关带宽对于随参信道信号传输具有什么意义？

6. 信道容量是如何定义的？

7. 香农公式有何意义？信道带宽和信噪比是如何实现互换的？

3.7　习题

1. 设理想信道的传输函数为

$$H(\omega)=K_0\mathrm{e}^{-\mathrm{j}\omega t_\mathrm{d}}$$

式中，K_0 和 t_d 都是常数。试分析信号 $s(t)$ 通过该理想信道后的输出信号的时域和频域表示式，并对结果进行讨论。

2. 设某恒参信道的传输函数具有升余弦特性

$$H(\omega)=\begin{cases}\dfrac{T_\mathrm{s}}{2}\left(1+\cos\dfrac{\omega T_\mathrm{s}}{2}\right)\mathrm{e}^{-\mathrm{j}\frac{\omega T_\mathrm{s}}{2}}, & |\omega|\leqslant\dfrac{2\pi}{T_\mathrm{s}}\\ 0, & |\omega|>\dfrac{2\pi}{T_\mathrm{s}}\end{cases}$$

式中，T_s 为常数。试求信号 $s(t)$ 通过该信道后的输出表示式，并对结果进行讨论。

3. 某调制信道的模型为如题图 3-1 所示的二端口网络。试求该网络的传输函数及信号 $s(t)$ 通过该信道后的输出信号表达式，并分析输出信号产生了哪些类型的失真。

4. 两个恒参信道的等效模型如题图 3-2a、b 所示。试求这两个信道的幅频特性和群延迟特性，并画出它们的幅频特性曲线和群迟延特性曲线。试分析信号 $s(t)$ 通过这两个信道时有无群迟延失真？

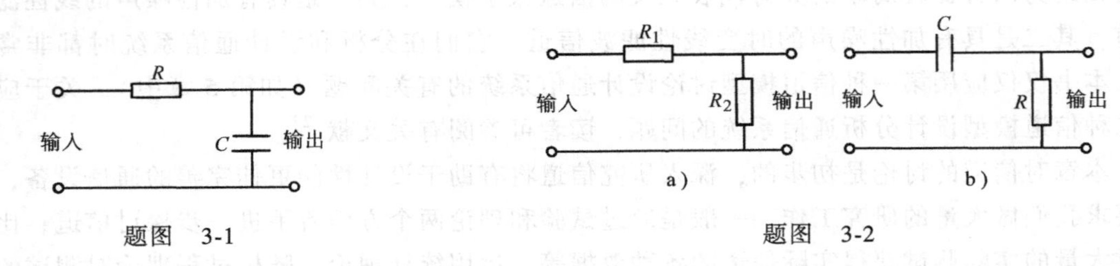

题图　3-1　　　　题图　3-2

5. 某发射机的发射功率为 50W，载波频率为 900MHz，发射天线和接收天线都是单位增益。试求在自由空间中距离发射机 10km 处的接收天线接收功率和路径损耗。

6. 某发射机发射功率为 10W，载波频率为 900MHz，发射天线增益 $G_\mathrm{T}=2$，接收天线增益 $G_\mathrm{R}=3$，试求在自由空间中距离发射机 10km 处的接收机的输入功率和路径损耗。

7. 在移动通信中，发射机载频为 900MHz，一辆汽车以 80km/h 的速度运动，试计算在下列情况下车载接收机载波频率：

（1）汽车沿直线朝向发射机运动。

（2）汽车沿直线背向发射机运动。

（3）汽车运动方向与入射波方向成90°。

8. 试求瑞利衰落包络值的一维概率密度函数$f(v)=\frac{v}{\sigma_{\mathrm{v}}}\exp\left(-\frac{v^2}{2\sigma_{\mathrm{v}}^2}\right)$的最大值。

9. 设瑞利衰落包络值的一维概率密度函数与习题8相同，试求瑞利衰落包络值的数学期望和方差。

10. 假设某随参信道有两条路径，路径时差为$\tau=1\mathrm{ms}$，试求该信道在哪些频率上传输衰耗最大？哪些频率范围传输信号最有利？

11. 在移动信道中，市区的最大时延差为5μs，室内的最大时延差为0.04μs。试计算这两种情况下的相关带宽。

12. 题图3-3所示的二进制数字信号$s(t)$通过图3-16所示的两条路径信道模型。设两径的传输衰减相等、时延差为$T_s/3$，试画出接收信号波形的示意图。

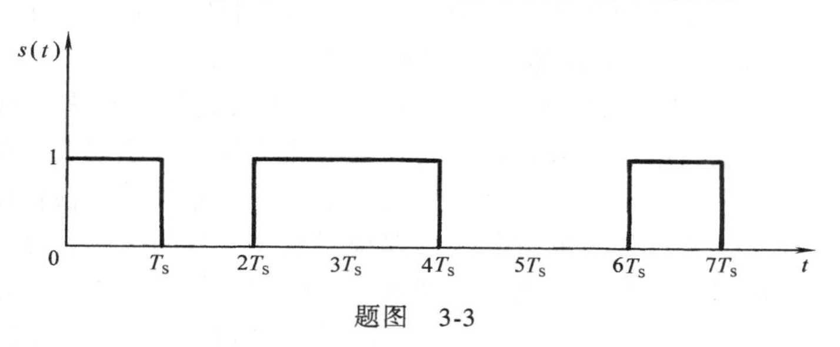

题图 3-3

13. 设某随参信道的最大多径时延差为2μs，为了避免发生选择性衰落，试估算在该信道上传输的数字信号的码元脉冲宽度。

14. 某计算机网络通过同轴电缆相互连接，已知同轴电缆每个信道带宽为8MHz，信道输出信噪比为30dB，试求计算机无误码传输的最高信息速率为多少。

15. 已知有线电话信道带宽为3.4kHz：

（1）试求信道输出信噪比为30dB时的信道容量。

（2）若要在该信道中传输33.6kbit/s的数据，试求接收端要求的最小信噪比为多少。

16. 已知每张静止图片含有6×10^5个像素，每个像素具有16个亮度电平，且所有这些亮度电平等概出现。若要求每秒钟传输24幅静止图片，试计算所要求信道的最小带宽（设信道输出信噪比为30dB）。

第4章 模拟通信系统

传输模拟信号的通信系统称为模拟通信系统。本章学习模拟通信系统的原理，由于模拟通信系统涉及的内容较多，本章仅重点讨论模拟通信系统中的调制解调技术，通过介绍模拟调制解调原理，使读者初步认识和了解“通信原理”这门课是在模块级、系统级层次上分析和设计通信系统，而不去讨论具体实现这些功能模块的电路。比如：在讨论模拟调制（或解调）器时，“电子线路”课程中重点研究的是用什么具体电路来实现它，此处我们讨论的是其输入输出的时域关系、频域关系及其相关特性等等，从原理上考察调制解调器实现的难易程度，已调信号占用的带宽等。另一方面，本章通过分析不同模拟调制解调系统的抗噪声性能，了解各种系统的抗噪声能力与调制解调器有关参数的关系，这有助于人们在实际工作中正确地设计和选用调制方式，优化模拟通信系统的性能。在本章的最后，通过介绍频分复用（FDM）技术，使读者加深对调制技术可以提高信息传输有效性概念的理解，培养读者运用 FDM 技术的意识。

读者只要具有信号系统、随机过程等方面的知识，就能很好地完成本章的学习。

4.1 概述

我们知道从语言、音乐、图像等信息源直接转换得到的电信号是频率很低的电信号，其频谱特点是包括（或不包括）直流分量的低通频谱，其最高频率和最低频率之比远大于 1。如电话信号的频率范围在 300~3000Hz，称这种信号为基带信号。基带信号可以直接通过架空明线、电缆等有线信道传输，但不可能在无线信道直接传输。另外，即使可以在有线信道传输，但一对线路上只能传输一路信号，对信道的利用是很不经济的。为了使基带信号能够在像无线信道那样的频带信道上传输，同时也为了使有线信道上同时传输多路基带信号，就需要采用调制和解调的技术。

在发送端把基带信号频谱搬移到给定信道通带内的过程称为调制，而在接收端把已搬到给定信道通带内的频谱还原为基带信号的过程称为解调。调制和解调在一个通信系统中总是同时出现的，因此往往把调制和解调系统称为调制系统或调制方式。调制和解调在通信系统中是一个极为重要的组成部分，采用什么样的调制与解调方式将直接影响通信系统的性能。因此，在详细讨论各种调制方式以前，本节先介绍一下调制在通信系统中的作用、调制的分类、调制中需要讨论的主要问题和主要参数等问题。

4.1.1 调制在通信系统中的作用

调制的实质是频谱搬移，其作用和目的是：

1）调制把基带信号频谱搬移到一定的频带范围以适应信道的要求。

2）容易辐射。为了充分发挥天线的辐射能力，一般要求天线的尺寸和发射信号的波长在同一个数量级。例如常用天线的长度为1/4波长，如果把基带信号直接通过天线发射，那么天线的长度将为几十至几百千米的量级，显然这样的天线是无法实现的。因此为了使天线容易辐射，一般都把基带信号调制到较高的频率（一般调制到几百千赫兹到几百兆赫兹甚至更高的频率）。

3）实现频率分配。为使各个无线电台发出的信号互不干扰，每个电台都被分配给不同的频率。这样利用调制技术把各种话音、音乐、图像等基带信号调制到不同的载频上，以便用户任意选择各个电台，收看、收听所需节目。

4）实现多路复用。如果信道的通带较宽，可以用一个信道传输多个基带信号，只要把基带信号分别调制到相邻的载波，然后将它们一起送入信道传输即可。这种在载频域上实行的多路复用称为频分复用。

5）减少噪声和干扰的影响，提高系统抗干扰能力。噪声和干扰的影响不可能完全消除，但是可以通过选择适当的调制方式来减少它们的影响。不同的调制方式具有不同的抗噪声性能，例如利用调制使已调信号的传输带宽远大于基带信号的带宽，用增加带宽的方法换取噪声影响的减少，这是通信系统设计的一个重要内容。像调频信号的传输带宽比调幅的宽得多，结果是提高了输出信噪比，减少了噪声的影响。

4.1.2　调制的基本特征和分类

调制的实质是进行频谱变换，把携带消息的基带信号的频谱搬移到较高的频率范围。经过调制后的已调波应该具有两个基本特性：一是仍然携带有信息，二是适合于信道传输。调制的模型可以用图4-1所示的非线性网络来表示，其中$m(t)$为调制信号，$C(t)$为载波信号，$s_m(t)$为已调信号。

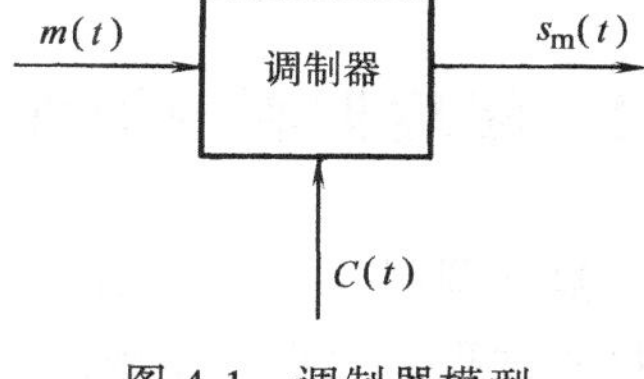

图4-1　调制器模型

根据不同的$m(t)$、$C(t)$和不同的调制器功能，可将调制分类如下：

（1）根据$m(t)$分类

1）模拟调制——调制信号$m(t)$为连续变化的模拟量，通常以单音正弦波为代表。

2）数字调制——调制信号$m(t)$为离散的数字量，通常以二进制数字脉冲为代表。

（2）根据载波$C(t)$分类

1）连续载波调制——载波信号$C(t)$为连续波形，通常可用单频正弦波为代表。

2）脉冲载波调制——载波信号$C(t)$为脉冲波形，通常用矩形周期脉冲为代表。

（3）根据调制器的功能分类

1）幅度调制——调制信号改变载波信号$C(t)$的振幅参数。如调幅（AM）、脉冲振幅调制（PAM）、振幅键控（ASK）等。

2）频率调制——调制信号$m(t)$改变载波信号$C(t)$的频率参数。如调相（PM）、脉冲频率调制（PFM）、频移键控（FSK）等。

3）相位调制——调制信号$m(t)$改变载波信号$C(t)$的相位参数。如调相（PM）、脉冲位置调制（PPM）、相移键控（PSK）等。

(4) 根据调制器频谱搬移特性分类

1) 线性调制——输出已调信号 $s_m(t)$ 的频谱和调制信号 $x(t)$ 的频谱之间呈线性搬移关系。如AM、单边带调制（SSB）等。

2) 非线性调制——输出已调信号 $s_m(t)$ 的频谱和调制信号 $x(t)$ 的频谱之间没有线性对应关系。即在输出端含有与调制信号频谱不成线性对应关系的频谱成分，如FM、FSK等。此外还有使模拟信号数字化的脉冲编码调制（PCM）和增量调制（ΔM）等。

4.1.3 调制系统中讨论的主要问题和主要参数

本章重点讨论用取值连续的调制信号去控制正弦载波参数（振幅、频率和相位）的模拟调制（分为幅度调制和角度调制）。但这些原理甚至电路完全可以推广到数字调制中去。本章讨论的主要内容有：

1) 工作原理。包括调制系统的物理过程；调制信号、载波信号和已调信号三者的关系（如数学关系、波形关系及频谱关系等）。

2) 已调信号的带宽。

3) 噪声对调制系统性能的影响。

调制系统的主要参数为：

1) 发送功率。

2) 传输带宽。

3) 抗噪声性能，如输出信噪比等。

4) 设备的复杂性。

这些参数是各种调制系统比较的基础，也是选择和设计调制系统的依据。

4.2 幅度调制的原理

幅度调制（线性调制）是用调制信号去控制正弦载波的振幅，使其按调制信号作线性变化的过程。设正弦型载波为

$$s(t)=A\cos(\omega_c t+\varphi_0) \tag{4-1}$$

式中，ω_c 为载波角频率；φ_0 为载波的初始相位；A 为载波的幅度。

那么，幅度调制信号（已调信号）一般可表示成

$$s_m(t)=Am(t)\cos(\omega_c t+\varphi_0) \tag{4-2}$$

式中，$m(t)$ 为基带调制信号。

设调制信号 $m(t)$ 的频谱为 $M(f)$，则由式（4-2）不难得到已调信号的 $s_m(t)$ 的频谱 $S_m(f)$，即

$$S_m(f)=(A/2)[M(f+f_c)+M(f-f_c)] \tag{4-3}$$

由式（4-2）还可以看出幅度调制信号的一般产生方法。幅度调制器的一般模型如图4-2所示。

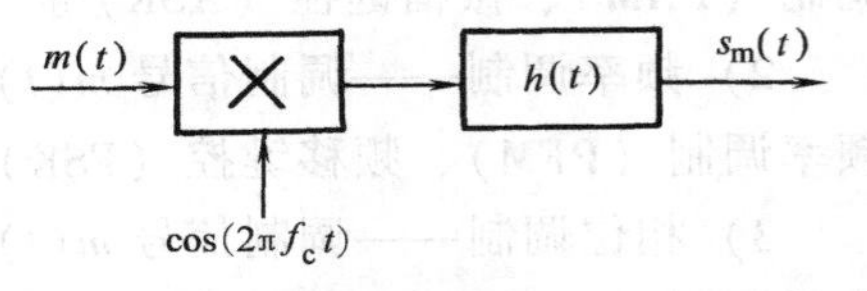

图4-2 幅度调制器的一般模型

设调制信号 $m(t)$ 的频谱为 $M(f)$，滤波器特性为 $H(f)$，其冲激响应为 $h(t)$，上图之所以称为调制器的一般模型，是因为在该模型中，适当选择滤波器的特

性 $H(f)$，便可以得到各种幅度调制信号。例如，调幅、双边带、单边带及残留边带信号等。从图中可得到已调信号的时域和频域一般表示式为

$$s_{\mathrm{m}}(t)=[m(t)\cos(2\pi f_{\mathrm{c}}t)]*h(t) \tag{4-4}$$

$$S_{\mathrm{m}}(f)=\frac{1}{2}[M(f+f_{\mathrm{c}})+M(f-f_{\mathrm{c}})]H(f) \tag{4-5}$$

式中，f_{c} 为载波频率；$H(f)\Leftrightarrow h(t)$。

由以上表示式可见，对于幅度调制信号，在波形上，它的幅度随基带信号规律而变化；在频谱结构上，它的频谱完全是基带信号频谱结构在频域内的简单搬移（精确到常数因子）。由于这种搬移是线性的，因此幅度调制通常又称为线性调制。但应注意的是，这里的“线性”并不意味着已调信号与调制信号之间符合线性关系。事实上，任何调制过程都是一种非线性的变换过程。

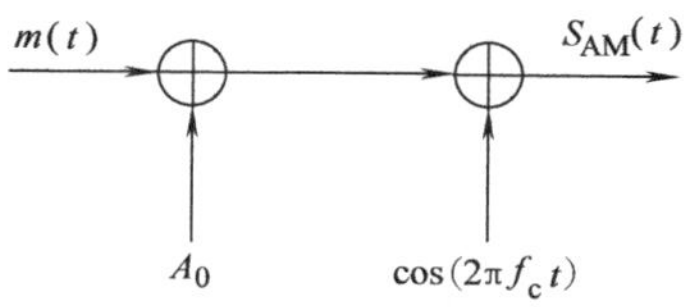

4.2.1 调幅

在图 4-2 中，假设调制信号 $m(t)$ 叠加直流 A_0 后与载波相乘（见图 4-3），滤波器（$H(f)=1$）为全通网络，就可形成调幅（AM）信号。其时域和频域表示式分别为

图 4-3 AM 调制器模型

$$s_{\mathrm{AM}}(t)=[A_0+m(t)]\cos(2\pi f_{\mathrm{c}}t)=A(t)\cos(2\pi f_{\mathrm{c}}t) \tag{4-6}$$

$$S_{\mathrm{AM}}(f)=\frac{A_0}{2}[\delta(f+f_{\mathrm{c}})+\delta(f-f_{\mathrm{c}})]+\frac{1}{2}[M(f+f_{\mathrm{c}})+M(f-f_{\mathrm{c}})] \tag{4-7}$$

式中，A_0 为外加的直流分量；$m(t)$ 可以是均值为零的确知信号，也可以是随机信号（此时，已调信号的频域表示必须用功率谱描述），但通常认为其平均值 $\overline{m(t)}=0$。其波形和频谱如图 4-4 所示。

由图 4-4 的时间波形可知，当满足条件 $|m(t)|_{\max}\leqslant A_0$ 时，AM 信号的包络与调制信号成正比，所以用包络检波的方法很容易恢复出原始的调制信号，否则，将会出现过调幅现象而产生包络失真。振幅调制信号一个重要的参数是调幅度 m，调幅度 m 的定义为

$$m=\frac{[A(t)]_{\max}-[A(t)]_{\min}}{[A(t)]_{\max}+[A(t)]_{\min}} \tag{4-8}$$

$m=1$ 称为满调幅，此时 $|m(t)|_{\max}=A_0$。一般 m 小于 1，只有 $A(t)_{\min}$ 为负值，出现过调幅时，m 才大于 1。这时不能用包络检波器进行解调，为保证无失真解调，可以采用同步解调。

由图 4-4 的频谱图可知，AM 信号的频谱 $S_{\mathrm{AM}}(f)$ 由载频分量和上、下两个边带组成，上边带的频谱结构与原调制信号的频谱结构相同，下边带是上边带的镜像。因此，AM 信号是带有载波的双边带信号，它的带宽是基带信号带宽 f_{H} 的两倍，即 $B_{\mathrm{AM}}=2f_{\mathrm{H}}$。

AM 信号在 1Ω 电阻上的平均功率应等于 $s_{\mathrm{AM}}(t)$ 的均方值。当 $m(t)$ 为确知信号时，$s_{\mathrm{AM}}(t)$ 的均方值即为其平方的时间平均，即

$$\begin{aligned}P_{\mathrm{AM}}&=\lim_{T\to\infty}\frac{1}{T}\int_{-\frac{T}{2}}^{\frac{T}{2}}s_{\mathrm{AM}}^2(t)\,\mathrm{d}t=\overline{s_{\mathrm{AM}}^2(t)}=\overline{[A_0+m(t)]^2\cos^2(2\pi f_{\mathrm{c}}t)}\\&=\overline{A_0^2\cos^2(2\pi f_{\mathrm{c}}t)}+\overline{m^2(t)\cos^2(2\pi f_{\mathrm{c}}t)}+\overline{2A_0m(t)\cos^2(2\pi f_{\mathrm{c}}t)}\end{aligned} \tag{4-9}$$

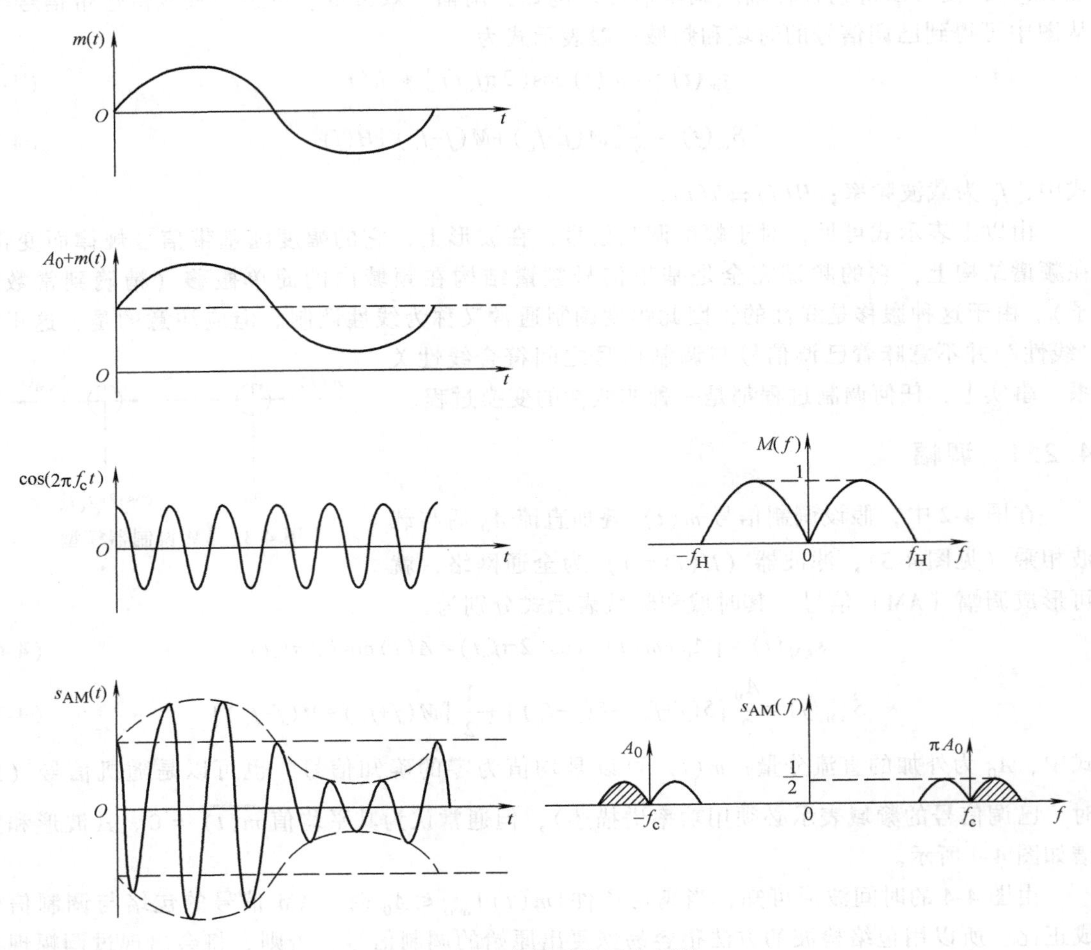

图 4-4　AM 信号的波形和频谱

通常假设调制信号没有直流分量，即 $\overline{m(t)}=0$。因此

$$P_{\mathrm{AM}}=\frac{A_0^2}{2}+\frac{\overline{m^2(t)}}{2}=P_{\mathrm{c}}+P_{\mathrm{s}} \tag{4-10}$$

式中，$P_{\mathrm{c}}=A_0^2/2$ 为不带信息的载波功率；$P_{\mathrm{s}}=\overline{m^2(t)}\ /2$ 为携带信息的边带信号平均功率。

由此可见，AM 信号的总平均功率由不带信息的载波功率和携带信息的边带功率两部分组成。只有边带功率才与调制信号有关。我们把边带功率与总平均功率的比值称为调制效率，用符号 η_{AM} 表示

$$\eta_{\mathrm{AM}}=P_{\mathrm{s}}/P_{\mathrm{AM}} \tag{4-11}$$

即使在“满调幅”条件下，如果 $m(t)$ 为矩形波形，则最大可得到 $\eta_{\mathrm{AM}}=0.5$，而 $m(t)$ 为正弦波时可得到 $\eta_{\mathrm{AM}}=33.3\%$。一般情况下，$m$ 都小于 1，调制效率很低，即载波分量占据大部分信号功率，有信息的两个边带占有的功率较小。因此，AM 信号的功率利用率比较低。但 AM 信号有一个很大的优点，即可以采用包络检波法解调，不需本地同步载波信号。

4.2.2 抑制载波双边带调制

在 AM 信号中，载波分量并不携带信息，信息完全由边带传送。如果将载波抑制，只需在图 4-3 中将直流 A_0 去掉，即可输出抑制载波双边带信号，简称双边带（DSB）信号。其时域和频域表示式分别为

$$s_{\mathrm{DSB}}(t)=m(t)\cos(2\pi f_c t) \tag{4-12}$$

$$S_{\mathrm{DSB}}(f)=\frac{1}{2}[M(f+f_c)+M(f-f_c)] \tag{4-13}$$

其波形和频谱如图 4-5 所示。

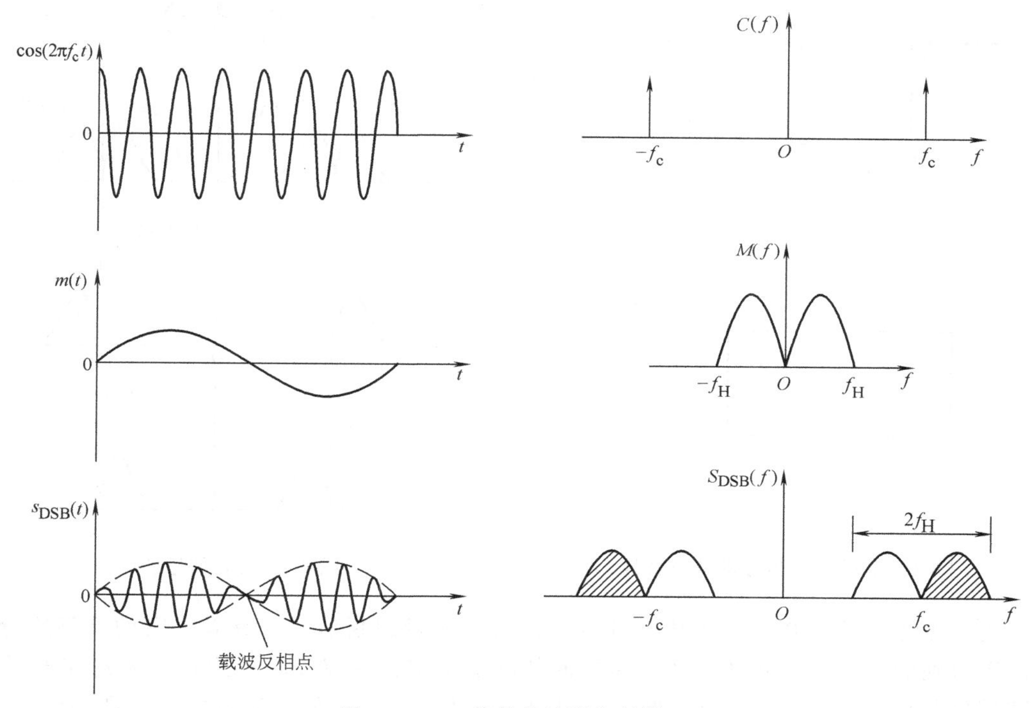

图 4-5 DSB 信号的波形和频谱

由时间波形可知，DSB 信号的包络不再与调制信号的变化规律一致，因而不能采用简单的包络检波来恢复调制信号，需采用相干解调（同步检波）。另外，在调制信号 $m(t)$ 的过零点处，高频载波相位有 180°突变。

由频谱图可知，DSB 信号虽然节省了载波功率，功率利用率提高了，但它的频带宽度仍是调制信号带宽的两倍，与 AM 信号带宽相同。由于 DSB 信号的上、下两个边带是完全对称的，它们都携带了调制信号的全部信息，因此仅传输其中一个边带即可，这就是单边带调制提出的目的。

4.2.3 单边带调制

DSB 信号包含有两个边带，即上、下边带。由于这两个边带包含的信息相同，因而，从信息传输的角度来考虑，传输一个边带就够了。这种只传输一个边带的通信方式称为单边

带（SSB）通信。单边带信号的产生方法通常有滤波法和相移法。

1. 用滤波法产生单边带信号

产生SSB信号最直观的方法是让双边带信号通过一个边带滤波器，保留所需要的一个边带，滤除不要的边带。这只需将图4-2中的滤波器 $H(f)$ 设计成图4-6所示的理想低通特性 $H_{LSB}(f)$ 或理想高通特性 $H_{USB}(f)$，就可分别取出下边带信号频谱 $S_{LSB}(f)$ 或上边带信号频谱 $S_{USB}(f)$，如图4-7所示。

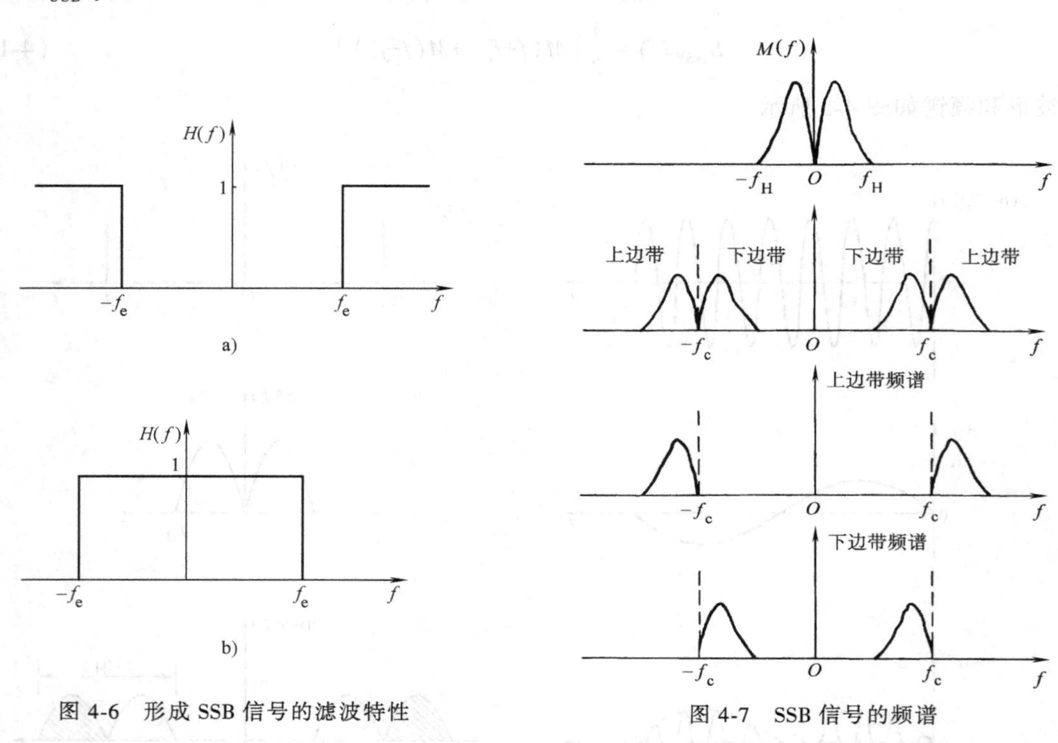

图4-6 形成SSB信号的滤波特性

图4-7 SSB信号的频谱

用滤波法形成SSB信号的技术难点是，由于一般调制信号都具有丰富的低频成分，经调制后得到的DSB信号的上、下边带之间的间隔很窄，这就要求单边带滤波器在 f_c 附近具有陡峭的截止特性，才能有效地抑制无用的一个边带。这就使滤波器的设计和制作很困难，有时甚至难以实现。为此，在工程中往往采用多级调制滤波的方法。

2. 用相移法形成单边带信号

SSB信号的时域表示式的推导比较困难，一般需借助希尔伯特变换来表述。但可以从简单的单频调制出发，得到SSB信号的时域表示式，然后再推广到一般表示式。

设单频调制信号 $m(t)=A_m\cos(2\pi f_m t)$，载波 $c(t)=\cos(2\pi f_c t)$，两者相乘得DSB信号为

$$s_{DSB}(t)=A_m\cos(2\pi f_m t)\cos(2\pi f_c t)=\frac{1}{2}A_m\cos[2\pi(f_c+f_m)t]+\frac{1}{2}A_m\cos[2\pi(f_c-f_m)t] \tag{4-14}$$

保留上边带，则

$$s_{USB}(t)=\frac{1}{2}A_m\cos[2\pi(f_c+f_m)t]=\frac{1}{2}A_m\cos(2\pi f_m t)\cos(2\pi f_c t)-\frac{1}{2}A_m\sin(2\pi f_m t)\sin(2\pi f_c t) \tag{4-15}$$

保留下边带，则

$$s_{\mathrm{LSB}}(t)=\frac{1}{2}A_{\mathrm{m}}\cos[2\pi(f_{\mathrm{c}}-f_{\mathrm{m}})t]=\frac{1}{2}A_{\mathrm{m}}\cos(2\pi f_{\mathrm{m}}t)\cos(2\pi f_{\mathrm{c}}t)+\frac{1}{2}A_{\mathrm{m}}\sin(2\pi f_{\mathrm{m}}t)\sin(2\pi f_{\mathrm{c}}t) \tag{4-16}$$

把上、下边带合并起来可以写成

$$s_{\mathrm{SSB}}(t)=\frac{1}{2}A_{\mathrm{m}}\cos(2\pi f_{\mathrm{m}}t)\cos(2\pi f_{\mathrm{c}}t)\mp\frac{1}{2}A_{\mathrm{m}}\sin(2\pi f_{\mathrm{m}}t)\sin(2\pi f_{\mathrm{c}}t) \tag{4-17}$$

式中，“-”表示上边带信号；“+”表示下边带信号。

$A_{\mathrm{m}}\sin(2\pi f_{\mathrm{m}}t)$ 可以看成是 $A_{\mathrm{m}}\cos(2\pi f_{\mathrm{m}}t)$ 相移 $\pi/2$，而幅度大小保持不变。我们把这一过程称为希尔伯特变换，记为“^”，则

$$A_{\mathrm{m}}\hat{\cos}(2\pi f_{\mathrm{m}}t)=A_{\mathrm{m}}\sin(2\pi f_{\mathrm{m}}t) \tag{4-18}$$

上述关系虽然是在单频调制下得到的，但是它不失一般性，因为任意一个基带波形总可以表示成许多正弦信号之和。因此，把上述表述方法推广，就可以得到调制信号 $m(t)$ 为任意信号的 SSB 信号的时域表示式

$$s_{\mathrm{SSB}}(t)=\frac{1}{2}m(t)\cos(2\pi f_{\mathrm{c}}t)\mp\frac{1}{2}\hat{m}(t)\sin(2\pi f_{\mathrm{c}}t) \tag{4-19}$$

式中，$\hat{m}(t)$ 是 $m(t)$ 的希尔伯特变换。若 $M(f)$ 为 $m(t)$ 的傅里叶变换，则 $\hat{m}(t)$ 的傅里叶变换为

$$\hat{M}(f)=M(f)[-\mathrm{jsgn}(f)] \tag{4-20}$$

式中，符号函数

$$\mathrm{sgn}(f)=\begin{cases}1 & f>0\\ -1 & f<0\end{cases} \tag{4-21}$$

设

$$H_{\mathrm{h}}(f)=\hat{M}(f)/M(f) \tag{4-22}$$

称传递函数 $H_{\mathrm{h}}(f)$ 为希尔伯特滤波器，由上式可知，它实质上是一个宽带相移网络，表示把 $m(t)$ 幅度不变，所有的频率分量均相移 $\pi/2$，即可得到 $\hat{m}(t)$。由式（4-19）可画出单边带调制相移法的模型，如图 4-8 所示。

相移法形成 SSB 信号的困难在于宽带相移网络 $H_{\mathrm{h}}(f)$ 的制作，它要对调制信号 $m(t)$ 的所有频率分量严格相移 $\pi/2$，这一点即使近似达到也是困难的。为解决这个难题，可以采用混合法（也叫维弗法）。限于篇幅，这里不作介绍。

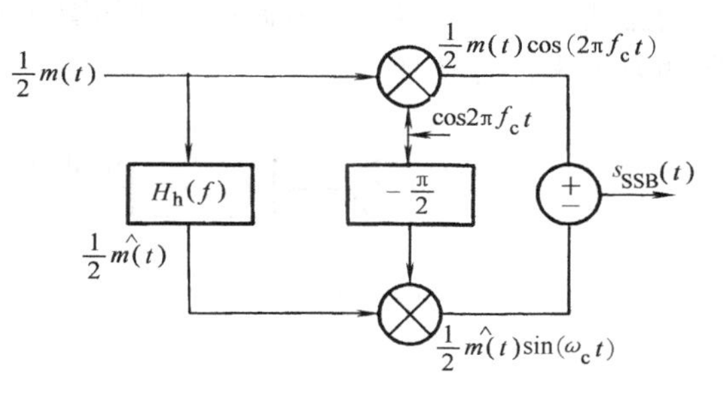

图 4-8　相移法形成单边带信号

综上所述：SSB 调制方式在传输信号时，不但可节省发射功率，且信号占用带宽 $B_{\mathrm{SSB}}=f_{\mathrm{H}}$，只有 AM、DSB 的一半，所以，它目前是短波通信中的一种重要调制方式。

SSB 信号的解调和 DSB 一样不能采用简单的包络检波，因为 SSB 信号也是抑制载波的已调信号，它的包络不能直接反映调制信号的变化，所以仍需采用相干解调。

4.2.4 残留边带调制

残留边带调制（VSB）是介于 SSB 与 DSB 之间的一种调制方式，它既克服了 DSB 信号占用频带宽的缺点，又解决了 SSB 信号实现上的难题。在 VSB 中，不是完全抑制一个边带（如同 SSB 中那样），而是逐渐切割，使其残留一小部分，如图 4-9d 所示。

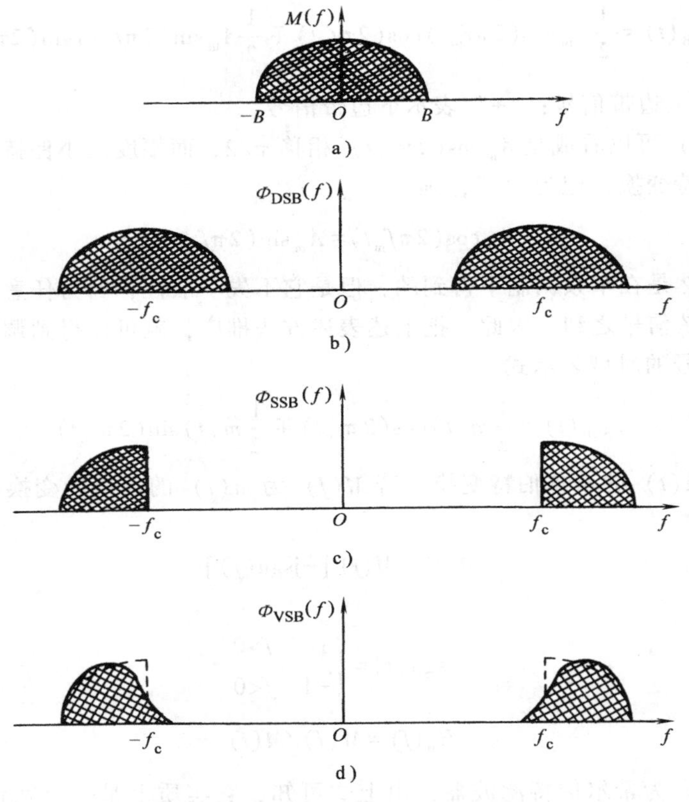

图 4-9 DSB、SSB 和 VSB 信号的频谱

用滤波法实现残留边带调制的原理如图 4-10a 所示。图中，滤波器的特性应按残留边带调制的要求来进行设计。

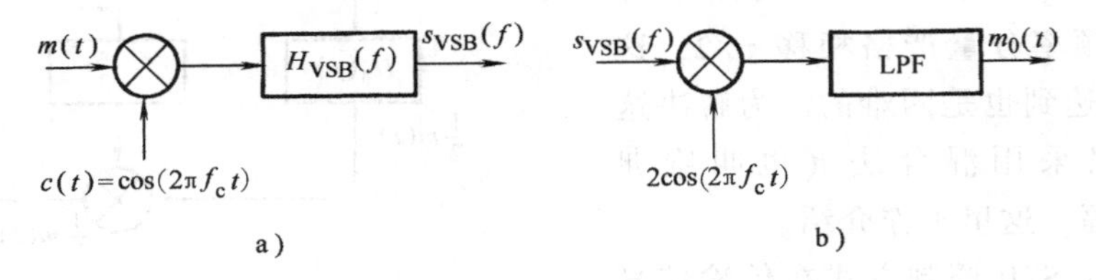

图 4-10 VSB 调制和解调器模型

a）VSB 调制器模型 b）VSB 解调器模型

现在我们来确定残留边带滤波器的特性。假设 $H_{VSB}(f)$ 是所需的残留边带滤波器的传输特性。由图 4-10a 可知，残留边带信号的频谱为

$$S_{\mathrm{VSB}}(f)=\frac{1}{2}[M(f+f_c)+M(f-f_c)]H_{\mathrm{VSB}}(f) \tag{4-23}$$

为了确定上式中残留边带滤波器传输特性 $H_{\mathrm{VSB}}(f)$ 应满足的条件，我们来分析一下接收端是如何从该信号中恢复原基带信号的。

VSB 信号显然也不能简单地采用包络检波，而必须采用如图 4-10b 所示的相干解调。图中，残留边带信号 $s_{\mathrm{VSB}}(t)$ 与相干载波 $2\cos(2\pi f_c t)$ 的乘积为

$$2s_{\mathrm{VSB}}(t)\cos(2\pi f_c t)\Leftrightarrow[S_{\mathrm{VSB}}(f+f_c)+S_{\mathrm{VSB}}(f-f_c)] \tag{4-24}$$

将式（4-23）代入上式，选择合适的低通滤波器的截止频率，消掉 $\pm 2f_c$ 处的频谱，则低通滤波器的输出频谱 $M_o(f)$

$$M_o(f)=\frac{1}{2}M(f)[H_{\mathrm{VSB}}(f+f_c)+H_{\mathrm{VSB}}(f-f_c)] \tag{4-25}$$

上式说明，为了保证相干解调的输出无失真地重现调制信号 $m(t)\Leftrightarrow M(f)$，必须要求

$$H_{\mathrm{VSB}}(f+f_c)+H_{\mathrm{VSB}}(f-f_c)=\text{常数},|f|\leqslant f_H \tag{4-26}$$

式中，f_H 是调制信号的最高频率。式（4-26）就是确定残留边带滤波器传输特性 $H_{\mathrm{VSB}}(f)$ 所必须遵循的条件。满足上式的 $H_{\mathrm{VSB}}(f)$ 的可能形式有两种：图 4-11a 所示的低通滤波器形式和图 4-11b 所示的带通（或高通）滤波器形式。

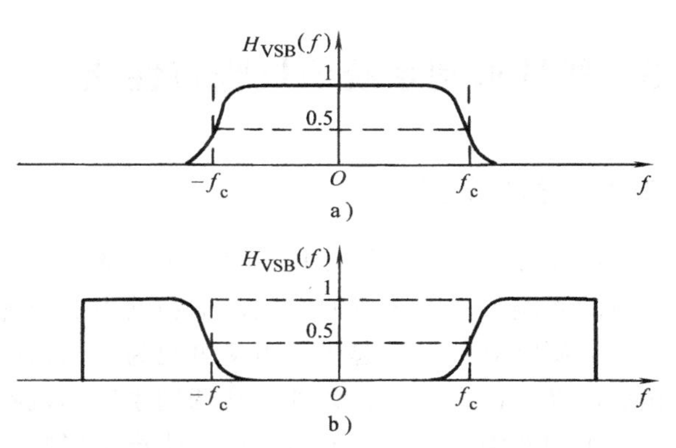

图 4-11　残留边带滤波器特性

a）残留部分上边带的滤波器特性

b）残留部分下边带的滤波器特性

式（4-26）的几何解释：以残留上边带的滤波器为例，如图 4-12 所示。显见，它是一个低通滤波器。这个滤波器将使上边带小部分残留，而使下边带绝大部分通过。将 $H_{\mathrm{VSB}}(f)$ 进行 $\pm f_c$ 的频移，分别得到 $H_{\mathrm{VSB}}(f-f_c)$ 和 $H_{\mathrm{VSB}}(f+f_c)$，按式（4-26）将两者相加，其结果在 $|f|<f_H$ 范围内应为常数，为了满足这一要求，必须使 $H_{\mathrm{VSB}}(f-f_c)$ 和 $H_{\mathrm{VSB}}(f+f_c)$ 在 $f=0$ 处具有互补对称的滚降特性。显然，满足这种要求的滚降特性曲线并不是唯一的，而是有无穷多个。由此我们得到如下重要概念：只要

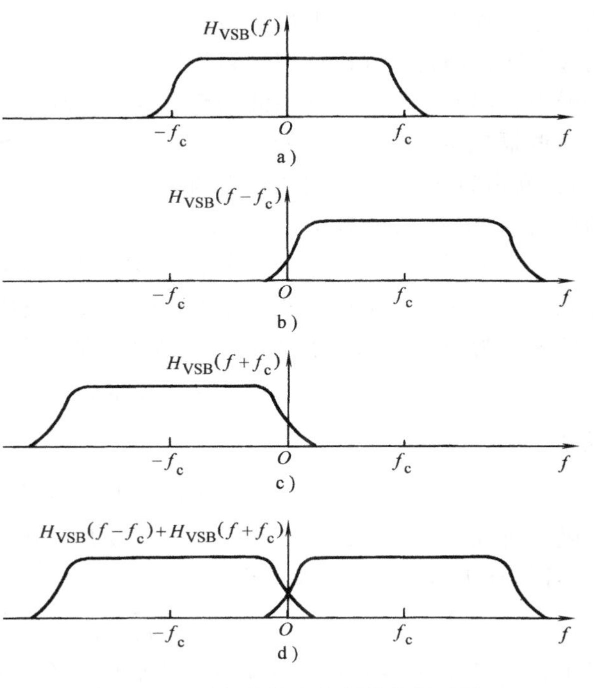

图 4-12　残留边带滤波器的几何解释

残留边带滤波器的特性 $H_{\mathrm{VSB}}(f)$ 在 $\pm f_c$ 处具有互补对称（奇对称）特性，那么，采用相干解调法解调残留边带信号就能够准确地恢复所需的基带信号。

上述概念表明：残留边带滤波器的截止特性具有很大的选择自由度。但必须注意，有选择自由度并不意味着对“陡峭程度”就没有什么制约了。很明显，如果滤波器截止特性非常陡峭，那么，所得到的残留边带信号便接近单边带信号，滤波器将难以制作；如果滤波器截止特性的陡峭程度变差，则残留部分自然就增多，残留边带信号所占据的带宽也变宽，甚至越来越逼近双边带信号。可见，残留边带信号的带宽与滤波器的实现之间存在着矛盾，在实际应用中需恰当处理。

4.3　线性调制系统的抗噪声性能

4.3.1　分析模型

前面 4.2 节中的分析都是在没有噪声的条件下进行的。实际中，任何通信系统都避免不了噪声的影响。从第 3 章的有关信道和噪声的内容可知，通信系统把信道加性噪声中的起伏噪声作为研究对象。而起伏噪声又可视为高斯白噪声。因此，本节将要研究的问题是，信道存在加性高斯白噪声时，各种线性调制系统的抗噪声性能。

由于加性噪声只对已调信号的接收产生影响，因而调制系统的抗噪声性能可以用解调器的抗噪声性能来衡量。而抗噪声能力通常用“信噪比”来度量。所谓信噪比，这里是指信号与噪声的平均功率之比。

分析解调器的抗噪声性能的分析模型如图 4-13 所示。图中，$s_m(t)$ 为已调信号，$n(t)$ 为传输过程中叠加的高斯白噪声。带通滤波器的作用是滤除已调信号频带以外的噪声，因此，经过带通滤波器后，到达解调器输入端的信号仍可认为是 $s_m(t)$，噪声为 $n_i(t)$。解调器输出的有用信号为 $m_o(t)$，噪声为 $n_o(t)$。

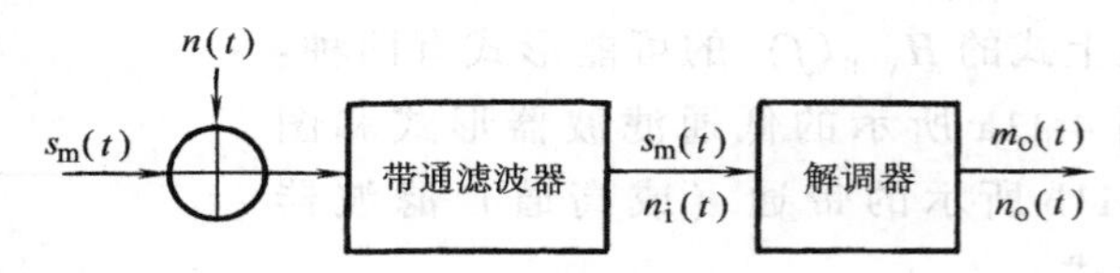

图 4-13　解调器抗噪声性能分析模型

对于不同的调制系统，将有不同形式的信号 $s_m(t)$，但解调器输入端的噪声 $n_i(t)$ 形式是相同的，它是由平稳高斯白噪声经过带通滤波器而得到的。当带通滤波器带宽远小于其中心频率，为 ω_0 时，$n_i(t)$ 即为平稳高斯窄带噪声，它的表示式为

$$n_i(t)=n_c(t)\cos(\omega_0 t)-n_s(t)\sin(\omega_0 t) \tag{4-27}$$

或者

$$n_i(t)=V(t)\cos[\omega_0 t+\theta(t)] \tag{4-28}$$

由随机过程知识可知，窄带噪声 $n_i(t)$ 及其同相分量 $n_c(t)$ 和正交分量 $n_s(t)$ 的均值都为 0，且具有相同的平均功率，即

$$\overline{n_i^2(t)}=\overline{n_c^2(t)}=\overline{n_s^2(t)}=N_i \tag{4-29}$$

式中，N_i 为解调器输入噪声 $n_i(t)$ 的平均功率。若白噪声的双边功率谱密度为 $n_0/2$，带通滤波器传输特性是高度为 1，带宽为 B 的理想矩形函数（如图 4-14 所示），则

$$N_{\mathrm{i}}=n_0B \tag{4-30}$$

为了使已调信号无失真地进入解调器，同时又最大限度地抑制噪声，带宽 B 应等于已调信号的频带宽度，当然也是窄带噪声 $n_{\mathrm{i}}(t)$ 的带宽。

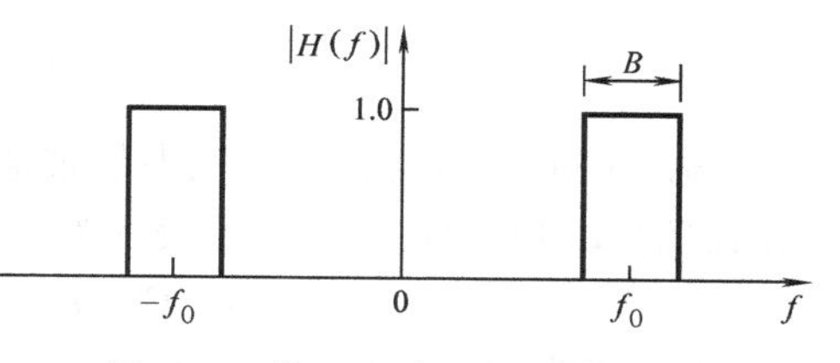

图 4-14　带通滤波器传输特性

评价一个模拟通信系统质量的好坏，最终是要看解调器的输出信噪比。输出信噪比定义为

$$\frac{S_{\mathrm{o}}}{N_{\mathrm{o}}}=\frac{\text{解调器输出有用信号的平均功率}}{\text{解调器输出噪声的平均功率}}=\frac{\overline{m_{\mathrm{o}}^2(t)}}{\overline{n_{\mathrm{o}}^2(t)}} \tag{4-31}$$

只要解调器输出端有用信号能与噪声分开，则输出信噪比就能确定。输出信噪比与调制方式有关，也与解调方式有关。因此在已调信号平均功率相同，而且信道噪声功率谱密度也相同的情况下，输出信噪比反映了系统的抗噪声性能。

为了便于衡量同类调制系统不同解调器对输入信噪比的影响，还可用输出信噪比和输入信噪比的比值 G 来表示，即

$$G=\frac{S_{\mathrm{o}}/N_{\mathrm{o}}}{S_{\mathrm{i}}/N_{\mathrm{i}}} \tag{4-32}$$

式中，G 称为调制制度增益；$S_{\mathrm{i}}/N_{\mathrm{i}}$ 为输入信噪比，定义为

$$\frac{S_{\mathrm{i}}}{N_{\mathrm{i}}}=\frac{\text{解调器输入已调信号的平均功率}}{\text{解调器输入噪声的平均功率}}=\frac{\overline{s_{\mathrm{m}}^2(t)}}{\overline{n_{\mathrm{i}}^2(t)}} \tag{4-33}$$

显然，G 越大，表明解调器的抗噪声性能越好。

下面在给出已调信号 $s_{\mathrm{m}}(t)$ 和单边噪声功率谱密度 n_0 的情况下，推导出各种解调器的输入及输出信噪比。并在此基础上对各种调制系统的抗噪声性能做出评述。

4.3.2　线性调制相干解调的抗噪声性能

在分析 DSB、SSB、VSB 系统的抗噪声性能时，图 4-13 模型中的解调器为相干解调器，如图 4-15 所示。相干解调属于线性解调，故在解调过程中，输入信号及噪声可以分别单独解调。

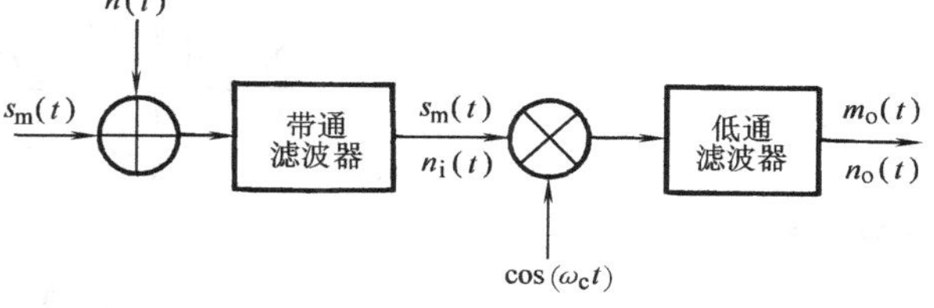

图 4-15　线性调制相干解调的抗噪声性能分析模型

1. DSB 调制系统的性能

设解调器输入信号为

$$s_{\mathrm{m}}(t)=m(t)\cos(\omega_{\mathrm{c}}t) \tag{4-34}$$

与相干载波 $\cos(\omega_{\mathrm{c}}t)$ 相乘后，得

$$m(t)\cos^2(\omega_{\mathrm{c}}t)=\frac{1}{2}m(t)+\frac{1}{2}m(t)\cos(2\omega_{\mathrm{c}}t)$$

经低通滤波器后，输出信号为

$$m_{\mathrm{o}}(t)=\frac{1}{2}m(t) \tag{4-35}$$

因此，解调器输出端的有用信号功率为

$$S_o=\overline{m_o^2(t)}=\frac{1}{4}\overline{m^2(t)} \tag{4-36}$$

解调 DSB 信号时，接收机中的带通滤波器（BPF）的中心频率与调制载频相同，因此解调器输入端的噪声 $n_i(t)$ 可表示为

$$n_i(t)=n_c(t)\cos(\omega_c t)-n_s(t)\sin(\omega_c t) \tag{4-37}$$

它与相干载波 $\cos(\omega_c t)$ 相乘后，得

$$\begin{aligned}n_i(t)\cos(\omega_c t)&=[n_c(t)\cos(\omega_c t)-n_s(t)\sin(\omega_c t)]\cos(\omega_c t)\\&=\frac{1}{2}n_c(t)+\frac{1}{2}[n_c(t)\cos(2\omega_c t)-n_s(t)\sin(2\omega_c t)]\end{aligned}$$

经低通滤波器后，解调器最终的输出噪声为

$$n_o(t)=\frac{1}{2}n_c(t) \tag{4-38}$$

故输出噪声功率为

$$N_o=\overline{n_o^2(t)}=\frac{1}{4}\overline{n_c^2(t)} \tag{4-39}$$

根据式（4-29）和式（4-30），则有

$$N_o=\frac{1}{4}\overline{n_i^2(t)}=\frac{1}{4}N_i=\frac{1}{4}n_0B \tag{4-40}$$

这里，BPF 的带宽 $B=2f_H$，为双边带信号的带宽。

解调器输入信号平均功率为

$$S_i=\overline{s_m^2(t)}=\overline{[m(t)\cos(\omega_c t)]}=\frac{1}{2}\overline{m^2(t)} \tag{4-41}$$

由式（4-41）及式（4-30）可得解调器的输入信噪比为

$$\frac{S_i}{N_i}=\frac{\frac{1}{2}\overline{m^2(t)}}{n_0B} \tag{4-42}$$

又根据式（4-36）及式（4-40）可得解调器的输出信噪比为

$$\frac{S_o}{N_o}=\frac{\frac{1}{4}\overline{m^2(t)}}{\frac{1}{4}N_i}=\frac{\overline{m^2(t)}}{n_0B} \tag{4-43}$$

因而制度增益为

$$G_{DSB}=\frac{S_o/N_o}{S_i/N_i}=2 \tag{4-44}$$

由此可见，DSB 调制系统的制度增益为 2。这就是说，DSB 信号的解调器使信噪比改善一倍。这是因为采用同步解调，使输入噪声中的一个正交分量 $n_s(t)$ 被消除的缘故。

2. SSB 调制系统的性能

单边带信号的解调方法与双边带信号相同，其区别仅在于解调器之前的带通滤波器的带宽和中心频率不同。前者的带通滤波器的带宽是后者的一半。

由于单边带信号的解调器与双边带信号的相同，故计算单边带信号解调器输入及输出信

噪比的方法也相同。单边带信号解调器的输出噪声与输入噪声的功率可由式（4-40）给出，即

$$N_o=\frac{1}{4}N_i=\frac{1}{4}n_0B \tag{4-45}$$

这里，$B=f_H$ 为单边带的带通滤波器的带宽。对于单边带解调器的输入及输出信号功率，不能简单地照搬双边带时的结果。这是因为单边带信号的表示式与双边带的不同。单边带信号的表示式由式（4-19）给出，即

$$s_m(t)=\frac{1}{2}m(t)\cos(\omega_c t)\mp\frac{1}{2}\hat{m}(t)\sin(\omega_c t) \tag{4-46}$$

与相干载波相乘后，再经低通滤波可得解调器输出信号

$$m_o(t)=\frac{1}{4}m(t) \tag{4-47}$$

因此，输出信号平均功率

$$S_o=\overline{m_o^2(t)}=\frac{1}{16}\overline{m^2(t)} \tag{4-48}$$

输入信号平均功率

$$S_i=\overline{s_m^2(t)}=\frac{1}{4}\overline{[m(t)\cos(\omega_c t)\mp\hat{m}(t)\sin(\omega_c t)]^2}=\frac{1}{4}\left[\frac{1}{2}\overline{m^2(t)}+\frac{1}{2}\overline{\hat{m}^2(t)}\right]$$

因为 $\hat{m}(t)$ 与 $m(t)$ 幅度相同，所以两者具有相同的平均功率，故上式变为

$$S_i=\frac{1}{4}\overline{m^2(t)} \tag{4-49}$$

于是，单边带解调器的输入信噪比为

$$\frac{S_i}{N_i}=\frac{\frac{1}{4}\overline{m^2(t)}}{n_0B}=\frac{\overline{m^2(t)}}{4n_0B} \tag{4-50}$$

输出信噪比为

$$\frac{S_o}{N_o}=\frac{\frac{1}{16}\overline{m^2(t)}}{\frac{1}{4}n_0B}=\frac{\overline{m^2(t)}}{4n_0B} \tag{4-51}$$

因而制度增益为

$$G_{SSB}=\frac{S_o/N_o}{S_i/N_i}=1 \tag{4-52}$$

这是因为在 SSB 系统中，信号和噪声有相同表示形式，所以，相干解调过程中，信号和噪声的正交分量均被抑制掉，故信噪比没有改善。

比较式（4-44）与式（4-52）可知，$G_{DSB}=2G_{SSB}$。这能否说明双边带系统的抗噪声性能比单边带系统好呢？回答是否定的。因为对比式（4-41）和式（4-49）可知，在上述讨论中，双边带已调信号的平均功率是单边带信号的 2 倍，所以两者的输出信噪比是在不同的输入信号功率情况下得到的。如果在相同的输入信号功率 S_i，相同输入噪声功率谱密度 n_0，相同基带信号带宽 f_H 条件下，对这两种调制方式进行比较，可以发现它们的输出信噪比是

相等的。因此两者的抗噪声性能是相同的，但双边带信号所需的传输带宽是单边带的 2 倍。

3. VSB 调制系统的性能

VSB 调制系统的抗噪声性能的分析方法与上面的相似。但是，由于采用的残留边带滤波器的频率特性形状不同，所以，抗噪声性能的计算是比较复杂的。但是残留边带不是太大的时候，近似认为与 SSB 调制系统的抗噪声性能相同。

4.3.3 调幅信号包络检波的抗噪声性能

AM 信号可采用相干解调和包络检波。相干解调时 AM 系统的性能分析方法与前面双边带（或单边带）的相同。实际中，AM 信号常用简单的包络检波法解调，此时，图 4-13 模型中的解调器为包络检波器，如图 4-16 所示，其检波输出正比于输入信号的包络变化。

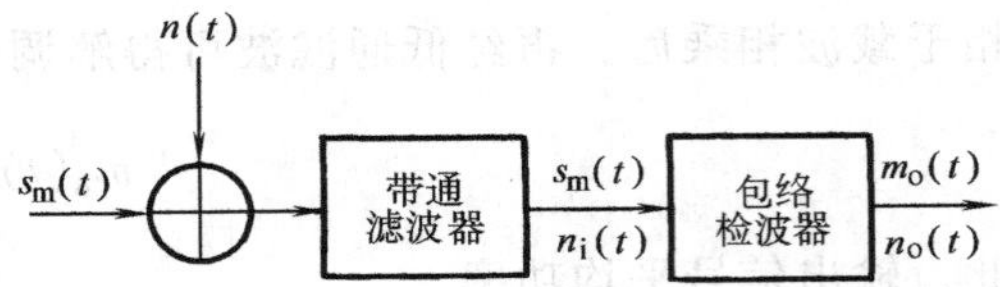

图 4-16 AM 包络检波的抗噪声性能分析模型

设解调器的输入信号

$$s_m(t)=[A_0+m(t)]\cos(\omega_c t) \tag{4-53}$$

式中，A_0 为载波幅度；$m(t)$ 为调制信号。这里仍假设 $m(t)$ 的均值为 0，且 $A_0 \geqslant |m(t)|_{max}$。输入噪声为

$$n_i(t)=n_c(t)\cos(\omega_c t)-n_s(t)\sin(\omega_c t) \tag{4-54}$$

显然，解调器输入的信号功率 S_i 和噪声功率 N_i 为

$$S_i=\overline{s_m^2(t)}=\frac{A_0^2}{2}+\frac{\overline{m^2(t)}}{2} \tag{4-55}$$

$$N_i=\overline{n_i^2(t)}=n_0 B \tag{4-56}$$

输入信噪比：

$$\frac{S_i}{N_i}=\frac{A_0^2+\overline{m^2(t)}}{2n_0 B} \tag{4-57}$$

解调器输入是信号加噪声的混合波形，即

$$s_m(t)+n_i(t)=[A+m(t)+n_c(t)]\cos(\omega_c t)-n_s(t)\sin(\omega_c t)=E(t)\cos[\omega_c t+\Psi(t)]$$

其中合成包络

$$E(t)=\sqrt{[A+m(t)+n_c(t)]^2+n_s^2(t)} \tag{4-58}$$

合成相位

$$\Psi(t)=\arctan\left[\frac{n_s(t)}{A+m(t)+n_c(t)}\right] \tag{4-59}$$

理想包络检波器的输出就是 $E(t)$，由式（4-58）可知，检波输出中有用信号与噪声无法完全分开。因此，计算输出信噪比是件困难的事。下面来考虑两种特殊情况。

（1）大信噪比情况

此时，输入信号幅度远大于噪声幅度，即

$$[A_0+m(t)]\gg\sqrt{n_c^2(t)+n_s^2(t)}$$

因而式（4-58）可简化为

$$E(t)=\sqrt{[A_0+m(t)]^2+2[A_0+m(t)]n_c(t)+n_c^2(t)+n_s^2(t)}$$

$$\approx\sqrt{[A_0+m(t)]^2+2[A_0+m(t)]n_c(t)}\approx[A_0+m(t)]\left[1+\frac{2n_c(t)}{A_0+m(t)}\right]^{1/2}$$

$$\approx[A_0+m(t)]\left[1+\frac{n_c(t)}{A_0+m(t)}\right]=A_0+m(t)+n_c(t) \tag{4-60}$$

这里利用了近似公式

$$(1+x)^{\frac{1}{2}}\approx 1+\frac{x}{2},\quad |x|\ll 1$$

式（4-60）中直流分量 A_0 被电容阻隔，有用信号与噪声独立地分成两项，因而可分别计算出输出有用信号功率和噪声功率

$$S_o(t)=\overline{m^2(t)} \tag{4-61}$$

$$N_o=\overline{n_c^2(t)}=\overline{n_i^2(t)}=n_0B \tag{4-62}$$

输出信噪比

$$\frac{S_o}{N_o}=\frac{\overline{m^2(t)}}{n_0B} \tag{4-63}$$

由式（4-57）和式（4-63）可得制度增益

$$G_{AM}=\frac{S_o/N_o}{S_i/N_i}=\frac{2\overline{m^2(t)}}{A_0^2+\overline{m^2(t)}} \tag{4-64}$$

显然，AM 信号的调制制度增益 G_{AM} 随 A_0 的减小而增加。但对包络检波器来说，为了不发生过调制现象，应有 $A_0\geqslant|m(t)|_{max}$。所以，G_{AM} 总是小于 1。例如，100%的调制（即 $A_0=|m(t)|_{max}$）且 $m(t)$ 又是正弦型信号时，有

$$\overline{m^2(t)}=\frac{A_0^2}{2}$$

代入式（4-64），可得

$$G_{AM}=\frac{2}{3} \tag{4-65}$$

这是 AM 系统的最大信噪比增益。这说明解调器对输入信噪比没有改善，而是恶化了。

可以证明，若采用同步检波法解调 AM 信号，则得到的调制制度增益 G_{AM} 与式（4-64）给出的结果相同。由此可见，对于 AM 调制系统，在大信噪比时，采用包络检波器解调时的性能与同步检波器时的性能几乎一样。但应该注意，后者的调制制度增益不受信号与噪声相对幅度假设条件的限制。

（2）小信噪比情况

小信噪比指的是噪声幅度远大于信号幅度，即

$$[A_0+m(t)]\ll\sqrt{n_c^2(t)+n_s^2(t)}$$

这时式（4-58）变成

$$E(t)=\sqrt{[A_0+m(t)]^2+n_c^2(t)+n_s^2(t)+2n_c(t)[A_0+m(t)]}$$

$$\approx\sqrt{n_c^2(t)+n_s^2(t)+2n_c(t)[A_0+m(t)]}$$

$$=\sqrt{[n_c(t)^2+n_s(t)^2]\left\{1+\frac{2n_c(t)[A_0+m(t)]}{n_c(t)^2+n_s(t)^2}\right\}}=R(t)\sqrt{1+\frac{2[A_0+m(t)]}{R(t)}\cos\theta(t)} \tag{4-66}$$

其中，$R(t)$ 及 $\theta(t)$ 代表噪声 $n_i(t)$ 的包络及相位

$$R(t)=\sqrt{n_c(t)^2+n_s(t)^2},\ \theta(t)=\arctan\left[\frac{n_s(t)}{n_c(t)}\right],\ \cos\theta(t)=\frac{n_c(t)}{R(t)}$$

因为 $R(t)\gg[A_0+m(t)]$，所以可以利用数学近似式 $(1+x)^{\frac{1}{2}}\approx 1+\frac{x}{2}(|x|\ll 1\text{时})$ 进一步把 $E(t)$ 近似表示为

$$E(t)\approx R(t)\left[1+\frac{[A+m(t)]}{R(t)}\right]=R(t)+[A+m(t)]\cos\theta(t) \tag{4-67}$$

这时，$E(t)$ 中没有单独的信号项，只有受到 $\cos\theta(t)$ 调制的 $m(t)\ \cos\theta(t)$ 项。由于 $\cos\theta(t)$ 是一个随机噪声，因而，有用信号 $m(t)$ 被噪声扰乱，致使 $m(t)\cos\theta(t)$ 也只能看作是噪声。因此，输出信噪比急剧下降，这种现象称为解调器的“门限效应”。开始出现门限效应的输入信噪比称为门限值。这种门限效应是由包络检波器的非线性解调作用所引起的。

有必要指出，用相干解调的方法解调各种线性调制信号时不存在门限效应。原因是信号与噪声可分别进行解调，解调器输出端总是单独存在有用信号项。

由以上分析可得如下结论：在大信噪比情况下，AM 信号包络检波器的性能几乎与相干解调法相同；但随着信噪比的减小，包络检波器将在一个特定输入信噪比值上出现门限效应；一旦出现门限效应，解调器的输出信噪比将急剧恶化。

4.4 非线性调制（角调制）的原理

幅度调制属于线性调制，它是通过改变载波的幅度以实现调制信号频谱的平移及线性变换的。一个正弦载波有幅度、频率和相位三个参量，因此，不仅可以把调制信号的信息寄托在载波的幅度变化中，还可以寄托在载波的频率或相位变化中。这种使高频载波的频率或相位按调制信号的规律变化而振幅保持恒定的调制方式，称为频率调制（FM）和相位调制(PM)，分别简称为调频和调相。因为频率或相位的变化都可以看成是载波角度的变化，故调频和调相又统称为角度调制。

角度调制与线性调制不同，已调信号频谱不再是原调制信号频谱的线性搬移，而是频谱的非线性变换，会产生与频谱搬移不同的新的频率成分，故又称为非线性调制。

由于频率和相位之间存在微分与积分的关系，故调频与调相之间存在密切的关系，即调频必调相，调相必调频。鉴于 FM 用得较多，本节将主要讨论频率调制。

4.4.1 角调制的基本概念

任何一个正弦时间函数，如果它的幅度不变，则可用下式表示：

$$c(t)=A\cos\theta(t)$$

式中，$\theta(t)$ 称为正弦波的瞬时相位，将 $\theta(t)$ 对时间 t 求导可得瞬时频率

$$\omega(t)=\frac{\mathrm{d}\theta(t)}{\mathrm{d}t} \tag{4-68}$$

因此

$$\theta(t)=\int_{-\infty}^{t}\omega(\tau)\,\mathrm{d}\tau \tag{4-69}$$

未调制的正弦波可以写成 $c(t)=A\cos[\omega_c t+\theta_0]$，相当于瞬时相位 $\theta(t)=\omega_c t+\theta_0$，$\theta_0$ 为初相位，是常数。$\omega(t)=\mathrm{d}\theta(t)/\mathrm{d}t=\omega_c$ 是载频，也是常数。而在角调制中，正弦波的频率和相位都要随时间变化，可把瞬时相位表示为 $\theta(t)=\omega_c t+\varphi(t)$，因此，角度调制信号的一般表达式为

$$s_m(t)=A\cos[\omega_c t+\varphi(t)] \tag{4-70}$$

式中，A 是载波的恒定振幅；$\omega_c t+\varphi(t)$ 是信号的瞬时相位 $\theta(t)$，而 $\varphi(t)$ 称为相对于载波相位 $\omega_c t$ 的瞬时相位偏移；$\mathrm{d}[\omega_c t+\varphi(t)]/\mathrm{d}t$ 是信号的瞬时频率，而 $\mathrm{d}\varphi(t)/\mathrm{d}t$ 称为相对于载频 ω_c 的瞬时频偏。

所谓相位调制，是指瞬时相位偏移随调制信号 $m(t)$ 而线性变化，即

$$\varphi(t)=K_p m(t) \tag{4-71}$$

式中，K_p 是常数。于是，调相信号可表示为

$$s_{PM}(t)=A\cos[\omega_c t+K_p m(t)] \tag{4-72}$$

所谓频率调制，是指瞬时频率偏移随调制信号 $m(t)$ 而线性变化，即

$$\frac{\mathrm{d}\varphi(t)}{\mathrm{d}t}=K_f m(t) \tag{4-73}$$

式中，K_f 是一个常数，这时相位偏移为

$$\varphi(t)=K_f\int_{-\infty}^{t}m(\tau)\,\mathrm{d}\tau \tag{4-74}$$

代入式（4-70），则可得调频信号为

$$s_{FM}(t)=A\cos\left[\omega_c t+K_f\int_{-\infty}^{t}m(\tau)\,\mathrm{d}\tau\right] \tag{4-75}$$

由式（4-72）和式（4-75）可见，FM 和 PM 非常相似，如果预先不知道调制信号 $m(t)$ 的具体形式，则无法判断已调信号是调相信号还是调频信号。

由式（4-72）和式（4-75）还可看出，如果将调制信号先微分，而后进行调频，则得到的是调相波，这种方式叫间接调相；同样，如果将调制信号先积分，而后进行调相，则得到的是调频波，这种方式叫间接调频。直接和间接调相如图 4-17 所示。直接和间接调频如图 4-18 所示。

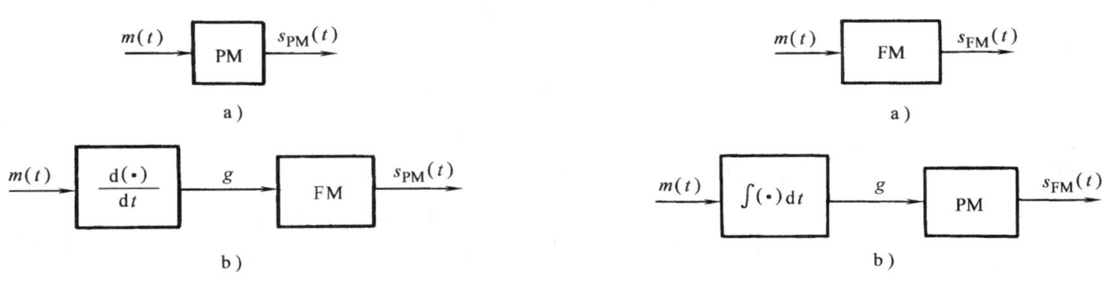

图 4-17 直接和间接调相

图 4-18 直接和间接调频

由于实际相位调制器的调制范围不大，所以直接调相和间接调频仅适用于相位偏移和频率偏移不大的窄带调制情况，而直接调频和间接调相常用于宽带调制情况。

从以上分析可见，调频与调相并无本质区别，两者之间可相互转换。鉴于在实际应用中多采用 FM 信号，下面将集中讨论频率调制。

4.4.2 窄带调频与宽带调频

前面已经指出，频率调制属于非线性调制，其频谱结构非常复杂，难于表述。但是，当最大相位偏移及相应的最大频率偏移较小时，即一般认为满足

$$\left|K_{\mathrm{f}}\left[\int_{-\infty}^{t} m(\tau)\,\mathrm{d}\tau\right]\right| \ll \frac{\pi}{6} \quad (\text{或 } 0.5) \tag{4-76}$$

时，式（4-75）可以得到简化，因此可求出它的任意调制信号的频谱表示式。这时，信号占据带宽窄，属于窄带调频（NBFM）。反之，是宽带调频（WBFM）。

1. 窄带调频（NBFM）

调频波的一般表示式为

$$s_{\mathrm{FM}}(t) = A\cos\left[\omega_{\mathrm{c}} t + K_{\mathrm{f}}\int_{-\infty}^{t} m(\tau)\,\mathrm{d}\tau\right]$$

为方便起见，假设 $A=1$，有

$$\begin{aligned} s_{\mathrm{FM}}(t) &= \cos\left[\omega_{\mathrm{c}} t + K_{\mathrm{f}}\int_{-\infty}^{t} m(\tau)\,\mathrm{d}\tau\right] \\ &= \cos(\omega_{\mathrm{c}} t)\cos\left[K_{\mathrm{f}}\int_{-\infty}^{t} m(\tau)\,\mathrm{d}\tau\right] - \sin(\omega_{\mathrm{c}} t)\sin\left[K_{\mathrm{f}}\int_{-\infty}^{t} m(\tau)\,\mathrm{d}\tau\right] \end{aligned} \tag{4-77}$$

当式（4-76）满足时，有近似式

$$\cos\left[K_{\mathrm{f}}\int_{-\infty}^{t} m(\tau)\,\mathrm{d}\tau\right] \approx 1,\ \sin\left[K_{\mathrm{f}}\int_{-\infty}^{t} m(\tau)\,\mathrm{d}\tau\right] \approx K_{\mathrm{f}}\int_{-\infty}^{t} m(\tau)\,\mathrm{d}\tau$$

式（4-77）可简化为

$$s_{\mathrm{NBFM}}(t) \approx \cos(\omega_{\mathrm{c}} t) - \left[K_{\mathrm{f}}\int_{-\infty}^{t} m(\tau)\,\mathrm{d}\tau\right]\sin(\omega_{\mathrm{c}} t) \tag{4-78}$$

利用傅里叶变换公式

$$m(t) \Leftrightarrow M(\omega)$$

$$\cos(\omega_{\mathrm{c}} t) \Leftrightarrow \pi[\delta(\omega+\omega_{\mathrm{c}})+\delta(\omega-\omega_{\mathrm{c}})]$$

$$\sin(\omega_{\mathrm{c}} t) \Leftrightarrow \mathrm{j}\pi[\delta(\omega+\omega_{\mathrm{c}})-\delta(\omega-\omega_{\mathrm{c}})]$$

$$\int m(t)\,\mathrm{d}t \Leftrightarrow \frac{M(\omega)}{\mathrm{j}\omega}$$

设 $m(t)$ 的均值为 0

$$\left[\int m(t)\,\mathrm{d}t\right]\sin(\omega_{\mathrm{c}} t) \Leftrightarrow \frac{1}{2}\left[\frac{F(\omega+\omega_{\mathrm{c}})}{\omega+\omega_{\mathrm{c}}} - \frac{F(\omega-\omega_{\mathrm{c}})}{\omega-\omega_{\mathrm{c}}}\right]$$

可得窄带调频信号的频域表达式

$$S_{\mathrm{NBFM}}(\omega) = \pi[\delta(\omega+\omega_{\mathrm{c}})+\delta(\omega-\omega_{\mathrm{c}})] + \frac{K_{\mathrm{f}}}{2}\left[\frac{F(\omega-\omega_{\mathrm{c}})}{\omega-\omega_{\mathrm{c}}} - \frac{F(\omega+\omega_{\mathrm{c}})}{\omega+\omega_{\mathrm{c}}}\right] \tag{4-79}$$

将它与 AM 信号的频谱

$$S_{AM}(\omega)=\pi[\delta(\omega+\omega_c)+\delta(\omega-\omega_c)]+\frac{1}{2}[M(\omega+\omega_c)+M(\omega-\omega_c)]$$

比较，可以清楚地看出两种调制的相似性和不同处。两者都含有一个载波和位于$\pm\omega_c$处的两个边带，所以它们的带宽相同，都是调制信号最高频率的两倍。不同的是，NBFM 的两个边频分别乘了因式 $1/(\omega-\omega_c)$ 和 $1/(\omega+\omega_c)$，由于因式是频率的函数，所以这种加权是频率加权，加权的结果引起调制信号频谱的失真。另外，有一边频和 AM 反相。

下面以单音调制为例。设调制信号 $m(t)=A_m\cos(\omega_m t)$，则 NBFM 信号为

$$s_{NBFM}(t)\approx\cos(\omega_c t)-\left[K_f\int_{-\infty}^{t}m(\tau)\mathrm{d}\tau\right]\sin(\omega_c t)=\cos(\omega_c t)-A_m K_f\frac{1}{\omega_m}\sin(\omega_m t)\sin(\omega_c t)$$

$$=\cos(\omega_c t)+\frac{A_m K_f}{2\omega_m}[\cos(\omega_c+\omega_m)t-\cos(\omega_c-\omega_m)t] \tag{4-80}$$

AM 信号为

$$s_{AM}=[1+A_m\cos(\omega_m t)]\cos(\omega_c t)=\cos(\omega_c t)-A_m\cos(\omega_m t)\cos(\omega_c t)$$

$$=\cos(\omega_c t)+\frac{A_m}{2}[\cos(\omega_c+\omega_m)t+\cos(\omega_c-\omega_m)t] \tag{4-81}$$

它们的频谱如图 4-19 所示。由此而画出的矢量图如图 4-20 所示。在 AM 中，两个边频的合成矢量与载波同相，只发生幅度变化；而在 NBFM 中，由于下边频为负，两个边频的合成矢量与载波则是正交相加，因而 NBFM 存在相位变化 $\Delta\varphi$，当最大相位偏移满足式（4-76）时，幅度基本不变。这正是两者的本质区别。

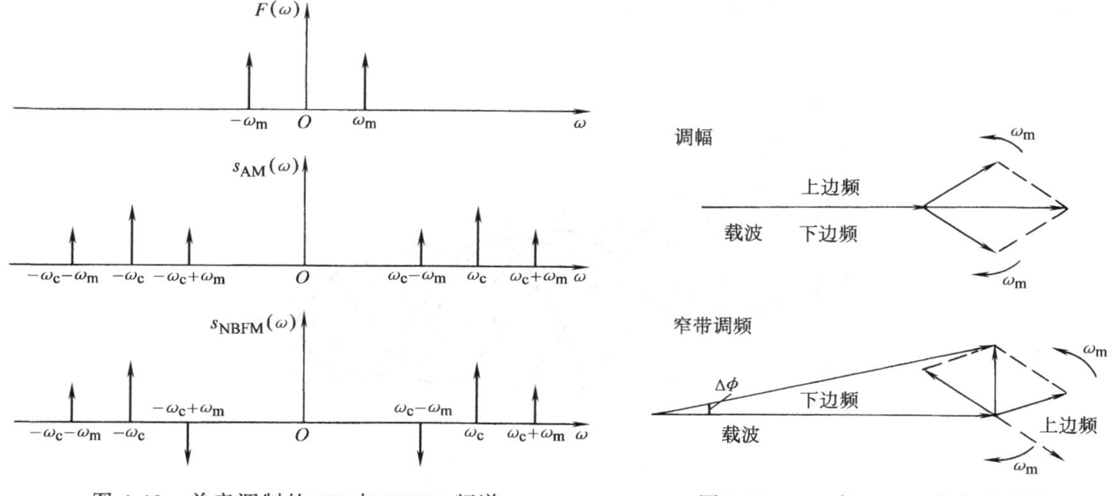

图 4-19　单音调制的 AM 与 NBFM 频谱　　图 4-20　AM 与 NBFM 的矢量表示

由于 NBFM 信号最大相位偏移较小，占据的带宽较窄，使得调制制度的抗干扰性能强的优点不能充分发挥，因此目前仅用于抗干扰性能要求不高的短距离通信中。在长距离高质量的通信系统中，如微波或卫星通信、调频立体声广播、超短波电台等多采用宽带调频。

2. 宽带调频（WBFM）

当不满足式（4-76）的窄带条件时，调频信号的时域表达式不能简化，因而给宽带调频的频谱分析带来了困难。为使问题简化，先只研究单音调制的情况，然后把分析的结论推广

到多音情况。

设单音调制信号：$m(t)=A_m\cos(\omega_m t)=A_m\cos(2\pi f_m t)$，由式（4-74）可得调频信号的瞬时相偏

$$\varphi(t)=A_m K_f\int_{-\infty}^{t}\cos(\omega_m\tau)\mathrm{d}\tau=\frac{A_m K_f}{\omega_m}\sin(\omega_m t)=m_f\sin(\omega_m t) \tag{4-82}$$

式中，$A_m K_f$ 为最大角频偏，记为 $\Delta\omega$；m_f 为调频指数，它表示为

$$m_f=\frac{A_m K_f}{\omega_m}=\frac{\Delta\omega}{\omega_m}=\frac{\Delta f}{f_m} \tag{4-83}$$

将式（4-82）代入式（4-75），得到单音宽带调频的时域表达式

$$s_{FM}(t)=A\cos[\omega_c t+m_f\sin(\omega_m t)] \tag{4-84}$$

令 $A=1$，并利用三角公式展开上式，则有

$$s_{FM}(t)=\cos(\omega_c t)\cos[m_f\sin(\omega_m t)]-\sin(\omega_c t)\sin[m_f\sin(\omega_m t)] \tag{4-85}$$

将上式中的两个因子分别展成级数形式

$$\cos[m_f\sin(\omega_m t)]=J_0(m_f)+\sum_{n=1}^{\infty}2J_{2n}(m_f)\cos(2n\omega_m t) \tag{4-86}$$

$$\sin[m_f\sin(\omega_m t)]=2\sum_{n=1}^{\infty}J_{2n-1}(m_f)\sin[(2n-1)\omega_m t] \tag{4-87}$$

式中，$J_n(m_f)$ 为第一类 n 阶贝塞尔（Bessel）函数，它是调频指数 m_f 的函数。图 4-21 给出了 $J_n(m_f)$ 随 m_f 变化的关系曲线，详细数据可参看 Bessel 函数表。将式（4-86）和式（4-87）代入式（4-85），并利用三角公式

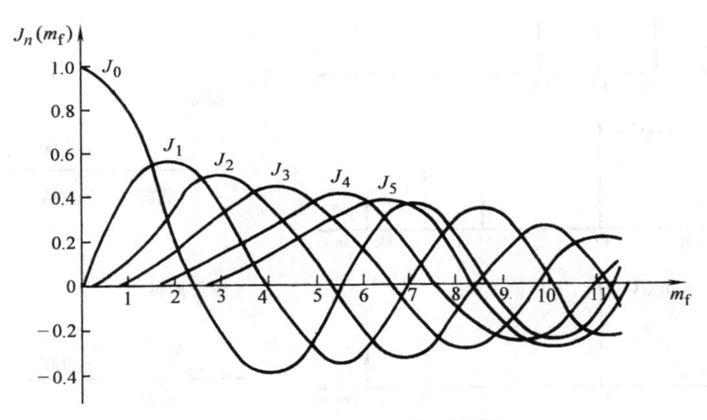

图 4-21　$J_n(m_f)$-m_f 关系曲线

$$\cos A\cos B=\frac{1}{2}\cos(A-B)+\frac{1}{2}\cos(A+B)$$

$$\sin A\sin B=\frac{1}{2}\cos(A-B)-\frac{1}{2}\cos(A+B)$$

及 Bessel 函数性质

n 为奇数时：$J_{-n}(m_f)=-J_n(m_f)$

n 为偶数时：$J_{-n}(m_f)=J_n(m_f)$

不难得到调频信号的级数展开式

$$\begin{aligned} s_{FM}(t) = & J_0(m_f)\cos(\omega_c t) - J_1(m_f)[\cos(\omega_c t-\omega_m t)-\cos(\omega_c t+\omega_m t)] \\ & +J_2(m_f)[\cos(\omega_c t-2\omega_m t)-\cos(\omega_c t+2\omega_m t)] \\ & -J_3(m_f)[\cos(\omega_c t-3\omega_m t)-\cos(\omega_c t+3\omega_m t)]+\cdots \\ = & \sum_{n=-\infty}^{n=\infty} J_n(m_f)\cos(\omega_c t - n\omega_m t) \end{aligned} \tag{4-88}$$

它的傅里叶变换即为频谱

$$S_{FM}(\omega) = \pi \sum_{n=-\infty}^{n=\infty} J_n(m_f)[\delta(\omega - \omega_c - n\omega_m) + \delta(\omega + \omega_c + n\omega_m)] \tag{4-89}$$

由式（4-88）和式（4-89）可见，调频波的频谱包含无穷多个分量。当 $n=0$ 时就是载波分量 ω_c，其幅度为 $J_0(m_f)$；当 $n\neq0$ 时在载频两侧对称地分布上下边频分量 $\omega_c \pm n\omega_m$，谱线之间的间隔为 ω_m，幅度为 $J_n(m_f)$，且当 n 为奇数时，上下边频极性相反；当 n 为偶数时极性相同。图 4-22 示出了某单音宽带调频波的频谱。

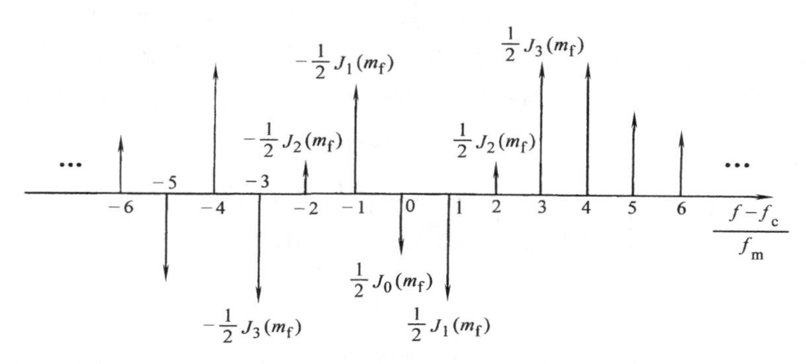

图 4-22 调频信号的频谱（$m_f=5$）

由于调频波的频谱包含无穷多个频率分量，因此，理论上调频波的频带宽度为无限宽。然而实际上边频幅度 $J_n(m_f)$ 随着 n 的增大而逐渐减小，因此只要取适当的 n 值使边频分量小到可以忽略的程度，调频信号可近似认为具有有限频谱。根据经验认为：当 $m_f\geqslant1$ 以后，取边频数 $n=m_f+1$ 即可。因为 $n>m_f+1$ 以上的边频幅度 $J_n(m_f)$ 均小于 0.1，相应产生的功率均在总功率的 2%以下，可以忽略不计。根据这个原则，调频波的带宽为

$$f_m = 2(\Delta f+f_m) \tag{4-90}$$

它说明调频信号的带宽取决于最大频偏和调制信号的频率，该式称为卡森公式。

若 $m_f\ll1$ 时，$B_{FM}=2f_m$ 是窄带调频的带宽，与前面的分析相一致；若 $m_f\geqslant10$ 时，$B_{FM}=2\Delta f$，这是大指数宽带调频情况，说明带宽由最大频偏决定。

以上讨论的是单音调频情况。对于多音或其他任意信号调制的调频波的频谱分析是很复杂的。根据经验把卡森公式推广，即可得到任意限带信号调制时的调频信号带宽的估算公式

$$B_{FM} = 2(D+1)\ f_m \tag{4-91}$$

式中，f_m 是调制信号的最高频率；D 是最大频偏 Δf 与 f_m 的比值。实际应用中，当 $D>2$ 时，用式

$$B_{FM} = 2(D+2)f_m \tag{4-92}$$

计算调频带宽更符合实际情况。

4.4.3 调频信号的产生与解调

1. 调频信号的产生

产生调频波的方法通常有两种：直接法和间接法。

（1）直接法

直接法就是用调制信号直接控制振荡器的频率，使其按调制信号的规律线性变化。

振荡频率由外部电压控制的振荡器叫作压控振荡器（VCO）。每个压控振荡器自身就是一个 FM 调制器，因为它的振荡频率正比于输入控制电压，即：$\omega_i(t)=\omega_0+K_f m(t)$，若用调制信号作控制信号，就能产生 FM 波。

控制 VCO 振荡频率的常用方法是改变振荡器谐振回路的电抗元件 L 或 C。L 或 C 可控的元件有电抗管、变容管。变容管由于电路简单，性能良好，目前在调频器中广泛使用。

直接法的主要优点是在实现线性调频的要求下，可以获得较大的频偏。缺点是频率稳定度不高。因此往往需要采用自动频率控制系统来稳定中心频率。

应用图 4-23 所示的锁相环（PLL）调制器，可以获得高质量的 FM 或 PM 信号。其载频稳定度很高，可以达到晶体振荡器的频率稳定度。但这种方案的一个显著缺点是，在调制频率很低，进入 PLL 的误差传递函数（高通特性）的阻带之后，调制频偏（或相偏）是很小的。

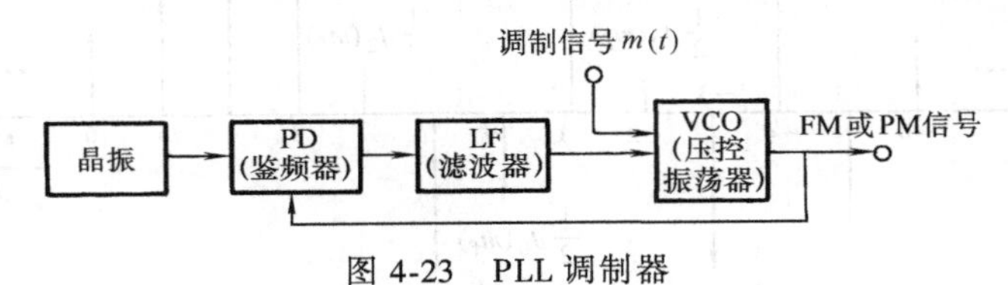

图 4-23 PLL 调制器

为使 PLL 调制器具有同样良好的低频调制特性，可用锁相环路构成一种所谓两点调制的宽带 FM 调制器，读者可参阅有关资料。

（2）间接法

间接法是先对调制信号积分后对载波进行相位调制，从而产生窄带调频信号（NBFM）。然后，利用倍频器把 NBFM 变换成宽带调频信号（WBFM）。其原理框图如图 4-24 所示。

由式（4-78）可知，窄带调频信号可看成由正交分量与同相分量合成，即

$$s_{\mathrm{NBFM}}(t)=\cos(\omega_c t)-\left[K_f\int_{-\infty}^{t} m(\tau)\,\mathrm{d}\tau\right]\sin(\omega_c t)$$

因此，可采用图 4-25 所示的框图来实现窄带调频。

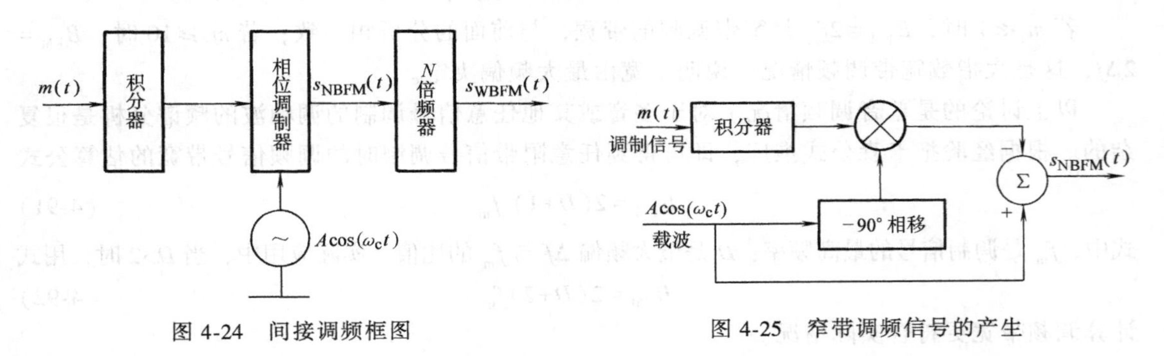

图 4-24 间接调频框图　　　　图 4-25 窄带调频信号的产生

倍频器的作用是提高调频指数 m_f，从而获得宽带调频。倍频器可以用非线性器件实现，然后用带通滤波器滤去不需要的频率分量。以理想平方律器件为例，其输出-输入特性为

$$s_o(t)=as_i^2(t) \tag{4-93}$$

当输入信号 $s_i(t)$ 为调频信号时，有

$$s_i(t)=A\cos[\omega_c t+\varphi(t)]$$

$$s_o(t)=\frac{1}{2}aA^2\{1+\cos[2\omega_c t+2\varphi(t)]\} \tag{4-94}$$

由上式可知，滤除直流成分后可得到一个新的调频信号，其载频和相位偏移均增为 2 倍，由于相位偏移增为 2 倍，因而调频指数也必然增为 2 倍。同理，经 n 次倍频后可以使调频信号的载频和调频指数增为 n 倍。

以典型的调频广播的调频发射机为例。在这种发射机中，首先以 $f_1=200\text{kHz}$ 为载频，用最高频率 $f_m=15\text{kHz}$ 的调制信号产生频偏 $\Delta f_1=25\text{Hz}$ 的窄带调频信号。而调频广播的最终频偏 $\Delta f=75\text{kHz}$，载频 f_c 在 88～108MHz 频段内，因此需要经过的 $n=\Delta f/\Delta f_1=75\times10^3/25=3000$ 的倍频，但倍频后新的载波频率（nf_1）高达 600MHz，不符合 f_c 的要求。因此需要混频器进行下变频来解决这个问题。

解决上述问题的典型方案如图 4-26 所示。其中混频器将倍频器分成两个部分，由于混频器只改变载频而不影响频偏，因此可以根据宽带调频信号的载频和最大频偏的要求，适当地选择 f_1，f_2 和 n_1，n_2，使

$$f_c=n_2(n_1f_1-f_2)\text{，}\Delta f=n_1n_2\Delta f_1\text{，}m_f=n_1n_2mf_1 \tag{4-95}$$

例如，在上述方案中选择倍频次数 $n_1=64$，$n_2=48$，混频器参考频率 $f_2=10.9\text{MHz}$，则调频发射信号的载频

$$f_c=n_2(n_1f_1-f_2)=48\times(64\times200\times10^3-10.9\times10^6)\text{MHz}=91.2\text{MHz}$$

调频信号的最大频偏

$$\Delta f=n_1n_2\Delta f_1=64\times48\times25\text{Hz}=76.8\text{kHz}$$

调频指数

$$m_f=\frac{\Delta f}{f_m}=\frac{76.8\times10^3}{15\times10^3}=5.12$$

图 4-26 所示的宽带调频信号产生方案是由阿姆斯特朗（Armstrong）于 1930 年提出的，因此称为 Armstrong 间接法。这个方法提出后，使调频技术得到很大发展。

间接法的优点是频率稳定度好。缺点是需要多次倍频和混频，因此电路较复杂。

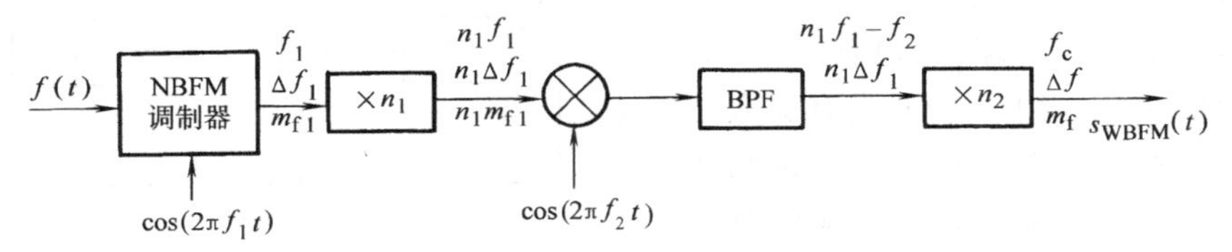

图 4-26 Armstrong 间接法

2. 调频信号的解调

(1) 非相干解调

由于调频信号的瞬时频率正比于调制信号的幅度，因而调频信号的解调器必须能产生正

比于输入频率的输出电压，也就是当输入调频信号为

$$s_{\mathrm{FM}}(t)=A\cos\left(\omega_{\mathrm{c}}t+K_{\mathrm{f}}\int_{-\infty}^{t}m(\tau)\mathrm{d}\tau\right) \tag{4-96}$$

时，解调器的输出应当为

$$m_{\mathrm{o}}(t)\propto K_{\mathrm{f}}m(t) \tag{4-97}$$

最简单的解调器是具有频率-电压转换特性的鉴频器。图 4-27 给出了理想鉴频特性和鉴频器的框图。理想鉴频器可看成是带微分器的包络检波器，微分器输出

$$s_{\mathrm{d}}(t)=-A[\omega_{\mathrm{c}}+K_{\mathrm{f}}m(t)]\sin\left[\omega_{\mathrm{c}}t+K_{\mathrm{f}}\int_{-\infty}^{t}m(\tau)\mathrm{d}\tau\right] \tag{4-98}$$

这是一个幅度、频率均含调制信息的调幅调频信号，因此用包络检波器将其幅度变化取出，并滤去直流后输出

$$m_{\mathrm{o}}(t)=K_{\mathrm{d}}K_{\mathrm{f}}m(t) \tag{4-99}$$

式中，K_{d} 称为检频器灵敏度。

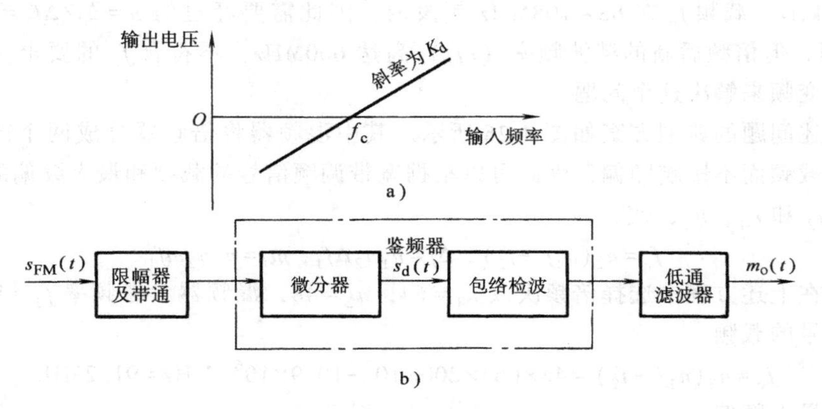

图 4-27 鉴频器特性与组成

以上解调过程是先用微分器将幅度恒定的调频波变成调幅调频波，再用包络检波器从幅度变化中检出调制信号，因此上述解调方法又称为包络检测。其缺点之一是包络检波器对于由信道噪声和其他原因引起的幅度起伏也有反应，为此，在微分器前加一个限幅器和带通滤波器，以便将调频波在传输过程中引起的幅度变化部分削去，变成固定幅度的调频波，带通滤波器让调频信号顺利通过，而滤除带外噪声及高次谐波分量。

鉴频器的种类很多，详细叙述可参考高频电子线路教材。此外，目前还常用锁相环（PLL）鉴频器。

PLL 是一个能够跟踪输入信号相位的闭环启动控制系统。由于 PLL 具有引人注目的特性，即载波跟踪特性、调制跟踪特性和低门限特性，因而使得它在无线电通信的各个领域得到了广泛的应用。PLL 最基本的原理图如图 4-28 所示。它由鉴相器（PD）、环路滤波器（LF）和压控振荡器（VCO）组成。

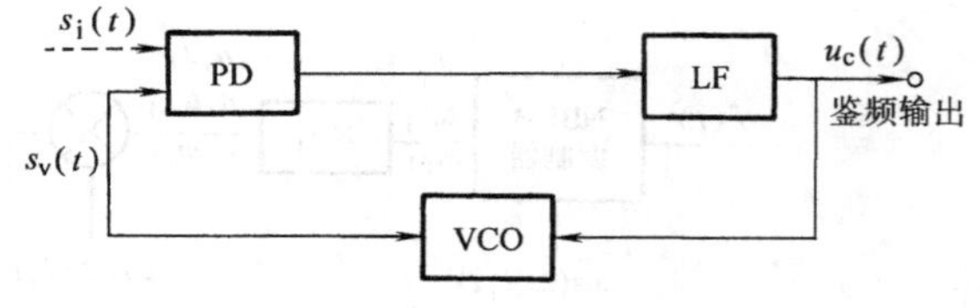

图 4-28 PLL 鉴频器

假设 VCO 输入控制电压为 0 时振荡频率调整在输入 FM 信号 $s_{\mathrm{i}}(t)$ 的载频上，并且与调

频信号的未调载波相差 π/2，即有

$$s_i(t) = A\cos\left[\omega_c t + K_f\int_{-\infty}^{t} m(\tau)\mathrm{d}\tau\right] = A\cos[\omega_c t+\theta_1(t)] \tag{4-100}$$

$$s_v(t) = A_v\sin\left[\omega_c t + K_{VCO}\int_{-\infty}^{t} u_c(\tau)\mathrm{d}\tau\right] = A_v\sin[\omega_c t + \theta_2(t)] \tag{4-101}$$

式中，K_{VCO} 为压控灵敏度。

设计 PLL 使其工作在调制跟踪状态下，这时 VCO 输出信号的相位 $\theta_2(t)$ 能够跟踪输入信号的相位 $\theta_1(t)$ 的变化。也就是说，VCO 输出信号 $s_v(t)$ 也是 FM 信号。我们知道，VCO 本身就是一个调频器，它输入端的控制信号 $u_c(t)$ 必是调制信号 $m(t)$，因此 $u_c(t)$ 即为鉴频输出。

（2）相干解调

由于窄带调频信号可分解成同相分量与正交分量之和，因而可以采用线性调制中的相干解调法来进行解调，如图 4-29 所示。

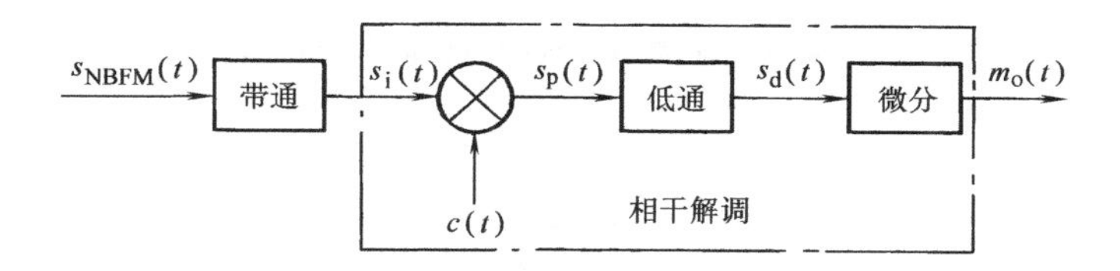

图 4-29　窄带调频信号的相干解调

设窄带调频信号为

$$s_{NBFM}(t) = A\cos(\omega_c t) - A\left[K_f\int_{-\infty}^{t} m(\tau)\mathrm{d}\tau\right]\sin(\omega_c t) \tag{4-102}$$

相干载波

$$c(t) = -\sin(\omega_c t) \tag{4-103}$$

则相乘器的输出为

$$s_p(t) = -\frac{A}{2}\sin(2\omega_c t) + \left[\frac{A}{2}K_f\int_{-\infty}^{t} m(\tau)\mathrm{d}\tau\right][1 - \cos(2\omega_c t)]$$

经低通滤波器取出其低频分量：$s_d(t) = \frac{A}{2}K_f\int_{-\infty}^{t} m(\tau)\mathrm{d}\tau$，再经微分器，得输出信号

$$m_o(t) = \frac{AK_f}{2}m(t) \tag{4-104}$$

可见，相干解调可以恢复原调制信号，这种解调方法与线性调制中的相干解调一样，要求本地载波与调制载波同步，否则将使解调信号失真。

4.5　调频系统的抗噪声性能

调频系统抗噪声性能的分析方法和分析模型与线性调制系统相似，仍可用图 4-13 所示的模型，但其中的解调器应是调频解调器。

从前面的分析可知，调频信号的解调有相干解调和非相干解调两种。相干解调仅适用于窄带调频信号，且需同步信号；而非相干解调适用于窄带和宽带调频信号，而且不需同步信号，因而是 FM 系统的主要解调方式，其分析模型如图 4-30 所示。

图中限幅器是为了消除接收信号在幅度上可能出现的畸变。带通滤波器的作用是抑制信号带宽以外的噪声。$n(t)$ 是均值为零，单边功率谱密度为 n_0 的高斯白噪声，经过带通滤波器变为窄带高斯噪声。

先来计算解调器的输入信噪比。设输入调频信号为

$$s_{FM}(t)=A\cos\left[\omega_c t+K_f\int_{-\infty}^{t}m(\tau)\mathrm{d}\tau\right]$$

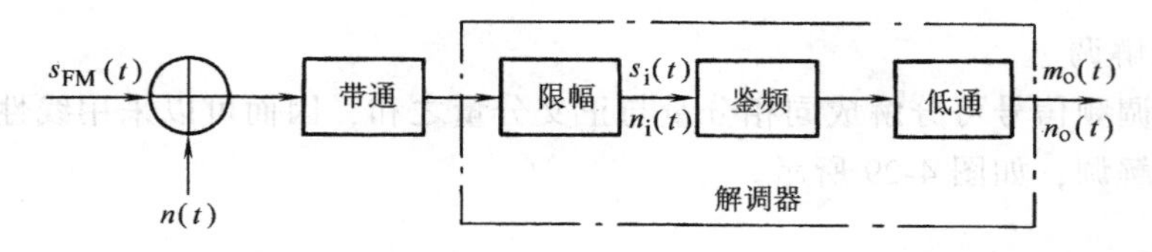

图 4-30 调频系统抗噪声性能分析模型

因而输入信号功率

$$s_i=\frac{A^2}{2} \tag{4-105}$$

理想带通滤波器的带宽与调频信号的带宽 B_{FM} 相同，所以输入噪声功率

$$N_i=n_0B_{FM} \tag{4-106}$$

因此，输入信噪比

$$\frac{S_i}{N_i}=\frac{A^2}{2n_0B_{FM}} \tag{4-107}$$

计算输出信噪比时，由于非相干解调不满足叠加性，无法分别计算信号与噪声功率，因此，也和 AM 信号的非相干解调一样，考虑两种极端情况，即大信噪比情况和小信噪比情况，使计算简化，以便得到一些有用的结论。

1. 大信噪比情况

在大信噪比条件下，信号和噪声的相互作用可以忽略，这时可以把信号和噪声分开来算，经过分析，直接给出解调器的输出信噪比

$$\frac{S_o}{N_o}=\frac{3A^2K_f^2\overline{m^2(t)}}{8\pi^2n_0f_m^3} \tag{4-108}$$

为使上式具有简明的结果，考虑 $m(t)$ 为单一频率余弦波时的情况，即：$m(t)=\cos(\omega_m t)$ 这时的调频信号为

$$s_{FM}(t)=A\cos[\omega_c t+m_f\sin(\omega_m t)] \tag{4-109}$$

式中

$$m_f=\frac{K_f}{\omega_m}=\frac{\Delta\omega}{\omega_m}=\frac{\Delta f}{f_m} \tag{4-110}$$

将这些关系式代入式 (4-108)，可得

$$\frac{S_o}{N_o}=\frac{3}{2}m_f^2\frac{A^2/2}{n_0 f_m} \tag{4-111}$$

因此，由式（4-107）和式（4-111）可得解调器的制度增益

$$G_{FM}=\frac{S_o/N_o}{S_i/N_i}=\frac{3}{2}m_f^2\frac{B_{FM}}{f_m} \tag{4-112}$$

又因在宽带调频时，信号带宽为

$$B_{FM}=2(m_f+1)f_m=2(\Delta f+f_m)$$

所以，式（4-112）还可以写成

$$G_{FM}=3m_f^2(m_f+1)\approx 3m_f^3 \tag{4-113}$$

上式表明，大信噪比时宽带调频系统的制度增益是很高的，它与调制指数的立方成正比。例如调频广播中常取 $m_f=5$，则制度增益 $G_{FM}=450$。也就是说，加大调制指数 m_f，可使调频系统的抗噪声性能迅速改善。

【例 4-1】 设调频与调幅信号均为单音调制，调制信号频率为 f_m，调幅信号为 100%调制。当两者的接收功率 S_i 相等，信道噪声功率谱密度 n_0 相同时，比较调频系统与调幅系统的抗噪声性能。

解： 调频波的输出信噪比为

$$\left(\frac{S_o}{N_o}\right)_{FM}=G_{FM}\left(\frac{S_i}{N_i}\right)_{FM}=G_{FM}\frac{S_i}{n_0 B_{FM}}$$

调幅波的输出信噪比为

$$\left(\frac{S_o}{N_o}\right)_{AM}=G_{AM}\left(\frac{S_i}{N_i}\right)_{AM}=G_{AM}\frac{S_i}{n_0 B_{AM}}$$

则两者输出信噪比的比值为

$$\frac{(S_o/N_o)_{FM}}{(S_o/N_o)_{AM}}=\frac{G_{FM}}{G_{AM}}\cdot\frac{B_{AM}}{B_{FM}}$$

根据本题假设条件，有

$$G_{FM}=3m_f^2(m_f+1),\ G_{AM}=\frac{2}{3}$$

$$B_{FM}=2(m_f+1)f_m,\ B_{AM}=2f_m$$

将这些关系式带入上式，得

$$\frac{(S_o/N_o)_{FM}}{(S_o/N_o)_{AM}}=4.5m_f^2 \tag{4-114}$$

由此可见，在高调频指数时，调频系统的输出信噪比远大于调幅系统。例如，$m_f=5$ 时，宽带调频的 S_o/N_o 是调幅时的 112.5 倍。这也可理解成当两者输出信噪比相等时，调频信号的发射功率可减小到调幅信号的 1/112.5。

应当指出，调频系统的这一优越性是以增加传输带宽来换取的。

$$B_{FM}=2(m_f+1)f_m=(m_f+1)B_{AM} \tag{4-115}$$

当 $m_f\gg 1$ 时，$B_{FM}\approx m_f B_{AM}$ 代入式（4-114）有

$$\frac{(S_o/N_o)_{FM}}{(S_o/N_o)_{AM}}=4.5\left(\frac{B_{FM}}{B_{AM}}\right)^2 \tag{4-116}$$

这说明宽带调频输出信噪比相对于调幅的改善与它们带宽比的平方成正比。这就意味着，对于调频系统来说，增加传输带宽就可以改善抗噪声性能。调频方式的这种以带宽换取信噪比的特性是十分有益的。在调幅制中，由于信号带宽是固定的，无法进行带宽与信噪比的互换，这也正是在抗噪声性能方面调频系统优于调幅系统的重要原因。

2. 小信噪比情况与门限效应

应该指出，以上分析都是在 $(S_i/N_i)_{FM}$ 足够大的条件下进行的。当 $(S_i/N_i)_{FM}$ 减小到一定程度时，解调器的输出中不存在单独的有用信号项，信号被噪声扰乱，因而 $(S_o/N_o)_{FM}$ 急剧下降。这种情况与 AM 络检波法时相似，称之为门限效应。出现门限效应时，所对应的 $(S_i/N_i)_{FM}$ 值被称为门限值（点），记为 $(S_i/N_i)_b$。

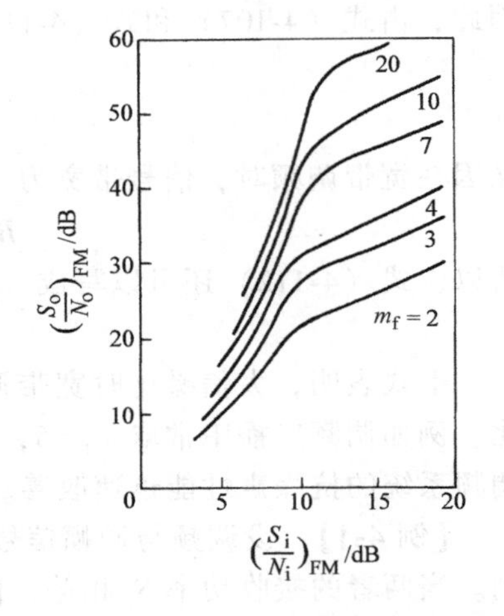

图 4-31 非相干解调的门限效应

图 4-31 示出了在单音调制的不同调制指数 m_f 下，调频解调器的输出信噪比与输入信噪比的近似关系曲线。由图可见：

1) m_f 不同，门限值不同。m_f 越大，门限点 $(S_i/N_i)_b$ 越高。$(S_i/N_i)_{FM}>(S_i/N_i)_b$ 时，$(S_o/N_o)_{FM}$ 和 $(S_i/N_i)_{FM}$ 呈线性关系，且 m_f 越大，输出信噪比的改善越明显。

2) $(S_i/N_i)_{FM}<(S_i/N_i)_b$ 时，$(S_o/N_o)_{FM}$ 将随 $(S_i/N_i)_b$ 的下降而急剧下降。且 m_f 越大，$(S_o/N_o)_{FM}$ 下降得越快，甚至比 DSB 或 SSB 更差。

这表明，FM 系统以带宽换取输出信噪比改善并不是无止境的。随着传输带宽的增加（相当 m_f 加大），输入噪声功率增大，在输入信号功率不变的条件下，输入信噪比下降，当输入信噪比降到一定程度时就会出现门限效应，输出信噪比将急剧恶化。

在空间通信等领域中，对调频接收机的门限效应十分关注，希望在接收到最小信号功率时仍能满意地工作，这就要求门限点向低输入信噪比方向扩展。采用比鉴频器更优越的一些解调方法可以达到改善门限效应的要求，目前用得较多的有锁相环鉴频法和调频负回授鉴频法。

3. 加重技术

前面曾提到，线性调制系统输出信噪比的增加只能靠输入信噪比的增加而增加（如增加发送信号功率或降低噪声电平）。非线性调制系统可以用增加输入信噪比或者增加调频指数 m_f（要门限以上工作）的方法增加输出信噪比。除此之外，还可采用降低输出噪声功率 N_o 的方法提高 S_o/N_o。只要能保持输出信号不变的任何降低输出噪声的措施都是有用的。这就是在接收机解调器输出端接去加重滤波器和在发信机调制器输入端接预加重滤波器的基本思想。预加重滤波器的特性和去加重滤波器的特性应是互补关系。该过程的框图如图 4-32 所示。

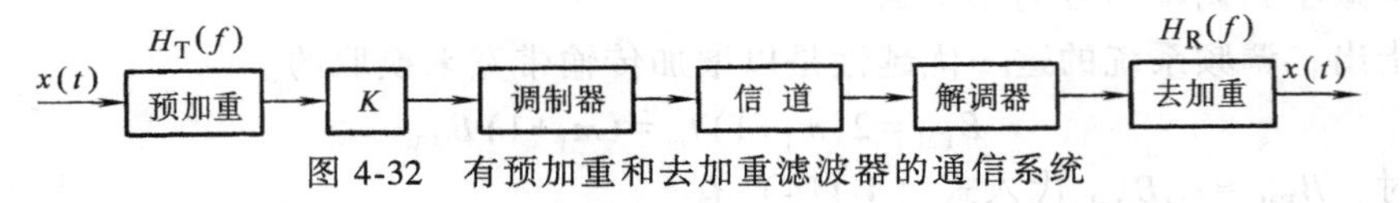

图 4-32 有预加重和去加重滤波器的通信系统

前面已经导出，调制信号用鉴频器解调时，输出噪声功率谱密度

$$P_{n0}(f) \propto f^2 \qquad |f|<f_m$$

如果在解调器输出端接一个传输特性随频率增加而滚降的线性网络，将高端的噪声衰减，则总的噪声功率可以减小（对调频尤为明显），这个网络就称为去加重网络。但是，接收端接入去加重网络 $H_R(f)$ 后，将会对传输信号带来频率失真。因此，必须在调制器前加一个预加重网络 $H_T(f)$ 来抵消去加重网络的影响。为使传输信号不失真，应该有

$$H_T(f)H_R(f)=1 \quad 或 \quad H_T(f)=1/H_R(f) \tag{4-117}$$

当满足式（4-117）的条件之后，对传输信号来说，接与不接加重、去加重网络的情况是一样的，既保证了输出信号不变的要求，而且使输出噪声得到降低，提高了输出信噪比。

由于加重前和加重后的信号是不变的，所以若比较加重前的信噪功率比和加重后的信噪功率比只要用加重前后的输出噪声功率来比较就可以了。即

$$R=\frac{\int_{-f_m}^{f_m}P_{no}(f)\,df}{\int_{-f_m}^{f_m}P_{no}(f)\,|H_R(f)|^2df} \tag{4-118}$$

式中，分子是未加重时的输出噪声功率；分母是加重后的输出噪声功率。由此可见，加重后输出信噪比的改善程度和去加重网络 $H_R(f)$ 有关。

如果采用并不复杂的去加重（见图 4-33a）和预加重（见图 4-33b）电路后，且保持信号传输带宽不变的条件，经过分析计算，可以使输出信噪比提高 6dB 左右。

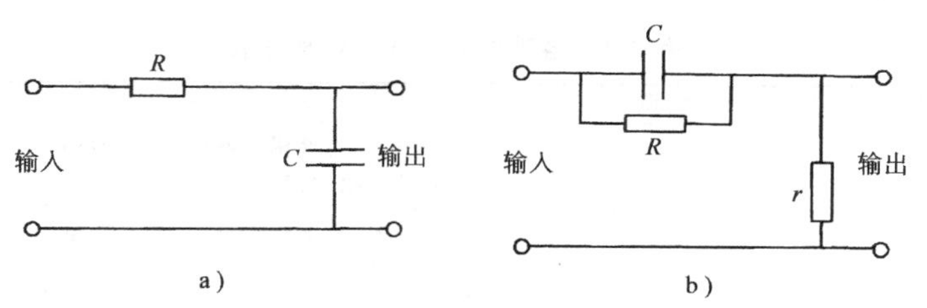

图 4-33　去加重和预加重电路

4.6　各种模拟调制系统的比较

为了便于在实际中合理地选用各种模拟调制系统，现对它们作一扼要的比较。

先用图示法来比较它们的抗噪声性能。假设所有系统在接收机输入端具有相等的信号功率，且加性噪声都是均值为零、双边功率谱密度为 $n_0/2$ 的高斯白噪声，基带信号 $m(t)$ 在所有系统中都满足

$$\begin{cases}\overline{m(t)}=0\\ \overline{m^2(t)}=1/2\\ |m(t)|_{max}=1\end{cases} \tag{4-119}$$

例如 $m(t)$ 为正弦型信号，同时，所有的调制与解调系统都具有理想的特性。显然，在上述的比较条件下，表征系统性能的式（4-43）、式（4-52）、式（4-64）及式（4-111）可分别写成

$$(S_o/N_o)_{DSB}=(S_i/n_0B_b) \tag{4-120}$$

$$(S_o/N_o)_{SSB} = (S_i/n_0 B_b) \tag{4-121}$$

$$(S_o/N_o)_{AM} = \frac{1}{3}(S_i/n_0 B_b) \tag{4-122}$$

$$(S_o/N_o)_{FM} = \frac{3}{2}m_f^2(S_i/n_0 B_b) \tag{4-123}$$

上述各式中，B_b 为调制信号的带宽或基带带宽。在式（4-122）中已假定 AM 的调幅度为100%。图 4-34 表示 DSB、SSB、AM 及 FM 调制系统的性能曲线。图中黑点表示出现门限效应时的曲线拐点。在门限电平以下，曲线将迅速跌落；在门限值以上，DSB、SSB 的信噪比经 AM 优越 4.7dB 以上，而 FM（$m_f=6$）的信噪比比 AM 优越 22dB。由此可见，当输入信噪比较高时，采用 FM 方式可以得到更大好处。

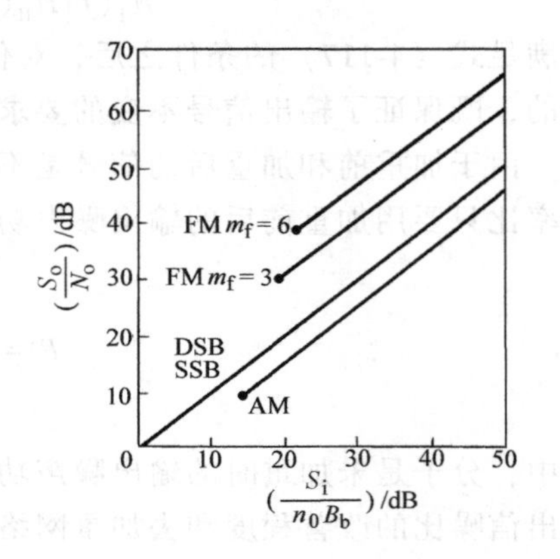

图 4-34　各种模拟调制系统的性能曲线

表 4-1 扼要地给出了各种调制方式在带宽、设备（调制解调）复杂性等方面的比较，并指出了它们的一些主要应用。

表 4-1　各种调制方式的性能比较

调制方式	信号带宽	解调增益	设备复杂性	通信中应用情况
DSB	$2B_b$	2	中等；要求相干解调，常与 DSB 信号一起传输一个小导频	较少应用
SSB	B_b	1	较大；要求相干解调，调制器也较复杂	短波无线电通信
AM	$2B_b$	同步解调和大信噪比包络解调 $\frac{2\overline{x^2(t)}}{A_0^2+\overline{x^2(t)}}$ 包络解调有门限效应	较小；调制与解调（包络检波）简单	老式军用无线电台中广泛应用
VSB	略大于 B_b		较大；要求相干解调，调制器需要对称滤波	数据传输；宽带（电视）系统
FM	宽带 $2B_b(m_f+1)$ 窄带 $2B_b$	大信噪比时 $3m_f^2(m_f+1)$ 非相干解调有门限效应	介于 SSB 和 AM 之间	数据传输；无线电广播，微波中继

4.7　频分复用技术

在一个信道上同时传送多路信号的技术称为复用技术。譬如，在电话系统中，传输的语音信号的频谱一般在 300~3400Hz 内。为了使若干个这种信号能在同一信道上传输，可以使它们的频谱调制到不同的频段，合并在一起而不致相互影响，并能在接收端彼此分离开来。

常见的信道复用技术采用按频率区分或按时间区分信号，可分为两类：一类是频分复用（FDM，这是本节要介绍的），另一类是时分复用（TDM，第 8 章要介绍）。频分复用时将所给的信道带宽分割成互不重叠的许多小区，每个小区能顺利通过一路信号。可以利用对正弦波调制的方法，将各路基带信号分别调制在不同的副载波上，即将各路基带信号的频谱分别搬到相应的小区间里，然后把它们一起发送出去。在接收端用中心频率调制在各副载波的带通滤波器将各路已调信号分离开来，再进行相应的解调，取各路基带信号。

频分复用技术应用很多，如载波电话、调频立体声、电视广播、空间火箭的遥测装置等。三路带限调制信号的多路频分复用原理如图 4-35 所示。由图中可知，三路调制信号分别通过低通滤波器 LPF，形成带限调制信号。这样可避免调制后对邻路信号的干扰（频谱重叠）。带限信号对f_{c1}、f_{c2}、f_{c3} 副载波进行 SSB 调制，产生 $x_{c1}(t)$、$x_{c2}(t)$ 和 $x_{c3}(t)$，然后将它们相加起来，得到 $x(t)$。称 $x(t)$ 为频分复用信号。只要适当选择副载波，并且调制信号是带限的，这样就不会产生各路频谱重叠的现象。频分复用信号可以直接通过信道传输，称为一次调制，也可以将频分复用信号在对某个载波 f_c 调制后传输，称为二次调制。在二次调制中，为了节约复用信号的频谱宽度，第一次调制，通常采用 SSB 调制，而第二次调制一般为了提高抗干扰性能，通常采用 FM 调制。在接收端将二次调制后的信号 $x_c(t)$ 解调成频分复用信号 $x(t)$，然后分路滤波和 SSB 解调，恢复各路信号 $x_1(t)$、$x_2(t)$、$x_3(t)$。

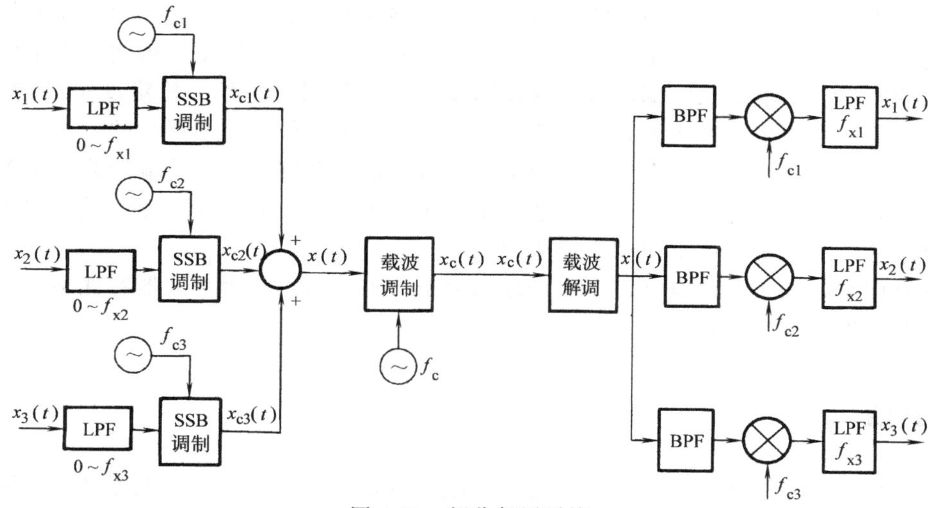

图 4-35　频分复用系统

频分复用中有一个重要的指标是路际串话，这是各路信号不希望有的交叉耦合，就是甲路在通话的同时又听到乙路之间的讲话。产生路际串话的主要原因是系统中的非线性引起的，这在设计过程中是要特别注意的。其次是各滤波器的滤波特性不良和副载波频率漂移等。为了减少频分复用信号频谱的重叠，各路信号频谱间应留有一定的频率间隔，这个频率间隔称为防护频带。防护频带的大小主要和滤波器的过渡范围有关。滤波器的滤波特性不好，过渡范围宽，相应的防护频带也要增加。

频分复用信号的带宽和各路调制信号的带宽、相邻话路间的防护频带以及调制方式有关。

设 $x_1(t)$ 的频谱为 $X_1(f)$，$x_2(t)$ 与 $x_3(t)$ 的频谱分别为 $X_2(f)$ 和 $X_3(f)$，采用 SSB 调制方式，则复用信号 $x(t)$ 的频谱 $X(f)$ 如图 4-36 所示。从图中可以看到：

在单边带调制时，复用信号的带宽

$$B_{\mathrm{SSAMFDM}}=f_{x1}+f_{x2}+f_{x3}+B_{g1}+B_{g2} \tag{4-124}$$

式中，B_{g1}、B_{g2} 为防护频带。

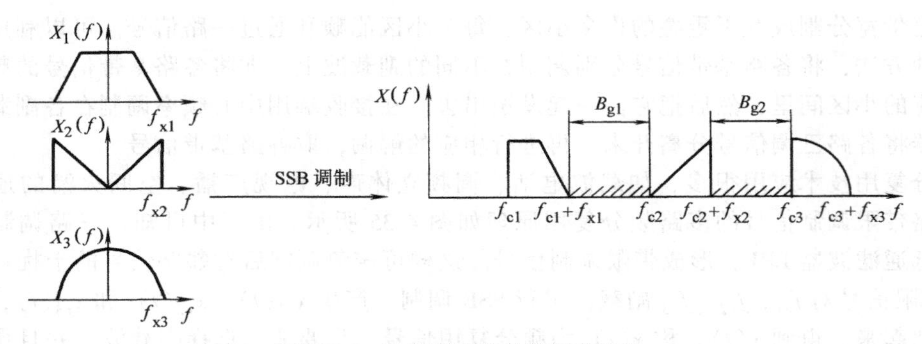

图 4-36 频分复用信号的频谱结构

如果用其他调制方式，则频分复用信号的带宽要增加。例如振幅调制时

$$B_{\mathrm{AMFDM}}=2(f_{x1}+f_{x2}+f_{x3})+B_{g1}+B_{g2} \tag{4-125}$$

从上面讨论可知：复用信号的最小带宽是各调制信号的频带之和。如果不用单边带调制，则 B_{FDM} 要增加。如果滤波器特性不佳，副载波频漂严重，则防护带宽增加，同样 B_{FDM} 也要增加。为了在给定的信道内，能同时传输更多路数的电话，要求边带滤波器的频率特性比较陡峭，当然技术上会有一定的困难。另外，收发两端都采用很多的载波，为了保证收端相干解调的质量，要求收发两端的载波保证同步，因此常用一个频率稳定度很高的主振源，并用频率合成技术产生各种所需频率。所以载波漂移现象一般是不太严重的。

采用频分复用技术，可以在给定的信道内同时传输许多路信号，传输的路数越多，则信号传输的有效性越高，它成为目前模拟通信中最主要的一种复用方式，特别是在有线通信、无线电报通信、微波通信中都得到广泛应用。

频分复用系统的主要缺点是设备生产较为复杂。另一缺点是因滤波器特性不够理想和信道内存在非线性而产生路间干扰。

4.8 小结

模拟通信系统就是传输模拟信号的通信系统。本章介绍模拟调制解调原理，主要包括调幅、调频的基本原理，以及它们的抗噪声性能，重点地介绍了实现模拟通信系统的理论和技术，如：基本调幅（AM）系统实际实现比较容易，系统性能价格比较高；单边带（SSB）调制系统，已调信号占用带宽窄，即具有较好的有效性；调频（FM）系统是以占用较大的信道带宽而获得好的抗噪声性能等等。为实际工作提供了很好的指导作用。想更进一步了解模拟通信系统原理的读者可以参阅有关论著[3-6,8]。

如果把本章中调制信号 $m(t)$ 换为数字基带信号，则调制系统就变为数字调制。尽管模拟调制在实际应用中占有越来越小的比例，但它是数字调制的基础。从下一章开始，将侧重讨论数字通信系统的原理、方法及应用。

4.9 思考题

1. 什么是线性调制？常见的线性调制有哪些？
2. 残留边带滤波器的传输特性如何？为什么？

3. 什么叫调制制度增益？其物理意义如何？
4. 双边带调制系统解调器的输入信号功率为什么和载波功率无关？
5. 如何比较两个系统的抗噪声性能？
6. DSB 调制系统和 SSB 调制系统的抗噪声性能是否相同？为什么？
7. 什么是门限效应？AM 信号采用包络检波法解调时，为什么会产生门限效应？
8. 在小噪声情况下，试比较 AM 系统和 FM 系统抗噪声性能的优劣。
9. FM 系统产生门限效应的主要原因是什么？
10. FM 系统调制制度增益和信号带宽的关系如何？这一关系说明什么问题？
11. 什么是频分复用？

4.10　习题

1. 已知线性调制信号表示式如下：

(1) $\cos(\Omega t)\cos(\omega_c t)$

(2) $[1+0.5\sin(\Omega t)]\cos(\omega_c t)$

式中，$\omega_c=6\Omega$。试分别画出它们的波形图和频谱图。

2. 根据题图 4-1 所示的调制信号波形，试画出 DSB 及 AM 信号的波形图，并比较它们分别通过包络检波器后的波形差别。

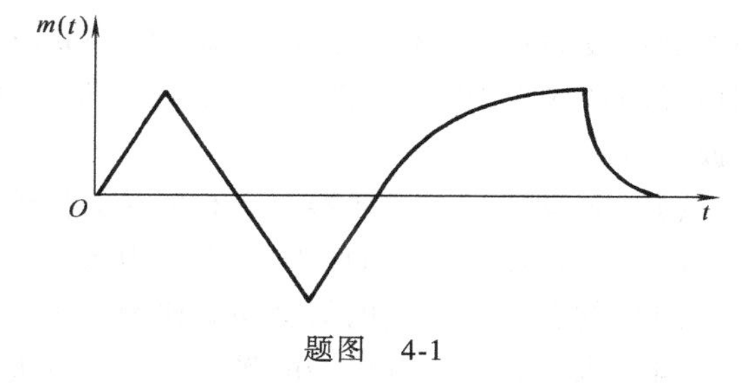

题图　4-1

3. 已知调制信号 $m(t)=\cos(2000\pi t)+\cos(4000\pi t)$，载波为 $\cos(10^4\pi t)$，进行单边带调制，试确定该单边带信号的表示式，并画出频谱图。

4. 将调幅波通过残留边带滤波器产生残留边带信号。若此滤波器的传输函数 $H(\omega)$ 如题图 4-2 所示（斜线段为直线）。当调制信号为 $m(t)=A[\sin(100\pi t)+\sin(6000\pi t)]$，调幅波为 $[m_0+m(t)]\cos 20000\pi t$ 时，试确定所得残留边带信号的表示式。

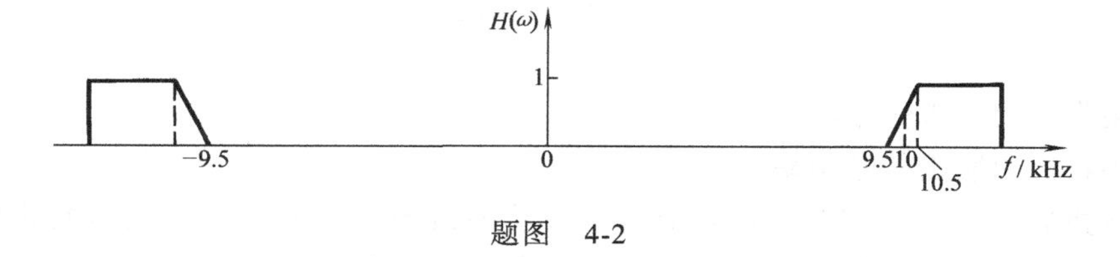

题图　4-2

5. 某调制框图如题图 4-3b 所示。已知 $m(t)$ 的频谱如题图 4-3a 所示，载频 $\omega_1 \ll \omega_2$，$\omega_1>\omega_H$，且理想低通滤波器的截止频率为 ω_1，试求输出信号 $s(t)$，并说明 $s(t)$ 为何种已调制信号。

6. 某调制系统如题图 4-4 所示。为了在输出端同时分别得到 $f_1(t)$ 及 $f_2(t)$，试确定接收端的 $c_1(t)$ 及 $c_2(t)$。

7. 设某信道具有均匀的双边带噪声功率谱密度 $P_n(f)=0.5\times10^{-3}\text{W/Hz}$，在该信道中传

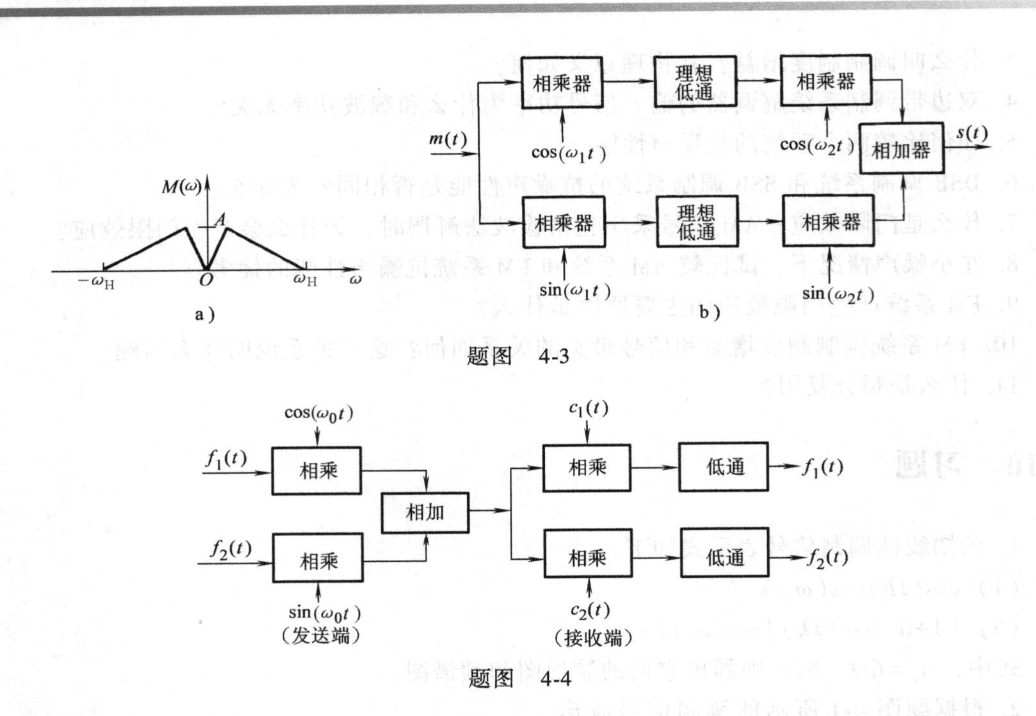

题图 4-3

题图 4-4

输抑制载波的双边带信号，并设调制信号 $m(t)$ 的频带限制在 5kHz，而载波为 100kHz，已调信号的功率为 10kW。若接收机的输入信号在加至解调器之前，先经过一理想带通滤波器滤波，试问：

(1) 该理想带通滤波器应具有怎样的传输特性 $H(\omega)$？

(2) 解调器输入端的信噪功率比为多少？

(3) 解调器输出端的信噪功率比为多少？

(4) 求出解调器输出端的噪声功率谱密度，并用图形表示出来。

8. 若对某一信号用 DSB 进行传输，设加至接收机的调制信号 $m(t)$ 的功率谱密度为

$$P_{\mathrm{m}}(f)=\begin{cases}\dfrac{n_{\mathrm{m}}|f|}{2f_{\mathrm{m}}}, & |f|\leqslant f_{\mathrm{m}}\\ 0, & |f|>f_{\mathrm{m}}\end{cases}$$

试求：

(1) 接收机的输入信号功率。

(2) 接收机的输出信号功率。

(3) 若叠加于 DSB 信号的白噪声具有双边功率谱密度 $n_0/2$，设解调器的输出端接有截止频率为 f_{m} 的理想低通滤波器，那么，输出信噪功率比是多少？

9. 设某信道具有均匀的双边带噪声功率谱密度 $P_n(f)=0.5\times10^{-3}\,\mathrm{W/Hz}$，在该信道中传输抑制载波的单边带（上边带）信号，并设调制信号 $m(t)$ 的频带限制在 5kHz，而载波是 100kHz，已调信号功率是 10kW。若接收机的输入信号在加至解调器之前，先经过一理想带通滤波器滤波，试问：

(1) 该理想带通滤波器应具有怎样的传输特性 $H(\omega)$？

(2) 解调器输入端的信噪功率比为多少？

（3）解调器输出端的信噪功率比为多少？

10. 某线性调制系统的输出信噪比为 20dB，输出噪声功率为 10^{-9}W，由发射机输出端到解调器输入端之间总的传输损耗为 100dB，试求：

（1）DSB/SC 时的发射机输出功率。

（2）SSB/SC 时的发射机输出功率。

11. 设调制信号 $m(t)$ 的功率谱密度与习题 8 相同，若用 SSB 调制方式进行传输（忽略信道的影响），试求：

（1）接收机的输入信号功率。

（2）接收机的输出信号功率。

（3）若叠加于 SSB 信号的白噪声是双边功率谱密度 $n_0/2$，设解调器的输出端接有截止频率为 f_m（Hz）的理想低通滤波器，那么，输出信噪功率比为多少？

（4）该系统的调制制度增益 G 为多少？

12. 试证明：当 AM 信号采用同步检测法进行解调时，其制度增益 G 与公式（4-64）的结果相同。

13. 设某信道具有均匀的双边噪声功率谱密度 $P_n(f)=0.5\times10^{-3}$W/Hz，在该信道中传输振幅调制信号，并设调制信号 $m(t)$ 的频带限制于 5kHz，载频是 100kHz，边带功率为 10kW，载波功率为 40kW。若接收机的输入信号先经过一个合适的理想带通滤波器，然后再加至包络检波器进行解调。试求：

（1）解调器输入端的信噪功率比。

（2）解调器输出端的信噪功率比。

（3）制度增益 G。

14. 设被接收的调幅信号为 $s_m(t)=A[1+m(t)]\cos(\omega_c t)$，采用包络检波法解调，其中 $m(t)$ 的功率谱密度与习题 8 相同。若一双边功率谱密度为 $n_0/2$ 的噪声叠加于已调信号，试求解调器输出端的信噪功率比。

15. 试证明：若在残留边带信号中加入大的载波，则可采用包络检波法实现解调。

16. 设一宽带频率调制系统，载波振幅为 100V，频率为 100MHz，调制信号 $m(t)$ 的频带限制于 5kHz，$\overline{m^2(t)}=5000\text{V}^2$，$k_f=500\pi$Hz/V，最大频偏 $\Delta f=75$kHz，并设信道中噪声功率谱密度是均匀的，为 $P_n(f)=0.5\times10^{-3}$W/Hz（单边谱），试求：

（1）接收机输入端理想带通滤波器的传输特性 $H(\omega)$。

（2）解调器输入端的信噪功率比。

（3）解调器输出端的信噪功率比。

（4）若 $m(t)$ 以振幅调制方法传输，并以包络检波器检波，试比较在输出信噪比和所需带宽方面与频率调制系统有何不同？

17. 设有一个频分多路复用系统，副载波用 DSB-SC 调制，主载波用 FM 调制。如果有 60 路等幅的音频输入通路，每路频带限制在 3.3kHz 以下，防护频带为 0.7kHz。

（1）如果最大频偏为 800kHz，试求传输信号的带宽。

（2）试分析与第一路相比时第 60 路输入信噪比降低的程度（假定鉴频器输入的噪声是白色的，且解调器中无去加重电路）。

第5章　数字基带信号传输系统

本章将学习和研究数字基带信号传输系统。数字基带信号传输系统相对于第一章讨论的数字通信系统（图 1-5a）而言，它是一种简化形式的数字通信系统，研究该系统的目的是希望读者从剖析数字基带信号传输系统，掌握数字通信系统分析和设计的基本方法和思路。具体方法包括：（1）在有限带宽信道条件下的信号设计方法；（2）存在加性高斯白噪声条件下的一般接收机抗噪声性能分析方法及最佳接收机的设计方法；（3）评价数字基带传输系统性能的眼图；（4）提高数字基带传输系统频带利用率的部分响应系统以及提高实际数字基带传输系统接收机性能的时域均衡技术等。学习本章需要具备概率论与随机过程的基本知识，以及信号与系统的基本知识。

5.1　数字基带信号传输系统组成

所谓数字基带信号是指频谱集中在零频（直流）或某个低频附近的数字信号，如计算机输出的二进制序列或由语音（图像）信号数字化转换而来的数字语音（图像）信号都是数字基带信号。数字基带信号通过低通型信道的传输称为数字基带信号传输，相应的系统称为数字基带信号传输系统。

典型数字基带信号传输系统的结构如图 5-1 所示。它主要由码型变换器、发送滤波器、信道、接收滤波器、位定时提取电路、抽样判决器和码元再生器组成。

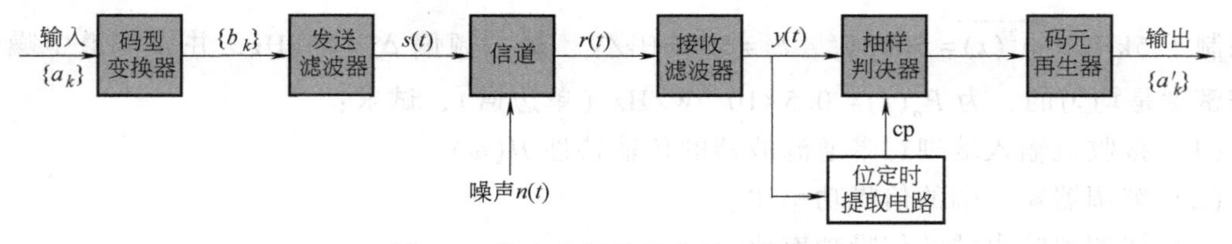

图 5-1　数字基带信号传输系统框图

1. 码型变换器

数字基带系统的输入通常是码元速率为 R_s，码元间隔为 T_s 的二进制或多进制脉冲序列，用符号$\{a_k\}$表示。由于二进制码元传输速率等于信息传输速率，即 $R_s=R_b$，因此常用 R_b（本章也用f_b）表示二进制码元速率，用 T_b 表示二进制码元间隔。一般终端设备（如计算机、模/数转换器）送来的二进制脉冲序列如图 5-2a 所示，用宽度为 T_b 的正脉冲表示“1”码，无脉冲表示“0”码，这样的信号称为全占空单极性信号，往往不适合直接送到信道中传输。原因有很多，例如它包含有直流，而信道往往不能传输直流（如信道有变压器或隔直电容）；又如它的频谱特性中不包含代表码元速率 f_b 的频率成分，不便于提取同步信号。码型变换器的作用就是把原始基带信号变换成适合于信道传输的各种码型，达到与信道匹配的目的。如图 5-2b 所示就是码型变换器可能的变换之一，用宽度为 $T_b/2$ 的正脉冲表示“1”码，宽度为 $T_b/2$ 的负脉冲表示“0”码，这样的信号称为半占空双极性信号。

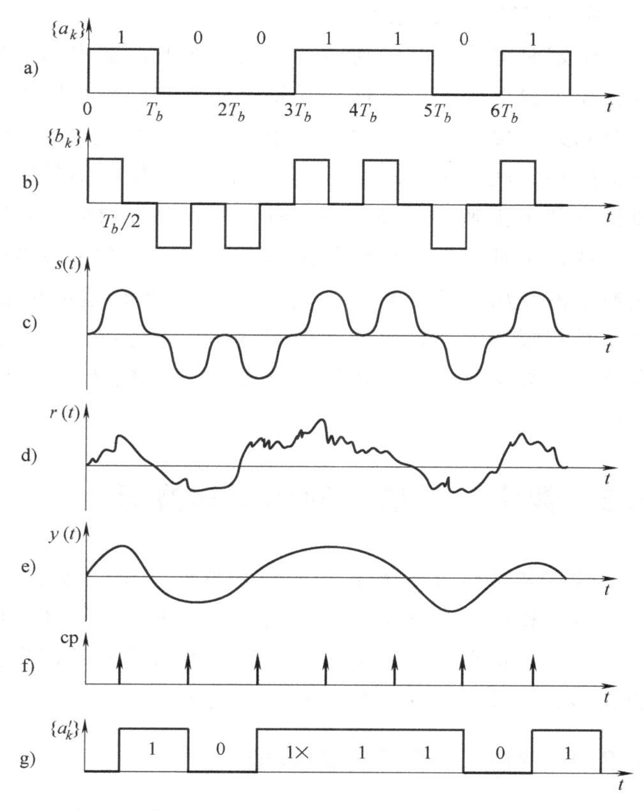

图 5-2　数字基带信号传输系统各点波形

2. 发送滤波器

码型变换器输出的各种码型是以矩形为基础的，这种以矩形波为基础的数字基带信号的低频分量和高频分量都比较大，因此占用频带也比较宽，不利于信道的传输。发送滤波器的作用就是把它变换为比较平滑的波形，如图 5-2c 所示的升余弦波形等，这样有利于压缩频带，以便于传输。

3. 信道

数字基带信号传输的信道通常为有线信道，如市话电缆、架空明线、同轴电缆、光纤等。信道的传输函数为 $C(f)$，具有带限低通传输特性，通常不满足无失真传输条件，因而信号通过它会产生失真。另外信道中还会引入噪声，在通信系统的分析中，一般把各处产生的噪声集中等效为信道噪声 $n(t)$，并认为是零均值高斯白噪声。

4. 接收滤波器

发送滤波器发出的信号 $s(t)$ 经过信道后，由于信道带限特性及传输特性的不理想引起波形失真，再加上信道中的噪声，使接收信号 $r(t)$ 产生了较大的畸变，如图 5-2d 所示。如果对这样的信号直接进行抽样判决，很可能产生比较多的错码，因此信号在抽样判决前需要经过一个接收滤波器。接收滤波器的作用有两个：一个是滤除带外噪声，另一个是对失真的信号进行校正，以便得到有利于抽样判决器判决的波形，接收滤波器输出波形 $y(t)$ 如图 5-2e 所示。

5. 抽样判决器和码元再生

抽样判决器的作用是在规定时刻（由位定时信号控制）对接收滤波器的输出波形进行抽样，然后根据预先确定的判决规则对抽样值进行判决，确定发端发的是“1”码还是“0”码。由于信号的失真及噪声的影响，判决器会发生错判，这种现象称为误码。码元再生器的功能是将判决器判决出的“1”码及“0”码变换成所需的数字基带信号形式。抽样判决和码元再生后的波形如图 5-2g 所示，传输过程中第三个码元发生了误码。

6. 位定时提取电路

位定时提取电路的功能是从接收滤波器输出的信号中提取用于控制抽样时刻的位定时信号，要求提取的位定时信号和发送的二进制数字序列同频同相。所谓同频，就是发送端发送一个码元，接收端应判决出一个码元，即位定时信号的周期应等于码元周期（码元间隔）。所谓同相，就是位定时信号的脉冲应对准接收信号的最佳取样判决时刻，使取样器取到的样值最有利于正确的判决。位定时提取电路提取的位定时信号如图 5-2f 所示。

从数字基带信号传输的过程可以看到，数字基带传输的根本目的一是在接收端以最小错误概率恢复出发送序列 $\{a_k\}$，即数字基带传输的可靠性问题；二是由于基带传输系统的带宽都是有限的，目标是在有限带宽下尽可能提高码元速率，即数字基带传输的有效性问题。本章将以数字基带信号传输系统的组成为框架，围绕数字基带传输的有效性和可靠性展开讨论。

5.2 数字基带信号的码型和波形

数字基带信号是数字信息的电脉冲表示。数字信息的表示方式和电脉冲的形状多种多样，对于相同的数字信息，采用不同的表示方式和电脉冲形状，可得到不同特性的数字基带信号。数字信息的表示方式称为数字基带信号的码型，相应的电脉冲形状称为数字基带信号的波形。本节讨论最常见的码型和波形。

5.2.1 数字基带信号的码型

不同码型的数字基带信号具有不同的功率谱特性，因此，要合理地设计码型使数字基带信号适合于给定信道的特输特性。那么基带传输系统的信道对数字基带信号的码型有什么要求呢？归纳起来主要有以下几点：

1）在数字基带信号的功率谱中不应有直流分量，低频分量与高频分量也要小。这是因为大多数基带信道低频端和高频端的传输特性都不好，不利于含有直流、低频分量及高频分量的信号传输。

2）要求数字基带信号的功率谱中含有位定时分量，以便于位定时信号的提取。

3）使数字基带信号占据较小的带宽，以提高频带利用率。

4）使数字基带信号的功率谱特性不受信源统计特性的影响，例如，无论信源先验是否等概，数字基带信号都不含直流成分等。

5）要求编、译码设备尽可能简单。

下面以矩形脉冲为波形介绍一些常用的码型及它们的特点。

1. 单极性不归零码

图 5-3a 所示为单极性不归零码，又称单极性全占空码，它用一个脉冲宽度等于码元间隔的矩形脉冲的有无来表示码元“1”和“0”。这是一种最常用的数字信息表示方式，用这种码型表示的数字基带信号具有以下特点：①有直流成分；②判决电平不能稳定在最佳的电平，抗噪声性能不好；③不能直接提取位定时信号。因此实际中应用很少。

2. 双极性不归零码

图 5-3b 所示为双极性码不归零码，又称双极性全占空码，它用脉冲宽度等于码元间隔

的两个幅度相等、极性相反的矩形脉冲来表示码元“1”和“0”。因此当1、0符号等概出现时无直流分量，这样，接收端恢复信号时的判决电平为0，稳定不变，因而不受信道特性变化的影响，抗干扰能力也较强。故双极性波形有利于在信道中传输。

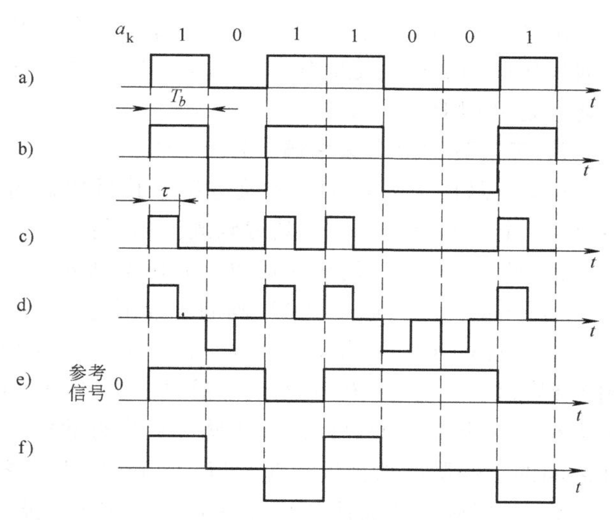

图 5-3 二进制随机序列码型
a）单极性不归零码 b）双极性不归零码 c）单极性归零码
d）双极性归零码 e）差分码 f）极性交替转换码（AMI码）

3. 单极性归零码

单极性归零码与单极性不归零码的区别是脉冲宽度小于码元间隔，每个码元脉冲在下一个码元到来之前回到零电平（见图 5-3c），所以称为归零码。设码元间隔为 T_b，矩形脉冲宽度为 τ，则称 τ/T_b 为占空比，$\tau/T_b=0.5$ 称为半占空码。由于在码元间隔相同时其脉冲宽度比不归零码窄，因而其带宽比不归零码的带宽要宽，以单极性归零码表示的数字基带信号可以直接提取位定时信息。

4. 双极性归零码

它是双极性码的归零形式，如图 5-3d 所示。它除了具有双极性不归零码的特点外，还可以通过简单的变换电路（全波整流电路），变换为单极性归零码，有利于同步脉冲的提取。

5. 差分码

这种码不是用码元本身的电平表示数字信息，而是用相邻码元电平的跳变和不变来表示数字信息，如图 5-3e 所示。图中，以相邻码元电平跳变表示“1”，以相邻电平不变表示“0”，当然上述规定也可以反过来。由于差分码是以相邻脉冲电平的相对变化来表示数字信息的，因此又称它为相对码。

由数字信息 a_n 求差分码 b_n 的数学表达式如下：

$$b_n=a_n\oplus b_{n-1},\quad n=1,2,3,\cdots \tag{5-1}$$

其中，$\oplus$为异或运算或模 2 加运算，相对于 b_n，a_n 称为绝对码。

反过来，由相对码 b_n 求绝对码 a_n 的数学表达式如下：

$$a_n=b_n\oplus b_{n-1}\quad (n=1,2,3,\cdots) \tag{5-2}$$

6. 极性交替转换码（AMI码）

极性交替转换码的编码规则是用无脉冲表示“0”码元，而“1”码元则交替用正、负极性的脉冲（归零或不归零）表示。如图 5-3f 所示。第一个“1”码的极性可任意设定，后面的“1”码元依次进行极性交替，这种码型实际上把二进制信息序列变成了三电平的码元序列。

AMI码的优点是：①无论“1”码与“0”码是否等概，AMI码的功率谱中都不含直流成分，高、低频分量少，能量集中在频率为 1/2 码元速率处；②只要将 AMI 码全波整流变为单极性归零波形，便可提取位定时信号；③AMI码便于利用极性交替规律观察误码情况。

AMI 码的不足是，当原信息序列出现长连“0”码时，信号的电平长时间不跳变，造成该时间区间内提取位定时信号的困难，导致系统失去位同步。解决连“0”码问题的有效方法之一是采用 HDB_3 码。

7. 三阶高密度双极性码（HDB3 码）

HDB3 码是 AMI 码的一种改进型，其目的是为了保持 AMI 码的优点而克服其缺点，使连“0”个数不超过 3 个。其编码规则如下：

1）将所有“1”码称为信码，并用 B 表示。

2）当信息序列中连“0”码的个数不超过 3 个时，与 AMI 码编码规则相同。

3）当连“0”码为 4 个或 4 个以上时，每 4 个连“0”为一组，将每组第 4 个“0”码用 V 码来代替，此 V 码称为破坏脉冲；并用以下两种特殊序列代替这 4 个连 0，规则是：①当相邻两个 V 脉冲之间的信码脉冲数为奇数时，以“000V”取代之；②当相邻两个 V 脉冲之间的信码脉冲数为偶数时，以“B00V”取代之。

4）V 码脉冲的极性与其前一个 B 码脉冲的极性相同。

5）B 码、V 码脉冲自身极性交替。

【例 5-1】 设输入二进制序列为 0010000110000000001，求其 HDB3 码。

二维码 5-1

解：HDB3 码的编码过程分五个步骤。

第一步：找出四连 0 序列，为清楚起见，用方框框出，如图 5-4a 所示。

第二步：“1”码或称信码用 B 表示；四连 0 序列的第 4 个“0”码用 V 码来代替，如图 5-4b 所示。

第三步：第 1 个 V 码极性之前信码个数为 1，因此该 4 连 0 用“000V”表示；第 2 个 V 码与第 1 个 V 码间有 2 个信码，因此该 4 连 0 用“B00V”表示；第 3 个 V 码与第 2 个 V 码间有 0 个信码，因此该 4 连 0 用“B00V”表示；如图 5-4c 所示。

第四步：第 1 个信码极性任意取（这里取“+”），按 B 码自身极性交替，V 码与其前一个 B 码极性相同，且自身极性交替标出极性，如图 5-4d 所示。

第五步：将极性提取出来，完成 HDB3 编码，波形如图 5-5 所示。

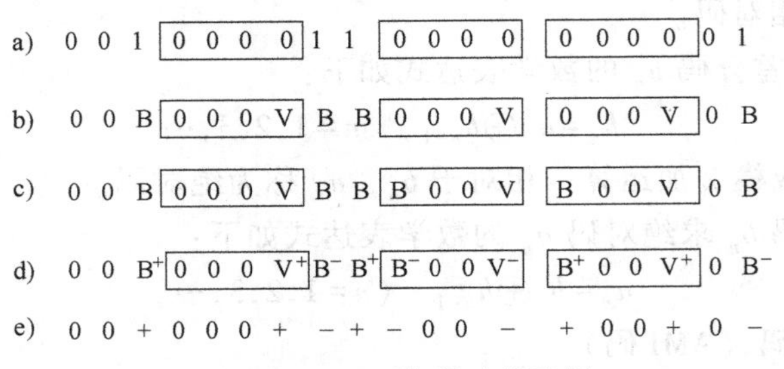

图 5-4 HDB3 编码过程示例

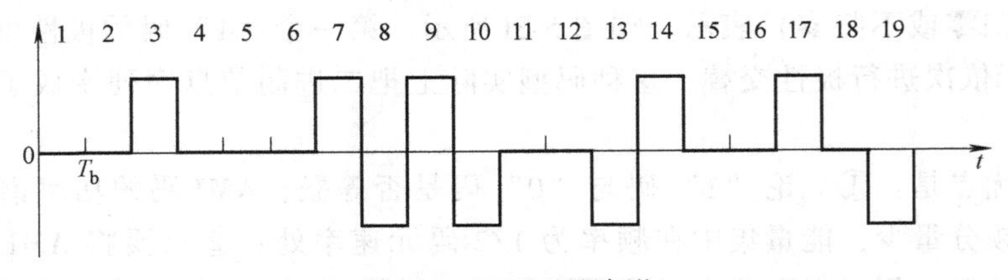

图 5-5 HDB3 码波形

在接收端，将接收到的 HDB3 码序列恢复为原输入二进制数字信息序列的过程称为译码。译码过程分为两个步骤：(1) 确定"V"码位置。根据 HDB3 码的编码规则，当接收序列中出现连续两个同极性码时，两个同极性码的后一个即是"V"；(2) 找出所有四连 0 序列。此"V"连同前三位码即为四连 0 序列；(3) 将所有正、负极性都恢复为"1"，零电平恢复为"0"。

【例 5-2】 设接收 HDB3 码的波形如图 5-6a 所示，求原信息序列。

解：

(1) 根据译码方法，首先确定"V"码位置。可以判定第 7、13、17 号码元即为"V"码，如图 5-6b 所示。

(2)"V"连同前三位码即为四连 0 序列，据此可以判定第 4~7、10~13、14~17 均为 0 码元，如图 5-6c 所示。

(3) 将所有正、负极性都恢复为"1"，零电平恢复为"0"。译码得到的原信息序列如图 5-6d 所示。

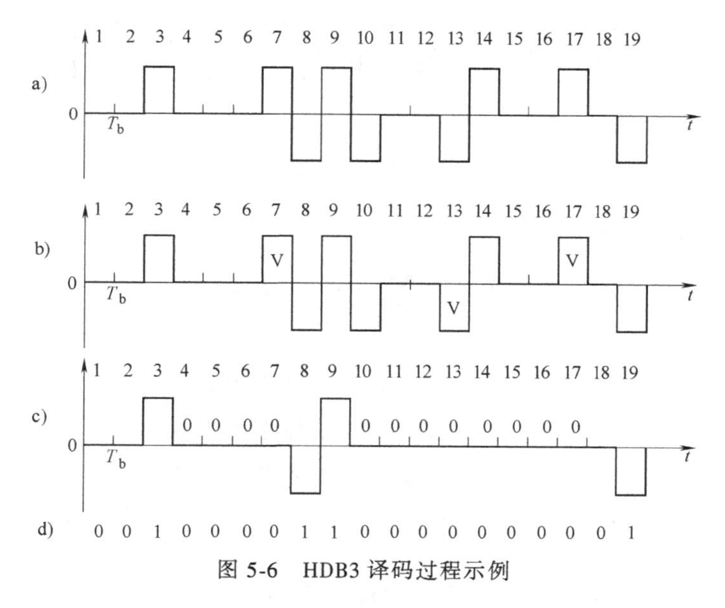

图 5-6 HDB3 译码过程示例

5.2.2 数字基带信号的波形

上述各种常用码型都是以矩形脉冲为基础的，这些数字基带信号可以直接通过基带信道传输，也可以对载波进行调制后在频带信道上传输，但由于以矩形脉冲为基础的数字基带信号带宽比较宽，且高频成分比较丰富，并不适合在带宽有限的信道中进行传输，这时就需要采用更适合信道传输的波形，这些波形包括比较平滑的升余弦脉冲、钟形脉冲、余弦滚降脉冲等，在数字基带通信系统中，发送滤波器的功能就是用来完成波形变换。

5.3 数字基带信号的功率谱分析

研究数字基带信号的谱结构是十分必要的，通过谱分析，可以了解信号占据的频带宽度，所包含的频谱分量，有无直流分量，有无定时分量等。这样，才能针对信号谱的特点来选择相匹配的信道，以及确定是否可从信号中提取定时信号。

数字基带信号是随机的脉冲序列，没有确定的频谱函数，所以只能用功率谱来描述它的频谱特性。第2章中介绍的由随机过程的相关函数去求随机过程的功率（或能量）谱密度就是一种典型的分析广义平稳随机过程的方法。但这种计算方法推导过程比较复杂，因此我们只给出推导结果并对结果进行分析。

设二进制随机脉冲序列如图5-7所示，其中，假设 $g_1(t)$ 表示“0”码，出现的概率为 p，频谱为 $G_1(f)$。$g_2(t)$ 表示“1”码，出现的概率为 $1-p$，频谱为 $G_2(f)$。$g_1(t)$ 和 $g_2(t)$ 在实际中可以是任意的脉冲（既可以是基带波形，也可以是频带波形，既可以是不归零波形，也可以是归零波形），且认为它们的出现是统计独立的。这里把 $g_1(t)$ 画成宽度为 T_b 的方波，把 $g_2(t)$ 画成宽度为 T_b 的三角波。

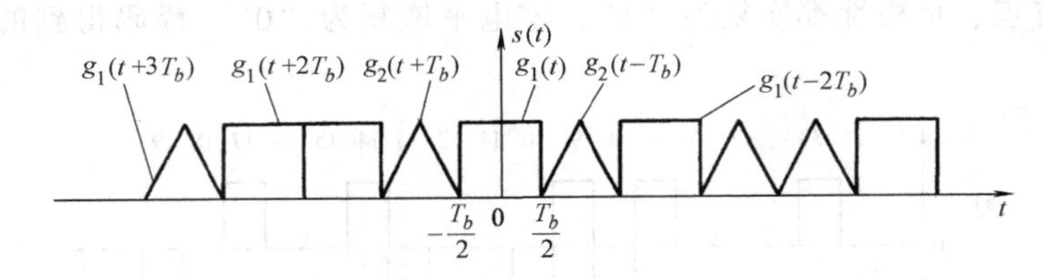

图 5-7 随机脉冲序列示意图

该二进制随机序列可表示为

$$s(t) = \sum_{k=-\infty}^{\infty} g_k(t - kT_b) \tag{5-3}$$

其中

$$g_k(t) = \begin{cases} g_1(t-kT_b)\text{，概率为 } p \\ g_2(t-kT_b)\text{，概率为 } 1-p \end{cases} \tag{5-4}$$

经数学推导该随机序列的双边功率谱密度为（推导过程请见附录I）

$$P_s(f) = f_b P(1-P) \mid [G_1(f) - G_2(f)] \mid^2 + \sum_{m=-\infty}^{\infty} \mid f_b[PG_1(mf_b) + (1-P)G_2(mf_b)] \mid^2 \delta(f - mf_b) \tag{5-5}$$

如果写成单边功率谱密度，则有

$$P_s(f) = 2f_b P(1-P) \mid G_1(f) - G_2(f) \mid^2 + f_b^2 \mid PG_1(0) + (1-P)G_2(0) \mid^2 \delta(f)$$
$$2\sum_{m=1}^{\infty} f_b^2 \mid [PG_1(mf_b) + (1-P)G_2(mf_b)] \mid^2 \delta(f - mf_b),\quad f \geqslant 0 \tag{5-6}$$

从式（5-5）的功率谱公式可看出二进制数字基带信号的功率谱包括两大部分：

（1）连续谱：$f_b P(1-P) \mid G_1(f) - G_2(f) \mid^2$

根据连续谱可以确定二进制数字基带信号的带宽。由于在实际通信时选取代表数字信息“1”码及“0”码的 $g_1(t)$ 及 $g_2(t)$ 一般不同，故 $G_1(f) \neq G_2(f)$，因而连续谱总是存在的。

（2）离散谱：$\sum_{m=-\infty}^{\infty} \mid f_b[PG_1(mf_b) + (1-P)G_2(mf_b)] \mid^2 \delta(f - mf_b)$

根据离散谱可以确定二进制数字基带信号是否包含直流分量（$m=0$）及位定时信号（$m=\pm1$）。其中直流分量为 $f_b^2\ [PG_1(0)+(1-P)G_2(0)]^2\delta(f)$，位定时分量为 $2f_b^2[PG_1(f_b)+(1-P)G_2(f_b)]^2\delta(f-f_b)$。直流分量及位定时信号是否存在取决于码型、波形及其出现的概率，是离散谱中最重要的两个分量。下面举例说明。

【例 5-3】 二进制随机序列由码元间隔为 T_b 的单极性波形组成，设表示"0"码的波形 $g_1(t)=0$，出现的概率为 p，表示"1"码的波形 $g_2(t)=g(t)$，出现的概率为 $1-p$，频谱为 $G(f)$。确定该二进制随机脉冲序列的带宽、直流分量及位定时分量，并画出功率谱示意图。

二维码 5-2

解：由题意该二进制随机序列的双边功率谱密度为

$$P_s(f)=f_bP(1-P)\,|G(f)|^2+\sum_{m=-\infty}^{\infty}|f_b(1-P)G(mf_b)|^2\delta(f-mf_b) \tag{5-7}$$

分两种情况讨论：

（1）若表示"1"码的波形 $g_2(t)=g(t)$ 为不归零矩形脉冲，即

$$g(t)=\begin{cases}1, & |t|\leqslant\dfrac{T_b}{2}\\ 0, & \text{其他}\end{cases} \tag{5-8}$$

其频谱函数为

$$G(f)=T_b\left[\frac{\sin\pi fT_b}{\pi fT_b}\right]=T_b\mathrm{Sa}(\pi fT_b) \tag{5-9}$$

这时式（5-7）变成

$$P_s(f)=P(1-P)T_b\mathrm{Sa}^2(\pi fT_b)+(1-P)^2\delta(f) \tag{5-10}$$

① 随机序列的带宽取决于连续谱，实际由单个码元的频谱函数 $G(f)$ 决定，由式（5-10）该频谱的第一个零点在 $f=f_b$，因此单极性不归零信号的带宽为 $B=f_b$（Hz）。

② 随机序列的直流分量和位定时分量取决于离散谱，$m=0$ 时，$G(0)=T_b\mathrm{Sa}(0)\neq0$，因此离散谱中有直流分量，直流分量为 $(1-P)^2\delta(f)$；m 为不等于零的整数时，$G(mf_b)=T_b\mathrm{Sa}(m\pi)=0$，离散谱均为零，因而无定时信号。单边功率谱密度如图 5-8 所示，此处假设 $p=0.5$。

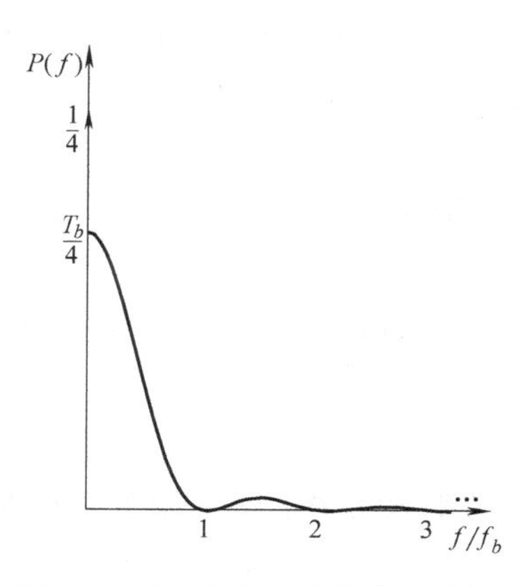

图 5-8　单极性不归零码的功率谱密度（等概）

（2）若表示"1"码的波形为 $g_2(t)=g(t)$ 为半占空归零矩形脉冲，即脉冲宽度 $\tau=T_b/2$ 时，其频谱函数为

$$G(f)=\frac{T_b}{2}\mathrm{Sa}\left(\frac{\pi fT_b}{2}\right) \tag{5-11}$$

这时，式（5-7）变成

$$P_s(f)=\frac{P(1-P)}{4}T_b\mathrm{Sa}^2\left(\frac{\pi fT_b}{4}\right)+\frac{(1-P)^2}{4}\sum_{m=0}^{\infty}\mathrm{Sa}^2\left(\frac{m\pi}{2}\right)\delta(f-mf_b) \tag{5-12}$$

① 由连续谱得出单极性半占空归零信号的带宽为 $B=2f_b$（Hz）。

② 由离散谱得出随机序列的直流分量和位定时分量。$m=0$ 时，$\mathrm{Sa}^2\left(\frac{m\pi}{2}\right)=1$，因此直流分量为$\frac{(1-P)^2}{4}\delta(f)$；$m$ 为奇数时，$\mathrm{Sa}^2\left(\frac{m\pi}{2}\right)\neq 0$，此时有离散谱，其中 $m=1$ 时，$\mathrm{Sa}^2\left(\frac{\pi}{2}\right)=\left(\frac{2}{\pi}\right)^2$，定时分量为$\left(\frac{1-p}{\pi}\right)^2\delta(f-f_b)$，因而有定时信号；$m$ 为偶数时，$\mathrm{Sa}^2\left(\frac{m\pi}{2}\right)=0$，此时无离散谱。

单边功率谱密度如图 5-9 所示，此处假设 $p=0.5$。

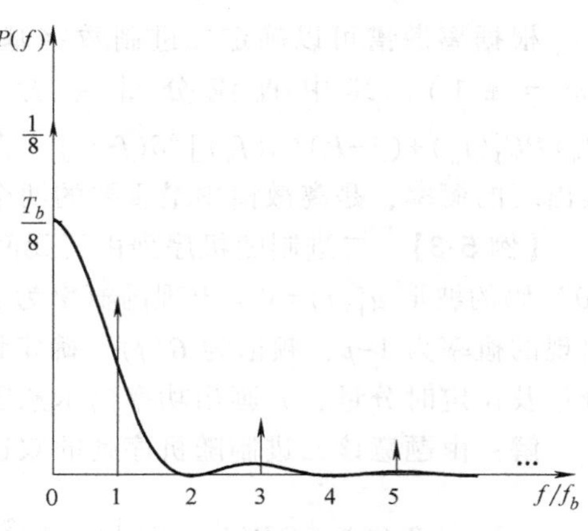

图 5-9 单极性归零码的功率谱密度（半占空，等概）

【例 5-4】 对于由双极性波形组成的二进制随机序列，若设 $g_1(t)=-g_2(t)=g(t)$，$g_1(t)$ 出现的概率为 p，$g_2(t)$ 出现的概率为 $1-p$。确定该随机脉冲序列的带宽、直流分量及位定时分量，并画出功率谱示意图。

解： 由题意该双极性二进制随机序列的双边功率谱密度为

$$P_s(f)=4f_bP(1-P)\,|G(f)|^2+\sum_{m=0}^{\infty}|f_b(2P-1)G(mf_b)|^2\delta(f-mf_b) \tag{5-13}$$

分析方法与单极性波形相同，分归零码与不归零码两种情况讨论。

① 带宽由连续谱决定，分析结果与单极性波形情况类似，即不归零信号的带宽为 $B=f_b$，半占空归零信号的带宽为 $B=2f_b$（Hz）。

② 直流分量和定时分量取决于离散谱。但双极性离散谱是否存在与概率密切相关，当“1”“0”不等概时，分析结果与单极性波形情况类似，请读者自行分析。当等概（$P=1/2$）时，上式变为

$$P_s(f)=f_b\,|G(f)|^2 \tag{5-14}$$

若 $g(t)$ 为高为 1，脉宽等于码元间隔的矩形脉冲，那么上式可写成

$$P_s(f)=T_b\mathrm{Sa}^2(\pi fT_b) \tag{5-15}$$

若 $g(t)$ 为高为 1，脉冲宽度 $\tau=T_b/2$ 时，那么式（5-14）可写成

$$P_s(f)=\frac{T_b}{4}\mathrm{Sa}^2\left(\frac{\pi fT_b}{2}\right) \tag{5-16}$$

单边功率谱密度如图 5-10 所示，此处假设 $p=0.5$。

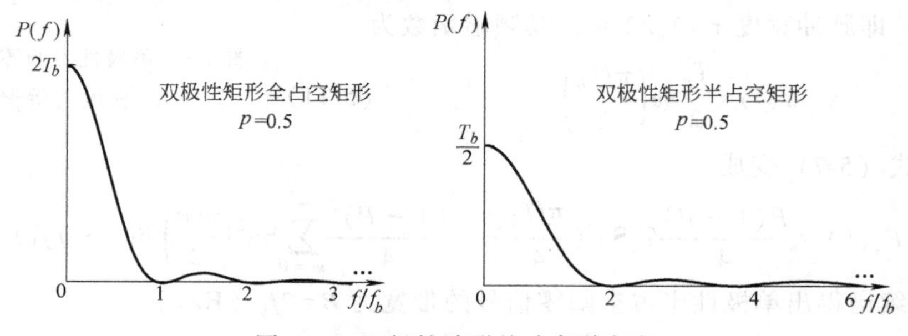

图 5-10 双极性波形的功率谱密度

从以上两例可以看出：

1）随机序列的带宽主要依赖单个码元波形的频谱函数 $G_1(f)$ 或 $G_2(f)$，两者之中应取带宽较大的一个作为序列带宽。时间波形的占空比越小，频带越宽。通常以谱的第一个零点作为矩形脉冲的近似带宽，它等于脉宽 τ 的倒数，即 $B=1/\tau$。

2）单极性基带信号无论 0、1 是否等概一定存在直流分量；是否存在离散线谱取决于矩形脉冲的占空比，归零信号中有定时分量，不归零信号中无定时分量。

3）双极性基带信号是否存在离散线谱，取决于矩形脉冲的占空比和概率。0、1 等概的双极性信号没有离散谱，即无直流分量和定时分量。0、1 不等概时存在直流分量，与单极性情况一样，归零信号中有定时分量，不归零信号中无定时分量。

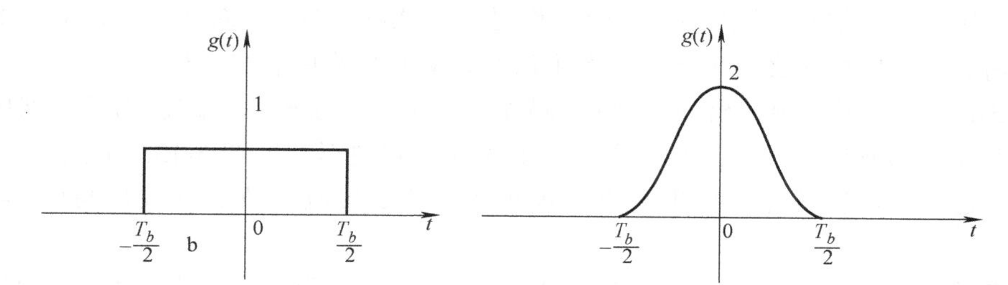

图 5-11 矩形脉冲与升余弦脉冲

上面举例都是以矩形为基础的，从图 5-8～图 5-10 中可以看到，功率谱密度在第一个零点以后，还有不少能量（有拖尾），如果信道带宽限制在 0 到第一个零点范围内，则会引起波形传输的较大失真，因此实际用于传输的波形往往要求功率谱密度更多能量集中在第一个零点之内，而第一个零点之外的拖尾很小，而且衰减的速度很快。实际中常用的一种波形是升余弦脉冲，把宽度为 T_b 的矩形脉冲用幅度是矩形脉冲幅度的 2 倍，宽度为 T_b 的升余弦脉冲代替（为保持能量相等），如图 5-11 所示。

升余弦脉冲的时域及频域表达式为：

$$g(t)=\begin{cases}1+\cos\dfrac{2\pi}{T_b}t, & |t|\leqslant\dfrac{T_b}{2}\\[2ex] 0, & \text{其他 } t\end{cases} \tag{5-17}$$

$$G(f)=\frac{T_b}{1-f^2T_b^2}\mathrm{Sa}(\pi fT_b) \tag{5-18}$$

升余弦脉冲与矩形脉冲频谱函数的对比如图 5-12 所示。从图中可以看出，升余弦脉冲的第一个零点带宽是 $2f_b$，为矩形脉冲的 2 倍，然而能量比矩形脉冲更集中在第一个零点以内，拖尾更小，衰减更快。

应当指出的是，在以上的分析方法中，没有限定 $g_1(t)$ 和 $g_2(t)$ 的波形，因此式（5-5）不仅适用于计算数字基带信号的功率谱，也可以用来计算数字调制信号的功率谱。

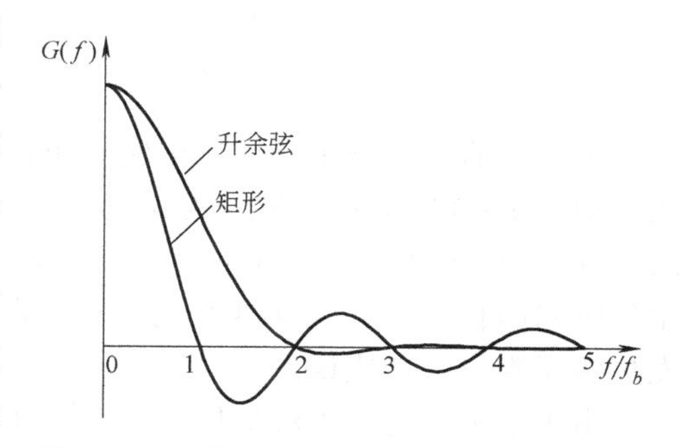

图 5-12 矩形脉冲与升余弦脉冲的频谱函数

5.4 数字基带信号的传输与码间串扰

衡量数字基带信号传输质量的主要指标是有效性和可靠性，具体来说就是传输速率和误码率，我们希望传输速率越高越好，误码率越低越好，但事与愿违，这二者通常是互相矛盾的。当信道等条件一定时，传输速率越高，误码率也越高；反之传输速率降低，误码率也将降低。本节开始将围绕数字基带信号传输的有效性和可靠性展开讨论。

5.4.1 带限信道产生码间串扰

5.1 节中介绍了数字基带传输系统的工作过程，从图 5-2a、g 对比中可以看出数字基带信号在传输的过程中可能会发生错误，产生误码，从而影响传输的可靠性。

把图 5-2 中的波形单独抽出一个“1”码加以分析。发端输入二进制码元序列中的“1”码经过码型变换和波形变换后，变成了一个正的升余弦波形，如图 5-13a～c 所示，图 5-13c 所示波形经过信道进行传输，如果信道是理想的，那么接收端收到的波形与图 5-13c 完全一致。

考虑实际非理想信道情况，由于图 5-13c 所示波形具有无穷大带宽（见图 5-12），而实际信道带宽总是有限的（称为带限信道），具有无穷大带宽的信号经过带限信道后会发生失真，如波形被展宽，实际接收到的可能波形如图 5-13d 所示，该码元判决时刻在最大值 $t=t_1$ 时刻，则下一个码元判决时刻应选在 (t_1+T_b)，此时第一码元波形还没有消失（见图 5-13e），这样势必影响第二个码元的判决。

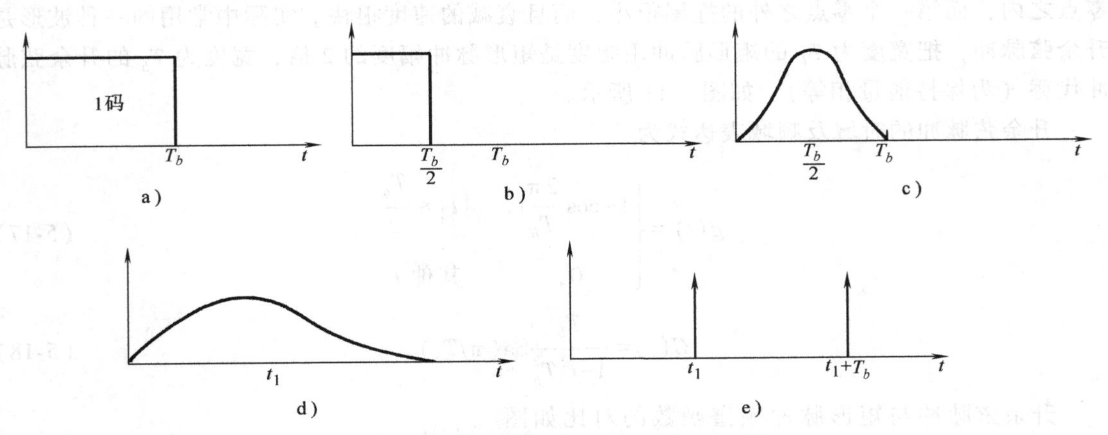

图 5-13 带限信道对单个波形影响示意图

举一个简单的例子，假设传输一组码元是 1110，考察图 5-14 中第 4 个码元（0）在判决时刻 $t=t_1+3T_b$ 的抽样值，为 $a_1+a_2+a_3+a_4$。当 $a_1+a_2+a_3+a_4<0$ 时判为“0”，反之当 $a_1+a_2+a_3+a_4>0$ 判为“1”。其中 a_1、a_2、a_3 分别为第 1、2、3 个“1”码元在 $t=t_1+3T_b$ 时刻产生的码间串扰值，a_4 为第 4 个码元本身在 $t=t_1+3T_b$ 时刻的值。显然当 $a_1+a_2+a_3>|a_4|$时会发生错误判决，造成误码。

由于带限信道产生波形展宽等失真现象将在邻近的其他码元时隙上形成非零值，称为波形的拖尾，拖尾和邻近码元上的传输波形相互叠加后，形成传输数据之间的混叠，造成符号

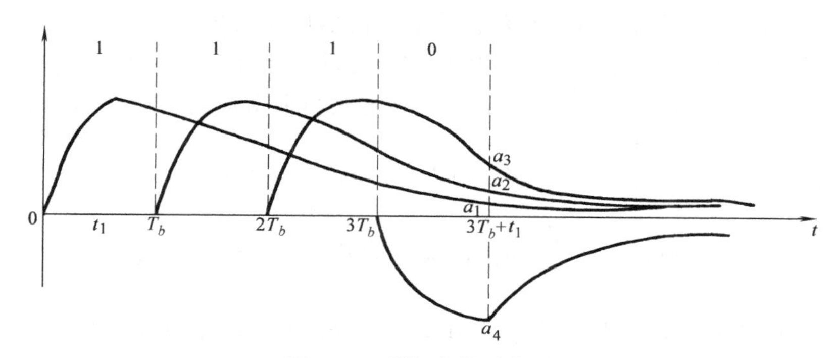

图 5-14　码间串扰示意图

间干扰，也称为**码间串扰**。当波形失真比较严重时，可能前几个码元的波形同时串到后面，对后面某一个码元的抽样判决产生影响。

码间串扰带来的影响可以通过合理设计数字基带传输系统特性来解决。

二维码 5-3

5.4.2　码间串扰和噪声的定量分析

数字基带传输系统的分析模型如图 5-15 所示。$d(t)$ 为输入二进制数字基带信号，$y(t)$ 为送入抽样判决器信号，如果该信号中无码间串扰现象发生，则可以正确判决。设发送滤波器传输函数为 $G_T(f)$，信道的传输特性为 $C(f)$，接收滤波器的传输特性为 $G_R(f)$，则该分析模型所示的基带传输系统的总传输特性为

$$H(f)=G_T(f)C(f)G_R(f) \tag{5-19}$$

其单位冲激响应为

$$h(t)=\int_{-\infty}^{\infty}H(f)\mathrm{e}^{\mathrm{j}2\pi ft}\mathrm{d}f \tag{5-20}$$

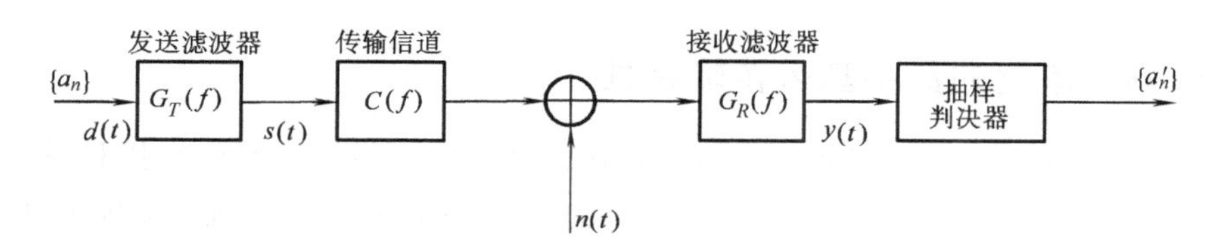

图 5-15　数字基带传输系统分析模型

为了分析方便，设系统的输入 $d(t)$ 是经过了码型变换的单位冲激序列，码元间隔为 T_b，表示为

$$d(t)=\sum_{k=-\infty}^{\infty}a_k\delta(t-kT_b) \tag{5-21}$$

式中，a_k 为第 k 个输入脉冲的幅度，它是一个随机变量，与所传送的信息 $\{a_k\}$ 和所采用的码型有关。如果是单极性码，则 a_k 取值为 0、1；若是双极性码，则 a_k 取值为−1、1；若是 AMI 码，则 a_k 取值为 0、1、−1 三种取值。

在 $d(t)$ 作用下，接收滤波器输出信号 $y(t)$ 可表示为

$$y(t)=d(t)*h(t)+n_R(t)=\sum_{k=-\infty}^{\infty}a_kh(t-kT_b)+n_R(t) \tag{5-22}$$

式中，$n_R(t)$ 是加性高斯白噪声 $n(t)$ 经过接收滤波器后输出的噪声。

抽样判决器对 $y(t)$ 进行抽样判决，以确定所传输的数字信息序列 $\{a_k\}$。设第 m 个码元的抽样判决时刻为 $t=mT_b+t_0$（t_0 是信道和接收滤波器所造成的延迟），代入式（5-22）得

$$\begin{aligned} y(mT_b+t_0) &= \sum_{k=-\infty}^{\infty} a_k h(mT_b+t_0-kT_b)+n_R(mT_b+t_0) \\ &= a_m h(t_0)+\sum_{\substack{k=-\infty \\ m\neq k}}^{\infty} a_k h[(m-k)T_b+t_0]+n_R(mT_b+t_0) \end{aligned} \tag{5-23}$$

上式表示在第 m 个码元抽样时刻的抽样值。其中第一项 $a_m h(t_0)$ 是第 m 个码元波形本身产生的抽样值，它是确定发送数据 a_m 的依据，是所期望得到的值。第二项 $\sum\limits_{\substack{k=-\infty \\ n\neq k}}^{\infty} a_k h\ [(m-k)T_b+t_0]$ 是除第 m 个码元以外的其他码元波形在 $t=mT_b+t_0$ 抽样瞬间上取值的总和，它对当前发送信息 a_m 的判决起着干扰的作用，所以称为码间串扰值。由于 a_k 是以某一概率出现的，故码间串扰值通常是一个随机变量。第三项 $n_R(mT_b+t_0)$ 是输出噪声在抽样瞬间的值，它是一种随机干扰，也会影响第 m 个码元的正确判决。

由于码间串扰和随机噪声的存在，当 $y(mT_b+t_0)$ 加到判决电路时，对 a_m 取值的判决可能判对也可能判错。例如，在传输二进制单极性信号时，a_m 的取值为“0”或“1”，判决电路的判决门限为 $V_0=h(t_0)/2$，判决规则为

当 $y(mT_b+t_0)>V_0$ 时，判 a_m 为“1”

当 $y(mT_b+t_0)<V_0$ 时，判 a_m 为“0”

显然，只有当码间串扰值和噪声足够小时，才能基本保证上述判决的正确，否则，有可能发生错判，造成误码。因此，为了使误码率尽可能地小，必须最大限度地减小码间串扰和随机噪声的影响。这也正是研究数字基带信号传输的基本出发点。

5.4.3 无码间串扰的数字基带传输特性

通过 5.4.2 节可知，数字基带系统发生误码的两个主要原因是码间串扰和噪声。本节不考虑噪声的影响（即假设系统不存在噪声），只讨论如何消除码间串扰的影响问题。

由于二进制传输时码元速率 R_s 与信息速率 R_b 数值上相等（$R_s=R_b$），因此本书常用 R_b 或 f_b 表示二进制码元速率，用 T_b 表示二进制码元间隔。同理，常用 R_s 或 f_s 表示多进制码元速率，用 T_s 表示多进制码元间隔。

下述无码间串扰推导虽然是以二进制传输为例，但同样适用于多进制传输，只需把所有表达式中的 f_b 换为 f_s，R_b 换为 R_s 即可。

1. 时域冲激响应

由式（5-23）可知，若想消除判决时刻码间串扰，应有

$$\sum_{\substack{k=-\infty \\ n\neq k}}^{\infty} a_k h[(m-k)T_b+t_0]=0 \tag{5-24}$$

由于 a_k 是随机的，要想通过各项相互抵消使码间串扰为 0 显然不可行，因此需要对 $h(t)$ 的波形进行合理的设计。由于带限信道的冲激响应在时间上是无限的，显然如图 5-16a 所示的

冲激响应尽管可以能满足无码间串扰要求，但与带限信道互相矛盾；因此只能采取如图5-16b中所示，让 $h(t)$ 的波形在 t_0+T_b，t_0+2T_b 等后续码元抽样判决时刻上正好为0，即出现周期性零点，就能消除码间串扰。

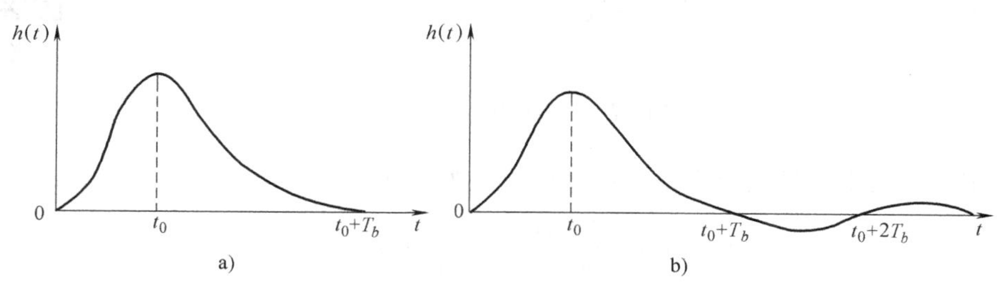

图5-16　消除码间串扰原理

由于 t_0 是一个时延常数，为了分析简便，设 $t_0=0$。根据上面的分析，当码元速率为 $f_b=1/T_b$ 时，无码间串扰的基带系统冲激响应 $h(t)$ 应满足下式：

$$h(kT_b)=\begin{cases}1(\text{或其他常数}), & k=0\\ 0, & k\neq 0\end{cases} \tag{5-25}$$

上式说明，无码间串扰的基带系统冲激响应除 $t=0$ 时取值不为零外，其他抽样时刻 $t=kT_b$ 上的取值均为零，显然此时不存在码间串扰。能满足这个要求的 $h(t)$ 是很多的，例如由 $h(t)=\mathrm{Sa}(\pi t/T_b)$ 得到的曲线，就能在 T_b，$2T_b$，…，nT_b 等这些特殊点上为零，如图5-17所示，它对应的传输函数为理想低通，带宽为 $1/2T_b$。发送码元符号为“11”时的示意图如图5-18所示，在第二个“1”的判决时刻 T_b，第一个“1”的值正好为零，因此无码间串扰。

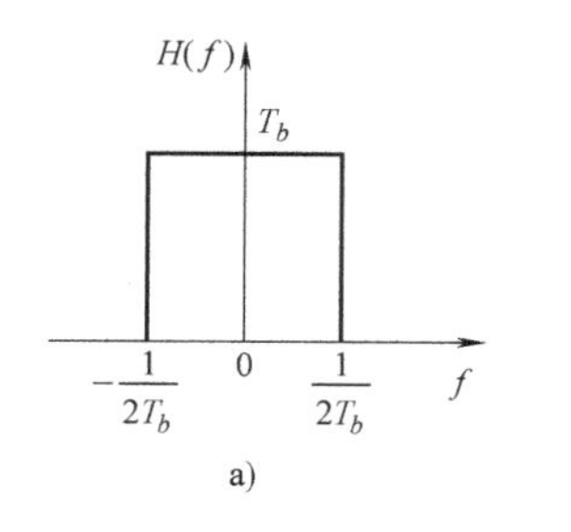

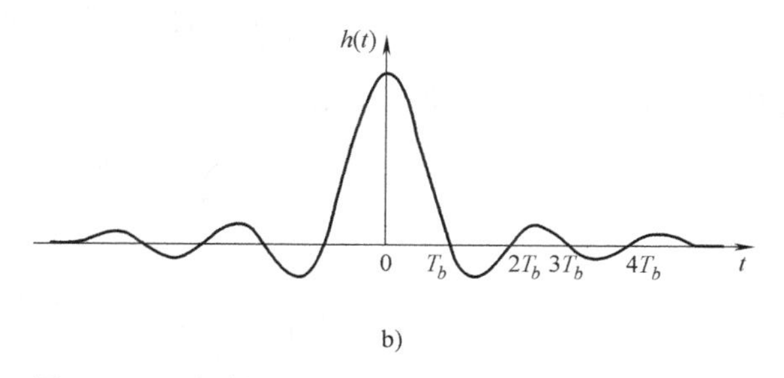

图5-17　理想低通系统

a）传输特性　b）冲激响应

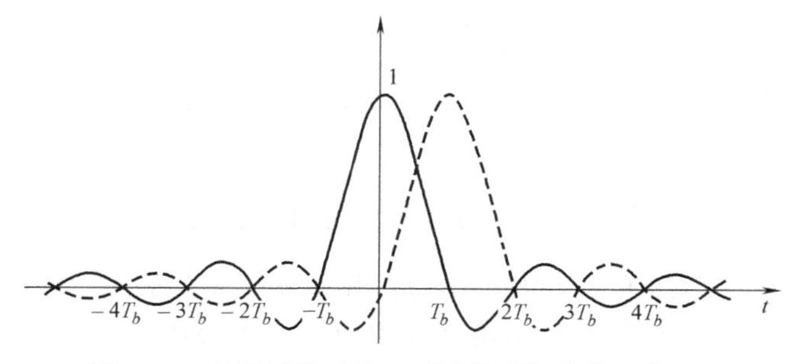

图5-18　理想低通系统（可消除码间串扰示意图）

2. 频域传输特性及奈奎斯特准则

二维码 5-4

下面来推导满足式（5-25）的频域传输特性 $H(f)$。

由 $h(t)=\int_{-\infty}^{\infty}H(f)\mathrm{e}^{\mathrm{j}2\pi ft}\mathrm{d}f$，在 $t=kT_b$ 时有

$$h(kT_b)=\int_{-\infty}^{\infty}H(f)\mathrm{e}^{\mathrm{j}2\pi fkT_b}\mathrm{d}f \tag{5-26}$$

把上式的积分区间用分段积分代替，每段长为 $1/T_b$，则上式可写成

$$h(kT_b)=\sum_{m=-\infty}^{\infty}\int_{(2m-1)/2T_b}^{(2m+1)/2T_b}H(f)\mathrm{e}^{\mathrm{j}2\pi fkT_b}\mathrm{d}f \tag{5-27}$$

做变量代换，上式可写成

$$\begin{aligned}h(kT_b)&=\sum_{m=-\infty}^{\infty}\int_{-f_b/2}^{f_b/2}H(f+mf_b)\mathrm{e}^{\mathrm{j}2\pi fkT_b}\mathrm{d}f=\int_{-f_b/2}^{f_b/2}\sum_{m=-\infty}^{\infty}H(f+mf_b)\mathrm{e}^{\mathrm{j}2\pi fkT_b}\mathrm{d}f\\&=\int_{-f_b/2}^{f_b/2}B(f)\mathrm{e}^{\mathrm{j}2\pi fkT_b}\mathrm{d}f\end{aligned} \tag{5-28}$$

其中我们定义 $B(f)$ 为：$B(f)=\sum_{m=-\infty}^{\infty}H(f+mf_b)$。从上述表达式可以看出，$B(f)$ 为一周期函数，周期为 $f_b=1/T_b$。由“信号与系统”课程的知识可知，以 T_0 为周期的函数 $f(t)$ 的傅里叶级数的指数表示形式为

$$\begin{cases}f(t)=\sum\limits_{n=-\infty}^{\infty}V_n\mathrm{e}^{\mathrm{j}2\pi nf_0t}\\V_n=\dfrac{1}{T_0}\int_{-\frac{T_0}{2}}^{\frac{T_0}{2}}f(t)\mathrm{e}^{-\mathrm{j}2\pi nf_0t}\mathrm{d}t\end{cases} \tag{5-29}$$

对照上式 $B(f)$ 可以展开成傅里叶级数为

$$B(f)=\sum_{n=-\infty}^{\infty}b_n\mathrm{e}^{\mathrm{j}2\pi nfT_b} \tag{5-30}$$

其中

$$b_n=T_b\int_{-1/2T_b}^{1/2T_b}B(f)\mathrm{e}^{-\mathrm{j}2\pi nfT_b}\mathrm{d}f \tag{5-31}$$

由式（5-28）和式（5-31）可得 $b_n=T_bh(-nT_b)$，将式（5-25）代入，有 $b_n=\begin{cases}T_b & n=0\\0 & n\neq0\end{cases}$；将结果代入式（5-30）得 $B(f)=T_b=\sum_{m=-\infty}^{\infty}H(f+mf_b)$。

当数字基带信号码元速率为 f_b 时，由式（5-25）无码间串扰时域冲激响应，得到频域传输特性必须满足

$$\sum_{m=-\infty}^{\infty}H(f+mf_b)=T_b(\text{或其他常数}) \tag{5-32}$$

也就是说数字基带传输系统总的传输特性 $H(f)$ 凡是满足此要求的，均可实现抽样时刻无码间串扰。这就为我们检验一个给定的系统特性 $H(f)$ 是否会产生码间串扰提供了一种准则。由于该准则是奈奎斯特（Nyquist）提出的，故将它称为**奈奎斯特第一准则**。

二维码 5-5

上式中 $\sum_{m=-\infty}^{\infty} H(f+mf_b)$ 的物理含义就是将 $H(f)$ 在频率轴上以 f_b 为周期平移并叠加，如果叠加后的结果为 T_b 或其他常数，则抽样时刻无码间串扰，否则就有码间串扰。上式没有任何条件限制，说明在整个频率轴上叠加后的结果均为常数，但实际上我们只需检验在 $|f| \leq f_b/2$ 范围内是否满足上述条件即可。

对 $\sum_{m=-\infty}^{\infty} H(f+mf_b)$ 的结果分三种情况讨论：

假设码元传输速率为 $R_b=f_b$，数字基带传输系统 $H(f)$ 带宽为 W。

（1）$f_b>2W$（码元速率大于两倍系统带宽）

设 W 为数字基带传输系统的带宽，该条件也可以看作 $W<f_b/2$，f_b 为码元速率。$H(f)$ 以 f_b 为周期展开并叠加的结果 $\sum_{m=-\infty}^{\infty} H(f+mf_b)$ 如图 5-19 所示，由于此时 $f_b>2W$，因此无论 $H(f)$ 的形状如何取，都不可能使得 $\sum_{m=-\infty}^{\infty} H(f+mf_b)=T_b$（或其他常数）。

结论：当码元速率大于数字基带传输系统带宽的两倍时，无法得到一个无码间串扰的系统，或者说无法设计一个无码间串扰的信号波形。

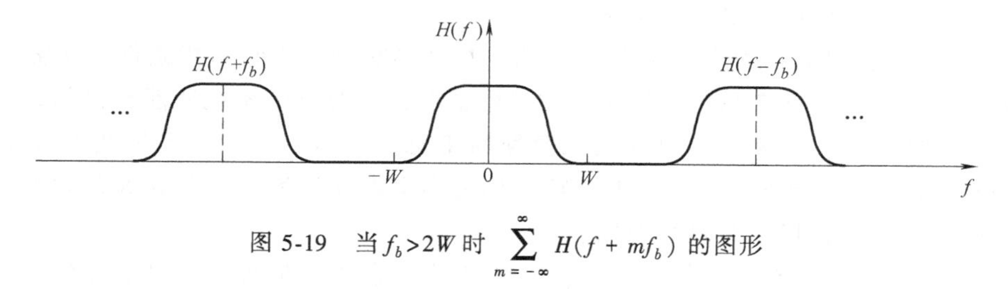

图 5-19　当 $f_b>2W$ 时 $\sum_{m=-\infty}^{\infty} H(f+mf_b)$ 的图形

（2）$f_b=2W$（码元速率等于两倍系统带宽）

$H(f)$ 以 f_b 为周期展开并叠加的结果如图 5-20 所示，从图中可以看出，要想使此时 $\sum_{m=-\infty}^{\infty} H(f+mf_b)$ 为常数，唯一可能的传输函数为

$$H(f)=\begin{cases}常量, & |f|<W \\ 0, & 其他\end{cases}$$

即理想低通，如图中虚线所示，其冲激响应为 $h(t)=\dfrac{\sin(\pi t f_b)}{\pi t f_b}=\mathrm{Sa}(\pi t f_b)$。

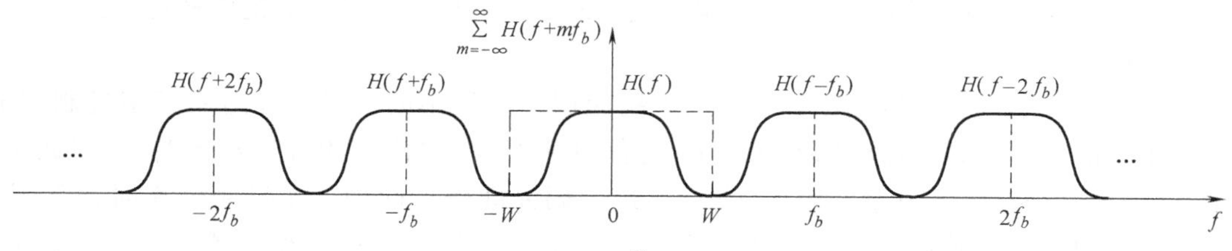

图 5-20　当 $f_b=2W$ 时 $\sum_{m=-\infty}^{\infty} H(f+mf_b)$ 的图形

这种情况代表两重物理含义，一是当给定基带传输系统带宽为 W(Hz) 时，实现无码间串扰传输所能达到的最高速率为 $2W$(Baud)，该速率称为**奈奎斯特**（Nyquist）**速率**；另一重含义是当给定基带传输系统码元速率为 f_b(Baud) 时，实现无码间串扰传输系统所需的最小带宽为 $f_b/2$Hz，该带宽称为**奈奎斯特**（Nyquist）**带宽**。

（3）$f_b<2W$（码元速率小于带宽的 2 倍）

$H(f)$ 以 f_b 为周期展开并叠加的结果如图 5-21 所示，显然，多个 $H(f)$ 重叠相加的结果，就有可能使 $\sum\limits_{m=-\infty}^{\infty} H(f+mf_b)=T_b$(或其他常数) 的条件得以满足。

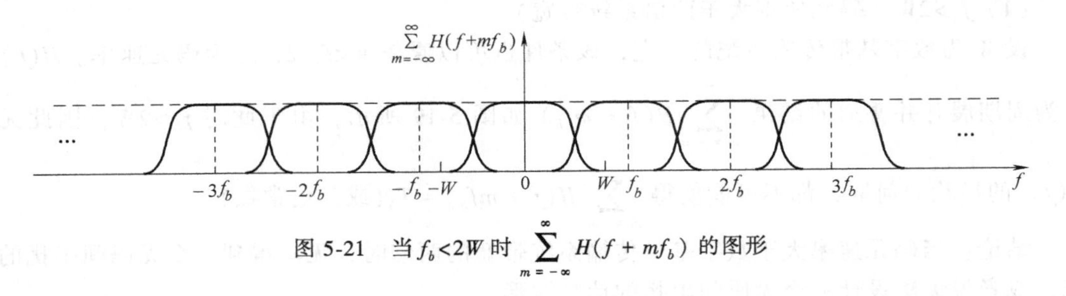

图 5-21　当 $f_b<2W$ 时 $\sum\limits_{m=-\infty}^{\infty} H(f+mf_b)$ 的图形

由以上讨论我们可以得出如下结论：

1）输入序列若以 f_b 波特的速率进行传输，在抽样时刻无码间串扰条件下所需的最小传输带宽为 $f_b/2$Hz，这是基带系统所能达到的极限情况，此时基带系统所能提供的最高频带利用率为 $\eta=2$ 波特/Hz，通常把 $f_b/2$ 称为**奈奎斯特带宽**。当给定基带系统带宽为 W 时，则该系统无码间串扰的最高传输速率为 $2W$ 波特，称为**奈奎斯特速率**。如果该系统用高于 $2W$ 波特的码元速率传送时，将存在码间串扰。

2）当码元速率小于奈奎斯特速率时，判断基带传输系统在抽样时刻是否存在码间串扰的依据为式（5-25）或式（5-32），频域表达式用得更多一些，而且通常只需检验 $\sum\limits_{m=-\infty}^{\infty} H(f+mf_b)$ 在其中一个区间 $|f|\leqslant\frac{f_b}{2}$ 中是否为常数就可以了，在这个区间中叠加的结果称为等效低通特性，记为 $H_{\mathrm{eq}}(f)$，因此判断无码间串扰的条件简化为

$$H_{\mathrm{eq}}(f)=\sum_{m=-\infty}^{\infty} H(f+mf_b)=\text{常数}\quad |f|\leqslant\frac{f_b}{2} \tag{5-33}$$

3）若某基带传输系统在码元速率为 f_b 波特时无码间串扰，则当码元速率为 f_b/n 时也无码间串扰，其中 n 为整数。请自行证明。

综上，可得到时域无码间串扰冲激响应式（5-25）及频域无码间串扰传输特性式（5-32）或式（5-33）。

值得注意的是，上述推导尽管是以二进制为例推导得出的，但同样适用于多进制传输。如前所述，由于二进制传输时码元速率 R_s 与信息速率 R_b 数值上相等（$R_s=R_b$），因此常用 R_b 或 f_b 表示二进制码元速率，用 T_b 表示二进制码元间隔。同理，多进制传输时，常用 R_s 或 f_s 表示多进制码元速率，因此多进制无码间串扰传输的时域特性和频域特性只需把上述所有式中的 f_b 换为 f_s，R_b 换为 R_s 即可。下同。

显然，满足式（5-32）或式（5-33）的系统 $H(f)$ 并不是唯一的。下面举例说明。

3. 几种常用无码间串扰传输特性

（1）理想低通传输特性

二维码 5-6

理想低通传输特性为

$$H(f)=\begin{cases}A, & |f|<W \\ 0, & \text{其他}\end{cases} \tag{5-34}$$

其中，W 为理想低通滤波器带宽，如图 5-22a 所示。

冲激响应为

$$h(t)=\int_{-\infty}^{\infty} H(f)\mathrm{e}^{\mathrm{j}2\pi ft}\mathrm{d}f=\int_{-\infty}^{\infty} A\mathrm{e}^{\mathrm{j}2\pi ft}\mathrm{d}f=2AW\mathrm{Sa}(2\pi Wt) \tag{5-35}$$

如图 5-22b 所示，$h(t)$ 在 $t=\pm\dfrac{n}{2W}(n=1,\ 2,\ 3,\ \cdots)$ 时有周期性零点，因此当码元间隔为 $T_b=\dfrac{n}{2W}(n=1,\ 2,\ 3,\ \cdots)$ 时，均能满足式（5-25）的无码间串扰传输条件，故无码间串扰传输速率 R_b（单位为 Baud）为

$$R_b=\frac{1}{T_b}=\frac{2W}{n} \quad (n=1,2,3,\cdots) \tag{5-36}$$

$n=1$ 对应的码元速率也是该系统所能达到的最高速率，即

$$R_{b\max}=2W \tag{5-37}$$

数值上等于理想低通传输特性带宽的 2 倍，此速率也称为**奈奎斯特速率**，此时频带利用率为基带系统所能达到的最大值

$$\eta_{\max}=\frac{R_{b\max}}{W}=\frac{2W}{W}=2\mathrm{Baud/Hz} \tag{5-38}$$

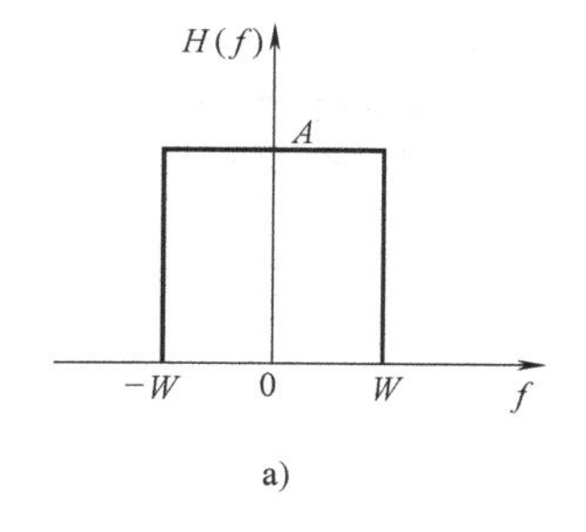

a)

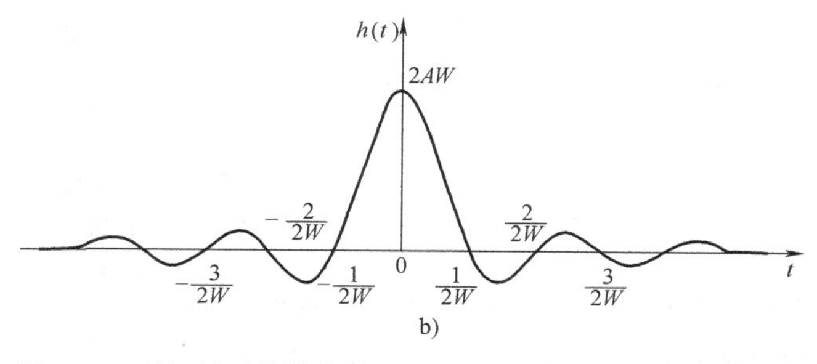

b)

图 5-22 理想低通传输特性

a）传输特性 b）冲激响应

这是数字基带传输系统的极限频带利用率，任何一种实用系统的频带利用率都小于 2Baud/Hz。

理想低通系统在实际应用中存在两个问题；一是理想矩形特性的物理实现极为困难；二是理想的冲激响应 $h(t)$ 的“尾巴”很长，衰减很慢，这就要求接收端取样定时脉冲必须准确无误，当存在定时偏差时，可能出现严重的码间串扰。尽管如此，上面得到的结论仍然是很有意义的，因为它给出了数字基带传输系统在理论上所能达到的极限频带利用率，可作为评估各种数字基带传输系统有效性的标准。

（2）升余弦传输特性

升余弦传输特性为

$$H(f)=\begin{cases}\dfrac{A}{2}\left(1+\cos\dfrac{\pi f}{W}\right), & |f|\leqslant W\\ 0, & |f|>W\end{cases}\tag{5-39}$$

其中，W 为升余弦传输特性带宽，如图 5-23a 所示。

冲激响应为

$$h(t)=AW\frac{\mathrm{Sa}(2\pi Wt)}{1-4t^2W^2}\tag{5-40}$$

如图 5-23b 所示，$h(t)$ 在 $t=\pm\dfrac{n}{2W}$ $(n=2，3，4，\cdots)$ 时有周期性零点，因此当码元间隔为 $T_b=\dfrac{n}{2W}$ $(n=2，3，4，\cdots)$ 时，均能满足式（5-25）的无码间串扰传输条件，故无码间串扰传输速率 R_b（单位为 Baud）为

$$R_b=\frac{1}{T_b}=\frac{2W}{n}(n=2,3,4,\cdots)\tag{5-41}$$

$n=2$ 对应的码元速率是升余弦传输特性所能达到的最大无码间串扰速率，即 $R_{b\max}=W$，数值上等于升余弦传输特性带宽。相应的升余弦传输特性的最大频带利用率为

$$\eta_{\max}=\frac{R_{b\max}}{W}=\frac{W}{W}=1\,\mathrm{Baud/Hz}\tag{5-42}$$

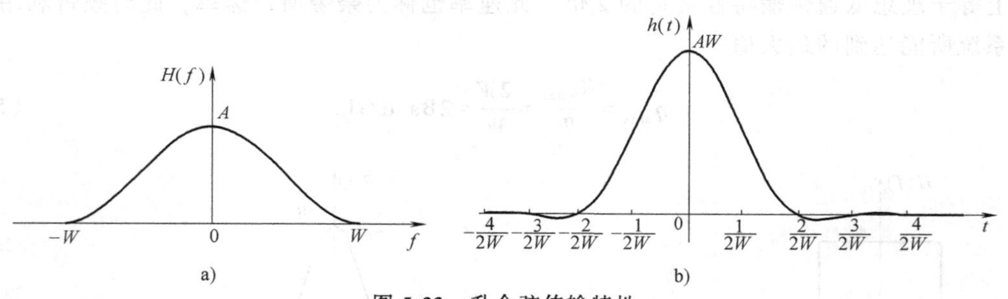

图 5-23 升余弦传输特性

a）传输特性 b）冲激响应

升余弦传输特性与理想低通传输特性的冲激响应对比如图 5-24 所示。由图中可以看出，升余弦传输特性的冲激响应第一个零点是 $1/W$，是理想低通传输特性的冲激响应第一个零点$\dfrac{1}{2W}$的 2 倍，然而能量比矩形脉冲更集中在第一个零点以内，拖尾更小，衰减更快（与 t^2 成反比），故对位定时精度要求低；缺点是与理想低通传输特性相比，最大频带利用率降低了一半。

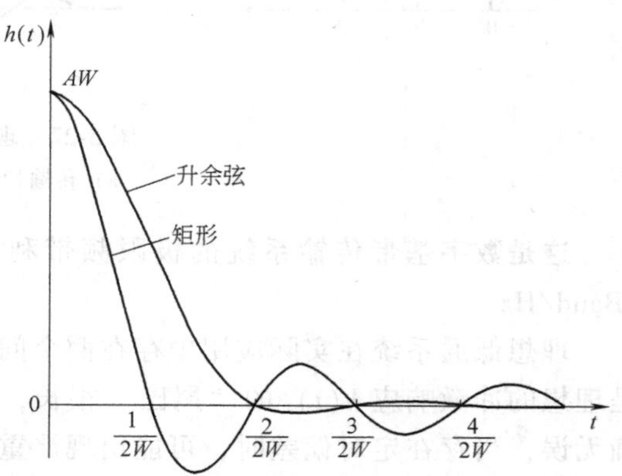

图 5-24 升余弦传输特性与理想传输特性冲激响应对比

（3）余弦滚降传输特性

具有滚降系数 α 的余弦滚降特性 $H(f)$ 可表示成

$$H(f)=\begin{cases} A, & 0\leqslant |f|\leqslant (1-\alpha)W \\ \dfrac{A}{2}\left\{1+\cos\left[\dfrac{\pi}{2\alpha W}(|f|-(1-\alpha)W)\right]\right\}, & (1-\alpha)W\leqslant |f|\leqslant (1+\alpha)W \\ 0, & |f|\geqslant (1+\alpha)W \end{cases} \tag{5-43}$$

其中，$0\leqslant\alpha\leqslant 1$，不同的 α 有不同的滚降特性。实际的 $H(f)$ 可按不同的 α 来选取，图 5-25a、b 给出了按余弦滚降的三种滚降特性及其冲激响应。

滚降特性的特点是，传输函数在 $(1-\alpha)W\leqslant|f|\leqslant(1+\alpha)W$ 范围内，对于点 $(W, A/2)$ 呈现中心对称。式中，W 是滚降曲线的中点频率，$(1-\alpha)W$ 和 $(1+\alpha)W$ 分别表示滚降曲线的开始点和结束点的频率。滚降系数 α 表示曲线滚降的快慢，滚降曲线结束点的频率值即为系统的带宽 $B=(1+\alpha)W$。

滚降特性无码间干扰传输速率由中点频率 W 确定，为

$$R_b=\frac{1}{T_b}=\frac{2W}{n}\quad (n=1,2,3,\cdots) \tag{5-44}$$

将此式与理想低通式（5-36）对比发现，两者具有相同的形式。因此，常称滚降特性的中点频率 W 称为等效理想低通带宽。将 $B=(1+\alpha)W$ 代入上式中，得到滚降系数为 α、带宽为 B 的余弦滚降特性无码间串扰传输速率为

$$R_b=\frac{2B}{(1+\alpha)n}\quad (n=1,2,3,\cdots) \tag{5-45}$$

可见，余弦滚降系统的最大无码间串扰速率和最大频带利用率分别为 $R_{b\max}=\dfrac{2B}{(1+\alpha)}$ 和 $\eta_{\max}=\dfrac{R_{b\max}}{B}=\dfrac{2}{(1+\alpha)}$。显然，当 $\alpha=0$ 时，频带利用率为 2Baud/Hz，对应理想低通传输特性；当 $\alpha=1$ 时，频带利用率为 1Baud/Hz，对应升余弦传输特性。

具有滚降系数 α 的余弦滚降特性的冲激响应 $h(t)$ 为

$$h(t)=2WA\cdot \mathrm{Sa}(2\pi Wt)\frac{\cos 2\pi\alpha Wt}{1-16\alpha^2W^2t^2} \tag{5-46}$$

如图 5-25b 所示。

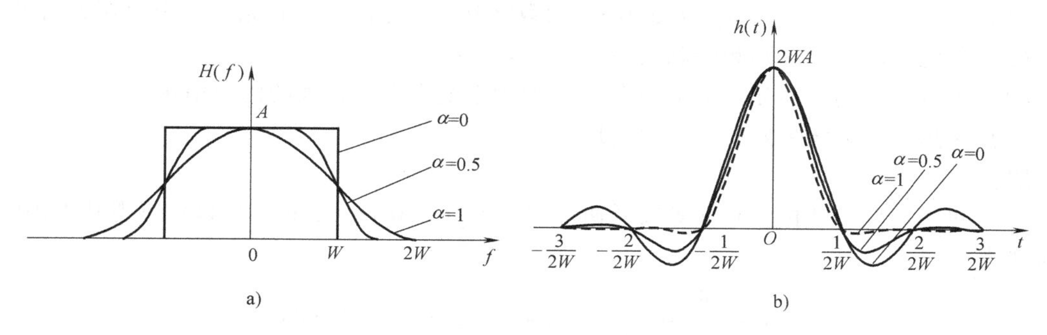

图 5-25　余弦滚降系统

a）传输特性　b）冲激响应

【例 5-5】 设某数字基带传输系统的带宽 $B=5\text{MHz}$。试问：

（1）采用理想低通传输特性时的最大无码间干扰速率为多少？

（2）采用 $\alpha=0.25$ 的余弦滚降传输特性时的最大无码间干扰速率为多少？

（3）采用 $\alpha=0.25$ 的余弦滚降传输特性时能否传输 16Mbit/s 的信息？

解：

（1）当采用理想低通传输特性时，$W=B=5\text{MHz}$，由式（5-37）得

$$R_{s\max}=2W=2\times5\text{MBaud}=10\text{MBaud}$$

（2）当 $\alpha=0.25$ 时，由式（5-45）得

$$R_{s\max}=\frac{2B}{(1+\alpha)}=\frac{2\times5}{1+0.25}\text{MBaud}=8\text{MBaud}$$

（3）当 $\alpha=0.25$ 时，$R_{s\max}=8\text{MBaud}$，由 $R_b=R_s\log_2M$ 得

$$M=2^{R_b/R_s}=2^{16/8}=2^2=4$$

可见，采用四进制即可传输 16Mbit/s 的信息。

【例 5-6】 数字基带传输系统以 48kbit/s 的速率传输二进制信号，传输系统具有余弦滚降特性。计算滚降系数分别等于 0.5 和 1 时所要求系统的最小传输带宽。

解： 对于二进制信号有 $R_s=R_b$，即 $R_s=48\text{kB}$。根据式（5-45）有

当 $\alpha=0.5$ 时，$B_{\min}=\dfrac{1+\alpha}{2}R_s=\dfrac{1+0.5}{2}\times48\text{kHz}=36\text{kHz}$

当 $\alpha=1$ 时，$B_{\min}=\dfrac{1+\alpha}{2}R_s=\dfrac{1+1}{2}\times48\text{kHz}=48\text{kHz}$

【例 5-7】 设有 a、b、c 三种数字基带传输系统的传输特性，如图 5-26 所示。

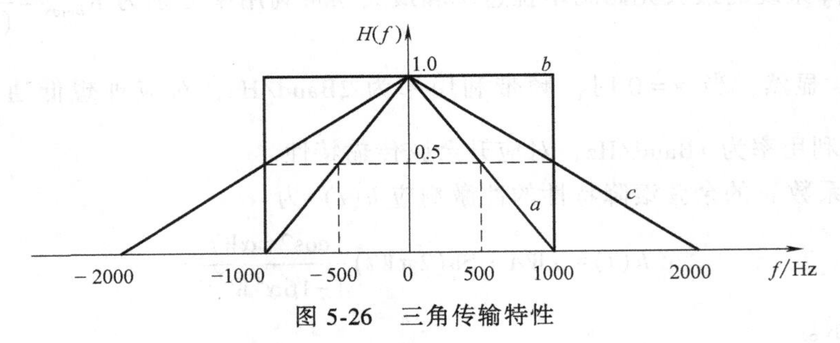

图 5-26 三角传输特性

（1）在传输码元速率为 $R_s=1000\text{Baud}$ 的数字基带信号时，三种系统是否存在码间串扰？

（2）若无码间干扰，则频带利用率分别为多少？

（3）若取样时刻（位定时）存在偏差，哪种系统会引起较大的码间串扰？

（4）选用哪种系统更好？简要说明理由。

解：

（1）对于 a 传输特性，它的等效低通带宽为 $W_a=500\text{Hz}$，由式（5-44）可得其无码间串扰速率为

$$R_s=\frac{2W_a}{n}=\frac{1000}{n}\quad(n=1,2,3,\cdots)\quad(\text{Baud})$$

对于 b 传输特性，它是理想低通特性，$W_b=1000\text{Hz}$，由式（5-36）可得其无码间串扰速

率为

$$R_s=\frac{2W_b}{n}=\frac{2000}{n}\quad(n=1,2,3,\cdots)\quad(\text{Baud})$$

对于 c 传输特性，其等效低通带宽为 $W_c=1000\text{Hz}$，由式（5-44）得到其无码间串扰速率有

$$R_s=\frac{2W_c}{n}=\frac{2000}{n}\quad(n=1,2,3,\cdots)\quad(\text{Baud})$$

可见，当传输速率为 $R_s=1000\text{Baud}$ 时，上述三种系统均无码间干扰。

（2）由式（1-11）可得三种系统的频带利用率分别为

a 系统：$\eta_a=\frac{R_s}{B_a}=\frac{1000}{1000}\text{Baud/Hz}=1\text{Baud/Hz}$

b 系统：$\eta_b=\frac{R_s}{B_b}=\frac{1000}{1000}\text{Baud/Hz}=1\text{Baud/Hz}$

c 系统：$\eta_c=\frac{R_s}{B_c}=\frac{1000}{2000}\text{Baud/Hz}=0.5\text{Baud/Hz}$

其中，B_a、B_b 和 B_c 分别是三个系统的带宽。

（3）取样时刻偏差引起的码间干扰取决于系统冲激响应“尾部”的收敛速率。“尾部”收敛速率越快，时间偏差引起的码间干扰就越小，反之，则越大。

传输特性 b 是理想低通特性，其冲激响应为 $h_b(t)=2000\text{Sa}(2000\pi t)$，与时间 t 成反比，“尾部”收敛速率慢，故时间偏差会引起较大的码间串扰。

传输特性 a 和 c 是三角形特性，查表 2-1 的第 12 项可得三角形频谱的傅里叶反变换的表达式，代入 a 和 c 的带宽和幅度，得到两种特性的冲激响应分别为

$$h_a(t)=1000\text{Sa}^2(1000\pi t)$$

$$h_c(t)=2000\text{Sa}^2(2000\pi t)$$

可见，它们均与时间 t^2 成反比，“尾部”收敛快，故时间偏差引起的码间串扰较小。

（4）选用 a 系统，因为该系统频带利用率高，且“尾部”收敛快，因时间偏差引起的码间串扰较小。

二维码 5-7

5.5　数字基带传输系统的抗噪声性能

5.4 节讨论了无噪声影响时能够消除码间串扰的基带传输特性。本节讨论无码间串扰时，如何从叠加了噪声的接收信号中最好地恢复发送数据，接收端采用什么样的滤波器及检测方式是最佳的。

5.5.1　问题的描述及最佳接收机结构

仍以数字基带信号传输系统框图为例（见图 5-27），假设此时为二进制通信，在第一个码元间隔内 $t\in[0,\ T_b]$，当发送码元“1”时，对应发送滤波器输出波形 $s_1(t)$，发送码元“0”时，发送滤波器输出波形 $s_0(t)$。通常在一个二进制数字通信系统中，$s_1(t)$ 和 $s_0(t)$

是事先确定，而且收发双方均已知的波形，也称为二元确知信号，随机性体现在不知道发送码元具体是“0”还是“1”，以先验概率来衡量。

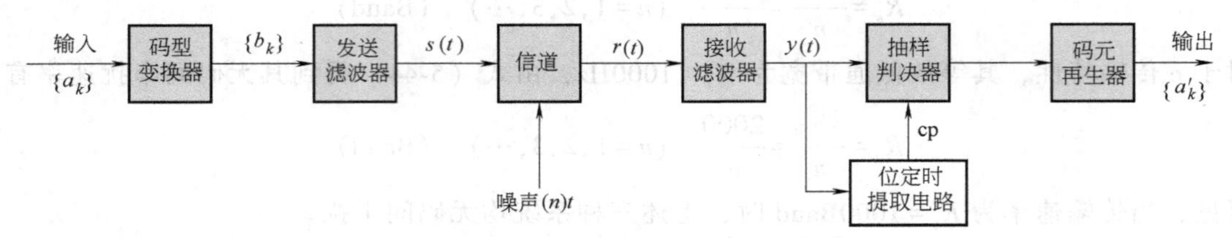

图 5-27 数字基带信号传输系统框图

于是，在加性高斯白噪声（AWGN）信道情况下，对应的接收波形 $r(t)$ 可以描述为

$$\left.\begin{aligned} H_0 &: r(t)=s_0(t)+n(t) \\ H_1 &: r(t)=s_1(t)+n(t) \end{aligned}\right\} \quad 0\leqslant t\leqslant T_b \tag{5-47}$$

式中，H_1、H_0 分别表示假设发送波形为 $s_1(t)$ 和 $s_0(t)$，$n(t)$ 表示均值为 0，双边功率谱密度为 $n_0/2$ 的加性高斯白噪声（AWGN）。接收机的任务就是根据接收信号 $r(t)$ 判断发送的是 0 还是 1，由于 $s_1(t)$ 和 $s_0(t)$ 是确知波形，因此也称为二元确知信号的接收问题。

接收机的工作步骤如下。

1）最佳接收滤波器设计。首先对 $r(t)$ 进行处理，尽可能去除噪声，以获取“干净”的判决变量，对应两个确知的发送波形，需设计两个最佳接收滤波器，如图 5-28 所示。

2）最佳检测（判决器）设计。对滤波器输出的判决变量，设计出最佳的检测方法（采用最小误码率准则），判决发送的码元是 0 还是 1。

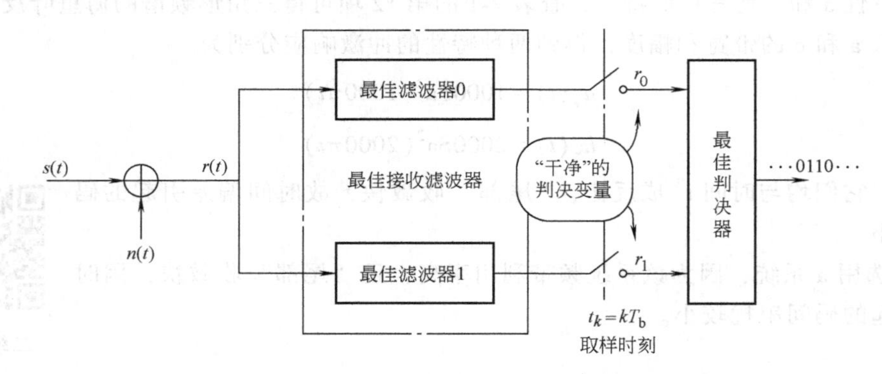

图 5-28 二进制最佳接收机结构的一般原理框图

按照上述说明，可以构造出图 5-28 所示的二进制最佳接收机结构的原理框图。

5.5.2 最佳接收滤波器

从图 5-28 可知，设计最佳接收滤波器就是设计“滤波器 0”和“滤波器 1”。“滤波器 0”的作用就是从接收信号 $r(t)$ 中尽量滤除噪声取出 $s_0(t)$ 的信息，获得判决变量 r_0；“滤波器 1”的作用就是从接收信号 $r(t)$ 中尽量滤除噪声取出 $s_1(t)$ 的信息，获得判决变量 r_1。

这里讨论两种最佳接收滤波器：第一种是输出信噪比最大意义下的滤波器，即匹配滤波器；第二种是从波形最相似角度出发的相关接收滤波器，简称相关（接收）滤波器。在一定的条件下，两者是等价的。

1. 匹配滤波器

（1）匹配滤波器定义

一种最佳接收滤波器称为匹配滤波器，它是使滤波器输出信噪比在抽样时刻达到最大的线性滤波器。

一般而言，判决时刻信噪比越大，错误判决概率就越小；反之亦然。因此，为了使错误判决概率尽可能小，就要设计滤波器的传输特性，使其输出信噪比尽可能的大。

在 AWGN 信道条件下，当选择的线性滤波器传输特性能使输出信噪比达到最大值时，该滤波器称为输出信噪比最大的最佳线性滤波器，通信中称它为匹配滤波器。

这里所讲的信噪比指的是：滤波器输出的信号瞬时功率与噪声平均功率之比。

（2）匹配滤波器传输函数

以一个支路为例，设接收滤波器输入端接收信号为

$$r(t)=s(t)+n(t) \tag{5-48}$$

式中，$s(t)$ 为输入数字信号，频谱函数为 $S(f)$，$n(t)$ 为双边功率谱密度为 $P_{n_i}(f)=n_0/2$ 的加性高斯白噪声。

要设计一个线性滤波器，使得线性滤波器在某时刻（取样判决时刻）t_0 上输出的信号瞬时功率与噪声平均功率的比值最大。

由于该滤波器是线性滤波器，满足线性叠加原理，因此滤波器输出也由输出信号和输出噪声两部分组成，即

$$y(t)=s_{out}(t)+n_{out}(t) \tag{5-49}$$

式中，输出信号的频谱函数为 $S_{out}(f)$，其对应的时域信号为

$$s_{out}(t)=\int_{-\infty}^{\infty}S_{out}(f)\mathrm{e}^{\mathrm{j}2\pi ft}\mathrm{d}f=\int_{-\infty}^{\infty}S(f)H(f)\mathrm{e}^{\mathrm{j}2\pi ft}\mathrm{d}f \tag{5-50}$$

滤波器输出噪声的平均功率为

$$\begin{aligned}N_o&=\int_{-\infty}^{\infty}P_{n_{out}}(f)\,\mathrm{d}f=\int_{-\infty}^{\infty}P_{n_i}(f)\,|H(f)|^2\mathrm{d}f\\&=\int_{-\infty}^{\infty}\frac{n_0}{2}|H(f)|^2\mathrm{d}f=\frac{n_0}{2}\int_{-\infty}^{\infty}|H(f)|^2\mathrm{d}f\end{aligned} \tag{5-51}$$

在抽样时刻 t_0 线性滤波器输出信号的瞬时功率与噪声平均功率之比为

$$\mathrm{SNR}_o=\frac{|s_{out}(t_0)|^2}{N_0}=\frac{\left|\int_{-\infty}^{\infty}H(f)\,S(f)\,\mathrm{e}^{\mathrm{j}2\pi ft_0}\mathrm{d}f\right|^2}{\frac{n_0}{2}\int_{-\infty}^{\infty}|H(f)|^2\mathrm{d}f} \tag{5-52}$$

由式（5-52）可见，滤波器输出信噪比 SNR_o 与输入信号的频谱函数 $s(f)$ 和滤波器的传输函数 $H(f)$ 有关，在 $s(f)$ 给定的情况下，只与 $H(f)$ 有关，因而使输出信噪比 SNR_o 达到最大的传输函数 $H(f)$ 就是所要求的最佳滤波器的传输函数。式（5-52）一个泛函求极值的问题，采用施瓦兹不等式可以很容易地解决该问题。

施瓦兹不等式为

$$\left|\int_{-\infty}^{\infty}X(f)\,Y(f)\,\mathrm{d}f\right|^2\leqslant\int_{-\infty}^{\infty}|X(f)|^2\mathrm{d}f\int_{-\infty}^{\infty}|Y(f)|^2\mathrm{d}f \tag{5-53}$$

式中，$X(f)$ 和 $Y(f)$ 都是实变量 f 的复函数。当且仅当

$$X(f)=KY^*(f) \tag{5-54}$$

时，式（5-53）中等式才能成立。式（5-54）中 K 为任意常数。将施瓦兹不等式用于式（5-52），并令

$$X(f)=H(f),\ Y(f)=S(f)\mathrm{e}^{\mathrm{j}2\pi f t_0} \tag{5-55}$$

可得

$$\mathrm{SNR_o}=\frac{\left|\int_{-\infty}^{\infty}H(f)\,S(f)\,\mathrm{e}^{\mathrm{j}2\pi f t_0}\mathrm{d}f\right|^2}{\frac{n_0}{2}\int_{-\infty}^{\infty}|H(f)|^2\mathrm{d}f}$$

$$\leqslant\frac{\int_{-\infty}^{\infty}|H(f)|^2\mathrm{d}f\int_{-\infty}^{\infty}|S(f)\,\mathrm{e}^{\mathrm{j}2\pi f t_0}|^2\mathrm{d}f}{\frac{n_0}{2}\int_{-\infty}^{\infty}|H(f)|^2\mathrm{d}f}=\frac{\int_{-\infty}^{\infty}|S(f)|^2\mathrm{d}f}{\frac{n_0}{2}} \tag{5-56}$$

根据帕塞瓦尔定理有

$$\int_{-\infty}^{\infty}|S(f)|^2\mathrm{d}f=\int_{-\infty}^{\infty}s^2(t)\,\mathrm{d}t=E \tag{5-57}$$

式中，$E=E_\mathrm{b}$ 为输入信号的能量。代入式（5-56）有

$$\mathrm{SNR_o}\leqslant(2E)/n_0 \tag{5-58}$$

上式说明，线性滤波器所能给出的最大输出信噪比为

$$\mathrm{SNR_{omax}}=2E/n_0 \tag{5-59}$$

不等式中等号成立的条件为

$$H(f)=KS^*(f)\,\mathrm{e}^{-\mathrm{j}2\pi f t_0} \tag{5-60}$$

式中，K 为常数，通常可选择为 $K=1$。$S^*(f)$ 是输入信号频谱函数的复共轭。式（5-60）就是所要求的匹配滤波器的传输函数。

由此得到结论：在白噪声干扰的背景下，按式（5-60）设计的线性滤波器，将能在给定时刻 t_0 上获得最大的输出信噪比 $2E/n_0$。这种滤波器就是最大信噪比意义下的最佳线性滤波器。由于它的传输特性与信号频谱的复共轭相一致（除相乘因子 $K\mathrm{e}^{-\mathrm{j}\omega t_0}$ 外），故又称它为匹配滤波器。

（3）匹配滤波器冲激响应

从匹配滤波器传输函数 $H(f)$ 所满足的条件，可以得到匹配滤波器的冲激响应 $h(t)$

$$\begin{aligned}h(t)&=\int_{-\infty}^{\infty}H(f)\mathrm{e}^{\mathrm{j}2\pi f t}\mathrm{d}f=\int_{-\infty}^{\infty}KS^*(f)\,\mathrm{e}^{-\mathrm{j}2\pi f t_0}\mathrm{e}^{\mathrm{j}2\pi f t}\mathrm{d}f=\int_{-\infty}^{\infty}Ks^*(f)\,\mathrm{e}^{-\mathrm{j}2\pi f(t_0-t)}\,\mathrm{d}f\\&=K\int_{-\infty}^{\infty}\left[\int_{-\infty}^{\infty}s(\tau)\,\mathrm{e}^{\mathrm{j}2\pi f\tau}\mathrm{d}\tau\right]\mathrm{e}^{-\mathrm{j}2\pi f(t_0-t)}\,\mathrm{d}f=K\int_{-\infty}^{\infty}\left[\int_{-\infty}^{\infty}\mathrm{e}^{\mathrm{j}2\pi f(\tau-t_0+t)}\,\mathrm{d}f\right]s(\tau)\,\mathrm{d}\tau\\&=K\int_{-\infty}^{\infty}\delta(\tau-t_0+t)\,s(\tau)\,\mathrm{d}\tau=Ks(t_0-t)\end{aligned} \tag{5-61}$$

即匹配滤波器的单位冲激响应为

$$h(t)=Ks(t_0-t) \tag{5-62}$$

由此可见，匹配滤波器的单位冲激响应 $h(t)$ 是输入信号 $s(t)$ 的镜像函数，t_0 为输出最大信噪比时刻。其形成原理是镜像信号 $s(-t)$ 在时间上再平移 t_0，如图 5-29 所示。

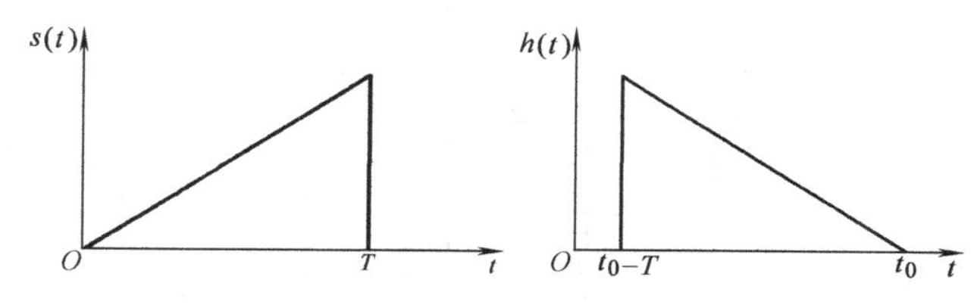

图 5-29 匹配滤波器单位冲激响应产生原理

为了获得物理可实现的匹配滤波器，要求匹配滤波器的单位冲激响应 $h(t)$ 满足

$$h(t)=\begin{cases}Ks(t_0-t), & t\geqslant 0\\ 0, & t<0\end{cases}\tag{5-63}$$

为了满足上式的条件，必须有

$$s(t_0-t)=0,\quad t<0\tag{5-64}$$

即

$$s(t)=0,\quad t>t_0\tag{5-65}$$

这个条件表明，物理可实现的匹配滤波器，其输入信号 $s(t)$ 必须在它输出最大信噪比的时刻 t_0 之前结束。也就是说，若输入信号在 T_b 时刻结束，则对物理可实现的匹配滤波器，其输出最大信噪比时刻 t_0 必须在它输入信号结束之后，即 $t_0\geqslant T_b$。对于接收机来说，t_0 是时间延迟，通常总是希望时间延迟小，因此一般情况下抽样时刻取值 $t_0=T_b$。

二维码 5-8

（4）匹配滤波器输出信号

若输入信号为 $s(t)$，则匹配滤波器的输出信号为

$$s_{\text{out}}(t)=s(t)*h(t)=\int_{-\infty}^{\infty}s(t-\tau)h(\tau)\,\mathrm{d}\tau=\int_{-\infty}^{\infty}s(t-\tau)Ks(t_0-\tau)\,\mathrm{d}\tau\tag{5-66}$$

令 $t_0-\tau=x$，有

$$s_{\text{out}}(t)=K\int_{-\infty}^{\infty}s(x)s(x+t-t_0)\,\mathrm{d}x=KR(t-t_0)\tag{5-67}$$

式中，$R(t)$ 为输入信号 $s(t)$ 的自相关函数。上式表明，匹配滤波器的输出波形是输入信号 $s(t)$ 的自相关函数的 K 倍。因此，匹配滤波器可以看成是一个计算输入信号自相关函数的相关器，在 t_0 时刻得到最大输出信噪比 $r_{0\max}=2E/n_0$。由于输出信噪比与常数 K 无关，所以通常取 $K=1$。

若匹配滤波器的输入信号为任意信号 $r(t)$，则匹配滤波器的输出信号为

$$y_{\text{out}}(t)=r(t)*h(t)=\int_{-\infty}^{\infty}r(t-\tau)h(\tau)\,\mathrm{d}\tau=\int_{-\infty}^{\infty}r(t-\tau)s(t_0-\tau)\,\mathrm{d}\tau\tag{5-68}$$

令 $t_0-\tau=x$，有

$$y_{\text{out}}(t)=\int_{-\infty}^{\infty}s(x)r(x+t-t_0)\,\mathrm{d}x=R_{sr}(t-t_0)\tag{5-69}$$

式中，$R_{sr}(t)$ 为输入信号 $r(t)$ 与 $s(t)$ 的互相关函数。

【例 5-8】 设输入信号为单个矩形脉冲，如图 5-30a 所示，试求该信号的匹配滤波器传输函数和输出信号波形。

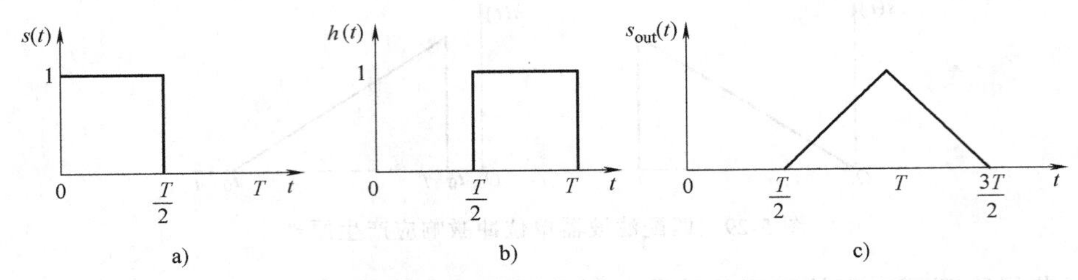

图 5-30 单个矩形脉冲的匹配滤波器

解：（1）输入信号为

$$s(t)=\begin{cases}1, & 0\leqslant t\leqslant \dfrac{T}{2}\\ 0, & \text{其他}\end{cases}$$

输入信号 $s(t)$ 的频谱函数为

$$S(f)=\int_{-\infty}^{\infty}s(t)\mathrm{e}^{-\mathrm{j}2\pi ft}\mathrm{d}t=\int_{0}^{T/2}\mathrm{e}^{-\mathrm{j}2\pi ft}\mathrm{d}t=\frac{1}{\mathrm{j}2\pi f}(1-\mathrm{e}^{-\mathrm{j}\pi Tf})$$

匹配滤波器传输函数为

$$H(f)=S^{*}(f)\mathrm{e}^{-\mathrm{j}2\pi ft_0}=\frac{1}{\mathrm{j}2\pi f}(\mathrm{e}^{\mathrm{j}\pi Tf}-1)\mathrm{e}^{-\mathrm{j}2\pi ft_0}$$

匹配滤波器的单位冲激响应为

$$h(t)=s(t_0-t)$$

取 $t_0=T$（当然也可以取 $t_0=T/2$），则有

$$H(f)=S^{*}(f)\mathrm{e}^{-\mathrm{j}2\pi ft_0}=\frac{1}{\mathrm{j}2\pi f}(\mathrm{e}^{\mathrm{j}\pi Tf}-1)\mathrm{e}^{-\mathrm{j}2\pi fT}\text{ 或 }h(t)=s(T-t)$$

匹配滤波器的单位冲激响应如图 5-30b 所示。

（2）由式（5-67）可得匹配滤波器的输出为

$$s_{\mathrm{out}}(t)=R(t-t_0)=\int_{-\infty}^{\infty}s(x)s(x+t-t_0)\mathrm{d}x=\begin{cases}-\dfrac{T}{2}+t, & \dfrac{T}{2}\leqslant t<T\\ \dfrac{3T}{2}-t, & T\leqslant t\leqslant\dfrac{3T}{2}\\ 0, & \text{其他}\end{cases}$$

匹配滤波器的输出波形如图 5-30c 所示。可见，匹配滤波器的输出在 $t=T$ 时刻得到最大的能量 $E=T/2$。

【例 5-9】 试求对图 5-31a 所示的射频脉冲波形匹配的匹配滤波器之特性，并确定其输出波形。

解：由图 5-31a，输入信号可表示为

$$s(t)=\begin{cases}\cos\omega_0 t, & 0\leqslant t\leqslant\tau\\ 0, & \text{其他 } t\end{cases}$$

于是，匹配滤波器的传输特性 $H(\omega)$ 为

$$H(\omega)=S^{*}(\omega)\mathrm{e}^{-\mathrm{j}\omega t_0}=\frac{(\mathrm{e}^{\mathrm{j}(\omega-\omega_0)\tau}-1)\mathrm{e}^{-\mathrm{j}\omega t_0}}{2\mathrm{j}(\omega-\omega_0)}+\frac{(\mathrm{e}^{\mathrm{j}(\omega+\omega_0)\tau}-1)\mathrm{e}^{-\mathrm{j}\omega t_0}}{2\mathrm{j}(\omega+\omega_0)}$$

令 $t_0=\tau$，则

$$H(\omega)=\frac{e^{-j\omega\tau}}{2}\left[\frac{e^{j(\omega-\omega_0)\tau}}{j(\omega-\omega_0)}+\frac{e^{j(\omega+\omega_0)\tau}}{j(\omega+\omega_0)}\right]-\frac{e^{-j\omega\tau}}{2}\left[\frac{1}{j(\omega-\omega_0)}+\frac{1}{j(\omega+\omega_0)}\right]$$

利用式（5-62），可求得滤波器的冲激响应 $h(t)$

$$h(t)=s(t_0-t)=\cos\omega_0(t_0-t)\quad 0\leqslant t\leqslant\tau$$

在 $t_0=\tau$ 时，上式变成

$$h(t)=\cos\omega_0(\tau-t)\quad 0\leqslant t\leqslant\tau$$

为简便起见，假设射频脉冲信号的载频周期为 T_0，且有 $\tau=KT_0$，K 是整数，则

$$H(\omega)=\frac{1}{2}\left[\frac{1}{j(\omega-\omega_0)}+\frac{1}{j(\omega+\omega_0)}\right][1-e^{-j\omega\tau}]$$

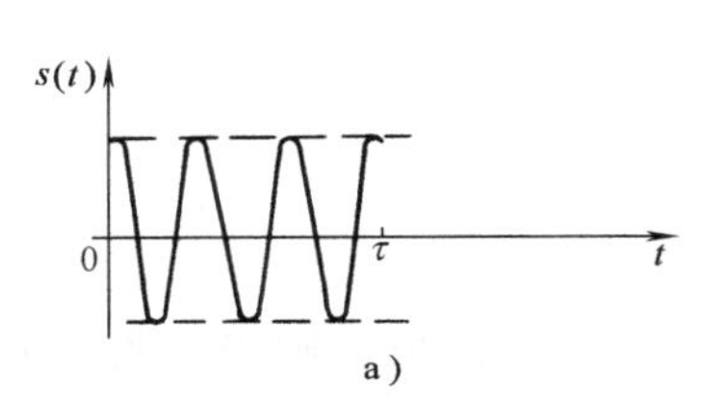

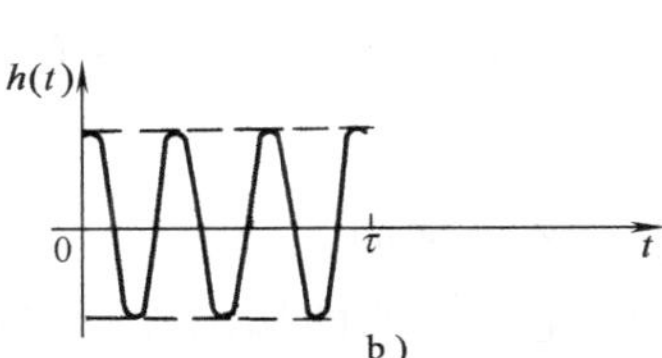

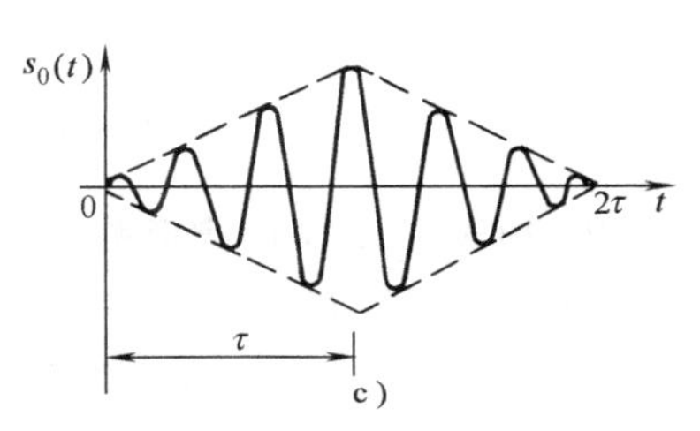

图 5-31　对单个射频脉冲匹配的波形

而 $h(t)=\cos\omega_0 t$，$0\leqslant t\leqslant\tau$，如图 5-31b 所示。利用式（5-67）可得滤波器输出波形为

$$s_0(t)=\int_{-\infty}^{\infty}s(t')h(t-t')\mathrm{d}t'$$

由于这时的 $s(t)$ 及 $h(t)$ 在区间（0，τ）外恒为零，故上面的积分值可分别按 $t<0$，$0\leqslant t\leqslant\tau$，$\tau\leqslant t\leqslant 2\tau$ 及 $t>\tau$ 的时间段来求解。

显然，当 $t<0$ 及 $t>2\tau$ 时，$s(t')$ 与 $h(t-t')$ 将不相交，故 $s_0(t)$ 为零。

当 $0\leqslant t\leqslant\tau$ 时，有

$$\begin{aligned}s_0(t)&=\int_0^t s(t')h(t-t')\mathrm{d}t'=\int_0^t\cos\omega_0 t'\cos\omega_0(t-t')\mathrm{d}t'\\&=\int_0^t\frac{1}{2}[\cos\omega_0 t+\cos\omega_0(t-2t')]\mathrm{d}t'=\frac{t}{2}\cos\omega_0 t+\frac{1}{2\omega_0}\sin\omega_0 t\end{aligned}$$

当 $\tau\leqslant t\leqslant 2\tau$ 时，有

$$\begin{aligned}s_0(t)&=\int_{t-\tau}^{\tau}s(t')h(t-t')\mathrm{d}t'=\int_{t-\tau}^{\tau}\cos\omega_0 t'\cos\omega_0(t-t')\mathrm{d}t'\\&=[(2\tau-t)/2]\cos\omega_0 t-(1/2\omega_0)\sin\omega_0 t\end{aligned}$$

当 ω_0 远大于 1rad/s 时，可得

$$s_0(t)=\begin{cases}(t/2)\cos\omega_0 t & 0\leqslant t\leqslant\tau\\ [(2\tau-t)/2]\cos\omega_0 t & \tau\leqslant t\leqslant 2\tau\\ 0 & 其他\ t\end{cases}$$

这个输出波形如图 5-31c 所示。

（5）基于匹配滤波器的最佳接收机

匹配滤波器传输函数 $H(f)$ 或冲激响应 $h(t)$ 分别由式（5-60）和式（5-62）确定。由

图 5-28 所示二进制最佳接收机的一般结构可得到基于匹配滤波器的最佳接收机结构，如图 5-32 所示。

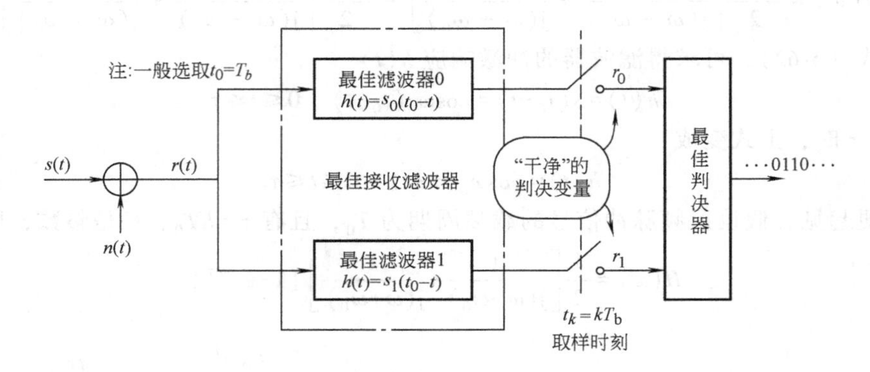

图 5-32 基于匹配滤波器方式的最佳接收机结构

2. 相关（接收）滤波器

（1）匹配滤波器与相关滤波器等价性证明

图 5-32 中 r_0 和 r_1 分别为两个匹配滤波器的输出在抽样时刻 T_b 上的值，则当接收信号为 $r(t)$ 时，不考虑噪声，两个匹配滤波器在抽样时刻的输出分别为

$$r_0 = r(t) * s_0(T_b - t)\Big|_{t=T_b} = \int_{-\infty}^{\infty} r(\tau)\, s_0(T_b - t + \tau)\,\mathrm{d}\tau\Big|_{t=T_b} = \int_{-\infty}^{\infty} r(\tau)\, s_0(\tau)\,\mathrm{d}\tau$$

$$r_1 = r(t) * s_1(T_b - t)\Big|_{t=T_b} = \int_{-\infty}^{\infty} r(\tau)\, s_1(T_b - t + \tau)\,\mathrm{d}\tau\Big|_{t=T_b} = \int_{-\infty}^{\infty} r(\tau)\, s_1(\tau)\,\mathrm{d}\tau$$

假设发送信号为 $s_0(t)$，不考虑噪声时，接收信号为 $r(t)=s_0(t)$，此时两个匹配滤波器的输出分别为

$$r_0 = \int_0^{T_b} s_0(t)\, s_0(t)\,\mathrm{d}t \tag{5-70}$$

$$r_1 = \int_0^{T_b} s_1(t)\, s_0(t)\,\mathrm{d}t \tag{5-71}$$

积分限不再是正负无穷是因为接收信号持续时间 $t\in[0, T_b]$。

观察上式，可以看出它是一种相关运算，即 r_0 表示信号 $s_0(t)$ 的自相关函数，r_1 表示信号 $s_0(t)$、$s_1(t)$ 间的互相关函数。当发送信号为 $s_1(t)$ 时则正好相反。因此，在抽样时刻匹配滤波器与相关器完全是等价的。

二维码 5-9

（2）基于相关滤波器的最佳接收机

因此可得到基于相关滤波器的最佳接收滤波器结构如图 5-33 所示。

5.5.3 最佳检测（判决）

本小节将以图 5-33 所示基于相关（滤波）器的二进制最佳接收机为例，阐述最佳检测器（或最佳判决器，下同）的设计问题。

式（5-70）和式（5-71）是没有考虑噪声时的相关器输出，实际上接收滤波器不能完全滤除噪声，因此滤波器的输出信号的取样值 r_0 和 r_1 是含有噪声的随机变量。

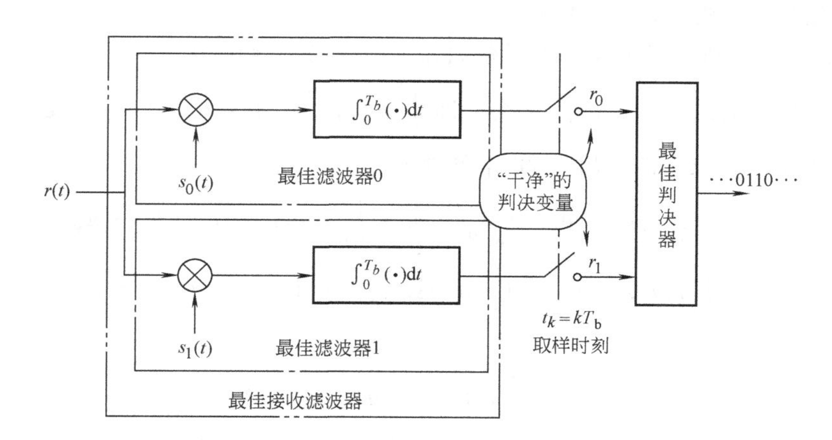

图 5-33　基于相关滤波器方式的最佳接收机结构

1. 设计目标

设计最佳检测器（或最佳判决器），通过对 r_0 和 r_1 的联合处理，判断发送信息是 0 还是 1。

2. 依据准则

设计依据的准则是最大后验概率准则。

3. 已知条件

1）信道中的噪声是均值为零的加性高斯白噪声，其功率谱密度为 $n_0/2$。

2）发送二进制符号的先验概率为已知，分别为 P_0 和 $P_1=1-P_0$。

4. 设计最佳判决器的具体步骤

（1）依据准则，找出判决规则。

运用最大后验概率准则（与最小误码率准则等价），对 r_0 和 r_1 进行统计处理，给出判决规则。

按照统计理论中的最大后验概率准则，对于二元检测可以按照下面的判决规则判决：

$$\left.\begin{aligned} P(H_0/r_0,r_1) \geqslant P(H_1/r_0,r_1)\text{，判为 }0 \\ P(H_0/r_0,r_1) < P(H_1/r_0,r_1)\text{，判为 }1 \end{aligned}\right\} \tag{5-72}$$

其中，$P(H_0/r_0,\ r_1)$、$P(H_1/r_0,\ r_1)$ 称为后验概率，是接收到 r_0 和 r_1 时发送端分别发送 0 和 1 的概率值。它们可表示为

$$P(H_i \mid r_0,r_1) = \frac{f(r_0,r_1 \mid H_i)P(H_i)}{\sum_{j=0}^{1} f(r_0,r_1 \mid H_j)P(H_j)},\quad i=0,1$$

式中，$P(H_i)=P_i$，$i=0$，1 是先验概率；$f(r_0,\ r_1 \mid H_i)$，$i=0$，1 为二维条件概率密度函数（发送 0 条件下的概率密度和发送 1 条件下的概率密度）。将式上式代入式（5-72），则有

$$\left.\begin{aligned} f(r_0,r_1 \mid H_0)P(H_0) \geqslant f(r_0,r_1 \mid H_1)P(H_1)\text{，判为 }0 \\ f(r_0,r_1 \mid H_0)P(H_0) < f(r_0,r_1 \mid H_1)P(H_1)\text{，判为 }1 \end{aligned}\right\} \tag{5-73}$$

（2）简化判决规则，得到最佳判决器

第一步，得到二维条件概率密度函数$f(r_0, r_1 | H_i)$，$i=0$，1。

假设发送波形 $s_0(t)$ 和 $s_1(t)$ 正交，即 $\int_0^{T_b} s_0(t)s_1(t)\mathrm{d}t = 0$，在 H_0（发送 0）假设下，图 5-28 中相关接收滤波器的输出 r_0 和 r_1 分别为

$$r_0 = \int_0^{T_b} r(t)s_0(t)\mathrm{d}t = \int_0^{T_b} s_0^2(t)\mathrm{d}t + \int_0^{T_b} n(t)s_0(t)\mathrm{d}t = E_0 + n_{S0} \tag{5-74}$$

$$r_1 = \int_0^{T_b} r(t)s_1(t)\mathrm{d}t = \int_0^{T_b} s_0(t)s_1(t)\mathrm{d}t + \int_0^{T_b} n(t)s_1(t)\mathrm{d}t = n_{S1} \tag{5-75}$$

式中

$$n_{si} = \int_0^{T_b} n(t)s_i(t)\mathrm{d}t, \quad i = 0,1 \tag{5-76}$$

由于$n(t)$ 是高斯的，所以 n_{si} 也是高斯的。且它们具有如下特性：

$$E(n_{si}) = E\left\{\int_0^{T_b} n(t)s_i(t)\mathrm{d}t\right\} = \int_0^{T_b} E\{n(t)\}\, s_i(t)\mathrm{d}t = 0, \quad i = 0,1 \tag{5-77}$$

$$\begin{aligned} E\{n_{s0}n_{s1}\} &= E\left\{\int_0^{T_b} n(t)s_0(t)\mathrm{d}t\int_0^{T_b} n(x)s_1(x)\mathrm{d}x\right\} = \int_0^{T_b}\int_0^{T_b} E\{n(t)n(x)\}\, s_0(t)s_1(x)\mathrm{d}x\mathrm{d}t \\ &= \int_0^{T_b}\int_0^{T_b} \frac{n_0}{2}\delta(t-x)s_0(t)s_1(x)\mathrm{d}x\mathrm{d}t = \frac{n_0}{2}\int_0^{T_b} s_0(t)s_1(t)\mathrm{d}t = 0 \end{aligned} \tag{5-78}$$

$$\begin{aligned} E\{n_{si}^2\} &= E\left\{\int_0^{T_b} n(t)s_i(t)\mathrm{d}t\int_0^{T_b} n(x)s_i(x)\mathrm{d}x\right\} = \int_0^{T_b}\int_0^{T_b} E\{n(t)n(x)\}\, s_i(t)s_i(x)\mathrm{d}x\mathrm{d}t \\ &= \int_0^{T_b}\int_0^{T_b} \frac{n_0}{2}\delta(t-x)s_i(t)s_i(x)\mathrm{d}x\mathrm{d}t = \frac{n_0}{2}\int_0^{T_b} s_i^2(t)\mathrm{d}t = \frac{n_0E_i}{2}, \quad i = 0,\ 1 \end{aligned} \tag{5-79}$$

因此，$E\{r_0r_1\}=0$，r_0 和 r_1 又是高斯的，所以 r_0 和 r_1 是相互独立的随机变量。在 H_0（发送 0）假设下，$f(r_0, r_1 | H_0)$ 二维条件概率密度函数为

$$f(r_0,r_1 | H_0) = \frac{1}{\sqrt{2\pi\cdot\frac{n_0E_0}{2}}}\mathrm{e}^{-\frac{(r_0-E_0)^2}{2\cdot\frac{n_0E_0}{2}}} \cdot \frac{1}{\sqrt{2\pi\cdot\frac{n_0E_1}{2}}}\mathrm{e}^{-\frac{r_1^2}{2\cdot\frac{n_0E_1}{2}}} = \frac{1}{\pi n_0\sqrt{E_0E_1}}\mathrm{e}^{-\left\{\frac{(r_0-E_0)^2}{n_0E_0}+\frac{r_1^2}{n_0E_1}\right\}} \tag{5-80}$$

同样在 H_1（发送 1）假设下，可得$f(r_0, r_1 | H_1)$ 二维条件概率密度函数

$$f(r_0,r_1 | H_1) = \frac{1}{\pi n_0\sqrt{E_0E_1}}\mathrm{e}^{-\left\{\frac{r_0^2}{n_0E_0}+\frac{(r_1-E_1)^2}{n_0E_1}\right\}} \tag{5-81}$$

第二步，得到最佳判决规则。

将式（5-80）和式（5-81）代入式（5-73），两边同时取对数，并简化后，得最佳判决规则

$$\left.\begin{aligned} r_1 - r_0 &\geqslant \frac{n_0}{2}\ln\frac{P(H_0)}{P(H_1)} + \frac{E_1-E_0}{2}, \quad \text{判为 1} \\ r_1 - r_0 &< \frac{n_0}{2}\ln\frac{P(H_0)}{P(H_1)} + \frac{E_1-E_0}{2}, \quad \text{判为 0} \end{aligned}\right\} \tag{5-82}$$

由上式及图 5-33，得到发送波形正交的二元确知信号的完整最佳接收机结构，如图 5-34 所示。

二维码 5-10

最佳判决规则为

$$\left.\begin{array}{ll} y \geqslant V_{\mathrm{d}}, & \text{判为 } 1 \\ y < V_{\mathrm{d}}, & \text{判为 } 0 \end{array}\right\} \tag{5-83}$$

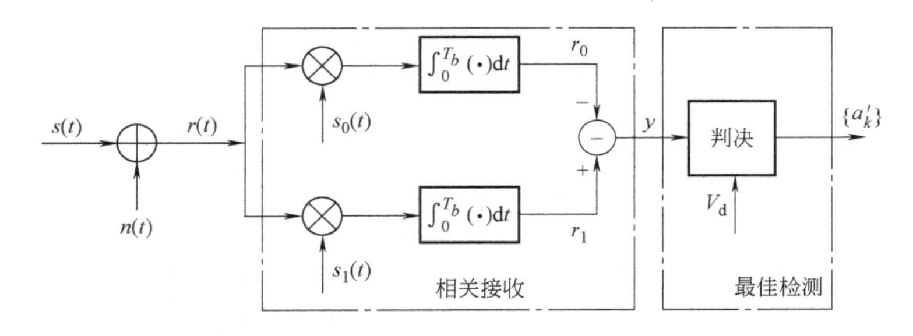

图 5-34 二进制正交波形最佳接收机结构

其中，$y=r_1-r_0$，$V_{\mathrm{d}}=\frac{n_0}{2}\ln\frac{P(H_0)}{P(H_1)}+\frac{E_1-E_0}{2}$，$P(H_0)$、$P(H_1)$ 分别为发送波形 $s_0(t)$ 和 $s_1(t)$ 的先验概率，E_0、E_1 分别为它们的能量。

若发送波形 $s_0(t)$ 和 $s_1(t)$ 不仅正交，且能量相等，先验概率也相等，即 $E_0=E_1=E_{\mathrm{b}}$，$P(H_0)=P(H_1)=0.5$，则式（5-82）的最佳判决规则简化为

$$\left.\begin{array}{ll} r_1-r_0 \geqslant 0, & \text{判为 } 1 \\ r_1-r_0 < 0, & \text{判为 } 0 \end{array}\right\} \tag{5-84}$$

或

$$\left.\begin{array}{ll} y \geqslant 0, & \text{判为 } 1 \\ y < 0, & \text{判为 } 0 \end{array}\right\} \tag{5-85}$$

分别对应完整的接收机结构如图 5-35a、b 所示。其中式（5-84）的判决规则就是“择大判决”。到此完成了最佳检测器（或最佳判决器）的设计工作。

需要说明的是，实际中常用的双极性信号 $s_0(t)=-s_1(t)$，此时发送波形 $s_0(t)$ 和 $s_1(t)$ 的能量相等，即 $E_0=E_1=E_{\mathrm{b}}$，尽管波形之间相互不正交，但可以得出与二进制正交波形完全相同的最佳接收机结构，如图 5-34 所示（请读者自行证明），最佳判决规则不变，仍为式（5-83），最佳判决电平变为 $V_{\mathrm{d}}=\frac{n_0}{2}\ln\frac{P(H_0)}{P(H_1)}$。

5.5.4 二进制最佳接收机性能分析

在第 2 章已经介绍过互相关函数，互相关函数取值的大小在一定程度上反映了两个函数（信号）之间的相关程度。为了更好地描述两个函数间的相关程度，引入相关系数的概念。定义两信号（函数）间的互相关系数为

$$\rho=\frac{\int_0^{T_b} s_1(t)s_0(t)\,\mathrm{d}t}{\sqrt{E_1E_0}} \tag{5-86}$$

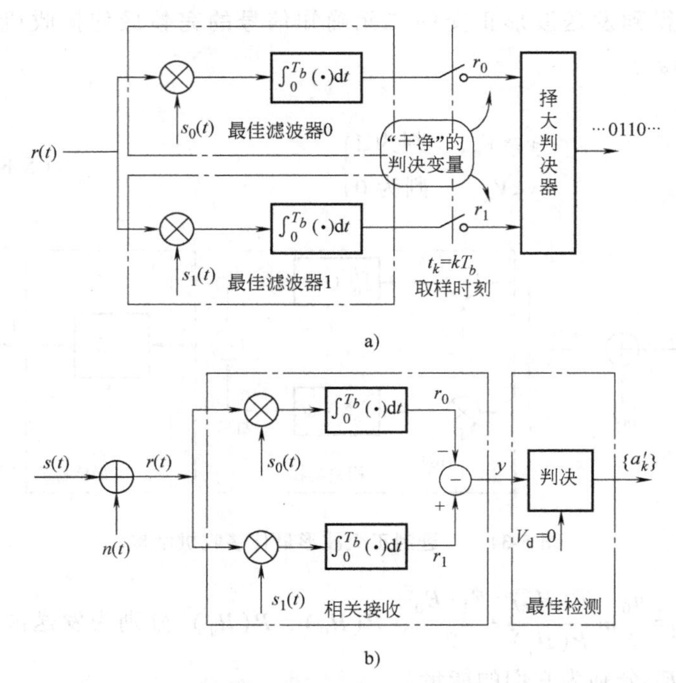

图 5-35 二进制等概、等能量正交波形最佳接收机结构

若两波形正交，则相关系数为 0，如图 5-36 所示。若两波形等能量，则有 $\rho=\left(\int_0^{T_b}s_1(t)s_0(t)\,\mathrm{d}t\right)/E_b$，其中 T_b 是码元宽度，ρ 的取值范围为 $-1\leqslant\rho\leqslant 1$。互相关系数的物理意义表示波形之间的相似程度，$\rho$ 越大表示波形间越相似。

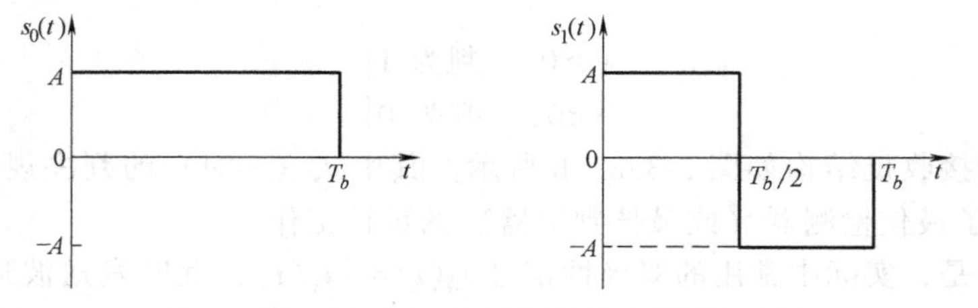

图 5-36 $s_0(t)$ 与 $s_1(t)$ 相互正交的波形图例

以图 5-35 二进制等能量波形最佳接收机的性能为例，推导接收机的抗噪声性能即误码率公式。

此时发送波形 $s_0(t)$ 和 $s_1(t)$ 的能量 $E_0=E_1=E_b$，最佳判决规则为 $\left.\begin{array}{l}y\geqslant V_d，判为 1\\ y<V_d，判为 0\end{array}\right\}$，其中 $y=r_1-r_0$，$V_d=\dfrac{n_0}{2}\ln\dfrac{P(H_0)}{P(H_1)}$，$P(H_0)$、$P(H_1)$ 为发送波形 $s_0(t)$ 和 $s_1(t)$ 的先验概率。

二进制数字通信的误码率公式可以从概率论中的全概率公式出发进行推导，即

$$P_e=P(D_1|H_0)P(H_0)+P(D_0|H_1)P(H_1) \tag{5-87}$$

式中，$P(H_i)=P_i$，$i=0，1$ 为发送二进制符号的先验概率，$P(D_1/H_0)$ 和 $P(D_0/H_1)$ 分别是发送 0 码错判为 1 码和发送 1 码错判为 0 码的条件概率。

由图 5-35 及其判决规则，并依照式（5-87），可以得到

$$p_e = P(H_0)\int_{V_d}^{\infty} f(y/H_0)\,\mathrm{d}y + P(H_1)\int_{-\infty}^{V_d} f(y/H_1)\,\mathrm{d}y \tag{5-88}$$

式中，$f(y/H_0)$，$f(y/H_1)$ 分别是假设发送 0 码和发送 1 码条件下接收端取样值 y 的概率密度函数，如图 5-37 所示。

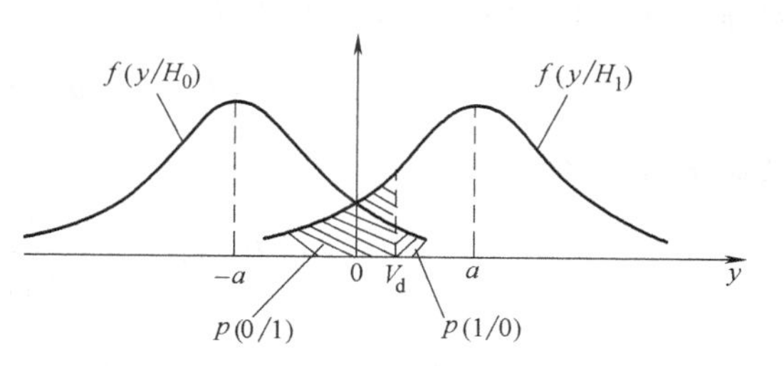

图 5-37 判决变量概率分布

发送 0 码时，图 5-35 中相关接收滤波器的输出 r_0 和 r_1 分别为

$$\begin{aligned} r_0 &= \int_0^{T_b} r(t)s_0(t)\,\mathrm{d}t \\ &= \int_0^{T_b} s_0^2(t)\,\mathrm{d}t + \int_0^{T_b} n(t)s_0(t)\,\mathrm{d}t \\ &= E_b + n_{S0} \end{aligned} \tag{5-89}$$

$$r_1 = \int_0^{T_b} r(t)s_1(t)\,\mathrm{d}t = \int_0^{T_b} s_0(t)s_1(t)\,\mathrm{d}t + \int_0^{T_b} n(t)s_1(t)\,\mathrm{d}t = \rho E_b + n_{S1} \tag{5-90}$$

判决变量

$$y = r_1 - r_0 = E_b(\rho - 1) + \int_0^{T_b} n(t)[s_1(t) - s_0(t)]\,\mathrm{d}t \tag{5-91}$$

式中，前一项为常数，与信号能量及相关系数有关；后一项为噪声经过两路滤波器后的输出，即

$$\xi = \int_0^{T_b} n(t)[s_1(t) - s_0(t)]\,\mathrm{d}t \tag{5-92}$$

由于 $n(t)$ 是高斯平稳随机过程，经过线性系统后仍为高斯平稳随机过程，其概率密度函数仅由其均值和方差决定。

$$E[\xi] = E\left\{\int_0^{T_b} n(t)[s_1(t) - s_0(t)]\,\mathrm{d}t\right\} = \int_0^{T_b} E\{n(t)\}[s_1(t) - s_0(t)]\,\mathrm{d}t = 0 \tag{5-93}$$

$$\begin{aligned} \sigma_\xi^2 = D[\xi] = E[\xi^2] &= E\left\{\int_0^{T_b}\int_0^{T_b} n(t)[s_1(t) - s_0(t)]\,n(\tau)[s_1(\tau) - s_0(\tau)]\,\mathrm{d}\tau\mathrm{d}t\right\} \\ &= \int_0^{T_b}\int_0^{T_b} E[n(t)n(\tau)][s_1(t) - s_0(t)][s_1(\tau) - s_0(\tau)]\,\mathrm{d}\tau\mathrm{d}t \end{aligned} \tag{5-94}$$

由于 $E[n(t)n(\tau)] = \dfrac{n_0}{2}\delta(t-\tau) = \begin{cases} \dfrac{n_0}{2}, & t=\tau \\ 0, & t\neq\tau \end{cases}$

可得输出噪声方差为

$$\sigma_\xi^2 = \frac{n_0}{2}\int_0^{T_b}[s_1(t) - s_0(t)]^2\mathrm{d}t = \frac{n_0}{2}\cdot 2E_b(1-\rho) = n_0E_b(1-\rho) \tag{5-95}$$

由此得 $y = r_1 - r_0 = E_b(\rho - 1) + \int_0^{T_b} n(t)[s_1(t) - s_0(t)]\,\mathrm{d}t$ 的概率密度函数

$$f(y|H_0)=\frac{1}{\sqrt{2\pi}\sigma_\xi}\exp\left\{-\frac{(y+a)^2}{2\sigma_\xi^2}\right\} \tag{5-96}$$

其中，$a=E_b(1-\rho)$

同理，发送 1 码时，判决变量变为

$$y=r_1-r_0=E_b(1-\rho)+\int_0^{T_b}n(t)[s_1(t)-s_0(t)]\mathrm{d}t \tag{5-97}$$

其概率密度函数为

$$f(y|H_1)=\frac{1}{\sqrt{2\pi}\sigma_\xi}\exp\left\{-\frac{(y-a)^2}{2\sigma_\xi^2}\right\} \tag{5-98}$$

代入式（5-88），假设此时 1、0 码元等概，于是有 $V_d=\frac{n_0}{2}\ln\frac{P(H_0)}{P(H_1)}=0$

$$\begin{aligned}p_e&=P(H_0)\int_{V_d}^{\infty}f(y/H_0)\mathrm{d}y+P(H_1)\int_{-\infty}^{V_d}f(y/H_1)\mathrm{d}y=\int_{-\infty}^{0}f(y/H_1)\mathrm{d}y\\&=\int_{-\infty}^{0}\frac{1}{\sqrt{2\pi}\sigma_\xi}\exp\left(-\frac{(y-a)^2}{2\sigma_\xi^2}\right)\mathrm{d}y=\frac{1}{2}\mathrm{erfc}\left[\frac{a}{\sqrt{2}\sigma_\xi}\right]\end{aligned} \tag{5-99}$$

于是得到在 1、0 码元等概且等能量二进制确知信号最佳接收机的误码率为

$$p_e=Q\left(\sqrt{\frac{E_b(1-\rho)}{n_0}}\right)=\frac{1}{2}\mathrm{erfc}\left[\sqrt{\frac{E_b(1-\rho)}{2n_0}}\right] \tag{5-100}$$

其中互补误差函数 $\mathrm{erfc}(x)$ 是严格单调递减函数。因此，随着自变量 x 的增加，函数值减小。显然，上式中自变量与信号能量、噪声功率谱密度及两波形间相关系数有关。当信号能量 E_b 和噪声功率 n_0 一定，即比特信噪比 E_b/n_0 一定时，误码率就是互相关系数 ρ 的函数；式（5-100）表明相关系数越小则自变量越大，则误码率越小。由前面的讨论可知，$-1\leqslant\rho\leqslant1$，表示波形之间的相似程度，即 1、0 码元波形之间越不相似，抗噪声的能力越强。

我们对三种特殊情况进行讨论。

1. $\rho=-1$（发送信号为最佳波形，如双极性信号，2PSK 信号）

$$p_e=Q\left(\sqrt{\frac{2E_b}{n_0}}\right)=\frac{1}{2}\mathrm{erfc}\left[\sqrt{\frac{E_b}{n_0}}\right] \tag{5-101}$$

为二进制确知信号最佳接收机所能达到的最小误码率。值得注意的是，双极性信号尽管波形之间不正交，但最佳接收机结构如前所述是一致的，因而得出上述结论。

2. $\rho=0$（发送信号为正交波形，如 2FSK 信号）

$$p_e=Q\left(\sqrt{\frac{E_b}{n_0}}\right)=\frac{1}{2}\mathrm{erfc}\left[\sqrt{\frac{E_b}{2n_0}}\right] \tag{5-102}$$

3. $\rho=1$（发送信号为相同波形）

$$p_e=\frac{1}{2} \tag{5-103}$$

由上述讨论可知，对于相同比特信噪比 E_b/n_0，我们在发送端可以进行信号的设计，使信号之间的互相关系数 ρ 尽可能小，从而使误码率尽可能低，即在达到相同传输有效性的同时尽可能提高传输可靠性。

对于单极性信号，发送波形 $s_0(t)$ 能量 $E_0=0$，$s_1(t)$ 的能量 $E_1=E_b$，不能直接采用上述结论。此时最佳接收机结构如图 5-38 所示，即图 5-34 中只需一路相关滤波器，其最佳判决规则可推导为（请读者自行推导）

$$V_d=\frac{E_b}{2}+\frac{n_0}{2}\ln\frac{p(H_0)}{p(H_1)} \tag{5-104}$$

当 $p(1)=p(0)$ 等概时，系统的误码率为

$$p_e=\frac{1}{2}\text{erfc}\left[\sqrt{\frac{E_b}{4n_0}}\right] \tag{5-105}$$

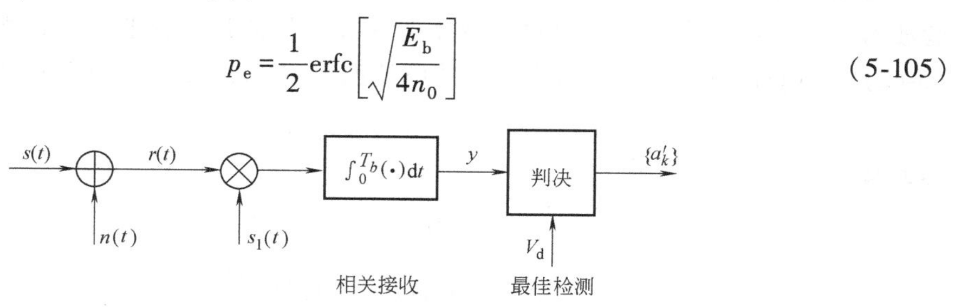

图 5-38　二进制单极性信号最佳接收机结构

由以上分析可知，等概二进制双极性信号、正交信号、单极性信号最佳接收机性能即误码率公式如式（5-101）、式（5-102）和式（5-105）所示，分别为 $p_e=\frac{1}{2}\text{erfc}\left[\sqrt{\frac{E_b}{n_0}}\right]$、$p_e=\frac{1}{2}\text{erfc}\left[\sqrt{\frac{E_b}{2n_0}}\right]$、$p_e=\frac{1}{2}\text{erfc}\left[\sqrt{\frac{E_b}{4n_0}}\right]$，它们之间的性能差异依次为 3dB，如图 5-39 所示。例如达到同一误码率 10^{-5} 时，双极性信号所需比特信噪比最小，为 $E_b/n_0=9.6\text{dB}$，正交信号所需比特信噪比其次，为 $E_b/n_0=12.6\text{dB}$，单极性信号所需比特信噪比最大，为 $E_b/n_0=15.6\text{dB}$。

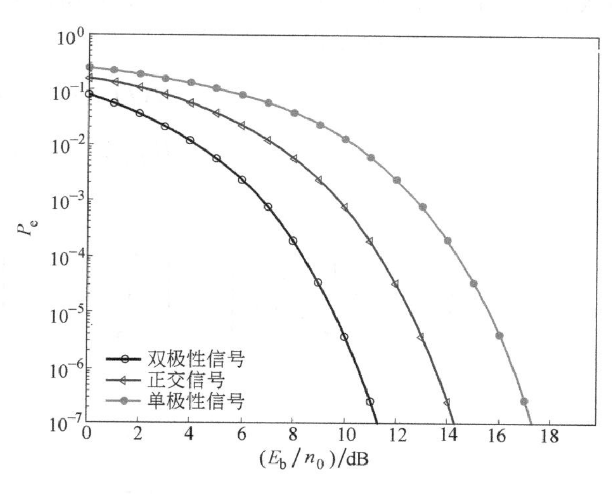

图 5-39　二进制确知信号最佳接收机误码率

值得注意的是，以上所述的最佳接收机并没有规定信号的具体形式，因此不仅适用于基带信号，而且适用于频带信号。

5.5.5　最佳基带传输系统

什么样的基带系统才称为“最佳”的呢？最佳基带数字传输系统可定义为消除码间串扰而且错误概率最小的系统。

二维码 5-11

为保证无码间串扰，基带传输系统的总传输特性 $H(f)=G_T(f)C(f)G_R(f)$ 必须满足 5.4 节中的无码间串扰传输条件 $\sum_{m=-\infty}^{\infty}H(f+mf_b)=T_b$（或其他常数），这就意味着最佳基带系统的总特性是确定的。因此，在信道传输特性 $C(f)$ 为理想信道条件下，最佳基带系统的设计问题就归结为在如图 5-15 所示分析模型中如何设计发送滤波器 $G_T(f)$ 和接收滤波器 $G_R(f)$。

【例 5-10】 假设基带传输系统传输的是双极性信号，即 a_k 取值为+1、-1，$s_0(t)=-s_1(t)=-g_T(t)$，其中 $g_T(t)$ 表示幅度为1、宽度为 T 的矩形波，试求理想信道条件下的最佳基带传输系统及其误码率。

解： 由题意，当发送比特为“0”时，发送滤波器输出波形为 $s_0(t)=-g_T(t)$；当发送比特为“1”时，发送滤波器输出波形为 $s_1(t)=g_T(t)$（$s_0(t)$ 与 $s_1(t)$ 的互相关系数 $\rho=-1$）。

由图 5-15 分析模型可知，此时接收滤波器输入信号为发送滤波器输出信号，因此接收滤波器必须是输入信号的匹配滤波器才能保证信号的最佳接收。由匹配滤波器冲激响应式（5-62）即 $h(t)=Ks(t_0-t)$，可得最佳接收滤波器 $G_R(f)$ 对应的冲激响应为

$$g_R(t)=Kg_T(T_b-t) \tag{5-106}$$

令系数 $K=1$，则有

$$g_R(t)=g_T(T_b-t) \tag{5-107}$$

$$G_R(f)=G_T^*(f)\,\mathrm{e}^{-\mathrm{j}\omega T_b} \tag{5-108}$$

即接收滤波器的传输函数是发送滤波器传输函数的共轭。如果假设信道为理想信道，即 $C(f)=1$，则可得联合方程

$$\begin{cases} H(f)=G_T(f)\,G_R(f) \\ G_R(f)=G_T^*(f)\,\mathrm{e}^{-\mathrm{j}2\pi T_b} \end{cases} \tag{5-109}$$

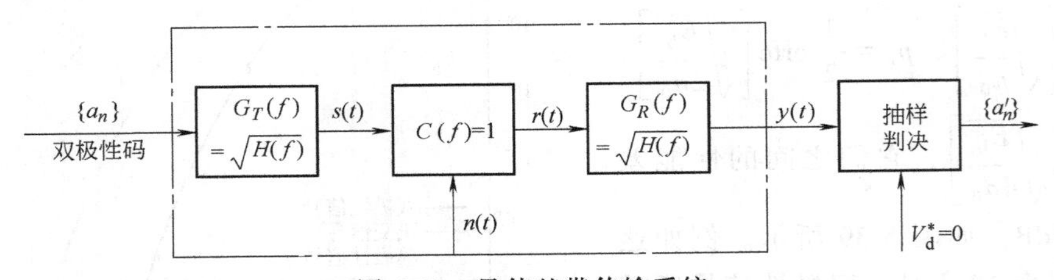

图 5-40 最佳基带传输系统

由上式可得 $|G_T(f)|^2=H(f)\,\mathrm{e}^{\mathrm{j}2\pi fT_b}$，从而 $|G_T(f)|^2=|H(f)|$，因此有 $|G_R(f)|=|G_T(f)|=\sqrt{|H(f)|}$，选择合适的相移特性，总能使下式成立：

$$G_R(f)=G_T(f)=\sqrt{H(f)} \tag{5-110}$$

因此发送等概双极性信号的最佳基带传输系统为图 5-40 的形式。这时系统的误码率为

$$P_\mathrm{e}=\frac{1}{2}\mathrm{erfc}\left(\sqrt{\frac{E_\mathrm{b}}{n_0}}\right) \tag{5-111}$$

上式与式（5-101）完全相同。

综上所述，由式（5-110）表明，当 $C(f)=1$时，最佳基带传输系统应该这样来设计：首先选择一个无码间干扰的系统总的传输函数 $H(f)$，然后将 $H(f)$ 开平方一分为二，一半作为发送滤波器的传输函数 $G_T(f)=\sqrt{H(f)}$，另一半作为接收滤波器 $G_R(f)=\sqrt{H(f)}$。此时构成的基带系统就是一个在发送信号功率一定的约束条件下，误码率最小的最佳基带传输系统。

5.6　眼图

实际应用的基带数字信号传输系统，由于滤波器性能不可能设计得完全符合要求，线路传输特性不固定（线路长度变化）和不稳定（线路周围环境的不断变化）等原因，不可能完全做到无码间串扰的要求。由前面的讨论可知，码间串扰问题与发送滤波器特性、信道特性、接收滤波器特性等因素有关，因而计算由于这些因素所引起的误码率就非常困难，甚至得不到一种合适的定量分析方法。因此在实际应用时要通过实验的方法估计和通过调整以改善传输系统的性能，使码间串扰的影响尽量减小。眼图正是实验方法的一个有用的工具。

1. 什么是眼图

眼图是指利用实验的方法估计和改善（通过调整）传输系统性能时在示波器上观察到的像人的眼睛一样的图形。

实验时的连接如图 5-41 所示，基带传输系统接收滤波器的输出信号加到示波器的垂直轴，调节示波器的水平扫描周期，使它与信号码元的周期同步。此时可以从示波器上显示出一个像人眼一样的图形，从这个称为眼图的图形上可以估计出系统的性能（指码间串扰和噪声的大小）。另外也可以用此特性对接收滤波器的特性加以调整，以减小码间串扰和改善系统的传输性能。

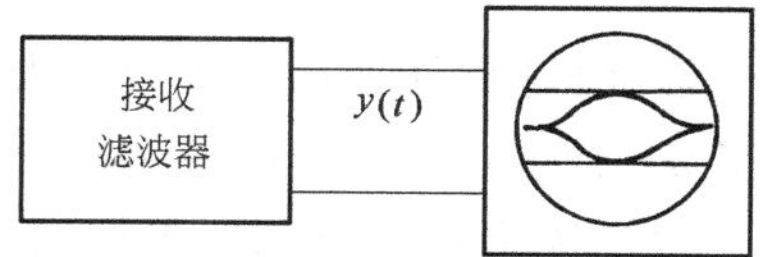

图 5-41　观察眼图实验连接图

2. 眼图的基本原理

（1）无噪声、无码间串扰时的眼图

一种最简单的情况是无噪声、无码间串扰时的眼图。此时接收滤波器的输出 $y(t)$ 的波形如图 5-42d 所示。图中假设它是双极性升余弦脉冲波形，即在 0 到 T_b 间的 1 码经过信道传输后在接收滤波器输出一个正的升余弦脉冲波形，如图 5-42a 所示；而 0 码在接收滤波器输出一个负的升余弦脉冲，如图 5-42b 所示。图中假设在 0 到 $10T_b$ 时间内收到一个二进制代码为 1110001010，把各个码元产生的波形分别画出可得图 5-42c 所示的波形。合成后实际输出的波形 $y(t)$ 如图 5-42d 所示。从 $y(t)$ 的波形来看，收到连 1 码时，有一个持续时间为 τ 的正电平，而收到连 0 码时有一个持续时间为 τ 的负电平。当 1，0 码交替时不会出现持续的正负电平。从图中容易算出 $\tau=(k-1)T_b$，k 为连码的数目。

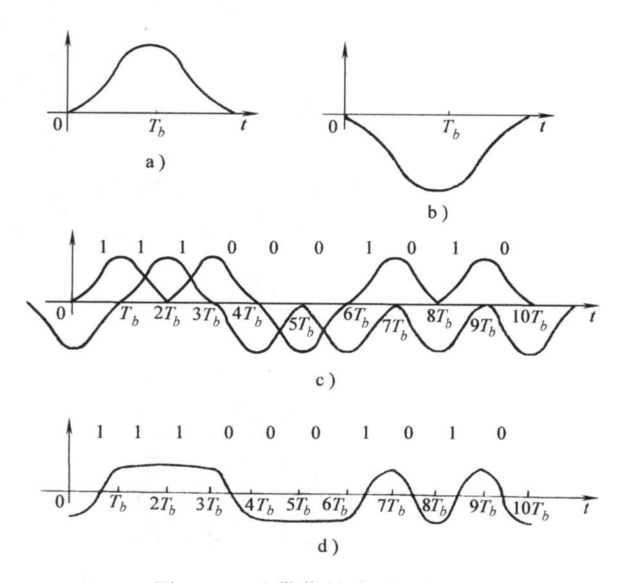

图 5-42　基带信号波形示意图

把图 5-42d 所示的 $y(t)$ 波形加到示波器的垂直轴，而水平扫描的周期与 T_b 相等时，这时图 5-42d 中的每一个码元将重叠在一起。尽管图 5-42d 的波形并不是周期的（实际是随机的），但由于荧光屏的余晖作用，仍将若干个码元重叠并显示图形，如图 5-43a 所示，这个图形很像一只完全张开的眼睛，因此称它为眼图。图 5-43a 上面的一根水平线由连 1 码引起的持续正电平产生，下面的一根水平线由连 0 码引起的持续负电平产生，中间部分由 1、0 交替码产生。

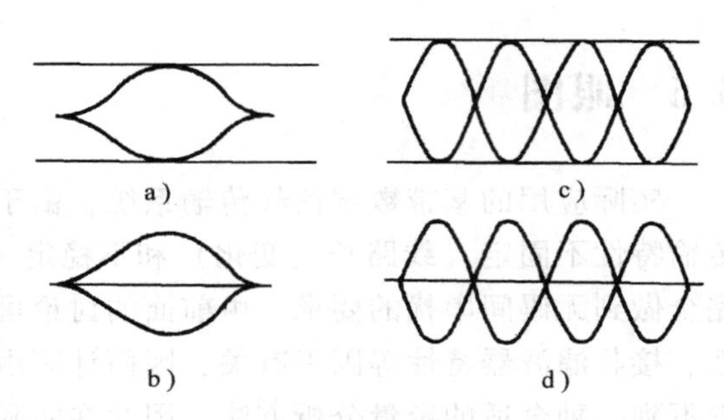

图 5-43　基带信号眼图

如果收到的是经过码型变换后得到的 AMI 码（或 HDB_3 码），由于 AMI 码具有三个电平，此时没有连 1（指正电平）和连 0（指负电平），但有持续的 0 电平。因此得到的眼图将如图 5-43b 所示，此时，上下两根水平线没有了，而中间出现了一根代表连续 0 电平的水平线。

若水平扫描周期为 nT_b（n 为正整数），可以得到并排的 n 只眼睛，图 5-43c、d 分别画出了 $n=4$ 时由双极性码和 AMI 码得到的眼图。

（2）无噪声但有码间串扰的眼图

有码间串扰时，图 5-44a 中 $y(t)$ 的波形将发生畸变，变成图 5-44b 所示的波形，此时可以作出大致如图 5-44e 所示的图形。与图 5-43d 相比，这个眼图由好几条线交织在一起组成，不如无码间串扰时只有一根线组成那样清晰。这几条线越靠近，眼图张得越大，表示码间串扰越小；反之几条线越分散，则眼图张得越小，表示码间串扰越大。

（3）有噪声又有码间串扰的眼图

有噪声又有码间串扰时，图 5-44a 所示的波形将变为图 5-44c 所示的波形。此时作出的

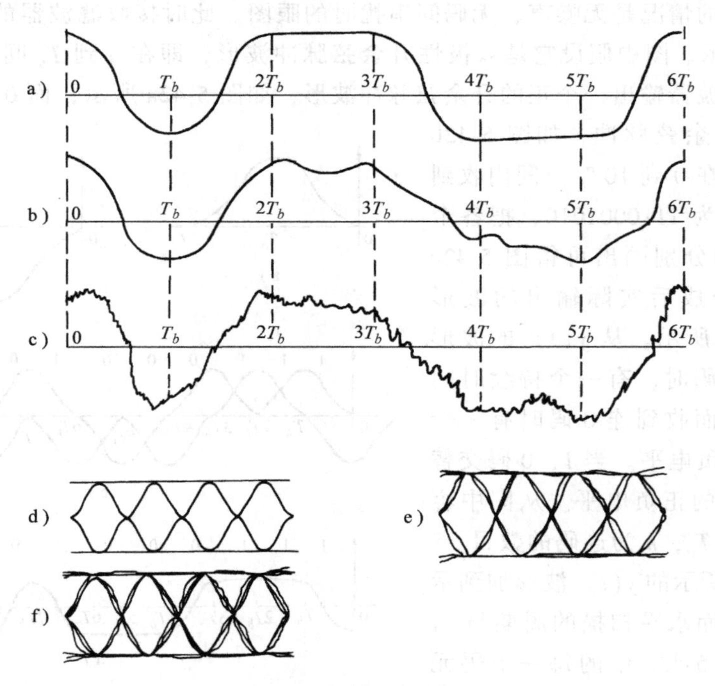

图 5-44　基带传输眼图示意图

眼图大致如图 5-44f 所示。与无噪声无码间串扰的眼图相比，原来清晰端正的细线，变成了比较模糊的带状的线，而且不是很端正。噪声越大，线条越宽，越模糊。不过，应该注意，从图形上并不能观察到随机噪声的全部形态，例如出现机会少的大幅度噪声，由于它在示波器上一晃而过，因而用人眼是观察不到的。所以，在示波器上只能大致估计噪声的强弱。

3. 眼图的模型

眼图可用于定性估计数字基带信号传输系统的性能，从中可以直观地看出码间串扰的大小和噪声的大小。眼图可以用来指示接收滤波器的调整，以减小码间串扰。为了说明眼图和系统性能的关系，可以把眼图简化为图 5-45 所示的形状，称为眼图的模型。

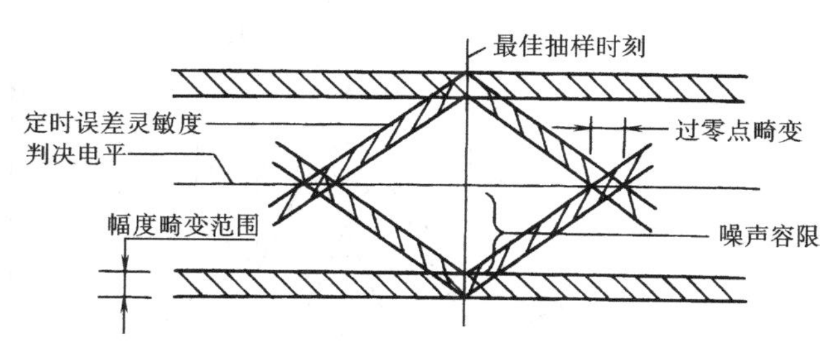

图 5-45　眼图的模型

从图中可以得出：

1）最佳抽样时刻应选择眼图中“眼睛”张开最大的时刻。

2）对定时误差的灵敏度，由斜边斜率决定，斜率越大，对定时误差就越灵敏。

3）在抽样时刻上，阴影区的垂直高度表示表示信号幅度畸变范围。

4）在抽样时刻上，上下两阴影区的间隔距离的一半为噪声容限，噪声瞬时值超过了它就可能发生错误判决。

5）眼图中央的横轴位置应对应判决门限电平。

6）图中倾斜阴影带与横轴相交的区间表示接收波形零点位置的变化范围，即过零点畸变，它对于利用信号零交点的平均位置来提取定时信息的接收系统有很大影响。

5.7　部分响应系统

5.4 节中，根据奈奎斯特第一准则，为了消除码间串扰，可把基带系统总的传输特性 $H(f)$ 设计成理想低通特性或余弦滚降特性。理想低通滤波特性的频带利用率达到基带系统的理论极限值 2 波特/Hz，但难以实现，且它的 $h(t)$ 的尾巴振荡幅度大、收敛慢，从而对定时要求十分严格；余弦滚降特性虽然克服了上述缺点，但所需的频带却加宽了，达不到 2 波特/Hz 频带利用率（升余弦特性时为 1 波特/Hz），即降低了系统的频带利用率。由此可见，高的频带利用率与“尾巴”衰减大、收敛快是互相矛盾的，这对于高速传输尤其不利。

那么，能否找到既能使频带利用率提高又满足“尾巴”衰减大、收敛快的传输波形呢？**奈奎斯特第二准则**回答了这个问题。该准则告诉我们：有控制地在某些码元的抽样时刻引入码间串扰，而在其余码元的抽样时刻无码间串扰，并在接收端判决前加以消除，那么就能使频带利用率提高到理论上的最大值，同时又可以降低对定时精度的要求。通常把这种波形称为部分响应波形。利用部分响应波形进行传送的基带传输系统称为部分响应系统。

5.7.1　第Ⅰ类部分响应波形

我们已经熟知，波形 $\sin x/x$“拖尾”严重，但通过观察图 5-46 所示的 $\sin x/x$ 波形，我们发现相距一个码元间隔的两个 $\sin x/x$ 波形的“拖尾”刚好正负相反，利用这样的波形组合肯定可以构成“拖尾”衰减很快的脉冲波形。根据这一思路，我们可用两个间隔为一个码元宽度 T_b 的 $\sin x/x$ 相加，如图 5-46a 所示。相加后的波形 $g(t)$ 为

$$g(t)=\mathrm{Sa}\left[\pi f_b\left(t+\frac{T_b}{2}\right)\right]+\mathrm{Sa}\left[\pi f_b\left(t-\frac{T_b}{2}\right)\right] \tag{5-112}$$

不难求得 $g(t)$ 的频谱函数为

$$G(f)=\begin{cases}2T_b\cos\pi fT_b, & |f|\leqslant f_b/2\\0, & |f|>f_b/2\end{cases} \tag{5-113}$$

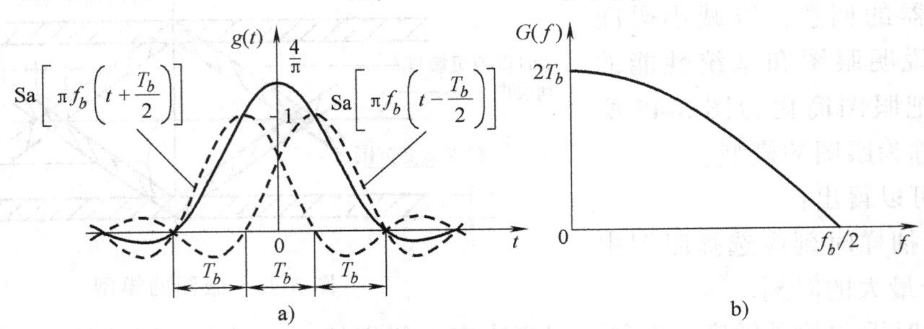

图 5-46 部分响应冲激响应 $g(t)$ 及其频谱

显然，$g(t)$ 的频谱 $G(f)$ 限制在 $(-f_b/2, f_b/2)$ 内，且呈缓变的半余弦滤波特性，如图 5-46b 所示。其传输带宽为 $B=f_b/2$，频带利用率为 $\eta=R_B/B=2$ 波特/Hz，达到基带系统在传输二进制序列时的理论极限值。

下面我们来讨论 $g(t)$ 的波形特点，由式（5-112）可得

$$g(t)=\frac{4}{\pi}\left(\frac{\cos(\pi t/T_b)}{1-(4t^2/T_b^2)}\right) \tag{5-114}$$

可见

$$g(0)=4/\pi,\ g(\pm T_b/2)=1,\ g(kT_b/2)=0,\ k=\pm3,\ \pm5,\ \cdots \tag{5-115}$$

由图 5-46a 及式（5-115）可见，除了在相邻的取样时刻 $t=\pm T_b/2$ 处 $g(t)=1$外，其余的取样时刻上，$g(t)$ 具有等间隔零点。由此看出：

1）$g(t)$ 波形的拖尾幅度与 t^2 成反比，而 $\sin x/x$ 波形幅度与 t 成反比，这说明 $g(t)$ 波形拖尾的衰减速度加快了。从图 5-46a 也可看到，相距一个码元间隔的两个 $\sin x/x$ 波形的“拖尾”正负相反而相互抵消，使合成波形“拖尾”迅速衰减。

2）若用 $g(t)$ 作为传送波形，且码元间隔为 T_b，则在抽样时刻上仅发生发送码元的样值将受到前一码元的相同幅度样值的串扰，而与其他码元不会发生串扰（见图 5-47）。表面上看，由于前后码元的串扰很大，似乎无法按 $1/T_b$ 的速率进行传送。但由于这种“串扰”是确定的，可控的，在收端可以消除掉，故仍可按 $1/T_b$ 传输速率传送码元。

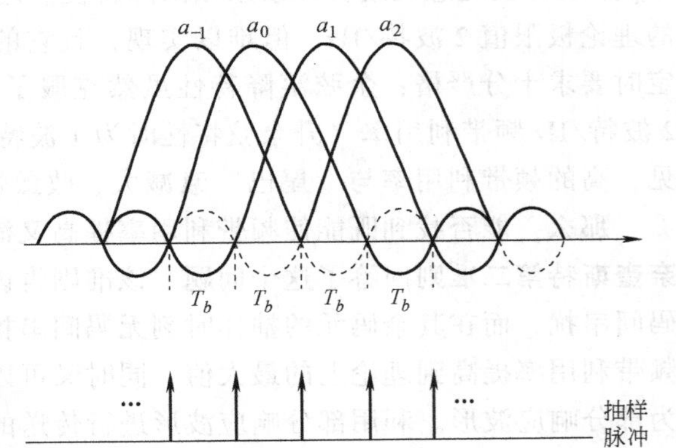

图 5-47 部分响应系统码元发生串扰的示意图

3）由于存在前一码元留下的有规律的串扰，可能会造成误码的传播（或扩散）。设输入的二进制码元序列为 $\{a_k\}$，并设 a_k 的取值为+1 或−1。当发送码元 a_k 时，接收波形 $g(t)$ 在第 k 个时刻上获得的样值 C_k 应是 a_k 与前一码元在第 k 个时刻上留下的串扰值之和，即

$$C_k = a_k + a_{k-1} \tag{5-116}$$

由于串扰值和信码抽样值幅度相等，因此 C_k 将可能有−2、0、+2 三种取值。如果 a_{k-1} 已经判定，则接收端可根据收到的 C_k 减去 a_{k-1}，便可得到 a_k 的取值，即

$$a_k = C_k - a_{k-1} \tag{5-117}$$

但这样的接收方式存在一个问题：因为 a_k 的恢复不仅由 C_k 来确定，而且必须参考前一码元 a_{k-1} 的判决结果，如果 $\{C_k\}$ 序列中某个抽样值因干扰而发生差错，则不但会造成当前恢复的 a_k 值错误，而且还会影响到以后所有的 a_{k+1}，a_{k+2}，…的抽样值错误，这种现象称为错误传播现象。例如：

输入信码	1	0	1	1	0	0	0	1	0	1	1
发送端 $\{a_k\}$	+1	−1	+1	+1	−1	−1	−1	+1	−1	+1	+1
发送端 $\{C_k\}$		0	0	+2	0	−2	−2	0	0	0	+2
接收的 $\{C'_k\}$		0	0	+2	0	−2	0×		0	0	+2
恢复的 $\{a'_k\}$	$\underline{\underline{+1}}$	−1	+1	+1	−1	−1	+1×	−1×	+1×	−1×	+3×

可见，自 $\{C'_k\}$ 出现错误之后，接收端恢复出来的 $\{a'_k\}$ 全部是错误的。此外，在接收端恢复 $\{a'_k\}$ 时还必须有正确的起始值（$\underline{\underline{+1}}$），否则也不可能得到正确的 $\{a'_k\}$ 序列。

产生差错传播的原因是，在 $g(t)$ 的形成过程中，引入了相邻码元间有控制的串扰，如式（5-116）所示，在有控制地引入码间串扰的过程中，使得原本相互独立的码元变成了相关码元，这种串扰的运算称为相关运算，也称**相关编码**，正是相关编码的存在带来了差错传播问题。

为了克服由相关编码带来的错误传播问题，可以在发送端相关编码之前进行**预编码**，即先将输入信码 a_k 变成**差分码** b_k，其编码规则是

$$b_k = a_k \oplus b_{k-1} \tag{5-118}$$

即

$$a_k = b_k \oplus b_{k-1} \tag{5-119}$$

式中，$\oplus$表示模 2 和，这时的 a_k 和 b_k 均为单极性码。

然后，把 $\{b_k\}$ 作为发送序列，形成由式（5-112）决定的 $g(t)$ 波形序列，则此时对应的式（5-116）改写为

$$C_k = b_k + b_{k-1} \tag{5-120}$$

显然，对式（5-120）进行模 2(mod2) 处理，则有

$$[C_k]_{\text{mod2}} = [b_k + b_{k-1}]_{\text{mod2}} = b_k \oplus b_{k-1} = a_k$$

即

$$a_k = [C_k]_{\text{mod2}} \tag{5-121}$$

式（5-121）说明，对接收到的 C_k 做模 2 处理后便直接得到发送端的 a_k，此时不需要预先知道 a_{k-1}，因而不存在错误传播现象，值得注意的是，上述变换均假设码元为单极性。而当发送序列 $\{b_k\}$ 为双极性时，判决规则是

$$C_k=\begin{cases}\pm 2, & \text{判 } 0\\ 0, & \text{判 } 1\end{cases} \tag{5-122}$$

通常，把 a_k 按式（5-118）变成 b_k 的过程，称为预编码，而把式（5-116）或式（5-120）的关系称为相关编码。因此，整个上述处理过程可概括为“预编码—相关编码—模 2 判决”过程。

重新引用上面的例子，由输入 a_k 到接收端恢复 a'_k 的过程如下：

$\{a_k\}$	1	0	1	1	0	0	0	1	0	1	1
$\{b_{k-1}\}$	0	1	1	0	1	1	1	1	0	0	1
$\{b_k\}$	1	1	0	1	1	1	1	0	0	1	0
$\{c_k\}$	1	2	1	1	2	2	2	1	0	1	1
$\{a'_k\}$	1	0	1	1	0	0	0	1	0	1	1
双极性情况											
$\{c_k\}$	0	+2	0	0	+2	+2	+2	0	−2	0	0
$\{c'_k\}$	0	+2	0	0	+2	+2	+2	0	0×	0	0
$\{a'_k\}$	1	0	1	1	0	0	0	1	1×	1	1

此例说明，由当前 C_k 值可直接得到当前的 a_k，所以错误不会传播下去，而是局限在受干扰码元本身位置，这是因为预编码解除了码元间的相关性。

上面讨论的属于第Ⅰ类部分响应波形，其系统组成框图如图 5-48 所示。其中图 a 为原理框图，图 b 为实际系统组成框图。

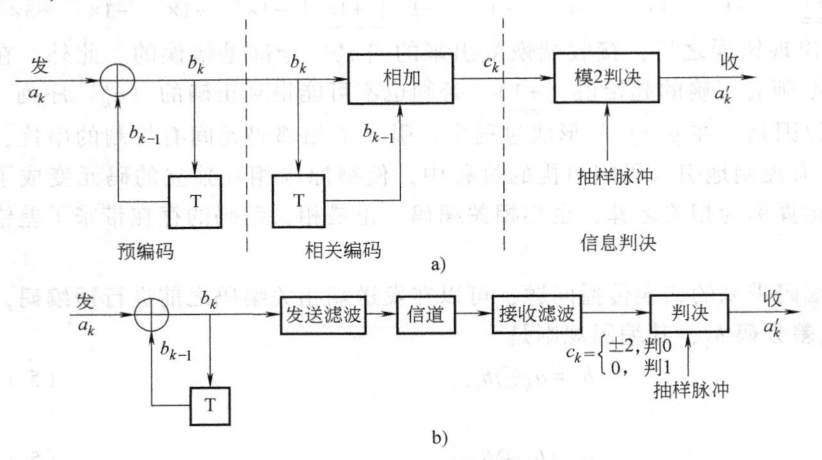

图 5-48 第Ⅰ类部分响应系统组成框图

二维码 5-12

5.7.2 部分响应的一般形式

部分响应波形的一般形式是 N 个相继间隔 T_b 的 $\sin x/x$ 波形之和，其表达式为

$$g(t)=R_1\frac{\sin\frac{\pi}{T_b}t}{\frac{\pi}{T_b}t}+R_2\frac{\sin\frac{\pi}{T_s}(t-T_b)}{\frac{\pi}{T_b}(t-T_b)}+\cdots+R_N\frac{\sin\frac{\pi}{T_b}[t-(N-1)T_b]}{\frac{\pi}{T_b}[t-(N-1)T_b]} \tag{5-123}$$

式中，R_1，R_2，…，R_N 为加权系数，其取值为正、负整数及零。例如，当取 $R_1=1$，$R_2=1$，其余系数 $R_i=0$ 时，就是前面所述的第Ⅰ类部分响应波形。

对应式（5-123）所示部分响应波形的频谱函数为

$$G(f)=\begin{cases} T_b\sum_{m=1}^{N}R_m\mathrm{e}^{-\mathrm{j}2\pi f(m-1)T_b}, & |f|\leqslant \dfrac{f_b}{2} \\ 0, & |f|>\dfrac{f_b}{2} \end{cases} \tag{5-124}$$

可见，$G(f)$ 仅在（$-f_b/2$，$f_b/2$）范围内存在。

显然，R_i（$i=1$，2，…，N）不同，将有不同类别的部分响应信号，相应有不同的相关编码方式。若设输入数据序列为 $\{a_k\}$，相应的相关编码电平为 $\{c_k\}$，仿照式（5-116），则

$$C_k=R_1a_k+R_2a_{k-1}+\cdots+R_Na_{k-(N-1)} \tag{5-125}$$

由此看出，C_k 的电平数将依赖于 a_k 的进制数 L 及 R_i 的取值，无疑，一般 C_k 的电平数将要超过 a_k 的进制数。

为了避免因相关编码而引起的“差错传播”现象，一般要经过类似于前面介绍的“预编码—相关编码—模2判决”过程。先仿照式（5-119）将 a_k 进行预编码

$$a_k=R_1b_k+R_2b_{k-1}+\cdots+R_Nb_{k-(N-1)}\quad（按模 L 相加） \tag{5-126}$$

式中，a_k 和 b_k 已假设为 L 进制。

然后，将预编码后的 b_k 进行相关编码

$$C_k=R_1b_k+R_2b_{k-1}+\cdots+R_Nb_{k-(N-1)}\quad（算术加） \tag{5-127}$$

最后对 C_k 做模 L 处理，并与式（5-126）比较可得

$$a_k=[C_k]_{\mathrm{mod}L} \tag{5-128}$$

这正是所期望的结果。此时不存在错误传播问题，且接收端的译码十分简单，只需直接对 C_k 按模 L 判决即可得 a_k。

采用部分响应波形，能实现2Baud/Hz的频带利用率，而且通常它的“尾巴”衰减大且收敛快的，还可实现基带频谱结构的变化。目前，常见的部分响应波形有五类，其定义及各类波形、频谱特性和加权系数示于表5-1。为了便于比较，把具有 $\sin x/x$ 波形的理想低通也列在表内并称为第0类。从表中看出，各类部分响应波形的频谱在 $1/2T_b$ 处均为零，并且有的频谱在零频率处也出现零点（见Ⅳ、Ⅴ类）。通过相关编码技术实现的频谱结构的变化，对实际系统提供了有利的条件。目前应用较多的是第Ⅰ类和第Ⅳ类。第Ⅰ类频谱主要集中在低频段，适用于信道频带高频严重受限的场合。第Ⅳ类无直流分量，且低频分量小，便于通过载波线路，便于边带滤波，实现单边带调制，因而在实际应用中，第Ⅳ类部分响应用得最为广泛，其系统组成框图可参照图5-48得到，这里不再画出。此外，以上两类的抽样值电平数比其他类别的少，这也是它们得以广泛应用的原因之一，当输入为 L 进制信号时，经部分响应传输系统得到的第Ⅰ、Ⅳ类部分响应信号的电平数为（$2L-1$）。

综上分析，采用部分响应系统的好处是，它的传输波形的“尾巴”衰减大且收敛快，而且使低通滤波器成为可实现的，频带利用率可以提高到2Baud/Hz的极限值，还可实现基带频谱结构的变化，也就是说，通过相关编码得到预期的部分响应信号频谱结构。

表 5-1 部分响应信号

类别	R_1	R_2	R_3	R_4	R_5	$g(t)$	$\lvert G(f)\rvert, \lvert f\rvert \leqslant f_b/2$	二进制输入时CR的电平数
0	1					T_b　t	$\lvert G(2\pi f)\rvert$　T_b　$1/2T_b$　f	2
Ⅰ	1	1				t	$2T_b\cos\frac{\omega T_b}{2}$　$1/2T_b$　f	3
Ⅱ	1	2	1			t	$4T_b\cos^2\frac{\omega T_b}{2}$　$1/2T_b$　f	5
Ⅲ	2	1	-1			t	$2T_b\cos\frac{\omega T_b}{2}\sqrt{5-4\cos\omega T_b}$　$1/2T_b$　f	5
Ⅳ	1	0	-1			t	$2T_b\sin^2\omega T_b$　$1/2T_b$	3
Ⅴ	-1	0	2	0	-1	t	$4T_b\sin^2\omega T_b$　$1/2T_b$	5

部分响应系统的缺点是，当输入数据为 L 进制时，部分响应波形的相关编码电平数要超过 L 个。因此，在同样输入信噪比条件下，部分响应系统的抗噪声性能要比零类响应系统差。

5.8 时域均衡技术

在 5.4 节中，从理论上找到了消除码间串扰的方法，即使基带系统的传输总特性 $H(f)$ 满足奈奎斯特第一准则。而且在假设信道特性 $C(f)$ 确知的条件下，可以设计接收和发送滤波器以达到消除码间串扰和尽量减小噪声影响的目的。但在实际实现时，由于难免存在滤波器的设计误差和信道特性 $C(f)$ 的未知或变化，所以无法实现理想的传输特性，从而导致系统性能的下降。

理论和实践均证明，在基带系统接收端的接收滤波器和抽样判决器之间插入一种可调（或不可调）滤波器可以校正或补偿系统特性，减小码间串扰的影响，这种起补偿作用的滤波器称为**均衡器**。

均衡可分为**频域均衡**和**时域均衡**。所谓频域均衡，是从校正系统的频率特性出发，使包括均衡器在内的基带系统的总特性满足无失真传输条件；所谓时域均衡，是利用均衡器产生的时间波形去直接校正已畸变的波形，使包括均衡器在内的整个系统的冲激响应满足无码间串扰条件。

频域均衡在信道特性不变，且在传输低速数据时是适用的。而时域均衡可以根据信道特性的变化进行调整，能够有效地减小码间串扰，故在高速数据传输中得以广泛应用。本节仅介绍时域均衡。

5.8.1　时域均衡原理

如图 5-1 所示的数字基带传输系统模型，总传输特性为 $H(f)=G_T(f)C(f)G_R(f)$，当 $H(f)$ 不满足式（5-32）所示的 $\sum\limits_{m=-\infty}^{\infty} H(f+mf_b)=T_b$(或其他常数）无码间串扰条件时，就会形成有码间串扰的响应波形。现在来证明：如果在接收滤波器和抽样判决器之间插入一个称之为横向滤波器的可调滤波器，那么理论上就可以完全消除抽样时刻上的码间串扰。设横向滤波器的冲激响应为

$$h_T(t)=\sum_{n=-\infty}^{\infty} C_n\delta(t-nT_b) \tag{5-129}$$

式中，C_n 完全依赖于 $H(f)$，那么，理论上就可完全消除（抽样时刻上的）码间串扰。

设插入滤波器的频率特性为 $T(f)$，则当

$$T(f)H(f)=H'(f) \tag{5-130}$$

$H'(f)$ 满足式（5-32），即满足下式时

$$\sum_{m=-\infty}^{\infty} H'(f+m/T_b)=T_b \quad |f|\leqslant\frac{f_b}{2} \tag{5-131}$$

则包括 $T(f)$ 在内的总特性 $H'(f)$ 将能消除码间串扰。

将式（5-130）代入式（5-131），有

$$\sum_m H\left(f+\frac{m}{T_b}\right)T\left(f+\frac{m}{T_b}\right)=T_b,\ |f|\leqslant\frac{f_b}{2} \tag{5-132}$$

如果 $T(f)$ 是以 $1/T_b$ 为周期的周期函数，即 $T[f+(m/T_b)]=T(f)$，则 $T(f)$ 与 m 无关，可拿到求和号 Σ 的外边，于是有

$$T(f)=\frac{T_b}{\sum\limits_m H\left(f+\frac{m}{T_b}\right)},\quad |f|\leqslant\frac{f_b}{2} \tag{5-133}$$

使得式（5-131）成立。

既然 $T(f)$ 是按式（5-133）开拓的周期为 $1/T_b$ 的周期函数，则 $T(f)$ 可用傅里叶级数

来表示，即

$$T(f)=\sum_{n=-\infty}^{\infty}C_n\mathrm{e}^{-\mathrm{j}n2\pi fT_b} \tag{5-134}$$

式中

$$C_n=T_b\int_{-1/2T_b}^{1/2T_b}T(f)\,\mathrm{e}^{\mathrm{j}2\pi nfT_b}\mathrm{d}f \tag{5-135}$$

或

$$C_n=T_b\int_{-1/2T_b}^{1/2T_b}\frac{T_b}{\sum\limits_m H\left(f+\dfrac{m}{T_b}\right)}\mathrm{e}^{-\mathrm{j}2\pi nfT_b}\mathrm{d}f \tag{5-136}$$

由上式看出，傅里叶系数 C_n 由 $H(f)$ 决定。

对式（5-134）求傅里叶反变换，则可求得其单位冲激响应 $h_T(t)$ 为

$$h_T(t)=F^{-1}[T(f)]=\sum_{n=-\infty}^{\infty}C_n\delta(t-nT_b) \tag{5-137}$$

这就是需要证明的式（5-129）。

由式（5-137）看出，$h_{\mathrm{T}}(t)$ 是图 5-49 所示网络的单位冲激响应，该网络是由无限多的按横向排列的延迟单元和抽头系数组成的，因此称为横向滤波器。它的功能是将输入端（即接收滤波器输出端）抽样时刻上有码间串扰的响应波形变换成（利用它产生的无限多响应波形之和）抽样时刻上无码间串扰的响应波形。由于横向滤波器的均衡原理是建立在响应波形上的，故把这种均衡称为时域均衡。

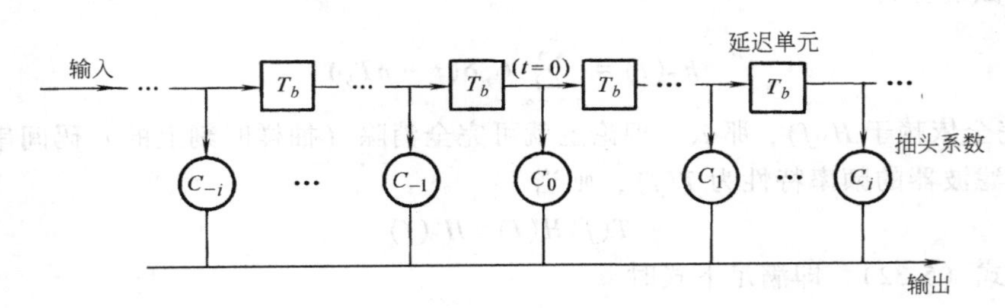

图 5-49　横向滤波器

从以上分析可知，横向滤波器可以实现时域均衡。理论上，无限长的横向滤波器可以完全消除抽样时刻上的码间串扰，但其实际上是不可实现的。因为，不仅均衡器的长度受限制，并且还受每一系数 C_i 调整准确度的限制。如果 C_i 的调整准确度得不到保证，则增加长度所获得的效果也不会显示出来。因此，有必要进一步讨论有限长横向滤波器的抽头增益调整问题。

设在基带系统接收滤波器与判决电路之间插入一个具有 $2N+1$ 个抽头的横向滤波器，如图 5-50a 所示。它的输入（即接收滤波器的输出）为 $x(t)$，$x(t)$ 是被均衡的对象，并设它不附加噪声，如图 5-50b 所示。

若设有限长横向滤波器的单位冲激响应为 $e(t)$，相应的频率特性为 $E(f)$，则

$$e(t)=\sum_{i=-N}^{N}C_i\delta(t-iT_b) \tag{5-138}$$

其相应的频率特性为

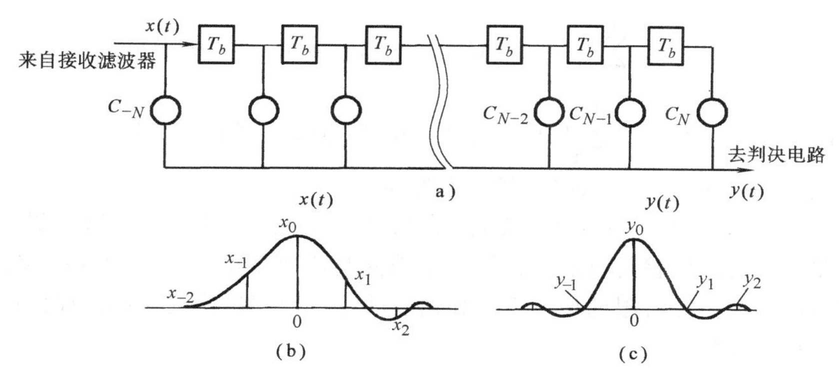

图 5-50 有限长横向滤波器及其输入、输出单脉冲响应波形

$$E(f)=\sum_{i=-N}^{N} C_i \mathrm{e}^{-\mathrm{j}2\pi f T_b i} \tag{5-139}$$

由此看出，$E(f)$ 被 $2N+1$ 个 C_i 所确定。显然，不同的 C_i 将对应不同的 $E(f)$。因此，如果各抽头系数是可调整的，则图 5-49 所示的滤波器是通用的。另外，如果抽头系数设计成可调的，也为随时校正系统的时间响应提供了可能条件。

现在来考察均衡器的输出波形。因为横向滤波器的输出 $y(t)$ 是 $x(t)$ 和 $e(t)$ 的卷积，故利用式（5-138）的特点，可得

$$y(t)=x(t)*e(t)=\sum_{i=-N}^{N} C_i x(t-iT_b) \tag{5-140}$$

于是，在抽样时刻 kT_b+t_0 有

$$y(kT_b+t_0)=\sum_{i=-N}^{N} C_i x(kT_b+t_0-iT_b)=\sum_{i=-N}^{N} C_i x[(k-i)T_b+t_0]$$

或者简写为

$$y_k=\sum_{i=-N}^{N} C_i x_{k-i} \tag{5-141}$$

上式说明，均衡器在第 k 个抽样时刻上得到的样值 y_k 将由 $2N+1$ 个 C_i 与 x_{k-i} 乘积之和来确定。显然，其中除 y_0 以外的所有 y_k 都属于波形失真引起的码间串扰。当输入波形 $x(t)$ 给定，即各种可能的 x_{k-i} 确定时，通过调整 C_i 使指定的 y_k 等于零是容易办到的，但同时要求所有的 y_k（除 $k=0$ 外）都等于零却是一件很难的事。下面通过一个例子来说明。

二维码 5-13

【例 5-11】 设有一个三抽头的横向滤波器，$C_{-1}=-1/4$，$C_0=1$，$C_{+1}=-1/2$，均衡器输入 $x(t)$ 在各抽样点上的取值分别为 $x_{-1}=1/4$，$x_0=1$，$x_{+1}=1/2$，其余都为零。试求均衡器输出 $y(t)$ 在各抽样点上的值。

解：根据式（5-141）有

$$y_k=\sum_{i=-N}^{N} C_i x_{k-i}$$

当 $k=0$ 时，可得

$$y_0=\sum_{i=-1}^{1} C_i x_{-i}=C_{-1}x_1+C_0x_0+C_{+1}x_{-1}=3/4$$

当 $k=1$ 时，可得 $$y_{+1}=\sum_{i=-1}^{1}C_i x_{1-i}=C_{-1}x_2+C_0x_1+C_1x_0=0$$

当 $k=-1$ 时，可得 $$y_{-1}=\sum_{i=-1}^{1}C_i x_{-1-i}=C_{-1}x_0+C_0x_{-1}+C_1x_{-2}=0$$

同理可求得 $y_{-2}=-1/16$，$y_{+2}=-1/4$，其余均为零。

由此例可见，除 y_0 外，得到 y_{-1} 及 y_1 为零，但 y_{-2} 及 y_{+2} 不为零。这说明，利用有限长的横向滤波器减小码间串扰是可能的，但完全消除是不可能的，总会存在一定的码间串扰。所以，需要讨论在抽头数有限的情况下，如何反映这些码间串扰的大小，如何调整抽头系数以获得最佳的均衡效果。

5.8.2 均衡效果的衡量

1. 峰值失真和均方失真准则

在抽头数有限的情况下，均衡器的输出将有剩余失真，即除了 y_0 外，其余所有都属于波形失真引起的码间串扰。一般采用**峰值失真**和**均方失真**来反映这些失真的大小，如何调整抽头系数使得**峰值失真**或**均方失真**达到最小的标准则称为**峰值失真准则**和**均方失真准则**。

峰值失真定义为

$$D=\frac{1}{y_0}\sum_{\substack{k=-\infty\\k\neq 0}}^{\infty}|y_k| \tag{5-142}$$

式中，符号 $\sum\limits_{\substack{k=-\infty\\k\neq 0}}^{\infty}|y_k|$ 表示除 $k=0$ 以外的各样值绝对值之和，反映了码间串扰的最大值；y_0 是有用信号样值，所以峰值失真 D 就是码间串扰最大值与有用信号样值之比。显然，对于完全消除码间干扰的均衡器而言，应有 $D=0$；对于码间干扰不为零的场合，希望 D 有最小值。因此，若以峰值失真准则调整抽头系数时，应选择一组抽头系数使得峰值失真 D 最小。

均方失真定义为

$$e^2=\frac{1}{y_0^2}\sum_{\substack{k=-\infty\\k\neq 0}}^{\infty}y_k^2 \tag{5-143}$$

其物理意义与峰值失真准则相似。

按这两个准则来确定均衡器的抽头系数均可使失真最小，获得最佳的均衡效果。

值得注意的是，这两种准则都是根据均衡器输出的单脉冲响应来规定的。图 5-50c 画出了一个单脉冲响应波形。另外，还有必要指出，在分析横向滤波器时，均把时间原点（$t=0$）假设在滤波器中心点处（即 C_0 处）。如果时间参考点选择在别处，则滤波器输出的波形形状是相同的，所不同的仅仅是整个波形的提前或推迟。

2. "迫零"调整法

下面以最小峰值失真准则为基础，指出在该准则意义下时域均衡器的工作原理。与式（5-142）相应，可将未均衡前的输入峰值失真（称为初始失真）表示为

$$D_0=\frac{1}{x_0}\sum_{\substack{k=-\infty\\k\neq 0}}^{\infty}|x_k| \tag{5-144}$$

若 x_k 是归一化的，且令 $x_0=1$，则上式变为

$$D_0 = \sum_{\substack{k=-\infty \\ k\neq 0}}^{\infty} |x_k| \tag{5-145}$$

为方便计，将样值 y_k 也归一化，且令 $y_0=1$，则根据式（5-141）可得

$$y_0 = \sum_{i=-N}^{N} C_i x_{-i} = 1 \tag{5-146}$$

或有 $C_0 x_0 + \sum\limits_{\substack{i=-N \\ i\neq 0}}^{N} C_i x_{-i} = 1$，于是

$$C_0 = 1 - \sum_{\substack{i=-N \\ i\neq 0}}^{N} C_i x_{-i} \tag{5-147}$$

将上式代入式（5-141），可得

$$y_k = \sum_{\substack{i=-N \\ i\neq 0}}^{N} C_i (x_{k-i} - x_k x_{-i}) + x_k \tag{5-148}$$

再将上式代入式（5-142），有

$$D = \sum_{\substack{k=-\infty \\ k\neq 0}}^{\infty} \left| \sum_{\substack{i=-N \\ i\neq 0}}^{N} C_i (x_{k-i} - x_k x_{-i}) + x_k \right| \tag{5-149}$$

可见，在输入序列 $\{x_k\}$ 给定的情况下，峰值畸变 D 是各抽头增益 C_i（除 C_0 外）的函数。显然，求解使 D 最小的 C_i 是我们所关心的。Lucky 曾证明：如果初始失真 $D_0<1$，则 D 的最小值必然发生在 y_0 前后的 y_k（$|k|\leqslant N$，$k\neq 0$）都等于零的情况下。这一定理的数学意义是，所求的各抽头系数 $\{C_i\}$ 应该是

$$y_{\mathrm{k}} = \begin{cases} 0, & 1 \leqslant |k| \leqslant N \\ 1, & k = 0 \end{cases} \tag{5-150}$$

时的 $2N+1$ 个联立方程的解。由条件式（5-150）和式（5-141）可列出抽头系数必须满足的这 $2N+1$ 个线性方程，它们是

$$\begin{cases} \sum\limits_{i=-N}^{N} C_i x_{k-i} = 0, & k = \pm 1, \pm 2, \cdots, \pm N \\ \sum\limits_{i=-N}^{N} C_i x_{-i} = 1, & k = 0 \end{cases} \tag{5-151}$$

写成矩阵形式，有

$$\begin{bmatrix} x_0 & x_{-1} & \cdots & x_{-2N} \\ \vdots & \vdots & \cdots & \vdots \\ x_N & x_{N-1} & \cdots & x_{-N} \\ \vdots & \vdots & \cdots & \vdots \\ x_{2N} & x_{2N-1} & \cdots & x_0 \end{bmatrix} \begin{bmatrix} C_{-N} \\ C_{-N+1} \\ \vdots \\ C_0 \\ \vdots \\ C_{N-1} \\ C_N \end{bmatrix} = \begin{bmatrix} 0 \\ \vdots \\ 0 \\ 1 \\ 0 \\ \vdots \\ 0 \end{bmatrix} \tag{5-152}$$

这就是说，在输入序列 $\{x_k\}$ 给定时，如果按上式方程组调整或设计各抽头系数 C_i，可迫使 y_0 前后各有 N 个取样点上的零值。这种调整叫作"迫零"调整，所设计的均衡器称为"迫零"均衡器。它能保证在 $D_0<1$（这个条件等效于在均衡之前有一个睁开的眼图，即码间串扰不足以严重到闭合眼图）时，调整出 C_0 外的 $2N$ 个抽头增益，并迫使 y_0 前后各有 N 个取样点上无码间串扰，此时 D 取最小值，均衡效果达到最佳。

【例 5-12】 设计一个具有 3 个抽头的迫零均衡器，以减小码间串扰。已知 $x_{-2}=0$，$x_{-1}=0.1$，$x_0=1$，$x_1=-0.2$，$x_2=0.1$，求 3 个抽头的系数，并计算均衡前后的峰值失真。

解：根据式（5-152）和 $2N+1=3$，列出矩阵方程为

$$\begin{bmatrix} x_0 & x_{-1} & x_{-2} \\ x_1 & x_0 & x_{-1} \\ x_2 & x_1 & x_0 \end{bmatrix} \begin{bmatrix} C_{-1} \\ C_0 \\ C_1 \end{bmatrix} = \begin{bmatrix} 0 \\ 1 \\ 0 \end{bmatrix}$$

将样值代入上式，可列出方程组

$$\begin{cases} C_{-1}+0.1C_0=0 \\ -0.2C_{-1}+C_0+0.1C_1=1 \\ 0.1C_{-1}-0.2C_0+C_1=0 \end{cases}$$

解联立方程可得

$$C_{-1}=-0.09606,\ C_0=0.9606,\ C_1=0.2017$$

然后通过式（5-141）可算出

$$y_{-1}=0,\ y_0=1,\ y_1=0,\ y_{-3}=0$$
$$y_{-2}=0.0096,\ y_2=0.0557,\ y_3=0.02016$$

输入峰值失真为

$$D_0=\frac{1}{x_0}\sum_{\substack{k=-\infty \\ k\neq 0}}^{\infty}|x_k|=0.4$$

输出峰值失真为

$$D_0=\frac{1}{y_0}\sum_{\substack{k=-\infty \\ k\neq 0}}^{\infty}|y_k|=0.08546$$

均衡后的峰值失真缩小到原来的 21%。

可见，3 抽头均衡器可以使 y_0 两侧各有一个零点，但在远离 y_0 的一些抽样点上仍会有码间串扰。这就说明抽头数量有限时，总不能完全消除码间串扰，但适当增加抽头数可以将码间串扰减小到相当小的程度。

用最小均方失真准则也可导出抽头系数必须满足的 $2N+1$ 个方程，从中也可解得使均方失真最小的 $2N+1$ 个抽头系数，不过，这时不需对初始失真 D_0 提出限制。

5.8.3 均衡器的实现与调整

"迫零"均衡器的实现方法有很多种。一种最简单的方法是预置式自动均衡器，图 5-51 给出一个预置式自动均衡器的原理框图。

预置式均衡，是在实际数据传输之前，发送一种预先规定的测试脉冲序列，如频率很低

的周期脉冲序列，然后按照“迫零”调整原理，根据测试脉冲得到的样值序列 $\{x_k\}$ 自动或手动调整各抽头系数，直至误差小于某一允许范围。调整好后，再传送数据，在数据传输过程中不再调整。

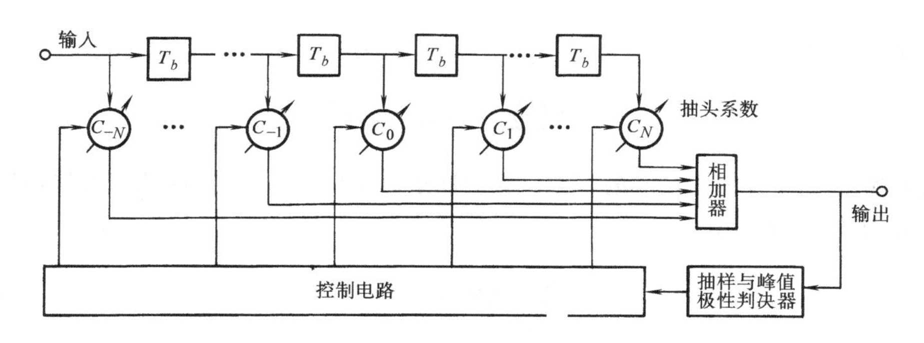

图 5-51 预置式自动均衡器的原理框图

自适应均衡可在数据传输过程根据某种算法不断调整抽头系数，因而能适应信道的随机变化。

1. 预置式均衡器

图 5-51 给出一个预置式自动均衡器的原理框图。它的输入端每隔一段时间送入一个来自发端的测试单脉冲波形（此单脉冲波形是指基带系统在单一单位脉冲作用下，其接收滤波器的输出波形）。当该波形每隔 T_b 秒依次输入时，在输出端就将获得各样值为 y_k（$k=-N, -N+1, \cdots, N-1, N$）的波形，根据“迫零”调整原理，若得到的某一 y_k 为正极性时，则相应的抽头增益 C_k 应下降一个适当的增量 Δ；若 y_k 为负极性，则相应的 C_k 应增加一个增量 Δ。为了实现这个调整，在输出端将每个 y_k 依次进行抽样并进行极性判决，判决的两种可能结果以“极性脉冲”表示，并加到控制电路。控制电路将在某一规定时刻（例如测试信号的终了时刻）将所有“极性脉冲”分别作用到相应的抽头上，让它们作增加 Δ 或下降 Δ 的改变。这样，经过多次调整，就能达到均衡的目的。可以看到，这种自动均衡器的精度与增量 Δ 的选择和允许调整时间有关。Δ 越小，精度就越高，但需要的调整时间就越长。

2. 自适应均衡器

自适应均衡与预置式均衡一样，都是通过调整横向滤波器的抽头增益来实现均衡的。但自适应均衡不再利用专门的测试单脉冲进行误差的调整，而是在传输数据期间借助信号本身来调整增益，从而实现自动均衡的目的。由于数字信号通常是一种随机信号，所以，自适应均衡器的输出波形不再是单脉冲响应，而是实际的数据信号。以前按单脉冲响应定义的峰值失真和均方失真不再适合目前情况，而且按最小峰值失真准则设计的“迫零”均衡器存在一个缺点，那就是必须限制初始失真 $D_0<1$。因此，自适应均衡器一般按最小均方误差准则来构成。

设发送序列为 $\{a_k\}$，均衡器输入为 $x(t)$，均衡后输出的样值序列为 $\{y_k\}$，此时误差信号为

$$e_k = y_k - a_k \tag{5-153}$$

均方误差定义为

$$\overline{e^2} = E(y_k - a_k)^2 \tag{5-154}$$

当$\{a_k\}$是随机数据序列时，上式最小化与均方失真最小化是一致的。根据式（5-141）可知

$$y_k = \sum_{i=-N}^{N} C_i x_{k-i}$$

将其代入式（5-154），有

$$\overline{e^2} = E\left(\sum_{i=-N}^{N} C_i x_{k-i} - a_k\right)^2 \tag{5-155}$$

可见，均方误差$\overline{e^2}$是各抽头增益的函数。我们期望对于任意的k，都应使均方误差最小，故将上式对C_i求偏导数，有

$$\frac{\partial \overline{e^2}}{\partial C_i} = 2E[e_k x_{k-i}] \tag{5-156}$$

式中

$$e_k = y_k - a_k = \sum_{i=-N}^{N} C_i x_{k-i} - a_k \tag{5-157}$$

表示误差值。这里误差的起因包括码间串扰和噪声，而不仅是波形失真。

从式（5-156）可见，要使$\overline{e^2}$最小，应有$\partial\overline{e^2}/\partial C_i = 0$，即$E[e_k x_{k-i}] = 0$，这就要求误差$e_k$与均衡器输入样值$x_{k-i}$（$|i| \leqslant N$）应互不相关。这就说明，抽头增益的调整可以借助对误差e_k和样值x_{k-i}乘积的统计平均值。若这个平均值不等于零，则应通过增益调整使其向零值变化，直到使其等于零为止。

图5-52给出了一个按最小均方误差算法调整的3抽头自适应均衡器原理框图。

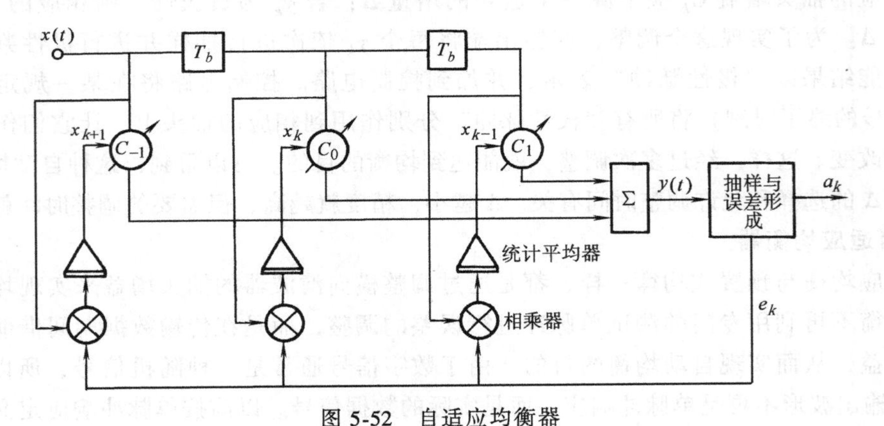

图5-52 自适应均衡器

由于自适应均衡器的各抽头系数可随信道特性的时变而自适应调节，故调整精度高，不需预调时间。在高速数据传输系统中，普遍采用自适应均衡器来克服码间串扰。

自适应均衡器还有多种实现方案，经典的自适应均衡器算法有：迫零算法（ZF）、随机梯度算法（LMS）、递推最小二乘算法（RLS）、卡尔曼算法等，读者可参阅文献［2］。

理论分析和实践表明，最小均方算法比迫零算法的收敛性好，调整时间短。但按这两种算法实现的均衡器，为克服初始均衡的困难，在数据传输开始前要发一段接收机已知的随机序列，用以对均衡器进行“训练”。有一些场合，如多点通信网络，希望接收机在没有确知

训练序列可用的情况下能与接收信号同步，并能调整均衡器。基于不利用训练序列初始调整系数的均衡技术称为自恢复或盲均衡。

另外，上述均衡器属于线性均衡器（因为横向滤波器是一种线性滤波器），它对于像电话线这样的信道来说性能良好。在无线信道传输中，若信道严重失真造成的码间干扰以致线性均衡器不易处理时，可采用非线性均衡器。目前已经开发出三个非常有效的非线性均衡算法：判决反馈均衡（DFE）、最大似然符号检测、最大似然序列估值。其中，判决反馈均衡器被证明是解决该问题的一个有效途径，关于它的详细介绍可参考有关文献。

5.9　小结

本章主要讨论了 7 个方面的问题：

1. 数字基带信号传输系统组成及其数学分析模型。
2. 数字基带信号的码型和波形及其功率谱。
3. 带限信道带来的码间串扰及消除码间串扰的传输特性。
4. 信道噪声带来的影响及最佳接收机结构。
5. 改善数字基带信号传输系统有效性的部分响应系统。
6. 改善数字基带信号传输系统可靠性的时域均衡技术。
7. 估计接收信号质量的实验方法眼图。

数字基带信号是指频谱集中在零频（直流）或某个低频附近的数字信号。

基带信号在传输前，必须经过一些处理或变换（如码型变换、波形变换），变换的目的是使信号的特性与信道的传输特性相匹配。

数字基带信号是消息代码的电波形表示，表示形式有多种，有单极性和双极性波形、归零和非归零波形、差分波形、多电平波形等。等概双极性波形无直流分量，有利于在信道中传输；单极性归零波形中含有位定时频率分量，常作为提取位同步信息时的过渡性波形；差分波形可以消除设备初始状态的影响。

功率谱分析的意义在于，可以确定信号的带宽，明确是否含有直流分量，是否含有位定时频率分量。

码间串扰和信道噪声是造成误码的两个主要因素。其中码间串扰问题限制了基带系统所能传输的最高速率，影响系统的有效性；噪声影响系统的可靠性。

奈奎斯特第一准则为系统能否消除码间串扰给出了理论依据。为了消除码间串扰，可把基带系统总的传输特性 $H(f)$ 设计成理想低通特性或余弦滚降特性。理想低通特性的频带利用率可以达到 2Baud/Hz，为基带系统的理论极限值，但难以实现，且它的 $h(t)$ 的尾巴振荡幅度大、收敛慢，从而对定时要求十分严格；余弦滚降特性虽然克服了上述缺点，但所需的频带却加宽了，达不到 2Baud/Hz 频带利用率（升余弦特性时为 1Baud/Hz），即降低了系统的频带利用率。

部分响应技术通过有控制地引入码间串扰（在接收端判决前加以消除），可以达到 2Baud/Hz 的最大频带利用率，并使波形“尾巴”振荡衰减加快。也称奈奎斯特第二准则。

最佳接收讨论无码间串扰时，如何从叠加了噪声的接收信号中最好地恢复发送数据，涉及最佳滤波器的设计及最佳检测方式的设计。

最佳滤波器的目的是对 $r(t)$ 进行处理，尽可能去除噪声，获取对判决最有利的变量。本章中讨论了两种最佳接收滤波器：第一种是输出信噪比最大意义下的滤波器，即匹配滤波器；第二种是从波形最相似角度出发的相关接收滤波器，简称相关（接收）滤波器。在一定的条件下（在抽样时刻），两者是等价的。

最佳检测或最佳判决器的工作分两步：一是采用最大后验概率准则（与最小误码率准则等价），对滤波器输出 r_0 和 r_1 进行统计处理，给出判决规则；二是简化判决规则，得到最佳判决器结构。

二进制等概等能量信号最佳接收机的误码率性能是互补误差函数 $\mathrm{erfc}(x)$ 形式，是严格单调递减函数。其中自变量与信号能量、噪声功率谱密度及两波形间相关系数有关。

最佳基带数字传输系统可定义为消除码间串扰而错误概率最小的系统。当 $C(f)=1$时，首先选择一个无码间干扰的系统总的传输函数 $H(f)$，然后将 $H(f)$ 开平方一分为二，一半作为发送滤波器的传输函数 $G_T(f)=\sqrt{H(f)}$，另一半作为接收滤波器 $G_R(f)=\sqrt{H(f)}$。此时构成的基带系统就是一个在发送信号功率一定的约束条件下，误码率最小的最佳基带传输系统。

实际实现时，由于信道特性 $C(f)$ 未知，接收滤波器输出仍然存在码间串扰。时域均衡器插入在接收滤波器和抽样判决器之间，去直接校正已畸变的波形，使包括均衡器在内的整个系统的冲激响应满足无码间串扰条件。峰值失真和均方失真是评价均衡效果的两种度量准则。

眼图是直观评价接收信号质量的一种有效的实验方法。它可以定性反映码间串扰和噪声的影响程度，还可以用来指示接收滤波器的调整，以减小码间串扰的影响，改善传输系统的性能。

5.10 思考题

1. 数字基带传输系统的基本结构及各部分功能如何？
2. 数字基带信号有哪些常见的形式？它们各有什么特点？它们的时域表示式如何？
3. 数字基带信号的功率谱有什么特点？它的带宽主要取决于什么？
4. 什么是 HDB3 码？它有哪些主要特点？
5. 什么是码间干扰？它是如何产生的？对通信质量有什么影响？
6. 为了消除码间干扰，基带传输系统的冲激响应和传输函数分别应满足什么条件？
7. 什么是奈奎斯特速率？什么是奈奎斯特带宽？此时的频带利用率有多大？
8. 部分响应波形主要解决什么问题？采用什么方法？
9. 在二进制数字基带传输系统中，有哪两种误码？它们各在什么情况下发生？
10. 什么是最佳判决门限电平？
11. 当 $p(1)=p(0)=1/2$时，对于传送单极性基带波形和双极性基带波形的最佳判决门限电平各为多少？为什么？
12. 无码间干扰时，基带传输系统的误码率取决于什么？怎样才能降低系统的误码率？
13. 什么是眼图？由眼图模型可以说明基带传输系统的哪些性能？
14. 什么是时域均衡？横向滤波器为什么能实现时域均衡？
15. 时域均衡器的均衡效果是如何衡量的？什么是峰值失真准则？什么是均方失真准则？

5.11　习题

1. 设二进制符号为 1 1 0 0 1 0 0 0 1 1 1 0，试以矩形脉冲为例，分别画出相应的单极性波形、双极性波形、单极性归零波形、双极性归零波形、二进制差分波形及八电平波形。

2. 已知信息代码为 1 0 0 0 0 0 0 0 0 0 0 1 1，求相应的 AMI 码、HDB3 码。

3. 已知信息代码为 1 0 1 0 0 0 0 0 1 1 0 0 0 0 1 1，试确定相应的 AMI 码及 HDB3 码，并分别画出它们的波形图。

4. 设二进制随机脉冲序列由 $g_1(t)$ 与 $g_2(t)$ 组成，出现 $g_1(t)$ 的概率为 P，出现 $g_2(t)$ 的概率为 $(1-P)$。试证明：

如果 $P=\dfrac{1}{1-[g_1(t)/g_2(t)]}$（与 t 无关），则脉冲序列将无离散谱。

5. 设码元速率为 $1/T_s$ 随机二进制序列中的 0 和 1 分别由 $g(t)$ 和 $-g(t)$ 组成，它们的出现概率分别为 P 及 $(1-P)$

（1）求其功率谱密度及功率。

（2）若 $g(t)$ 为如题图 5-1a 所示波形，T_s 为码元宽度，问该序列存在离散分量 $f_s=1/T_s$ 否？

（3）若 $g(t)$ 改为题图 5-1b，回答题（2）所问。

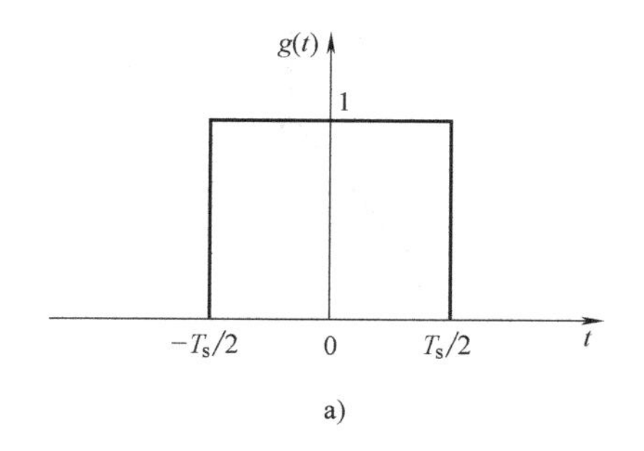

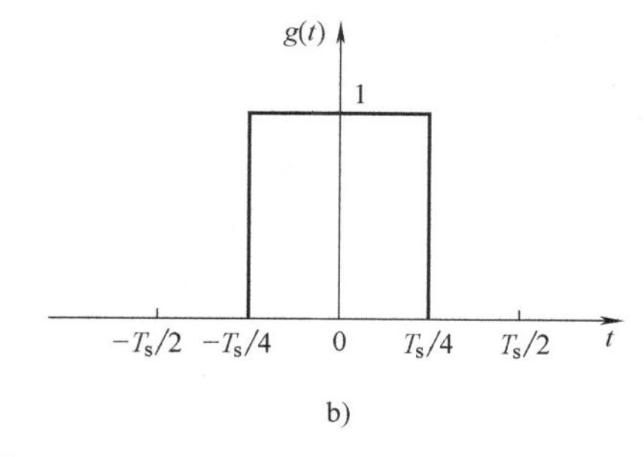

题图　5-1

6. 设某二进制数字基带信号的基本脉冲为三角形脉冲，如题图 5-2 所示。图中 T_s 为码元间隔，数字信息“1”和“0”分别用 $g(t)$ 的有无表示，且“1”和“0”出现的概率相等：

（1）求该数字基带信号的功率谱密度，并画出功率谱密度图。

（2）能否从该数字基带信号中提取码元同步所需的频率 $f_s=1/T_s$ 的分量？若能，试计算该分量的功率。

7. 设某二进制数字基带信号中，数字信息“1”和“0”分别由 $g(t)$ 及 $-g(t)$ 表示，且“1”与“0”出现的概率相等，$g(t)$ 是升余弦频谱脉冲，即

$$g(t)=\frac{1}{2}\cdot\frac{\mathrm{Sa}(2\pi t/T_s)}{1-4t^2/T_s^2}$$

（1）写出该数字基带信号的功率谱密度表示式，并画出功率谱密度图。

（2）从该数字基带信号中能否直接提取频率 $f_s=1/T_s$ 的分量？

（3）若码元间隔 $T_s=10^{-3}$（秒），试求该数字基带信号的码元速率及频带宽度。

8. 设某双极性数字基带信号的基本脉冲波形如题图 5-3 所示。它是一个高度为 1、宽度

$\tau = T_s/3$ 的矩形脉冲。且已知数字信息“1”的出现概率为3/4，“0”的出现概率为1/4。

（1）写出该双极性信号的功率谱密度的表示式，并画出功率谱密度图。

（2）由该双极性信号中能否直接提取频率为 $f_s = 1/T_s$ 的分量？若能，试计算该分量的功率。

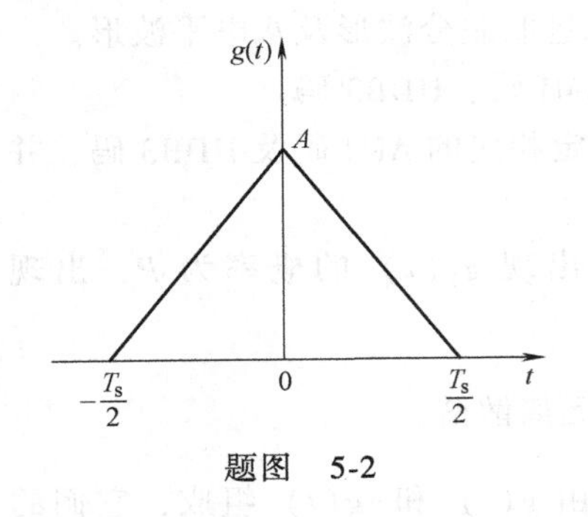

题图 5-2

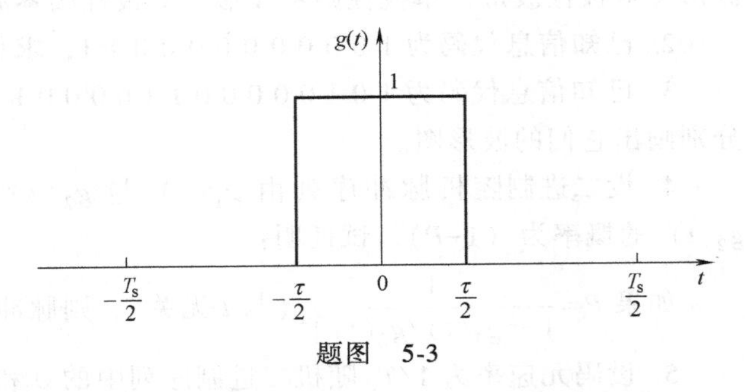

题图 5-3

9. 某基带传输系统接收滤波器输出信号的基本脉冲为如题图5-4所示的三角形脉冲。

（1）求该基带传输系统的传输函数 $H(f)$。

（2）假设信道的传输函数 $C(f)=1$，发送滤波器和接收滤波器具有相同的传输函数，即 $G_T(f)=G_R(f)$，试求这时 $G_T(f)$ 或 $G_R(f)$ 的表示式。

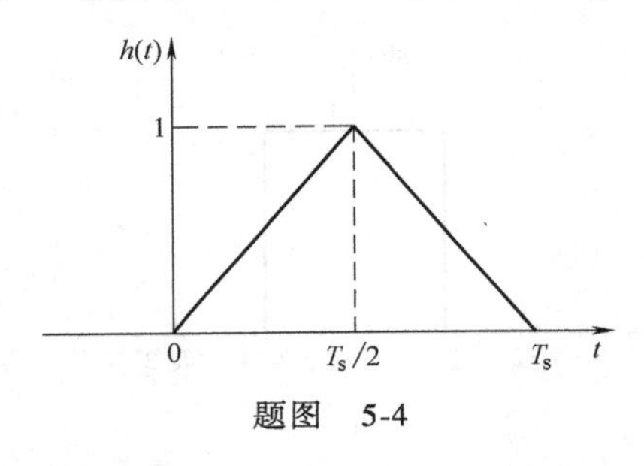

题图 5-4

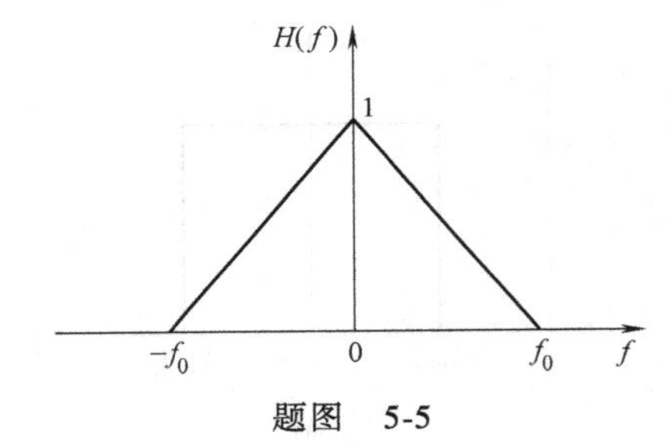

题图 5-5

10. 设某基带传输系统具有题图5-5所示的三角形传输函数：

（1）求该系统接收滤波器输出基本脉冲的时间表示式。

（2）当数字基带信号的传码率 $R_B = 2f_0$ 时，用奈奎斯特准则验证该系统能否实现无码间干扰传输？

11. 设基带传输系统的发送滤波器、信道及接收滤波器组成总特性为 $H(f)$，若要求以 $2/T_s$ 波特的速率进行数据传输，试校验题图5-6各种 $H(f)$ 满足消除抽样点上码间干扰的条件否？

12. 设某数字基带传输系统的传输特性 $H(f)$ 如题图5-7所示。其中 a 为某个常数（$0 \leqslant a \leqslant 1$）：

（1）试校验该系统能否实现无码间干扰传输？

（2）试求该系统的最大无码间串扰码元传输速率为多少？这时的系统频带利用率为多大？

13. 为了传送码元速率 $R_B = 10^3$（波特）的数字基带信号，试问系统采用题图5-8中所画的哪一种传输特性较好？并简要说明其理由。

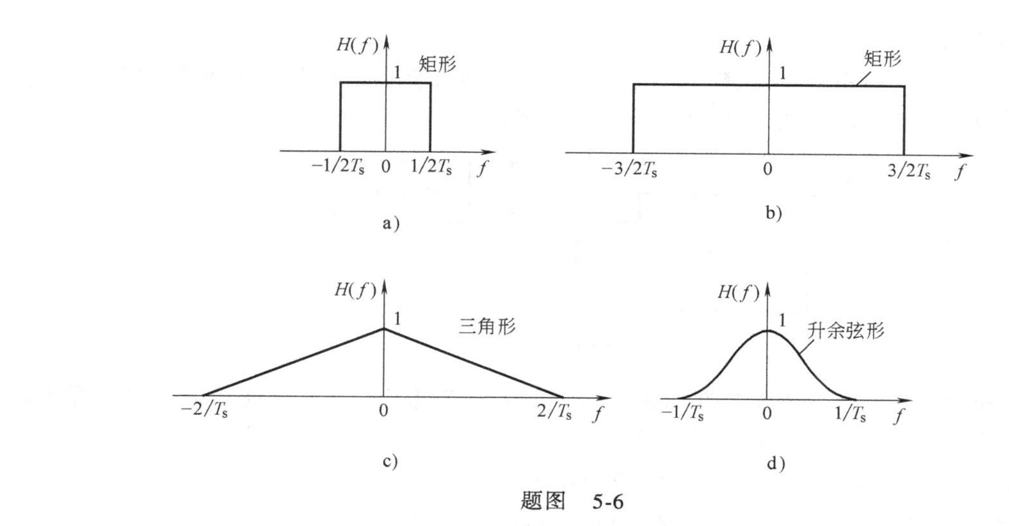

题图　5-6

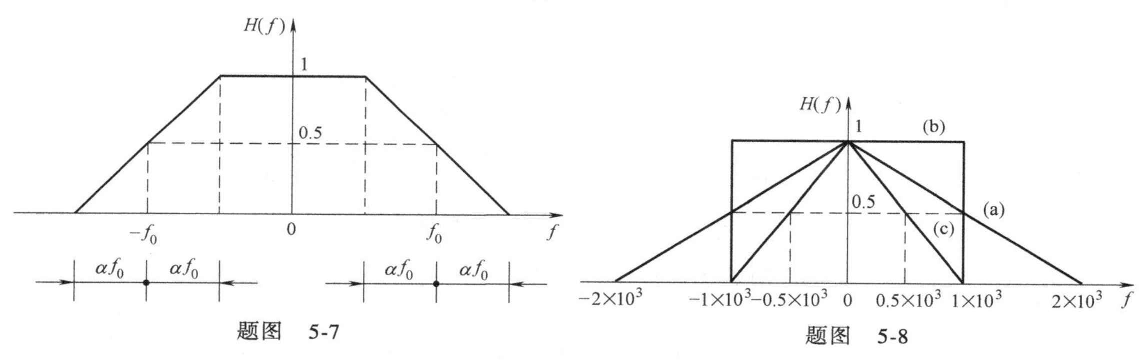

题图　5-7

题图　5-8

14. 设二进制基带系统的分析模型如图 5-15 所示，现已知

$$H(\omega)=\begin{cases}\tau_0(1+\cos\omega\tau_0), & |\omega|\leqslant\dfrac{\pi}{\tau_0}\\ 0, & \text{其他 }\omega\end{cases}$$

试确定该系统最高的无码间串扰码元传输速率 R_B 及相应码元间隔 T_s。

15. 若上题中

$$H(\omega)=\begin{cases}\dfrac{T_s}{2}\left(1+\cos\dfrac{\omega T_s}{2}\right), & |\omega|\leqslant\dfrac{2\pi}{T_s}\\ 0, & \text{其他 }\omega\end{cases}$$

试验证其单位冲激响应为

$$h(t)=\frac{\sin\pi t/T_s}{\pi t/T_s}\cdot\frac{\cos\pi t/T_s}{1-4t^2/T_s^2}$$

并画出 $h(t)$ 的示意波形和说明用 $1/T_s$ 波特速率传送数据时，抽样时刻上不存在码间干扰。

16. 对于一个持续时间有限的信号 $s(t)$，其匹配滤波器的冲激响应为 $h(t)=s(t_0-t)$。其中，t_0 为抽样判决时刻。若输入信号在 T 时刻结束，则一般取 $t_0=T$。设滤波器输入端噪声为白噪声，其功率谱密度 $P_n(f)=n_0/2\text{W/Hz}$。试证明，匹配滤波器在取样判决时刻的输出信噪比达到最大值。

17. 设一相关编码系统如题图 5-9 所示。图中，理想低通滤波器的截止频率为 $1/2T_s$，通带增益为 T_s。试求该系统的单位冲激响应和频率特性。

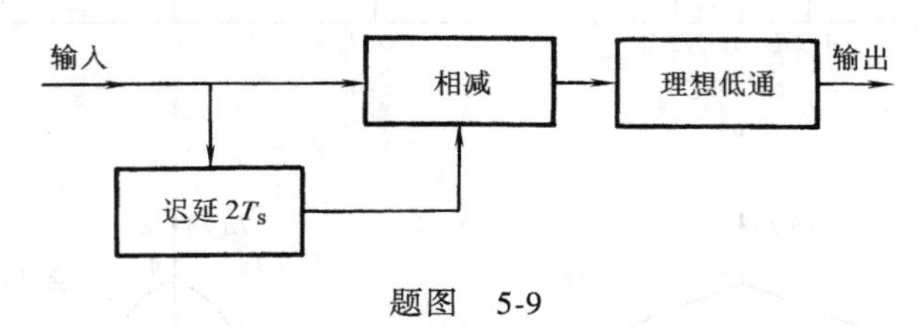

题图 5-9

18. 已知矩形、升余弦传输特性如题图 5-10 所示。当采用以下速率传输时，指出哪些是无码间干扰的，哪些会引起码间干扰？

（1）$R_s=1000$Baud （2）$R_s=2000$Baud

（3）$R_s=1500$Baud （4）$R_s=3000$Baud

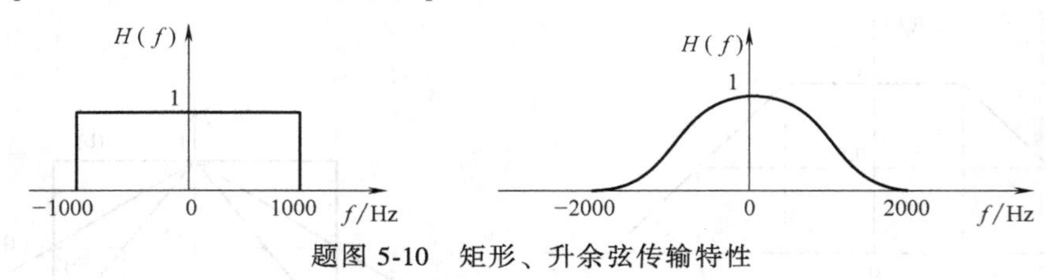

题图 5-10 矩形、升余弦传输特性

19. 设二进制数字基带传输系统的传输特性为

$$H(f)=\begin{cases}\tau[1+\cos(2\pi f\tau_0)], & |f|\leqslant\dfrac{1}{2\tau_0}\\ 0, & |f|>\dfrac{1}{2\tau_0}\end{cases}$$

试确定系统最高无码间干扰传输速率及相应的码元间隔 T_b。

20. 设数字基带传输系统的发送滤波器、信道及接收滤波器传输特性为 $H(f)$，若要以 2000Baud 码元速率传输，则题图 5-11 所示 $H(f)$ 是否满足取样点上无码间干扰条件？请说明理由。

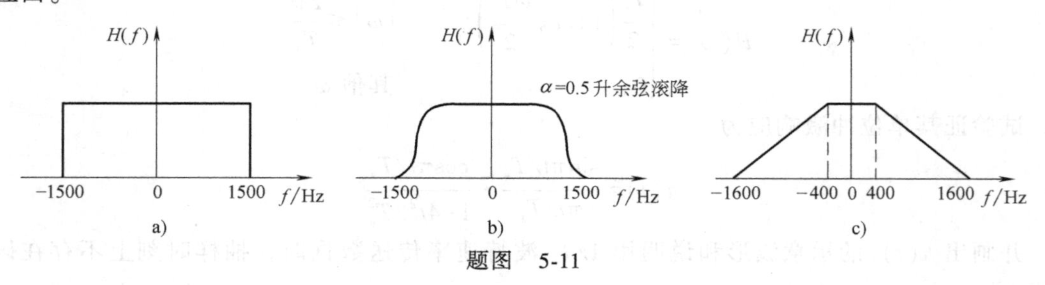

题图 5-11

21. 假设单极性信号的“1”码波形用 $s_1(t)$ 来表示，码元能量为 E_b，试证明当 $p(1)=p(0)$ 时，其最佳接收机判决电平为 $V_d=\dfrac{E_b}{2}+\dfrac{n_0}{2}\ln\dfrac{p(H_0)}{p(H_1)}=\dfrac{E_b}{2}$，且系统误码率为

$p_e=\frac{1}{2}\text{erfc}\left[\sqrt{\frac{E_b}{4n_0}}\right]$。

22. 某随机二进制序列，符号“1”对应的基带波形为升余弦波形，持续时间为 T_s；符号“0”对应的基带波形恰好与“1”的相反。当示波器扫描周期 $T_0=T_s$ 及 $T_0=2T_s$ 时，试画出眼图，并分别标示出最佳接收判决时刻、判决门限电平及噪声容限值。

23. 设有一个三抽头的时域均衡器，如题图 5-12 所示，$x(t)$ 在各抽样点的值依次为 $x_{-2}=1/8$、$x_{-1}=1/3$、$x_0=1$、$x_{+1}=1/4$、$x_{+2}=1/16$（在其他抽样点均为零），试求输入波形 $x(t)$ 峰值的畸变值及时域均衡器输出波形 $y(t)$ 峰值的畸变值。

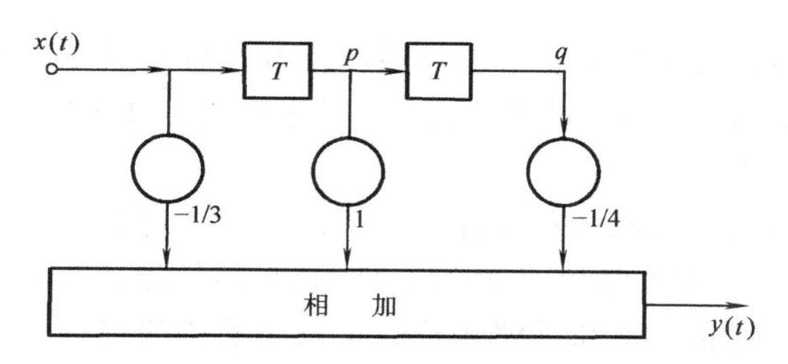

题图　5-12

24. 已知均衡器输入信号 $x(t)$ 在各抽样点的值依次为 $x_{-1}=0.2$，$x_0=1$，$x_1=-0.3$，$x_2=0.1$，其他 $x_k=0$。设计一个三抽头的迫零均衡器。求三个抽头的系数，并计算均衡前后的峰值失真。

第6章　正弦载波数字调制

调制解调的作用与目的在第 4 章中已经说明，本章将学习和研究正弦载波数字调制系统。当调制信号是数字基带信号，被调制的载波是正弦波，以此为基础的调制解调系统被称为正弦载波数字调制系统。

本章将通过详细阐述二进制幅移键控（ASK）、频移键控（FSK）、相移键控（PSK 或 DPSK）等基本数字调制解调的原理，对它们进行抗噪声性能分析和性能比较，使读者掌握对数字频带信号的最佳接收方法和了解各种数字调制系统的特点，学会用它们指导实际工作。另一方面，本章简要介绍了通信系统中的多进制基本调制技术（MASK、MFSK、MPSK 等），重点说明进一步改善数字调制系统传输信息的有效性机理。

读者只要具有信号系统、随机过程及前两章模拟调制和数字基带传输的知识，就能很好地完成本章的学习。

6.1　概述

第 5 章已经详细地讨论了数字基带传输系统。然而在实际信道中，大多数信道具有带通传输特性，基带信号不能直接在这种信道中传输，因此，必须用基带信号对载波波形的某些参量进行控制，使信息携带到载波的这些参量上，即所谓载波调制。以正弦波作为载波的模拟调制系统，在第 4 章已经进行了讨论，本章将讨论以正弦波作为载波的数字调制系统。

用基带数字信号控制高频载波，把基带数字信号变换为频带数字信号的过程称为数字调制，把频带数字信号还原为基带数字信号的过程称为数字解调。与模拟调制相同，可以用数字基带信号改变正弦型载波的幅度、频率或相位中的某个参数，产生相应的数字振幅调制、数字频率调制和数字相位调制，也可以用数字基带信号同时改变正弦型载波幅度、频率或相位中的某几个参数。对于二进制基带数字信号，上述 3 种调制分别称为幅移键控（Amplitude Shift Keying，ASK）、频移键控（Frequency Shift Keying，FSK）和相移键控（Phase Shift Keying，PSK），图 6-1 中给出了这 3 种信号波形的示例。

数字调制与模拟调制相比，调制的本质并无差别，都是进行频谱搬移，目的都是为了有效地传输信息。区别在于调制信号一个是数字的，一个是模拟的。由于数字信号的离散性，在实现数字调制时，可采用数字键控的方法来实现数字调制信号，称为键控法。

根据已调信号的频谱结构的特点，数字调制可分为线性调制和非线性调制。在线性调制中，已调信号的频谱结构与基带信号的频谱结构相同，只不过频率位置搬移了；在非线性调

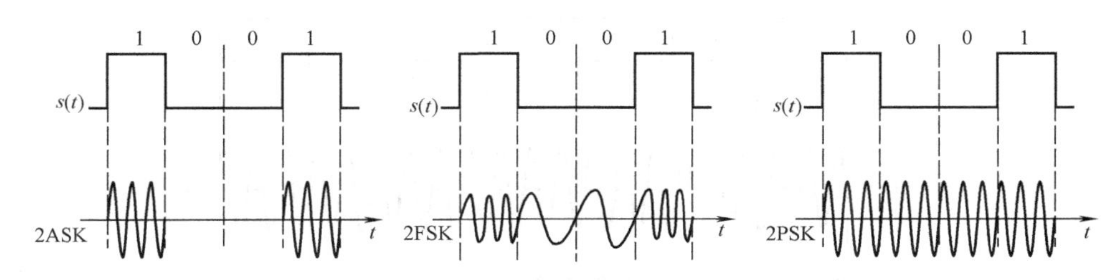

图 6-1　正弦载波的 3 种键控波形

制中，已调信号的频谱结构与基带信号的频谱结构不同，不是简单的频谱搬移，而是有其他新的频率成分出现（频谱结构发生变化）。幅移键控和相移键控属于线性调制，而频移键控属于非线性调制。可见，这些特点与模拟调制时也都是相同的。

本章 6.2 节~6.4 节重点论述二进制数字调制系统的原理及其抗噪声性能，6.5 节简要介绍多进制数字调制原理。主要讲述调制方式的工作原理、实现方法、抗噪声性能，已调信号的频谱特点及信号带宽等。

6.2　二进制数字调制原理

若调制信号是二进制数字基带信号时，这种调制称为二进制数字调制。根据正弦载波的幅度、频率还是相位携带信息把二进制数字调制方式分为二进制幅移键控、二进制频移键控和二进制相移键控。

6.2.1　二进制幅移键控

幅移键控是正弦载波的幅度随数字基带信号而变化的数字调制。当数字基带信号为二进制时，称为二进制幅移键控（2ASK）。设发送的二进制符号序列由 0、1 序列组成，发送 0 符号的概率为 P，发送 1 符号的概率为 $1-P$，且相互独立。该二进制符号序列可表示为

$$s(t)=\sum_{n}a_{n}g(t-nT_{\mathrm{b}}) \tag{6-1}$$

其中

$$a_{n}=\begin{cases}0,\ 发送概率为\ P\\1,\ 发送概率为\ 1-P\end{cases} \tag{6-2}$$

T_{b} 是二进制基带信号的码元间隔；$g(t)$ 是持续时间为 T_{b} 的矩形脉冲

$$g(t)=\begin{cases}1,\ 0\leqslant t\leqslant T_{\mathrm{b}}\\0,\ 其他\end{cases} \tag{6-3}$$

则二进制幅移键控信号可表示为

$$e_{\mathrm{2ASK}}(t)=\left[\sum_{n}a_{n}g(t-nT_{\mathrm{b}})\right]\cos(\omega_{\mathrm{c}}t) \tag{6-4}$$

二进制幅移键控信号时间波形如图 6-2 所示。由图 6-2 可以看出，2ASK 信号的时间波形 $e_{\mathrm{2ASK}}(t)$ 随二进制基带信号 $s(t)$ 通断变化，所以又称为通断键控信号（OOK 信号）。二进制幅移键控信号的产生方法如图 6-3 所示，图 6-3a 是采用模拟相乘的方法实现，图 6-3b 是采用数字键控的方法实现。

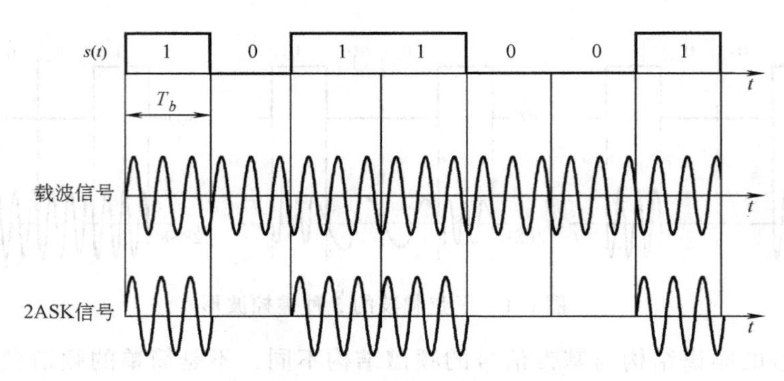

图 6-2　二进制幅移键控信号的波形

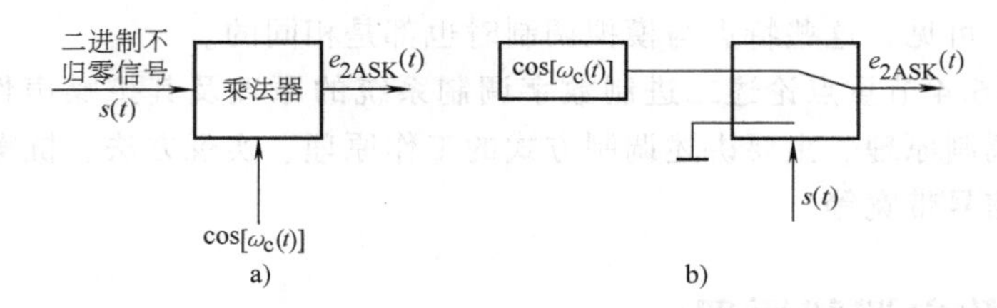

图 6-3　二进制幅移键控信号调制原理图

由式（6-4）可知，二进制幅移键控信号表示式与双边带调幅信号时域表示式类似。由于二进制基带信号 $s(t)$ 是单极性的随机矩形脉冲序列，因此按照 5.1 节中的方法直接推得功率谱密度 $P_s(f)$ 为

$$P_s(f)=f_bP(1-P)\,|G(f)|^2+\sum_{m=-\infty}^{\infty}|f_b(1-P)G(mf_b)|^2\delta(f-mf_b)$$

$$=[T_bSa^2(\pi f T_b)+\delta(f)]/4 \qquad (设\ P=1/2) \tag{6-5}$$

式中，$G(f)\Leftrightarrow g(t)$，则二进制幅移键控信号的功率谱密度 $P_{2ASK}(f)$ 为

$$P_{2ASK}(f)=\frac{1}{4}[P_s(f+f_c)+P_s(f-f_c)]$$

$$=\frac{1}{16}f_s[\,|G(f+f_c)|^2+|G(f-f_c)|^2]+\frac{1}{16}f_s^2\,|G(0)|^2[\delta(f+f_c)+\delta(f-f_c)] \tag{6-6}$$

整理后可得

$$P_{2ASK}(f)=\frac{T_b}{16}\left[\left|\frac{\sin[\pi(f+f_c)T_b]}{\pi(f+f_c)T_b}\right|^2+\left|\frac{\sin[\pi(f-f_c)T_b]}{\pi(f-f_c)T_b}\right|^2\right]+\frac{1}{16}[\delta(f+f_c)+\delta(f-f_c)] \tag{6-7}$$

式中，$f_b=1/T_b$ 且假设 $P=1/2$。

2ASK 信号的功率谱密度示意图如图 6-4 所示，由离散和连续谱两部分组成。其中离散谱由载波分量确定，而连续谱由基带信号波形 $g(t)$ 确定。2ASK 信号的带宽 B_{2ASK} 是基带信号波形带宽的两倍，即 $B_{2ASK}=2B$。2ASK 信号的第一旁瓣峰值比主峰衰减 14dB。

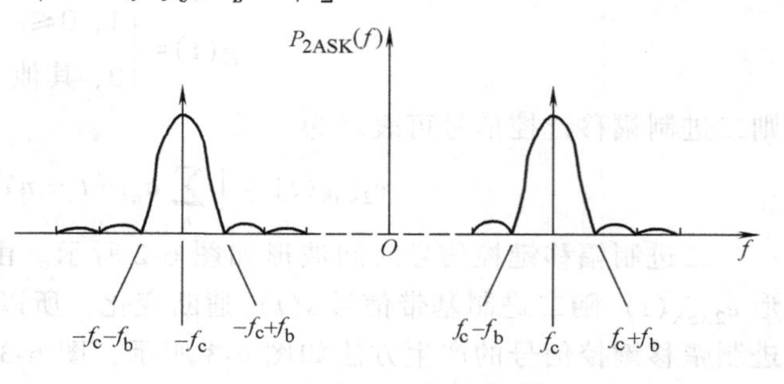

图 6-4　2ASK 信号功率谱密度示意图

6.2.2　二进制频移键控

在二进制数字调制中，若正弦载波的频率随二进制基带信号在 f_1 和 f_2 两个频率点间变化，则产生二进制频移键控（2FSK）信号。二进制频移键控信号的时间波形如图 6-5g 所示。图 6-5g 所示波形可分解为图 6-5e 和图 6-5f 所示波形，即二进制频移键控信号可以看成是两个不同载波的二进制振幅键控信号的叠加。若二进制基带信号的 1 符号对应于载波频率 f_1，0 符号对应于载波频率 f_2，则二进制频移键控信号的时域表达式为

$$e_{2FSK}(t)=\left[\sum_n a_n g(t-nT_b)\right]\cos(\omega_1 t+\varphi_n)+\left[\sum_n \overline{a_n} g(t-nT_b)\right]\cos(\omega_2 t+\theta_n) \tag{6-8}$$

式中

$$a_n=\begin{cases}0, & \text{发送概率为 } P\\ 1, & \text{发送概率为 } 1-P\end{cases} \tag{6-9}$$

$$\overline{a_n}=\begin{cases}0, & \text{发送概率为 } 1-P\\ 1, & \text{发送概率为 } P\end{cases} \tag{6-10}$$

由图 6-5 可看出，$\overline{a_n}$ 是 a_n 的反码，即若 $a_n=1$，则 $\overline{a_n}=0$，若 $a_n=0$，则 $\overline{a_n}=1$。φ_n 和 θ_n 分别代表第 n 个信号码元的初始相位。在二进制频移键控信号中，φ_n 和 θ_n 不携带信息，通常可令 φ_n 和 θ_n 为零。因此，二进制频移键控信号的时域表达式可简化为

$$e_{2FSK}(t)=\left[\sum_n a_n g(t-nT_b)\right]\cos(\omega_1 t)+\left[\sum_n \overline{a_n} g(t-nT_b)\right]\cos(\omega_2 t) \tag{6-11}$$

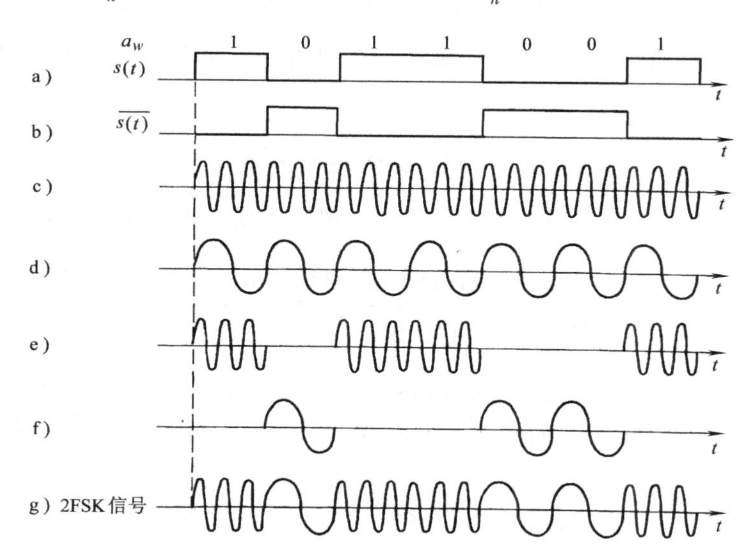

图 6-5　二进制频移键控信号的时间波形

2FSK 信号的产生，可以采用模拟调频电路来实现，也可以采用数字键控的方法来实现。图 6-6 是数字键控法实现二进制频移键控信号的原理图，图中两个振荡器的输出载波受输入的二进制基带信号控制，在某一个码元 T_b 期间只输出 f_1 或 f_2 两个载波中的一个。

2FSK 信号的常用解调方法是非相干解调和相干解调法。其解调原理是将二进制频移键控信号分解为上下两路二进制振幅键控信号，分别进行解调，通过对上下两路的抽样值进行

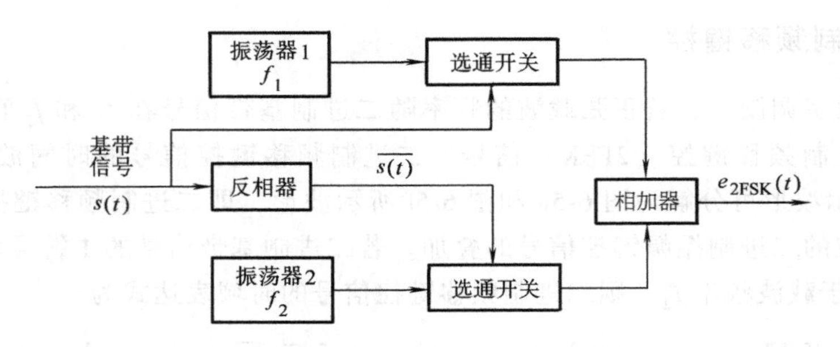

图 6-6 数字键控法实现二进制频移键控信号的原理图

比较最终判决出输出信号，此时可以不专门设置门限电平。

下面来求 2FSK 信号的频谱。由于 2FSK 调制常属于非线性调制，因此，其频谱特性研究比较困难，以致还没有通用的分析方法。但在一定条件下近似地研究 2FSK 信号频谱特性的方法却有很多。这里仅介绍一种常用方法，即把 2FSK 信号看成是两个相位不连续 2ASK 信号的叠加。

对相位不连续的 2FSK 信号，可以看成由两个不同载波的二进制振幅键控信号的叠加，其中一个频率为 f_1，另一个频率为 f_2。因此，相位不连续的 2FSK 信号的功率谱密度可以近似表示成两个不同载波的二进制振幅键控信号功率谱密度的叠加（请读者自行证明）。

相位不连续的二进制频移信号的时域表达式为

$$e_{2FSK}(t)=s_1(t)\cos(\omega_1 t)+s_2(t)\cos(\omega_2 t) \tag{6-12}$$

根据二进制振幅键控信号的功率谱密度，可以得到二进制频移键控信号的功率谱密度 $P_{2FSK}(f)$ 为

$$P_{2FSK}(f)=\frac{1}{4}[P_{s_1}(f+f_1)+P_{s_1}(f-f_1)]+\frac{1}{4}[P_{s_2}(f+f_2)+P_{s_2}(f-f_2)] \tag{6-13}$$

令概率 $P=1/2$，将二进制数字基带信号的功率谱密度公式代入式（6-13）可得

$$\begin{aligned}P_{2FSK}(f)=&\frac{T_b}{16}\left[\left|\frac{\sin[\pi(f+f_1)T_b]}{\pi(f+f_1)T_b}\right|^2+\left|\frac{\sin[\pi(f-f_1)T_b]}{\pi(f-f_1)T_b}\right|^2\right]\\&+\frac{T_b}{16}\left[\left|\frac{\sin[\pi(f+f_2)T_b]}{\pi(f+f_2)T_b}\right|^2+\left|\frac{\sin[\pi(f-f_2)T_b]}{\pi(f-f_2)T_b}\right|^2\right]\\&+\frac{1}{16}[\delta(f+f_1)+\delta(f-f_1)+\delta(f+f_2)+\delta(f-f_2)]\end{aligned} \tag{6-14}$$

由式（6-14）分析可得：第一，相位不连续的二进制频移键控信号的功率谱由离散谱和连续谱组成，如图 6-7 所示。其中，离散谱位于两个载频 f_1 和 f_2 处，连续谱由两个中心位于 f_1 和 f_2 处的双边谱叠加形成；第二，若两个载波频差较小，比如小于 f_b，则连续谱在 f_c 处出现单峰，若载频之差逐步增大，比如大于 f_b，则连续谱将出现双峰；第三，若以二进制频移键控信号功率谱第一个零点之间的频率间隔计算二进制频移键控信号的带宽，则该二进制频移键控信号的带宽 B_{2FSK} 为

$$B_{2FSK}=|f_2-f_1|+2f_b \tag{6-15}$$

式中，$f_b=1/T_b$。图6-7中画出了2FSK信号的功率谱密度示意图，图中的谱高是示意的，且是单边的。曲线 a 对应的$f_1=f_c+f_b$，$f_2=f_c-f_b$；曲线 b 对应的 $f_1=f_c+0.4f_b$，$f_2=f_c-0.4f_b$。

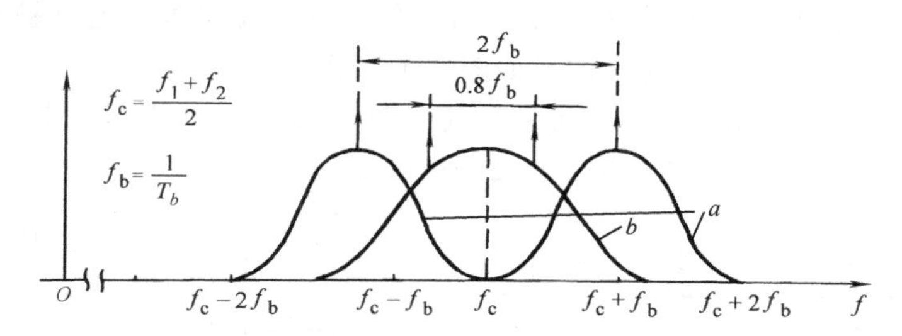

图6-7 相位不连续2FSK信号的功率谱密度示意图（单边谱）

相位连续的2FSK信号（CPFSK）的频谱分析十分复杂。这里只引用有些资料中关于带宽特性的结论，并与相位不连续2FSK信号（DPFSK）（本教材在无特别说明时，2FSK指DPFSK）的带宽作比较，见表6-1。在f_1、f_2及f_b相同的条件下，相位连续的2FSK信号的带宽比相位不连续的2FSK信号的带宽小，即：$B_{CPFSK}<B_{DPFSK}$。

表6-1 2FSK信号的带宽

$h=\lvert f_1-f_2\rvert/f_b$	0.5	0.6~0.7	0.8~1.0	1.5
B_{CPFSK}	f_b	$1.5f_b$	$2.5f_b$	$3.0f_b$
B_{DPFSK}	$2.5f_b$	$(2.6\sim2.7)f_b$	$(2.8\sim3.0)f_b$	$3.5f_b$

由表可见，偏移率 h 较小时，两种2FSK信号的带宽差别较大；偏移率 h 较大时，两者差别不大，大于2以后，可认为两者近似相等。

偏移率 h 小于0.7时，相位连续的2FSK信号的带宽比2ASK信号的带宽还窄。所以，不能笼统说2FSK信号的带宽比2ASK信号的宽。

6.2.3 二进制相移键控

在二进制数字调制中，当正弦载波的相位随二进制数字基带信号离散变化时，则产生二进制相移键控（2PSK）信号，通常用已调信号载波的0°和180°分别表示二进制数字基带信号的“0”和“1”。二进制相移键控信号的时域表达式为

$$e_{2PSK}(t)=\left[\sum_n a_n g(t-nT_s)\right]\cos(\omega_c t) \tag{6-16}$$

式中，a_n 与2ASK和2FSK的不同，在2PSK调制中，应选择双极性，即

$$a_n=\begin{cases}1, & \text{发送概率为 } P\\ -1, & \text{发送概率为 } 1-P\end{cases} \tag{6-17}$$

若 $g(t)$ 是脉宽为 T_b，高度为1的矩形脉冲时，则有

$$e_{2PSK}(t)=\begin{cases}\cos(\omega_c t), & \text{发送概率为 } P\\ -\cos(\omega_c t), & \text{发送概率为 } 1-P\end{cases} \tag{6-18}$$

由式（6-18）可看出，当发送二进制符号0时，已调信号 $e_{2PSK}(t)$ 取0相位，发送二进制符

号 1 时，$e_{2PSK}(t)$ 取 π 相位。若用 φ_n 表示第 n 个符号的绝对相位，则有

$$\varphi_n=\begin{cases}0, & \text{发送“0”时}\\ \pi & \text{发送“1”时}\end{cases} \tag{6-19}$$

这种以载波的不同相位直接去表示相应数字信息的相位键控，通常被称为绝对相移方式。二进制相移键控信号的典型时间波形如图 6-9 所示。

2PSK 信号的调制原理图如图 6-8 所示。其中图 6-8a 是采用模拟调制的方式产生 2PSK 信号，图 6-8b 是采用数字键控的方法产生 2PSK 信号。

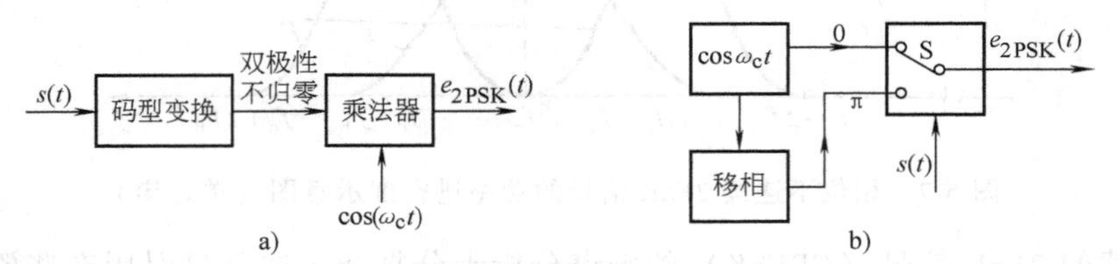

图 6-8　2PSK 调制原理图

在 2PSK 信号的解调系统中，同步载波恢复会有 180°的相位模糊问题（在第 9、10 章中专门给予说明），对 2PSK 系统误码性能影响很大，所以 2PSK 方式在实际中很少采用。

为了解决 2PSK 信号解调过程的反相工作问题，提出了二进制差分相移键控（2DPSK）。2DPSK 方式是利用前后相邻码元的载波相位的相对变化来表示数字信息的。假设前后相邻码元的载波相位差为 $\Delta\varphi$，并设数字信息与 $\Delta\varphi$ 之间的关系为

$$\Delta\varphi=\begin{cases}0 & \text{表示数字信息“0”}\\ \pi & \text{表示数字信息“1”}\end{cases} \tag{6-20}$$

则一组二进制数字信息与其对应的 2DPSK 信号的载波相位关系如下所示：

数字信息	初始相位	1	1	0	1	0	0	1	1	1	0
$\Delta\varphi$		π	π	0	π	0	0	π	π	π	0
2DPSK 相位	0	π	0	0	π	π	π	0	π	0	0
2DPSK 相位	π	0	π	π	0	0	0	π	0	π	π

数字信息与 $\Delta\varphi$ 之间的关系也可以定义为

$$\Delta\varphi=\begin{cases}0, & \text{表示数字信息“1”}\\ \pi, & \text{表示数字信息“0”}\end{cases} \tag{6-21}$$

2DPSK 信号调制过程波形如图 6-9 所示。由图 6-9 可以看出，2DPSK 的波形与 2PSK 的不同，2DPSK 波形的同一相位并不对应相同的数字信息符号，而前后码元相对相位的差才唯一决定信息符号。这说明解调 2DPSK 信号时并不依赖于某一固定的载波相位参考值，只要前后码元的相对相位关系不破坏，则鉴别这个相位关系就可正确恢复数字信息，这就避免了 2PSK

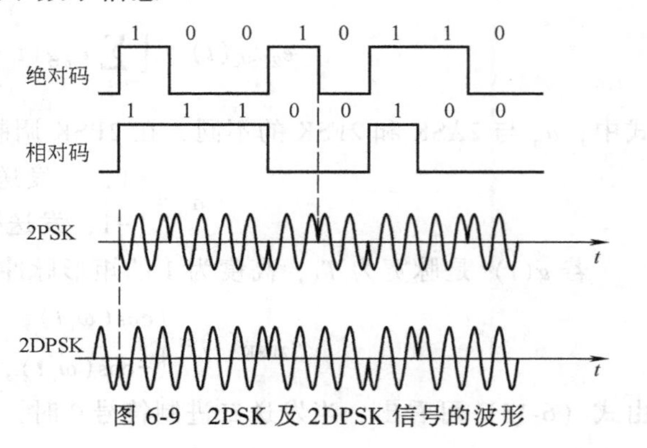

图 6-9　2PSK 及 2DPSK 信号的波形

方式中的倒 π 现象发生。同时还看出，单纯从波形上看，2DPSK 与 2PSK 是无法分辨的，如图中 2DPSK 波形也可以是另一符号序列（即相对码）经绝对移相形成的。这说明，一方面，只有已知移相键控方式是绝对的还是相对的，才能正确判定原信息；另一方面，相对移相信号可以看作是数字信息序列（绝对码）变换成相对码，然后再根据相对码经过绝对移相而形成的。例如，图 6-9 中的相对码就是按相邻符号不变表示数字信息“0”，相邻符号改变表示原数字信息“1”的规律由绝对码变换而来的。这里的相对码概念就是 5.2 节介绍过的差分波形。由此原理可以画出 2DPSK 信号调制原理图，如图 6-10a 所示。

相应地 2DPSK 信号解调就可以对 2DPSK 信号进行相干解调，恢复出相对码，再通过码（反）变换器变换为绝对码，从而恢复出发送的二进制数字信息，如图 6-10b 所示。

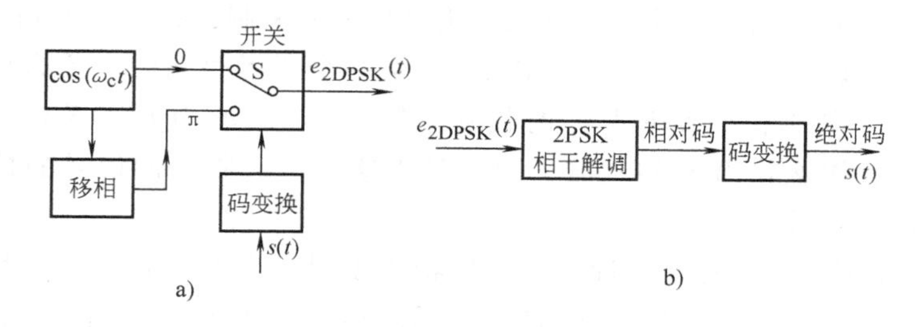

图 6-10　2DPSK 信号调制及相干解调原理框图
a）2DPSK 信号调制　b）2DPSK 信号相干解调

二维码 6-1

2DPSK 与 2PSK 信号有相同的功率谱。由式（6-16）可知，2PSK 信号可表示为双极性不归零二进制基带信号与正弦载波相乘，则 2PSK 信号的功率谱为

$$P_{2PSK}(f)=\frac{1}{4}[P_s(f+f_c)+P_s(f-f_c)] \tag{6-22}$$

代入基带信号功率谱密度可得

$$\begin{aligned}P_{2PSK}=&f_bP(1-P)[|G(f+f_c)|^2+|G(f-f_c)|^2]\\&+\frac{1}{4}f_b^2(1-2P)^2|G(0)|^2[\delta(f+f_c)+\delta(f-f_c)]\end{aligned} \tag{6-23}$$

若二进制基带信号采用矩形脉冲，且“1”符号和“0”符号出现概率相等，即 $P=1/2$，则 2PSK 信号的功率谱简化为

$$P_{2PSK}(f)=\frac{T_b}{4}\left\{\left|\frac{\sin[\pi(f+f_c)T_b]}{\pi(f+f_c)T_b}\right|^2+\left|\frac{\sin[\pi(f-f_c)T_b]}{\pi(f-f_c)T_b}\right|^2\right\} \tag{6-24}$$

由式（6-23）和式（6-24）可以看出，一般情况下二进制相移键控信号的功率谱密度由离散谱和连续谱所组成，其结构与二进制振幅键控信号的功率谱密度相类似，带宽也是基带信号带宽的两倍。当二进制基带信号的“1”符号和“0”符号出现概率相等时，则不存在离散谱。

6.3　二进制数字调制系统的抗噪声性能

在上一节详细讨论了二进制数字调制系统的工作原理，给出了各种数字调制信号的产生方法。本节将讨论 2ASK、2FSK、2PSK 及 2DPSK 系统的解调方法及其抗噪声性能。通信系统的抗噪声性能是指系统克服加性噪声影响的能力。在数字通信中，信道的加性噪声有可能使传输码元产生错误。错误程度通常用误码率来衡量。因此，分析二进制数字调制系统的抗噪声性能，也就是分析在信道中存在加性高斯白噪声干扰下系统的误码性能，得出误码率与信噪比之间的数学关系。

在本书讨论的范围内，假设信道是恒参信道，在信号的频带范围内具有理想矩形的传输特性（可取传输系数为 $K=1$）。噪声为等效加性高斯白噪声（AWGN），其均值为零，双边功率谱密度为 $n_0/2$。

6.3.1 相干（相关）解调系统的抗噪声性能

回忆上一节二进制调制信号原理，发现无论是哪一种调制，在某一个码元间隔内，实际只有一种确定的波形输出。比如，对于 2ASK，在某一个码元时间内，要么输出载波，要么输出 0；对于 2FSK，要么输出频率为 f_1 的载波，要么输出频率为 f_2 的载波；而对于 2PSK，要么输出 0 相载波，要么输出 π 相载波。因此对于这类二进制已调信号的接收完全可以采用 5.5 节所讨论的最佳接收方式。

假设 H_1 表示信号 $s_1(t)$ 存在，即当发送比特值 1 时，发射机就发射一特定波形 $s_1(t)$，$t\in[0,\ T_b]$，其中 T_b 为比特区间。假设 H_0 表示信号 $s_0(t)$ 存在，即当发送比特值 0 时，发射机就发射另一特定波形 $s_0(t)$，$t\in[0,\ T_b]$。则二进制调制信号可统一表示为

$$e(t)=\begin{cases}s_1(t),\text{发送符号“1”时}\\ s_0(t),\text{发送符号“0”时}\end{cases}\qquad t\in[0,T_b] \tag{6-25}$$

于是，对应于第一个比特的接收波形 $r(t)$ 可以描述为

$$\left.\begin{aligned}H_0:r(t)=s_0(t)+n(t)\\ H_1:r(t)=s_1(t)+n(t)\end{aligned}\right\}\quad 0\leqslant t\leqslant T_b \tag{6-26}$$

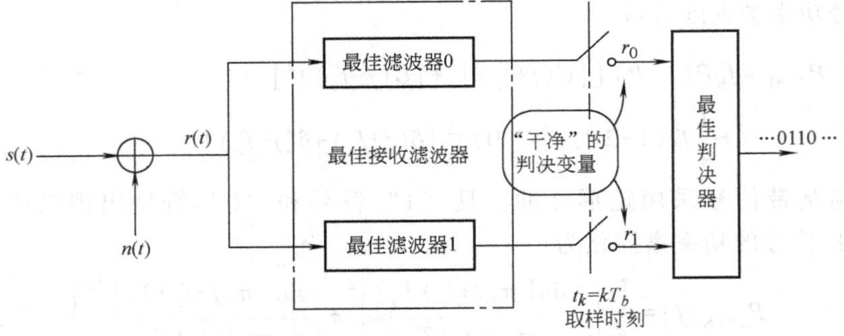

图 6-11 二进制最佳接收机结构原理框图

式中，$n(t)$ 表示均值为 0，双边功率谱密度为 $n_0/2$ 的加性高斯白噪声（AWGN）。接收机的任务就是根据接收信号 $r(t)$ 确定发送比特值是 0 还是 1。可以利用 5.4 节的内容，得到最佳接收的结构为图 6-11（与图 5-32 相同）。当信号为 2ASK 信号时，这时两波形的能量 $E_{\mathrm{b}}=E_1\neq E_0=0$，互相关系数 $\rho=0$，且发送符号的先验概率相等，即 $P(H_0)=P(H_1)=0.5$ 时，可以容易推导的判决门限为 $V_{\mathrm{d}}=E_{\mathrm{b}}/2$。此时 2ASK 系统误码率为

$$P_{\mathrm{e}}=\frac{1}{2}\mathrm{erfc}\left(\sqrt{\frac{E_{\mathrm{b}}}{4n_0}}\right) \tag{6-27}$$

2ASK信号对应的最佳接收机结构可以从图6-11简化后，得到与图5-38构造相同的形式，按照上面给出的判决门限，得到如图6-12所示的2ASK相关方式最佳接收机结构，由于接收端使用了同频同相载波辅助解调，所以也称最佳相干解调。注意，相关解调和相干解调是有区别的，相干解调强调的是接收端采用同频同相载波辅助解调；而相关解调（或接收）强调的是接收端采用相关（滤波）器进行解调信号。很多信号情况下，它们又是一致的，比如对2ASK信号的相关接收。

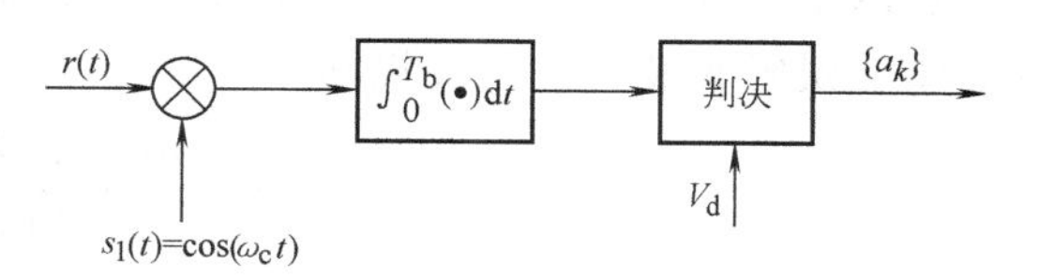

图6-12　2ASK信号相关（或相干）最佳接收机结构

对于2FSK信号，$s_0(t)=\cos(2\pi f_1 t)$，$s_1(t)=\cos(2\pi f_2 t)$，一般选择两频率正交，即满足$\rho=0$。其最佳接收机结构可简化为图5-35a，现重画于图6-13（显然2FSK信号是二进制正交信号的一个特例，两个信号分别用两个相互正交的频率表示）。

最佳判决规则为

$$\left.\begin{aligned}r_0-r_1\geqslant\frac{n_0}{2}\ln\frac{P(H_1)}{P(H_0)}+\frac{E_0-E_1}{2},\text{ 判为 }0\\ r_0-r_1<\frac{n_0}{2}\ln\frac{P(H_1)}{P(H_0)}+\frac{E_0-E_1}{2},\text{ 判为 }1\end{aligned}\right\}\tag{6-28}$$

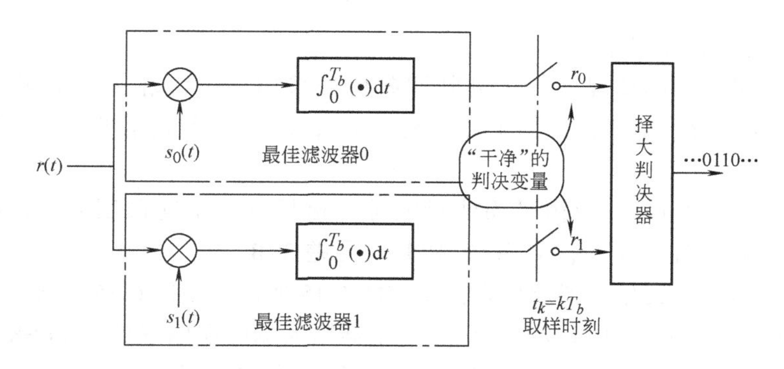

图6-13　基于相关（滤波）器的2FSK最佳接收机结构

注：发送符号的先验概率相等$P(H_0)=P(H_1)=0.5$，且$E_1=E_0=E_b$。

若发送符号的先验概率相等$P(H_0)=P(H_1)=0.5$，且$E_1=E_0=E_b$，则最佳判决规则简化为

$$\left.\begin{aligned}r_0\geqslant r_1,\text{ 判为 }0\\ r_0<r_1,\text{ 判为 }1\end{aligned}\right\}\tag{6-29}$$

就是图6-13中的“择大判决”。因此2FSK相干（相关）解调时的误码率为

$$P_e=\frac{1}{2}\text{erfc}\left(\sqrt{\frac{E_b}{2n_0}}\right)\tag{6-30}$$

对于2PSK信号，$s_1(t)=\cos(2\pi f_c t)$，$s_0(t)=-\cos(2\pi f_c t)$，其互相关系数$\rho=-1$，显然是一种双极性信号，因此其最佳接收机结构如图6-14所示，图中$s(t)=\cos(2\pi f_c t)$。在信道

是 AWGN 条件下，发送二进制 PSK 信号的先验概率 $P(H_0)$ 和 $P(H_1)$，利用式（5-82）可得最佳（误码率最小）判决规则

$$\left.\begin{aligned} r_k < r_T = \frac{n_0}{4}\ln\frac{P(H_0)}{P(H_1)}，判为 0 \\ r_k \geqslant r_T = \frac{n_0}{4}\ln\frac{P(H_0)}{P(H_1)}，判为 1 \end{aligned}\right\} \tag{6-31}$$

在发送符号的先验概率相等 $P(H_0)=P(H_1)=0.5$ 时，判决门限 $r_T=0$，此时 2PSK 相干解调时的误码率为

$$P_e = \frac{1}{2}\text{erfc}\left(\sqrt{\frac{E_b}{n_0}}\right) \tag{6-32}$$

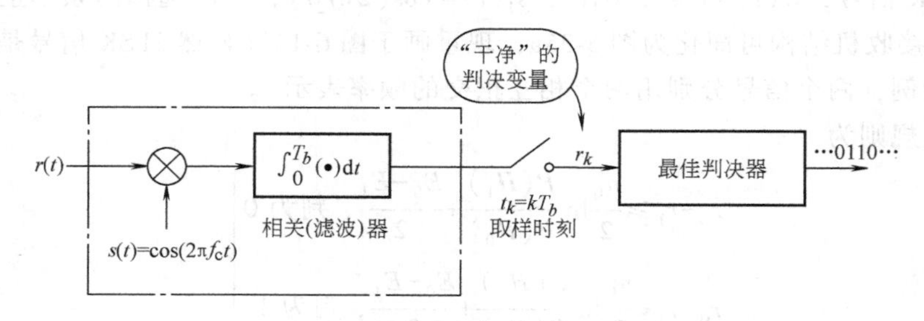

图 6-14　2PSK 信号最佳（相干）接收机结构

由以上分析可以得出以下结论：

1）在信号能量相同的情况下，二进制调制信号采用相干（相关）解调方式时，2PSK 信号的抗噪声性能最好，2FSK 信号其次（差 3dB），用有、无表示的 2ASK 信号最差（比 2FSK 差 3dB）。

2）如果以“1”、“0”码元内平均能量相等来衡量三种不同调制方式的抗噪声性能的话，则 2ASK 与 2FSK 性能相同，但均比 2PSK 信号差 3dB。

对于 2DPSK 信号，其相干解调分析模型如图 6-15 所示。由图 6-15 可知，2DPSK 信号采用相干解调加码反变换器方式解调时，码反变换器输入端的误码率即是 2PSK 信号采用相干解调时的误码率，由式（6-32）确定。该点信号序列是相对码序列，还需要通过码反变换器变成绝对码序列输出。因此，此时只需要再分析码反变换器对误码率的影响即可。

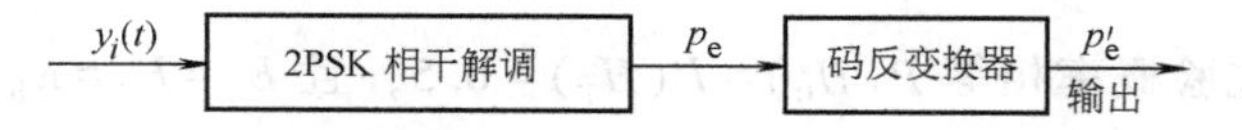

图 6-15　2DPSK 信号相干解调性能分析模型

为了分析码反变换器对误码的影响，做出一组图形来加以说明。图 6-16a 所示序列是解调出的相对码信号序列，没有错码，因此通过码反变换器变成绝对码信号序列输出也没有错码。图 6-16b 所示序列是解调出的相对码信号序列，有一位错码，用×表示错码位置。通过分析可得：相对码错一位，则码反变换器输出的绝对码将产生两位错码；相对码连续错二位，则绝对码信号序列也只产生两位错码；相对码信号序列中有连续 5 位错码，此时码反变换器输出的绝对码信号序列也只产生两位错码；依此类推，若码反变换器输入相对码信号序列中出现连续 n 个错码，则输出绝对码信号序列中也只有两个错码。

	发送绝对码		0	0	1	0	1	1	0	1	1	1
	发送相对码	0	0	0	1	1	0	1	1	0	1	0
a）无错：	接收相对码		0	0	1	1	0	1	1	0	1	0
	绝对码			0	1	0	1	1	0	1	1	1
b）错1：	接收相对码		0	0	1	0_x	0	1	1	0	1	0
	绝对码			0	1	1_x	0_x	1	0	1	1	1
c）错2：	接收相对码		0	0	1	0_x	1_x	1	1	0	1	0
	绝对码			0	1	1_x	1	0_x	0	1	1	1
d）错5：	接收相对码		0	0	1	0_x	1_x	0_x	0_x	1_x	1	0
	绝对码			0	1	1_x	1	1	0	1	0_x	1

图 6-16 码反变换器对错码的影响

相对码信号序列的错误情况由连续一个错码、连续两个错码、……、连续 n 个错码图样所组成。设 P_e 为码反变换器输入端相对码序列的误码率，并假设每个码出错概率相等且统计独立，P'_e为码反变换器输出端绝对码序列的误码率，由以上分析可得

$$P'_e = 2P_1 + 2P_2 + \cdots + 2P_n + \cdots \tag{6-33}$$

式中，P_n 为码反变换器输入端相对码序列连续出现 n 个错码的概率，在一个很长的序列中，出现一串 n 个码元连续错误这一事件，必然是“n 个码元同时出错与在该一串错码两端都有一码元不错”同时发生的事件，即

$$P_n = (1-P_e)P_e^n(1-P_e) = (1-P_e)^2P_e^n \tag{6-34}$$

将式（6-34）代入式（6-33）可得

$$\begin{aligned} P'_e &= 2(1-P_e)^2(P_e + P_e^2 + \cdots + P_e^n + \cdots) \\ &= 2(1-P_e)^2P_e(1 + P_e + P_e^2 + \cdots + P_e^n + \cdots) \end{aligned} \tag{6-35}$$

因为误码率 P_e 总是小于 1，所以下式成立：

$$1 + P_e + P_e^2 + \cdots = \frac{1}{1-P_e}$$

代入式（6-35）可得

$$P'_e = 2(1-P_e)P_e \tag{6-36}$$

将 2PSK 信号采用相干解调时的误码率表示式（6-32），代入式（6-36），则可得到 2DPSK 信号采用相干解调加码反变换器方式解调时的系统误码率为

$$P'_e = \frac{1}{2}\left[1-\left(\mathrm{erf}\sqrt{r}\right)^2\right] \tag{6-37}$$

式中，$r = E_b/n_0$。当相对码的误码率 $P_e \ll 1$ 时，式（6-36）可近似表示为

$$P'_e = 2P_e \tag{6-38}$$

即此时码反变换器输出端绝对码序列的误码率是码反变换器输入端相对码序列误码率的两倍。可见，码反变换器的影响是使输出误码率增大。这也就是 DPSK 调制方式的抗干扰性能不如 PSK 调制方式的原因，但实际中仍然应用 DPSK 调制方式，原因就是 PSK 在相干解调时会因相位模糊问题而出现全错的情况。

6.3.2 非相干解调系统的抗噪声性能

上述相干解调是在假设接收端对接收信号的载波频率及相位均已知时的最佳接收。当接

收端对接收信号的载波频率已知但相位未知（即相位是一个随机变量）时，显然不能直接使用上述的接收方法，这种情况下信号的接收称之为随相信号的接收。这里将以 2FSK 和 2ASK 信号为例，说明随相信号的最佳接收（非相干解调系统）及其误码性能。

1. 2FSK 信号的非相干解调

在 2FSK 信号条件下，此时到达接收机输入端的两个可能出现的随相信号为

$$\begin{cases} s_0(t,\varphi_0)=A_0\cos(\omega_0 t+\varphi_0) & 发送“0”码 \\ s_1(t,\varphi_1)=A_0\cos(\omega_1 t+\varphi_1) & 发送“1”码 \end{cases} \tag{6-39}$$

式中，ω_1 与 ω_0 为两个使信号满足“正交”的载频，设 0 和 1 码先验等概，φ_0 及 φ_1 是每个信号的唯一随机参数，是随机变量，并设它们服从均匀分布，即

$$f(\varphi_1)=f(\varphi_0)=f(\varphi)=\begin{cases} \dfrac{1}{2\pi} & 0\leqslant\varphi\leqslant 2\pi \\ 0 & 其他 \end{cases} \tag{6-40}$$

信号 $s_0(t,\ \varphi_0)$ 和 $s_1(t,\ \varphi_1)$ 能量相等

$$\int_0^{T_b} s_0^2(t,\varphi_0)\,\mathrm{d}t=\int_0^{T_b} s_1^2(t,\varphi_1)\,\mathrm{d}t=E_\mathrm{b} \tag{6-41}$$

显然，这时的接收波形 $r(t)$ 为

$$r(t)=\begin{cases} s_0(t,\varphi_0)+n(t) \\ s_1(t,\varphi_1)+n(t) \end{cases} \quad 0\leqslant t\leqslant T_\mathrm{b} \tag{6-42}$$

由于相位信息的随机性，因此只有通过提取对应频率的信号的幅度信息完成最佳接收。提取对应两个不同频率的信号的幅度信息的方法如图 6-17 所示，得到两个含有对应不同频率信号的幅度信息的随机变量 M_0（对应频率 f_0）和 M_1（对应频率 f_1），依据最小错误概率准则对 M_0 和 M_1 进行统计处理，得到如下判决规则（实际就是如图 6-17 所示比较器）：

$$\begin{cases} M_0>M_1, & 判为\ s_0\ 出现 \\ M_0<M_1, & 判为\ s_1\ 出现 \end{cases} \tag{6-43}$$

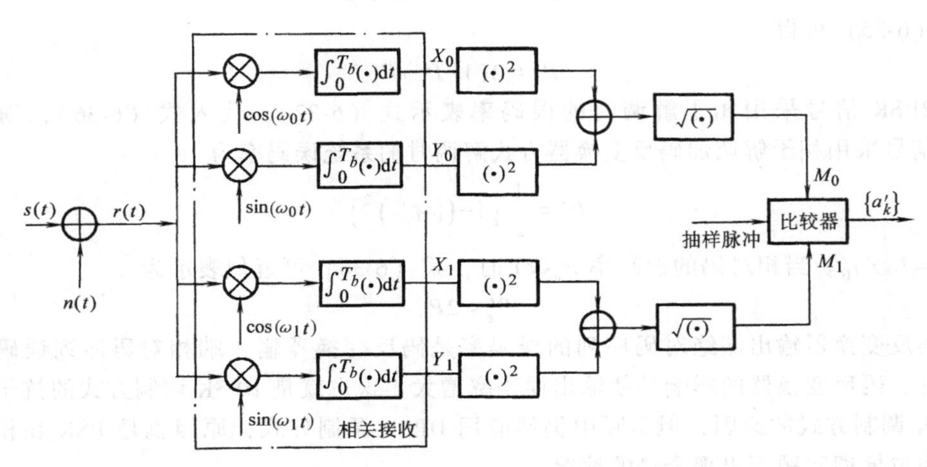

图 6-17　2FSK 信号的非相干最佳接收机结构

这样得到的图 6-17 所示的接收机结构就是 2FSK 信号的非相干最佳接收机结构，之所以说是非相干指的是接收端不需要使用同频同相的载波辅助完成解调。非相干解调有利于降低

接收机的实现成本。这里同样可以采用全概率公式计算图 6-17 所示的 2FSK 非相干解调系统的错误概率，即

$$P_e = P(1/0)P(0) + P(0/1)P(1)$$

为了求出上述错误概率，需要知道两个判决变量 M_0 及 M_1 的概率分布情况。下面给予说明。

假设发送码元“0”，则由判决规则可知 $P(1/0)$ 就是在已知出现 $s_0(t, \varphi_0)$ 的情况下 $M_0<M_1$ 这一事件发生的概率，即 $P(1/0)=P(M_0<M_1)$。显然，在给定 $s_0(t, \varphi_0)$ 下，接收信号 $r(t)=s_0(t, \varphi_0)+n(t)$，其中 φ_0 是确定的。因此根据接收机结构有

$$\begin{aligned} X_0 &= \int_0^{T_b} r(t)\cos(\omega_0 t)\,\mathrm{d}t = \int_0^{T_b} [s_0(t,\varphi_0) + n(t)]\cos(\omega_0 t)\,\mathrm{d}t \\ &= \int_0^{T_b} n(t)\cos(\omega_0 t)\,\mathrm{d}t + \frac{A_0 T_b}{2}\cos\varphi_0 \end{aligned} \tag{6-44}$$

$$\begin{aligned} Y_0 &= \int_0^{T_b} r(t)\sin(\omega_0 t)\,\mathrm{d}t = \int_0^{T_b} [s_0(t,\varphi_0) + n(t)]\sin(\omega_0 t)\,\mathrm{d}t \\ &= \int_0^{T_b} n(t)\sin(\omega_0 t)\,\mathrm{d}t - \frac{A_0 T_b}{2}\sin\varphi_0 \end{aligned} \tag{6-45}$$

可得 $\int_0^{T_b} n(t)\cos(\omega_0 t)\,\mathrm{d}t$ 和 $\int_0^{T_b} n(t)\sin(\omega_0 t)\,\mathrm{d}t$ 是均值为零、方差为 $n_0 T_b/4$ 的两个正态随机变量，所以 X_0 和 Y_0 是均值分别为 $(A_0 T_b/2)\cos\varphi_0$ 和 $(-A_0 T_b/2)\sin\varphi_0$，方差均为 $n_0 T_b/4$ 的正态随机变量。$M_0=\sqrt{X_0^2+Y_0^2}$ 的概率密度函数可根据 2.10 节信号加窄带高斯噪声的包络的概率密度的方法求解。注意 X_0 相当于 Z 中的 Z_c，Y_0 相当于 Z_s，于是 M_0 的概率密度函数为

$$f(M_0) = \frac{M_0}{\sigma_M^2}\exp\left\{-\frac{1}{2\sigma_M^2}\left[M_0^2 + \left(\frac{A_0 T_b}{2}\right)^2\right]\right\} I_0\left(\frac{A_0 T_b M_0}{2\sigma_M^2}\right) \qquad M_0 \geqslant 0 \tag{6-46}$$

式中，$\sigma_M^2 = n_0 T_b/4$。可以看出，M_0 是服从广义瑞利分布的。

同样，将 $r(t)=s_0(t, \varphi_0)+n(t)$ 的条件运用到 X_1 和 Y_1 中去，可得

$$X_1 = \int_0^{T_b} n(t)\cos(\omega_1 t)\,\mathrm{d}t \tag{6-47}$$

$$Y_1 = \int_0^{T_b} n(t)\sin(\omega_1 t)\,\mathrm{d}t \tag{6-48}$$

这两个随机变量是均值为零、方差为 $n_0 T_b/4$ 的正态随机变量，由 2.9 节分析窄带高斯噪声包络的方法，可得 $M_1=\sqrt{X_1^2+Y_1^2}$ 是服从瑞利分布的随机变量，其一维概率密度函数为

$$f(M_1) = \frac{M_1}{\sigma_M^2}\exp\left[-\frac{M_1^2}{2\sigma_M^2}\right] \qquad M_1 \geqslant 0 \tag{6-49}$$

根据上述分析，所求错误概率为

$$\begin{aligned} P(1/0) &= P(M_0 < M_1) = \int_0^{\infty} f(M_0)\left[\int_{M_0}^{\infty} f(M_1)\,\mathrm{d}M_1\right]\mathrm{d}M_0 \\ &= \mathrm{e}^{-r^2}\int_0^{\infty} Z\mathrm{e}^{-z^2} I_0(\sqrt{2}hZ)\,\mathrm{d}Z \end{aligned} \tag{6-50}$$

式中，$Z=\dfrac{M_0}{\sigma_M}$；$r^2=\dfrac{A_0^2T_b^2}{8\sigma_M^2}=\dfrac{A_0^2T_b/2}{n_0}=\dfrac{E_b}{n_0}$；$E_b=\dfrac{A_0^2T_b}{2}$。于是得到 $P(1/0)=\dfrac{1}{2}e^{-r^2/2}$。

同理，可得 $P(0/1)=\dfrac{1}{2}e^{-r^2/2}$，由于假设先验等概，于是总的错误概率为

$$P_e=\frac{1}{2}e^{-r^2/2}=\frac{1}{2}e^{-\frac{E_b}{2n_0}} \tag{6-51}$$

由此得到了等概、等能量、正交 2FSK 信号的非相干（包络）解调器在图 6-17 条件下的误码率公式。

比较式（6-30）和式（6-51）可以看出，在大信噪比条件下，2FSK 信号采用非相干（包络）解调法解调性能与相干解调法解调性能接近，相干解调法性能较好。对 2FSK 信号还可以采用其他方式进行解调，有兴趣的读者可以参考其他有关书籍。

【例 6-1】 采用二进制频移键控方式在信道上传送二进制数字信息。已知 2FSK 信号的两个频率为 $f_1=980\text{Hz}$，$f_2=1580\text{Hz}$，码元速率 $R_B=300$ 波特，传输信道输出端的信噪比为 12dB。试求：

（1）2FSK 信号的第一零点带宽。

（2）采用包络检测法解调时系统的误码率。

（3）采用相干检测法解调时系统的误码率。

解：（1）根据式（6-15），该 2FSK 信号的带宽为

$$\Delta f\approx|f_2-f_1|+2f_s=|f_2-f_1|+2R_B=1200\text{Hz}$$

（2）信道输出端的信噪比为 12dB，即接收机输入信噪比 $r=E_b/n_o=16$。根据式（6-51），可得包络检波法解调时系统的误码率为

$$P_e=\frac{1}{2}e^{-\frac{E_b}{2n_0}}=\frac{1}{2}e^{-8}=1.68\times10^{-4}$$

（3）同理，根据式（6-30），相干检测法解调时系统的误码率为

$$P_e=\frac{1}{2}\text{erfc}\left[\sqrt{\frac{E_b}{2n_0}}\right]=\frac{1}{2}\text{erfc}(\sqrt{8})=3.17\times10^{-5}$$

2. 2ASK 信号的非相干解调

若在上述条件中，令 $s_0(t)$ 和 $s_1(t)$ 中的一个恒为零，则就是 2ASK 信号。这时的最佳接收机结构可以进一步简化为图 6-18 所示结构。此时的判决变量 M_0 实际上为信号加窄带高

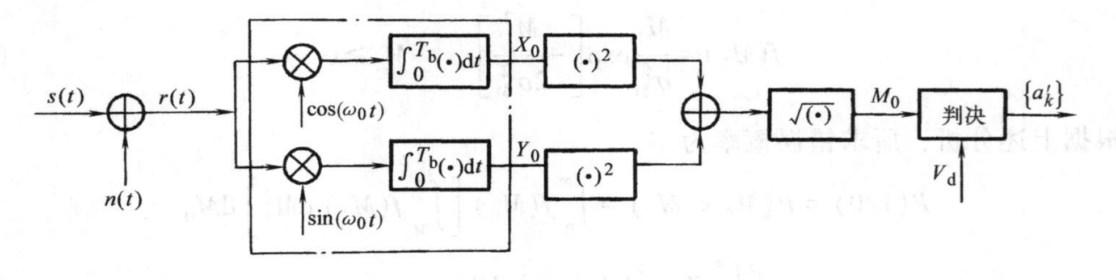

图 6-18 2ASK 信号包络解调法框图

斯噪声后的包络，因此又称为包络解调，属于非相干解调。可以证明，这时的错误概率为

$$P_e = \frac{1}{2}e^{-Z_0^2/2} + \frac{1}{2}\left[1 - e^{\frac{E_b}{n_0}}\int_{Z_0}^{\infty} x e^{-\frac{x^2}{2}} I_0\left(\sqrt{\frac{2E_b}{n_0}}x\right)dx\right] \tag{6-52}$$

式中，Z_0 由下式确定：

$$\ln I_0\left(\sqrt{\frac{2E_b}{n_0}}Z_0\right) = \frac{E_b}{n_0} \tag{6-53}$$

当信噪声比 $E_b/n_0 \gg 1$ 时，上式可近似为

$$\sqrt{\frac{2E_b}{n_0}}Z_0 = \frac{E_b}{n_0} \tag{6-54}$$

这样 $Z_0 = \sqrt{E_b/2n_0}$，最佳判决门限为 $V_d^* = A_0/2$。这就是说，这时门限恰好是接收信号包络值 A_0 的一半。错误概率为

$$P_e = \frac{1}{2}e^{-\frac{r}{4}} + \frac{1}{4}\mathrm{erfc}\left(\sqrt{\frac{r}{4}}\right) \tag{6-55}$$

式中，$r = E_b/n_0$。当 $r \gg 1$ 时，上式可近似为

$$P_e = \frac{1}{2}e^{-\frac{r}{4}} \tag{6-56}$$

比较式（6-27）、式（6-55）和式（6-56）可以看出：在相同的信噪比条件下，2ASK 相干解调法的误码性能优于包络解调法的性能；在大信噪比条件下，包络解调法的误码性能将接近相干解调法的性能。另外，包络解调法存在门限效应，相干解调法无门限效应。

【例 6-2】 设某 2ASK 系统中二进制码元传输速率为 9600B，发送“1”符号和“0”符号的概率相等，接收端分别采用相干解调法和包络解调法对该 2ASK 信号进行解调。已知接收端输入信号幅度 $a = 1\mathrm{mV}$，信道等效加性高斯白噪声的双边功率谱密度 $n_0/2 = 4\times10^{-13}\mathrm{W/Hz}$。试求：

（1）相干解调法解调时系统总的误码率。

（2）包络解调法解调时系统总的误码率。

解：（1）对于 2ASK 信号，码元传输速率为 9600B，则码元间隔为

$$T_b = 1/R_B = (1/9600)\,\mathrm{s}$$

信号能量为 $E_b = \dfrac{A_0^2 T_b}{2} = \dfrac{(10^{-3})^2}{2\times9600}$

信噪比为 $r = \dfrac{E_b}{n_0} = \dfrac{(10^{-3})^2}{2\times9600} \times \dfrac{1}{8\times10^{-13}} \doteq 65.1$

因为信噪比 $r \approx 65.1 \gg 1$，所以相干解调法解调时系统总的误码率为

$$P_e = \frac{1}{2}\mathrm{erfc}\left(\sqrt{\frac{r}{4}}\right) \approx \frac{1}{\sqrt{\pi r}}e^{-\frac{r}{4}} = \frac{1}{\sqrt{3.1416\times65.1}}e^{-16.276} = 5.97\times10^{-9}$$

（2）包络解调法解调时系统总的误码率为

$$P_e = \frac{1}{2}e^{-\frac{r}{4}} = \frac{1}{2}e^{-16.276} = 4.27\times10^{-8}$$

比较两种方法解调时系统总的误码率可以看出，在大信噪比的情况下，包络解调法解调性能接近相干解调法解调性能。

6.3.3　其他解调方法

除上述相干（相关）最佳接收及非相干（包络）最佳接收方法之外，各种数字调制都还有一些其他的解调方法，尽管它们与相干（相关）最佳接收相比性能相差较大，但鉴于这些方法简单易行，而且当信噪比很大时，它们的性能接近于相干（相关）最佳接收的性能，因此也得到了广泛的应用。

1. 2FSK信号过零检测法及差分检测法

2FSK信号除前面给出的接收方法之外，还有其他解调方法，如鉴频法、过零检测法及差分检测法等。鉴频法的原理已在第4章介绍过，下面只简单介绍后两种方法。

过零检测法解调器的原理图和各点时间波形如图6-19所示。其基本原理是，二进制频移键控信号的过零点数随载波频率的不同而异，因而通过检测过零点数就可以得到频率的变化。在图6-19中，输入信号经过限幅后产生矩形波，经微分、整流、波形整形，形成与频率变化相同的矩形脉冲波，经低通滤波器除高次谐波，便恢复出与原数字信号对应的基带数字信号。

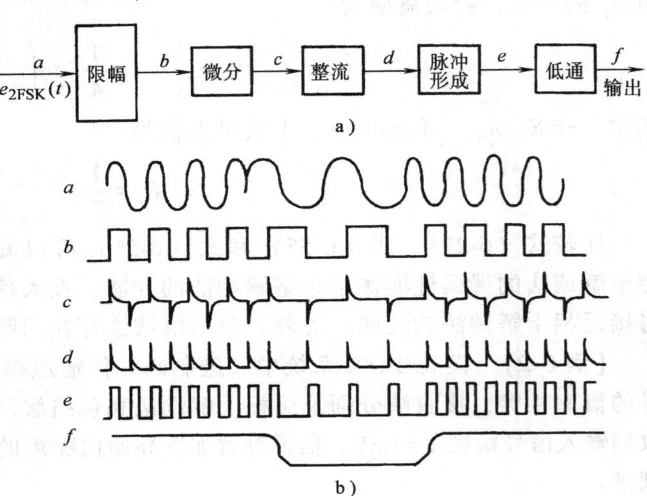

图6-19　过零检测法原理图和各点时间波形

差分检测法的原理如图6-20所示，输入信号经接收滤波器滤除带外无用信号后被分成两路，一路直接送到乘法器，另一路经时延τ送到乘法器，相乘后再经低通滤波器提取信号。下面证明如果选择合适的τ，则可以得到输出电压与频偏呈线性关系，这正是鉴频特性所要求的。

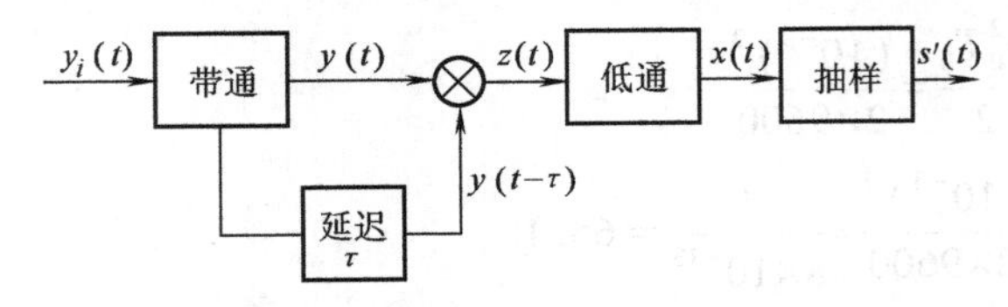

图6-20　差分检测法原理框图

设2FSK信号的频率为$\omega=\omega_0+\Delta\omega$。若$\Delta\omega>0$，则$\omega=\omega_2$；若$\Delta\omega<0$，则$\omega=\omega_1$。不考虑噪声时，经带通后的信号可表示为$y(t)=A\cos[(\omega_0+\Delta\omega)t]$，相乘器输出为

$$z(t)=A\cos[(\omega_0+\Delta\omega)t]A\cos[(\omega_0+\Delta\omega)(t-\tau)]$$

$$=\frac{A^2}{2}\cos[2(\omega_0+\Delta\omega)t-(\omega_0+\Delta\omega)\tau]+\frac{A^2}{2}\cos[(\omega_0+\Delta\omega)\tau] \tag{6-57}$$

低通输出为

$$x(t)=\frac{A^2}{2}\cos[(\omega_0+\Delta\omega)\tau] \tag{6-58}$$

可见 $x(t)$ 与 t 无关，是 $\Delta\omega$ 的函数，但不是一个简单的函数关系。若选择 τ 满足 $\omega_0\tau=\pi/2$，则

$$x(t)=-\frac{A^2}{2}\sin(\Delta\omega\tau) \tag{6-59}$$

若角频偏较小，即 $\Delta\omega\tau\ll1$，则有 $x(t)=-A^2\Delta\omega\tau/2$。由此可见，当满足条件 $\cos(\omega_0\tau)=0$ 及 $\Delta\omega\tau\ll1$ 时，输出电压将与角频偏 $\Delta\omega$ 呈线性关系。

差分检测法基于输入信号与其延迟 τ 的信号相比较，信道上的延迟失真将同时影响相邻信号，故不影响最终的鉴频效果。实践表明，当延迟失真为零时，这种方法的检测性能不如普通鉴频法；但当有较严重延迟失真时，它的性能要比鉴频法优越。但是差分检测法的实现要受条件 $\cos(\omega_0\tau)=0$ 的限制。

2. 2DPSK 信号差分检测法

2DPSK 信号采用差分解调方式（相位比较法）的结构框图和各点波形如图 6-21 所示。用这种方法解调时不需要恢复本地载波，只需将 2DPSK 信号时延一个码元区间 T_b，然后与 2DPSK 信号本身相乘。相乘结果反映前后码元之间的相对相位关系，经低通滤波器后可直接判决恢复出原发射的数字信息，而不需要差分译码。最下方的解调输出 0010110 与原始信息码一致。值得注意的是，只有 2DPSK 信号才能采用这种方法对绝对码进行解调，因为它的相位变化基准是前一个码元的载波相位，而不是未调载波的相位。

由于差分解调方式不需要专门的相干载波，因此是一种非相干解调方法。

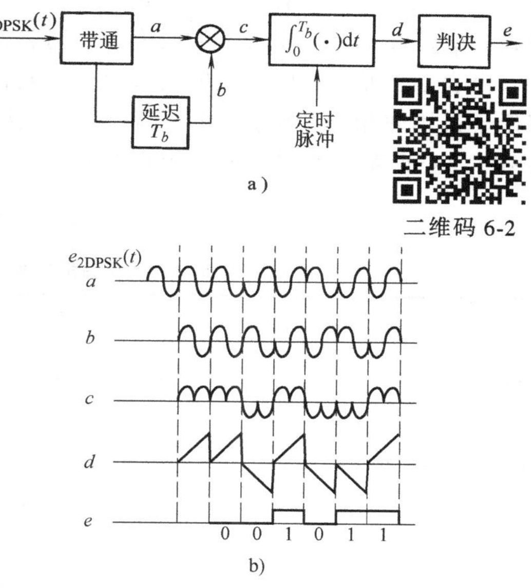

图 6-21　2DPSK 信号差分解调及各点波形图

采用差分解调的 2DPSK 系统除了不需要相干载波外，在抗频率漂移能力、抗多径效应以及抗相位慢抖动能力方面，均优于采用相干解调的绝对调相方式，是一种实用的数字调相系统，但其抗加性白噪声性能比相干解调 2DPSK 的要差。在加性高斯白噪声中，2DPSK 的误码率为

$$P_e=\frac{1}{2}e^{-E_b/n_0} \tag{6-60}$$

式中，n_0 是高斯白噪声的单边功率谱密度。

6.4　二进制数字调制系统的性能比较

在数字通信中，误码率是衡量数字通信系统的重要指标之一，上一节对各种二进制数字

调制系统的抗噪声性能进行了详细的分析。下面将对二进制数字调制系统的误码率性能、频带利用率、对信道的适应能力等方面的性能做进一步比较。

二维码 6-3

6.4.1 误码率

二进制数字调制方式有 2ASK、2FSK、2PSK 及 2DPSK，每种数字调制方式又有相干解调方式和非相干解调方式。表 6-2 列出了各种二进制数字调制系统的误码率 P_e 与输入信噪比 r 的数学关系。

应用这些公式时要注意的一般条件是：接收机输入端出现的噪声是均值为 0、单边功率谱密度为 n_0 的高斯白噪声，未考虑码间串扰的影响，采用瞬时抽样判决。公式中的 $r=E_b/n_0$ 是接收机输入端的信噪功率比。对于 2ASK 来说，信号能量 E_b 并非接收 1 码和 0 码时的平均能量，只是单接收 1 码时的能量，当 1 和 0 出现的概率相同时，其信号平均能量为 $E_b/2$。若误码率公式中均用接收 1 和 0 的平均信噪功率比 ρ 表示，对 2ASK 有 $r=2\rho$，其他数字调制方式 $r=\rho$。可见，以 ρ 表示误码率公式时，2ASK 与 2FSK 相同。

由表 6-2 可以看出，从横向来比较，对同一种数字调制信号，采用相干解调方式的误码率低于采用非相干解调方式的误码率。从纵向来比较，在误码率 P_e 一定的情况下，2PSK、2FSK、2ASK 系统所需要的信噪比关系为

$$r_{2ASK}=2r_{2FSK}=4r_{2PSK} \tag{6-61}$$

表 6-2 二进制数字调制系统的误码率公式一览表

调制方式	误码率	
	相干解调	非相干解调
2ASK	$\frac{1}{2}\operatorname{erfc}\left(\sqrt{\frac{r}{4}}\right)$	$\frac{1}{2}e^{-\frac{r}{4}}$（大信噪比）
2FSK	$\frac{1}{2}\operatorname{erfc}\left(\sqrt{\frac{r}{2}}\right)$	$\frac{1}{2}e^{-\frac{r}{2}}$
2PSK/2DPSK	$\frac{1}{2}\operatorname{erfc}(\sqrt{r})$ / $\operatorname{erfc}(\sqrt{r})$	$\frac{1}{2}e^{-r}$（2DPSK）

式（6-61）表明，若采用相干解调方式，在误码率 P_e 相同的情况下，所需要的信噪比 2ASK 是 2FSK 的 2 倍，2FSK 是 2PSK 的 2 倍，2ASK 是 2PSK 的 4 倍。若都采用非相干解调方式，在误码率 P_e 相同的情况下，所需要的信噪比 2ASK 是 2FSK 的 2 倍，2FSK 是 2DPSK 的 2 倍，2ASK 是 2DPSK 的 4 倍。

将式（6-61）转换为分贝表示式为

$$(r_{2ASK})_{dB}=3dB+(r_{2FSK})_{dB}=6dB+(r_{2PSK})_{dB} \tag{6-62}$$

式（6-62）表明，若都采用相干解调方式，在误码率 P_e 相同的情况下，所需要的信噪比 2ASK 比 2FSK 高 3dB，2FSK 比 2PSK 高 3dB，2ASK 比 2PSK 高 6dB。若都采用非相干解调方式，在误码率 P_e 相同的情况下，所需要的信噪比 2ASK 比 2FSK 高 3dB，2FSK 比 2DPSK 高 3dB，2ASK 比 2DPSK 高 6dB。反过来，若信噪比 r 一定，2PSK 系统的误码率低于 2FSK 系统，2FSK 系统的误码率低于 2ASK 系统。

根据表 6-2 所画出的三种数字调制系统的误码率 P_e 与信噪比 r 的关系曲线如图 6-22 所示。可以看出，在相同的信噪比 r 下，相干解调的 2PSK 系统的误码率 P_e 最小。

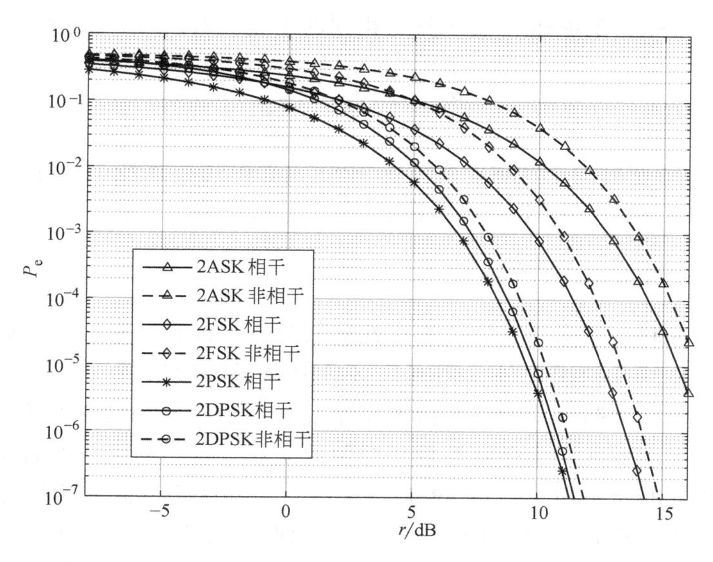

图 6-22 误码率 P_e 与信噪比 r 的关系曲线

例如，在误码率 $P_e=10^{-5}$ 的情况下，相干解调时三种二进制数字调制系统所需要的信噪比如表 6-3 所示。在信噪比 $r=10$ 的情况下，三种二进制数字调制系统所达到的误码率如表 6-4 所示。

表 6-3 $P_e=10^{-5}$ 时 2ASK、2FSK 和 2PSK 所需要的信噪比

方 式	信噪比 r	
	倍	分贝
2ASK	36.4	15.6
2FSK	18.2	12.6
2PSK	9.1	9.6

表 6-4 $r=10$ 时 2ASK、2FSK 和 2PSK/2DPSK 的误码率

方 式	误码率 P_e	
	相干解调	非相干解调
2ASK	1.26×10^{-2}	4.1×10^{-2}
2FSK	7.9×10^{-4}	3.37×10^{-3}
2PSK/2DPSK	3.9×10^{-6}	2.27×10^{-5}

6.4.2 频带宽度

若传输的码元时间宽度为 T_b，则 2ASK 系统和 2PSK（2DPSK）系统的频带宽度近似为 $2/T_b$，即

$$B_{2ASK}=B_{2PSK}=\frac{2}{T_b} \tag{6-63}$$

2ASK 系统和 2PSK（2DPSK）系统具有相同的带宽。2FSK 系统的频带宽度近似为

$$B_{2FSK}=|f_2-f_1|+\frac{2}{T_b} \tag{6-64}$$

2FSK 系统的频带宽度大于 2ASK 系统或 2PSK（2DPSK）系统的频带宽度。因此，从频带利用率上看，2FSK 系统的频带利用率最低。

6.4.3 对信道特性变化的敏感性

上一节中对二进制数字调制系统抗噪声性能的分析，都是针对恒参信道条件进行的。在实际通信系统中，除恒参信道之外，还有很多信道属于随参信道，也即信道参数随时间变化。因此，在选择数字调制方式时，还应考虑系统对信道特性的变化是否敏感。在 2FSK 系统中，判决器是根据上下两个支路解调输出样值的大小来做出判决，不需要人为地设置判决门限，因而对信道的变化不敏感。在 2PSK 系统中，当发送符号概率相等时，判决器的最佳判决门限为零，与接收机输入信号的幅度无关。因此，判决门限不随信道特性的变化而变化，接收机总能保持工作在最佳判决门限状态。对于 2ASK 系统，判决器的最佳判决门限为 $A_0/2$（当 $P(1)=P(0)$ 时），它与接收机输入信号的幅度有关。当信道特性发生变化时，接收机输入信号的幅度将随着发生变化，从而导致最佳判决门限也将随之而变。这时，接收机不容易保持在最佳判决门限状态，因此，就对信道特性变化的敏感性而言，2ASK 的性能最差。

当信道存在严重的衰落时，通常采用非相干解调方法，因为这时在接收端不容易得到相干解调所需的相干载波。当发射机有严格的功率限制时，可考虑采用相干解调，因为在给定的码元传输速率及误码率的条件下，相干检测所要求的信噪比要比非相干接收所要求的信噪比小。

6.4.4 设备的复杂程度

对于 2ASK、2FSK 及 2PSK 这三种方式来说，发送端设备的复杂程度相差不多，而接收端的复杂程度则与所选用的调制和解调方式有关。对于一种调制方式，相干解调的设备要比非相干解调时复杂；而同为非相干解调时，2DPSK 的设备最为复杂，2FSK 次之，2ASK 最简单。不言而喻，设备越复杂，其造价就越贵。

上面从几个方面对各种二进制数字调制系统进行了比较。可以看出，在选择调制和解调方式时，要考虑的因素是很多的。通常，只有对系统的要求做全面的考虑，并且抓住其中最主要的要求，才能作出比较恰当的抉择。如果抗噪声性能是主要的，则应考虑相干 2PSK 和 2DPSK，而 2ASK 最不可取。如果带宽是主要的要求，则应考虑相干 2PSK、2DPSK 及 2ASK，而 2FSK 最不可取；如果设备的复杂性是一个必须考虑的重要因素，则非相干方式比相干方式更为适宜。目前用得最多的数字调制方式是相干 2DPSK 和非相干 2FSK。相干 2DPSK 主要用于高速数据传输，而非相干 2FSK 则用于中、低速数据传输中，特别是在衰落信道中传送数据时，它有着广泛的应用。

6.5　多进制数字调制系统

为了提高传输信息的有效性，实际数字通信系统中已经使用了多进制数字调制技术，这里简要介绍一点关于多进制数字调制的基本知识。在多进制（如 M 进制）数字调制中，在码元间隔 $0 \leqslant t \leqslant T_s$ 内，可能发送的码元则有 M 种：$s_i(t)$，$i=1$，2，…，M。在实际应用中，通常取 $M=2^k$（$k>1$ 为整数）。

由于在 M 进制数字调制中，每个码元可以携带 $\log_2 M$ 比特信息，因此在信道频带受限时可以增加信息的传输速率（即比特率），提高频带的利用率。当被调制的参数分别为正弦载波的幅度、频率或相位时，多进制数字调制有 M 进制幅移键控（MASK）、M 进制频移键控（MFSK）和 M 进制相移键控（MPSK）之分。

6.5.1　多进制振幅键控

1. 基本原理

多进制幅移键控又称多电平调制，它是二进制数字幅移键控方式的推广。顾名思义，M 进制幅移键控（MASK）是使用 M 种可能取值的多电平基带信号对载波幅度进行键控而得到。在图 6-23 中给出了这种基带信号和相应的 MASK 信号波形的示例。图中的信号是四进制信号，即 $M=4$，每个码元含有 2bit 的信息，在每个码元间隔 T_s 内发送某一种幅度的载波信号。和 2ASK 相比，这种体制的优点在于信息传输速率高。在前一章指出，对于二进制基带传输系统，其最高的信道频带利用率为 2(bit/s)/Hz。显然，对于多电平系统而言，其最高的信道频带利用率将超过 2(bit/s)/Hz。由于调制信号带宽是基带信号的两倍，故其频带利用率将超过 1(bit/s)/Hz。

M 进制数字振幅调制信号可表示为 M 进制数字基带信号与正弦载波相乘的形式，其时域表达式为

$$e_{\mathrm{MASK}}(t) = \sum_n a_n g(t - nT_s)\cos(\omega_c t) \tag{6-65}$$

式中，$g(t)$ 为基带信号波形；T_s 为符号时间间隔；a_n 为幅度值。a_n 共有 M 种取值，即 $a_n \in \{A_0, A_1, \cdots, A_{M-1}\}$，$M$ 个幅值的出现概率分别为 P_0，P_1，…，P_{M-1}，则

$$a_n = \begin{cases} A_0, & \text{发送概率为 } P_0 \\ A_1, & \text{发送概率为 } P_1 \\ \vdots & \quad\vdots \qquad \vdots \\ A_{M-1}, & \text{发送概率为 } P_{M-1} \end{cases} \tag{6-66}$$

且

$$\sum_{i=0}^{M-1} P_i = 1 \tag{6-67}$$

下面将简单地用波形分解来证明，在相同码元传输速率下 MASK 与 2ASK 具有相同的信号带宽。

在图 6-24 中给出将一个 4ASK 信号波形分解为 3 个 2ASK 信号波形的叠加。其中每个

2ASK 信号的码元速率是相同的，都等于原来的 4ASK 信号的码元速率。因此这 3 个 2ASK 信号具有相同的带宽，并且这 3 个 2ASK 信号波形线性叠加后的频谱是其 3 个频谱的线性叠加，故仍然占用原来的带宽。所以，这个 4ASK 信号的带宽等于分解后的任一 2ASK 信号的带宽。

在图 6-23a 中的基带信号是多进制单极性不归零脉冲，它有直流分量。若改用多进制双极性不归零脉冲作为基带调制信号，如图 6-23c 所示，则在不同码元出现的概率相等的条件下，得到的是抑制载波的 MASK 信号，如图 6-23d 所示。和前者相比，它可以节省载波功率。

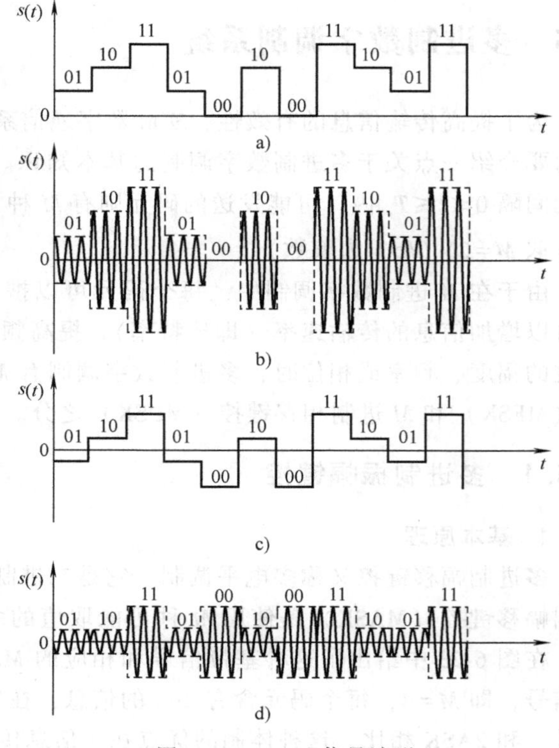

图 6-23 MASK 信号波形

上述抑制载波 MASK 信号在某一码元间隔内，只能发射某一特定幅度的信号，即

$$s_i(t)=A_i g(t)\cos(2\pi f_c t) \quad (6\text{-}68)$$

式中，$i=0, 1, \cdots, M-1$；A_i 表示与 $M=2^k$ 个可能的 k 个比特码元对应的 M 个可能的离散幅值，如果相邻幅值之间的差值为 $2d$，则

$$A_i=(2i+1-M)d,\quad i=0,\cdots,M-1 \tag{6-69}$$

如 $M=4$ 时，A_0、A_1、A_2、A_3 分别为 $-3d$、$-d$、d、$3d$。单个码元内信号的能量为

$$E_i = \int_0^{T_s} s_i^2(t)\,\mathrm{d}t = \frac{1}{2}A_i^2\int_0^{T_s} g^2(t)\,\mathrm{d}t = \frac{1}{2}A_i^2 E_g \tag{6-70}$$

式中，E_g 表示脉冲 $g(t)$ 的能量，由于 $g(t)$ 对每一个码元间隔均是相同的，不失一般性，认为 $g(t)$ 具有单位能量。如果假设先验等概，则 MASK 信号的平均能量为

$$E=d^2\frac{M^2-1}{6} \tag{6-71}$$

如 $M=2$ 时，

$$E=\frac{1}{2}\left(\frac{d^2}{2}+\frac{d^2}{2}\right)=\frac{d^2}{2}$$

而 $M=4$ 时，

$$E=d^2(M^2-1)/6=2.5d^2$$

可以看出，在相邻幅值间距相等的情况下，平均能量随进制数的增加而增加。换句话说，在平均能量相等的情况下，进制数越大，则相邻幅值的间距越小，间距越小，就意味着在传输过程中受到相同大小的噪声干扰时更容易出现差错。因此在相同信噪比的条件下，进制数越大，误码率也越大。通过后面的定量分析将推出同一结论。

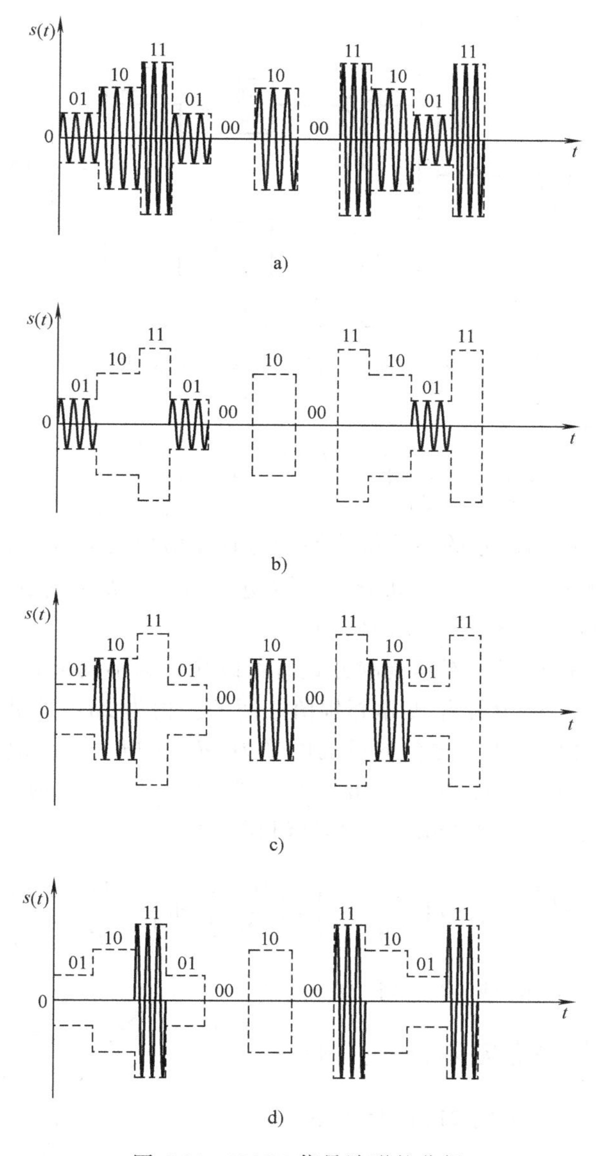

图 6-24 MASK 信号波形的分解

2. 抗噪声性能

多进制数字振幅调制信号的解调与 2ASK 信号解调相似，可以采用相干解调方式，也可以采用非相干解调方式（注意对于基带是双极性信号调制构成的 MASK 信号一般不能直接采用非相干解调方式）。当信号的载波频率及相位均为已知时，可仿照第 5 章二进制信号的最佳接收机结构得到 M 进制信号的最佳接收机结构；当信号载波频率已知但相位未知时，可仿照上节讨论的随相信号最佳接收机结构得到 M 进制随相信号最佳接收机结构。

对于 M 进制信号的最佳接收可以描述为，在观察时间（0，T_b）内收到的波形 $r(t)$ 将包含 M 个信号 $s_i(t)$（$i=0$，1，…，$M-1$）中的一个。这里不作详细推导，仅给出相关器形式最佳接收机的结构，如图 6-25 所示。

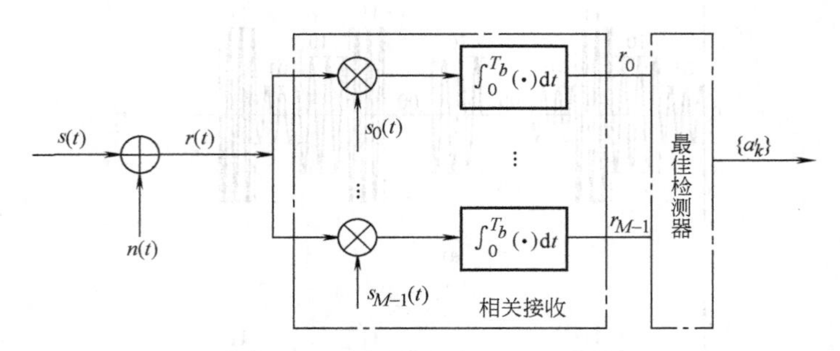

图 6-25　多进制信号的最佳（相关）接收机结构

此最佳接收机错误概率为

$$P_e = 1 - \int_{-\infty}^{\infty}\left[\frac{1}{\sqrt{2\pi}}\int_{-\infty}^{[y+(2E/n_0)^{1/2}]} e^{-\frac{x^2}{2}}dx\right]^{M-1}\frac{1}{\sqrt{2\pi}}e^{-\frac{y^2}{2}}dy \tag{6-72}$$

上式表明，多进制确知信号的最佳接收性能与码元信噪比 E/n_0 及进制数 M 有关。一般 $M=2^k$，即一个 M 进制码元用 k 个二进制比特表示，用 E_b 表示每比特能量，则 $E_b=ET_b/T_s=E/k$，则每比特信噪比为 $E_b/n_0=(1/k)(E/n_0)$。

上述最佳接收机结构在用于不同调制方式时可以简化为不同形式，这里不再详述。对不等能量的 MASK 信号，设这 M 个幅度相邻幅值之间的差值为 $2d$，即 $A_i=(2i+1-M)d$，$i=0, 1, \cdots, M-1$，即到达抽样判决器之前的可能电平为 $\pm d, \pm 3d, \cdots, \pm(M-1)d$，故抽样判决器的门限电平应选择在 $0, \pm 2d, \cdots, \pm(M-2)d$。当噪声值超过 d 时，码元将会判错。当发送 M 个电平的可能性相同时，MASK 相干解调时误码率为

$$P_e=\left(\frac{M-1}{M}\right)\text{erfc}\left(\sqrt{\frac{3r}{M^2-1}}\right)=\left(\frac{M-1}{M}\right)\text{erfc}\left(\sqrt{\frac{3\log_2 M}{M^2-1}\frac{E_b}{n_0}}\right) \tag{6-73}$$

式中，$r=E/n_0$ 为码元信噪比。当 $M=2$ 时，上式变成 $P_e=\frac{1}{2}\text{erfc}\left(\sqrt{E_b/n_0}\right)=\frac{1}{2}\text{erfc}\left(\sqrt{r}\right)$，它就是式（6-32）给出的 2PSK 相干解调误码率公式。

按照式（6-73）画出的在 $M=2, 4, 8$ 和 16 时系统误码率与信噪比的关系曲线如图 6-26 所示。由此图看出，为得到相同的误码率，多进制调制需要比二进制更高的信噪比。例如，四进制系统比二进制系统需要增加功率约 5 倍。因此，多进制调制尽管提高了频带利用率，但抗噪声性能却下降了，尤其抗衰落的能力不强，因而它一般只适宜在恒参信道中采用。

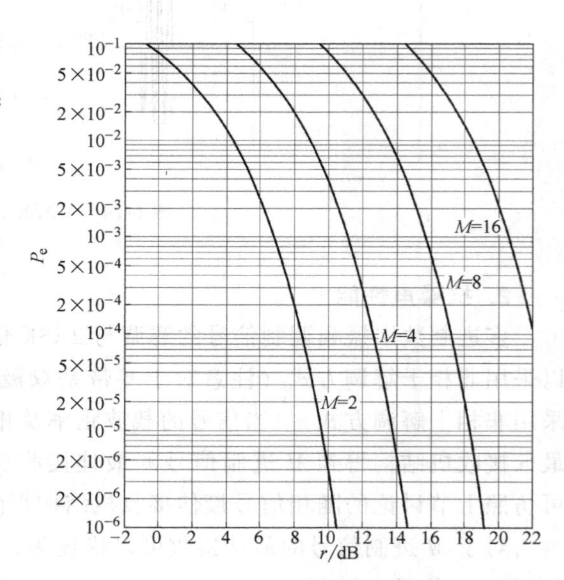

图 6-26　抑制载波 MASK 的误码率性能曲线

6.5.2 多进制频移键控

多进制数字频移键控（MFSK）同样是2FSK方式的推广。MFSK信号可表示为

$$s_i(t)=a\cos\left(2\pi f_c t+\frac{i\pi}{T_s}t\right) \tag{6-74}$$

式中，$f_c=n_c/(2T_s)$，T_s 是符号间隔，而 n_c 是某个固定的整数。假设 M 个频移键控信号具有相等的先验概率、相同的能量，而且它们是正交的，即

$$\int_0^{T_s}s_i(t)s_j(t)\mathrm{d}t=\begin{cases}E_i & i=j\\ 0 & i\neq j\end{cases} \tag{6-75}$$

式中，E_i 为单个码元间隔内信号的能量。信号之间的频率间隔为 $1/(2T_s)$。

发送端采用键控选频的方式，在一个码元期间 T_s 内只有 M 个频率中的一个被选通输出。接收端既可以采用相干最佳接收方式，如图6-25所示，也可采用非相干解调方式，分别仿照2FSK接收机结构，这里不再赘述。

多进制数字频移键控信号的带宽近似为

$$B=|f_M-f_1|+(2/T_s) \tag{6-76}$$

式中，f_M、f_1 分别为MFSK信号的最高和最低频率。可见，MFSK信号具有较宽的频带，因而它的信道频带利用率不高。多进制数字频移键控一般在调制速率不高的场合应用。

MFSK信号采用相干解调时的误码率上界为

$$P_e\leqslant\left(\frac{M-1}{2\sqrt{2}}\right)e^{-\frac{r}{2}}=\left(\frac{M-1}{2\sqrt{2}}\right)e^{\frac{-kE_b}{2n_0}} \tag{6-77}$$

式中，$r=E/n_0$；E 为一个符号（码元）的能量，$M=2^k$，$r_b=E_b/n_0$ 为比特信噪比。

MFSK误码率与误码率之间的关系为

$$P_b=\frac{2^{k-1}}{2^k-1}P_e\approx\frac{1}{2}P_e \tag{6-78}$$

多进制数字频移键控系统误码率性能曲线如图6-27所示。由图可见，对于给定的误

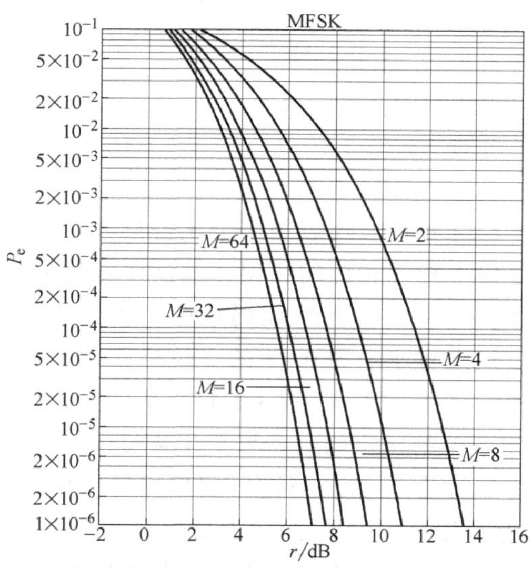

图6-27　多进制数字频移键控系统的误比特率性能曲线

比特率，需要的信噪比 r_b 随 M 的增大而下降，即所需信号功率随 M 的增大而下降。但是由于 M 的增大，MFSK 信号占据的带宽也随之增加，这相当于用频带换取了功率。

6.5.3　多进制相移键控

二维码 6-4

1. 基本原理

在 6.2.3 节 2PSK 信号相位的表示式（6-19）中载波相位 φ_n 可以等于 0 或 π。将其推广至多进制时，φ_n 可以取多个可能值。

为了便于说明概念，可以将 MPSK 信号用信号矢量图来描述。图 6-28 是二进制数字相移键控信号矢量图，以 0°载波相位作为参考相位。2PSK 载波相位只有 0 和 π 或±π/2 两种取值，它们分别代表信息 1 和 0。四进制数字相位调制信号矢量图如图 6-29 所示，给出了 A 和 B 两种编码方式，载波相位分别为 0、π/2、π、3π/2（或 π/4、3π/4、5π/4、7π/4），它们分别代表信息 11、01、00 和 10。图 6-30 是 8PSK 信号矢量图，8 种载波相位分别为 π/8、3π/8、5π/8、7π/8、9π/8、11π/8、13π/8、15π/8，分别表示信息 000、010、011、001、101、111、110、100。它们和相位之间的关系通常按格雷（Gray）码的规律变化。

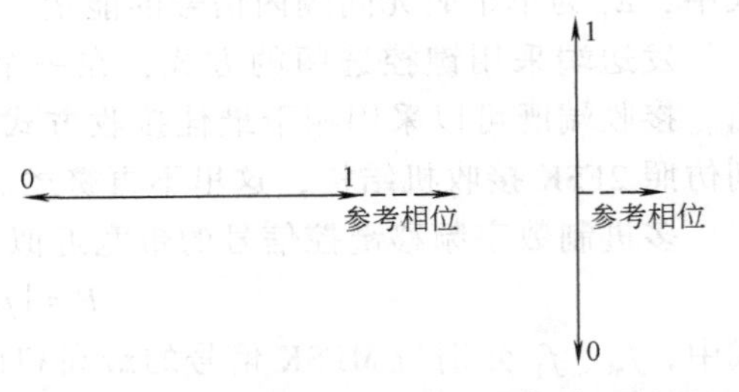

图 6-28　二进制数字相移键控信号矢量图

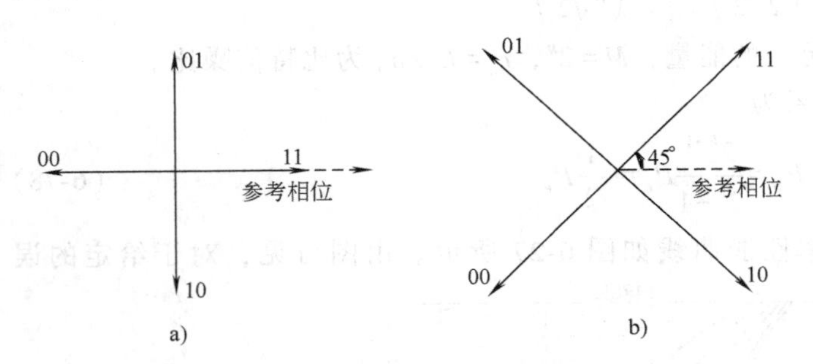

图 6-29　四进制数字相移键控信号矢量图
a）A 方式　b）B 方式

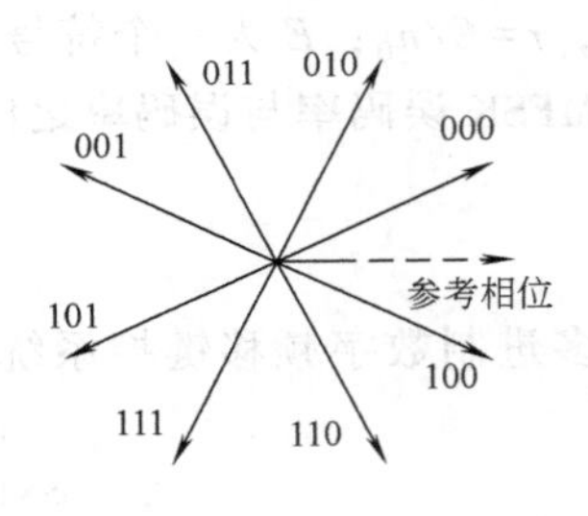

图 6-30　八进制数字相移键控信号矢量图

采用格雷码的好处在于相邻相位所代表的多个比特只有一位不同。因噪声和其他干扰产生相位误差时，最大可能是发生相邻相位的错误，故这样的相邻相位错误总是仅造成一个比特的误码。在表 6-5 中给出了 4 位格雷码的编码规则。由此表可见，在 2 位格雷码的基础上，若要产生 3 位格雷码，只需将序号为 0~3 的 2 位格雷码按相反的次序（即成镜像）排列，写出序号为 4~7 的码组，并在序号为 0~3 的格雷码组前加一个“0”，在序号为 4~7 的码组前加一个“1”，即得出 3 位的格雷码。若要产生 4 位的格雷码，则可以在 3 位格雷码的基础上，仿照上述方法，将序号为 0~7 的格雷码按相反的次序，写出序号为 8~15 的码组，并在序号为 0~7 的格雷码组前加一个“0”，在序号为 8~15 的码组前加一个“1”。依此类推，可以产生更多位的格雷码。在表中还给出了二进制码作为比较。

表 6-5　格雷码编码规则

序　号	格	雷	码	二进制码	序　号	格	雷	码	二进制码
0	0	0	00	0000	8	1	1	00	1000
1	0	0	10	0001	9	1	1	10	1001
2	0	0	11	0010	10	1	1	11	1010
3	0	0	01	0011	11	1	1	01	1011
4	0	1	01	0100	12	1	0	01	1100
5	0	1	11	0101	13	1	0	11	1101
6	0	1	10	0110	14	1	0	10	1110
7	0	1	00	0111	15	1	0	00	1111

MPSK 信号可以表示为

$$e_{\mathrm{MPSK}}(t)=\sum_{n} g(t-nT_{\mathrm{s}})\cos(\omega_{\mathrm{c}}t+\varphi_{n}) \tag{6-79}$$

式中，$g(t)$ 为信号包络波形，通常为矩形波，幅度为 1；T_{s} 为码元时间宽度；ω_{c} 为载波角频率；φ_{n} 为第 n 个码元对应的相位，共有 M 种取值。

M 进制数字相位调制信号也可以表示为正交形式

$$\begin{aligned}e_{\mathrm{MPSK}}(t)&=\left[\sum_{n} g(t-nT_{\mathrm{s}})\cos\varphi_{n}\right]\cos(\omega_{\mathrm{c}}t)-\left[\sum_{n} g(t-nT_{\mathrm{s}})\sin\varphi_{n}\right]\sin(\omega_{\mathrm{c}}t)\\&=\left[\sum_{n} a_{n}g(t-nT_{\mathrm{s}})\right]\cos(\omega_{\mathrm{c}}t)-\left[\sum_{n} b_{n}g(t-nT_{\mathrm{s}})\right]\sin(\omega_{\mathrm{c}}t)\\&=I(t)\cos(\omega_{\mathrm{c}}t)-Q(t)\sin(\omega_{\mathrm{c}}t)\end{aligned} \tag{6-80}$$

式中，$a_{n}=\cos\varphi_{n}$；$b_{n}=\sin\varphi_{n}$；$I(t)=\sum_{n} a_{n}g(t-nT_{\mathrm{s}})$；$Q(t)=\sum_{n} b_{n}g(t-nT_{\mathrm{s}})$。

不失一般性，令 $g(t)$ 为矩形波，幅度为 1，则第 n 个码元对应的波形为

$$e_{n}(t)=a_{n}\cos(\omega_{\mathrm{c}}t)-b_{n}\sin(\omega_{\mathrm{c}}t) \tag{6-81}$$

式（6-81）表明，MPSK 信号码元可以看作由正弦和余弦两个正交分量合成的信号，它们的振幅分别是 a_{n} 和 b_{n}，而 a_{n} 和 b_{n} 分别有 M 个不同取值。也就是说，MPSK 信号码元可以看作两个 MASK 信号码元之和。因此，其带宽和后者的带宽相同。

M 进制数字相移键控信号的功率谱如图 6-31 所示，图中给出了信息速率相同时，2PSK、4PSK 和 8PSK 信号的单边功率谱。可以看出，M 越大，功率谱主瓣越窄，从而频带利用率越高。

2. 产生方法

调制中最常用的是四进制 PSK，也称为正交相移键控（Quadrature Phase Shift Keying，QPSK）。它的每个码元含有 2bit 的信息，现有 a、b 代表这两个比特。故 a、b 有 4 种组合，即 00、01、10 和 11。它们和相位 φ_{n} 之间的关系通常都按格雷（Gray）码的规律变化，如表 6-6 所示。表中给出了 A 和 B 两种编码方式其中 A 方式称为 π/2 体系，B 方式称为 π/4

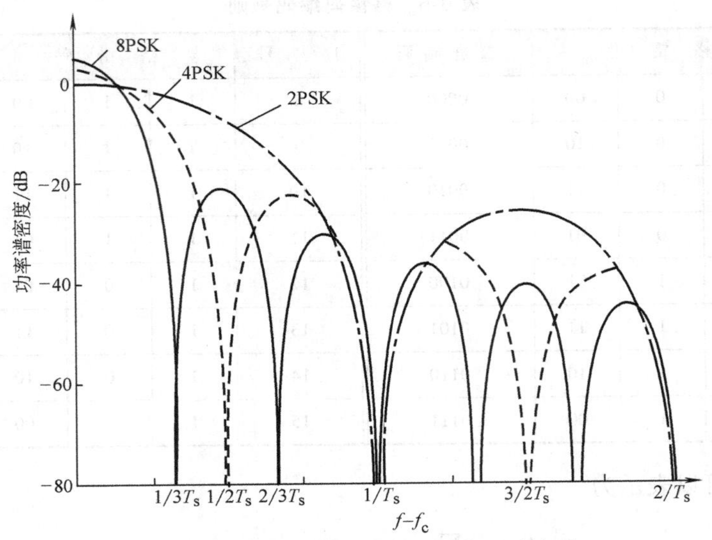

图 6-31 M 进制数字相移键控信号功率谱

体系，其矢量图如图 6-29 所示。

QPSK 调制器框图如图 6-32 所示，可看成是由两个正交的 2PSK 信号叠加而成。图中，输入的串行二进制信息序列经过串-并变换，分成两路速率减半的序列，再由电平发生器产生双极性二电平信号 $I(t)$ 和 $Q(t)$，映射规则为 “1”→“+1”，“0”→“-1”。然后对 $\cos(2\pi f_c t)$ 和 $\sin(2\pi f_c t)$ 进行调制，相加后便得到图 6-32b 实线所示的 QPSK 信号。

表 6-6 QPSK 编码规则

a	b	φ_n	
		A 方式	B 方式
1	1	0°	45°
0	1	90°	135°
0	0	180°	225°
1	0	270°	315°

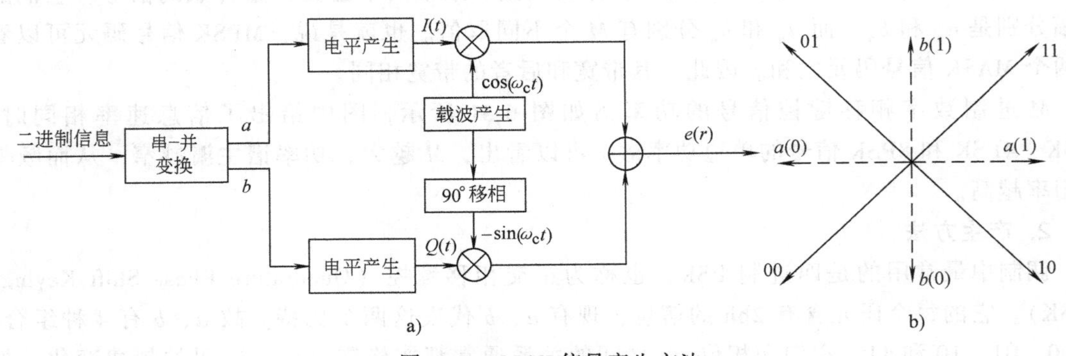

a)　　　　　　b)

图 6-32 QPSK 信号产生方法

a）信号调制器框图 b）信号矢量图

3. 解调方法

QPSK 解调原理图如图 6-33 所示。由于 QPSK 信号可以看作两个载波正交 2PSK 信号的合成。因此，对 QPSK 信号的解调可以采用图 6-14 相干解调方法，即用两路正交的相干载波，可以很容易地分离出这两路正交的 2PSK 信号，解调后的两路基带信号码元 A 和 B，经过并-串变换后，成为串行数据输出。

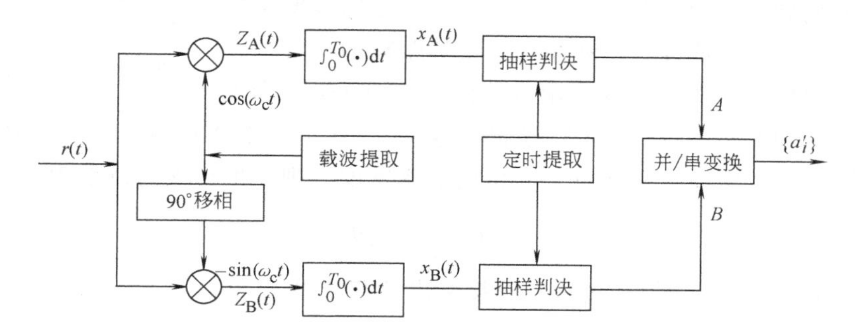

图 6-33 QPSK 信号解调原理框图

不考虑噪声及传输畸变时，输入到解调器的 QPSK 信号码元可表示为

$$r(t)=a\cos(\omega_c t+\varphi_n) \tag{6-82}$$

上下两支路相乘器输出分别为

$$z_A(t)=a\cos(\omega_c t+\varphi_n)\cos(\omega_c t)=\frac{a}{2}\cos(2\omega_c t+\varphi_n)+\frac{a}{2}\cos\varphi_n$$

$$z_B(t)=a\cos(\omega_c t+\varphi_n)[-\sin(\omega_c t)]=\frac{-a}{2}\sin(2\omega_c t+\varphi_n)+\frac{a}{2}\sin\varphi_n \tag{6-83}$$

积分后输出分别为（去掉相同幅度）

$$x_A(t)=\cos\varphi_n,\ x_B(t)=\sin\varphi_n \tag{6-84}$$

根据图 6-32b 矢量相位配置规定，抽样判决器的判决准则如表 6-7 所示。

可见，判决器是按极性来判决的。即正取样值判为 1，负取样值判为 0。也可看作两支路按 2PSK 相干解调判决门限为“0”来判决。两路抽样判决器输出 A、B，再经并-串变换器就可恢复串行数据信息。

表 6-7 相干正交解调的判决准则

符号相位 φ_n	$\cos\varphi_n$ 的极性	$\sin\varphi_n$ 的极性	判决器输出	
			A	B
$\pi/4$	+	+	1	1
$3\pi/4$	−	+	0	1
$5\pi/4$	−	−	0	0
$7\pi/4$	+	−	1	0

4. 误码率

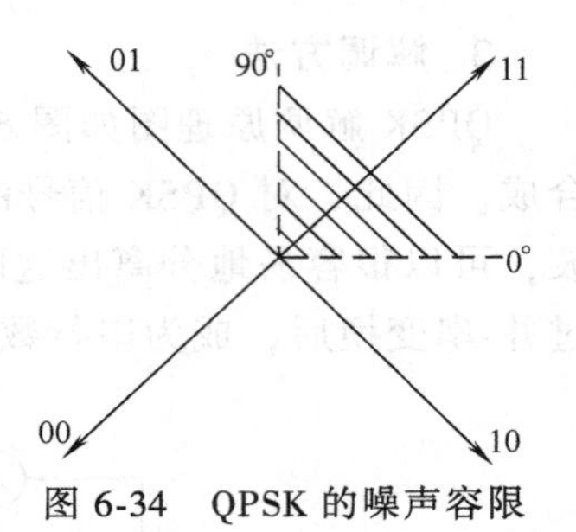

图 6-34 QPSK 的噪声容限

在 QPSK 体制中，由其矢量图（见图 6-34）可以看出，因噪声的影响使接收端解调时发生错误判决，是由于信号矢量的相位发生偏离造成的。例如，设发送矢量的相位为 45°，它代表基带信号码元“11”，若因噪声的影响使接收矢量的相位变成 135°，则将错判为“01”。当各个发送矢量以等概率出现时，合理的判决门限应该设定在和相邻矢量等距离的位置。在图中对于矢量“11”来说，判决门限应该设在 0°和 90°。当发送“11”时，接收信号矢量的相位若超出这一范围（图中阴影区），则将发生错判。设 $f(\theta)$ 为接收矢量（包括信号和噪声）相位的概率密度，则发生错误的概率为

$$P_e = 1 - \int_0^{\pi/2} f(\theta)\,d\theta$$

省略计算 $f(\theta)$ 和 P_e 的烦琐过程，直接给出计算结果

$$P_e = 1 - \left[1 - \frac{1}{2}\operatorname{erfc}\sqrt{\frac{E_b}{n_0}}\right]^2 \tag{6-85}$$

上式计算出的是 QPSK 信号的误码率。若考虑其误比特率，则由图 6-33 可见，正交的两路相干解调方法和 2PSK 中采用的解调方法一样，所以其误比特率的计算公式也和 2PSK 的误码率公式一样。

对于任意 M 进制 PSK 信号，误码率可以近似地表示为

$$P_e \approx 2Q\left(\sqrt{(2\log_2 M)\sin^2\left(\frac{\pi}{M}\right)\frac{E_b}{n_0}}\right) \tag{6-86}$$

式中，E_b 为每比特平均能量；n_0 为噪声单边功率谱密度。

6.5.4 多进制差分相移键控

1. 基本原理

在上一小节中，讨论了多进制相移键控（MPSK）。它也可以称为多进制绝对相移键控。类似于 2DPSK 体制，在多进制键控体制中也有多进制差分相移键控（MDPSK）。在较详细地讨论了 MPSK 之后，就很容易理解 MDPSK 的原理和实现方法。上一小节中讨论 MPSK 信号用的矢量图 6-29，对于分析 MDPSK 信号仍然适用，只是需要把其中的参考相位当作前一码元的相位，把相移 φ_n 当作相对于前一码元相位的相移。这里仍以四进制 DPSK 信号为例作进一步的讨论。四进制 DPSK 通常记为 QDPSK。参考图 6-29a 方式对于 QPSK 信号编码的规则，可以写出现在的 QDPSK 信号编码规则，如表 6-8 所示。表中 $\Delta\varphi_n$ 是相对于前一相邻码元初相的相位变化。

表 6-8 QDPSK 信号载波相位编码逻辑关系

双比特码元		载波相位变化（$\Delta\varphi_n$）
a	b	
1	1	0°
0	1	90°
0	0	180°
1	0	270°

2. 产生方法

QDPSK 信号的产生方法和 QPSK 信号的产生方法类似，只是需要将输入基带信号先经过码变换器，把绝对码变成相对码，再去调制载波。在图 6-35 中给出了产生 QDPSK 信号的原理框图。图中，串-并变换器将输入的二进制序列分为速率减半的两个并行序列 a 和 b，再通过差分编码器将其编为相对码 c、d 后才与载波相乘，c、d 与载波的相乘实际是完成绝对相移键控。这部分电路和产生 QPSK 信号的原理框图 6-32 完全一样，只是为了改用 A 方式编码，而采用两个 π/4 移相器代替一个 π/2 移相器。码变换器的功能是使由 c、d 产生的绝对相移符合由 a、b 产生的相移是附加在前一时刻已调载波相位之上的，而前一时刻载波相位有 4 种可能取值。所以，码变换器的变换关系该如表 6-9 所示。

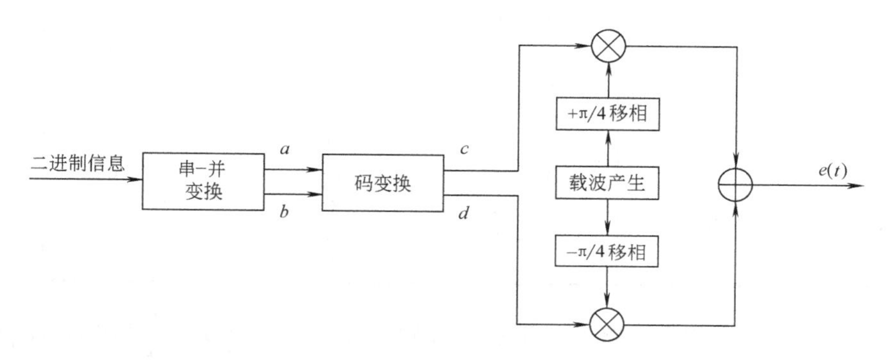

图 6-35　QDPSK 信号产生原理图

由表 6-9 可见，若当前输入双比特数据 $a_n b_n$ 为“01”，则按照 A 方式编码规则应该产生相对相移 $\Delta\varphi_n=90°$。另一方面，前一时刻的载波相位有 4 种可能取值，即 0°、90°、180°、270°，它们分别对应前一时刻变换后的一对码元 $c_{n-1}d_{n-1}$ 的 4 种取值。所以，现在的相移 $\Delta\varphi_n=90°$应该视前一时刻的状态，加到对应的前一时刻载波相位上。设前一时刻的载波相位 φ_{n-1} 为 180°，则现在应该在 180°的基础上增加到 270°，故要求的 $c_n d_n$ 为“10”。也就是说，这时的码变换器应该将输入的一对码元“01”变换为“10”。应当注意，在上面叙述中用“0”和“1”代表二进制码元。但在电路中用于相乘的信号应该是不归零二进制双极性矩形脉冲。对应关系仍然是“0”→“−1”，“1”→“+1”，这样才能得到 A 方式的编码。

3. 解调方法

QDPSK 信号的解调可以采用相干解调加码反变换器方式（极性比较法），也可以采用差分相干解调方式（相位比较法）。下面分别予以讨论。

A 方式 QDPSK 信号相干解调原理图如图 6-36 所示。由图可见 QDPSK 信号的极性比较法解调原理和 QPSK 信号的一样，只是在并-串变换之前需要增加码反变换器，将相对码变成绝对码。

设第 n 个接收信号码元可以表示为

$$s_n(t)=\cos(\omega_c t+\varphi_n) \qquad nT<t\leqslant(n+1)T$$

式中，n 为整数。

表 6-9　QDPSK 码变换器的逻辑功能

当前输入的一对码元及所要求的相对相移			前一时刻经过码变换后的一对码元状态及相位			当前时刻应出现的码元状态及相位		
a_n	b_n	$\Delta\varphi_n$	c_{n-1}	d_{n-1}	φ_{n-1}	c_n	d_n	φ_n
1	1	0°	1	1	0°	1	1	0°
			0	1	90°	0	1	90°
			0	0	180°	0	0	180°
			1	0	270°	1	0	270°
0	1	90°	1	1	0°	0	1	90°
			0	1	90°	0	0	180°
			0	0	180°	1	0	270°
			1	0	270°	1	1	0°
0	0	180°	1	1	0°	0	0	180°
			0	1	90°	1	0	270°
			0	0	180°	1	1	0°
			1	0	270°	0	1	90°
1	0	270°	1	1	0°	1	0	270°
			0	1	90°	1	1	0°
			0	0	180°	0	1	90°
			1	0	270°	0	0	180°

图 6-36 中上下两个相乘电路的相干载波分别可以写为 $\cos\left(\omega_c t-\dfrac{\pi}{4}\right)$ 和 $\cos\left(\omega_c t+\dfrac{\pi}{4}\right)$，于是接收信号 $r(t)$ 和相干载波在相乘电路中相乘的结果为

上支路：$\cos(\omega_c t+\varphi_n)\cos\left(\omega_c t-\dfrac{\pi}{4}\right)=\dfrac{1}{2}\cos\left[2\omega_c t+\left(\varphi_n-\dfrac{\pi}{4}\right)\right]+\dfrac{1}{2}\cos\left(\varphi_n+\dfrac{\pi}{4}\right)$

下支路：$\cos(\omega_c t+\varphi_n)\cos\left(\omega_c t+\dfrac{\pi}{4}\right)=\dfrac{1}{2}\cos\left[2\omega_c t+\left(\varphi_n+\dfrac{\pi}{4}\right)\right]+\dfrac{1}{2}\cos\left(\varphi_n-\dfrac{\pi}{4}\right)$

经过积分器后，滤除了两倍载频的高频分量，得到抽样判决前的电压为

上支路：$$\frac{1}{2}\cos\left(\varphi_n+\frac{\pi}{4}\right)$$

下支路：$$\frac{1}{2}\cos\left(\varphi_n-\frac{\pi}{4}\right)$$

按照 φ_n 的取值不同，此电压可能为正，也可能为负，故是双极性电压。在编码时，曾经规定："0" → "-1"，"1" → "+1"，因此判决时，也把正电压判为 "1"，负电压判为 "0"。因此得出判决规则如表 6-10 所示。

表 6-10　判决规则

信号码元相位	上支路输出	下支路输出	判决器输出	
			c	d
0°	+	+	1	1
90°	-	+	0	1
180°	-	-	0	0
270°	+	-	1	0

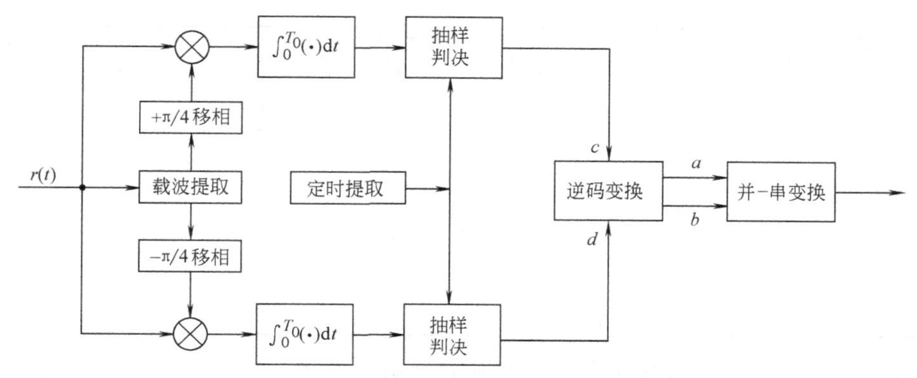

图 6-36　A 方式 QDPSK 信号相干解调原理图

码反变换器的功能与发送端的相反，它需要将判决器输出的相对码恢复成绝对码。设码反变换器当前的输入数据为 c_n、d_n，前一时刻输入数据为 c_{n-1}、d_{n-1}，输出数据为 a_n、b_n。现在来举例说明它是如何完成所要求的功能的。假设输入解调器的信号相位序列为

$\{\varphi_n\}$：0°　90°　90°　270°　180°　0°　270°…

由表 6-10 可得到该相位的码反变换器输入数据序列 $\{c_n d_n\}$ 为

$\{c_n\ d_n\}$：11　01　01　10　00　11　10

那么前后码元相位差为

$\{\Delta\varphi_n\}$：90°　0°　180°　270°　180°　270°…

按表 6-8 的规定，可以得到应变换成的绝对码为

$\{a_n b_n\}$：　　01　11　00　10　00　10

即 $c_n d_n$ 由“11”变为“01”，表明相位变化了 90°，因此码反变换器的输出应为“01”，再由“01”变为“01”，说明相位保持没变，因此码反变换结果应为“11”，依此类推得上述结果。为了正确地进行逆码变换，这些码元之间的关系应该符合表 6-9 中的规则。为此把表 6-9 中的各行按 $c_{n-1}\ d_{n-1}$ 组合为序重新排列，构成表 6-11。从这个表中可以找出，由码反变换器的当前输入 $c_n\ d_n$ 和前一时刻的输入 $c_{n-1}\ d_{n-1}$，得到码反变换器当前输出 $a_n\ b_n$ 的规律。

下面举例说明表 6-11 的用法。如令码反变换器输入的第一、二组数据为 $c_0=0$、$d_0=0$ 及 $c_1=1$、$d_1=0$，这时查表得输出数据应为 $a_1=0$、$b_1=1$。若紧接着的第三组输入数据为 $c_2=1$、$d_2=0$，这时查表得输出数据应为 $a_2=1$、$b_2=1$。由表 6-11 还可以得出码反变换器的逻辑电路，有兴趣的读者请参考文献［3］。

表 6-11　QDPSK 逆码变换关系

前一时刻输入			本时刻输入			输出数据	
φ_{n-1}	c_{n-1}	d_{n-1}	c_n	d_n	$\Delta\varphi_n$	a_n	b_n
0°	1	1	1	1	0°	1	1
			0	1	90°	0	1
			0	0	180°	0	0
			1	0	270°	1	0
90°	0	1	1	1	270°	1	0
			0	1	0°	1	1
			0	0	90°	0	1
			1	0	180°	0	0

（续）

前一时刻输入			本时刻输入			输出数据	
φ_{n-1}	c_{n-1}	d_{n-1}	c_n	d_n	$\Delta\varphi_n$	a_n	b_n
180°	0	0	1 0 0 1	1 1 0 0	180° 270° 0° 90°	0 1 1 0	0 0 1 1
270°	1	0	1 0 0 1	1 1 0 0	90° 180° 270° 0°	0 0 1 1	1 0 0 1

上面讨论了 A 方式的 QDPSK 信号极性比较法解调原理。下面再简要介绍相位比较法解调的原理。QDPSK 信号相位比较法（差分相干）解调方式原理框图如图 6-37 所示。

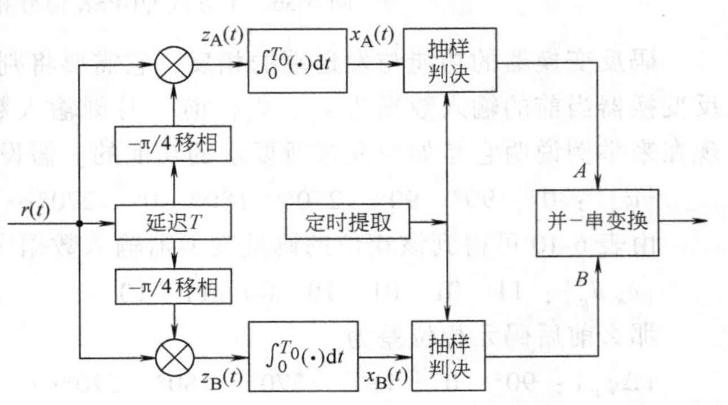

图 6-37　A 方式 QDPSK 信号相位比较法原理框图

不考虑噪声及信道畸变，接收机输入某一 QDPSK 码元及其前一码元可分别表示为

$$\begin{cases} r(t)=\cos(\omega_c t+\varphi_n) \\ r(t-T)=\cos(\omega_c t+\varphi_{n-1}) \end{cases} \tag{6-86}$$

式中，φ_n 为本码元的初相；φ_{n-1} 是前一码元的初相。$r(t-T)$ 经 $\pi/4$ 相移分别为

$$\begin{cases} y_1(t)=\cos(\omega_c t+\varphi_{n-1}-\pi/4) \\ y_2(t)=\cos(\omega_c t+\varphi_{n-1}+\pi/4) \end{cases} \tag{6-87}$$

两路相乘输出分别为

$$\begin{cases} z_A(t)=\dfrac{1}{2}\cos\left(2\omega_c t+\varphi_n+\varphi_{n-1}-\dfrac{\pi}{4}\right)+\dfrac{1}{2}\cos\left(\varphi_n-\varphi_{n-1}+\dfrac{\pi}{4}\right) \\ z_B(t)=\dfrac{1}{2}\cos\left(2\omega_c t+\varphi_n+\varphi_{n-1}+\dfrac{\pi}{4}\right)+\dfrac{1}{2}\cos\left(\varphi_n-\varphi_{n-1}-\dfrac{\pi}{4}\right) \end{cases} \tag{6-88}$$

两路低通滤波器输出分别为

$$\begin{cases} X_A(t)=\dfrac{1}{2}\cos\left(\varphi_n-\varphi_{n-1}+\dfrac{\pi}{4}\right) \\ X_B(t)=\dfrac{1}{2}\cos\left(\varphi_n-\varphi_{n-1}-\dfrac{\pi}{4}\right) \end{cases} \tag{6-89}$$

根据 4DPSK（$\pi/2$ 体系）的信号的相位配置规定，抽样判决器的判决准则如表 6-12 所示。

可见，判决器是按极性来判决的。即正取样值判为 1，负取样值判为 0。两路抽样判决器输出 A、B，再经并-串变换器就可恢复串行数据信息。

表 6-12 差分正交解调的判决准则

相位差 $\varphi_n-\varphi_{n-1}$	$\cos(\varphi_n-\varphi_{n-1}+\frac{\pi}{4})$的极性	$\cos(\varphi_n-\varphi_{n-1}-\frac{\pi}{4})$的极性	判决器输出	
			A	B
0	+	+	1	1
$\pi/2$	−	+	0	1
π	−	−	0	0
$3\pi/2$	+	−	1	0

4. 误比特率

对于 4DPSK 信号，误比特率可表示为[2]

$$P_b=Q_1(a,b)-\frac{1}{2}I_0(ab)\mathrm{e}^{\frac{a^2+b^2}{2}} \tag{6-90}$$

式中，是 Q_1（·，·）Marcum Q 函数，I_0（·）零阶修正 Bessel 函数，a 和 b 分别为

$$a=\sqrt{\frac{2E_b}{n_0}\left(1-\sqrt{\frac{1}{2}}\right)}$$

$$b=\sqrt{\frac{2E_b}{n_0}\left(1+\sqrt{\frac{1}{2}}\right)} \tag{6-91}$$

图 6-38 给出了相应的误比特率曲线图，可见 4DPSK 与 4PSK 在相同误比特率条件下，比特信噪比相差约 2.3dB。

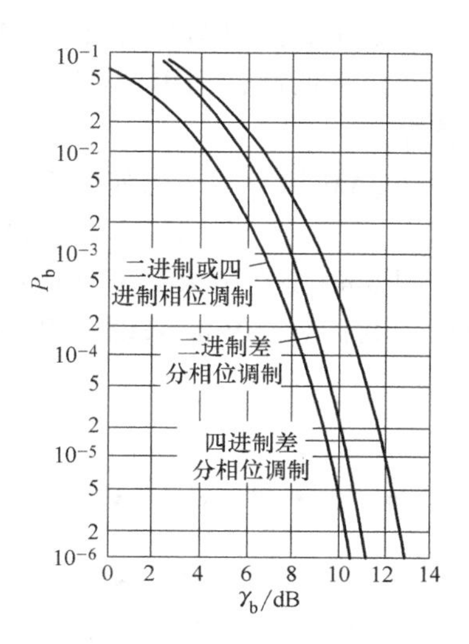

图 6-38 MPSK 系统的误比特率曲线

6.5.5 振幅相位联合键控系统

由以上多进制 ASK 或 PSK 系统的分析可以看出，在系统带宽一定的情况下，多进制调制的信息传输速率比二进制高，也就是说，多进制调制系统的频带利用率高。但是，多进制调制系统频带利用率的提高是通过牺牲功率利用率来换取的。因为随着 M 值的增加，在信号空间中各信号点间的最小距离减小，相应的信号判决区域也随之减小。因此，当信号受到噪声和干扰的损害时，接收信号错误概率也将随之增大。振幅相位联合键控（APK）方式就是为克服上述问题而提出来的。在这种调制方式中，当 M 较大时，可以获得较好的功率利用率，同时，其设备组成也比较简单。因此，它是目前研究和应用较多的一种调制方式。

幅相键控信号的一般表示式为

$$s_{APK}(t)=\sum_n A_n g(t-nT_s)\cos(\omega_c t+\varphi_n) \tag{6-92}$$

式中，A_n、φ_n 是携带信息的参量；$g(t-nT_s)$ 是宽度为 T_s 的单个基带信号波形。式（6-92）变换为正交表示形式为

$$s_{APK}(t)=\left[\sum_n A_n g(t-nT_s)\cos\varphi_n\right]\cos(\omega_c t)-\left[\sum_n A_n g(t-nT_s)\sin\varphi_n\right]\sin(\omega_c t) \tag{6-93}$$

令

$$X_n=A_n\cos\varphi_n,\ Y_n=-A_n\sin\varphi_n \tag{6-94}$$

则式（6-93）变为

$$s_{\mathrm{APK}}(t)=\left[\sum_n X_n g(t-nT_{\mathrm{s}})\right]\cos(\omega_{\mathrm{c}}t)+\left[\sum_n Y_n g(t-nT_{\mathrm{s}})\right]\sin(\omega_{\mathrm{c}}t)$$
$$=I(t)\cos(\omega_{\mathrm{c}}t)+Q(t)\sin(\omega_{\mathrm{c}}t) \tag{6-95}$$

由此式可以看出，APK 信号可看作两个正交调幅信号之和。APK 调制与 QPSK 调制一样，也可以由星座图来表示。当前研究较多并被建议用于数字通信中的一种 APK 信号（由表达式可见，APK 信号是由两路正交的振幅调制信号构成，一般称为正交振幅调制 QAM，以下不再区分 APK 和 QAM），是十六进制正交振幅调制（16QAM）信号，因此，下面将以这种信号为例来分析振幅相位联合键控方式的原理。

所谓正交振幅调制是用两个独立的基带数字信号对两个相互正交的同频载波进行抑制载波的双边带调制，利用这种已调信号在同一带宽内频谱正交的性质来实现两路并行的数字信息传输。

16QAM 信号星座图如图 6-39 所示。其中，第 i 个信号的表达式为

$$s_i(t)=A_i\cos(\omega_{\mathrm{c}}t+\varphi_i),\ i=1,2,\cdots,16 \tag{6-96}$$

图 6-40 是在最大功率（或振幅）相等条件下，画出的 16QAM 和 16PSK 的信号星座图。由图可见，对 16PSK 来说，相邻信号点的距离为

$$d_1\approx 2A\sin\left(\frac{\pi}{16}\right)=0.39A \tag{6-97}$$

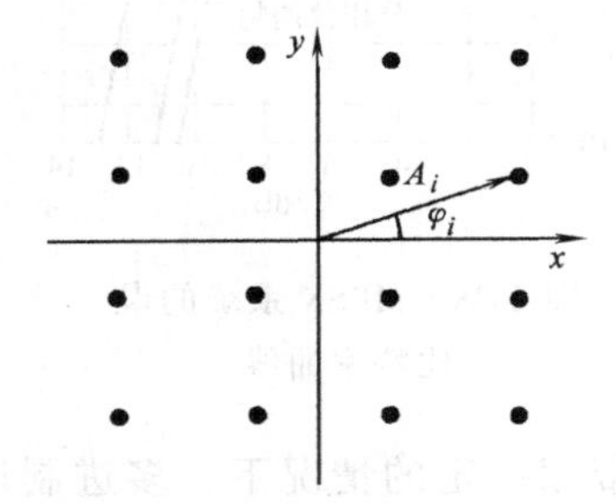

图 6-39 16QAM 信号的星座图

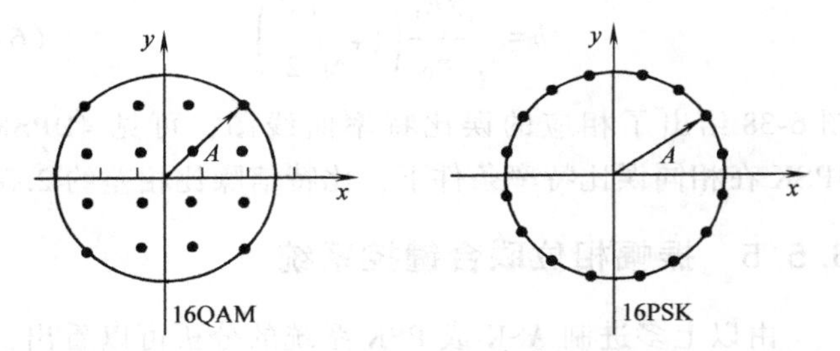

图 6-40 16QAM 和 16PSK 信号的星座图

对 16QAM 来说，相邻信号点的距离为

$$d_2\approx\frac{\sqrt{2}A}{L-1}=\frac{\sqrt{2}A}{\sqrt{M}-1} \tag{6-98}$$

式中，L 是在两个正交方向（x 或 y）上信号的电平数；M 为进制数，$M=L^2$。这里，$L=4$，故式（6-98）变成

$$d_2\approx\frac{\sqrt{2}A}{3}=0.47A \tag{6-99}$$

这个结果表明，d_2 超过 d_1 1.62dB，也即在最大功率（峰值功率）相等的情况下，16QAM 信号比 16PSK 信号性能好 1.62dB。

实际上，应该以信号的平均功率相等为条件来比较上述信号的距离才是合理的。可以证明，矩形星座点的 QAM 信号的峰值功率与平均功率之比为

$$\xi_{\mathrm{QAM}}=\frac{峰值功率}{平均功率}=\frac{L(L-1)^2}{2\sum\limits_{i=1}^{L/2}(2i-1)^2} \tag{6-100}$$

对于 16QAM 来说，$L=4$，所以 $\xi_{16QAM}=1.8$。而 16PSK 信号因为包络恒定，所以其平均功率就等于最大功率，因而 $\xi_{16PSK}=1$。这说明 ξ_{16QAM} 比 ξ_{16PSK} 约大 2.55dB。换句话说，在平均功率相等的情况下，16QAM 的相邻信号最小距离超过 16PSK 约 4.17dB，也就是抗噪声的能力更强。

作为一个例子，图 6-41 给出了 16QAM 信号的一种调制和解调框图。

对于 $M=16$ 的 16QAM 来说，有多种分布形式的信号星座图，上述为方形的，实际中用得较多的还有星形的，如图 6-42b 所示，为便于比较，图中也画出了方形的。

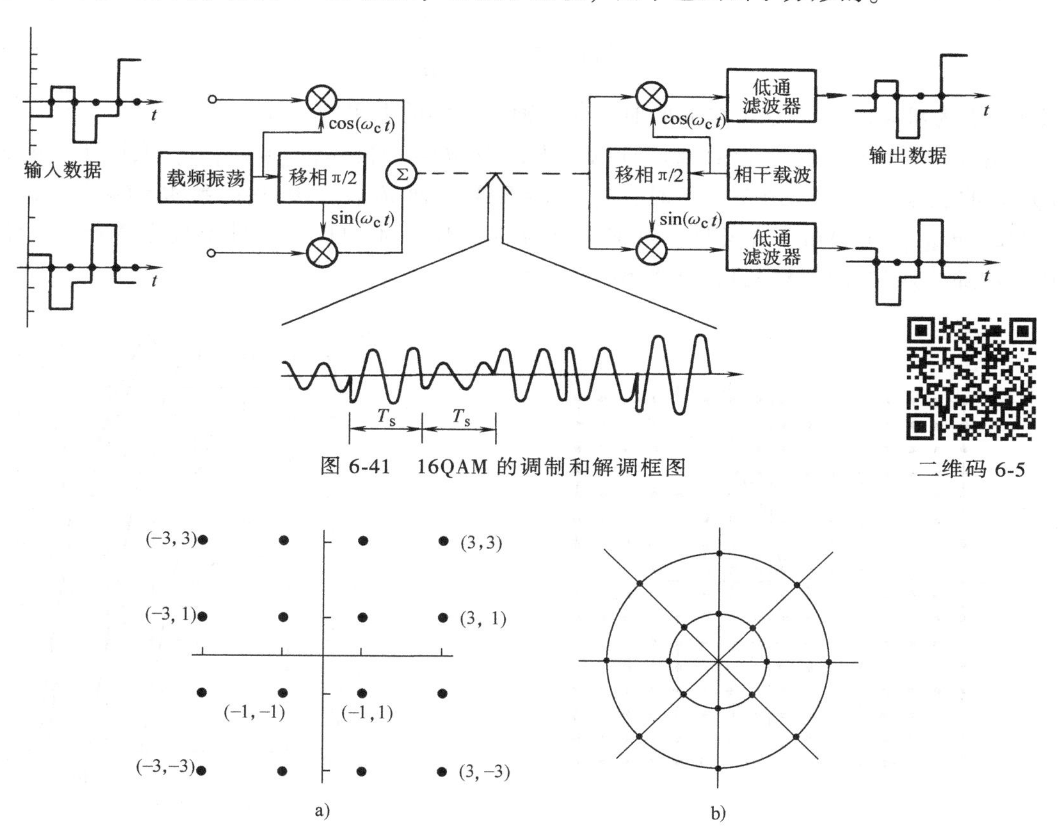

图 6-41 16QAM 的调制和解调框图

二维码 6-5

图 6-42 16QAM 的两种星座图

a）方形 16QAM 星座 b）星形 16QAM 星座

若信号点之间的最小距离为 $2A$，且所有信号点等概出现，则对于方形 16QAM 星座，信号平均功率为

$$P_s=10A^2$$

对于星形 16QAM 星座，信号平均功率为

$$P_s=14.03A^2$$

两者功率相差 1.4dB。另外，两者的星座结构也有重要的差别。一是星形 16QAM 只有两个振幅值，而方形 16QAM 有三种；二是星形 16QAM 只有 8 种相位值，而方形 16QAM 有 12 种相位值。使得这两点在衰落信道中，星形 16QAM 比方形 16QAM 星座更具有吸引力。

$M=4$、16、32、…，256 时 MQAM 信号的星座图如图 6-43 所示。其中，$M=4$、16、64、256 时，星座图为矩形而 $M=32$、128 时，星座图为十字形。前者 M 为 2 的偶次方，即每个符号携带偶数个比特信息；后者 M 为 2 的奇次方，即每个符号携带奇数个比特信息。

若已调信号的最大幅度为 1，则 MPSK 信号星座图上信号点间的最小距离为

$$d_{\mathrm{MPSK}}=2\sin\left(\frac{\pi}{M}\right) \tag{6-101}$$

而 MQAM 信号矩形星座图上信号点间的最小距离为（M 为 2 的偶次方）

$$d_{\mathrm{MQAM}}=\frac{\sqrt{2}}{L-1}=\frac{\sqrt{2}}{\sqrt{M}-1} \tag{6-102}$$

式中，L 为星座图上信号点在水平轴和垂直轴上投影的电平数，$M=L^2$。

由式（6-101）和式（6-102）可以看出，当 $M=4$ 时，$d_{4\mathrm{PSK}}=d_{4\mathrm{QAM}}$，实际上，4PSK 和 4QAM 的星座图相同。当 $M=16$ 时，$d_{16\mathrm{QAM}}=0.47$，而 $d_{16\mathrm{PSK}}=0.39$；当 $M=64$ 时，$d_{64\mathrm{QAM}}=0.202$，$d_{64\mathrm{PSK}}=0.098$。这表明，当 M 大于 4 时，MQAM 的抗噪声性能优于 MPSK，且随着 M 的增加，这种优势越明显，如图 6-44 所示。

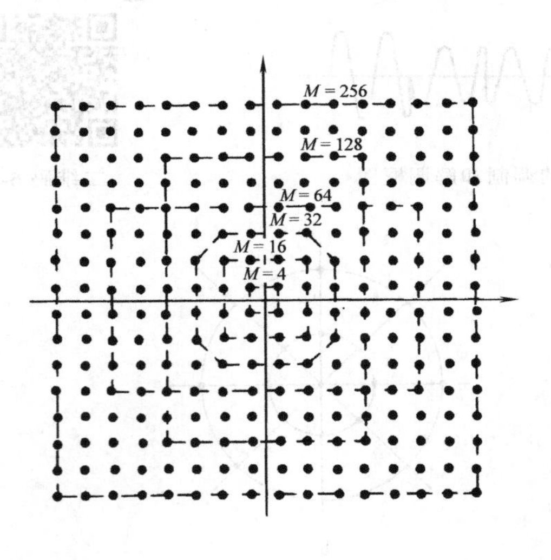

图 6-43 MQAM 信号的星座图

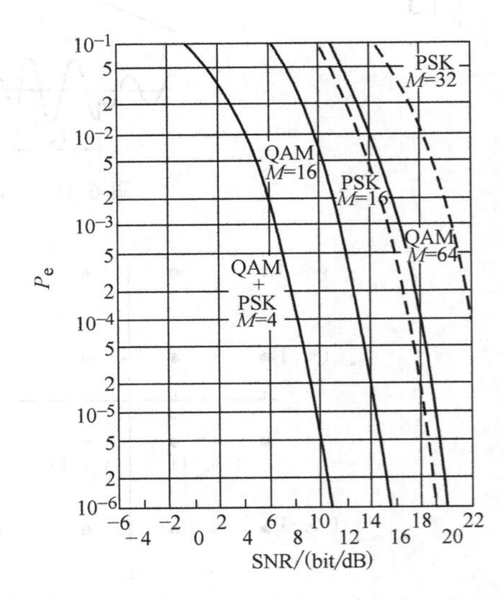

图 6-44 M 进制方型 QAM 的误码率曲线

6.6 小结

本章讨论了基本的数字带通调制系统的原理和性能。调制的目的是将基带信号的频谱搬移到适合传输的频带上，并提高信号的抗干扰能力。利用正弦载波进行频谱搬移是提高数字信息传输有效性和可靠性的重要手段。正弦载波的三个参量都可以被独立地调制，所以最基本的调制制度有三种，这就是二进制振幅键控（2ASK）、频移键控（2FSK）和相移键控（2PSK）。由于 2PSK 体制中存在相位不确定性，又发展出了二进制差分相移键控（2DPSK）。

误码率是衡量数字调制体制性能优劣的主要指标。在理论分析中，通常在高斯白噪声信

道条件下，比较各种系统的误码率。在这些调制体制中，以 2PSK 信号的抗高斯白噪声性能最好，即误码率最小。但由于 2PSK 信号在相干解调时存在相位不确定性，在实用中常以性能略差一些的 2DPSK 代替它。另一方面，在衰落信道中，由于接收信号的振幅和相位受信道传输特性的变化影响很大，2FSK 信号就显出具有较强的抗衰落能力。故在衰落信道中，常采用 2FSK 调制体制[2]。

各种键控信号的解调方法可以分为两大类，即相干解调和非相干解调。相干解调的误码率比非相干解调低。但是，相干解调需要在接收端从信号中提取出同频同相载波，故设备相对较复杂。

为了提高传输效率，可以采用多进制数字键控，包括 MASK、MPSK、MDPSK 和 QAM（APK），在相同码元速率的情况下，多进制的信息速率更高，一个码元中包含更多的信息量。但是，为了得到相同的误比特率，多进制信号需要以占用更大的发送功率作为代价。

6.7 思考题

1. 什么是数字调制？它和模拟调制有哪些异同点？
2. 什么是振幅键控？2ASK 信号的波形有什么特点？
3. 2ASK 信号的产生及解调方法如何？
4. 2ASK 信号的功率谱密度有何特点？
5. 什么是频移键控？2FSK 信号的波形有什么特点？
6. 2FSK 信号的产生及解调方法如何？
7. 相位不连续的 2FSK 信号的功率谱密度有什么特点？为什么可以近似表示成两个不同载波的二进制振幅键控信号功率谱密度的叠加？
8. 什么是绝对相移？什么是相对相移？它们有何区别？
9. 2PSK 信号和 2DPSK 信号可以用哪些方法产生和解调？它们是否可以采用包络检波法解调？为什么？
10. 2PSK 信号及 2DPSK 信号的功率谱密度有何特点？试将它们与 2ASK 信号的功率谱密度加以比较。
11. 试比较 2ASK 系统、2FSK 系统、2PSK 系统以及 2DPSK 系统的抗信道加性噪声的性能。
12. 试述多进制数字调制的特点。
13. 为什么相干接收的误码率比非相干接收的误码率低？
14. 试问是否任何 APK 信号都是 QAM 信号？
15. 试问 16QAM 信号有几种产生方法？
16. 什么是线性调制？什么是非线性调制？
17. 2FSK 信号属于线性调制还是非线性调制？

6.8 习题

1. 设发送数字信息为 011011100010，试分别画出 2ASK、2FSK、2PSK 及 2DPSK 信号的

波形示意图。

2. 已知某 2ASK 系统的码元传输速率为 10^3B，所用的载波信号为 $A\cos(4\pi\times10^3 t)$。

(1) 设所传送的数字信息为 011001，试画出相应的 2ASK 信号波形示意图。

(2) 求 2ASK 信号的带宽。

3. 设某 2FSK 调制系统的码元传输速率为 1000B，已调信号的载频为 1000Hz 或 2000Hz。

(1) 若发送数字信息为 011010，试画出相应的 2FSK 信号波形。

(2) 试讨论这时的 2FSK 信号应选择怎样的解调器解调。

(3) 若发送数字信息是等概率的，试画出它的功率谱密度草图。

4. 假设在某 2DPSK 系统中，载波频率为 2400Hz，码元速率为 1200B，已知相对码序列为 1100010111。

(1) 试画出 2DPSK 信号波形（注：相位偏移 $\Delta\varphi$ 可自行假设）。

(2) 若采用差分相干解调法接收该信号时，试画出解调系统的各点波形。

(3) 若发送信息符号 0 和 1 的概率分别为 0.6 和 0.4，试求 2DPSK 信号的功率谱密度。

5. 设载频为 1800Hz，码元速率为 1200B，发送数字信息为 011010。

(1) 若相位偏移 $\Delta\varphi=0°$代表“0”、$\Delta\varphi=180°$代表“1”，试画出这时的 2DPSK 信号波形。

(2) 又若 $\Delta\varphi=270°$代表“0”、$\Delta\varphi=90°$代表“1”，则这时的 2DPSK 信号的波形又如何（注：在画以上波形时，幅度可自行假设）？

6. 若采用 2ASK 方式传送二进制数字信息，已知码元传输速率 $R_B=2\times10^6$B，接收端解调器输入信号的振幅 $a=40\mu$V，信道加性噪声为高斯白噪声，且其单边功率谱密度 $n_0=6\times10^{-18}$W/Hz。试求：

(1) 非相干接收时，系统的误码率。

(2) 相干接收时，系统的误码率。

7. 若采用 2ASK 方式传送二进制数字信息。已知发送端发出的信号振幅为 5V，输入接收端解调器的高斯噪声功率 $\sigma_n^2=3\times10^{-12}$W，今要求误码率 $P_e=10^{-4}$。试求：

(1) 非相干接收时，由发送端到解调器输入端的衰减应为多少？

(2) 相干接收时，由发送端到解调器输入端的衰减应为多少？

8. 对二进制 ASK 信号进行相干接收，已知发送“1”（有信号）的概率为 P，发送“0”（无信号）的概率为 $1-P$；已知发送信号的振幅为 5V，解调器输入端的正态噪声功率为 3×10^{-12}W。

(1) 若 $P=1/2$、$P_e=10^{-4}$，则发送信号传输到解调器输入端时共衰减多少分贝？这时的最佳门限值为多大？

(2) 试说明 $P>1/2$ 时的最佳门限比 $P=1/2$ 时的大还是小？

(3) 若 $P=1/2$，$r=10$dB，求 P_e。

9. 在 2ASK 系统中，已知发送数据“1”的概率为 $P(1)$，发送“0”（无信号）的概率为 $P(0)$，且 $P(1)\neq P(0)$。采用相干检测，并已知发送“1”时，输入接收端解调器的信号振幅为 a，输入的高斯噪声方差为 σ_n^2。试证明此时的最佳门限为

$$x^*=\frac{a}{2}+\frac{\sigma_n^2}{a}\ln\frac{P(0)}{P(1)}$$

10. 若某 2FSK 系统的码元传输速率为 2×10^{6}B，数字信息为“1”时的频率 f_1 为 10MHz，数字信息为“0”时的频率 f_2 为 10.4MHz。输入接收端解调器的信号振幅 $a=40\mu V$。信道加性噪声为高斯白噪声，且其单边功率谱密度 $n_0=6\times10^{-18}$W/Hz。试求：

（1）2FSK 信号的频带宽度。

（2）非相干接收时，系统的误码率。

（3）相干接收时，系统的误码率。

11. 若采用 2FSK 方式传送二进制数字信息，其他条件与习题 7 相同。试求：

（1）非相干接收时，由发送端到解调器输入端的衰减为多少？

（2）相干接收时，由发送端到解调器输入端的衰减为多少？

12. 在二进制相移键控系统中，已知解调器输入端的信噪比 $r=10$dB，试分别求出相干解调 2FSK、相干解调-码变换和差分相干解调 2DPSK 信号时的系统误码率。

13. 若相干 2PSK 和差分相干 2DPSK 系统的输入噪声功率相同，系统工作在大信噪比条件下，试计算它们达到同样误码率所需的相对功率电平 $k=r_{\mathrm{DPSK}}/r_{\mathrm{PSK}}$；若要求输入信噪比一样，则系统性能相对比值（$P_{\mathrm{ePSK}}/P_{\mathrm{eDPSK}}$）为多大？并讨论以上结果。

14. 已知码元传输速率 $R_{\mathrm{B}}=10^{3}$B，接收机输入噪声的双边功率谱密度 $n_0/2=10^{-10}$W/Hz，今要求误码率 $P_{\mathrm{e}}=10^{-5}$。试分别计算出相干 2ASK、非相干 2FSK、差分相干 2DPSK 以及 2PSK 等系统所要求的输入信号功率。

15. 已知数字信息为“1”时，发送信号的功率为 1kW，信道衰减为 60dB，接收端解调器输入的噪声功率为 10^{-4}W。试求非相干 2ASK 系统及相干 2PSK 系统的误码率。

16. 设发送数字信息序列为 01011000110100，试按表 6-6 的要求，分别画出相应的 4PSK 及 4DPSK 信号的所有可能的波形。

17. 证明在平均功率相等的情况下，16QAM 的相邻信号最小距离超过 16PSK 约 4.19dB，即在相同信噪声比条件下，性能提高 4.19dB。

第7章　现代数字调制

本章通过一些调制方式的例子介绍现代数字调制技术，阐明了现代调制技术的发展方向就是使信号的带宽或频带利用率更加高效，抗干扰性能更加优秀。比如现代移动通信系统中常用的 π/4-DQPSK、OFDM 以及无线局域网中采用的 CCK 等调制方式。因此学好本章内容，有利于更好更快地掌握现代数字通信系统的原理。

现代数字调制技术是在基本数字调制解调理论与技术基础上发展起来的，读者要掌握这部分内容应该具有第 6 章基本数字调制理论的基础。

7.1　偏移（或交错）四相相移键控

在第 6 章介绍了多进制调相信号，其中也包括 QPSK 调制解调的基本原理。这里介绍 OQPSK（又叫偏移四相相移键控），它与 QPSK 相比，其显著特点是已调信号功率谱更加集中，对相邻信道的信号干扰小，信号的恒包络特性更突出一些，这样降低了通信设备中的非线性器件造成的不良影响。

OQPSK 是在 QPSK 的基础上改进而来的，为了能清楚地说明 OQPSK 的调制解调原理和已调信号功率谱更加集中等优势，下面先简单回顾 QPSK 的原理，以阐明它存在问题的机理。

7.1.1　QPSK 及其存在的问题

PSK（相移键控）即通过待调制信号改变载波的相位，从而使载波携带信息。一般，二进制数字相移键控中，载波的相位随二进制基带信号离散变化，如载波的 0 相位表示二进制信号的“1”，π 相位代表二进制信号的“0”。

类推，多进制数字相位调制即利用载波的多种不同相位来表征数字信息的调制方式。QPSK（正交相移键控）就是四进制 PSK 中最常用的一种调制方式，利用载波的 4 种不同相位来表示数字信息。每一个载波相位代表两个比特信息。实现过程是输入的串行二进制信息序列经过串-并变换，分成两路速率减半的序列，再变换成双极性二电平信号 $I(t)$ 和 $Q(t)$，然后 $I(t)$ 和 $Q(t)$ 分别和一对正交载波 $\cos(2\pi f_c t)$ 和 $\sin(2\pi f_c t)$ 相乘、相加后即得 QPSK 信号，即

$$s_{\mathrm{QPSK}}(t)=I(t)\cos(2\pi f_c t)-Q(t)\sin(2\pi f_c t)$$

QPSK 信号的星座图如图 7-1 所示，由图可以看出，随着输入数据的不同，QPSK 信号的相位会在 4 种相位上跳变。每相隔 $2T_b$，相位跳变量为 0、±90°或±180°。在 QPSK 调制过

程中，如果码元为理想的矩形，则信号具有恒包络特性，调制后的信号的频谱将无限宽。而实际的信号带宽总是有限的，因此在发送QPSK信号前，通常要将码元先通过一个带通滤波器进行限带。但是经过限带后的QPSK信号就不再是恒包络的。特别地，当相邻码元间相移为180°时，限带滤波后从时域上看，信号包络会出现包络为零或非常接近零的突变情况，频域上功率谱较分散，系统频谱利用率较低，对非线性器件敏感。为了获得良好的信号功率谱特性（相对集中），改善QPSK信号不理想的恒包络特性，提高其对非线性器件的适应性，就提出了OQPSK信号形式。

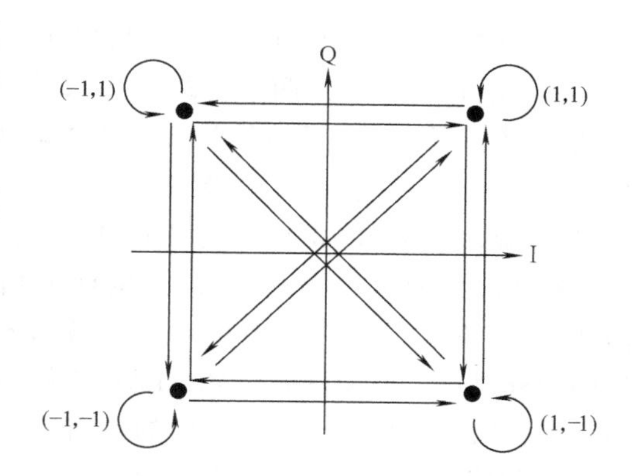

图 7-1 QPSK 信号的星座图

7.1.2 OQPSK 的调制

二维码 7-1

由于QPSK信号在相邻码元相移为180°时，会出现包络为0的情况，因此，从图7-1的QPSK信号的星座图上，当出现对角线过渡时会出现0包络。那么只要保证I支路和Q支路有一定的延时以保证星座图不会出现对角过渡，就可以避免0包络的情况。OQPSK就是基于这种思想，使I支路和Q支路之间延时半个码元间隔，然后再进行调制。

OQPSK的原理是：先对输入数据做串-并转换，再使其中一条支路延时 T_b，然后分别对两个正交的载波进行2PSK调制，最后叠加为OQPSK信号。码元的串-并变换见表7-1。OQPSK信号的调制框图见图7-2，星座图见图7-3。

表 7-1 OQPSK 调制中输入数据串-并变换

I_n	+1+1	−1+1	+1−1	−1+1	+1+1	−1−1	+1+1	−1−1	+1−1	…
I_{2n}	+1	−1	+1	−1	+1	−1	+1	−1	+1	…
I_{2n+1}	+1	+1	−1	+1	+1	−1	+1	−1	−1	…

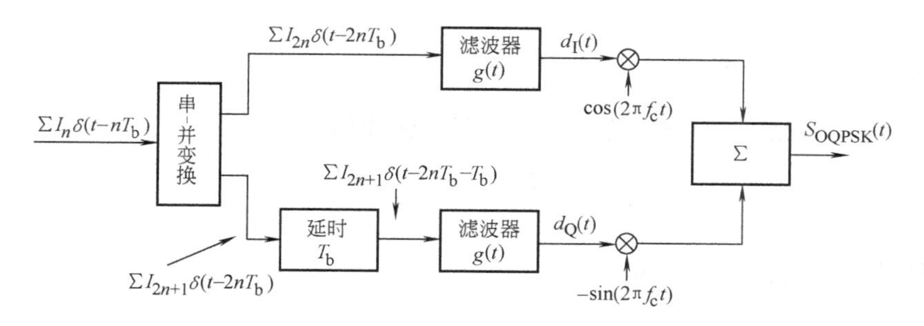

图 7-2 OQPSK 信号的调制框图

OQPSK的表达式为

$$s_{OQPSK}(t)=d_I(t)\cos(2\pi f_c t)-d_Q(t)\sin(2\pi f_c t) \tag{7-1}$$

式中，$d_I(t)=\sum I_{2n}g(t-2nT_b)$，$d_Q(t)=\sum I_{2n+1}g(t-2nT_b-T_b)$，所以

$$s_{OQPSK}(t)=\{\sum I_{2n}g(t-2nT_b)\}\cos(2\pi f_c t)-\{\sum I_{2n+1}g(t-2nT_b-T_b)\}\sin(2\pi f_c t)$$

由图 7-2 可以看出，Q 支路的数据延时了 T_b，所以 $d_I(t)$、$d_Q(t)$ 两个支路的状态不会同时发生变化，所以合成后信号前后符号之间总的相位变化只能是 0°或±90°，如图 7-3 所示。

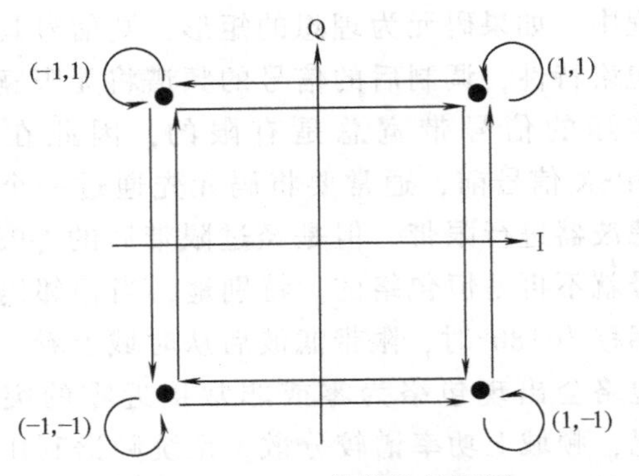

图 7-3 OQPSK 信号的星座图

为了显现出 OQPSK 在恒包络上的优势，图 7-4（横坐标为时间，单位 μs；纵坐标为信号瞬时电压，单位 V）给出了对同一串码元分别进行 QPSK 和 OQPSK 调制，MATLAB 软件仿真得到的信号，可以看出，OQPSK 的包络起伏较 QPSK 的包络起伏要小，但变化频率高一倍。

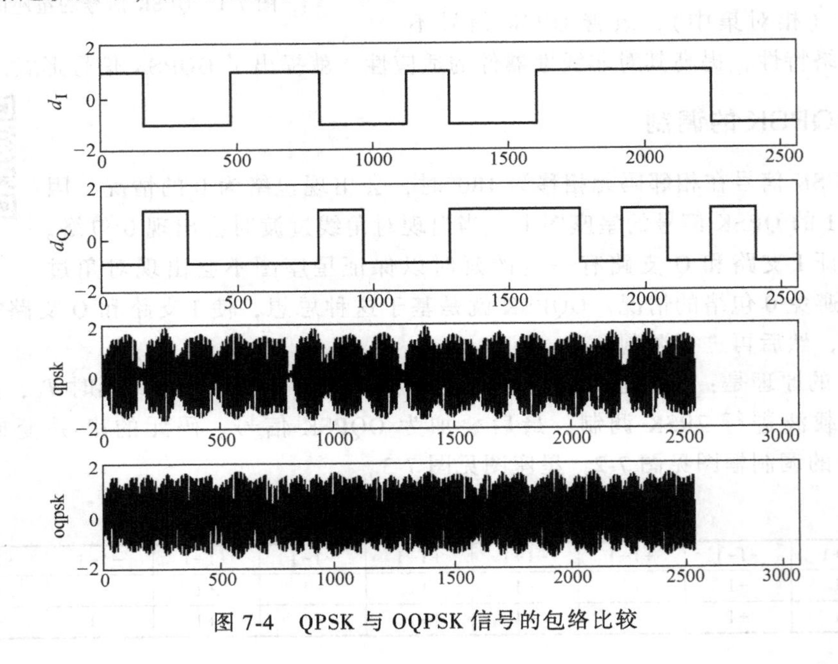

图 7-4 QPSK 与 OQPSK 信号的包络比较

7.1.3 OQPSK 的功率谱

下面讨论一般情况下 OQPSK 的功率谱，假设脉冲信号为

$$g(t)=\begin{cases} g(t) & 0\leqslant t\leqslant T_s=2T_b \\ 0 & \text{其他} \end{cases}$$

则 OQPSK 信号的时域就表达式为

$$s_{\mathrm{OQPSK}}(t)= A\left\{\left[\sum_{n=-\infty}^{\infty} I_{2n}g(t-2nT_b)\right]\cos(2\pi f_c t)-\left[\sum_{n=-\infty}^{\infty} I_{2n+1}g(t-2nT_b-T_b)\right]\sin(2\pi f_c t)\right\}$$

经过推导（$g(t)$ 为矩形脉冲），可以得到 OQPSK 信号的（平均）功率谱密度为

$$P_{\mathrm{OQPSK}}(f)=A^2T_b\left\{\left[\frac{\sin[2\pi(f+f_c)T_b]}{2\pi(f+f_c)T_b}\right]^2+\left[\frac{\sin[2\pi(f-f_c)T_b]}{2\pi(f-f_c)T_b}\right]^2\right\} \tag{7-2}$$

式中，A 为 OQPSK 信号幅度。值得注意的是，该功率谱密度实质是信号的近似功率谱密度，

它与 QPSK 信号功率谱密度相同，但严格讲它们之间是有差别的。

7.1.4　OQPSK 的解调及其误码性能

本小节讨论 OQPSK 信号的解调，在加性高斯白噪声（AWGN）信道下，发送符号为等概率，理想同步时，最佳接收方案之一如图 7-5 所示。

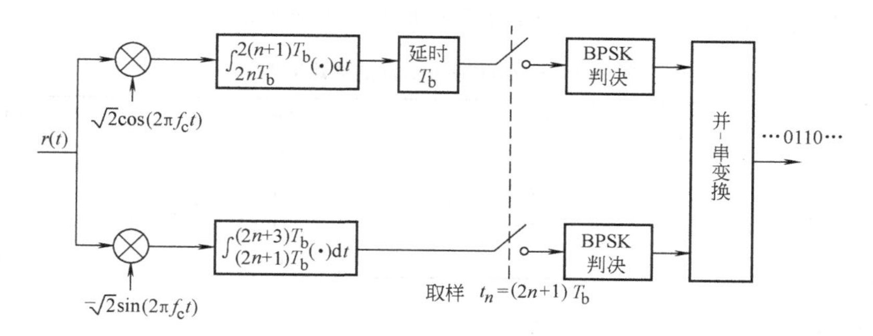

图 7-5　OQPSK 的最佳接收

在上述条件下，OQPSK 系统误码率近似为 $P_{e\,OQPSK}\approx 2Q(\sqrt{2E_b/n_0})$，对应的误比特率近似为

$$P_{b\,OQPSK}\approx Q(\sqrt{2E_b/n_0}) \tag{7-3}$$

式中，E_b 为平均每比特信号所包含的能量；n_0 为单边噪声功率谱密度。Q 函数计算见附录 A。

7.2　π/4 四相相对相移键控（π/4-DQPSK）

二维码 7-2

7.2.1　π/4-DQPSK 的调制、解调原理

1. π/4-DQPSK 的调制原理

π/4-DQPSK 是对 QPSK 信号特性进行改进的一种调制方式。改进之一是将 QPSK 的最大相位跳变±π，降为±3π/4，从而改善了信号的频谱特性；改进之二是解调方式，QPSK 只能用于相干解调，而 π/4-DQPSK 既可以用相干解调也可以采用非相干解调。π/4-DQPSK 在实际中得到广泛应用，如美国的 IS-136 数字蜂窝系统，日本的（个人）数字蜂窝系统（PDC）和美国的个人接入通信系统（PACS）等。

π/4-DQPSK 信号形式为

$$s_k(t)=\cos(2\pi f_c t+\varphi_k) \tag{7-4}$$

式中，φ_k 为信号在码元区间内 $(k-1)T_s\leqslant t\leqslant kT_s$ 的相位偏移。为了了解 π/4-DQPSK 信号调制解调原理，主要是考察 φ_k 是如何携带信息的，下面给予具体解释。

上式可展开得 π/4-DQPSK 信号的另一种形式

$$s_k(t)=\cos\varphi_k\cos(2\pi f_c t)-\sin\varphi_k\sin(2\pi f_c t)=U_k\cos(2\pi f_c t)-V_k\sin(2\pi f_c t) \tag{7-5}$$

当前码元的相位 φ_k 是前一码元相位 φ_{k-1} 与当前码元相位跳变量 $\Delta\varphi_k$ 之和，即 $\varphi_k=\varphi_{k-1}+\Delta\varphi_k$，所以

$$U_k=\cos\varphi_k=\cos(\varphi_{k-1}+\Delta\varphi_k)=U_{k-1}\cos\Delta\varphi_k-V_{k-1}\sin\Delta\varphi_k \tag{7-6}$$

$$V_k=\sin\varphi_k=\sin(\varphi_{k-1}+\Delta\varphi_k)=V_{k-1}\cos\Delta\varphi_k+U_{k-1}\sin\Delta\varphi_k \tag{7-7}$$

式中，$U_{k-1}=\cos\varphi_{k-1}$；$V_{k-1}=\sin\varphi_{k-1}$。

式（7-6）和式（7-7）表明了当前码元两正交信号 U_k、V_k 取决于前一码元两正交信号 U_{k-1}、V_{k-1} 与当前码元的相位跳变量 $\Delta\varphi_k$，而当前码元的相位跳变量 $\Delta\varphi_k$ 又取决于相位编码器（映射器）的输入码组 I_k、Q_k，它们的关系如表 7-2 所规定。

表 7-2　π/4-DQPSK 的相位跳变规则

I_k	Q_k	$\Delta\varphi_k$	$\cos\Delta\varphi_k$	$\sin\Delta\varphi_k$
1	1	$\pi/4$	$1/\sqrt{2}$	$1/\sqrt{2}$
0	1	$3\pi/4$	$-1/\sqrt{2}$	$1/\sqrt{2}$
0	0	$-3\pi/4$	$-1/\sqrt{2}$	$-1/\sqrt{2}$
1	0	$-\pi/4$	$1/\sqrt{2}$	$-1/\sqrt{2}$

上述规则决定了在码元转换时刻的相位跳变量只有±π/4 和±3π/4 四种取值。π/4-DQPSK 的相位关系如图 7-6 所示，从图中可以看出信号相位跳变必定在图 7-6 中的“。”组和“×”组之间跳变。即在相邻码元，仅会出现从“。”组到“×”组相位点（或“×组”到“。”组）的跳变，而不会在同组内跳变。同时也可以看到，U_k、V_k 只可能有 0，$\pm1/\sqrt{2}$，±1 五种取值，分别对应于图 7-6 中 8 个相位点的坐标值。

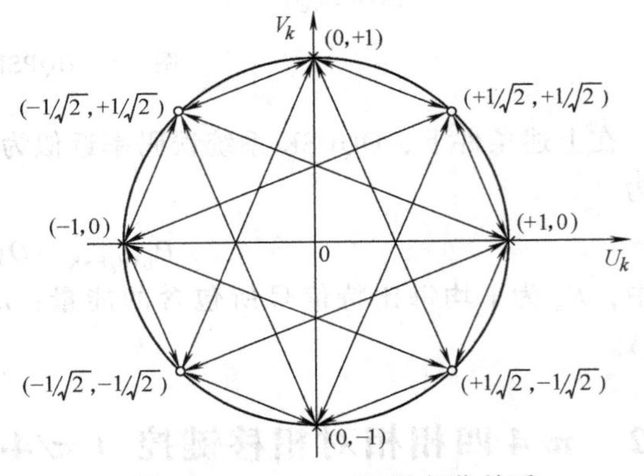

图 7-6　π/4-DQPSK 的相位关系

由上面描述可得 π/4-DQPSK 的原理框图如图 7-7 所示，输入数据经串/并转换之后得到两路序列 I_k、Q_k，然后通过相位差分编码、基带成形，得到成形波形 U_k、V_k，最后再分别进行正交调制合成，就得到了 π/4-DQPSK 信

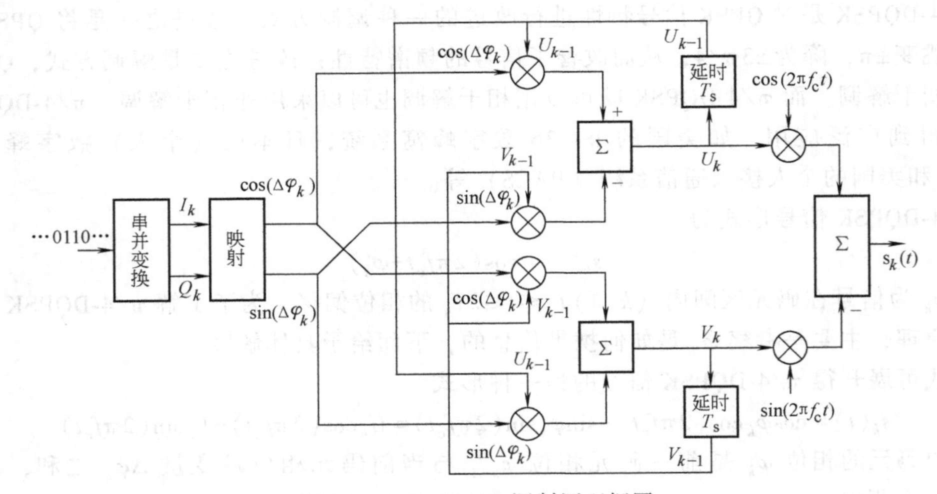

图 7-7　π/4-DQPSK 调制原理框图

号。在实际中，一般会在图 7-7 中上、下两个支路的基带信号 U_k、V_k 与相乘器之间各加一个成形滤波器，以消除码间串扰。

2. π/4-DQPSK 解调原理

图 7-8 给出了 π/4-DQPSK 一种相干解调的方法。

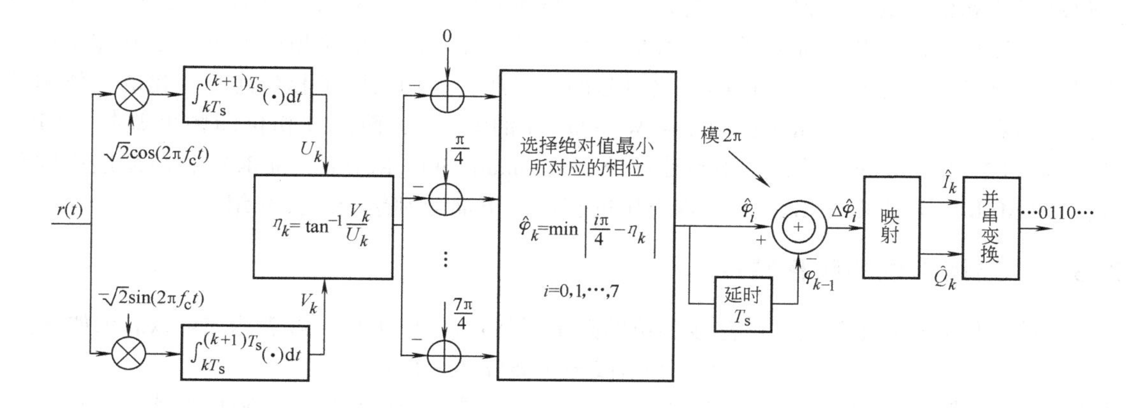

图 7-8 π/4-DQPSK 相干解调原理框图

π/4-DQPSK 相干解调的方法实际较少采用，图 7-9 给出了一种非相干（差分）解调方法的原理框图[49]。

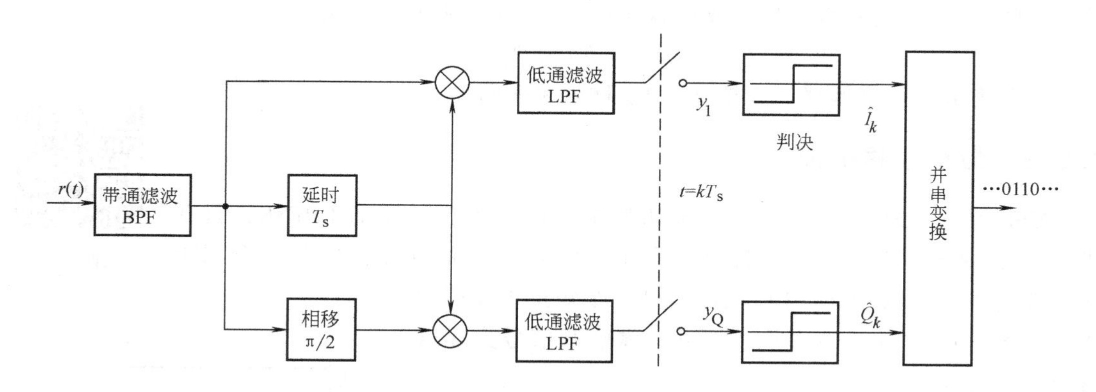

图 7-9 π/4-DQPSK 非相干（差分）解调原理框图

7.2.2 π/4-DQPSK 系统误码率

在加性高斯白噪声（AWGN）信道条件下，采用升余弦的成形滤波器，和图 7-9 所给的解调方法，π/4-DQPSK 系统的误比特率近似表达式为[49]

$$P_b \approx Q\left(\sqrt{\frac{2(2-\sqrt{2})E_b}{n_0}}\right) = Q\left(\sqrt{\frac{1.1716E_b}{n_0}}\right) \tag{7-8}$$

式中，E_b 为每比特的能量；n_0 是单边噪声功率谱密度。Q 函数计算见附录 A。

7.3 最小频移键控、高斯最小频移键控

OQPSK 和 π/4-DQPSK 消除了 QPSK 信号中 180°的相位突变，在一定程度上改善了信号的包络起伏和信号的功率谱的分布特性，使信号能较好地适应通信系统中的非线性部件，减小了对邻道信号的干扰，提高了系统性能。那么是否还有改进的余地呢？进一步研究发现包络起伏主要是由信号相位的非连续变化引起的。因此，人们发明了相位连续变化的一类调制方法（简称 CPM，是 Continuous Phase Modulation 的缩写），而连续相位的频率调制（CPFSK）是 CPM 中特殊的一类，最小频移键控（Minimum Shift Keying，MSK）和高斯最小频移键控（GMSK）又是 CPFSK 这一特殊类中的特例。下面分别给予简要介绍。

7.3.1 连续相位的频移键控

连续相位的频移键控（或称连续相位的频率调制）（CPFSK）一般表达式可以表示如下：

$$s(t)=A\cos\left[2\pi f_c t+\phi(t;I)+\phi_0\right] \tag{7-9}$$

式中，ϕ_0 是载波初始相位；I 是信息序列；$\phi(t;I)$ 是一个携带信息并随信息连续变化的相位，具体表示如下：

$$\phi(t;I)=2\pi h\int_{-\infty}^{t}\left[\sum_n I_n g(\tau-nT_s)\right]\mathrm{d}\tau \tag{7-10}$$

式中，I_n 是一个双极性的离散信息，可以是二进制（取+1 或−1），也可以是多进制；T_s 是码元区间；$g(t)$ 是基带信号的成形脉冲；h 被称为调制指数，为

$$h=2f_d T_s \tag{7-11}$$

式中，f_d 为最大频率偏移，或把 $\Delta f=2f_d$ 称为频率间隔。

7.3.2 最小频移键控

二维码 7-3

MSK 是 CPFSK 的一个特例。确切地说，MSK 是二进制的 CPFSK，且在式（7-9）到式（7-10）中的各个参数是：调制指数 $h=0.5$，I_n 是一个双极性二进制序列（取+1 和−1），$g(t)$ 是一个矩形的基带脉冲，如图 7-10 所示。在这些条件下，称已调信号为 MSK 信号，表达式为

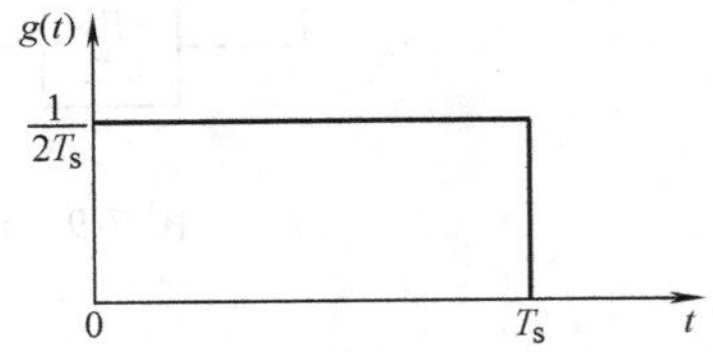

$$s_{\text{MSK}}(t)=A\cos\left[2\pi f_c t+\frac{1}{2}\pi I_n\left(\frac{t-nT_s}{T_s}\right)+\theta_n+\varphi_0\right],\quad nT_s\leqslant t\leqslant(n+1)T_s \tag{7-12}$$

图 7-10 MSK 信号成形脉冲 $g(t)$

不妨假设载波初始相位 $\phi_0=0$，则

$$s_{\text{MSK}}(t)=A\cos\left[2\pi f_c t+\theta(t)\right],\quad nT_s\leqslant t\leqslant(n+1)T_s \tag{7-13}$$

其中

$$\theta(t)=\frac{1}{2}\pi I_n\left(\frac{t-nT_s}{T_s}\right)+\theta_n,\quad nT_s\leqslant t\leqslant(n+1)T_s \tag{7-14}$$

$$\theta_n=\frac{1}{2}\pi\sum_{k=-\infty}^{n-1}I_k \tag{7-15}$$

由调制指数 $h=0.5$，可知此时

$$f_d=\frac{1}{4T_s}，或\ \Delta f=2f_d=\frac{1}{2T_s} \tag{7-16}$$

对式（7-13）中的相位［$2\pi f_c t+\theta(t)$］求导，在区间 $nT_s\leqslant t\leqslant(n+1)T_s$ 内，MSK 信号两个可能的频率分别为

$$f_1=f_c-\frac{1}{4T_s}=f_c-f_d \quad 和 \quad f_2=f_c+\frac{1}{4T_s}=f_c+f_d \tag{7-17}$$

显然，$\Delta f=f_2-f_1=2f_d$，所以 MSK 就是 2FSK 信号。另一方面，图 7-11 所示 $\theta(t)$ 随输入数据的变化是连续的，因此 MSK 信号是一种相位连续的 2FSK 信号。

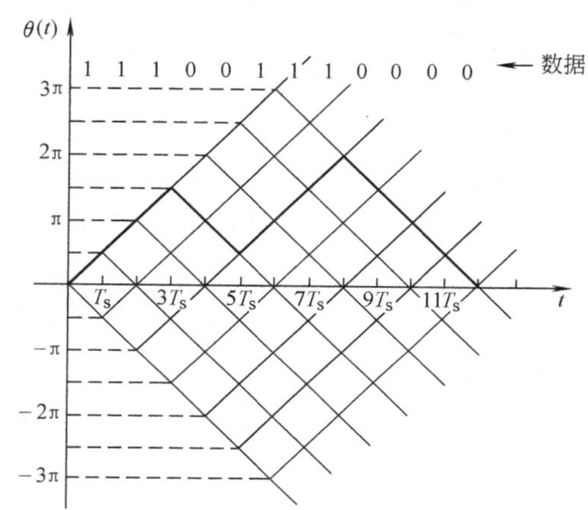

图 7-11　MSK 信号附加相位可能路径

从原理上讲，随现代数字信号处理技术的发展，任何调制方式只要数学表达式可以写出，就能实际实现。依据式（7-13）和式（7-14）用数字信号处理的方式不难实现 MSK 调制与解调方法（如：采用对普通 2FSK 相干解调的方法就可以完成对 MSK 信号的解调），这里不再详细叙述，感兴趣的读者可以参阅［1，第 10 章］。

经过推导，可以得到 MSK 信号的双边功率谱密度为[2]（注意对于 MSK 而言，$T_b=T_s$）

$$P_{MSK}(f)=\frac{16}{\pi^2}\left(\frac{\cos[2\pi(f+f_c)T_b]}{1-16(f+f_c)^2T_b^2}\right)^2+\frac{16}{\pi^2}\left(\frac{\cos[2\pi(f-f_c)T_b]}{1-16(f-f_c)^2T_b^2}\right)^2$$

图 7-12 比较了 MSK 信号与 QPSK、OQPSK 信号的功率谱（图中 $R_b=1/T_b$）。与 QPSK 信号的功率谱和 OQPSK 信号的功率谱表示式比较可知，MSK 具有较宽的主瓣，其第一个零点出现在 $(f-f_c)T_b=0.75$ 处，而 QPSK 的第一个零点出现在 $(f-f_c)T_b=0.5$ 处。MSK 信号的功率谱近似与频率 f^4 成反比，而 QPSK 和 OQPSK 信号的功率谱则近似与 f^2 成反比，MSK 信号的功率谱要比 QPSK 的衰减速率快得多，这表示 MSK 信号对邻道信号的干扰比 QPSK 和 OQPSK 信号造成的邻道干扰小。但在移动通信中，要求已调信号在邻道的辐射功率与所需功率之比应低于−60dB，MSK 信号还不能满足这一要求。因此人们还要探索更优秀的调制方式。

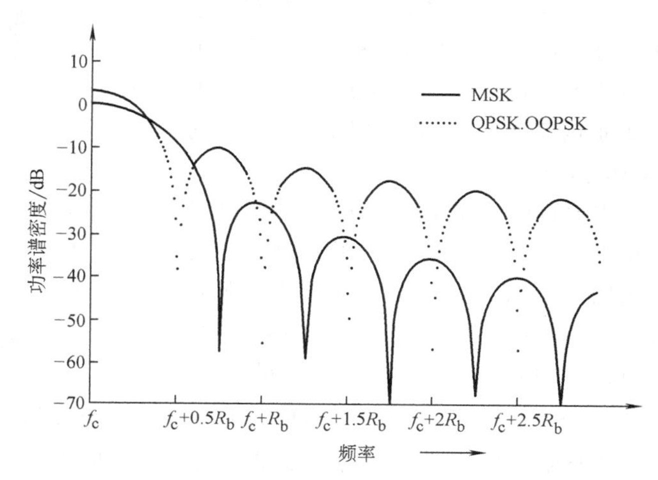

图 7-12　MSK 信号与 QPSK、OQPSK 信号的功率谱比较

7.3.3　高斯最小频移键控

MSK 调制可以看成是调制指数为 0.5 的连续相位 2FSK。尽管它具有近似包络恒定、相对较窄的带宽和能进行相干解调的优点，但它不能满足移动通信中对带外辐射的严格要求。为了进一步降低 MSK 信号对邻道的干扰，可以在调制之前用一个更好的成形滤波器对基带信号 $\sum_n I_n\delta(t-nT_s)$ 进行成形滤波$\left(滤波输出\sum_n I_n g(t-nT_s)\right)$。因此，要对图 7-10 所示的成形滤波器 $g(t)$ 进行改造，达到进一步改善已调信号功率谱的带外辐射，降低对邻道信号的干扰，提高频谱利用率的目的。

成形滤波器 $g(t)$ 应该具有以下特点：

1）带宽窄并且具有陡峭的截止特性。

2）冲激响应的过冲较小。

3）滤波器冲激响应的面积为一常量，该常量对应的一个码元内的载波相移为 $\pi/2$。

一种较好满足上述特性的成形滤波器是高斯低通滤波器，其冲激响应为[2]

$$g(t)=\left\{Q\left[2\pi B\left(t-\frac{T_s}{2}\right)\Big/\sqrt{\ln 2}\right]-Q\left[2\pi B\left(t+\frac{T_s}{2}\right)\Big/\sqrt{\ln 2}\right]\right\} \tag{7-18}$$

其中 Q 函数为

$$Q(t)=\int_t^\infty \frac{1}{\sqrt{2\pi}}e^{-x^2/2}dx \tag{7-19}$$

式中，B 为成形滤波器的 3dB 带宽，通过选择不同的 BT_s 值设计该成形滤波器。

将式（7-18）给出的 $g(t)$ 代入式（7-10）然后再代入到式（7-9）中，并选取调制指数 $h=0.5$，I_n 为双极性二进制序列（取+1 和−1），就得到了 GMSK 信号。通常实际中取 $BT_s=0.3$ 左右。不同的 BT_s 值，对应的 GMSK 信号具有不同的功率谱特性，如图 7-13 所示。GSM 移动通信系统中就是选用 $BT_s=0.3$ 的 GMSK 信号。

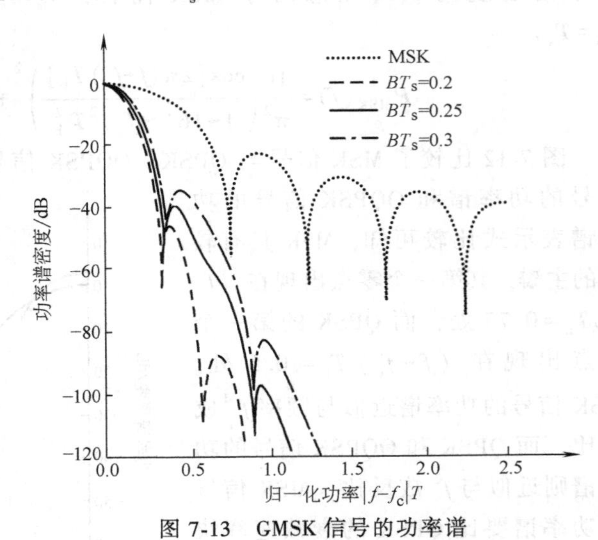

图 7-13　GMSK 信号的功率谱

需要说明的是对 GMSK 的解调既可以相干检测，也可以非相干检测。在实际应用中，GMSK 引入的性能是它既具有出色的功率利用率（因为 GMSK 信号是恒包络的），又具有很好的谱利用率。注意，MSK 信号等价为 BT_s 乘积为无穷大的 GMSK 信号。

GMSK 信号的功率谱密度很难求出，可参阅有关文献。图 7-13 画出了几种不同 BT_s 乘积的 GMSK 信号的功率谱。作为比较，图中还示出了 MSK 信号的功率谱。由图可以看出，当 BT_s 乘积减小时，旁瓣电平衰减非常快。例如，对于 $BT_s=0.2$，第二个旁瓣的峰值比主瓣低 30dB 还多，而 MSK 信号的第二个旁瓣只比主瓣低 20dB。

7.4　正交频分复用

7.4.1　OFDM 系统的基本原理

1. OFDM 信号构成的基本思想

在无线信道中存在各种干扰，严重影响了无线通信系统的性能。在高速无线数字通信系统中，影响信息传输的主要因素之一是由信道的多径效应引起的频率选择性衰落。频率选择性衰落表现为对某些频率成分的信号衰减严重，而对另一些频率成分的信号则有较高的增益，这使得接收信号出现符号间干扰（ISI），造成系统性能下降。

正交频分复用（Orthogonal Frequency Division Multiplexing，OFDM）的基本原理就是把高速的数据流通过串-并变换，分配到传输速率相对较低的若干个子信道中进行传输。由于每个子信道的符号周期会相对增加，因此可以减小多径时延扩展对系统造成的影响。另一方面，还可以在 OFDM 符号间插入保护间隔，进一步降低或消除由多径带来的符号间干扰（ISI）。

OFDM 是一种特殊的多载波复用（Multi-Carrier，MCM）传输方案，可以被当作一种调制技术，也可以被当作一种复用技术。多载波传输把数据流分解成若干个子数据流，这样每个子数据流将具有低得多的数据速率，用这样的低数据率符号再去调制相应的子载波，就构成多个低速率符号并行发送的传输系统。OFDM 是对多载波调制的一种改进，其基本思想是把高速率的数据流通过串-并变换转换成 N 路低速率并行数据流，然后对 N 路相互正交的载波进行调制。与传统的频分复用（Frequency Division Multiplexing，FDM）相比，OFDM 的子载波正交复用技术大大提高了频带利用率，如图 7-14 所示。

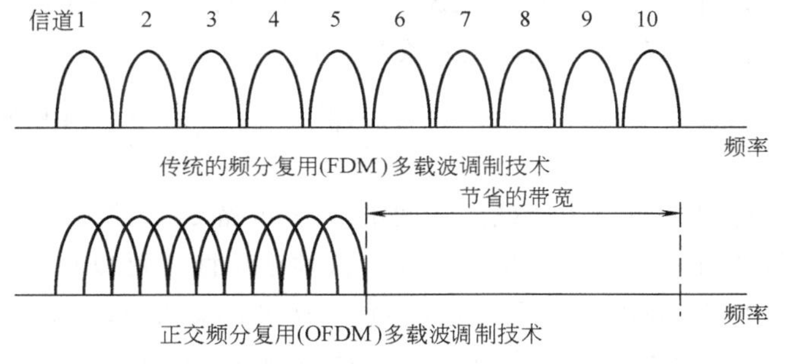

图 7-14　FDM 与 OFDM 频带利用率比较

因此，选择 OFDM 一方面原因在于系统能够很好地对抗频率选择性衰落和窄带干扰（在单载波系统中，一次衰落或者干扰会导致整个通信链路中断，但是在多载波系统中，某一时刻只会有少部分的子信道受到深衰落的影响），另一方面原因是其频带利用率高，能有效提高系统信息传输的有效性。

2. OFDM 调制、解调原理

一个 OFDM 符号之内包括多个经过相移键控（PSK）或者正交幅度调制（QAM）的子载波。若 N 表示子载波的个数，T 表示 OFDM 符号的持续时间（周期），$d_i(i=0, 1, 2, \cdots, N-1)$ 是分配给每个子信道的数据符号，f_i 是第 i 个子载波的载波频率，矩形函数 $\mathrm{rect}(t)=1$，$|t| \leqslant T/2$，则从 $t=t_s$ 开始的 OFDM 符号可以表示为

$$s(t) = Re\left\{ \sum_{i=0}^{N-1} d_i \mathrm{rect}(t - t_s - T/2) \exp[\mathrm{j}2\pi f_i(t - t_s)] \right\} \quad t_s \leqslant t \leqslant t_s + T \tag{7-20}$$

一旦将要传输的比特分配到各子载波上，某一种调制方式则将它们映射为子载波的幅度和相位，通常采用复数来描述 OFDM 的输出信号[2]

$$s(t)=\sum_{i=0}^{N-1}d_i\mathrm{rect}(t-t_s-T/2)\exp[\mathrm{j}2\pi f_i(t-t_s)]\quad t_s\leqslant t\leqslant t_s+T \tag{7-21}$$

式中，$s(t)$ 的实部和虚部分别对应于 OFDM 符号的同相（In-phase）和正交（Quadrature-phase）分量，在实际系统中可以分别与载波的 cos 分量和 sin 分量相乘，构成最终的 OFDM 符号。图 7-15 中给出了 OFDM 系统基带模型的框图，其中 $f_i=f_c+i/T$。

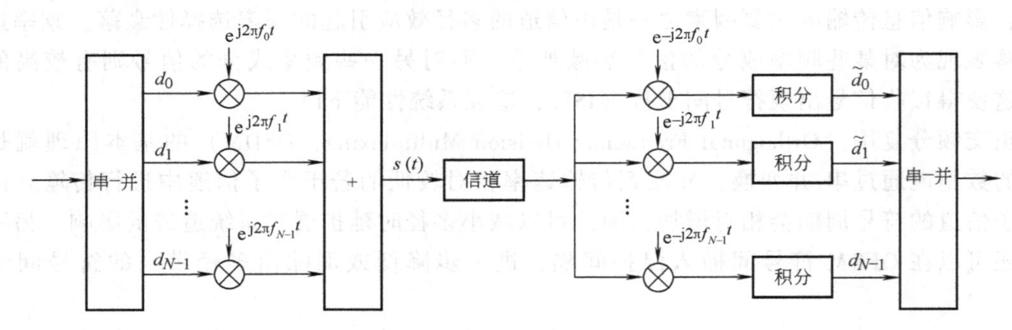

图 7-15 OFDM 系统基带模型框图

式（7-21）中，令 $f_i=f_c+i\Delta f$（$i=0, 1, 2, \cdots, N-1$），f_c 为载波，Δf 为子载波之间的频率间隔，各子载波之间满足正交性，即

$$\frac{1}{T}\int_0^T \mathrm{e}^{\mathrm{j}2\pi f_m t}\cdot\mathrm{e}^{-\mathrm{j}2\pi f_n t}=\begin{cases}1, m=n\\0, m\neq n\end{cases} \tag{7-22}$$

可以证明，选择载波之间的频率间隔 Δf，使 $\Delta f=1/T$ 时，即可使各载波在整个 OFDM 信号的符号周期内满足正交性。这种正交性还可以从频域角度来解释。根据式（7-20），时域上每个 OFDM 符号与脉冲宽度为 T 的矩形脉冲相乘，频域上是对应频谱的卷积，即 $Sa(fT)$ 函数与一组位于各个子载波频率上的 δ 函数的卷积，卷积结果在频域上的表现如图 7-16a 所示。当所有载波组合在一起时，总的频谱非常接近于矩形频谱，如图 7-16b 粗实线所示。与其他多载波调制方案相比，由于 OFDM 信号载波间的正交性，可以避免载波间干扰（ICI），具有更高的频带利用率。

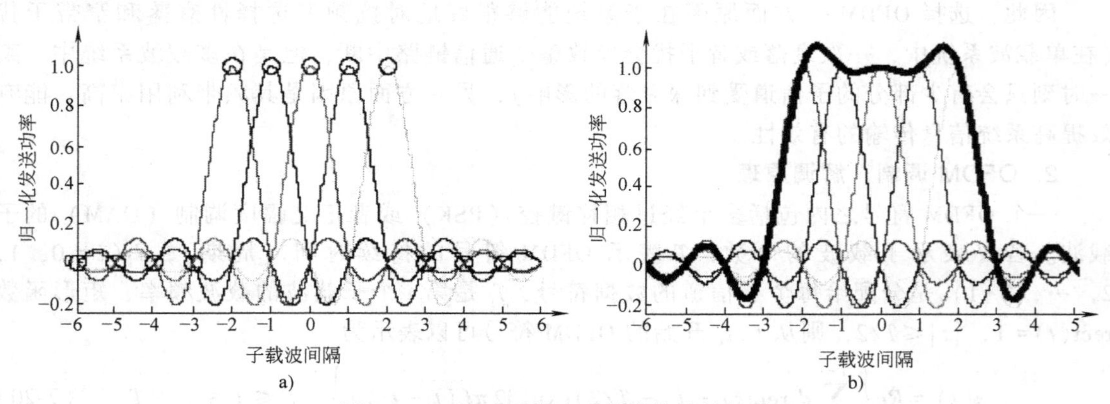

图 7-16 OFDM 系统中子信道符号的频谱

3. OFDM 调制解调的 DFT 实现

对于 N 比较大的系统来说，式（7-21）中的 OFDM 复基带信号可以采用离散傅里叶逆变换（IDFT）方法来实现。为了叙述的简洁，可以令式（7-21）中的 $t_s=0$，并且忽略矩形函数，对信号 $s(t)$ 以 N/T 的速率进行抽样，即令 $t=kT/N$（$k=0$，1，…，$N-1$），则得到

$$s_k = s(kT/N) = \sum_{i=0}^{N-1} d_i \exp\left(\mathrm{j}\frac{2\pi ik}{N}\right) \quad (0 \leqslant k \leqslant N-1) \tag{7-23}$$

可以看到 s_k 等效为对 d_i 进行 IFDT 运算。同样在接收端，为了恢复出原始的数据符号 d_i，可以对 s_k 进行逆变换，即通过 DFT 得到

$$d_i = \sum_{k=0}^{N-1} s_k \exp\left(-\mathrm{j}\frac{2\pi ik}{N}\right) \quad (0 \leqslant i \leqslant N-1) \tag{7-24}$$

由以上分析可知，OFDM 系统的调制和解调可以分别由 IDFT 和 DFT 来完成。通过 N 点的 IDFT 运算，把频域数据符号 d_i 变换为时域数据符号 s_k，发送到信道中。其中每个 IDFT 输出的数据符号样点 s_k 都是由所有子载波信号经过叠加而生成的，或可以把 s_k 视为对连续的多个经过调制的子载波的叠加信号进行抽样得到的。

在实际系统中，可以运用更加方便快捷的快速傅里叶逆变换/快速傅里叶变换（IFFT/FFT）实现 OFDM 系统。N 点 IDFT 运算需要实施 N^2 次的复数乘法，而 IFFT 可以显著地降低运算复杂度。对于常用的基为 2 的 IFFT 算法来说，其复数乘法次数仅为 $(N/2)\log_2 N$，但是随着子载波个数 N 的增加，这种方法复杂度也会显著增加。对于子载波数量非常大的 OFDM 系统来说，可以进一步采用基为 4 的 IFFT 算法来实现傅里叶变换。

4. 保护间隔和循环前缀

应用 OFDM 的一个主要原因在于它可以有效地对抗多径时延扩展。把输入数据流串-并变换到 N 个并行的子信道上，使得每一个调制子载波的数据周期为原始串行数据符号周期的 N 倍，因此多径时延扩展与符号周期的数值比也同样降低 N 倍。为了最大限度地消除符号间干扰，还可以在每个 OFDM 符号之间插入保护间隔（Guard Interval，GI），而且保护间隔长度 T_g 一般要大于无线信道中的最大时延扩展，这样一个符号的多径分量就不会对下一个符号造成干扰。在这段保护间隔内可以不插任何信号，即是一段空白的传输时段。然而在这种情况下，由于多径传播的影响，接收端实现同步有一定的困难。

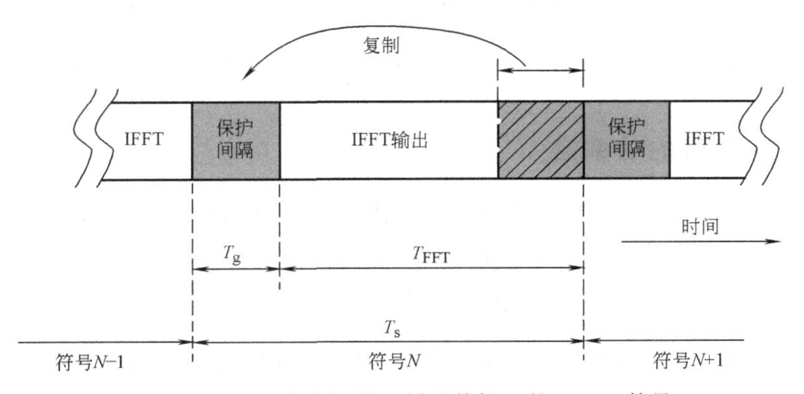

图 7-17　加入保护间隔（循环前缀）的 OFDM 符号

为了便于同步，人们又在 OFDM 符号的保护间隔内填入循环前缀信号，即将每个 OFDM 符号后的 T_g 时间中的样点复制到 OFDM 符号的前面，形成前缀，在交接点没有任何的间断，图 7-17 显示了循环前缀的插入。

符号周期的总长度为 $T_s=T_g+T_{FFT}$，其中 T_s 为 OFDM 符号的总长度，T_g 为抽样的保护间隔长度，T_{FFT} 为 FFT 变换产生的净 OFDM 符号长度，则在接收端抽样开始的时刻 T_x，应该满足下式

$$\tau_{max}<T_x\leqslant T_g \tag{7-25}$$

式中，τ_{max} 是信道的最大多径时延扩展，当抽样满足该式时，由于前一个符号的干扰只会存在于 $[0,\ \tau_{max}]$，当子载波个数比较大时，OFDM 的符号周期 T_s 相对于信道的脉冲响应长度 τ_{max} 很大，则 ISI 的影响很小，甚至没有 ISI；而如果相邻 OFDM 符号之间的保护间隔 T_g 满足 $T_g\geqslant\tau_{max}$ 的要求，则可以完全克服 ISI 的影响。OFDM 系统加入保护间隔之后，会带来功率和信息速率的损失，其中功率损失可以定义为

$$v_{guard}=10\log_{10}\left(\frac{T_g}{T_{FFT}}+1\right) \tag{7-26}$$

从上式可以看出，当保护间隔占到 20%时，功率损失不会超过 1dB，但带来的信息速率损失却达到 20%。而在传统的单载波系统中，升余弦滤波也会带来信息传输有效性的损失，其损失和滚降系数有关。但由于插入保护间隔可以消除 ISI 的影响，因此这个代价是值得的。加入保护间隔之后基于 DFT 的 OFDM 系统框图如图 7-18 所示。

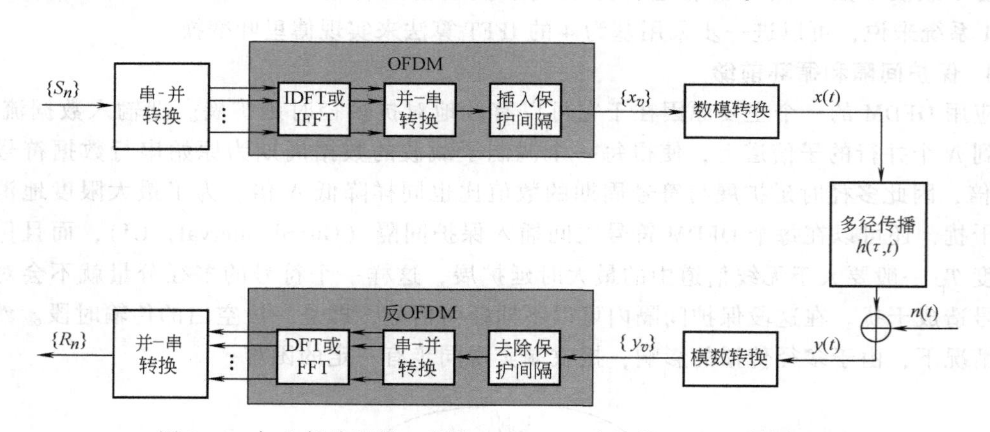

图 7-18 加入保护间隔，利用 IDFT/DFT 实施的 OFDM 系统框图

7.4.2 OFDM 信号的功率谱

根据式（7-20），假设 $t_s=0$，可以得到功率归一化的 OFDM 信号的复信号（包络）

$$s(t)=\frac{1}{\sqrt{N}}\sum_{i=0}^{N-1}d_i\mathrm{rect}\left(t-\frac{T}{2}\right)\exp(\mathrm{j}2\pi f_i t) \tag{7-27}$$

式中，$1/\sqrt{N}$是功率归一化因子，$f_i=f_c+(i/T)$。OFDM 符号的功率谱密度 $|S(f)|^2$ 为 N 个子载波上的信号的功率谱密度之和，即

$$|S(f)|^2 = \frac{1}{\sqrt{N}}\sum_{i=0}^{N-1}\left|d_i T\frac{\sin[\pi(f-f_i)T]}{\pi(f-f_i)T}\right|^2 \tag{7-28}$$

在图 7-19 中给出了 $N=32$ 的 OFDM 信号的功率谱密度图[47]。纵坐标为归一化的功率谱密度，单位为 dB，横坐标为归一化频率 f_T。根据 OFDM 符号的功率谱密度，在许多实际应用情况下，都会认为其带外功率谱密度衰减比较慢，会对邻道信号产生干扰，解决的方法之一就是对 OFDM 符号采用“加窗”技术，限于篇幅不再赘述。

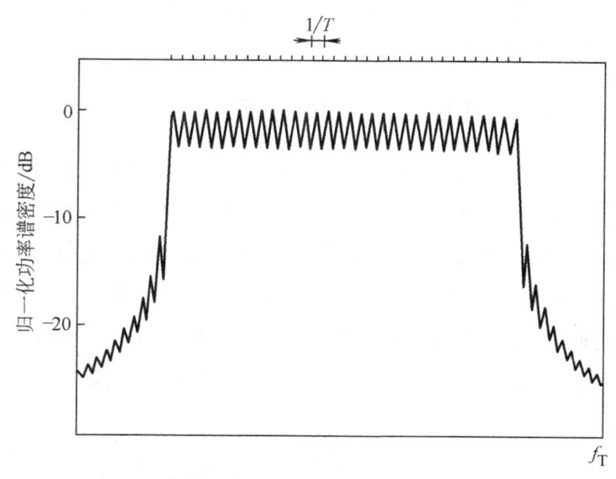

图 7-19　OFDM 信号的功率谱密度示意图

7.4.3　OFDM 系统参数的设计

通常来讲，在 OFDM 的各种参数中首先要确定的 3 个参数为带宽、比特率以及保护间隔，一般情况下，保护间隔是无线信道的时延扩展的 2～4 倍。

只要确定了保护间隔，即可以确定 OFDM 符号的周期。在实际应用中，一般选择符号周期长度是保护间隔长度的 5 倍，因为如果符号周期过长，虽然可以减少由于保护间隔所带来的信噪比损失，但是会导致 OFDM 系统要包括更多的子载波，从而使子载波之间的间隔相应减少，系统复杂度增加。

1. 子载波个数

子载波个数可以由信道带宽、总数据速率要求和有用符号持续时间决定。其数值与 FFT 处理的复数点数相对应。最后确定子载波数量，可以将 3dB 带宽，即减去保护间隔后的符号周期的倒数，除以子载波之间的间隔得到。

2. 调制方式

OFDM 系统的调制方式可以基于功率或是频谱利用率来选择。应用到每个子载波的调制方式的选择是在数据速率与可靠性之间进行折中。

下面通过一个具体的例子来说明如何设计 OFDM 的参数。

【例 7-1】　要求信息速率取 25Mbit/s；带宽应小于 16MHz。已知信道多径时延扩展为 200ns。

解：保护间隔为时延扩展的 2～4 倍，这里取 4，则为 200ns×4 = 800ns = 0.8μs。选择 OFDM 符号周期长度为保护间隔的 5 倍，即 5×800ns = 4μs，其中由保护间隔所造成的信噪比损失小于 1dB。子载波间隔取（4−0.8）μs = 3.2μs 的倒数，即为 312.5kHz。由系统要求的信息率可知，每个 OFDM 符号要传送（25Mbit/s）/（1/4μs）= 100bit。因此可以作如下两种选择：一种利用 16QAM 和码率为 1/2 的编码方法，这样每个子载波可以携带 2bit 的有用信息，因此需要 50 个子载波来满足每个符号 100bit 的传输速率。另外一种选择是利用 QPSK 和码率为 3/4 的编码方法，这样每个子载波可以携带 1.5bit 的有用信息，因此需要 67 个子载波，然而 67 个子载波就意味着信号带宽为 67×312.5kHz = 20.9MHz，大于所给定的带宽要求，因此只能采用16QAM，码率为1/2的编码方法，50个子载波的方案。因此可以利用64点的IFFT/FFT来实现，以满足上述要求。

7.4.4 OFDM的性能分析

前面讲过OFDM子载波调制可采用QAM或PSK调制方式，下面将在AWGN信道条件下，对两种调制方式不同进制数时的误比特性能进行比较。

图7-20和图7-21给出了几种调制方式的OFDM信号性能仿真结果。由图可知，BPSK和QPSK调制方式误码性能较好，但频带利用率低，适用于带宽限制要求不高的系统。然而实际应用中对带宽都较敏感，因此频带利用较高的调制方式如QAM和MPSK较为实用。同时，在相同误码性能的条件下，相同进制数的QAM比MPSK具有更高的频带利用率。

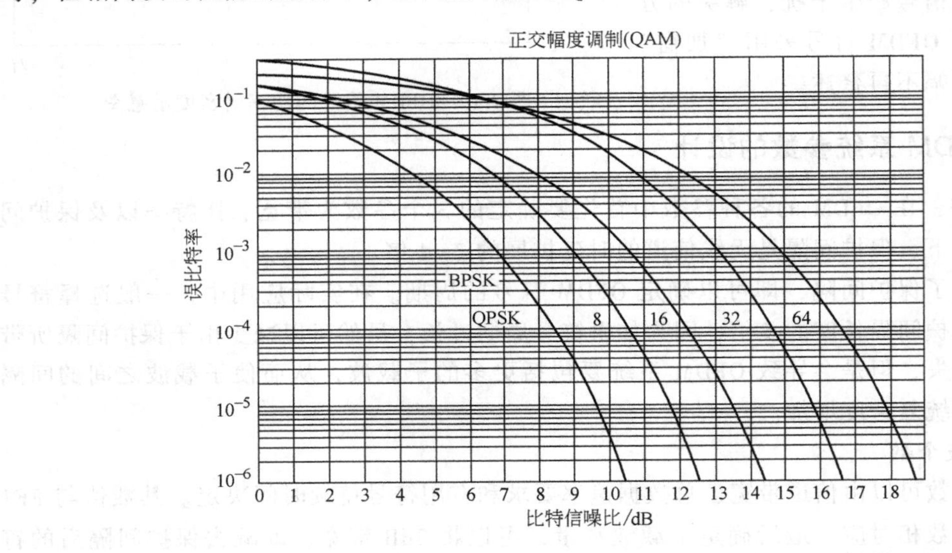

图7-20 BPSK，QPSK，8-QAM，16-QAM，32-QAM，64-QAM比特误码性能比较

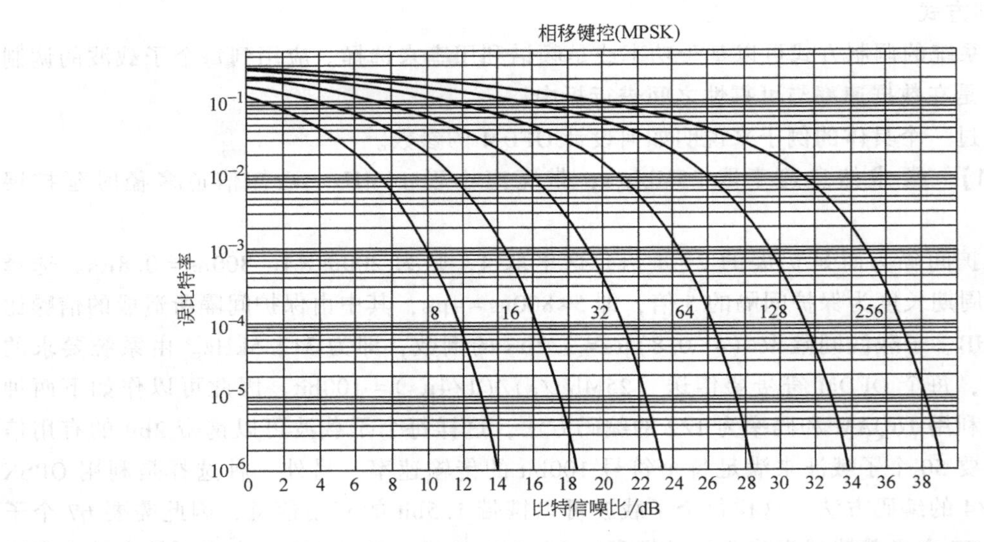

图7-21 8-PSK，16-PSK，32-PSK，64-PSK，128-PSK，256-PSK比特误码性能比较

7.5　CCK 调制与解调原理

本节介绍无线局域网中使用的一种 CCK（补码键控）调制方式，它属于一种扩频通信的调制方法，具有较强的抗多径的能力。如在 IEEE802.11b 标准中，采用的 CCK 调制有两种方式：其一是进行 5.5Mbit/s 数据传输所采用的 CCK4_QPSK 调制方式，这种 CCK 调制所用的扩频补码集由 4 个码字组成；其二是进行 11Mbit/s 数据传输所采用的 CCK64_QPSK 调制方式，这种 CCK 调制所用的扩频补码集则由 64 个码字组成。限于篇幅下面仅对 CCK64_QPSK 调制和解调技术进行了详细的阐述。

7.5.1　CCK64_QPSK 调制

在 IEEE802.11b 中，CCK 扩频码集是一组具有互补自相关特性的补码集，其码长为 8，码片速率为 11Mchip/s（扩频后信号的码元速率称为码片速率），每 8 个比特数据构成一个字符。跟一般的 DSSS（直接序列扩频）系统相比，CCK 调制是一种效率更高的直接序列扩频调制方式。它之所以能获得比一般 DSSS 系统更高的数据传输速率，是因为它所选用的 CCK 扩频码字中载有输入数据信息。

如图 7-22 所示，是 IEEE 802.11b 中 CCK64_QPSK 调制的基本框图。

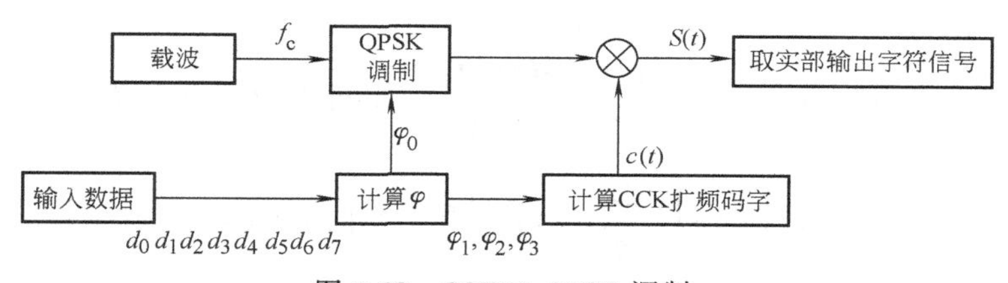

图 7-22　CCK64_QPSK 调制

输入二进制数据每 8 个比特分成一组，当前数据为 $d_0d_1d_2d_3d_4d_5d_6d_7$，d_0 为先入位。当前数据 $d_0d_1d_2d_3d_4d_5d_6d_7$ 按照表 7-3 和表 7-4 映射关系分别得到相位参数 φ_0，φ_1，φ_2，φ_3。

表 7-3　相位参数与比特对（d_id_{i+1}）对应表

数　据	相位参数	数　据	相位参数
d_0d_1	φ_0	d_4d_5	φ_2
d_2d_3	φ_1	d_6d_7	φ_3

表 7-4　QPSK 编码表

比特对(d_id_{i+1})	相　位	比特对(d_id_{i+1})	相　位
00	0	10	π
01	π/2	11	3π/2

得到相位参数 φ_0，φ_1，φ_2，φ_3 后，接下来的工作分两部分进行。其一，根据相位参数 φ_0 进行 QPSK 调制。其二，按照式（7-29）进行复扩频码字的计算

$$
\begin{aligned}
c &= (e^{j\theta_0}, e^{j\theta_1}, e^{j\theta_2}, e^{j\theta_3}, e^{j\theta_4}, e^{j\theta_5}, e^{j\theta_6}, e^{j\theta_7}) \\
&= (e^{j(\varphi_1+\varphi_2+\varphi_3)}, e^{j(\varphi_2+\varphi_3)}, e^{j(\varphi_1+\varphi_3)}, -e^{j(\varphi_3)}, e^{j(\varphi_1+\varphi_2)}, e^{j(\varphi_2)}, -e^{j(\varphi_1)}, 1)
\end{aligned}
\tag{7-29}
$$

即相位关系为

$$\begin{pmatrix}\theta_0\\\theta_1\\\theta_2\\\theta_3\\\theta_4\\\theta_5\\\theta_6\\\theta_7\end{pmatrix}=\begin{pmatrix}1&1&1\\0&1&1\\1&0&1\\0&0&1\\1&1&0\\0&1&0\\1&0&0\\0&0&0\end{pmatrix}\begin{pmatrix}\varphi_1\\\varphi_2\\\varphi_3\end{pmatrix}+\begin{pmatrix}0\\0\\0\\\pi\\0\\0\\\pi\\0\end{pmatrix}$$

由于相位参数 φ_1，φ_2，φ_3 各有 4 种不同取值，所以 CCK64_QPSK 调制采用的扩频码集中包含 64 个不同的扩频码字（附录 C）。让我们从下面例子来看看 CCK 扩频码字是如何产生的。给定 $d_0d_1d_2d_3d_4d_5d_6d_7=10$，11，01，10。由 $d_2d_3=11$，查表 7-3、表 7-4，可得 $\varphi_1=3\pi/2$；由 $d_4d_5=01$，得 $\varphi_2=\pi/2$；由 $d_6d_7=10$，得 $\varphi_3=\pi$。所以，

$$c=(\mathrm{e}^{\mathrm{j}(3\pi)},\mathrm{e}^{\mathrm{j}(3\pi/2)},\mathrm{e}^{\mathrm{j}(5\pi/2)},-\mathrm{e}^{\mathrm{j}(\pi)},\mathrm{e}^{\mathrm{j}(2\pi)},\mathrm{e}^{\mathrm{j}(\pi/2)},-\mathrm{e}^{\mathrm{j}(3\pi/2)},1)=(-1,-\mathrm{j},\mathrm{j},1,1,\mathrm{j},\mathrm{j},1)$$

另外，可以采用另一种时域连续形式来描述补码 c

$$c(t)=\sum_{i=0}^{N-1}q(t-iT_\mathrm{c})\,\mathrm{e}^{\mathrm{j}\theta_i} \tag{7-30}$$

式中，$N=8$；T_c 为码片时长；$q(t)=\begin{cases}1 & 0\leqslant t\leqslant T_\mathrm{c}\\0 & \text{其他}\end{cases}$。如图 7-22 所示，有

$$S(t)=\mathrm{Re}\left(\sqrt{\frac{2\varepsilon_\mathrm{s}}{T_\mathrm{s}}}c(t)\,\mathrm{e}^{\mathrm{j}(2\pi f_\mathrm{c}t+\varphi_0)}\right),\ 0\leqslant t\leqslant T_\mathrm{s} \tag{7-31}$$

式中，$T_\mathrm{s}=NT_\mathrm{c}$ 为字符时长；ε_s 为信号 $S(t)$ 的能量；$S(t)$ 的复数（等效低通[2]）形式为

$$s_1(t)=\sqrt{\frac{2\varepsilon_\mathrm{s}}{T_\mathrm{s}}}c(t)\,\mathrm{e}^{\mathrm{j}\varphi_0},\ 0\leqslant t\leqslant T_\mathrm{s} \tag{7-32}$$

如果仅从上式的形式来看，可以把 $s_1(t)$ 看作一调幅调相信号（如图 7-23 所示，尽管 $\sqrt{\frac{2\varepsilon_\mathrm{s}}{T_\mathrm{s}}}c(t)$ 是一个复数，不能作为复数 $s_1(t)=\sqrt{\frac{2\varepsilon_\mathrm{s}}{T_\mathrm{s}}}c(t)\,\mathrm{e}^{\mathrm{j}\varphi_0}$ 真正意义下的幅度）。由此，CCK 的解调可分两步进行：先解幅，再解相。解幅的过程其实就是解扩的过程。

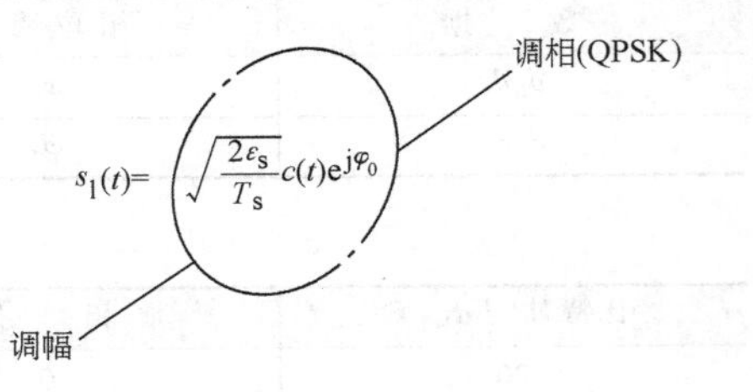

图 7-23 $s_1(t)$ 图示

由于 CCK64_QPSK 调制的扩频码集包含 64 个不同的扩频码字，所以 $s_1(t)=\sqrt{2\varepsilon_\mathrm{s}/T_\mathrm{s}}\,c(t)\,\mathrm{e}^{\mathrm{j}\varphi_0}$ 中的 $c(t)$ 部分必然是 64 种可能的波形 $c_1(t)$，$c_2(t)$，…，$c_{64}(t)$ 中的一种。如果扩频码集包含的 64 个扩频码字两两正交，则 $s_1(t)=\sqrt{2\varepsilon_\mathrm{s}/T_\mathrm{s}}\,c(t)\,\mathrm{e}^{\mathrm{j}\varphi_0}$ 的幅部就是一个六十四进制的正交调制。遗憾的是这一条件并不满足，CCK64_QPSK 调制的扩频码集只是一个准正交（大部分正交）集（通过对附录 C 的码子计算就可以验证）。

7.5.2　CCK64_QPSK 解调

在 AWGN 信道条件下，接收端信号

$$R(t)=\mathrm{Re}\left(\sqrt{\frac{2\varepsilon_s}{T_s}}c(t)\mathrm{e}^{\mathrm{j}(2\pi f_c t+\varphi_0)}\right)+N(t) \tag{7-33}$$

$N(t)$ 是高斯白噪声，功率谱密度为 N_o。将 $c(t)=\sum_{i=0}^{N-1}q(t-iT_c)\mathrm{e}^{\mathrm{j}\theta_i}$ 代入式（7-33）得

$$R(t)=\mathrm{Re}\left(\sqrt{\frac{2\varepsilon_s}{T_s}}\sum_{i=0}^{N-1}q(t-iT_c)\mathrm{e}^{\mathrm{j}\theta_i}\mathrm{e}^{\mathrm{j}(2\pi f_c t+\varphi_0)}\right)+N(t) \tag{7-34}$$

所以，每个字符的 $N=8$ 个码片信号为

$$\begin{aligned}R_i(t)&=\mathrm{Re}\left(\sqrt{\frac{2\varepsilon_s}{T_s}}\mathrm{e}^{\mathrm{j}(2\pi f_c t+\varphi_0+\theta_i)}\right)+N(t)\\&=\mathrm{Re}\left(\sqrt{\frac{16\varepsilon_c}{T_c}}\mathrm{e}^{\mathrm{j}(2\pi f_c t+\varphi_0+\theta_i)}\right)+N(t),\ (i=1,2,\cdots,8)\end{aligned} \tag{7-35}$$

式中，$\varepsilon_c=\dfrac{\varepsilon_s}{8}$为单码片能量。

图 7-24 为 CCK64_QPSK 相干解调接收机解调框图。

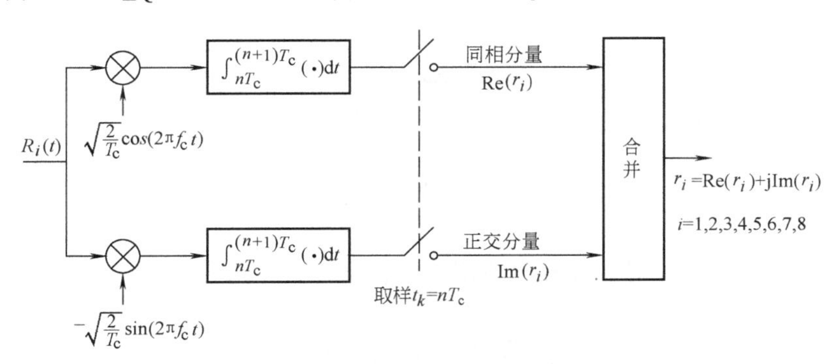

图 7-24　CCK64_QPSK 相干解调

当前字符的 8 个码片解调输出为

$$\begin{aligned}r_i&=\mathrm{Re}(r_i)+\mathrm{jIm}(r_i)\\&=\sqrt{\varepsilon_c}\mathrm{e}^{\mathrm{j}(\varphi_0+\theta_i)}+n_i=\sqrt{\varepsilon_c}c_{\mathrm{T},i}\mathrm{e}^{\mathrm{j}\varphi_0}+n_i,\ (i=1,2,\cdots,8)\end{aligned} \tag{7-36}$$

式中，$c_{\mathrm{T},i}=\mathrm{e}^{\mathrm{j}\theta_i}$ 为发送扩频补码片；$n_i=n_i^c+\mathrm{j}n_i^s(i=1,\ 2,\ \cdots,\ 8)$，$n_i^c$，$n_i^s$ 是均值为 0，方差 $\sigma^2=N_0/2$ 的高斯变量，且相互独立；$n_i(i=1,\ 2,\ \cdots,\ 8)$ 相互独立。

从式（7-36）可以看出，由于 $\mathrm{e}^{\mathrm{j}\varphi_0}$ 同时对补码的 8 个码片进行了相位上的旋转，并未影响幅度值的变化，因而，确实可以采用 $c_{\mathrm{T},i}=\mathrm{e}^{\mathrm{j}\theta_i}$ 与 $\mathrm{e}^{\mathrm{j}\varphi_0}$ 分离检测的接收机结构。CCK64_QPSK 相干解调接收机检测部分结构如图 7-25 所示，图中（$c_{m,1}$，$c_{m,2}$，…，$c_{m,8}$），（$m=1$，2，…，64）为补码集中的 64 个复扩频码字。

图 7-25 中，“64Sel1”是一个 64 选 1 开关，“取模择大判决”输出 $d_2d_3d_4d_5d_6d_7$，并控

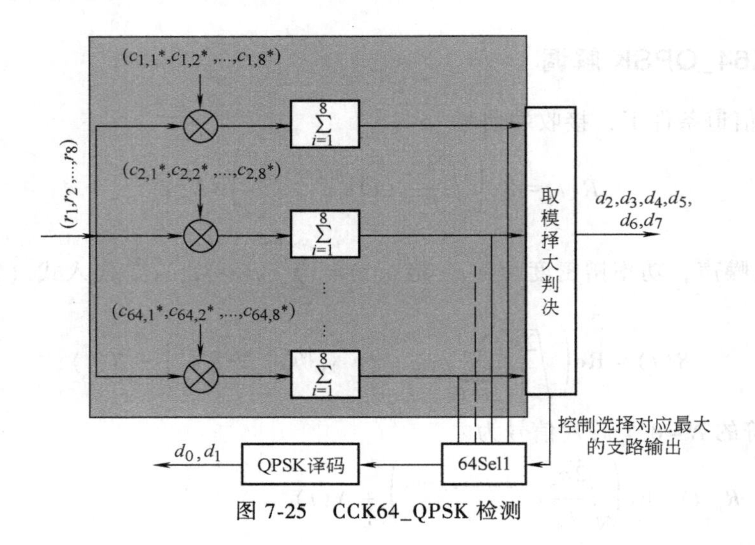

图 7-25　CCK64_QPSK 检测

制“64Sel1”输出对应$\left\| \sum_{i=1}^{8} r_i c_{m,\ i}^* \right\|$（$m=1$，2，…，64）最大的一条支路，将其作为下面对 $e^{j\varphi_0}$ 进行 QPSK 译码的输入。

不失一般性，假设在对当前字符进行检测时，第 m 条相关支路输出的相关幅度值最大，则“64Sel1”的输出为

$$s = \sum_{i=1}^{8} r_i c_{m,i}^* \tag{7-37}$$

将式（7-36）代入上式得

$$s = \sqrt{\varepsilon_c}\, e^{j\varphi_0} \sum_{i=1}^{8} c_{T,i} c_{m,i}^* + \bar{h} \tag{7-38}$$

式中，$\bar{h} = \sum_{i=1}^{8} n_i c_{m,\ i}^*$。如果对扩频补码检测正确，则

$$\sum_{i=1}^{8} (c_{T,i} c_{m,i}^*) = 8 \tag{7-39}$$

所以

$$s = 8\sqrt{\varepsilon_c}\, e^{j\varphi_0} + \bar{h} \tag{7-40}$$

7.5.3　CCK 的性能

本小节考虑了在 AWGN 信道条件下，CCK64_QPSK 调制方式的误字符性能。由于 CCK64_QPSK 用到的扩频补码集不是一个完全正交集，所以要想对 CCK64_QPSK 的性能作一个精确的评估，则有一定的难度。在此只给出误字符率的上界。经过分析[48]可以得到，CCK64_QPSK 误字符率的上界为

$$P_M < 1 - P_q + P_q(6F(5.6569,\gamma) + 37F(0,\gamma) + 12F(4,\gamma) + 8F(2.8284,\gamma)) \tag{7-41}$$

其中

$$P_q = (1 - Q(\sqrt{\gamma}))^2 \tag{7-42}$$

$$F(\|\rho\|,\gamma)=Q_1(a,b)-\frac{1}{2}\mathrm{e}^{-(a^2+b^2)/2}I_0(ab) \tag{7-43}$$

$$a=\sqrt{\frac{\gamma}{2}\left(1-\sqrt{1-\|\rho/8\|^2}\right)} \tag{7-44}$$

$$b=\sqrt{\frac{\gamma}{2}\left(1+\sqrt{1-\|\rho/8\|^2}\right)} \tag{7-45}$$

$Q_1(x,\ y)$ 为一阶广义马库姆 Q 函数[2,5]，$I_0(x)$ 是 0 阶贝塞尔函数，$\gamma=\dfrac{\varepsilon_s}{N_0}$为字符信噪比。一阶广义马库姆 Q 函数为

$$Q_1(x,y)=\mathrm{e}^{-(x^2+y^2)/2}\sum_{k=0}^{\infty}\left(\frac{x}{y}\right)^2 I_k(xy),\ y>x>0$$

式中，$I_k(x)$ 是贝塞尔函数；Q 函数计算见附录 A。CCK64_QPSK 误字符率与单比特信噪比的关系曲线如图 7-26 所示。“—□—”线是由式（7-41）确定的误字符率理论上界，“—*—”线是仿真所得 CCK64_QPSK 实际误字符率曲线。

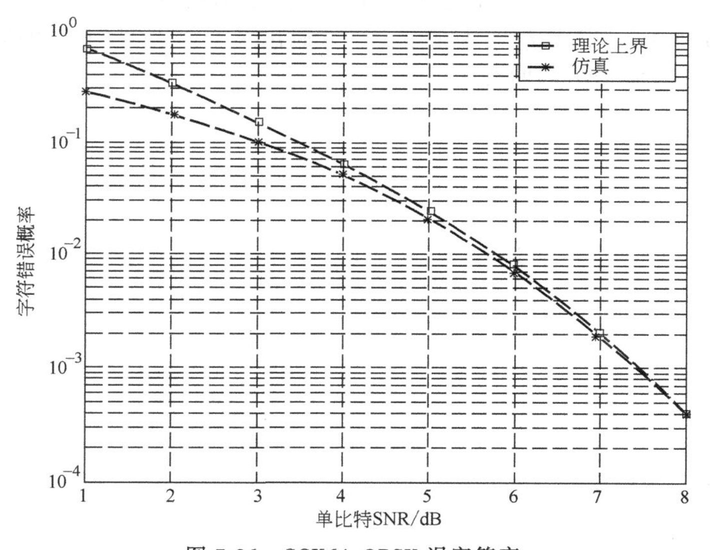

图 7-26　CCK64_QPSK 误字符率

CCK 调制是一种高效的直接序列扩频调制方式。它之所以能获得比一般 DSSS（直接序列扩频）系统更高的数据传输速率，是因为它所选用的 CCK 扩频码字中载有输入数据信息。本节主要描述了 CCK64_QPSK 的调制和相干解调技术，给出了其在 AWGN 信道条件下的误码率性能及其计算机仿真结果。

7.6 小结

本章对现代通信系统中常用调制技术及其部分研究热点进行了介绍，为读者掌握现代通信系统的设计方法奠定了一定基础和准备了必要的知识。当然现代调制技术内容涉及广泛、发展迅速，本章的介绍仅仅属于冰山一角。需要深入学习和研究这方面技术和理论的读者可

以进一步参阅相关文献［1~2，38~44］。

7.7 思考题

1. 试简述现代调制技术的特点。
2. 试画出 OQPSK 调制解调原理框图。
3. 何谓 π/4-DQPSK？它有何优点？
4. 目前 GMSK 调制方式在哪些通信系统中有所应用？
5. 解释何谓 CCK 调制方式。

7.8 习题

1. 仿真图 7-9 给出的解调方法，画出 π/4-DQPSK 的误比特率曲线，并与理论值进行比较。

2. 设有一个 MSK 信号，其码元速率为 1000B，分别用频率 f_1 和 f_0 表示码元“1”和“0”。若 f_1 等于 1250Hz，试求 f_0 应等于多少，并画出三个码元“101”的波形。

3. 仿真验证图 7-26 给出的曲线。

第8章 模拟信号的数字传输

在第 1 章已经说明，和模拟通信系统相比，数字通信系统具有许多突出的优点，因而它已成为当今通信的发展方向与主流。然而自然界的许多信息都是模拟信号，例如话音、图像等，为了能利用数字通信系统来传送模拟信号，必须对模拟信号进行数字化，即模数转换和数模转换。如何进行模拟信号的数字化？这就是本章要解决的问题。本章将从原理上阐述模拟信号的数字化问题，而不涉及实现模拟信号数字化的具体电路。

所谓模数转换就是将模拟信号转换成数字信号，其核心包括：对模拟信号在时域进行抽样操作，完成时间上的离散化；对模拟信号的抽样值进行量化，完成幅度上的离散化，使幅度变成有限种取值。数模转换是模数转换的逆过程，它对接收到的数字信号进行译码和低通滤波等处理，恢复原模拟信号。

本章重点介绍目前模拟信号数字化中常用的方法：脉冲编码调制（PCM）和增量调制（ΔM），并简要介绍它们的改进型：差分脉冲编码调制（DPCM）和自适应差分脉冲编码调制（ADPCM）等。

读者在学习本章中，应该注重掌握模拟信号数字化的原理，理解评价模拟信号数字化性能的主要指标“量化信噪比”。

8.1 抽样定理

抽样是把时间上连续的模拟信号变成一系列时间上离散的抽样序列的过程。能否由此抽样序列恢复原模拟信号，是抽样定理要回答的问题。

抽样定理的大意是，如果对一个频带有限的、时间连续的模拟信号抽样，当抽样速率达到一定数值时，那么根据它的抽样序列就能无失真恢复原模拟信号。也就是说，若要传输模拟信号，不一定要传输模拟信号本身，只需传输由抽样得到的抽样值即可。因此，抽样定理是模拟信号数字化的理论依据。

根据信号是低通型的还是带通型的，抽样定理分低通抽样定理和带通抽样定理；根据用来抽样的脉冲序列是等间隔的还是非等间隔的，又分为均匀抽样和非均匀抽样。

8.1.1 低通抽样定理

一个频带限制在（0，f_H）内的时间连续信号 $m(t)$，如果以 $T_s \leqslant 1/(2f_H)$ 的时间间隔对它进行等间隔（均匀）抽样，则 $m(t)$ 将被所得到的抽样值完全决定。

此定理表明：若 $m(t)$ 的频谱在某一角频率 ω_H 以上为零，则 $m(t)$ 的全部信息完全包

含在其间隔不大于 $1/(2f_H)$ 的均匀抽样序列里。换句话说，在信号最高频率分量的每一个周期内起码应抽样两次。或者说，抽样速率 f_s（每秒内的抽样点数）应不小于 $2f_H$，若抽样速率 $f_s<2f_H$，则会产生失真，这种失真叫混叠失真。

下面从频域来证明这个定理。设抽样脉冲序列是一个周期性冲激序列，它可表示为

$$\delta_T(t) = \sum_{n=-\infty}^{\infty} \delta(t - nT_s) \tag{8-1}$$

由于 $\delta_T(t)$ 是周期性函数，它的频谱 $\delta_T(\omega)$ 必然是离散的，不难求出

$$\delta_T(\omega) = \frac{2\pi}{T_s}\sum_{n=-\infty}^{\infty} \delta(\omega - n\omega_s),\ \omega_s = 2\pi f_s = \frac{2\pi}{T_s} \tag{8-2}$$

抽样过程可看成是 $m(t)$ 与 $\delta_T(t)$ 相乘，即抽样后的信号可表示成

$$m_s(t) = m(t)\delta_T(t) \tag{8-3}$$

根据冲激函数性质，$m(t)$ 与 $\delta_T(t)$ 相乘的结果也是一个冲激序列，其冲激的强度等于 $m(t)$ 在相应时刻的取值，即样值 $m(nT_s)$。因此抽样后信号 $m_s(t)$ 又可表示为

$$m_s(t) = \sum_{n=-\infty}^{\infty} m(nT_s)\delta(t - nT_s) \tag{8-4}$$

上述关系的时间波形如图 8-1a、c、e 所示。

根据频域卷积定理，式（8-3）所表述的抽样后信号的频谱为

$$M_s(\omega) = \frac{1}{2\pi}[M(\omega) * \delta_T(\omega)] \tag{8-5}$$

式中，$M(\omega)$ 是低通信号 $m(t)$ 的频谱，其最高角频率为 ω_H，如图 8-1b 所示。将式（8-2）代入上式有

$$M_s(\omega) = \frac{1}{T_s}\left[M(\omega) * \sum_{N=-\infty}^{\infty} \delta(\omega - n\omega_s)\right]$$

由冲激卷积性质，上式可写成

$$M_s(\omega) = \frac{1}{T_s}\left[\sum_{N=-\infty}^{\infty} M(\omega - n\omega_s)\right] \tag{8-6}$$

如图 8-1f 所示，抽样后信号的频谱 $M_s(\omega)$ 由无限多个间隔为 ω_s 的 $M(\omega)$ 相叠加而成，这意味着抽样后的信号 $m_s(t)$ 包含了信号 $m(t)$ 的全部信息。如果 $\omega_s \geqslant 2\omega_H$，即 $f_s \geqslant 2f_H$，也即

$$T_s \leqslant 1/(2f_H) \tag{8-7}$$

则在相邻的 $M(\omega)$ 之间没有重叠，而位于 $n=0$ 的频谱就是信号频谱 $M(\omega)$ 本身。这时，只需在接收端用一个低通滤波器，就能从 $M_s(\omega)$ 中取出 $M(\omega)$，无失真地恢复原信号。此低通滤波器的特性如图 8-1f 中的虚线所示。

如果 $\omega<2\omega_H$，即抽样时间间隔 $T_s>1/(2f_H)$，则抽样后信号的频谱在相邻的周期内发生混叠，如图 8-2 所示，此时不可能无失真地重建原信号。因此必须要求满足 $T_s \leqslant 1/(2f_H)$，$m(t)$ 才能被 $m_s(t)$ 完全确定，这就证明了抽样定理。显然，$T_s = 1/(2f_H)$ 是最大允许抽样间隔，它被称为奈奎斯特间隔，相对应的最低抽样速率 $f_s = 2f_H$ 称为奈奎斯特速率。

二维码 8-1

为加深对抽样定理的理解，再从时域角度来证明抽样定理。目的是要找

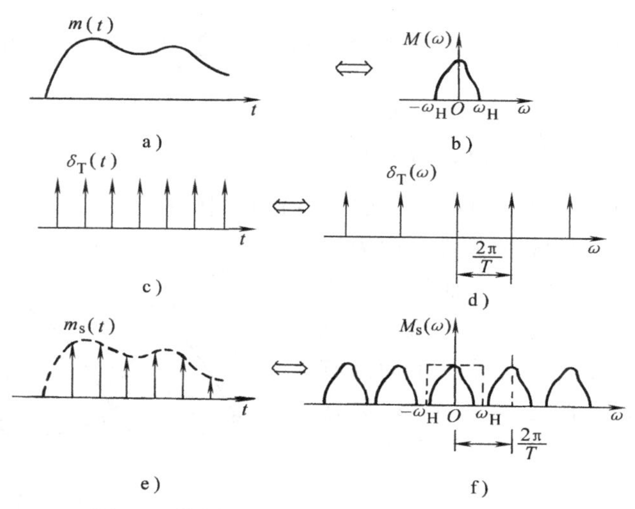

图 8-1 抽样过程的时间函数及对应频谱图

出 $m(t)$ 与各抽样值的关系，若$m(t)$ 能表示成仅仅是抽样值的函数，那么目的就达到了。

根据前面的分析，理想抽样定理与信号恢复的原理框图如图 8-3 所示。频域已证明，将 $M_s(\omega)$ 通过截止频率为 ω_H 的低通滤波器后便可得到 $M(\omega)$。显然，滤波器的作用等效于用一门函数 $D_{2\omega_H}(\omega)$ 去乘 $M_s(\omega)$。因此，由式（8-6）得到

$$M_s(\omega)D_{2\omega_H}(\omega)=\frac{1}{T_s}\sum_{n=-\infty}^{\infty}M(\omega-n\omega_s)D_{2\omega_H}(\omega)=\frac{1}{T_s}M(\omega)$$

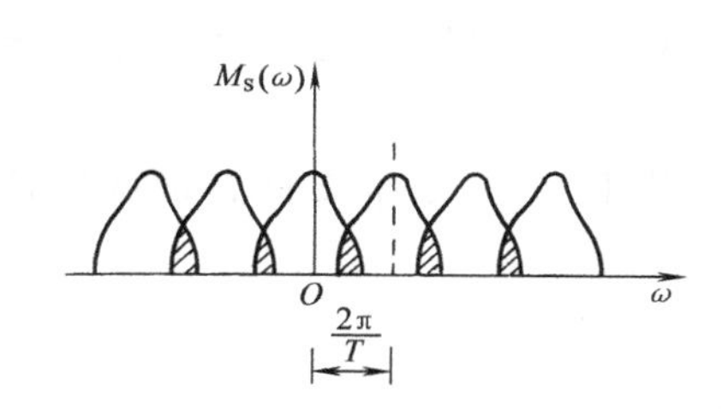

图 8-2 混叠现象

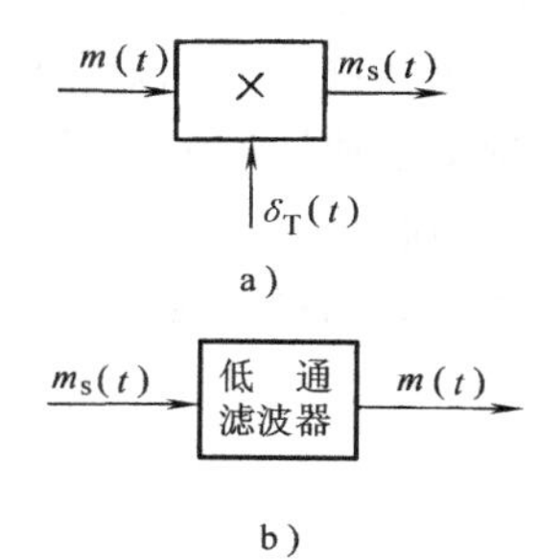

图 8-3 理想抽样与信号恢复

所以

$$M(\omega)=T_s[M_s(\omega)D_{2\omega_H}(\omega)] \tag{8-8}$$

将时域卷积定理用于式（8-8），有

$$m(t)=T_s\left[m_s(t)*\frac{\omega_H}{\pi}Sa(\omega_H t)\right]=m_s(t)*Sa(\omega_H t) \tag{8-9}$$

由式（8-4）可知抽样后信号

$$m_s(t)=\sum_{n=-\infty}^{\infty}m(nT_s)\delta(t-nT_s)$$

所以

$$m(t)=\sum_{n=-\infty}^{\infty}m(nT_s)\delta(t-nT_s)*Sa(\omega_H t)=\sum_{n=-\infty}^{\infty}m(nT_s)Sa[\omega_H(t-nT_s)]$$

$$=\sum_{n=-\infty}^{\infty}m(nT_s)\frac{\sin\omega_H(t-nT_s)}{\omega_H(t-nT_s)}\tag{8-10}$$

式中，$m(nT_s)$ 是在 $t=nT_s$（$n=0$，±1，±2，…）时刻的样值。

该式是重建信号的时域表达式，称为内插公式。它说明按奈奎斯特速率抽样的低通信号 $m(t)$ 可以由其抽样值利用内插公式重建。这等效为将抽样后信号通过一个冲激响应为 $\mathrm{Sa}(\omega_H t)$ 的理想低通滤波器来重建 $m(t)$。图 8-4 描述了由式（8-10）重建信号的过程。

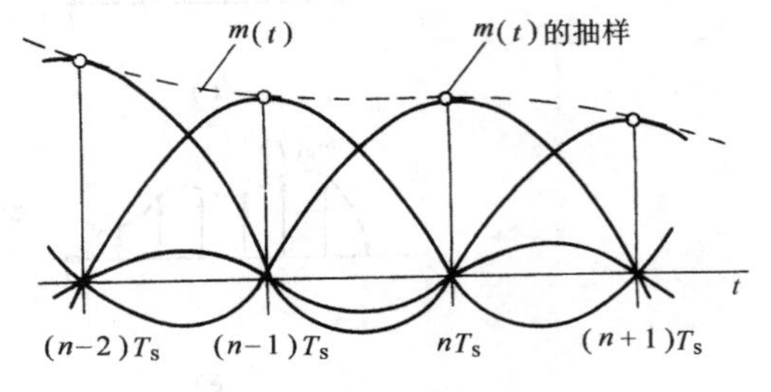

图 8-4　信号的重建

由图可见，以每个样值为峰值画一个 Sa 函数的波形，则合成的波形就是 $m(t)$。由于 Sa 函数和抽样后信号的恢复有密切的联系，所以 Sa 函数又称为抽样函数。

8.1.2　带通抽样定理

上面讨论和证明了频带限制在（0，f_H）的低通型信号的均匀抽样定理。实际中遇到的许多信号是带通信号。如果采用低通抽样定理的抽样速率 $f_s\geqslant 2f_H$，对频率限制在 f_L 与 f_H 之间的带通型信号抽样，肯定能满足频谱不混叠的要求，如图 8-5 所示。但这样选择 f_s 太高了，它会使 0~f_L 一大段频谱空隙得不到利用，降低了信道的利用率。为了提高信道利用率，同时又使抽样后的信号频谱不混叠，那么 f_s 到底怎样选择呢？带通信号的抽样定理将回答这个问题。

带通均匀抽样定理：一个带通信号 $m(t)$，其频率限制在 f_L 与 f_H 之间，带宽为 $B=f_H-$

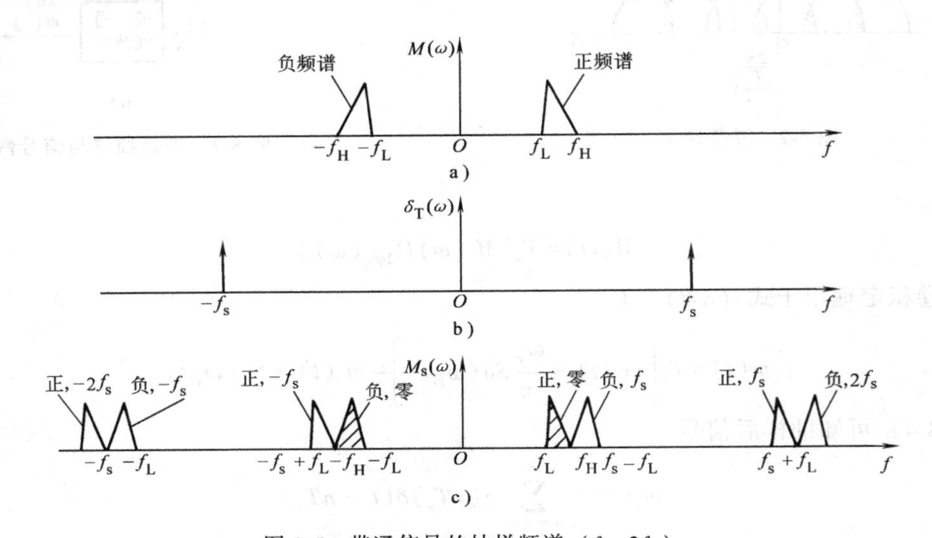

图 8-5　带通信号的抽样频谱（$f_s=2f_H$）

f_L，如果最小抽样速率$f_s=2f_H/m$，m是一个不超过f_H/B的最大整数，那么$m(t)$可完全由其抽样值确定。下面分两种情况加以说明。

1）若最高频率f_H为带宽的整数倍，即$f_H=nB$。此时$f_H/B=n$是整数，$m=n$，所以抽样速率$f_s=2f_H/m=2B$。图8-6画出了$f_H=5B$时的频谱图，图中抽样后信号的频谱$M_s(\omega)$既没有混叠也没有留空隙，而且包含有$m(t)$的频谱$M(\omega)$图中虚线所框的部分。这样，采用带通滤波器就能无失真地恢复原信号，且此时抽样速率（2B）远低于按低通抽样定理时$f_s=10B$的要求。显然，若f_s再减小，即$f_s<2B$时，必然会出现混叠失真。

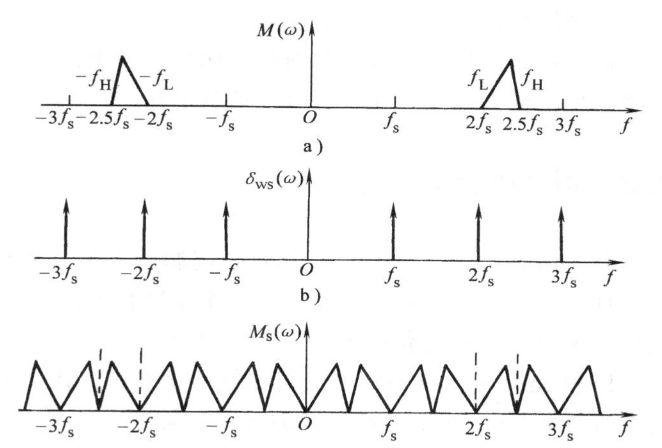

图8-6　$f_H=nB$时带通信号的抽样频谱

由此可知：当$f_H=nB$时，能重建原信号$m(t)$的最小抽样速率为

$$f_s=2B \tag{8-11}$$

2）若最高频率f_H不为带宽的整数倍，即

$$f_H=nB+kB，0<k<1 \tag{8-12}$$

此时，$f_H/B=n+k$，由定理可知，m是一个不超过$n+k$的最大整数，显然，$m=n$，所以能恢复出原信号$m(t)$的最小抽样速率为

$$f_s=(2f_H/m)=2(n+k)B/n=2B\left(1+\frac{k}{n}\right) \tag{8-13}$$

式中，n是一个不超过f_H/B的最大整数，$0<k<1$。

根据式（8-13）和关系$f_H=f_L+B$画出的曲线如图8-7所示。由图可见，f_s在$2B\sim4B$范围内取值，当$f_L\gg B$时，f_s趋近于$2B$。这一点由式（8-13）也可以加以说明，当$f_L\gg B$时，n很大，所以不论f_H是否为带宽的整数倍，式（8-13）可简化为

$$f_s\approx2B \tag{8-14}$$

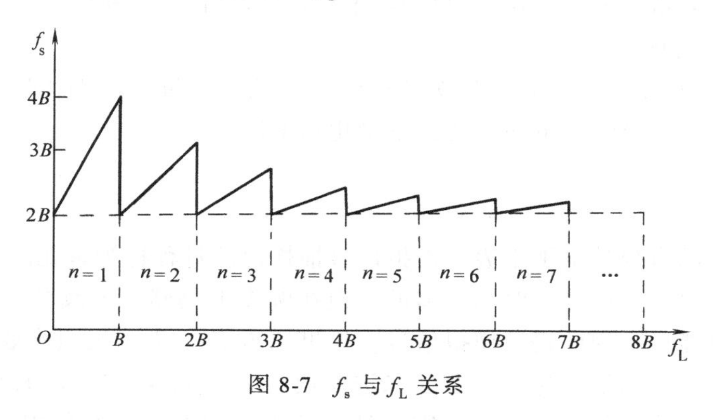

图8-7　f_s与f_L关系

实际中应用广泛的高频窄带信号就符合这种情况，这是因为f_H大而B小，f_L当然也大，很容易满足$f_L\gg B$。由于带通信号一般为窄带信号，很容易满足$f_L\gg B$，因此带通信号通常

可按 $2B$ 速率抽样。

顺便指出，对于一个携带信息的基带信号，可以视为随机基带信号。若该随机基带信号是宽平稳的随机过程，则可以证明：一个宽平稳的随机信号，当其功率谱密度函数限于 f_H 以内时，若以不大于 $1/(2f_H)$ 的间隔对它进行均匀抽样，则可得一随机样值序列，如果让该随机样值序列通过一截止频率为 f_H 的低通滤波器，那么其输出信号与原来的宽平稳随机信号的均方差在统计平均意义下为零。也就是说，从统计的观点来看，对频带受限的宽平稳随机信号进行抽样，也服从抽样定理。

抽样定理不仅为模拟信号的数字化奠定了理论基础，它还是时分多路复用及信号分析、处理的理论依据。这将在以后有关章节中介绍。

8.2 脉冲编码调制

脉冲编码调制（PCM）简称脉码调制，它是一种用一组二进制数字代码来代替连续信号的抽样值的模拟信号数字化方式。由于这种方式抗干扰能力强，它在光纤通信、数字微波通信、卫星通信中均获得了极为广泛的应用。

PCM 是一种最典型的语音信号数字化方式，其系统原理框图如图 8-8 所示。首先，在发送端进行波形编码（主要包括抽样、量化和编码三个过程），把模拟信号变换为二进制码组。编码后的 PCM 码组的数字传输方式可以是直接的基带传输，也可以是对微波、光波等载波调制后的调制传输。在接收端，二进制码组经译码后还原为量化后的样值脉冲序列，然后经低通滤波器滤除高频分量便可以得到重建信号 $\hat{m}(t)$。

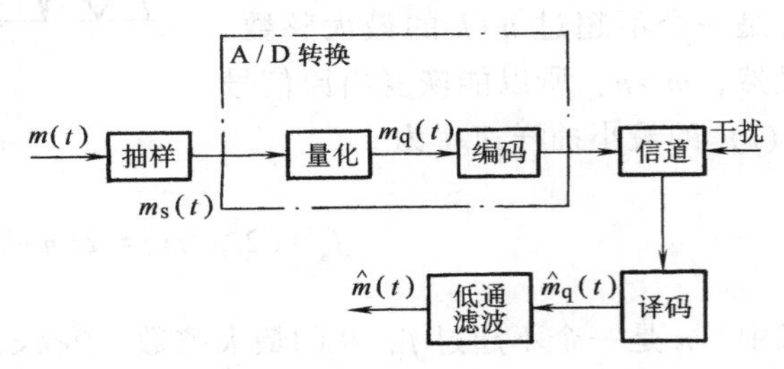

图 8-8 PCM 系统原理框图

抽样是按抽样定理把时间上连续的模拟信号转换成时间上离散的抽样信号；量化是把幅度上仍连续（无穷多种取值）的抽样信号进行幅度离散，即指定 M 种规定的电平，把抽样值用最接近的电平表示；编码是用二进制码组表示量化后的 M 种样值脉冲。图 8-9 给出了 PCM 信号形成的示意图。

综上所述，PCM 信号的形成是模拟信号经过“抽样、量化、编码”三个步骤实现的。其中，抽样的原理已经介绍，下面主要讨论量化和编码。

8.2.1 量化

利用预先规定的有限种电平来表示模拟信号抽样值的过程称为量化。时间连续的模拟信号经抽样后的样值序列，虽然在时间上离散，但在幅度上仍然是连续的，即抽样值 $m(kT_s)$ 可以取无穷多种可能值，因此仍属模拟信号。如果用 N 位二进制码组来表示该样值的大小，以便利用数字传输系统的话，那么，N 位二进制码组只能同 $M=2^N$ 种电平样值相对应，而不能同无穷多种可能取值相对应。这就需要把取值无限的抽样值划分成有限的 M 种离散电平，此电平被称为量化电平。

量化的物理过程可通过图 8-10 所示的例子加以说明。其中，$m(t)$ 是模拟信号；抽样速

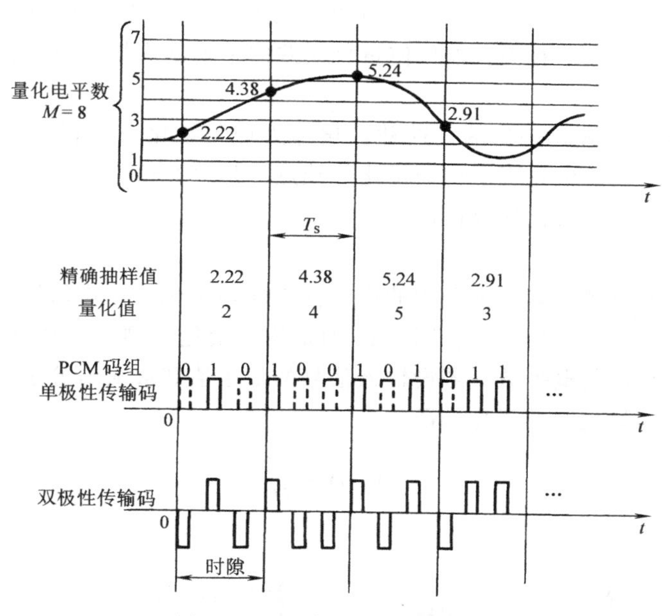

图 8-9　PCM 信号形成示意图

率为 $f_s=1/T_s$；图中，抽样值用"·"表示；第 k 个抽样值为 $m(kT_s)$；$m_q(t)$ 表示量化信号；$q_1\sim q_M$ 是预先规定好的 M 种量化电平（这里 $M=7$）；m_i 为第 i 个量化区间的终点电平（分层电平）；电平之间的间隔 $\Delta_i=m_i-m_{i-1}$ 称为量化间隔。那么，量化就是将抽样值 $m(kT_s)$ 转换为 M 种规定电平 $q_1\sim q_M$ 之一，即

$$m_q(kT_s)=q_i,\text{如果 } m_{i-1}\leqslant m(kT_s)\leqslant m_i \tag{8-15}$$

例如图 8-10 中，$t=6T_s$ 时的抽样值 $m(6T_s)$ 在 m_5、m_6 之间，此时按规定量化值为 q_6。量化器输出的是图中的阶梯波形 $m_q(t)$，其中

$$m_q(t)=m_q(kT_s),\ kT_s\leqslant t\leqslant(k+1)T_s \tag{8-16}$$

从上面结果可以看出，量化后的信号 $m_q(t)$ 是对原来信号 $m(t)$ 的近似，当抽样速率一定，量化级数目（量化电平数）增加并且量化电平选择适当时，可以使 $m_q(t)$ 与 $m(t)$ 的近似程度提高。

$m_q(kT_s)$ 与 $m(kT_s)$ 之间的误差称为量化误差。对于语音、图像等随机信号，量化误差也是随机的，它像噪声一样影响通信质量，因此又称为量化噪声，通常用均方误差来度量。为方便起见，假设 $m(t)$ 是均值为零，概率密度为 $f(x)$ 的平稳随机过程，并用简化符号 m 表示 $m(kT_s)$，m_q 表示 $m_q(kT_s)$，则量化噪声的均方误差（即平均功率）为

$$N_q=E[(m-m_q)^2]=\int_{-\infty}^{\infty}(x-m_q)^2f(x)\,dx \tag{8-17}$$

若把积分区间分割成 M 个量化间隔，则上式可表示成

$$N_q=\sum_{i=1}^{M}\int_{m_{i-1}}^{m_i}(x-q_i)^2f(x)\,dx \tag{8-18}$$

这是求量化误差的基本公式。在给定信息源的情况下，$f(x)$ 是已知的。因此，量化误差的平均功率与量化间隔的分割有关，如何使量化误差的平均功率最小或符合一定规律，是量化器的理论所要研究的问题。

图 8-10 中，量化间隔是均匀的，这种量化称为均匀量化。还有一种是量化间隔不均匀的非均匀量化，非均匀量化克服了均匀量化的缺点，是语音信号实际应用的量化方式，下面分别对均匀量化和非均匀量化加以讨论。

1. 均匀量化

把输入信号的取值域按等距离分割的量化称为均匀量化。在均匀量化中，每个量化区间的量化电平均取在每个区间的中点，图 8-10 即是均匀量化的例子。其量化间隔 Δ_i 取决于输入信号的变化范围和量化电平数。若设输入信号的最小值和最大值分别用 a 和 b 表示，量化电平数为 M，则均匀量化时的量化间隔为

$$\Delta_i=\Delta=\frac{b-a}{M} \tag{8-19}$$

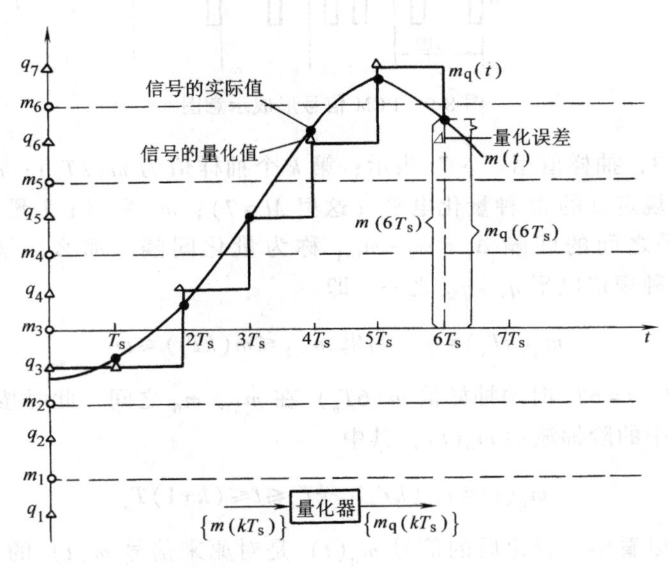

图 8-10　量化过程

量化器输出为

$$m_q=q_i,\ m_{i-1}\leqslant m\leqslant m_i \tag{8-20a}$$

式中，m_i 是第 i 个量化区间的终点（也称分层电平），可写成

$$m_i=a+i\Delta \tag{8-20b}$$

q_i 是第 i 个量化区间的量化电平，可表示为

$$q_i=\frac{m_{i-1}+m_i}{2},\ i=1,2,\cdots M \tag{8-20c}$$

量化器的输入与输出关系可用量化特性来表示，语音编码常采用图 8-11a 所示输入-输出特性的均匀量化器，当输入 m 在量化区间 $m_{i-1}\leqslant m\leqslant m_i$ 变化时，量化电平 q_i 是该区间的中点值。而相应的量化误差 $e_q=m-m_q$ 与输入信号幅度 m 之间的关系曲线如图 8-11b 所示。

对于不同的输入范围，误差显示出两种不同的特性：量化范围（量化区）内，量化误差的绝对值 $|e_q| \leqslant \Delta/2$；当信号幅度超出量化范围，量化值 m_q 保持不变，$|e_q| > \Delta/2$，此时称为过载或饱和。过载区的误差特性是线性增长的，因而过载误差比量化误差大，对重建信号有很坏的影响。在设计量化器时，应考虑输入信号的幅度范围，使信号幅度不进入过载区，或者只能以极小的概率进入过载区。

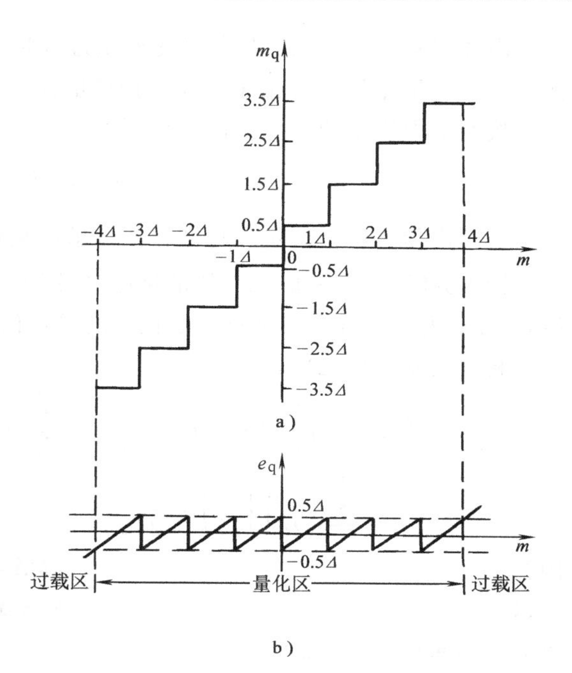

图 8-11　均匀量化特性及量化误差曲线

上述的量化误差 $e_q = m - m_q$ 通常称为绝对量化误差，它在每一量化间隔内的最大值均为 $\Delta/2$。在衡量量化器性能时，单看绝对误差的大小是不够的，因为信号有大有小，同样大的噪声对大信号的影响可能不算什么，但对小信号而言有可能造成严重的后果，因此在衡量系统性能时应看噪声与信号的相对大小，把绝对量化误差与信号之比称为相对量化误差。相对量化误差的大小反映了量化器的性能，通常用量化信噪比（S/N_q）来衡量，它被定义为信号功率与量化噪声功率之比，即

$$\frac{S}{N_q} = \frac{E[m^2]}{E[(m-m_q)^2]} \tag{8-21}$$

式中，E 表示求统计平均；S 为信号功率；N_q 为量化噪声功率。显然（S/N_q）越大，量化性能越好。下面分析均匀量化时的量化信噪比。

设输入的模拟信号 $m(t)$ 是均值为零，概率密度为 $f(x)$ 的平稳随机过程，m 的取值范围为（a，b），且设不会出现过载量化，则由式（8-18）得量化噪声功率 N_q 为

$$N_q = E[(m - m_q)^2] = \int_a^b (x - m_q)^2 f(x)\,\mathrm{d}x = \sum_{i=1}^{M} \int_{m_{i-1}}^{m_i} (x - q_i)^2 f(x)\,\mathrm{d}x \tag{8-22}$$

这里

$$m_i = a + i\Delta,\ q_i = a + i\Delta - \frac{\Delta}{2}$$

一般来说，量化电平数 M 很大，量化间隔 Δ 很小，因而可认为 $f(x)$ 在 Δ 内不变，以 p_i 表示，且假设各层之间量化噪声相互独立，则 N_q 表示为

$$N_q = \sum_{i=1}^{M} p_i \int_{m_{i-1}}^{m_i} (x - q_i)^2 \mathrm{d}x = \frac{\Delta^2}{12} \sum_{i=1}^{M} p_i \Delta = \frac{\Delta^2}{12} \tag{8-23}$$

式中，p_i 代表第 i 量化间隔的概率密度；Δ 为均匀量化间隔，因假设不出现过载现象，故上式中 $\sum_{i=1}^{M} p_i \Delta = 1$。

由式（8-23）可知，均匀量化器不过载量化噪声 N_q 仅与 Δ 有关，而与信号的统计特性无关，一旦量化间隔 Δ 给定，无论抽样值大小，均匀量化噪声功率 N_q 都是相同的。

按照上面给定的条件，信号功率为

$$S = E[(m)^2] = \int_a^b x^2 f(x)\,dx \tag{8-24}$$

若给出信号特性和量化特性，便可求出量化信噪比（S/N_q）。

【例 8-1】 设一 $M=2^N$ 种量化电平的均匀量化器，其输入信号的概率密度函数在区间 $[-a, a]$ 内均匀分布，试求该量化器的量化信噪比。

解： 由式（8-22）得

$$N_q = \sum_{i=1}^{M}\int_{m_{i-1}}^{m_i}(x-q_i)^2\frac{1}{2a}dx = \sum_{i=1}^{M}\int_{-a+(i-1)\Delta}^{-a+i\Delta}\left(x+a-i\Delta+\frac{\Delta}{2}\right)^2\frac{1}{2a}dx$$

$$= \sum_{i=1}^{M}\left(\frac{1}{2a}\right)\left(\frac{\Delta^3}{12}\right) = \frac{M\Delta^3}{24a}$$

因为

$$M\Delta = 2a$$

所以

$$N_q = \Delta^2/12$$

可见，结果同式（8-23）。

又由式（8-24）得信号功率

$$S = \int_{-a}^{a} x^2 \frac{1}{2a}dx = \frac{\Delta^2}{12}M^2$$

因而，量化信噪比为

$$\frac{S}{N_q} = M^2 \tag{8-25}$$

或

$$\left(\frac{S}{N_q}\right)_{dB} = 10\log M^2 = 20\log M = 20\log 2^N \approx 6N \tag{8-26}$$

由上式可知，量化信噪比随量化电平数 M 的增加而提高，M 越大，信号的逼真度越好。通常量化电平数应根据对量化信噪比的要求来确定。

均匀量化器广泛应用于线性 A/D 变换接口，例如在计算机的 A/D 变换中，N 为 A/D 变换器的位数，常用的有 8 位、12 位、16 位等不同精度。另外，在遥测遥控系统、仪表、图像信号的数字化接口等中，也都使用均匀量化器。

但在语音信号数字化通信（或叫数字电话）中，均匀量化器则有一个明显的不足，量化信噪比随信号电平的减小而下降。产生这一现象的原因是均匀量化的量化间隔 Δ 为固定值，量化电平分布均匀，因而无论信号大小如何，量化噪声功率固定不变，这样，小信号时的量化信噪比就难以达到给定的要求。

通常，把满足信噪比要求的输入信号的取值范围定义为动态范围。因此，均匀量化时输入信号的动态范围将受到较大的限制。为了克服均匀量化的缺点，实际中往往采用非均匀量化。

2. 非均匀量化

非均匀量化是一种在整个信号取值范围内量化间隔不相等的量化。换言之，非均匀量化是根据输入信号的概率密度函数来分布量化电平，以改善量化性能。由均方误差式

(8-17)，即

$$N_q = E[(m-m_q)^2] = \int_{-\infty}^{\infty}(x-m_q)^2 f(x)\,dx \tag{8-27}$$

可见，在 $f(x)$ 大的地方，设法降低量化噪声 $(m-m_q)^2$，从而降低均方误差，可提高信噪比。

在数字电话中，一种简单而又稳定的非均匀量化器为对数量化器，该量化器在出现频率高的低幅度话音信号处，运用小的量化间隔，而在不经常出现的高幅度语音信号处，运用大的量化间隔。

实现非均匀量化的方法之一是把输入量化器的信号 x 先进行压缩处理，再把压缩的信号 y 进行均匀量化。所谓压缩器就是一个非线性变换电路，微弱的信号就被放大，强的信号被压缩。压缩器的输入输出关系表示为

$$y=f(x) \tag{8-28}$$

接收端采用一个与压缩特性相反的扩张器来恢复 x。图 8-12 画出了压缩与扩张的示意图。通常使用的压缩器中，大多采用具有对数式特性的 μ 律压扩和 A 律压扩。美国采用 μ 律压扩，我国和欧洲各国均采用 A 律压扩，下面分别讨论这两种压扩的原理。

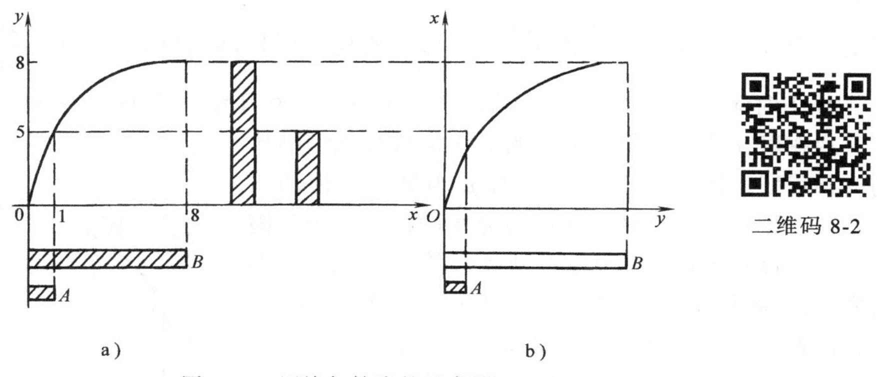

图 8-12　压缩与扩张的示意图

μ 律压扩特性

$$y=\frac{\ln(1+\mu x)}{\ln(1+\mu)},\quad 0\leqslant x\leqslant 1 \tag{8-29}$$

式中，x 为归一化输入。归一化是指信号电压与信号最大电压之比，所以归一化的最大值为 1。μ 为压扩参数，表示压扩程度。不同 μ 值压缩特性如图 8-13a 所示。由图可见，$\mu=0$ 时，压缩特性是一条通过原点的直线，故没有压缩效果，小信号性能得不到改善；μ 值越大压缩效果越明显，一般当 $\mu=100$ 时，压缩效果就比较理想了。在国际标准中取 $\mu=255$。另外，需要指出的是 μ 律压扩特性曲线是以原点奇对称的，图中只画出了正向部分。

A 律压扩特性

$$y=\begin{cases}\dfrac{Ax}{1+\ln A},\quad 0\leqslant x\leqslant \dfrac{1}{A} & (8\text{-}30\text{a})\\[2ex] \dfrac{1+\ln Ax}{1+\ln A},\quad \dfrac{1}{A}\leqslant x\leqslant 1 & (8\text{-}30\text{b})\end{cases}$$

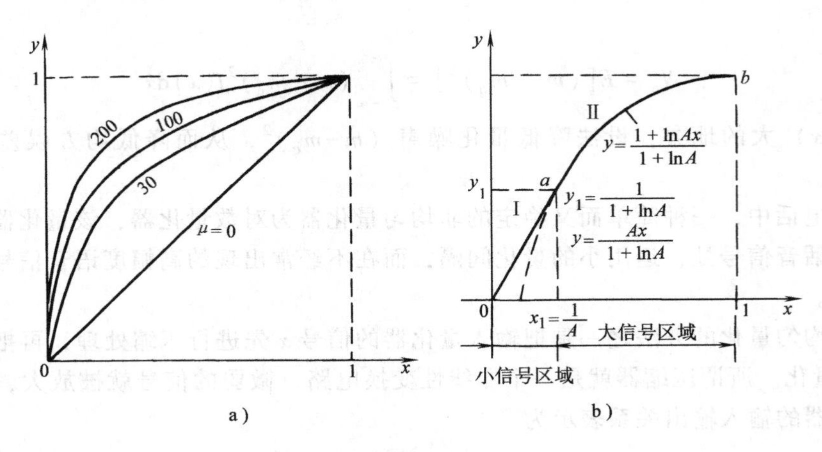

图 8-13 对数压缩特性

a) μ 律 b) A 律

其中，式（8-30b）是 A 律的主要表达式，但当 $x=0$ 时，$y\to-\infty$，这样不满足对压缩特性的要求，所以当 x 很小时应对它加以修正。对式（8-30b）过零点作切线，这就是式（8-30a），它是一个线性方程，其斜率为 $\frac{\mathrm{d}y}{\mathrm{d}x}=\frac{A}{1+\ln A}$，对应国际标准取值 $A=87.6$，$\frac{\mathrm{d}y}{\mathrm{d}x}=16$。$A$ 为压扩参数，$A=1$ 时无压缩，A 值越大压缩效果越明显。A 律压缩特性如图 8-13b 所示。

现在以 μ 律压缩特性来说明对小信号量化信噪比的改善程度，图 8-14 画出了参数 μ 为某一取值的压缩特性。虽然它的纵坐标是均匀分级的，但由于压缩的结果，反映到输入信号 x 就成为非均匀量化了，即信号小时量化间隔 Δx 小，信号大时量化间隔 Δx 也大，而在均匀量化中，量化间隔却是固定不变的。下面举例来计算压缩对量化信噪比的改善量。

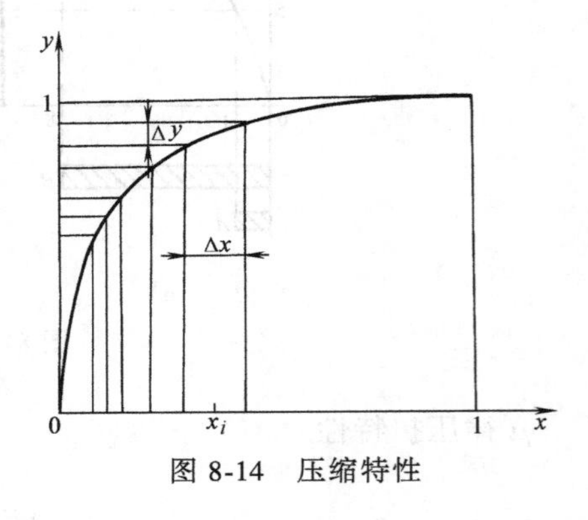

图 8-14 压缩特性

【例 8-2】 求 $\mu=100$ 时，压缩对大、小信号的量化信噪比的改善量，并与无压缩时（$\mu=0$）的情况进行对比。

解： 因为压缩特性 $y=f(x)$ 为对数曲线，当量化级划分较多时，在每一量化级中压缩特性曲线均可看作直线，所以

$$\frac{\Delta y}{\Delta x}=\frac{\mathrm{d}y}{\mathrm{d}x}=y' \tag{8-31}$$

对式（8-29）求导可得

$$\frac{\mathrm{d}y}{\mathrm{d}x}=\frac{\mu}{(1+\mu x)\ln(1+\mu)}$$

又由式（8-31）有

$$\Delta x=\frac{1}{y'}\Delta y \tag{8-32}$$

因此，量化误差为

$$\frac{\Delta x}{2}=\frac{1}{y'}\cdot\frac{\Delta y}{2}=\frac{\Delta y}{2}\cdot\frac{(1+\mu x)\ln(1+\mu)}{\mu}$$

当$\mu>1$时，$\Delta y/\Delta x$的比值大小反映了非均匀量化（有压缩）对均匀量化（无压缩）的信噪比的改善程度。当用分贝表示，并用符号Q表示信噪比的改善量时，有

$$[Q]_{\mathrm{dB}}=20\lg\left(\frac{\Delta y}{\Delta x}\right)=20\lg\left(\frac{\mathrm{d}y}{\mathrm{d}x}\right) \tag{8-33}$$

对于小信号（$x\to0$），有

$$\left(\frac{\mathrm{d}y}{\mathrm{d}x}\right)_{x\to0}=\frac{\mu}{(1+\mu x)\ln(1+\mu)}\bigg|_{x\to0}=\frac{\mu}{\ln(1+\mu)}=\frac{100}{4.62}$$

该比值大于1，表示非均匀量化的量化间隔Δx比均匀量化间隔Δy小。这时，信噪比的改善量为

$$[Q]_{\mathrm{dB}}=20\lg\left(\frac{\mathrm{d}y}{\mathrm{d}x}\right)=26.7$$

对于大信号（$x=1$），有

$$\left(\frac{\mathrm{d}y}{\mathrm{d}x}\right)_{x\to1}=\frac{\mu}{(1+\mu x)\ln(1+\mu)}\bigg|_{x\to1}=\frac{100}{(1+100)\ln(1+100)}=\frac{1}{4.67}$$

该比值小于1，表示非均匀量化的量化间隔Δx比均匀量化间隔Δy大，故信噪比下降。以分贝表示为

$$[Q]_{\mathrm{dB}}=20\lg\left(\frac{\mathrm{d}y}{\mathrm{d}x}\right)=20\lg\left(\frac{1}{4.67}\right)\mathrm{dB}=-13.3\mathrm{dB}$$

即大信号信噪比下降13.3dB。

根据以上关系计算得到的信噪比的改善程度与输入电平的关系如表8-1所列。这里，最大允许输入电平为0dB（即$x=1$）；$[Q]_{\mathrm{dB}}>0$表示提高的信噪比，而$[Q]_{\mathrm{dB}}<0$表示损失的信噪比。图8-15画出了有无压扩时的比较曲线，其中，$\mu=0$表示无压扩时的信噪比，$\mu=100$表示有压扩时的信噪比。由图可见，无压扩时，信噪比随输入信号的减小而迅速下降；有压扩时，信噪比随输入信号的下降比较缓慢。若要求量化信噪比大于26dB，则对于$\mu=0$时的输入信号必须大于-18dB，而对于$\mu=100$时的输入信号只要大于-36dB即可。可见，采用压扩提高了小信号的量化信噪比，相当于扩大了输入信号的动态范围。

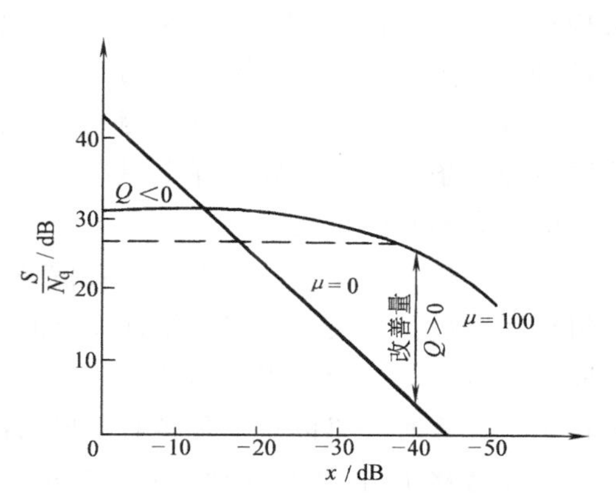

图8-15　有无压扩的比较曲线

表8-1　信噪比的改善程度与输入电平的关系

x	1	0.316	0.1	0.0312	0.01	0.003
输入信号电平/dB	0	−10	−20	−30	−40	−50
$[Q]_{\mathrm{dB}}$	−13.3	−3.5	5.8	14.4	20.6	24.4

早期的A律和μ律压扩特性是用非线性模拟电路获得的。由于对数压扩特性是连续曲线，且随压扩参数不同，在电路上实现这样的函数规律是相当复杂的，因而精度和稳定度都受到限制。随着数字电路特别是大规模集成电路的发展，另一种压扩技术——数字压扩日益获得广泛的应用。它利用数字电路形成许多折线来逼近对数压扩特性。在实际中常采用的方法有两种，一种是采用13折线近似A律压缩特性，另一种是采用15折线近似μ律压缩特性。A律13折线主要用于英、法、德等欧洲各国的PCM30/32路基群中，我国的PCM30/32路基群也采用A律13折线压缩特性。μ律15折线主要用于美国、加拿大和日本等国的PCM24路基群中。CCITT建议G.711规定上述两种折线近似压缩律为国际标准，且在国际间数字系统相互连接时，要以A律为标准。因此这里重点介绍A律13折线。

（1）A律13折线

A律13折线的产生是从非均匀量化的基点出发，设法用13段折线逼近$A=87.6$的A律压缩特性。具体方法是：把输入x轴和输出y轴用两种不同的方法划分。对x轴在0~1（归一化）范围内不均匀分成8段，分段的规律是每次以1/2对分，第1次在0~1之间的1/2处对分，第2次在0~1/2之间的1/4处对分，第3次在0~1/4之间的1/8处对分，其余类推。对y轴在0~1（归一化）范围内采用等分法，均匀分成8段，每段间隔均为1/8。然后把x、y各对应段的交点连接起来构成8段直线，得到如图8-16所示的折线压扩特性。其中，第1、2段斜率相同（均为16），因此可视为一条直线段，故实际上只有7根斜率不同的折线。

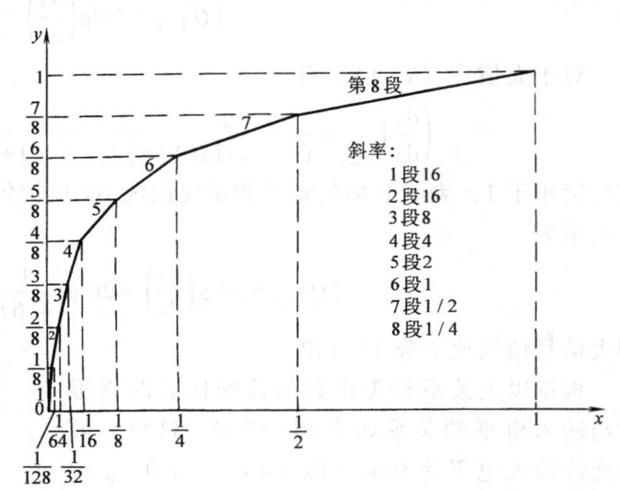

图8-16　A律13折线

以上分析的是正方向，由于语音信号是双极性信号，因此在负方向也有与正方向对称的一组折线，也是7根，但其中靠近零点的1、2段斜率也等于16，与正方向的第1、2段斜率相同，又可以合并为一根，因此，正、负双向共有$2\times(8-1)-1=13$折，故称其为13折线。但在定量计算时，仍以正、负各有8段为准。

下面考察13折线与A律（$A=87.6$）压缩特性的近似程度。在A律对数特性的小信号区分界点$x=1/A=1/87.6$，相应的y根据式（8-30a）表示的直线方程可得

$$y=\frac{Ax}{1+\ln A}=\frac{A\cdot\dfrac{1}{A}}{1+\ln A}=\frac{1}{1+\ln 87.6}\approx 0.183$$

因此，当$y<0.183$时，x、y满足式（8-30a），因此由该式可得

$$y=\frac{Ax}{1+\ln A}=\frac{87.6}{1+\ln 87.6}x\approx 16x \tag{8-34}$$

由于13折线中y是均匀划分的，y的取值在第1、2段起始点小于0.183，故这两段起始点

x、y 的关系可分别由式（8-34）求得：$y=0$ 时，$x=0$；$y=1/8$ 时，$x=1/128$。

在 $y>0.183$ 时，由式（8-30b）得

$$y-1=\frac{\ln x}{1+\ln A}=\frac{\ln x}{\ln eA} \quad 或 \quad \ln x=(y-1)\ln eA$$

$$x=\frac{1}{(eA)^{1-y}} \tag{8-35}$$

其余6段用 $A=87.6$ 代入式（8-35）计算的 x 值列入表8-2中的第二行，并与按折线分段时的 x 值（第三行）进行比较。由表可见，13折线各段落的分界点与 $A=87.6$ 曲线十分逼近，并且两特性起始段的斜率均为16，这就是说，13折线非常逼近 $A=87.6$ 的对数压缩特性。

表8-2　$A=87.6$ 与13折线压缩特性的比较

y	0	1/8	2/8	3/8	4/8	5/8	6/8	7/8	1
x	0	1/128	1/60.6	1/30.6	1/15.4	1/7.79	1/3.93	1/1.98	1
按折线分段时的 x	0	1/128	1/64	1/32	1/16	1/8	1/4	1/2	1
段落	1	2	3	4	5	6	7	8	
斜率	16	16	8	4	2	1	1/2	1/4	

在 A 律特性分析中可以看出，取 $A=87.6$ 有两个目的：一是使特性曲线原点附近的斜率凑成16，二是使13折线逼近时，x 的8个段落量化分界点近似于按2的幂次递减分割，有利于数字化。

（2）μ 律15折线

采用15折线的 μ 律压缩特性（$\mu=255$）的原理与 A 律13折线类似，也是把 y 轴均分8段，对应于 y 轴分界点 $i/8$ 处的 x 轴分界点的值根据式（8-29）来计算，即

$$x=\frac{256^{y}-1}{255}=\frac{256^{i/8}-1}{255}=\frac{2^{i}-1}{255} \tag{8-36}$$

其结果列入表8-3中，相应的特性如图8-17所示。由此折线可见，正、负方向各有8段线段，正、负的第1段因斜率相同而合成一段，所以16段线段从形式变为15段折线，故称其 μ 律15折线。原点两侧的一段斜率为 $(1/8)/(1/255)=255/8=32$，它比 A 律13折线的相应段的斜率大一倍。因此，小信号的量化信噪比也将比 A 律大一倍多。不过，对于大信号来说，μ 律要比 A 律差。

表8-3　μ 律15折线参数表

i	0	1	2	3	4	5	6	7	8
$y=i/8$	0	1/8	2/8	3/8	4/8	5/8	6/8	7/8	1
$x=\frac{2^i-1}{255}$	0	1/255	3/255	7/255	15/255	31/255	63/255	127/255	1
斜率 $\frac{8}{255}\left(\frac{\Delta y}{\Delta x}\right)$	1	1/2	1/4	1/8	1/16	1/32	1/64	1/128	
段落	1	2	3	4	5	6	7	8	

以上详细讨论了 A 律和 μ 律的压缩原理。信号经过压缩后会产生失真，要补偿这种失真，则要在接收端相应位置采用扩张器。在理想情况下，扩张特性与压缩特性是对应互逆

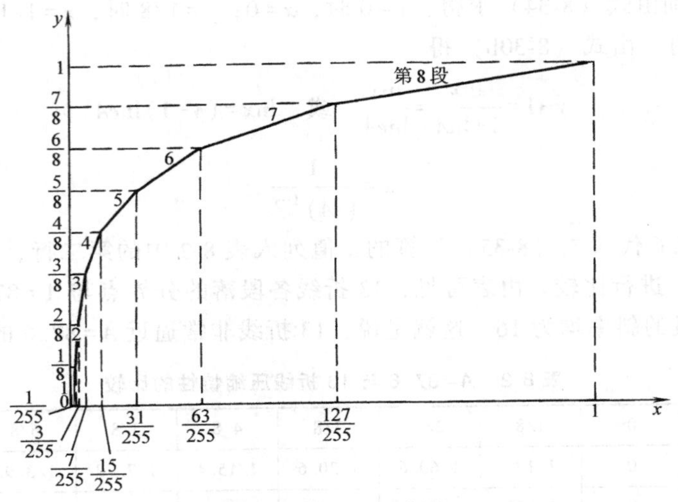

图 8-17 μ 律 15 折线

的，除量化误差外，信号通过压缩再扩张不应引入另外的失真。

在前面讨论量化的基本原理时，并未涉及量化的电路，这是因为量化过程不是以独立的量化电路来实现的，而是在编码过程中实现的，故其原理电路框图将在编码中讨论。

8.2.2 编码和译码

把量化后的信号电平值变换为二进制码组的过程称为编码，其逆过程称为解码或译码。

模拟信息源输出的模拟信号 $m(t)$ 经抽样和量化后得到的输出脉冲序列是一个 M 进制（一般常用 128 和 256）的多电平数字信号，如果直接传输的话，抗噪声性能很差，因此还要经过编码器转换成二进制数字信号（PCM 信号）后，再经过数字信道传输。在接收端，二进制码组经过译码器还原为 M 进制的量化信号，再经过低通滤波器恢复原模拟基带信号 $\hat{m}(t)$，完成这一系列过程的系统就是前面图 8-8 所示的脉冲编码调制（PCM）系统。其中，量化与编码的组合称为模/数转换器（A/D 变换器）；译码与低通滤波器的组合称为数/模转换器（D/A 变换器）。下面主要介绍二进制码及编、译码器的工作原理。

1. 码字和码型

二进制码具有抗干扰能力强，易于产生等优点，因此 PCM 中一般采用二进制码。对于 M 个量化电平，可以用 N 位二进制码来表示，其中的每一个码组称为一个码字。为保证通信质量，目前国际上多采用 8 位编码的 PCM 系统。

码型指的是代码的编码规律，其含义是把量化后的所有量化级，按其量化电平的大小次序排列起来，并列出各对应的码字，这种对应关系的整体就称为码型。在 PCM 中常用的二进制码型有三种：自然二进制码、折叠二进制码和格雷二进制码（反射二进制码）。表 8-4 列出了用 4 位码表示 16 个量化级时的这三种码型。

自然二进制码就是一般的十进制正整数的二进制表示，编码简单、易记，而且译码可以逐比特独立进行。若把自然二进制码从低位到高位依次给以 2 倍的加权，就可以变换为十进制数。如设二进制码为（a_{n-1}，a_{n-2}，…，a_1，a_0），则

$$D=a_{n-1}2^{n-1}+a_{n-2}2^{n-2}+\cdots+a_1 2^1+a_0$$

表 8-4 常用二进制码型

样值脉冲极性	格雷二进制码	自然二进制码	折叠二进制码	量化级序号
正极性部分	1 0 0 0	1 1 1 1	1 1 1 1	15
	1 0 0 1	1 1 1 0	1 1 1 0	14
	1 0 1 1	1 1 0 1	1 1 0 1	13
	1 0 1 0	1 1 0 0	1 1 0 0	12
	1 1 1 0	1 0 1 1	1 0 1 1	11
	1 1 1 1	1 0 1 0	1 0 1 0	10
	1 1 0 1	1 0 0 1	1 0 0 1	9
	1 1 0 0	1 0 0 0	1 0 0 0	8
负极性部分	0 1 0 0	0 1 1 1	0 0 0 0	7
	0 1 0 1	0 1 1 0	0 0 0 1	6
	0 1 1 1	0 1 0 1	0 0 1 0	5
	0 1 1 0	0 1 0 0	0 0 1 1	4
	0 0 1 0	0 0 1 1	0 1 0 0	3
	0 0 1 1	0 0 1 0	0 1 0 1	2
	0 0 0 1	0 0 0 1	0 1 1 0	1
	0 0 0 0	0 0 0 0	0 1 1 1	0

便是其对应的十进制数（表示量化电平值）。这种“可加性”可简化译码器的结构。

折叠二进制码是一种符号幅度码。左边第一位表示信号的极性，信号为正用“1”表示，信号为负用“0”表示；第二位至最后一位表示信号的幅度。由于正、负绝对值相同时，折叠码的上半部分与下半部分相对零电平对称折叠，故名折叠码。其幅度码从小到大按自然二进制码规则编。

与自然二进制码相比，折叠二进制码的一个优点是，对于语音这样的双极性信号，只要绝对值相同，则可以采用单极性编码的方法，使编码过程大大简化。另一优点是，在传输过程中出现误码，对小信号影响较小。例如由大信号的 1111 误为 0111，从表 8-4 可见，自然二进制码由 15 错到 7，误差为 8 个量化级，而对于折叠二进制码，误差为 15 个量化级。显见，大信号时误码对折叠二进制码的影响很大。如果误码发生在由小信号的 1000 误为 0000，这时情况就大不相同了，对于自然二进制码误差还是 8 个量化级，而对于折叠二进制码误差却只有一个量化级。这一特性是十分可贵的，因为语音信号小幅度出现的概率比大幅度出现的大，所以，着眼点在于小信号的传输效果。

格雷二进制码的特点是任何相邻电平的码组，只有一位码位发生变化，即相邻码字的距离恒为 1。译码时，若传输或判决有误，量化电平的误差小。另外，这种码除极性码外，当正、负极性信号的绝对值相等时，其幅度码相同，故又称发射二进制码。但这种码不是“可加的”，不能逐比特独立进行，需先转换为自然二进制码后再译码。因此，这种码在采用编码管进行编码时才用，在采用电路进行编码时，一般均用折叠二进制码和自然二进制码。

通过以上三种码型的比较，在 PCM 通信编码中，折叠二进制码比自然二进制码和格雷二进制码优越，它是 A 律 13 折线 PCM30/32 路基群设备中采用的码型。下面详细介绍 A 律 13 折线法是如何同时进行量化和编码的。

2. 编码位数的选择与安排

在 A 律 13 折线编码中，编码位数的选择不仅关系到通信质量的好坏，而且还涉及设备的复杂程度。编码位数的多少，决定了量化分层的多少；反之，若信号量化层数一定，则编码位数也被确定。在信号变化范围一定时，用的编码位数越多，量化分层越细，量化误差越小，通信质量当然就越好。但编码位数越多，设备越复杂，同时还会使总的传码率增加，传输带宽加大。一般从话音信号的可懂度来说，采用 3~4 位非线性编码即可，若增至 7~8 位，通信质量就比较理想了。

在 13 折线编码中，普遍采用 8 位二进制码，对应有 $M=2^8=256$ 个量化级，即正、负输入幅度范围内各有 128 个量化级。这需要将 13 折线中的每个折线段再均匀划分为 16 个量化级，由于每个段落长度不均匀，因此正或负输入的 8 个段落被划分成 8×16=128 个不均匀的量化级。按折叠二进制码的码型，这 8 位码的安排如下：

极性码	段落码	段内码
C_1	$C_2C_3C_4$	$C_5C_6C_7C_8$

其中，第 1 位码 C_1 的数值“1”或“0”分别表示信号的正、负极性，称为极性码。对于正、负对称的双极性信号，在极性判决后被整流（相当于取绝对值），以后则按信号的绝对值进行编码，因此只要考虑 13 折线中的正方向的 8 段折线就行了。这 8 段折线共包含 128 个量化级，正好用剩下的 7 位幅度码 C_2 C_3 C_4 C_5 C_6 C_7 C_8 表示。

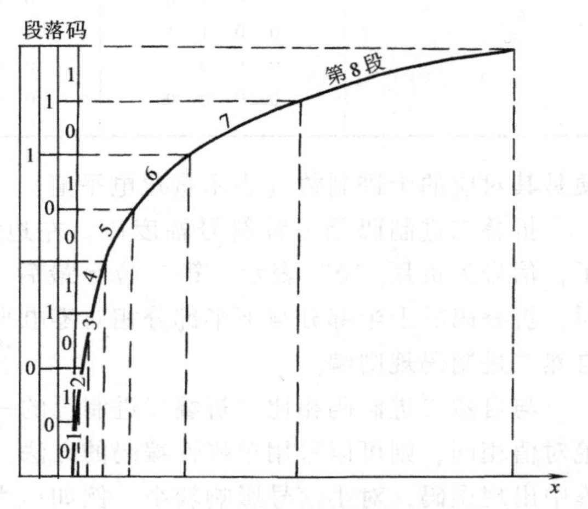

图 8-18 段落码与各段的关系

第 2 至 4 位码 C_2 C_3 C_4 为段落码，表示信号绝对值处在哪个段落，3 位码的 8 种可能状态分别代表 8 个段落的起点电平。但应注意，段落码和 8 个段落之间的关系如表 8-5 和图 8-18 所示。

表 8-5 段落码

段落序号	段落码 $C_2C_3C_4$	段落序号	段落码 $C_2C_3C_4$
8	1 1 1	4	0 1 1
7	1 1 0	3	0 1 0
6	1 0 1	2	0 0 1
5	1 0 0	1	0 0 0

第 5 至 8 位码 C_5 C_6 C_7 C_8 为段内码，这 4 位码的 16 种可能状态分别用来代表每一段落内的 16 个均匀划分的量化级。段内码与 16 个量化级之间的关系如表 8-6 所示。

注意，在 13 折线编码方法中，虽然各段内的 16 个量化级是均匀的，但因段落长度不等，故不同段落间的量化级是非均匀的。小信号时，段落短，量化间隔小；反之，量化间隔大。13 折线中的第一、二段最短，只有归一化的 1/128，再将它等分为 16 小段，每一小段

表 8-6　段内码

电平序号	段内码 $C_5C_6C_7C_8$	电平序号	段内码 $C_5C_6C_7C_8$
15	1 1 1 1	7	0 1 1 1
14	1 1 1 0	6	0 1 1 0
13	1 1 0 1	5	0 1 0 1
12	1 1 0 0	4	0 1 0 0
11	1 0 1 1	3	0 0 1 1
10	1 0 1 0	2	0 0 1 0
9	1 0 0 1	1	0 0 0 1
8	1 0 0 0	0	0 0 0 0

长度为$\frac{1}{128}\times\frac{1}{16}=\frac{1}{2048}$。这是最小的量化级间隔，它仅有输入信号归一化值的 1/2048，记为 Δ，代表一个量化单位。第 8 段最长，它是归一化值的 1/2，将它等分 16 小段后，每一小段归一化长度为 1/32，包含 64 个最小量化间隔，记为 64Δ。如果以非均匀量化时的最小量化间隔 $\Delta=1/2048$ 作为输入 x 轴的单位，那么各段的起点电平分别是 0、16、32、64、128、256、512、1024 个量化单位。表 8-7 列出了 A 律 13 折线每一量化段的起始电平 I_i、量化间隔 Δ_i 及各位幅度码的权值（对应电平）。由表可知，第 i 段的段内码 C_5 C_6 C_7 C_8 的权值（对应电平）分别如下：C_5 的权值为 $8\Delta_i$；C_6 的权值为 $4\Delta_i$；C_7 的权值为 $2\Delta_i$；C_8 的权值为 Δ_i。

由此可见，段内码的权值符合二进制数的规律，但段内码的权值不是固定不变的，它是随 Δ_i 值而变的，这是由非均匀量化造成的。

表 8-7　A 律 13 折线幅度码及其对应电平

量化段序号 $i=1\sim8$	电平范围 (Δ)	段落码			段落起始电平 $I_i(\Delta)$	量化间隔 $\Delta_i(\Delta)$	段内码对应权值 Δ			
		C_2	C_3	C_4			C_5	C_6	C_7	C_8
8	1024~2048	1	1	1	1024	64	512	256	128	64
7	512~1024	1	1	0	512	32	256	128	64	32
6	256~512	1	0	1	256	16	128	64	32	16
5	128~256	1	0	0	128	8	64	32	16	8
4	64~128	0	1	1	64	4	32	16	8	4
3	32~64	0	1	0	32	2	16	8	4	2
2	16~32	0	0	1	16	1	8	4	2	1
1	0~16	0	0	0	0	1	8	4	2	1

以上讨论的是非均匀量化的情况，现在与均匀量化作一比较。假设以非均匀量化时的最小量化间隔 $\Delta=1/2048$ 作为均匀量化的量化间隔，那么从 13 折线的第 1~8 段的各段所包含的均匀量化级数分别为 16、32、64、128、256、512、1024，总共有 2048 个均匀量化级，而非均匀量化只有 128 个量化级。按照二进制编码位数 N 与量化级数 M 的关系：$M=2^N$，均匀量化需要编 11 位码，而非均匀量化只要编 7 位码。通常把按非均匀量化特性的编码称为非

线性编码；按均匀量化特性的编码称为线性编码。

可见，在保证小信号时的量化间隔相同的条件下，7 位非线性编码与 11 位线性编码等效。由于非线性编码的编码位数减少，因此设备简化，所需传输系统带宽减小。

3. 编码原理

实现编码的具体方法很多，如有低速编码和高速编码，线性编码和非线性编码，逐次比较型、级联型和混合型编码器。这里只讨论目前常用的逐次比较型编码器原理。

编码器的任务是根据输入的样值脉冲编出相应的 8 位二进制代码。除第一位极性码外，其他 7 位二进制代码是通过类似天平称重物的过程来逐次比较确定的。这种编码器就是 PCM 通信中常用的逐次比较型编码器。

逐次比较型编码器的原理与天平称重物的方法相类似，样值脉冲信号相当于被测物，标准电平相当于天平的砝码。预先规定好的一些作为比较用的标准电流（或电压），称为权值电流，用符号 I_w 表示。I_w 的个数与编码位数有关。当样值脉冲 I_s 到来后，用逐步逼近的方法有规律地用各标准电流 I_w 去和样值脉冲比较，每比较一次出一位码。当 $I_s>I_w$ 时，出“1”码，反之出“0”码，直到 I_w 和抽样值 I_s 逼近为止，完成对输入样值的非线性量化和编码。

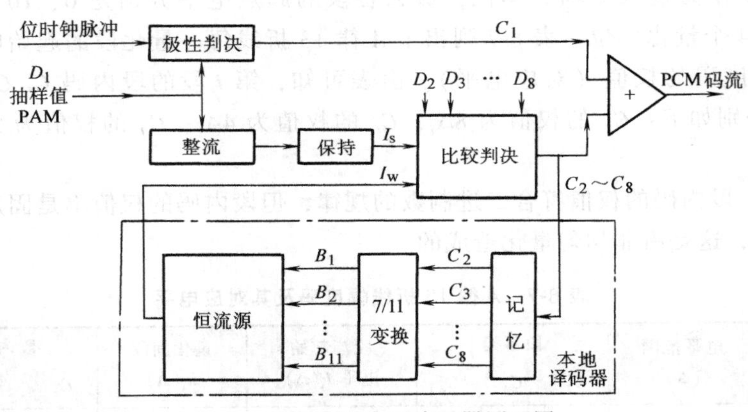

图 8-19 逐次比较型编码器原理图

实现 A 律 13 折线压扩特性的逐次比较型编码器的原理框图如图 8-19 所示，它由整流器、极性判决、保持电路、比较器及本地译码电路等组成。

极性判决电路用来确定信号的极性。输入抽样信号是双极性信号，其样值为正时，在位脉冲到来时刻出“1”码，样值为负时，出“0”码，同时将该信号经过全波整流变为单极性信号。

比较器是编码器的核心。它的作用是通过比较样值电流 I_s 和标准电流 I_w，从而对输入信号抽样值实现非线性量化和编码。每比较一次输出一位二进制代码，且当 $I_s>I_w$ 时，出“1”码，反之出“0”码。由于在 13 折线中用 7 位二进制代码来代表段落和段内码，所以对一个输入信号的抽样值需要进行 7 次比较。每次所需的标准电流 I_w 均由本地译码电路提供。

本地译码电路包括记忆电路、7/11 变换电路和恒流源。记忆电路用来寄存二进制代码，因除第一次比较外，其余各次比较都要依据前几次比较的结果来确定标准电流 I_w 值。因此，7 位码组中的前 6 位状态均应由记忆电路寄存下来。

恒流源也称11位线性解码电路或电阻网络，它用来产生各种标准电流 I_w。在恒流源中有数个基本的权值电流支路，其个数与量化级数有关。按 A 律13折线编出的7位码，需要11个基本的权值电流支路，每个支路都有一个控制开关。每次应该哪个开关接通形成比较用的标准电流 I_w，由前面的比较结果经变换后得到的控制信号来控制。

7/11变换电路就是前面非均匀量化中谈到的数字压缩器。由于按 A 律13折线只编7位码，加至记忆电路的码也只有7位，而线性解码电路（恒流源）需要11个基本的权值电流支路，这就要求有11个控制脉冲对其控制。因此，需通过7/11逻辑变换电路将7位非线性码转换成11位线性码，其实质就是完成非线性和线性之间的变换。

保持电路的作用是在整个比较过程中保持输入信号的幅度不变。由于逐次比较型编码器编7位码（极性码除外）需要在一个抽样周期 T_s 以内完成 I_s 与 I_w 的7次比较，在整个比较过程中都应保持输入信号的幅度不变，因此要求将样值脉冲展宽并保持。

附带指出，原理上讲模拟信号数字化的过程是抽样、量化后才进行编码。但实际上量化是在编码过程中完成的，也就是说，编码器本身包含了量化和编码两个功能。下面通过一个例子来说明编码过程。

【例8-3】 设输入信号抽样值 $I_s=+1260\Delta$（Δ 为一个量化单位，表示输入信号归一化值的1/2048），采用逐次比较型编码器，按 A 律13折线编成8位码 $C_1\ C_2\ C_3\ C_4\ C_5\ C_6\ C_7\ C_8$。

二维码8-3

解 编码过程如下：

（1）确定极性码 C_1。由于输入信号抽样值 I_s 为正，故极性码 $C_1=1$。

（2）确定段落码 $C_2\ C_3\ C_4$。参考表8-7可知，段落码 C_2 是用来表示输入信号抽样值 I_s 处于13折线8个段落中的前4段还是后4段，故确定 C_2 的标准电流应选为

$$I_w=128\Delta$$

第1次比较结果为 $I_s>I_w$，故 $C_2=1$，说明 I_s 处于后4段（5~8段）。

C_3 是用来进一步确定 I_s 处于5~6段还是7~8段，故确定 C_3 的标准电流应选为

$$I_w=512\Delta$$

第2次比较结果为 $I_s>I_w$，故 $C_3=1$，说明 I_s 处于7~8段。

同理，确定 C_4 的标准电流应选为

$$I_w=1024\Delta$$

第3次比较结果为 $I_s>I_w$，故 $C_4=1$，说明 I_s 处于第8段。

经过以上3次比较得段落码 $C_2C_3C_4$ 为“111”，I_s 处于第8段，起始电平为 1024Δ。

（3）确定段内码 $C_5\ C_6\ C_7\ C_8$。段内码是在已知输入信号抽样值 I_s 所处段落的基础上，进一步表示 I_s 在该段落的哪一量化级（量化间隔）。参看表8-7可知，第8段的16个量化间隔均为 $\Delta_8=64\Delta$，故确定 C_5 的标准电流应选为

$$I_w=\text{段落起始电平}+8\times(\text{量化间隔})=(1024+8\times64)\Delta=1536\Delta$$

第4次比较结果为 $I_s<I_w$，故 $C_5=0$，由表8-6可知 I_s 处于前8级（0~7量化间隔）。

同理，确定 C_6 的标准电流为

$$I_w=(1024+4\times64)\Delta=1280\Delta$$

第5次比较结果为 $I_s>I_w$，故 $C_6=0$，表示 I_s 处于前4级（0~4量化间隔）。

确定 C_7 的标准电流为

$$I_w=(1024+2\times64)\Delta=1152\Delta$$

第 6 次比较结果为 $I_s>I_w$，故 $C_7=1$，表示 I_s 处于 2~3 量化间隔。

最后，确定 C_8 的标准电流为

$$I_w=(1024+3\times64)\Delta=1216\Delta$$

第 7 次比较结果为 $I_s>I_w$，故 $C_8=1$，表示 I_s 处于序号为 3 的量化间隔。

由以上过程可知，非均匀量化（压缩及均匀量化）和编码实际上是通过非线性编码一次实现的。经过以上 7 次比较，对于模拟抽样值+1260Δ，编出的 PCM 码组为 11110011。它表示输入信号抽样值 I_s 处于第 8 段序号为 3 的量化级，其量化电平为 1216Δ，故量化误差等于 44Δ。

顺便指出，若使非线性码的码字电平相等，即可得出非线性码与线性码间的关系，如表 8-8 所示。编码时，非线性码与线性码间的关系是 7/11 变换关系，如上例中除极性码外的 7 位非线性码 1110011，相对应的 11 位线性码为 10011000000。

表 8-8　*A* 律 13 折线非线性码与线性码间的关系

量化段序号	段落标志	非线性码(幅度码)								线性码(幅度码)											
		起始电平(Δ)	段落码			段内码的权值(Δ)				B_1	B_2	B_3	B_4	B_5	B_6	B_7	B_8	B_9	B_{10}	B_{11}	B_{12}
			M_2	M_3	M_4	M_5	M_6	M_7	M_8	1024	512	256	128	64	32	16	8	4	2	1	Δ/2
8	C_8	1024	1	1	1	512	256	128	64	1	M_5	M_6	M_7	M_8	1*	0	0	0	0	0	0
7	C_7	512	1	1	0	256	128	64	32	0	1	M_5	M_6	M_7	M_8	1*	0	0	0	0	0
6	C_6	256	1	0	1	128	64	32	16	0	0	1	M_5	M_6	M_7	M_8	1*	0	0	0	0
5	C_5	128	1	0	0	64	32	16	8	0	0	0	1	M_5	M_6	M_7	M_8	1*	0	0	0
4	C_4	64	0	1	1	32	16	8	4	0	0	0	0	1	M_5	M_6	M_7	M_8	1*	0	0
3	C_3	32	0	1	0	16	8	4	2	0	0	0	0	0	1	M_5	M_6	M_7	M_8	1*	0
2	C_2	16	0	0	1	8	4	2	1	0	0	0	0	0	0	1	M_5	M_6	M_7	M_8	1
1	C_1	0	0	0	0	8	4	2	1	0	0	0	0	0	0	0	M_5	M_6	M_7	M_8	1

注：1. $M_5\sim M_8$ 码以及 $B_1\sim B_{12}$ 码下面的数值为该码的权值。

2. B_{12} 与 1* 项为收端解码时 $\Delta_i/2$ 补差项，此表用于编码时，没有 B_{12} 项，且 1* 项为零。

还应指出，上述编码得到的码组所对应的是输入信号的分层电平 m_k，对于处在同一量化间隔内的信号电平值 $m_k\leqslant m\leqslant m_{k+1}$，编码的结果是唯一的。为使落在该量化间隔内的任意信号电平的量化误差均小于 $\Delta_i/2$，在译码器中都有一个加 $\Delta_i/2$ 电路。这等效于将量化电平移到量化间隔的中间，因此，带有加 $\Delta_i/2$ 电路的译码器，最大量化误差一定不会超过带“ * ”号的项。如上例中，I_s 位于第 8 段的序号为 3 的量化级，7 位幅度码 1110011 对应的分层电平为 1216Δ，则译码器输出为

$$1216+\Delta_i/2=1216+64/2=1248H$$

量化误差为

$$(1260-1248)\Delta=12\Delta$$

12Δ<32Δ，即量化误差小于量化间隔的一半。

这时，7 位非线性幅度码 1110011 所对应的 11 位线性幅度为 10011100000。

4. PCM 信号的码元速率和带宽

由于 PCM 要用 N 位二进制代码表示一个抽样值，即一个抽样周期 T_s 内要编 N 位码，因此每个码元宽度为 T_s/N，编码位越多，码元宽度越小，占用带宽越大。显然，传输 PCM

信号所需要的带宽要比模拟基带信号 $m(t)$ 的带宽大得多。

（1）码元速率

设 $m(t)$ 为低通信号，最高频率为 f_H，按照抽样定理的抽样速率 $f_s \geqslant 2f_H$，如果量化电平数为 M，则采用二进制代码的码元速率为

$$f_b = f_s \log_2 M = f_s N \tag{8-37}$$

式中，N 为二进制编码位数。

（2）传输 PCM 信号所需的最小带宽

抽样速率的最小值 $f_s = 2f_H$，这时码元传输速率为 $f_b = 2f_H N$，按照第 5 章数字基带传输系统中分析的结论，在无码间串扰和采用理想低通传输特性的情况下，所需最小传输带宽（Nyquist 带宽）为

$$B = \frac{f_b}{2} = \frac{Nf_s}{2} = Nf_H \tag{8-38}$$

实际中用升余弦的传输特性，此时所需传输带宽为

$$B = f_b = Nf_s \tag{8-39}$$

以常用的 $N=8$，$f_s=8\text{kHz}$ 为例，实际应用的 $B=N\times f_s=64\text{kHz}$，显然比直接传输语音信号 $m(t)$ 的带宽（3.4kHz）要大得多。

5. 译码原理

译码的作用是把收到的 PCM 信号还原成相应的抽样值（或称 PAM 样值信号），即进行 D/A 转换。

A 律 13 折线译码器原理框图如图 8-20 所示，它与逐次比较型编码器中的本地译码器基本相同，所不同的是增加了极性控制部分和带有寄存读出的 7/12 位码变换电路，下面简单介绍各部分电路的作用。

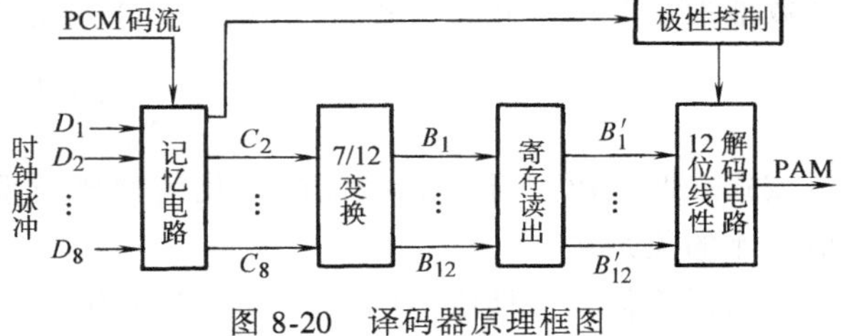

图 8-20　译码器原理框图

串/并变换记忆电路的作用是将加进的串行 PCM 码变为并行码，并记忆下来，与编码器中译码电路的记忆作用基本相同。

极性控制部分的作用是根据收到的极性码 C_1 是“1”还是“0”来控制译码后 PAM 信号的极性，恢复原信号极性。

7/12 变换电路的作用是将 7 位非线性码转变为 12 位线性码。在编码器的本地译码器中采用 7/11 位码变换，使得量化误差有可能大于本段落量化间隔的一半。译码器中采用 7/12 变换电路，是为了增加一个 $\Delta_i/2$ 恒流电流，人为地补上半个量化级，使最大量化误差不超过 $\Delta_i/2$，从而改变量化信噪比。7/12 变换关系见表 8-8。两种码之间的转换原则是两个码组在各自的意义上所代表的权值必须相等。

寄存读出电路是将输入的串行码在存储器中寄存起来，待全部接收后再一起读出，送入解码网络。实质上是进行串-并变换。

12 位线性解码电路主要是由恒流源和电阻网络组成，与编码器中解码网络类似。它是在寄存读出电路的控制下，输出相应的 PAM 信号。

8.2.3 PCM系统的抗噪声性能

分析PCM的系统性能将涉及两种噪声：量化噪声和信道加性噪声。由于这两种噪声的产生机理不同，故可认为它们是互相独立的。因此，先讨论它们单独存在时的系统性能，然后再分析它们共同存在时的系统性能。

考虑两种噪声时，图8-8所示的PCM系统接收端低通滤波器的输出为

$$\hat{m}(t)=m(t)+n_q(t)+n_e(t)$$

式中，$m(t)$ 为输出端所需信号；$n_q(t)$ 为由量化噪声引起的输出噪声，其功率用 N_q 表示；$n_e(t)$ 为由信道加性噪声引起的输出噪声，其功率用 N_e 表示。因此，通常用系统输出端总的信噪比衡量PCM系统的抗噪声性能，其定义为

$$\frac{S_o}{N_o}=\frac{E[m^2(t)]}{E[n_q^2(t)]+E[n_e^2(t)]} \tag{8-40}$$

设输入信号 $m(t)$ 在区间 $[-a, a]$ 上概率密度均匀分布，对 $m(t)$ 进行均匀量化，其量化级数为 M，在不考虑信道噪声的条件下，由量化噪声引起的输出量化信噪比为 S_o/N_q，与前面已讨论过的（8-25）式的结果相同，即

$$\frac{S_o}{N_q}=\frac{E[m^2(t)]}{E[n_q^2(t)]}=M^2=2^{2N} \tag{8-41}$$

式中，二进制编码位数 N 与量化级数 M 的关系为 $M=2^N$。

由上式可见，PCM系统输出端的量化信噪必将依赖于每一个编码组的位数 N，并随 N 按指数增加。若根据式（8-38）表示的PCM系统最小带宽 $B=Nf_H$，式（8-41）又可表示为

$$\frac{S_o}{N_q}=2^{2B/f_H} \tag{8-42}$$

该式表明，PCM系统输出端的量化信噪比与系统带宽 B 成指数关系，充分体现了带宽与信噪比的关系。

下面讨论信道加性噪声的影响。信道噪声对PCM系统性能的影响表现在接收端的判决误码上，二进制“1”码可能误判为“0”码，而“0”码可能误判为“1”码。由于PCM信号中每一码组代表着一定的量化抽样值，所以若出现误码，被恢复的量化抽样值将与发端原抽样值不同，从而引起误差。

在假设加性噪声为高斯白噪声的情况下，每一码组中出现的误码可以认为是彼此独立的，并设每个码元的误码率皆为 P_e。另外，考虑到实际中PCM的每个码组中出现多于1位误码的概率很低，所以通常只需考虑仅有1位误码的码组错误。例如，若 $P_e=10^{-4}$，在8位长码组中有1位误码的码组错误概率为 $P_1=8P_e=1/1250$，就表示平均每发送1250个码组就有一个码组发生错误；而有2位误码的码组错误概率为 $P_2\approx C_8^2P_e^2=2.8\times10^{-7}$。显然 $P_2\ll P_1$，因此只要考虑1位误码引起的码组错误就够了。

由于码组中各位码的权值不同，因此，误差的大小取决于误码发生的码组的哪一位上，而且与码型有关。以 N 位长自然二进制码为例，自最低位到最高位的加权值分别为 2^0，2^1，2^{i-1}，…，2^{N-1}，若量化间隔为 Δ，则发生在第 i 位上的误码作造成的误差为 $\pm(2^{i-1}\Delta)$，其所产生的噪声功率便是 $(2^{i-1}\Delta)^2$。显然，发生误码的位置越高，造成的误差越大。由于已假

设每位码元所产生的误码率 P_e 是相同的，所以一个码组中如有一位误码产生的平均功率为

$$N_e = E[n_e^2(t)] = P_e \sum_{i=1}^{N} (2^{i-1}\Delta)^2 = \Delta^2 P_e \frac{2^{2N}-1}{3} \approx \Delta^2 P_e \frac{2^{2N}}{3} \tag{8-43}$$

已假设信号 $m(t)$ 在区间 $[-a, a]$ 为均匀分布，借助例 8-1 的分析，输出信号功率为

$$S_o = E[m^2(t)] = \int_{-a}^{a} x^2 \frac{1}{2a} dx = \frac{\Delta^2}{12} M^2 = \frac{\Delta^2}{12} 2^{2N} \tag{8-44}$$

由式（8-43）和式（8-44），得到仅考虑信道加性噪声时，PCM 系统的输出信噪比为

$$\frac{S_o}{N_e} = \frac{1}{4P_e} \tag{8-45}$$

在上面分析的基础上，同时考虑量化噪声和信道加性噪声时，PCM 系统输出端的总信噪功率比为

$$\frac{S_o}{N_o} = \frac{E[m^2(t)]}{E[n_q^2(t)] + E[n_e^2(t)]} = \frac{2^{2N}}{1+4P_e 2^{2N}} \tag{8-46}$$

由上式可知，在接收端输入大信噪比的条件下，即 $4P_e 2^{2N} \ll 1$ 时，P_e 很小，可以忽略误码带来的影响，这时只考虑量化噪声的影响就可以了。在小信噪比条件下，即 $4P_e 2^{2N} \gg 1$ 时，P_e 较大，误码噪声起主要作用，总信噪比与 P_e 成反比。

应当指出，以上公式是在自然码、均匀量化以及输入信号为均匀分布的前提下得到的。

8.3 脉冲编码调制的改进

64kbit/s 的 A 律或 μ 律的对数压扩 PCM 编码已经在大容量的光纤通信系统和数字微波系统中得到了广泛的应用。但 PCM 信号占用频带要比模拟通信系统的一个标准话路带宽（3.4kHz）宽很多倍，这样，对于大容量的长途传输系统，尤其是卫星通信，采用 PCM 的经济性能很难与模拟通信相比。

以较低的速率获得高质量编码，一直是语音编码追求的目标。通常，人们把话路速率低于 64kbit/s 的语音编码方法，称为语音压缩编码技术。自适应差分脉冲编码调制（ADPCM）是一种改进型脉冲编码调制，属于语音压缩中复杂度较低的一种编码方法，它可在 32kbit/s 的比特率上达到 64kbit/s 的 PCM 数字电话质量。近年来，ADPCM 已成为长途传输中一种国际通用的语音编码方法。

ADPCM 是在差分脉冲编码调制（DPCM）的基础上发展起来的，为此，下面先介绍 DPCM 的编码原理与系统框图。

8.3.1 差分脉冲编码调制

在 PCM 中，每个波形样值都独立编码，与其他样值无关，这样样值的整个幅值编码需要较多位数，比特率较高，造成数字化的信号带宽大大增加。然而大多数以奈奎斯特或更高速率抽样的信源信号在相邻抽样间表现出很强的相关性，有很大的冗余度。利用信源的这种相关性，一种比较简单的解决方法是对相邻样值的差值而不是样值本身进行编码。由于相邻样值的差值比样值本身小，可以用较小的比特数表示差值。这样，用样点之间的差值的编码

来代替样值本身的编码，可以在量化台阶不变（即量化噪声不变）的情况下，编码位数显著减小，信号带宽大大压缩。这种利用差值的PCM编码称为差分PCM（DPCM）。如果将样值之差仍用N位编码传送，则DPCM的量化噪声比显然优于PCM系统。

实现差分编码的一个好方法是根据前面的k个样值预测当前时刻的样值。编码信号只是当前样值与预测值之间的差值的量化编码。DPCM系统的框图如图8-21所示。图中，x_n表示当前的信源样值，预测器的输入$\hat{x}_n$代表重建语音信号。预测器的输出为

$$\tilde{x}_n = \sum_{i=1}^{k} a_i \hat{x}_{n-i} \tag{8-47}$$

差值$e_n = x_n - \tilde{x}_n$，作为量化器输入，e_{qn}代表量化器输出，量化后的每个预测误差e_{qn}被编码成二进制数字序列，通过信道传送到目的地。该误差e_{qn}同时被加到本地预测值$\tilde{x}_n$而得到$\hat{x}_n$。

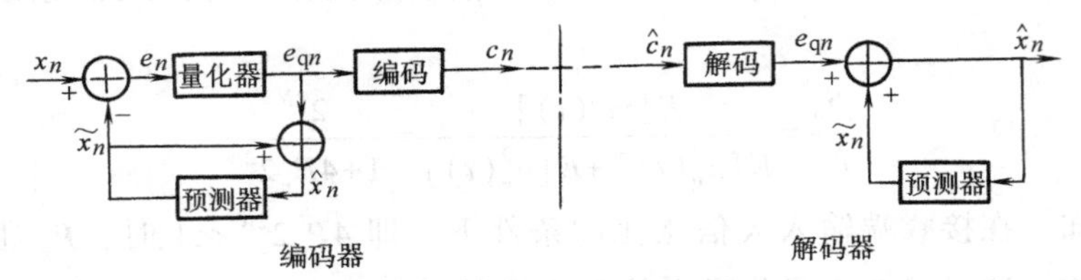

图8-21 DPCM系统原理框图

在接收端装有与发送端相同的预测器，它的输出$\tilde{x}_n$与e_{qn}相加产生$\hat{x}_n$。信号$\hat{x}_n$既是所要求的预测器的激励信号，也是所要求的解码器输出的重建信号。在无传输误码的条件下，解码器输出的重建信号$\hat{x}_n$与编码器中的$\hat{x}_n$相同。

DPCM系统的总量化误差应该定义为输入信号样值x_n与解码器输出样值$\hat{x}_n$之差，即

$$n_q = x_n - \hat{x}_n = (e_n + \tilde{x}_n) - (\tilde{x}_n + e_{qn}) = e_n - e_{qn} \tag{8-48}$$

由上式可知，这种DPCM的总量化误差n_q仅与差值信号e_n的量化误差有关。n_q与x_n都是随机量，因此DPCM系统的总量化信噪比可表示为

$$\left(\frac{S}{N}\right)_{\text{DPCM}} = \frac{E[x_n^2]}{E[n_q^2]} = \frac{E[x_n^2]}{E[e_n^2]} \frac{E[e_n^2]}{E[n_q^2]} = G_p \left(\frac{S}{N}\right)_q \tag{8-49}$$

式中，$(S/N)_q$是把差值序列作为信号时量化器的量化信噪比，与PCM系统考虑量化误差时所计算的信噪比相当。G_p可理解为DPCM系统相对于PCM系统而言的信噪比增益，称为预期增益。如果能够选择合理的预测规律，差值功率$E[e_n^2]$就能远小于信号功率$E[x_n^2]$，G_p就会大于1，该系统就能获得增益。对DPCM系统的研究就是围绕着如何使G_p和$(S/N)_q$这两个参数取最大值而逐步完善起来的。通常G_p约为6~11dB。

由式（8-49）可见，DPCM系统总的量化信噪比远大于量化器的信噪比。因此，要求DPCM系统达到与PCM系统相同的信噪比，则可降低对量化器信噪比的要求，即可减小量化级数，从而减少编码位数，降低比特率。

8.3.2 自适应差分脉冲编码调制

值得注意的是，DPCM系统性能的改善是以最佳的预测和量化为前提的。但对语音信号进行预测和量化是复杂的技术问题，这是因为语音信号在较大的动态范围内变化。为了能在

相当宽的变化范围内获得最佳的性能，只有在 DPCM 的基础上引入自适应系统。有自适应系统的 DPCM 称为自适应差分脉冲编码调制，简称 ADPCM。

ADPCM 的主要特点是用自适应量化取代固定量化，用自适应预测取代固定预测。自适应量化指量化台阶随信号的变化而变化，使量化误差减小；自适应预测指预测器系数 $\{a_i\}$ 可以随信号的统计特性而自适应调整，提高了预测信号的精度，从而得到高于预测的增益。通过这两点改进，可大大提高输出信噪比和动态范围。

如果 DPCM 的预测增益为 6~11dB，自适应预测可使信噪比改善 4dB；自适应量化可使信噪比改善 4~7dB，则 ADPCM 比 PCM 可改善 16~21dB，相当于编码位数可以减少 3 位到 4 位。因此，在维持相同的语音质量下，ADPCM 允许用 32kbit/s 比特率编码，这是标准 64kbit/s PCM 的一半。因此，在长途传输系统中，ADPCM 有着良好的前景。相应地，CCITT 也形成了关于 ADPCM 系统的规范建议 G. 721、G. 726 等。

8.4　增量调制

增量调制简称 ΔM 或 DM，它是继 PCM 后出现的又一种模拟信号数字传输的方法，可以看成是 DPCM 的一个重要特例。其目的在于简化语言编码方法。

ΔM 与 PCM 虽然都是用二进制代码去表示模拟信号的编码方式，但是在 PCM 中，代码表示样值本身的大小，所需编码位数较多，从而导致编译码设备复杂，而在 ΔM 中，它只用一位编码表示相邻样值的相对大小，从而反映出抽样时刻波形的变化趋势，与样值本身的大小无关。

ΔM 与 PCM 编码方式相比具有编译码简单，低比特率时的量化信噪比高，对信道误码不敏感（抗误码特性好）等优点。在军事和工业部门的主要通信网和卫星通信中得到了广泛应用，近年来在高速超大规模集成电路中用作 A/D 转换器。本节将详细论述增量调制原理。

8.4.1　简单增量调制

1. 编译码的基本思想

不难想到，一个语音信号，如果抽样速率很高（远大于奈奎斯特速率），抽样间隔很小，那么相邻样点之间的幅度变化不会很大，相邻抽样值的相对大小（差值）同样能反映模拟信号的变化规律。若将这些差值编码传输，同样可传输模拟信号所含的信息。此差值又称“增量”，其值可正可负。这种用差值编码进行通信的方式，就称为“增量调制”（Delta Modulation），缩写为 DM 或 ΔM。

为了说明这个概念，请看图 8-22。图中 $m(t)$ 代表时间连续变化的模拟信号，可以用一个时间间隔为 Δt，相邻幅度差为 $+\sigma$ 或 $-\sigma$ 的阶梯波形 $m'(t)$ 来逼近它。只要 Δt 足够小，即抽样速率 $f_s = 1/\Delta t$ 足够高，且 σ 足够小，则阶梯波可近似代替 $m(t)$。其中，σ 为量化台阶，$\Delta t = T_s$ 为抽样间隔。

阶梯波 $m'(t)$ 有两个特点：第一，在每个 Δt 间隔内，$m'(t)$ 的幅值不变；第二，相邻间隔的幅值差不是 $+\sigma$（上升一个量化阶），就是 $-\sigma$（下降一个量化阶）。利用这两个特点，用“1”码和“0”码分别代表 $m'(t)$ 上升或下降一个量化台阶 σ，则 $m'(t)$ 就被一个二进制序列表示（见图 8-22 横轴下面的序列）。于是，该序列也相当于表示了模拟信号 $m(t)$，

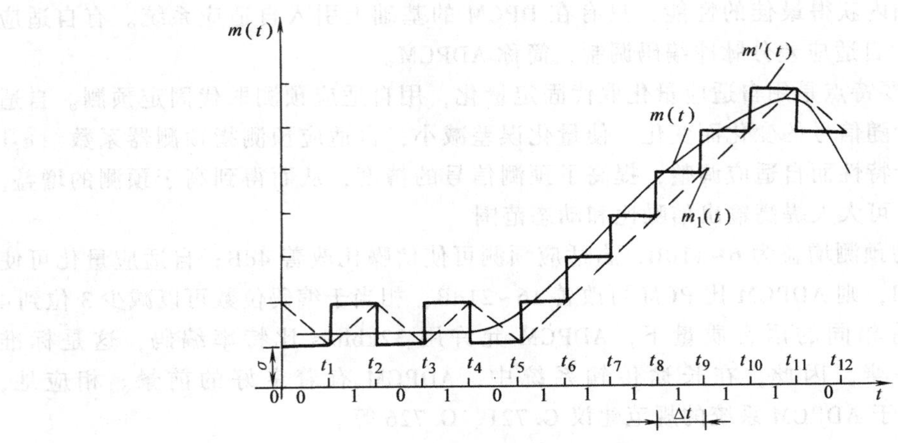

图 8-22 增量编码波形示意图

实现了模/数转换。除了用阶梯波 $m'(t)$ 近似 $m(t)$ 外，还可用另一种形式——图中虚线所示的斜变波 $m_1(t)$ 来近似 $m(t)$。斜变波 $m_1(t)$ 也只有两种变化：按斜率 $\sigma/\Delta t$ 上升一个量阶和按斜率 $-\sigma/\Delta t$ 下降一个量阶。用“1”码表示正斜率，用“0”码表示负斜率，同样可以获得二进制序列。由于斜变波 $m_1(t)$ 在电路上更容易实现，实际中常采用它来近似 $m(t)$。

与编码相对应，译码也有两种形式。一种是收到“1”码上升一个量阶（跳变），收到“0”码下降一个量阶（跳变），这样把二进制代码经过译码后变为 $m'(t)$ 这样的阶梯波。另一种是收到“1”码后产生一个正斜率电压，在 Δt 时间内上升一个量阶 σ，收到“0”码后产生一个负斜率电压，在 Δt 时间内下降一个量阶 σ，这样把二进制代码经过译码后变为如 $m_1(t)$ 这样的斜变波。考虑到电路上实现的简易程度，一般都采用后一种方法。这种方法可用一个简单的 RC 积分电路，即可把二进制代码变为 $m_1(t)$ 这样的波形，如图 8-23 所示。

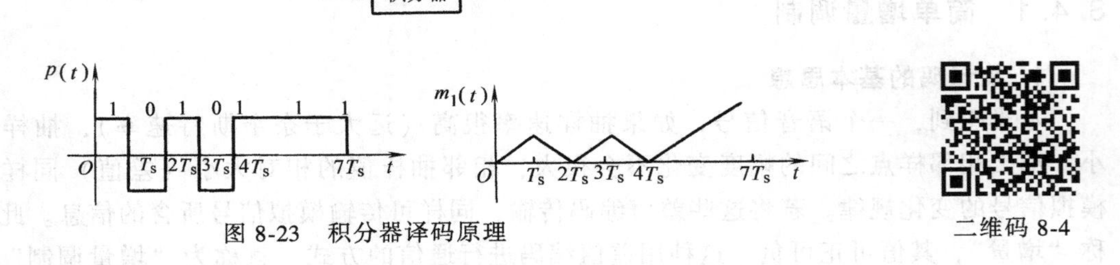

图 8-23 积分器译码原理

二维码 8-4

2. 简单 ΔM 系统框图

从 ΔM 编、译码的基本思想出发，可以组成一个如图 8-24 所示的简单 ΔM 系统框图。发送端编码器是相减器、判决器、积分器及脉冲发生器（极性变换电路）组成的一个闭环反馈电路。其中，相减器的作用是取出差值 $e(t)$，使 $e(t)=m(t)-m_1(t)$。判决器也称比较器或数码形成器，它的作用是对差值 $e(t)$ 的极性进行识别和判决，以便在抽样时刻输出数码（增量码）$c(t)$，即如果在给定抽样时刻 t_i 上，有

$$e(t_i)=m(t_i)-m_1(t_i)>0$$

则判决器输出“1”码；如有

$$e(t_i)=m(t_i)-m_1(t_i)<0$$

则输出“0”码。积分器和脉冲产生器组成本地译码器，它的作用是根据 $c(t)$ 形成预测信号 $m_1(t)$，即 $c(t)$ 为“1”码时，$m_1(t)$ 上升一个量阶 σ，$c(t)$ 为“0”码时，下降一个量阶 σ，并送到相减器与 $m(t)$ 进行幅度比较。

注意，若用阶梯波 $m'(t)$ 作为预测信号，则抽样时刻 t_i 应改为 $\bar{t}_i$，表示 t_i 时刻的前一瞬间，即相当于阶梯波形跃变点的前一瞬间。在 $\bar{t}_i$ 时刻，斜变波形与阶梯波形有完全相同的值。

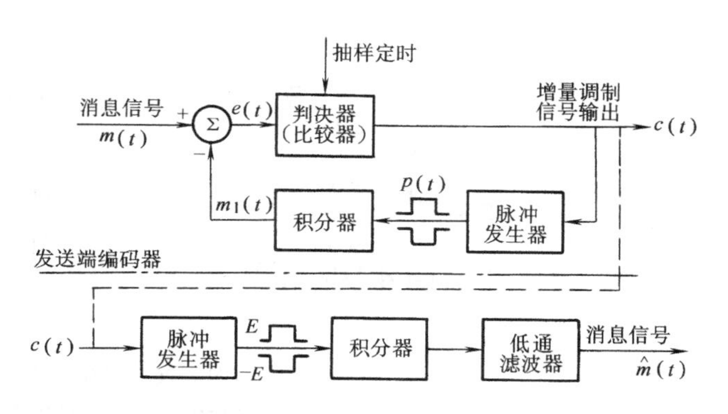

图 8-24　简单 ΔM 系统框图之一

接收端解码电路由译码器和低通滤波器组成。其中，译码器的电路结构和作用与发送端的本地译码器相同，用来由 $c(t)$ 恢复 $m_1(t)$，为了区别收、发两端完成同样作用的部件，称发送端的译码器为本地译码器。低通滤波器的作用是滤除 $m_1(t)$ 中的高次谐波，使输出波形平滑，更加逼近原来的模拟信号 $m(t)$。

由于 ΔM 是前后两个样值的量化编码，所以 ΔM 实际上是最简单的一种 DPCM 方案，预测值仅用前一个样值来代替，即当图 8-21 所示的 DPCM 系统的预测器是一个延迟单元，量化电平取为 2 时，该 DPCM 系统就是一个简单 ΔM 系统，如图 8-25 所示。用它进行理论分析将更准确、合理，但硬件实现 ΔM 时，图 8-24 要简单得多。

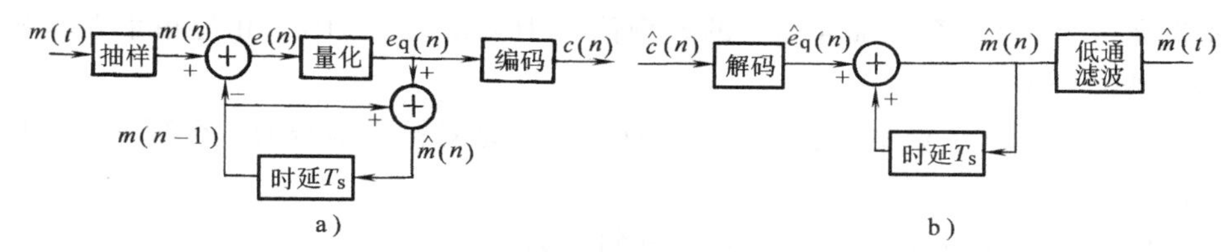

图 8-25　简单 ΔM 系统框图之二

8.4.2　增量调制的过载特性与动态编码范围

增量调制和 PCM 相似，在模拟信号的数字化过程中也会带来误差而形成量化噪声。如图 8-26 所示，误差 $e_q(t)=m(t)-m'(t)$ 表现为两种形式：一种称为过载量化误差，另一种称为一般量化误差。

当输入模拟信号 $m(t)$ 斜率陡变时，本地译码器输出信号 $m'(t)$ 跟不上 $m(t)$ 的变化，如图 8-26b 所示。这时，$m'(t)$ 与 $m(t)$ 之间的误差明显增大，引起译码后信号的严重失真，这种现象叫过载现象，产生的失真称为过载失真，或称为过载噪声。这是在正常工作时必须而且可以避免的噪声。

设抽样间隔为 Δt（抽样速率 $f_s=1/\Delta t$），则一个量阶 σ 的最大斜率 K 为

$$K=\frac{\sigma}{\Delta t}=\sigma f_s \tag{8-50}$$

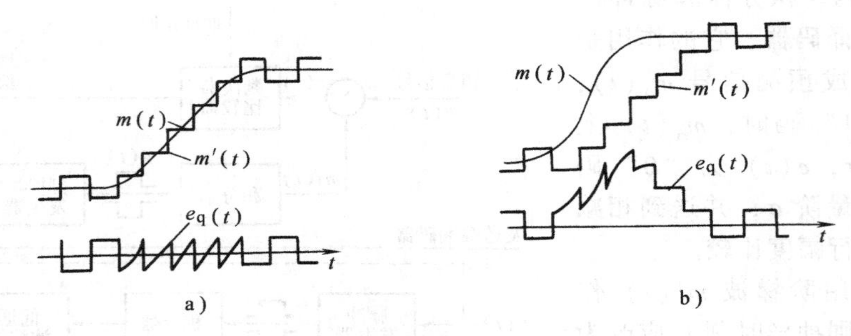

图 8-26　量化噪声

a）一般量化噪声　b）过载量化噪声

它被称为译码器的最大跟踪斜率。显然，当译码器的最大跟踪斜率大于或等于模拟信号 $m(t)$ 的最大变化斜率时，即

$$\left|\frac{\mathrm{d}m(t)}{\mathrm{d}t}\right|_{\max} \leqslant \sigma f_{\mathrm{s}} \tag{8-51}$$

译码器输出 $m'(t)$ 能够跟上输入信号 $m(t)$ 的变化，不会发生过载现象，因而不会形成很大的失真。当然，这时 $m'(t)$ 与 $m(t)$ 之间仍存在一定的误差 $e_{\mathrm{q}}(t)$，它局限在 $[-\sigma, \sigma]$ 的区间内变化，如图 8-26a 所示，这种误差称为一般量化误差。

由式（8-51）可见，为了不发生过载，必须增大 σ 和 f_{s}。但 σ 增大，一般量化误差也大，由于简单增量调制的量阶 σ 是固定的，因此很难同时满足两方面的要求。不过，提高 f_{s} 对减小一般量化误差和减小过载噪声都有利。因此 ΔM 系统中的抽样速率要比 PCM 系统中的抽样速率高得多。ΔM 系统抽样速率的典型值为 16kHz 或 32kHz，相应单话路编码比特率为 16kbit/s 或 32kbit/s。

在正常通信中，不希望发生过载现象，这实际上是对输入信号的一个限制。现以正弦信号为例来说明。

设输入模拟信号为 $m(t)=A\sin(\omega_k t)$，其斜率为

$$\frac{\mathrm{d}m(t)}{\mathrm{d}t}=A\omega_k\cos(\omega_k t)$$

可见，斜率的最大值为 $A\omega_k$。为了不发生过载现象，应要求

$$A\omega_k \leqslant \sigma f_{\mathrm{s}} \tag{8-52}$$

所以，临界过载振幅（允许的信号幅度）为

$$A_{\max}=\frac{\sigma f_{\mathrm{s}}}{\omega_k}=\frac{\sigma f_{\mathrm{s}}}{2\pi f_k} \tag{8-53}$$

式中，f_k 为信号的频率。可见，当信号斜率一定时，允许的信号幅度随信号频率的增加而减小，这将导致语音高频段的量化信噪比下降。这是简单增量调制不能实用的原因之一。

上面分析表明，要想正常编码，信号的幅度将受到限制，称 $A_{\max}$ 为最大允许编码电平。同样，对能正常开始编码的最小信号振幅也有要求。不难分析，最小编码电平 $A_{\min}$ 为

$$A_{\min}=\sigma/2 \tag{8-54}$$

因此，编码的动态范围定义为：最大允许编码电平 $A_{\max}$ 与最小编码电平 $A_{\min}$ 之比，即

$$[D_c]_{dB}=20\lg(A_{max}/A_{min}) \tag{8-55}$$

这是编码器能够正常工作的输入信号范围。将式（8-53）和式（8-54）代入得

$$[D_s]_{dB}=20\lg\left[\frac{\sigma f_s}{2\pi f_k}\bigg/\frac{\sigma}{2}\right]=20\lg\left(\frac{f_s}{\pi f_k}\right) \tag{8-56}$$

通常采用 $f_k=800\text{Hz}$ 为测试标准，所以

$$[D_c]_{dB}=20\lg\left(\frac{f_s}{800\pi}\right) \tag{8-57}$$

该式的计算结果列于表 8-9 中。

表 8-9　动态范围与抽样速率关系

抽样速率为 f_s/kHz	0	20	32	40	80	100
编码的动态范围 D/dB	12	18	22	24	30	32

由上表可见，简单增量调制的编码动态范围较小，在低传码率时，不符合话音质量要求。通常，话音信号动态范围要求为 40~50dB。因此，实用中的 ΔM 常用它的改进型，如增量总和调制、数字压扩自适应增量调制。

8.4.3　增量调制系统的抗噪声性能

与 PCM 系统一样，增量调制系统的抗噪声性能也是用输出信噪比来表征的。在 ΔM 系统中同样存在两类噪声，即量化噪声和信道加性噪声。由于这两类噪声是互不相关的，可以分别讨论。

1. 量化信噪功率比

从前面分析可知，量化噪声有两种，即过载噪声和一般量化噪声。由于在实际应用中都是防止工作到过载区域，因此这里仅考虑一般量化噪声。

在不过载情况下，误差 $e_q(t)=m(t)-m'(t)$ 限制在 $-\sigma\sim\sigma$ 范围内变化，若假定 $e_q(t)$ 在（$-\sigma$，$+\sigma$）之间均匀分布，则 ΔM 调制的量化噪声的平均功率为

$$E[e_q^2(t)]=\int_{-\sigma}^{\sigma}\frac{e^2}{2\sigma}\mathrm{d}e=\frac{\sigma^2}{3} \tag{8-58}$$

考虑到 $e_q(t)$ 的最小周期大致是抽样速率 f_s 的倒数，而且大于 $1/f_s$ 的任意周期都可能出现。因此，为便于分析可近似认为上式的量化噪声功率谱在（0，f_s）频带内均匀分布，则量化噪声的单边功率普密度为

$$P(f)\approx\frac{E[e_q^2(t)]}{f_s}=\frac{\sigma^2}{3f_s} \tag{8-59}$$

若接收端低通滤波器的截止频率为 f_m，则经过低通滤波器后输出的量化噪声功率为

$$N_q=P(f)f_m=\frac{\sigma^2 f_m}{3f_s} \tag{8-60}$$

由此可见，ΔM 系统输出的量化噪声功率与量化台阶 σ 及比值（f_m/f_s）有关，而与信号幅度无关。当然，后一条性质是在未过载的前提下才成立的。

信号越大，信噪比越大。对于频率为 f_k 的正弦信号，临界过载振幅为

$$A_{max}=\frac{\sigma f_s}{\omega_k}=\frac{\sigma f_s}{2\pi f_k}$$

所以信号功率的最大值为

$$S_o = \frac{A_{max}^2}{2} = \frac{\sigma^2 f_s^2}{8\pi^2 f_k^2} \tag{8-61}$$

因此在临界条件下，系统最大的量化信噪比为

$$\frac{S_o}{N_q} = \frac{3}{8\pi^2} \cdot \frac{f_s^3}{f_k^2 f_m} \approx 0.04 \frac{f_s^3}{f_k^2 f_m} \tag{8-62}$$

用分贝表示为

$$\frac{S_o}{N_q} = 10\lg\left(0.04 \frac{f_s^3}{f_k^2 f_m}\right) = 30\lg f_s - 20\lg f_k - 10\lg f_m - 14 \tag{8-63}$$

上式是 ΔM 的最重要的公式。它表明：

1）简单 ΔM 的信噪比与抽样速率 f_s 成立方关系，即 f_s 每提高一倍，量化信噪比提高 9dB。因此，ΔM 系统的抽样速率至少要在 16kHz 以上，才能使量化信噪比达到 15dB 以上，而抽样速率在 32kHz 时，量化信噪比约为 26dB，只能满足一般通信质量的要求。

2）量化信噪比与信号频率 f_k 的平方成反比，即 f_k 每提高一倍，量化信噪比下降 6dB。因此，简单 ΔM 时语音高频段的量化信噪比下降。

2. 误码信噪功率比

信道加性噪声会引起数字信号的误码，接收端由于误码而造成的误码噪声功率 N_e 为

$$N_e = \frac{2\sigma^2 f_s P_e}{\pi^2 f_1} \tag{8-64}$$

式中，f_1 是语音频带的下截止频率（一般为 300Hz）；P_e 为系统误码率。

由式（8-61）和式（8-64）可求得误码信噪比为

$$\frac{S_o}{N_e} = \frac{f_1 f_s}{16 P_e f_k^2} \tag{8-65}$$

可见，在给定 f_1、f_s、f_k 的情况下，ΔM 系统的误码信噪比与 P_e 成反比。

由 N_q 和 N_e 可以得到同时考虑量化噪声和误码噪声时的 ΔM 系统输出的总的信噪比为

$$\frac{S_o}{N_o} = \frac{S_o}{N_e + N_q} = \frac{3 f_1 f_s^3}{8\pi^2 f_1 f_m f_k^2 + 48 P_e f_k^2 f_s^2} \tag{8-66}$$

8.4.4 PCM 与 ΔM 系统的比较

PCM 和 ΔM 都是模拟信号数字化的基本方法。ΔM 实际上是 DPCM 的一种特例，所以有时把 PCM 和 ΔM 统称为脉冲编码。但应注意，PCM 是对样值本身编码，ΔM 是对相邻样值的差值的极性（符号）编码。这是 ΔM 与 PCM 的本质区别。

1. 抽样速率

PCM 系统中的抽样速率 f_s 是根据抽样定理来确定的。若信号的最高频率为 f_m，则 $f_s \geq 2f_m$。对语音信号，取 $f_s = 8\text{kHz}$。

在 ΔM 系统中传输的不是信号本身的样值，而是信号的增量（即斜率），因此其抽样速率 f_s 不能根据抽样定理来确定。由式（8-50）和式（8-66）可知，ΔM 的抽样速率与最大跟踪斜率和信噪比有关。在保证不发生过载，达到与 PCM 系统相同的信噪比时，ΔM 的抽样

速率远远高于奈奎斯特速率。

2. 带宽

ΔM 系统在每一次抽样时，只传送一位代码，因此 ΔM 系统的数码率为 $f_b=f_s$，要求的最小带宽为

$$B_{\Delta M}=\frac{1}{2}f_s \tag{8-67}$$

实际应用时

$$B_{\Delta M}=f_s \tag{8-68}$$

而 PCM 系统的数码率为 $f_b=Nf_s$。在同样的语音质量要求向下，PCM 系统的数码率为 64kHz，因而要求最小信道带宽为 32kHz。而采用 ΔM 系统时，抽样速率至少为 100kHz，则最小带宽为 50kHz。通常，ΔM 速率采用 32kHz 或 16kHz 时，语音质量不如 PCM。

3. 量化信噪比

在相同的信道带宽（即相同的码率 f_b）条件下：在低码率时，ΔM 性能优越；在编码位数多，码率较高时，PCM 性能优越。这是因为 PCM 量化信噪比为

$$(S_o/N_q)_{PCM}\approx 10\lg 2^{2N}\approx 6N\quad \text{dB} \tag{8-69}$$

它与编码位数 N 成线性关系，如图 8-27 所示。

ΔM 系统的数码率为 $f_b=f_s$，PCM 系统的数码率为 $f_b=2Nf_m$。当 ΔM 和 PCM 的数码率 f_b 相同时，有 $f_s=2Nf_m$，代入式（8-63）可得 ΔM 的量化信噪比为

$$(S_o/N_q)_{\Delta M}\approx 10\lg[0.32N^3(f_m/f_k)^2]\quad \text{dB} \tag{8-70}$$

它与 N 成对数关系，并与 f_m/f_k 有关。当取 $f_m/f_k=3000/1000$ 时，它与 N 的关系如图 8-27 所示。比较两者曲线可看出，若 PCM 系统的编码位数 $N<4$（码率较低）时，ΔM 的量化信噪比高于 PCM 系统。

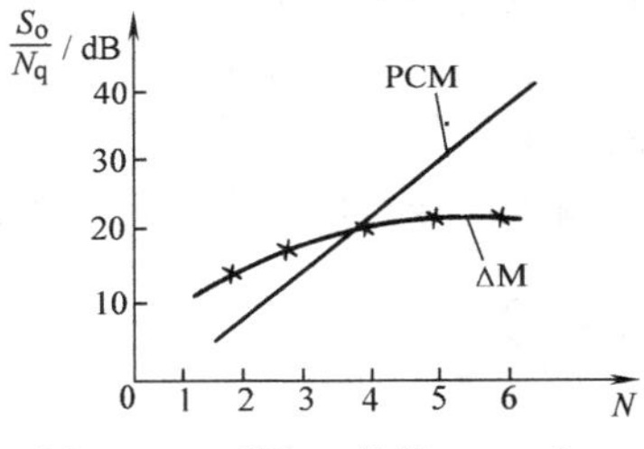

图 8-27　不同 N 值的 PCM 和 ΔM 的性能比较曲线

4. 信道误码的影响

在 ΔM 系统中，每一个误码代表造成一个量阶的误差，所以它对误码不太敏感。故对误码率的要求较低，一般在 $10^{-3}\sim10^{-4}$。而 PCM 的每一个误码会造成较大的误差，尤其高位码元，错一位可造成许多量阶的误差（例如，最高位的错码表示 2^{N-1} 个量阶的误差）。所以误码对 PCM 系统的影响要比 ΔM 系统严重些，故对误码率的要求较高，一般为 $10^{-5}\sim10^{-6}$。由此可见，ΔM 允许用于误码率较高的信道条件，这是 ΔM 与 PCM 不同的一个重要条件。

5. 设备复杂度

PCM 系统的特点是多路信号统一编码，一般采用 8 位编码（对语音信号），编码设备复杂，但质量较好。PCM 一般用于大容量的干线（多路）通信。

ΔM 系统的特点是单路信号独用一个编码器，设备简单，单路应用时，不需要收发同步设备。但在多路应用时，每路独用一套编译码器，所以路数增多时设备成倍增加。ΔM 一般适于小容量支线通信，话路上、下方便灵活。

目前，随着集成电路的发展，ΔM 的优点已不再那么显著。在传输语音信号时，ΔM 话音清晰度和自然度都不如 PCM。因此目前在通用多路系统中很少用或不用 ΔM。ΔM 一般用

在通信容量小和质量要求不十分高的场合，以及军事通信和一些特殊通信中。

二维码 8-5

8.5 时分复用和多路数字电话系统

实现多路通信方式，除了频分复用（FDM）外，还可以采用时分复用（Time Division Multiplexing，TDM）。时分复用借助“把时间帧划分成若干时隙和各路信号占有各自时隙”的方法来实现在同一信道上传输多路信号。相对地，频分复用是“把可用的带宽划分成若干频隙和各路信号占有各自频隙”的方法来实现在同一信道上传输多路信号。需注意，TDM 在时域上各路信号是分离的，但在频域上各路信号频谱是混叠的；FDM 在频域上各路信号频谱是分离的，但在时域上各路信号是混叠的。

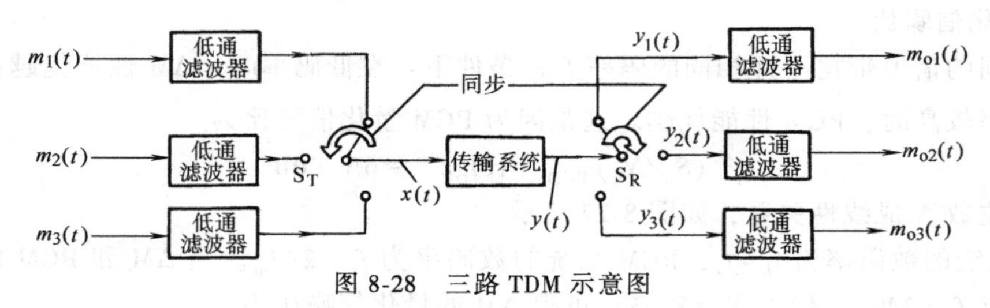

图 8-28 三路 TDM 示意图

下面将详细地说明 TDM 的工作原理。设有 N 路话音输入信号，每路话音经低通滤波器后的频谱最高频率为 f_H。当 $N=3$ 时，TDM 的系统框图如图 8-28 所示。三个信号为 $m_1(t)$，$m_2(t)$，$m_3(t)$。它们分别通过截止频率为 f_H 的低通滤波器，进入“发旋转开关”S_T。在发送端，三路模拟信号顺序地被“发旋转开关”S_T 所抽样，该开关每秒钟做 f_s 次旋转，一周旋转期内由各输入信号提取一个样值。若该开关进行理想抽样，那么该开关的输出信号为

$$x(t)=\sum_{k=-\infty}^{\infty}\{m_1(kT_s)\delta(t-kT_s)+m_2(kT_s+\tau)\delta(t-kT_s-\tau)+m_3(kT_s+2\tau)\delta(t-kT_s-2\tau)\} \tag{8-71}$$

式中，输入信号路数为 3；把 $x(t)$ 中一组连续 3 个脉冲称为一帧，长度为 T_s；称 τ 为时隙长度，等于 $T_s/3$。$N=3$ 时相应的波形如图 8-29 所示。该波形是三路信号在时间域上周期地互相错开的样值信号。

图 8-28 的“传输系统”包括量化、编码、调制、传输媒质、解调和译码等。如果传输系统不引起噪声误差的话，那么在接收端的“收旋转开关”S_R 处得到的信号 $y(t)$ 等于信号 $x(t)$。由于“收旋转开关”与“发旋转开关”是同步地运转（同步问题在第 9 章中讨论），因此能把各路信号样值序列分离，并送到规定的通路上。这时各通路样值信号分别为

$$\left.\begin{aligned}
y_1(t)&=\sum_{k=-\infty}^{\infty}m_1(kT_s)\delta(t-kT_s)\\
y_2(t)&=\sum_{k=-\infty}^{\infty}m_2(kT_s+\tau)\delta(t-kT_s-\tau)\\
y_3(t)&=\sum_{k=-\infty}^{\infty}m_3(kT_s+2\tau)\delta(t-kT_s-2\tau)
\end{aligned}\right\} \tag{8-72}$$

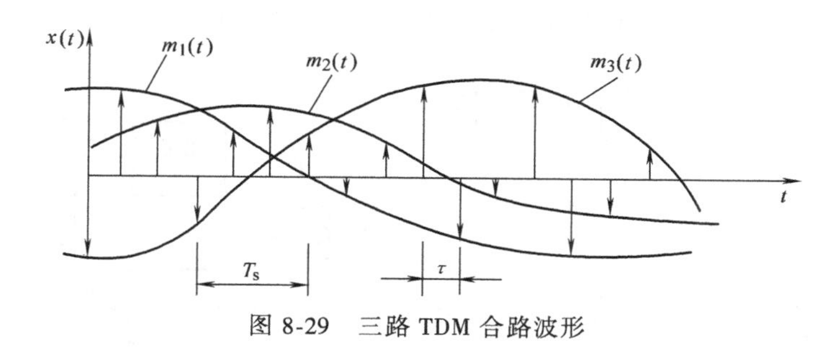

图 8-29 三路 TDM 合路波形

当该系统参数满足抽样定理条件时，则各路输出信号可分别恢复发端原始模拟信号，即第 i 路的输出信号为 $m_{oi}(t)=m_i(t)$。

上述概念可以应用到 N 路话音信号进行时分复用的情形中。这时，发送端的转换开关 S_T 以单路信号抽样周期为其旋转周期，按时间次序进行转换，每一路信号所占时间间隔称为时隙，这里的时隙 1 分配给第一路，时隙 2 分配给第二路，……，N 个时隙的总时间在术语上称为一帧，每一帧的时间必须符合抽样定理的要求。通常由于单路话信号的抽样频率规定为 8000Hz，故一帧时间为 125μs。

上面 TDM 系统中的合路信号是多路抽样信号，但它也可以是已量化和编码的多路 PCM 信号或增量调制信号。时分多路 PCM 系统有各种各样的应用，最重要的一种是数字电话系统。

通常，时分多路的话音信号采用数字方式传输时，其量化编码的方式既可以用脉码调制，也可以用自适应差分脉码调制或增量调制。对于小容量、短距离脉码调制的多路数字电话系统，国际建议有两种标准化制式，即 PCM30/32 路（A 律压扩特性）制式和 PCM24（μ 律压扩特性）制式，并规定国际通信时，以 A 律压扩特性为准（即以 30/32 路制式为标准），凡是两种制式的转换，其设备的接口均由采用 μ 律特性的国家负责解决。我国规定采用 PCM30/32 路制。

为了对时分多路数字电话系统有一个概略的了解，下面就该系统中的几个主要问题作一简单介绍。

8.5.1 时分多路数字电话通信系统的组成

图 8-30 示出了一个 PCM 时分多路数字电话系统的组成框图。图中，较详细地画出了第一路话音信号的发送和接收过程。输入的话音信号经二线进入混合线圈，并经放大、低通滤波和抽样。该已抽样信号与各路已抽样信号合在一起进行量化与编码，则变成 PCM 信号，最后将 PCM 信号变换成适合于信道传输的码型送至信道。接收端 PCM 信码经过再生加到译码器，译码器再将 PCM 信号转换成 PAM 信号，分路后经低通滤波器恢复成模拟信号，然后经放大器、混合线圈输出。其他各路的发送与接收的过程均与第一路相同。不过，近年来随着大规模集成电路的发展，PCM 多路数字电话系统的组成也有所变化，由原来采用群路编译码器（见图 8-30）进行编译码，改用单路编译码器来实现编码与译码。图 8-31 示出了用在 PCM 数字电话系统中的单路编译码器。在发送端模拟信号同样经二线进入混合线圈，然后再加至低通滤波器，低通滤波器的输出 VF_X 直接加到单路编译码器，而在单路编译码器的 D_X 端便可获得数字信息。各个单路编译码器的输出线 D_X 均接至发送总线。构成多路 PCM 信号输出。收信端数字信息从 PCM 收信总线进入单路编译码器的 D_R 端，在 VF_R 端便

能获得还原后的模拟信号，再经低通滤波器和混合线圈送至用户。

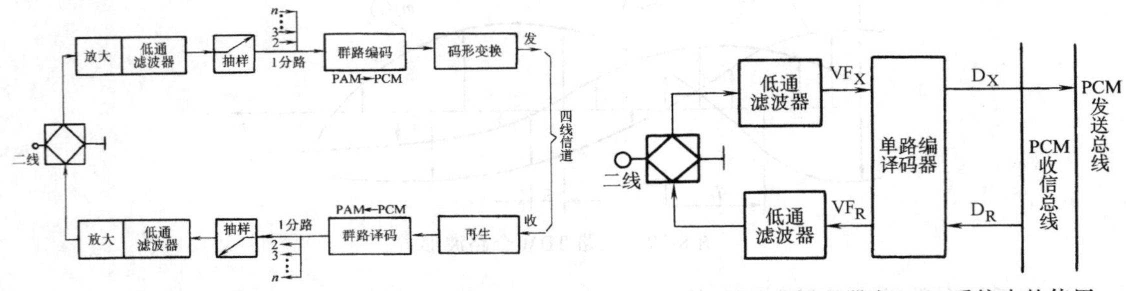

图 8-30 PCM 数字电话系统框图　　图 8-31 单路编译码器在 PCM 系统中的使用

目前，国外已经有多种用于 PCM 的单路编译码器集成电路。譬如 Intel2911、MK5156 等。图 8-32 是单路编译码器 2911A 的组成框图，全部电路约有 3000 余只 NMOS 管，它们都容纳在一小片集成电路内。它除包括模/数转换和数/模转换外，还包含控制部分。其中，单路编译码器的模/数转换和数/模转换也是按 A 律 13 折线规律进行的，即和所说的 30/32 路脉冲编码调制的规定相同。2911A 有两种使用方式，一种是微处理器控制方式，它适用于总线式小容量程控数字交换机，另一种是直接控制方式。

另外，图 8-31 中除单路编译码器外，还需要低通滤波器。目前，也已有集成低通滤波器，譬如 Intel2912，它和 2911A 配合使用时，可以大大缩减设备的体积和重量。

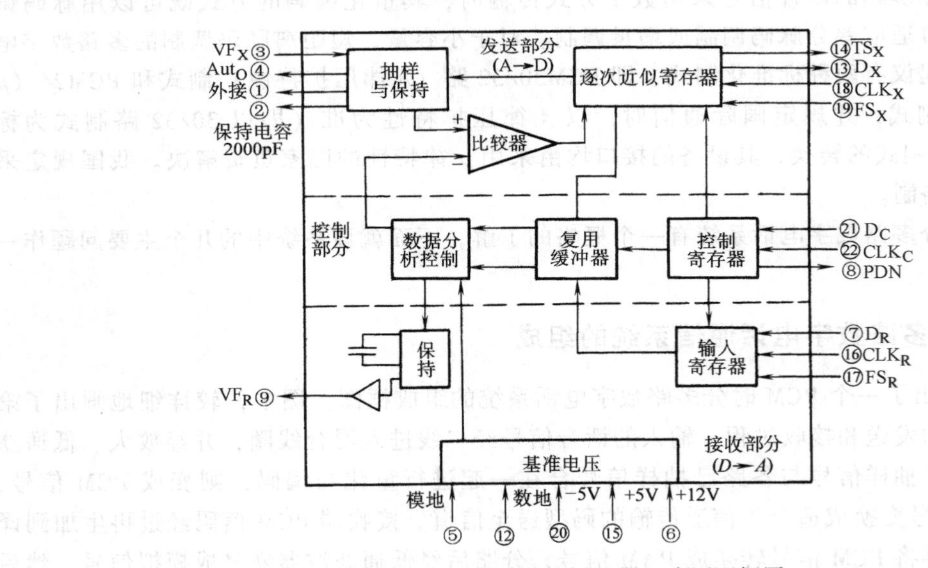

图 8-32 2911A 单路编译码器组成原理框图

用于数字电话终端设备的集成电路现已形成了系列。对于 PCM 编译码器有 Intel2911、MK5156；低通滤波器有 Intel2912、MK5912、MT8912、MC14413/14；PCM 编译码器/滤波器共同集成的有 Intel2913/14、MT8961/63/65、MC14400/01/02/03/05、TLC32044、TP3064 (μ 律) /3067 (A 律)。此外，还有与上述配套的电路，如时隙分配器 MC14461/17/18、定时与复用器 MB8717 等。

目前，在我国研制的数字电话终端设备中，也采用了上述这些集成电路，并且我国已经研制出或正在研制类似的专用集成电路。

对于增量调制时分多路数字电话系统，其组成与 PCM 数字电话系统基本相同。为了实现方便，增量调制系统中的编译码器就是采用单路方式的。目前，也已有用于增量调制的编译码器集成电路，譬如 MC3417/18。

8.5.2　数字电话系统帧结构和传码率

我国使用的 PCM 系统，规定采用 PCM30/32 路的帧结构，如图 8-33 所示。抽样频率为 8kHz，所以帧长度 $T_S=1/(8kHz)=125\mu s$。一帧分为 32 个时隙，其中 30 个时隙供用户使用（即 30 路话），即 TS1～TS15 和 TS17～TS31 为用户时隙。因为 A 律编码，因此所有的时隙都采用 8 位二进制码。TS0 是帧同步时隙，TS16 帧是信令时隙。帧同步码组为 ∗0011011，它是在偶数帧中 TS0 的固定码组，接收端根据此码组建立正确的路序，即实现帧同步。

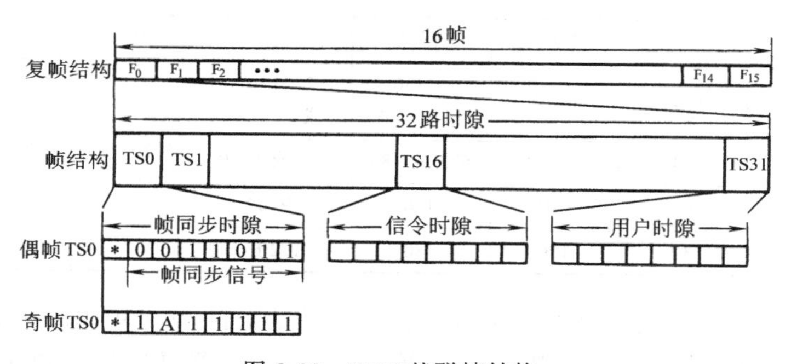

图 8-33　PCM 基群帧结构

其中的第一位码元“∗”供国际间通信用。奇数帧中 TS0 帧不作为帧同步用，供其他用途。

TS16 用来传送话路信令。话路信令有两种：一种是共路信令，一种是随路信令。若将总比特率为 64kbit/s 的各 TS16 统一起来使用，称为共路信令传输，这时必须将 16 个帧构成一个更大的帧，称之为复帧。若将 TS16 按时间顺序分配话路，直接传送各话路的信令，称为随路信令传送。此时每个信令占 4bit，即每个 TS 两路信令。根据以上帧结构，不难看到，PCM30/32 系统传码率为

$$R_b=f_s\times N\times n=8000\times 32\times 8\text{bit/s}=2.048\text{Mbit/s}$$

式中，f_s 为抽样；N 为一帧中所含时隙数；n 为一个时隙中所含码元数。因为码元是二进制，所以该系统传信率为 $R_b=2.048\text{Mbit/s}$。

时分复用增量调制系统，尚无国际标准。这里介绍一种国内外应用较多的 DM32 路制式。该制式中，抽样为 32kbit/s，即帧长度为 $T_S=31.25\mu s$，每个时隙含一个比特。TS0 为帧同步时隙，TS1 为信令时隙，TS2 为勤务电话时隙，TS3、TS4、TS5 为数据时隙，TS6～TS31 为用户电话时隙。显然，该系统传信率为

$$R_{bDM}=f_s\times N=32000\times 32\text{bit/s}=1.024\text{Mbit/s}$$

60 路 ADPCM 系统的帧结构已有国际标准，它的帧结构与 PCM30/32 路帧配置相类似（参见图 8-33）。根据 CCITT G.761 建议规定，其帧结构的定义与 G.704 中 PCM 基群复用设

备的定义相同。它规定，抽样间隔为 125μs，分成 32 个信道时隙，每个信道时隙中置入两路 ADPCM 的 4bit 信息，即合两个用户的信息。TS0 时隙作为传输同步等信息用，TS16 时隙作为信令时隙，其他 30 个信道时隙用来传输用户信息，总共有 60 个用户可使用。显然，它的传信率为 2.048Mbit/s，与基群比特率相同。

8.5.3 数字通信系统高次群

前面曾讨论的 PCM30/32 路时分多路系统，称为数字基群（即一次群）设备。对于基群和更高次群的系统，在 CCITT 已建立起标准。在该标准中，采用数字复接器技术把较低群次的数字流逐级汇合成更高群次的数字信息流。CCITT 推荐了两种一次、二次、三次和四次群的数字等级系列，如表 8-10 所列，一种是北美、日本采用的制式，另一种是欧洲、中国采用的制式。

表 8-10 TDM 制数字复接系列

<table>
<tr><th>国家</th><th>单位</th><th>基群</th><th>二次群</th><th>三次群</th><th>四次群</th><th>STM-1</th><th>STM-4</th><th>STM-16</th></tr>
<tr><td rowspan="2">北美
日本</td><td>kbit/s</td><td>1544</td><td>6312</td><td>44736
或 32064</td><td>274176
或 97723</td><td rowspan="4">155.52
Mbit/s</td><td rowspan="4">622.08
Mbit/s</td><td rowspan="4">2488.32
Mbit/s</td></tr>
<tr><td>路数</td><td>24</td><td>96</td><td>672 或 480</td><td>4032 或 1440</td></tr>
<tr><td rowspan="2">欧洲
中国</td><td>kbit/s</td><td>2048</td><td>8448</td><td>34368</td><td>139264</td></tr>
<tr><td>路数</td><td>30</td><td>120</td><td>480</td><td>1920</td></tr>
</table>

需指出，接入二次群复接器的数字流，除了可以是来自 PCM30/32 端机外，还可以是来自“12 路载波基群编码器”或“数据复用器”；接入三次群复接器的数字流，可以是来自“二次群复接器”，也可以是来自“120 路话音直接编码器”、“60 路载波超群编码器”、“1MHz 可视电话编码器”或其他类型的数字流设备；接入四次群复接器的数字流的设备，除可以是三次群复接器之外，还可以是“300 路载波主群编码器”；产生四次群数字流的设备，可以是四次群复接器、“900 路载波超主群编码器”或“电视编码器”。总之，复接的终端设备可以是多种多样的。当然，无论哪种终端设备，其输出的数码率都必须符合该次群所规定的标准。

四次和四次群以下的高次群，都是采用准同步方式进行复接的，称为准同步数字系列（PDH）。随着通信的发展，CCITT 又制订了 TDM 制四次群以上的同步数字系列（SDH）标准，以适应宽带综合业务数字网的传输需求。CCITT G.707 建议规定 SDH 的第一级比特率为 155.52Mbit/s，记作 STM-1。4 个 STM-1 按字节同步复接，得到 STM-4，比特率为 622.08Mbit/s。4 个 STM-4 同步复接，得到 STM-16，比特率为 2488.32Mbit/s，列于表 8-10 中。需指出，四次群以上的系列，由于技术上的原因，STM-N 都采用同步方式复接，所以称为同步数字系列。目前，SDH 在国内外都得到广泛应用，基于 SDH 技术，也发展出了多业务传送平台（MSTP）和光传输网（OTN）等技术。

以上简要讨论了时分多路数字电话系统中的几个问题，目的是使读者对实际的数字电话通信系统有一个概略了解，更详细的分析可参考其他有关书籍。

最后还需指出，由于模拟信号转换成数字信号以数字的方式进行传输时，可以获得数字通信的优点，同时，伴随着大规模集成电路的发展，体积小、功耗低、可靠性高的数字通信设备也愈来愈多，因此，愈来愈多的模拟消息都希望按数字通信的方式来传输。

8.6 小结

随着数字通信的迅猛发展，越来越多的模拟信息将依赖于数字通信系统传输，而模拟信号的数字化将是达到这一目的必要手段。在通信系统中，在发送端将模拟信号转换成数字信号，在接收端又将数字信号恢复成模拟信号，一般把这样正反两个转换过程统称为模拟信号数字化。本章通过介绍两种模拟信号数字化的基本方法——脉冲编码调制（PCM）和增量调制（ΔM），阐述了模拟信号数字化的原理，即对模拟信号的时间离散化方法和幅度离散化（或量化）方法。模拟信号时间离散化的重要理论依据是抽样定理，幅度离散化的目标是在给定量化级数目（或信息传输速率）的条件下，寻找量化方式使信号量化信噪比达到最大。通过比较分析，PCM 方式可获得好的量化信噪比、信号带宽较宽、对数字通信系统的误码性能要求高、实现设备相对复杂，在恒参信道如电信的电话系统中得到广泛应用，ΔM 方式实现设备简单、数据速率比较低（即占用信道带宽窄）、对数字通信系统的误码性能不敏感，适合应用在无线通信系统中。另一方面，本章简介了实际多路电话系统的构成，说明了不论是 PCM 还是 ΔM 都可以实现时分复用（TDM）的多路通信方式，为通信系统的构成提供了更加灵活的手段。

从更高的层次——信源编码的角度看，可以将模拟信号数字化方法分成两大类，一是波形编码（就是本章介绍的内容），另一类是参数编码方法。由于篇幅的关系，本章仅仅介绍了波形编码中最基本的 PCM 和 ΔM 方式，以及它们的典型改进型 ADPCM 方式等（ADPCM 既可以做到量化信噪比比较高，又可以做到比 PCM 信号占用的带宽小、误码敏感性低等特点）。还有许多内容本章并未涉及，如：如何设计最佳量化器？最佳量化可以达到的最大量化信噪比是多少？采用什么样的方法能使模拟信号数字化后的信号带宽和原模拟信号带宽相同、甚至更窄？有兴趣的读者可以参阅相关文献[2,9]。

8.7 思考题

1. 简述低通抽样定理和带通抽样定理。它们是在什么前提下提出的？
2. 对载波基群信号（频谱为 60~108kHz），其抽样速率应选择在什么范围内？抽样速率等于多少？
3. 已抽样信号的频谱混叠一般是什么原因造成的？
4. 什么叫量化、量化噪声？量化噪声的大小与哪些因素有关？
5. 什么叫均匀量化和非均匀量化？均匀量化的主要优缺点是什么？如何实现非均匀量化？它能克服均匀量化的什么缺点？
6. 什么是 13 折线法？它是怎样实现非均匀量化的？与 A 律曲线有什么区别和联系？
7. 量化以后为什么还要编码？
8. 线性编码和非线性编码有什么区别？
9. 试画出 PCM 系统的框图，并定性画出图中各点波形。简要说明图中各部分的作用。
10. 简述 PCM 和 ΔM 的主要区别。

11. PCM 的代码分别代表信号的什么信息？

12. ΔM 的代码分别代表信号的什么信息？

13. ΔM 的一般量化噪声和过载量化噪声是怎样产生的？如何防止过载噪声的出现？

14. 线性 PCM 的量化信噪比与哪些因素有关？简单增量调制量化信噪比与哪些因素有关？

15. 为什么简单增量调制的抗误码性能优于 PCM 的抗误码性能？

16. DPCM 是为解决什么问题产生的？它与 PCM 的区别是什么？它与 ΔM 的区别和联系是什么？

17. ADPCM 的基本原理是什么？

18. 何谓时分复用？它和频分复用有何异同？

8.8 习题

1. 已知一低通信号 $m(t)$ 的频谱为

$$M(f)=\begin{cases}1-\dfrac{|f|}{200}, & |f|<200\\ 0, & 其他\end{cases}$$

(1) 若抽样速率为 $f_s=300\text{Hz}$，画出对 $m(t)$ 进行理想抽样时，在 $|f|<200\text{Hz}$ 范围内已抽样信号的频谱。

(2) 若用的抽样速率 $f_s=400\text{Hz}$，重做上题。

2. 已知一基带信号 $m(t)=\cos(2\pi t)+2\cos(4\pi t)$，对其进行理想抽样。

(1) 为了在接收端不失真地从已抽样信号 $m_s(t)$ 中恢复 $m(t)$，试问抽样间隔应如何选择？

(2) 若抽样间隔取为 0.2s，试画出已抽样信号的频谱图。

3. 对一个具有如题图 8-1 所示频谱的带通信号进行理想采样后：

(1) 说明当 $f_s=2.5B$ 时信号可以不失真恢复。

(2) 说明当 $f_s>5B$ 时信号也可以不失真恢复。

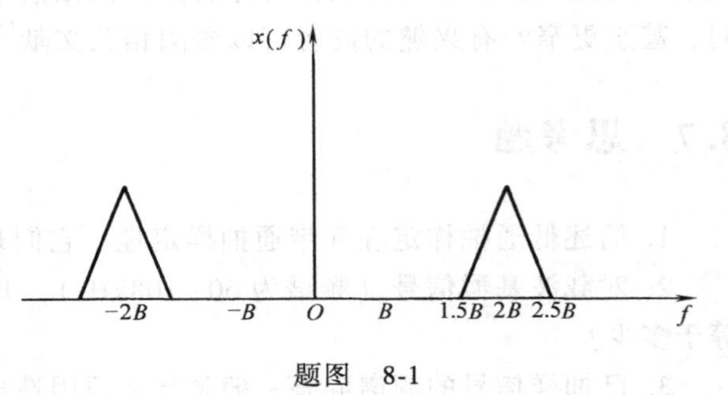

题图　8-1

(3) 说明当 $f_s=3.5B$ 时发生频谱混淆，信号不可能不失真恢复。

4. 设信号 $m(t)=9+A\cos\omega t$，其中，$A\leqslant 10$。若被均匀量化为 40 个电平，试确定所需的二进制码组的位数 N 和量化级间隔 Δ。

5. 已知模拟信号抽样值的概率密度 $f(x)$ 如题图 8-2 所示。若按四电平进行均匀量化，试计算信号量化噪声功率比。

6. 一个 8bit 均匀量化器，范围为 (−1V，1V)，试确定量化器量化台阶的大小。假如信号是正弦信号，它的幅值占了全部范围，试计算量化信噪比。

7. 设输入量化器的信号的概率密度分布函数 (pdf) 如题图 8-3 所示，假设量化电平为

(1, 3, 5, 7)。

(1) 计算量化器输出的均方误差畸变，以及输出信号量化噪声功率比。

(2) 如何通过改变量化电平的分布来降低畸变?

(3) 这个量化器的最佳输入 pdf 是什么?

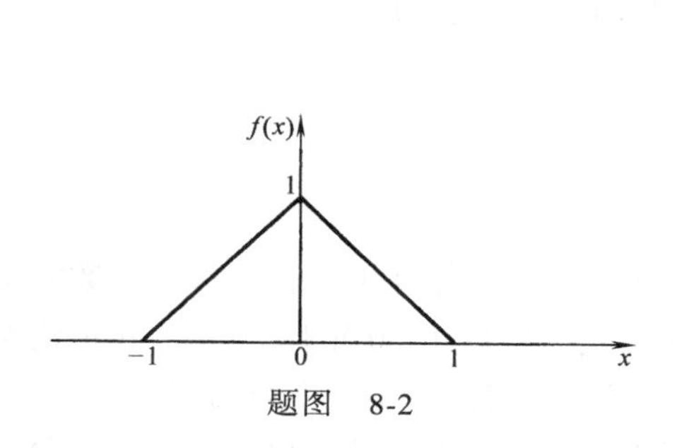

题图 8-2

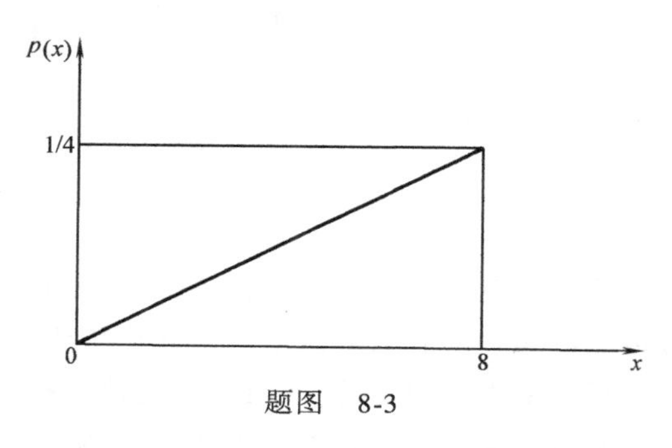

题图 8-3

8. 对于一个 μ 律压扩器，其 $\mu=255$，假设最大输入电压为 1V，以输入电压的大小为变量，绘出输出电压特性曲线。假设输入电压为 0.1V，问输出电压为多少? 假设输入电压为 0.01V，输出电压为多少?

9. 对于一个 A 律压扩器，其 $A=90$，假设最大输入电压为 1V，以输入电压的大小为变量，绘出输出电压特性曲线。假设输入电压为 0.1V，问输出电压为多少? 假设输入电压为 0.01V，输出电压为多少?

10. 采用 13 折线 A 律编码，设最小的量化级为 1 个单位，已知抽样脉冲值为+635 单位:

(1) 试求此时编码器输出码组，并计算量化误差(段内码用自然二进制码)。

(2) 写出对应于该 7 位码(不包括极性码)的均匀量化 11 位码。

11. 对信号 $m(t)=A\sin(2\pi f_k t)$ 进行简单增量调制，若台阶 σ 和抽样频率选择得既保证不过载，又保证不致因信号幅度太小而使增量调制器不能正常编码，试证明此时要求 $f_s>\pi f_k$。

12. 已知正弦信号的频率 $f_k=4\text{kHz}$，试分别设计一个 PCM 系统和一个 ΔM 系统，使两个系统的输出量化信噪比都满足 30dB 的要求，比较这两个系统的信息速率。

13. 单路话音信号的最高频率为 4kHz，抽样速率为 8kHz，将所得的脉冲信号直接传输或采用 PCM 方式传输。设传输信号的波形为矩形脉冲，占空比为 1。

(1) 计算直接传输系统的最小带宽。

(2) 在 PCM 系统中，抽样后信号按 8 级量化，求 PCM 系统的最小带宽，并与(1)的结果比较。

(3) 若抽样后信号按 128 级量化，求 PCM 系统的最小带宽为多少?

14. 已知语音信号的最高频率 $f_m=3400\text{Hz}$，现用 PCM 系统传输，要求量化信噪比不低于 30dB，试求此 PCM 系统所需的最小带宽。

第9章　差错控制编码

差错控制编码，又称为信道编码、纠错码、抗干扰编码或可靠性编码，它是提高数字信号传输可靠性的有效方法之一。它产生于20世纪50年代，发展于60年代，70、80年代发展活跃，最近Turbo码、LDPC码的研究把差错控制编码的研究推向了一个新的高度。

本章主要分析差错控制编码的基本方法及纠错编码的基本原理、常用检错码、线性分组码、卷积码、格状编码调制及m序列的构造原理及其应用。学习编码，一方面必须从它的构造理论来进行理解和把握，另一方面可以利用计算机对差错控制编码进行仿真。

9.1　概述

由于数字信号在传输过程中受到干扰的影响，使信号码元波形变坏，故传输到接收端后可能发生错误判决。由信道中乘性干扰引起的码间串扰，通常可以采用均衡的办法纠正，而加性干扰的影响则要通过其他途径解决。通常，在设计数字通信系统时，首先应从合理地选择调制方式、解调方式以及发送功率等方面考虑。若采取上述措施仍难以满足要求，则就要考虑采用本章所述的差错控制措施了。从差错控制角度看，按加性噪声引起的错码分布规律的不同，信道可以分为三类，即随机信道、突发信道和混合信道。在随机信道中，错码的出现是随机的，且错码之间是统计独立的。例如，由高斯分布白噪声引起的错码就具有这种性质。因此，当信道中加性干扰主要是这种噪声时，就称这种信道为随机信道。在突发信道中，错码是成串集中出现的，也就是说，在一些短促的时间区间内会出现大量错码，而在这些短促的时间区间之间却又存在较长的无错码区间。这种成串出现的错码称为突发错码。产生突发错码的主要原因之一是脉冲干扰，而信道中的衰落现象也是产生突发错码的另一主要原因。当信道中加性干扰主要是这种干扰时，便称这种信道为突发信道。把既存在随机错码又存在突发错码，且哪一种都不能忽略不计的信道，称为混合信道。对于不同类型的信道，应采用不同的差错控制技术。差错控制方法，常用的有以下几种：

（1）检错重发法（ARQ）

接收端在收到的编码中检测出错码时，即设法通知发送端重发，直到正确收到为止。所谓检测出错码，是指在若干接收码元中知道有一个或多个是错的，但不一定知道该错码的准确位置。采用这种差错控制方法需要具备双向信道。

（2）前向纠错法（FEC）

接收端不仅能在收到的编码中发现有错码，还能够纠正错码。对于二进制系统，如果能够确定错码的位置，就能够纠正它。这种方法不需要反向信道（传递重发指令），也不存在由于反复重发而延误时间，实时性好。但是纠错设备要比检错设备复杂。

（3）反馈校验法（IF）

接收端将收到的编码原封不动地转发回发送端，并与原发送编码相比较。如果发现错误，则发送端再进行重发。这种方法原理和设备都较简单，但需要有双向信道。因为每一编码都相当于至少传送了两次，所以传输效率较低。

上述三种差错控制方法可以结合使用，例如，检错和纠错结合使用。当出现少量错码并在接收端能够纠正时，即用前向纠错法纠正；当错码较多而超过纠正能力但尚能检测时，就用检错重发法。此外，在某些特定场合，可采用检错删除，即接收端将其中存在错误的部分码元删除，不送给输出端。此法适用于信息内容有大量多余度或多次重复发送的场合。在上述三种方法中，前两种方法的共同点都是在接收端识别有无错码。那么，接收端根据什么来识别呢？由于信息码元序列是一种随机序列，接收端是无法预知的（如果预先知道，就没有必要发送了），也无法识别其中有无错码。为了解决这个问题，可以由发送端的信道编码器在信息码元序列中增加一些监督码元。这些监督码和信码之间有一定的关系，使接收端可以利用这种关系由信道译码器来发现或纠正可能存在的错码。

在信息码元序列中加入监督码元就称为差错控制编码，有时也称为纠错编码。不同的编码方法，有不同的检错或纠错能力，有的编码只能检错，不能纠错。一般说来，付出的代价越大，检（纠）错的能力就越强。这里所说的代价，就是指增加的监督码元多少，它通常用多余度来衡量。例如，若编码序列中，平均每两个信息码元就有一个监督码元，则这种编码的多余度为1/3。换一种说法，也可以说这种编码的编码效率为2/3。可见，差错控制编码原则上是以降低信息传输速率为代价来换取传输可靠性的提高。本章的主要内容就是讨论各种常见的编码和解码方法。

为了使读者对于具有差错控制能力的传输系统的组成有个概念，在讨论纠错编码原理之前，先简要介绍一种检错重发系统（自动要求重发系统）的组成。

自动要求重发系统通常简称为ARQ系统，其组成原理框图如图9-1所示。这种系统中应有双向信道。在发送端，输入的信息码元在编码器中被分组编码（加入监督码元）后，除立即发送外，尚暂存于缓冲存储器中。若接收端解码器检出错码，则由解码器控制产生一重发指令，经反向信道送至原发送端。这时，由发送端重发控制器控制缓冲存储器重发一次。接收端仅当解码器认为接收信息码元正确时，才将信码送给收信者，否则在输出缓冲存储器中删除掉。当接收端解码器未发现错码时，经反向信道发出不需重发指令。发送端收到此指令后，即继续发送后一码组，发送端的缓冲存储器中的内容也随之更新。

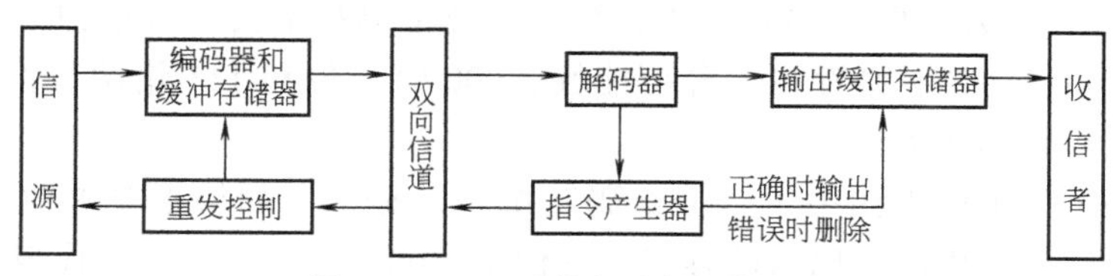

图9-1 ARQ系统组成原理框图

ARQ方式的主要优点是：

1）只需要少量的多余码元（一般为总码元的5%~20%）就能获得极低的输出误码率。

2）要求使用的检错码基本上与信道的差错统计特性无关，也就是说，对各种信道的不同差错特性，有一定自适应能力。

3）其检错译码器与前向纠错法中的纠错译码器相比，成本和复杂性均低得多。

这种方法的主要缺点是：

1）由于需要双向信道，故不能用于单向传输系统，也难以用于广播（一发多收）系统，并且实现重发控制比较复杂。

2）当信道干扰增大时，整个系统可能处在重发循环中，因而通信效率降低至不能通信。

3）不大适于要求严格实时传输的系统。

9.2 纠错编码的基本原理

现在来讨论纠错编码的基本原理。为了便于理解，先通过一个例子来说明。一个由3位二进制数字构成的码组，共有8种不同的可能组合。若将其全部利用来表示天气，则可以表示8种不同的天气，譬如：000（晴），001（云），010（阴），011（雨），100（雪），101（霜），110（雾），111（雹）。其中任一码组在传输中若发生一个或多个错码，则将变成另一信息码组。这时接收端将无法发现错误。若在上述8种码组中只准许使用4种来传送信息，譬如

$$\begin{cases} 000 = \text{晴} \\ 011 = \text{云} \\ 101 = \text{阴} \\ 110 = \text{雨} \end{cases} \tag{9-1}$$

这时，虽然只能传送4种不同的天气，但是接收端却有可能发现码组中的一个错码。例如，若000（晴）中错了一位，则接收码组将变成100或010或001。这3种码组都是不准使用的，称为禁用码组，故接收端在收到禁用码组时，就认为发现了错码。当发生3个错码时，000变成111，它也是禁用码组，故这种编码也能检测3个错码。但是这种码不能发现两个错码，因为发生两个错码后产生的是许用码组。

上述这种码只能检测错误，不能纠正错误。例如，当收到的码组为禁用码组100时，在接收端无法判断是哪一位码发生了错误，因为晴、阴、雨三者错了一位都可以变成100。要想能纠正错误，还要增加多余度。例如，若规定许用码组只有两个：000（晴），111（雨），其余都是禁用码组。这时，接收端能检测两个以下错码，或能纠正一个错码。例如，当收到禁用码组100时，如果认为该码组中仅有1个错码，则可判断此错码发生在“1”位，从而纠正为000（晴）。因为“雨”（111）发生任何一位错码都不会变成这种形式。若上述组中的错码数认为不超过两个，则存在两种可能性，000错一位和111错两位都可变为100，因而只能检测出存在错码而无法纠正它。

从上面的例子中可以得到关于“分组码”的一般概念。如果不要求检（纠）错，为了传输4种不同的信息，用两位码组就够了，它们是：00，01，10，11。代表所传信息的这些码，称为信息位。在式（9-1）中使用了3码，多增加的那位称为监督位。表9-1示出了这种情况。把这种将信息码分组，为每组信码附加若干监督码的编码集合，称为分组码。在分组码中，监督码元仅监督本码组中的信息码元。后面将讨论的卷积码的监督位就不具备这一特点。

表 9-1 分组码示意

	信息位	监督位		信息位	监督位
晴	00	0	阴	10	1
云	01	1	雨	11	0

分组码一般用符号（n，k）表示，其中 k 是每组二进信息码元的数目，n 是编码组的总位数，又称为码组长度（码长），$n-k=r$ 为每码组中的监督码元数目，或称监督位数目。通常，将分组码规定为具有图 9-2 所示的结构。图中前面 k 位 a_{n-1}，…，a_r 为信息位，后面附加 r 个监督位 a_{r-1}，…，a_0。在式（9-1）的分组码中 $n=3$，$k=2$，$r=1$。

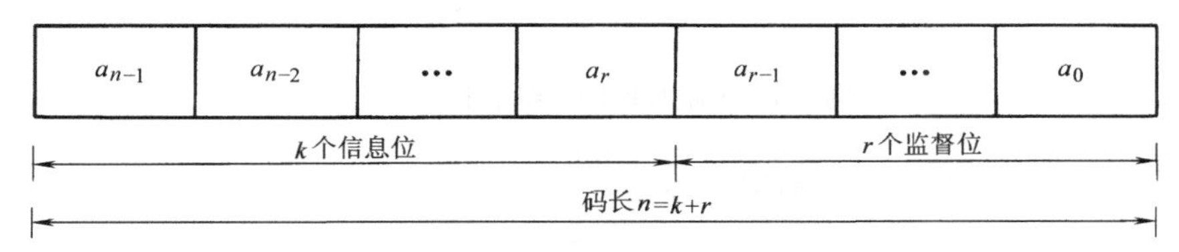

图 9-2 分组码的结构

在分组码中，把“1”的数目称为码组的重量（用 w 表示），而把两个码组对应位上数字不同的位数称为码组的距离，简称码距（用 d 表示），又称汉明（Hamming）距离。式（9-1）中 4 个码组之间，任两个的距离均为 2。把某种编码中各个码组间距离的最小值称为最小码距（d_0），例如，按式（9-1）编码的最小码距 $d_0=2$。

对于 $n=3$ 的编码，可以在三维空间中说明码距的几何意义。如前所述，3 位的码共有 8 种不同的可能码组。因此，在三维空间中它们分别位于一个单位立方体的各顶点上，如图 9-3 所示。每一码组的 3 个码元的值（a_2，a_1，a_0）就是此立方体各顶点的坐标，而上述码距概念在此图中则对应于各顶点之间沿立方体各边行走的几何距离。由此图可以直观看出，式（9-1）中 4 个许用码组之间的距离均为 2。

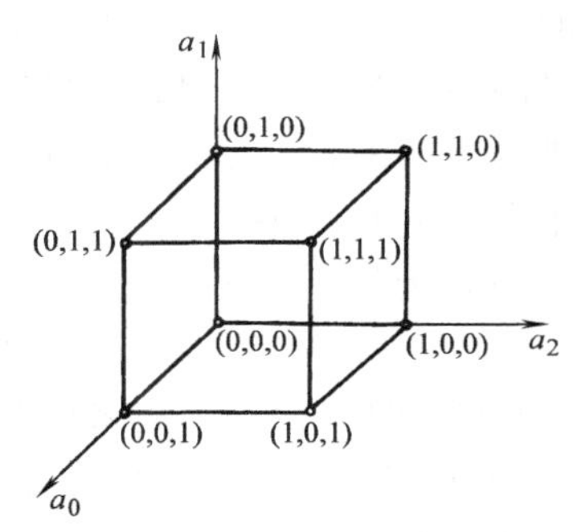

图 9-3 码距的几何意义

一种编码的最小码距 d_0 的大小直接关系着这种编码的检错和纠错能力。下面将具体加以说明。

（1）为检测 e 个错码，要求最小码距

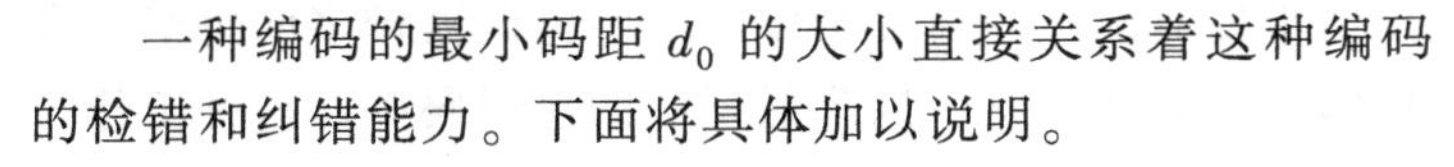

$$d_0 \geqslant e+1 \tag{9-2}$$

这可以用图 9-4a 简单证明如下：设一码组 A 位于 0 点。若码组 A 中发生一位错码，则可以认为 A 的位置将移动至以 0 点为圆心、以 1 为半径的圆上某点，但其位置不会超出此圆；若码组 A 中发生两位错码，则其位置不会超出以 0 点为圆心、以 2 为半径的圆。因此，只要最小码距不小于 3（如图中 B 点），在此半径为 2 的圆上及圆内就不会有其他码组。这就是说，码组 A 发生两位以下错码时，不可能变成另一任何许用码组。因而能检测错码的位数等于 2。同理，若一种编码的最小码距为 d_0，则将能检测（d_0-1）个错码，若要求检测 e 个错码，则最小码距 d_0 至少应不小于（$e+1$）。例如，式（9-1）的码，由于 $d_0=2$，故按式（9-2）它只能检测 1 位错码。

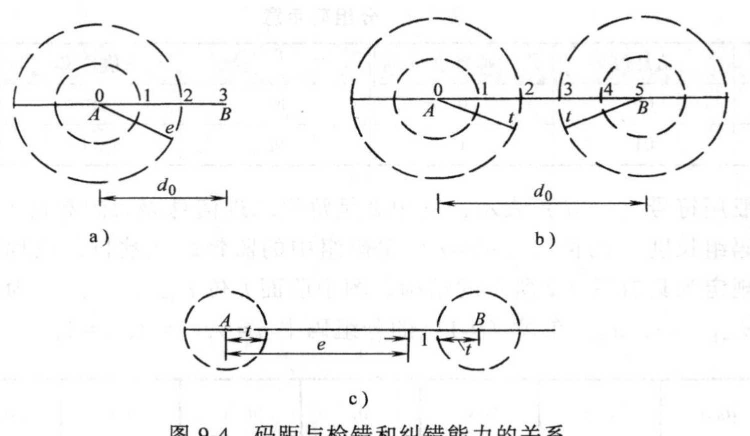

图 9-4 码距与检错和纠错能力的关系

（2）为纠正 t 个错码，要求最小码距

$$d_0 \geqslant 2t+1 \tag{9-3}$$

上式可用图 9-4b 来加以说明。图中画出码组 A 和 B 的距离为 5。码组 A 或 B 若发生不多于两位错码，则其位置均不会超出以原位置为圆心，以 2 为半径的圆。由于这两个圆的面积是不重叠的，故可以这样判决：若接收码组落于以 A 为圆心的圆上，就判决收到的是码组 A；若落于以 B 为圆心的圆上，就判决为码组 B。这样，就能够纠正两位错码。若这种编码中除码组 A 和 B 外，还有许多种不同码组，但任两码组之间的码距均不小于 5，则以各码组的位置为中心，以 2 为半径画出的圆都不会互相重叠。这样，每种码组如果发生不超过两位错码都将能纠正。因此，当最小码距 $d_0=5$ 时，能够纠正两个错码，且最多能纠正两个。若错码达到 3 个，就将落于另一圆上，从而发生错判。故一般说来，为纠正 t 个错码，最小码距应不小于（$2t+1$）。

（3）为纠正 t 个错码，同时检测 e 个错码，要求最小码距

$$d_0 \geqslant e+t+1(e>t) \tag{9-4}$$

二维码 9-1

在解释此式之前，先来说明什么是“纠正 t 个错码，同时检测 e 个错码”（简称纠检结合）。在某些情况下，要求对于出现较频繁但错码数很少的码组，按前向纠错方式工作，以节省反馈重发时间；同时又希望对一些错码数较多的码组，在超过该码的纠错能力后，能自动按检错重发方式工作，以降低系统的总误码率。这种工作方式就是“纠检结合”。

在上述“纠检结合”系统中，差错控制设备按照接收码组与许用码组的距离自动改变工作方式。若接收码组与某一许用码组间的距离在纠错能力 t 范围内，则将按纠错方式工作；若与任何许用码组间的距离都超过 t，则按检错方式工作。现用图 9-4c 来加以说明。若设码的检错能力为 e，则当码组 A 中存在 e 个错码时，该码组与任一许用码组（例如图中码组 B）的距离至少应有 $t+1$，否则将进入许用码组 B 的纠错能力范围内，而被错纠为 B。这样就要求最小码距满足式（9-4）所示的条件。

下面再用图 9-4b 为例来说明，此例中的最小码距 $d_0=5$。在按检错方式工作时，由式（9-2）可知，它的检错能力为 $e=4$；在按纠错方式工作时，由式（9-3）可知，它的纠错能力 $t=2$。但在按纠检结合方式工作时，若设计的纠错能力 $t=1$，则同时只能具有检错能力

$e=3$。因为当许用码组 A 中出现 4 个错码时，接收码组将落入另一许用组的纠错能力范围内，从而转为按纠错方式工作并错纠为 B 了。

在简要讨论编码的纠（检）错能力之后，现在来分析采用差错控制编码的效用。假设在随机信道中发送“0”时的错误概率和发送“1”时的相等，都等于 p，且 $p \ll 0.5$，则容易证明，在码长为 n 的码组中恰好发生 r 个错码的概率为

$$P_n(r)=C_n^r p^r(1-p)^{n-r}\approx\frac{n!}{r!\ (n-r)!}p^r \tag{9-5}$$

例如，当码长 $n=7$，$p=10^{-3}$ 时，则有

$$P_7(1)\approx 7p=7\times10^{-3}$$

$$P_7(2)\approx 21p^2=2.1\times10^{-5}$$

$$P_7(3)\approx 35p^3=3.5\times10^{-8}$$

可见，采用差错控制编码，即使仅能纠正（或检测）这种码组中 1~2 个错误，也可以使误码率下降几个数量级。这就表明，即使是较简单的差错控制编码也具有较大的实际应用价值。

不过，在突发信道中，由于错码是成串集中出现的，故上述仅能纠正码组中 1~2 个错码的编码，其效用就不像在随机信道中那样显著了。

9.3　常用的简单编码

先介绍几种常用的简单编码，这些编码都属于分组码一类，而且是行之有效的。

1. 奇偶监督码

奇偶监督码可分为奇数监督码和偶数监督码两种，两者的原理相同。在偶数监督码中，无论信息位有多少，监督位只有一位，它使码组中“1”的数目为偶数，即满足下式条件

$$a_{n-1}\oplus a_{n-2}\oplus\cdots\oplus a_0=0 \tag{9-6}$$

式中，a_0 为监督位，其他为信息位。表 9-1 中的编码，就是按照这种规则加入监督位的。这种码能够检测奇数个错码。在接收端，按照式（9-6）将码组中各码元相加（模 2），若结果为“1”，就说明存在错码，若为“0”，就认为无错。

奇数监督码与其相似，只不过其码组中“1”的数目为奇数，即满足条件

$$a_{n-1}\oplus a_{n-2}\oplus\cdots\oplus a_0=1 \tag{9-7}$$

且其检错能力与偶数监督码一样。

2. 二维奇偶监督码

二维奇偶监督码又称方阵码。它是把上述奇偶监督码的若干码组排列成矩阵，每一码组写成一行，然后再按列的方向增加第二维监督位，如图 9-5 所示。图中 $a_0^1a_0^2\cdots a_0^m$ 为 m 行奇偶监督码中的 m 个监督位；$c_{n-1}c_{n-2}\cdots c_0$ 为按列进行第二次编码所增加的监督位，它们构成了一监督位行。

$$\begin{matrix} a_{n-1}^1 & a_{n-2}^1\cdots a_1^1 & a_0^1 \\ a_{n-1}^2 & a_{n-2}^2\cdots a_1^2 & a_0^2 \\ & \cdots\cdots & \\ a_{n-1}^m & a_{n-2}^m\cdots a_1^m & a_0^m \\ c_{n-1} & c_{n-2}\cdots c_1 & c_0 \end{matrix}$$

图 9-5　二维奇偶监督码

这种码可检测出奇数个错误和某些偶数个错误。因为每行的监督位 $a_0^1a_0^2\cdots a_0^m$ 虽然不能用于检测本行中的偶数个错码，但按列的方向有可能由 c_{n-1}，c_{n-2}，…，c_0 等监督位检测出来，有一些偶数错码不可能检测出来，例如，构成矩形的4个错码就检测不出，譬如图9-5中的 a_{n-2}^2，a_1^2，a_{n-2}^m，a_1^m。

这种二维奇偶监督码适于检测突发错码。因为这种突发错码常常成串出现，随后有较长一段无错区间，所以在某一行中出现多个奇数或偶数错码的机会较多，而这种方阵码正适于检测这类错码。前述的一维奇偶监督码一般只适于检测随机错误。

由于方阵码只是对构成矩形四角的错码无法检测，故其检错能力较强。一些试验测量表明，这种码可使误码率降至原误码率的百分之一到万分之一。

二维奇偶监督码不仅可用来检错，还可用来纠正一些错码。例如，当码组中仅在一行中有奇数个错误时，则能够确定错码位置，从而纠正它。

3. 恒比码

在恒比码中，每个码组均含有相同数目的“1”（和“0”）。由于“1”的数目与“0”的数目之比保持恒定，故得此名。这种码在检测时，只要计算接收码组中“1”的数目是否正确，就知道有无错误。

在我国用电传机传输汉字电码时，每个汉字用4位阿拉伯数字表示，而每个阿拉伯数字又用5位二进制符号构成的码组表示。每个码组的长度为5，其中恒有3个“1”，称为“5中取3”恒比码。这时可能编成的不同码组数目等于从5中取3的组合数 $C_5^3=5!/(3!\times2!)=10$。这10种许用码组恰好可用来表示10个阿拉伯数字，如表9-2所列的“保护电码”。表中还列入了过去通用的5单元国际电码中这10个阿拉伯数字的电码，以作比较。在老的国际电码中，数字“1”和“2”之间，“5”和“9”之间，“7”和“8”之间，“8”和“0”之间等，码距都为1，容易出错。而在保护电码中，由于长度为5的码组共有 $2^5=32$ 种，除10种许用码组外，还有22种禁用码组，其多余度较高，实际使用经验表明，它能使差错减至原来的十分之一左右。具体来说，这种编码能够检测码组中所有奇数个码元的错误及部分偶数个码元错误，但不能检测码组中“1”变为“0”与“0”变为“1”的错码数目相同的那些偶数错码。

在国际无线电报通信中，广泛采用的是“7中取3”恒比码，这种码组中规定总是有3个“1”。因此，共有 $7!/(3!\ 4!)=35$ 种许用码组，它们可用来代表26个英文字母及其他符号。恒比码的主要优点是简单和适于用来传输电传机或其他键盘设备产生的字母和符号。

表9-2 恒比码和5单元国际电码

阿拉伯数字	保护电码	国际电码	阿拉伯数字	保护电码	国际电码
1	01011	11101	6	10101	10101
2	11001	11001	7	11100	11100
3	10110	10000	8	01110	01100
4	11010	01010	9	10011	00011
5	00111	00001	0	01101	01101

9.4　线性分组码

从上节介绍的一些简单编码可以看出，每种编码所依据的原理各不相同，而且是大不相同，其中奇偶监督码的编码原理利用了代数关系式。把这类建立在代数学基础上的编码称为代数码。在代数码中，常见的是线性码。线性码中信息位和监督位是由一些线性代数方程联系着的，或者说，线性码是按一组线性方程构成的。本节将以汉明（Hamming）码为例引入线性分组码的一般原理。

为了能够纠正一位错码，在分组码中最少要增加多少监督位才行呢？汉明码的诞生回答了这个问题。汉明码是一种能够纠正一位错码且编码效率较高的线性分组码。下面介绍汉明码的构造原理。

先来回顾一下按式（9-6）条件构成的偶数监督码。由于使用了一位监督位 a_0，故它就能和信息位 a_{n-1}，…，a_1 一起构成一个代数式，如式（9-6）所示。在接收端解码时，实际上就是在计算

$$S=a_{n-1}\oplus a_{n-2}\oplus\cdots\oplus a_0 \tag{9-8}$$

若 $S=0$，就认为无错；若 $S=1$，就认为有错。式（9-8）称为监督关系式，S 称为校正子。由于校正子 S 的取值只有这样两种，它就只能代表有错和无错这两种信息，而不能指出错码的位置。不难推想，如果监督位增加一位，即变成两位，则能增加一个类似于式（9-8）的监督关系式。由于两个校正子的可能值有 4 种组合：00，01，10，11，故能表示 4 种不同信息。若用其中一种表示无错，则其余 3 种就有可能用来指示一位错码的 3 种不同位置。同理，r 个监督位能指示一位错码的（2^r-1）个可能位置。

一般说来，若码长为 n，信息位数为 k，则监督位数 $r=n-k$。如果希望用 r 个监督位构造出 r 个监督关系式来指示一位错码的 n 种可能位置，则要求

$$2^r-1\geqslant n \text{ 或者 } 2^r\geqslant k+r+1 \tag{9-9}$$

下面通过一个例子来说明如何具体构造这些监督关系式。

设分组码 (n,k) 中 $k=4$。为了纠正一位错码。由式（9-9）可知，要求监督位数 $r\geqslant3$。若取 $r=3$，则 $n=k+r=7$。用 a_6，a_5，…，a_0 表示这 7 个码元，用 S_1，S_2，S_3 表示三个监督关系式中的校正子，则 $S_1S_2S_3$ 的值与错码位置的对应关系可以规定为如表 9-3 所列（自然，也可以规定成另一种对应关系，这不影响讨论的一般性）。

表 9-3　错码位置示意

$S_1S_2S_3$	错码位置	$S_1S_2S_3$	错码位置
001	a_0	101	a_4
010	a_1	110	a_5
100	a_2	111	a_6
011	a_3	000	无错

由表中规定可见，仅当一错码位置在 a_2，a_4，a_5 或 a_6 时，校正子 S_1 为 1；否则 S_1 为 0。这就意味着 a_2，a_4，a_5 和 a_6 四个码元构成偶数监督关系

$$S_1=a_6\oplus a_5\oplus a_4\oplus a_2 \tag{9-10}$$

同理，a_1，a_2，a_5 和 a_6 构成偶数监督关系

$$S_2 = a_6 \oplus a_5 \oplus a_2 \oplus a_1 \tag{9-11}$$

以及 a_0，a_3，a_4 和 a_6 构成偶数监督关系

$$S_3 = a_6 \oplus a_4 \oplus a_3 \oplus a_0 \tag{9-12}$$

在发送端编码时，信息位 a_6，a_5，a_4 和 a_3 的值决定于输入信号，因此它们是随机的。监督位 a_2，a_1 和 a_0 应根据信息位的取值按监督关系来确定，即监督位应使上三式中 S_1，S_2 和 S_3 的值为零（表示编成的码组中应无错码）

$$\begin{cases} a_6 \oplus a_5 \oplus a_4 \oplus a_2 = 0 \\ a_6 \oplus a_5 \oplus a_3 \oplus a_1 = 0 \\ a_6 \oplus a_4 \oplus a_3 \oplus a_0 = 0 \end{cases} \tag{9-13}$$

由上式经移项运算，解出监督位

$$\begin{cases} a_2 = a_6 \oplus a_5 \oplus a_4 \\ a_1 = a_6 \oplus a_5 \oplus a_3 \\ a_0 = a_6 \oplus a_4 \oplus a_3 \end{cases} \tag{9-14}$$

给定信息位后，可直接按上式算出监督位，其结果如表 9-4 所列。

表 9-4 （7，4）汉明码

信息位	监督位	信息位	监督位
$a_6a_5a_4a_3$	$a_2a_1a_0$	$a_6a_5a_4a_3$	$a_2a_1a_0$
0000	000	1000	111
0001	011	1001	100
0010	101	1010	010
0011	110	1010	001
0100	110	1100	001
0101	101	1101	010
0110	011	1110	100
0111	000	1111	111

当接收端收到每个码组后，先按式（9-10）~式（9-12）计算出 S_1，S_2 和 S_3，再按表 9-3 判断错码情况。例如，若接收码组为 0000011，按式（9-10）~式（9-12）计算可得：$S_1=0$，$S_2=1$，$S_3=1$。由于 $S_1S_2S_3$ 等于 011，故根据表 9-3 可知在 a_3 位有一错码。

按照上述方法构造的码称为汉明码。表 9-4 中所列的（7，4）汉明码的最小码距 $d_0=3$，因此，根据式（9-2）和式（9-3）可知，这种码能纠正一个错码或检测两个错码。由式（9-9）可知，汉明码的编码效率等于 $k/n=(2^r-1-r)/(2^r-1)=1-r/(2^r-1)=1-r/n$。当 n 很大时，则编码效率接近 1。可见，汉明码是一种高效码。

现在再来讨论线性分组码的一般原理。上面已经提到，线性码是指信息位和监督位满足一组线性方程的码。式（9-13）就是这样一组线性方程的例子。现在将它改写成

$$\begin{cases} 1\cdot a_6+1\cdot a_5+1\cdot a_4+0\cdot a_3+1\cdot a_2+0\cdot a_1+0\cdot a_0=0 \\ 1\cdot a_6+1\cdot a_5+0\cdot a_4+1\cdot a_3+0\cdot a_2+1\cdot a_1+0\cdot a_0=0 \\ 1\cdot a_6+0\cdot a_5+1\cdot a_4+1\cdot a_3+0\cdot a_2+0\cdot a_1+1\cdot a_0=0 \end{cases} \tag{9-15}$$

上式中已将“$\oplus$”简写为“+”。在本章后面，除非另加说明，这类式中的“+”都指模 2

加。式（9-15）可以表示成如下矩阵形式

$$\begin{bmatrix}1110100\\1101010\\1011001\end{bmatrix}\begin{bmatrix}a_6\\a_5\\a_4\\a_3\\a_2\\a_1\\a_0\end{bmatrix}=\begin{bmatrix}0\\0\\0\end{bmatrix}(\text{模 }2) \tag{9-16}$$

上式还可以简记为

$$\boldsymbol{H}\cdot\boldsymbol{A}^{\mathrm{T}}=\boldsymbol{O}^{\mathrm{T}}\text{ 或 }\boldsymbol{A}\cdot\boldsymbol{H}^{\mathrm{T}}=\boldsymbol{O} \tag{9-17}$$

其中

$$\boldsymbol{H}=\begin{bmatrix}1110100\\1101010\\1011001\end{bmatrix},\boldsymbol{A}=[a_6a_5a_4a_3a_2a_1a_0],\boldsymbol{O}=[000]$$

右上标“T”表示将矩阵转置。例如 $\boldsymbol{H}^{\mathrm{T}}$ 是 $\boldsymbol{H}$ 的转置，即 $\boldsymbol{H}^{\mathrm{T}}$ 的第一行为 $\boldsymbol{H}$ 的第一列，$\boldsymbol{H}^{\mathrm{T}}$ 的第二行为 $\boldsymbol{H}$ 的第二列等。

将 $\boldsymbol{H}$ 称为监督矩阵。只要监督矩阵 $\boldsymbol{H}$ 给定，编码时监督位和信息位的关系就完全确定了。由式（9-15）、式（9-16）都可看出，$\boldsymbol{H}$ 的行数就是监督关系式的数目，它等于监督位的数目 r。$\boldsymbol{H}$ 的每行中“1”的位置表示相应码元之间存在的监督关系。例如，$\boldsymbol{H}$ 的第一行 1110100 表示监督位 a_2 是由信息位 $a_6a_5a_4$ 之和决定的。式（9-16）中的 $\boldsymbol{H}$ 矩阵可以分成两部分

$$\boldsymbol{H}=\begin{bmatrix}1110\ \vdots\ 100\\1101\ \vdots\ 010\\1011\ \vdots\ 001\end{bmatrix}=[\boldsymbol{PI}_{\mathrm{r}}] \tag{9-18}$$

式中，$\boldsymbol{P}$ 为 $r\times k$ 阶矩阵；$\boldsymbol{I}_{\mathrm{r}}$ 为 $r\times r$ 阶单位方阵，将具有 $[\boldsymbol{PI}_{\mathrm{r}}]$ 形式的 $\boldsymbol{H}$ 矩阵称为典型监督矩阵。

由代数理论可知，$\boldsymbol{H}$ 矩阵的各行应该是线性无关的，否则将得不到 r 个线性无关的监督关系式，从而也得不到 r 个独立的监督位。若一矩阵能写成典型矩阵形式 $[\boldsymbol{PI}_{\mathrm{r}}]$，则其各行一定是线性无关的。因为容易验证 $[\boldsymbol{I}_{\mathrm{r}}]$ 的各行是线性无关的，故 $[\boldsymbol{PI}_{\mathrm{r}}]$ 的各行也是线性无关的。

类似于式（9-13）改变成式（9-16）中矩阵形式那样，式（9-14）也可以改写成

$$\begin{bmatrix}a_2\\a_1\\a_0\end{bmatrix}=\begin{bmatrix}1110\\1101\\1011\end{bmatrix}\begin{bmatrix}a_6\\a_5\\a_4\\a_3\end{bmatrix} \tag{9-19}$$

或者

$$[a_2a_1a_0]=[a_6a_5a_4a_3]\begin{bmatrix}111\\110\\101\\011\end{bmatrix}=[a_6a_5a_4a_3]\boldsymbol{Q} \tag{9-20}$$

式中，$\boldsymbol{Q}$ 为一 $k\times r$ 阶矩阵，它为 $\boldsymbol{P}$ 的转置，即

$$\boldsymbol{Q}=\boldsymbol{P}^{\mathrm{T}} \tag{9-21}$$

式（9-20）表明，信息位给定后，用信息位的行矩阵乘矩阵 $\boldsymbol{Q}$ 就产生出监督位。

将 $\boldsymbol{Q}$ 的左边加上一 $k\times k$ 阶单位方阵就构成一矩阵 $\boldsymbol{G}$

$$\boldsymbol{G}=[\boldsymbol{I}_k\boldsymbol{Q}]=\begin{bmatrix}1000111\\0100110\\0010101\\0001011\end{bmatrix} \tag{9-22}$$

$\boldsymbol{G}$ 称为生成矩阵，因为由它可以产生整个码组，即有

$$[a_6a_5a_4a_3a_2a_1a_0]=[a_6a_5a_4a_3]\cdot\boldsymbol{G} \tag{9-23}$$

或者

$$\boldsymbol{A}=[a_6a_5a_4a_3]\cdot\boldsymbol{G} \tag{9-24}$$

因此，如果找到了码的生成矩阵 $\boldsymbol{G}$，则编码的方法就完全确定了。具有 $[\boldsymbol{I}_k\boldsymbol{Q}]$ 形式的生成矩阵称为典型生成矩阵。由典型生成矩阵得出的码组 $\boldsymbol{A}$ 中，信息位不变，监督位附加于其后，这种码称为系统码。

二维码 9-2

比较式（9-18）和式（9-22）可见，典型监督矩阵 $\boldsymbol{H}$ 和典型生成矩阵 $\boldsymbol{G}$ 之间由式（9-21）相联系。

与 $\boldsymbol{H}$ 矩阵相似，也要求 $\boldsymbol{G}$ 矩阵的各行是线性无关的。因为由式（9-24）可以看出，任一码组 $\boldsymbol{A}$ 都是 $\boldsymbol{G}$ 的各行的线性组合。$\boldsymbol{G}$ 共有 k 行，若它们线性无关，则可组合出 2^k 种不同的码组 A，它恰是有 k 位信息位的全部码组；若 $\boldsymbol{G}$ 的各行是线性相关的，则不可能由 $\boldsymbol{G}$ 生成 2^k 种不同码组了。实际上 $\boldsymbol{G}$ 的各行本身就是一个码组。因此，如果已有 k 个线性无关的码组，则可以用其作为生成矩阵 $\boldsymbol{G}$，并由它生成其余的码组。

一般说来，式（9-24）中 $\boldsymbol{A}$ 为一 n 列的行矩阵。此矩阵的 n 个元素就是码组中的 n 个码元，所以发送的码组就是 $\boldsymbol{A}$。此码组在传输中可能由于干扰引入差错，故接收码组一般说来与 $\boldsymbol{A}$ 不一定相同。若设接收码组为一 n 列的行矩阵 $\boldsymbol{B}$，即

$$\boldsymbol{B}=[b_{n-1}b_{n-2}\cdots b_0] \tag{9-25}$$

则发送码组和接收码组之差为

$$\boldsymbol{B}-\boldsymbol{A}=\boldsymbol{E}(\text{模 }2) \tag{9-26}$$

它就是传输中产生的错码行矩阵

$$\boldsymbol{E}=[e_{n-1}e_{n-2}\cdots e_0] \tag{9-27}$$

其中

$$e_i=\begin{cases}0,\text{当 } b_i=a_i\\1,\text{当 } b_i\neq a_i\end{cases}$$

因此，若 $e_i=0$，表示该位接收码元无错；若 $e_i=1$，则表示该位接收码元有错。式（9-26）也可以改写成

$$B=A+E \tag{9-28}$$

例如，若发送码组 $\boldsymbol{A}=[1000111]$，错码矩阵 $\boldsymbol{E}=[0000100]$，则接收码组 $\boldsymbol{B}=[1000011]$。错码矩阵有时也称为错误图样。

接收端译码时，可将接收码组 $\boldsymbol{B}$ 代入式（9-17）中计算。若接收码组中无错码，即 $\boldsymbol{E}=0$，则 $\boldsymbol{B}=\boldsymbol{A}+\boldsymbol{E}=\boldsymbol{A}$，把它代入式（9-17）后，该式仍成立，即有

$$\boldsymbol{B}\cdot\boldsymbol{H}^{\mathrm{T}}=\boldsymbol{O} \tag{9-29}$$

当接收码组有错时，$\boldsymbol{E}\neq 0$，将 $\boldsymbol{B}$ 代入式（9-29）后，该式不一定成立。在错码较多，已超过这种编码的检错能力时，$\boldsymbol{B}$ 变为另一许用码组，则式（9-29）仍能成立。这样的错码是不可检测的。在未超过检错能力时，上式不成立，即其右端不等于零。假设这时式（9-29）的右端为 $\boldsymbol{S}$，即

$$\boldsymbol{B}\cdot\boldsymbol{H}^{\mathrm{T}}=\boldsymbol{S} \tag{9-30}$$

将 $\boldsymbol{B}=\boldsymbol{A}+\boldsymbol{E}$ 代入式（9-30）中，可得

$$\boldsymbol{S}=(\boldsymbol{A}+\boldsymbol{E})\cdot\boldsymbol{H}^{\mathrm{T}}=\boldsymbol{A}\cdot\boldsymbol{H}^{\mathrm{T}}+\boldsymbol{E}\cdot\boldsymbol{H}^{\mathrm{T}}$$

由式（9-17）知 $\boldsymbol{A}\cdot\boldsymbol{H}^{\mathrm{T}}=0$，所以

$$\boldsymbol{S}=\boldsymbol{E}\cdot\boldsymbol{H}^{\mathrm{T}} \tag{9-31}$$

式中，$\boldsymbol{S}$ 称为校正子。它与式（9-8）中的 S 相似，有可能利用它来指示错码位置。这一点可以直接从式（9-31）中看出，式中 $\boldsymbol{S}$ 只与 $\boldsymbol{E}$ 有关，而与 $\boldsymbol{A}$ 无关，这就意味着 $\boldsymbol{S}$ 与错码矩阵 $\boldsymbol{E}$ 之间有确定的线性变换关系。若 $\boldsymbol{S}$ 和 $\boldsymbol{E}$ 之间一一对应，则 $\boldsymbol{S}$ 将能代表错码的位置。

线性码有一个重要性质，就是它具有封闭性。所谓封闭性，是指一种线性码中的任意两个码组之和仍为这种码中的一个码组。这就是说，若 $\boldsymbol{A}_1$ 和 $\boldsymbol{A}_2$ 是一种线性码中的两个许用码组，则（$\boldsymbol{A}_1+\boldsymbol{A}_2$）仍为其中的一个码组。这一性质的证明很简单，若 $\boldsymbol{A}_1$、$\boldsymbol{A}_2$ 为码组，则按式（9-17）有 $\boldsymbol{A}_1\cdot\boldsymbol{H}^{\mathrm{T}}=0$，$\boldsymbol{A}_2\cdot\boldsymbol{H}^{\mathrm{T}}=0$，并相加，可得

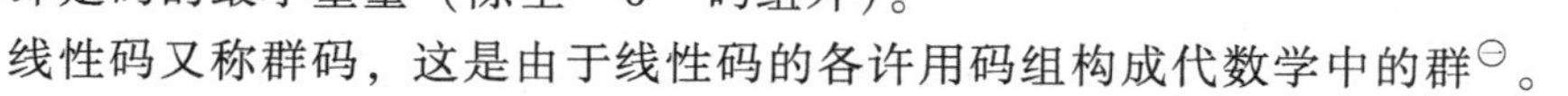

$$\boldsymbol{A}_1\cdot\boldsymbol{H}^{\mathrm{T}}+\boldsymbol{A}_2\cdot\boldsymbol{H}^{\mathrm{T}}=(\boldsymbol{A}_1+\boldsymbol{A}_2)\cdot\boldsymbol{H}^{\mathrm{T}}=0 \tag{9-32}$$

所以（$\boldsymbol{A}_1+\boldsymbol{A}_2$）也是一码组。读者不难利用表 9-4 验证这一结论。既然线性码具有封闭性，因而两个码组之间的距离必是另一码组的重量。故码的最小距离即是码的最小重量（除全“0”码组外）。

二维码 9-3

线性码又称群码，这是由于线性码的各许用码组构成代数学中的群[⊖]。

⊖ 在代数学中，将某种集合称为群，若此集合中的元素对于一种运算满足下列 4 个条件：

1）封闭性——集合中任两元素经此运算后得到的仍为该集合中的元素。

2）有单位元素——单位元素是指集合中的某一元素，它与集合中任一元素运算后仍等于后者。

3）有逆元素——集合中任一元素与某一元素运算后能得到单位元素，则称该二元素互为逆元素。

4）结合律成立。

例如，所有整数的集合对于加法构成群，因为：

1）任两整数相加仍为整数，具有封闭性。

2）单位元素为 0，因 0 与任何整数相加均等于后者。

3）正整数 n 和负整数 $-n$ 互为逆元素。因为 $n+(-n)=0=$ 单位元素。

4）结合律成立，即有：$(m+n)+p=m+(n+p)$。

如果一个集合除满足上述 4 个条件外，又满足交换律，则称之为可交换群或阿贝尔（Abel）群。例如，在上例整数群中交换律也成立，即 $m+n=n+m$，所以整数群是一种可交换群。

线性码对于模 2 加法构成可交换群，因为上述 5 个条件它都满足。线性码的封闭性上面已经证明过。线性码中的单位元素为 $A=0$，即全零码组。由于 $A=0$ 可使式（9-17）成立，所以全零码组一定是线性码中的一个元素。线性码中一元素的逆元素就是该元素本身，因为 $A+A=0$。至于结合律和交换律，也容易看出是满足的。所以线性码是一种群码。

9.5 循环码

9.5.1 循环码原理

在线性分组码中，有一种重要的码称为循环码。它是在严密的代数学理论基础上建立起来的。这种码的编码和解码设备都不太复杂，且检（纠）错的能力较强，目前在理论上和实践上都有了较大的发展。循环码除了具有线性码的一般性质外，还具有循环性，即循环码中任一码组循环移位一位（将最右端的码元移至左端，或反之）以后，仍为该码中的一个码组。在表 9-5 中给出一种（7，3）循环码的全部码组。由此表可以直观看出这种码的循环性。例如，表中的第 2 码组向右移一位即得到第 5 码组；第 5 码组向右移一位即得到第 7 码组。一般来说，若（$a_{n-1}a_{n-2}\cdots a_0$）是一个循环码组，则（$a_{n-2}a_{n-3}\cdots a_0a_{n-1}$），（$a_{n-3}a_{n-4}\cdots a_{n-1}a_{n-2}$）…（$a_0a_{n-1}\cdots a_2a_1$）也是该码中的码组。

表 9-5 （7，3）循环码

码组编号	信息位	监督位	码组编号	信息位	监督位
	$a_6a_5a_4$	$a_3a_2a_1a_0$		$a_6a_5a_4$	$a_3a_2a_1a_0$
1	000	0000	5	100	1011
2	001	0111	6	101	1100
3	010	1110	7	110	0101
4	011	1001	8	111	0010

在代数编码理论中，为了便于计算，把这样的码组中各码元当作是一个多项式的系数，即把一长为 n 的码组表示成

$$T(x)=a_{n-1}x^{n-1}+a_{n-2}x^{n-2}+\cdots+a_1x+a_0 \tag{9-33}$$

表 9-5 中的任一码组可以表示为

$$T(x)=a_6\cdot x^6+a_5\cdot x^5+a_4\cdot x^4+a_3\cdot x^3+a_2\cdot x^2+a_1\cdot x+a_0 \tag{9-34}$$

例如，表中的第 7 码组可以表示为

$$T_7(x)=1\cdot x^6+1\cdot x^5+0\cdot x^4+0\cdot x^3+1\cdot x^2+0\cdot x+1=x^6+x^5+x^2+1 \tag{9-35}$$

这种多项式中，x 仅是码元位置的标记，例如上式表示第 7 码组中 a_6、a_5、a_2 和 a_0 为“1”，其他均为零。因此并不关心 x 的取值。这种多项式有时称为码多项式。

1. 码多项式的按模运算

在整数运算中，有模 n 运算。例如，在模 2 运算中，有 1+1=2=0（模 2），1+2=3=1（模 2），2×3=6=0（模 2）等。一般来说，若一整数 m 可以表示为

$$m/n=Q+(p/n) \qquad p<n \tag{9-36}$$

式中，Q 为整数。则在模 n 运算下，有

$$m\equiv p(\text{模 } n) \tag{9-37}$$

这就是说，在模 n 运算下，一整数 m 等于其被 n 除得之余数。

在码多项式运算中也有类似的按模运算。若一任意多项式 $F(x)$ 被一 n 次多项式 $N(x)$ 除，得到商式 $Q(x)$ 和一个次数小于 n 的余式 $R(x)$，即

$$F(x)=N(x)Q(x)+R(x) \tag{9-38}$$

则写为

$$F(x) \equiv R(x)(\text{模 } N(x)) \tag{9-39}$$

这时，码多项式系数仍按模 2 运算，即只取值 0 和 1。例如，x^3 被 (x^3+1) 除得余项 1，所以有

$$x^3 \equiv 1(\text{模 } x^3+1) \tag{9-40}$$

同理

$$x^4+x^2+1 \equiv x^2+x+1(\text{模 } x^3+1) \tag{9-41}$$

因为

$$\begin{array}{r|l} & x \\ \hline x^3+1 & x^4+x^2+1 \\ & \underline{x^4+x} \\ & x^2+x+1 \end{array}$$

且在模 2 运算中，用加法代替了减法，故余项不是 x^2-x+1，而是 x^2+x+1。

在循环码中，若 $T(x)$ 是一个长为 n 的许用码组，则 $x^i \cdot T(x)$ 在按模 x^n+1 运算下，亦是一个许用码组，即若

$$x^i \cdot T(x) \equiv T'(x)(\text{模 } x^n+1) \tag{9-42}$$

则 $T'(x)$ 也是一个许用码组。其证明是很简单的，因为若

$$T(x) = a_{n-1}x^{n-1}+a_{n-2}x^{n-2}+\cdots+a_1x+a_0 \tag{9-43}$$

则

$$\begin{aligned} x^i \cdot T(x) &= a_{n-1}x^{n-1+i}+a_{n-2}x^{n-2+i}+\cdots+a_1x^{1+i}+a_0x^i \\ &\equiv a_{n-1-i}x^{n-1}+a_{n-2-i}x^{n-2}+\cdots+a_0x^i+a_{n-1}x^{i-1}+\cdots+a_{n-i} \end{aligned} \quad (\text{模 } x^n+1) \tag{9-44}$$

所以这时有

$$T'(x) = a_{n-1-i}x^{n-1}+a_{n-2-i}x^{n-2}+\cdots+a_0x^i+a_{n-1}x^{i-1}+\cdots+a_{n-i} \tag{9-45}$$

式（9-45）中 $T'(x)$ 正是式（9-43）中 $T(x)$ 代表的码组向左循环移位 i 次的结果。因为原已假定 $T(x)$ 为一循环码，所以 $T'(x)$ 正也必为该码中一个码组。例如，式（9-35）中循环码

$$T(x) = x^6+x^5+x^2+1$$

其码长 $n=7$。现给定 $i=3$，则

$$\begin{aligned} x^iT(x) &= x^3(x^6+x^5+x^2+1) \\ &= x^9+x^8+x^5+x^3 = x^5+x^3+x^2+x \end{aligned} \quad (\text{模 } x^n+1) \tag{9-46}$$

其对应的码组为 0101110，它正是表 9-5 中第 3 码组。

由上述分析可见，一个长为 n 的循环码，它必为按模 x^n+1 运算的一个余式。

2. 循环码的生成矩阵 G

由式（9-24）可知，有了生成矩阵 $\boldsymbol{G}$，就可以由 k 个信息位得出整个码组，而且生成矩阵 $\boldsymbol{G}$ 的每一行都是一个码组。例如，在式（9-24）中，若 $a_6a_5a_4a_3=1000$，则码组 A 就等于 $\boldsymbol{G}$ 的第一行；若 $a_6a_5a_4a_3=0100$，则码组 A 就等于 G 的第二行。由于 G 是 k 行 n 列矩阵，因此，若能找到 k 个已知码组，就能构成矩阵 $\boldsymbol{G}$。如前所述，这 k 个已知码组必须是线性不相关的，否则，给定的信息位与编出的码组就不是一一对应的。

在循环码中，一个（n，k）码有 2^k 个不同码组。若用 $g(x)$ 表示其中前（$k-1$）位皆为"0"的码组，则 $g(x)$，$xg(x)$，$x^2g(x)$，…，$x^{k-1}g(x)$ 都是码组，而且这 k 个码组是线性无关的。因此它们可以用来构成此循环码的生成矩阵 $\boldsymbol{G}$。

在循环码中除全"0"码组外，再没有连续 k 位均为"0"的码组，即连"0"的长度最多只能有（$k-1$）位。否则，在经过若干次循环移位后将得到一个 k 位信息位全为"0"，但监督位不全为"0"的码组，这在线性码中显然是不可能的。因此 $g(x)$ 必须是一个常数项不为"0"的（$n-k$）次多项式，而且，这个 $g(x)$ 还是这种（n，k）码中次数为（$n-k$）的唯一的一个多项式。因为如果有两个，则由码的封闭性，把这两个相加也应该是一个码组，且此码组多项式的次数将小于（$n-k$），即连续"0"的个数多于（$k-1$）。显然，这是与前面的结论矛盾的，故是不可能的。称这唯一的（$n-k$）次多项式 $g(x)$ 为循环码的生成多项式，一旦确定了 $g(x)$，则整个（n，k）循环码就被确定了。因此，循环码的生成矩阵 $\boldsymbol{G}$ 可以写成

$$G(x)=\begin{bmatrix} x^{k-1}g(x) \\ x^{k-2}g(x) \\ \vdots \\ xg(x) \\ g(x) \end{bmatrix} \tag{9-47}$$

例如，在表 9-5 所给出的循环码中，$n=7$，$k=3$，$n-k=4$。可见，唯一的一个（$n-k$）$=4$ 次码多项式代表的码组是第二码组 0010111，相对应的码多项式（即生成多项式）$g(x)=x^4+x^2+x+1$。将此 $g(x)$ 代入上式，得到

$$\boldsymbol{G}(x)=\begin{bmatrix} x^2g(x) \\ xg(x) \\ g(x) \end{bmatrix} \tag{9-48}$$

或

$$\boldsymbol{G}=\begin{bmatrix} 1011100 \\ 0101110 \\ 0010111 \end{bmatrix} \tag{9-49}$$

由于上式不符合式（9-22）所示的 $G=[I_kQ]$ 形式，所以此生成矩阵不是典型的。不过，将此矩阵作线性变换，不难化成典型阵。

类似式（9-24），可以写出此循环码组，即

$$\boldsymbol{T}(x)=[a_6a_5a_4]\boldsymbol{G}(x)=[a_6a_5a_4]\begin{bmatrix} x^2g(x) \\ xg(x) \\ g(x) \end{bmatrix} \tag{9-50}$$

$$=a_6x^2g(x)+a_5xg(x)+a_4g(x)=(a_6x^2+a_5x+a_4)g(x)$$

式（9-50）表明，所有码多项 $T(x)$ 都可被 $g(x)$ 整除，而且任一次数不大于（$k-1$）的多项式乘 $g(x)$ 都是码多项式。

3. 如何寻找任一（n，k）循环码的生成多项式

由式（9-50）可知，任一循环码多项式列 $T(x)$ 都是 $g(x)$ 的倍式，故可以写成

$$T(x)=h(x)\cdot g(x) \tag{9-51}$$

而生成多项式 $g(x)$ 本身也是一个码组，即有

$$T'(x)=g(x) \tag{9-52}$$

由于码组 $T'(x)$ 为一 $(n-k)$ 次多项式，故 $x^kT'(x)$ 为一 n 次多项式。由式（9-42）可知，$x^kT'(x)$ 在模 (x^n+1) 运算下亦为一码组，故可以写成

$$\frac{x^kT'(x)}{x^n+1}=Q(x)+\frac{T(x)}{x^n+1} \tag{9-53}$$

上式左端分子和分母都是 n 次多项式，故商式 $Q(x)=1$，因此，上式可化成

$$x^kT'(x)=(x^n+1)+T(x) \tag{9-54}$$

将式（9-51）和式（9-52）代入上式，并化简后可得

$$x^n+1=g(x)[x^k+h(x)] \tag{9-55}$$

式（9-55）表明，生成多项式 $g(x)$ 应该是 (x^n+1) 的一个因式。这一结论为寻找循环码的生成多项式指出了一条道路，即循环码的生成多项式应该是 (x^n+1) 的一个 $(n-k)$ 次因式。例如，(x^7+1) 可以分解为

$$x^7+1=(x+1)(x^3+x^2+1)(x^3+x+1) \tag{9-56}$$

为了求（7，3）循环码的生成多项式 $g(x)$ 要从上式中找到一个 $(n-k)=4$ 次的因子。不难看出，这样的因子有两个，即

$$(x+1)(x^3+x^2+1)=x^4+x^2+x+1 \tag{9-57}$$

$$(x+1)(x^3+x+1)=x^4+x^3+x^2+1 \tag{9-58}$$

以上两式都可作为生成多项式用。不过，选用的生成多项式不同，产生出的循环码码组也不同。用式（9-57）作为生成多项式产生的循环码即为表 9-5 所列。

9.5.2　循环码的编、解码方法

1. 循环码的编码方法

在编码时，首先要根据给定的 (n, k) 值选定生成多项式 $g(x)$，即从 (x^n+1) 的因子中选一个 $(n-k)$ 次多项式作为 $g(x)$。

由式（9-50）可知，所有码多项式 $T(x)$ 都可被 $g(x)$ 整除。根据这条原则，就可以对给定的信息位进行编码：设 $m(x)$ 为信息码多项式，其次数小于 k。用 x^{n-k} 乘 $m(x)$，得到的 $x^{n-k}m(x)$ 的次数必小于 n。用 $g(x)$ 除 $x^{n-k}m(x)$，得到余式 $r(x)$，$r(x)$ 的次数必小于 $g(x)$ 的次数，即小于 $(n-k)$。将此余式 $r(x)$ 加于信息位之后作为监督位，即将 $r(x)$ 与 $x^{n-k}m(x)$ 相加，得到的多项式必为一码多项式。因为它必能被 $g(x)$ 整除，且商的次数不大于 $(k-1)$。

根据上述原理，编码步骤可归纳如下：

1）用 x^{n-k} 乘 $m(x)$。这一运算实际上是把信息码后附加上 $(n-k)$ 个“0”。例如，信息码为 110，它相当于 $m(x)=x^2+x$。当 $n-k=7-3=4$ 时，$x^{n-k}m(x)=x^4(x^2+x)=x^6+x^5$，它相当于 1100000。

2）用 $g(x)$ 除 $x^{n-k}m(x)$，得到商 $Q(x)$ 和余式 $r(x)$，即

$$\frac{x^{n-k}m(x)}{g(x)}=Q(x)+\frac{r(x)}{g(x)} \tag{9-59}$$

例如，若选定 $g(x)=x^4+x^2+x+1$，则

$$\frac{x^{n-k}m(x)}{g(x)}=\frac{x^6+x^5}{x^4+x^2+x+1}=(x^2+x+1)+\frac{x^2+1}{x^4+x^2+x+1} \tag{9-60}$$

式（9-60）相当于

$$\frac{1100000}{10111}=111+\frac{101}{10111} \tag{9-61}$$

3）编出的码组 $T(x)$ 为

$$T(x)=x^{n-k}m(x)+r(x) \tag{9-62}$$

二维码 9-4

在上例中，$T(x)=1100000+101=1100101$，它就是表 9-5 中的第 7 码组。

上述三步运算，在用硬件实现时，可以由除法电路来实现。除法电路的主体由一些移存器和模 2 加法器组成。例如，上述（7，3）码的编码器组成示于图 9-6 中。图中 4 个移位寄存器和模 2 加法器构成了除法电路，反馈系数从右到左分别和 $g(x)$ 的 x^4、x^3、x^2、x 和 1 的系数对应。图中有 4 级移存器，分别用 a、b、c、d 表示。另外有一双刀双掷开关 S。当信息位输入时，开关 S 倒向下，输入信码一方面送入除法器进行运算，另一方面直接输出。在信息位全部进入除法器后，开关转向上，这时输出端接到移存器，将移存器中存储的除法余项依次取出，同时切断反馈线。此编码器的工作过程示于表 9-6 中。用这种方法编出的码组，前面是原来的 k 个信息位，后面是（$n-k$）个监督位。因此它是系统分组码。

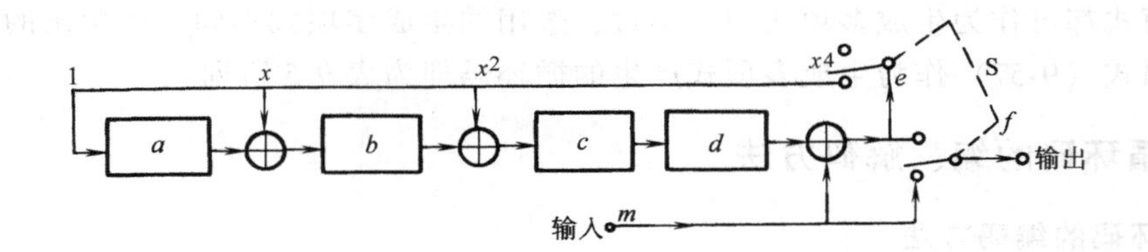

图 9-6 （7，3）码编码器

表 9-6 （7，3）码编码器工作过程

输入	移存器	反馈	输出	输入	移存器	反馈	输出
m	$abcd$	e	f				
0	0000	0	0	0	0101	0	0
1	1110	1	1	0	0010	1	1
1	1001	1	1 $f=m$	0	0001	0	0 $f=e$
0	1010	1	0	0	0000	1	1

顺便指出，由于微处理器和数字信号处理器的应用日益广泛，目前已多采用这些先进器件和相应的软件来实现上述编码。

2. 循环码的解码方法

接收端解码的要求有两个：检错和纠错。达到检错目的的解码原理十分简单。由于任一码组多项式 $T(x)$ 都应能被生成多项式 $g(x)$ 整除，所以在接收端可以将接收码组 $R(x)$ 用原生成多项式 $g(x)$ 去除。当传输中未发生错误时，接收码组与发送码组相同，即 $R(x)=T(x)$ 故接收码组 $R(x)$ 必定能被 $g(x)$ 整除；若码组在传输中发生错误，则 $R(x)\neq T(x)$，$R(x)$ 被 $g(x)$ 除时可能除不尽而有余项，即有

$$R(x)/g(x) = Q'(x) + r'(x)/g(x)$$

因此，就以余项是否为零来判别码组中有无错码。根据这一原理构成的解码器如图9-7a 所示。由图可见，解码器的核心就是一个除法电路和缓冲移存器，而且这里的除法电路与发送端编码器中的除法电路相同。在此除法器中进行 $R(x)/g(x)$ 运算，若运算结果余项为零，则认为码组 $R(x)$ 无错，这时就将暂存于缓冲移存器中的接收码组送出到解码器输出端。若运算结果余项不等于零，则认为 $R(x)$ 中有错，但错在何位不知，这时，就可以将缓冲移存器中的接收码组删除，并向发送端发出一重发指令，要求重发一次该码组。

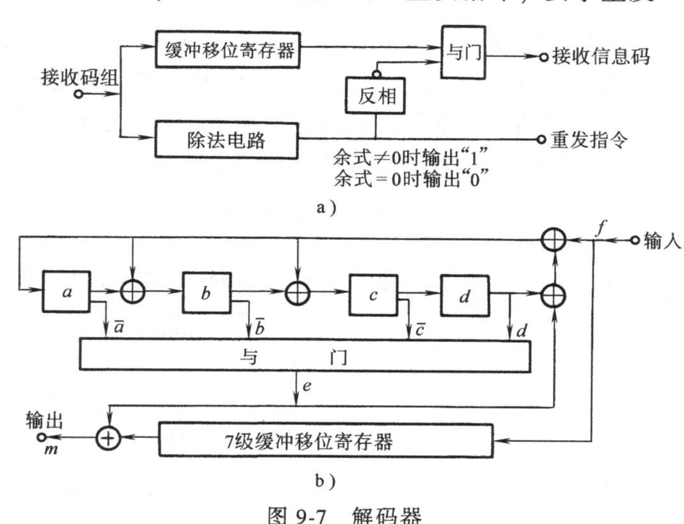

图 9-7　解码器

需要指出，有错码的接收码组也有可能被 $g(x)$ 整除，这时的错码就不能检出了。这种错误称为不可检错误。不可检错误中的错码数必定超过了这种编码的检错能力。

在接收端为纠错而采用的解码方法自然比检错时复杂。容易理解，为了能够纠错，要求每个可纠正的错误图样必须与一个特定余式有一一对应关系。这里，错误图样是指式(9-26) 中错码矩阵 $\boldsymbol{E}$ 的各种具体取值的图样，余式是指接收码组 $R(x)$ 被生成多项式 $g(x)$ 除所得的余式。因为只有存在上述一一对应的关系时，才可能从上述余式唯一地定错误图样，从而纠正错码。因此，原则上纠错可按下述步骤进行：

1）用生成多项式 $g(x)$ 除接收码组 $R(x) = T(x) + E(x)$ 得 $r(x)$。

2）按余式 $r(x)$ 用查表的方法或通过某种运算得到错误图样 $E(x)$，例如，通过计算校正子 S 和利用类似表 9-3 的关系，就可确定错码位置。

3）从 $R(x)$ 中减去 $E(x)$，便得到已纠正错误的原发送码组 $T(x)$。

上述第 1）步运算和检错时的相同，第 3）步也很简单，只是第 2）步可能需要复杂的设备，并且在计算余式和决定 $E(x)$ 的时候需要把整个接收码组 $R(x)$ 暂时存储起来。第 2）步要求的计算，对于纠正突发错误或单个错误的编码还算简单，但对于纠正多个随机错误的编码却是十分复杂的。

编码中的（7，3）码，由表 9-5 可以看出，其码距为 4，因此它有纠正一个错误的能力。这里，仍以此码为例给出一种用硬件实现的纠错解码器的原理框图，如图 9-7b 所示。图中上部为一 4 级反馈移位寄存器组成的除法电

二维码 9-5

路，它和图 9-6 中编码器的组成基本一样。接收到的码组，除了送入此除法电路外，同时还送入一缓冲寄存器暂存。假定现在接收码组为 $10^{\times}00101$，其中右上角打“×”号者为错码。此码组进入除法电路后，移位寄存器各级的状态变化过程列于表 9-7 中。当此码组的 7 个码元全部进入除法电路后，移位寄存器的各级状态自右向左依次为 0100。其中移位寄存器 c 的状态为 1，它表示接收码组中有错（接收码组无错时，移位寄存器中状态应为全“0”，即表示码组可被生成多项式整除）。在此时刻以后，输入端不再进入码元，即保持输入为“0”；而将缓冲寄存器中暂存的码元开始逐位移出。在信码第 2 位（错码）输出时刻，反馈移位寄存器的状态为 0001。“与门”输入为 $\overline{abcd}$，故仅当反馈移位寄存器状态为 0001 时，“与门”输出为“1”。这个输出“1”有两个功用，一是与缓冲寄存器输出的有错信码模 2 相加，从而纠正错码。二是与反馈移位寄存器 d 级输出模 2 相加，达到清除各级反馈移位寄存器的目的。可以看到经过纠错电路，错误比特被纠正了。

表 9-7 （7，3）码纠错示意

输入	移位寄存器	“与门”输出	输出（只输出信息比特）
f	$abcd$	e	m
0	0000	0	
1	1110	0	
$0^{\times}$	0111	0	
0	1101	0	
0	1000	0	
1	1010	0	1
0	0101	0	
1	0010	0	
0	0001	1	1
0	0000	0	0

在实际使用中，一般情况下码组不是孤立传输的，而是一组组连续传输的。但是，由以上解码过程可知，除法电路在一个码组的时间内运算求出余式后，尚需在下一码组时间中进行纠错。因此，实际的解码器需要两套除法电路（和“与门”电路等）配合一个缓冲寄存器，这两套除法电路由开关控制交替接收码组。此外，在解码器输出端也需有开关控制，只输出信息位，删除监督位。这些开关图中均未示出。目前，解码器也多采用微处理器或数字信号处理器实现。

这种解码方法称为捕错解码法。通常，一种编码可以有不同的几种纠错解码法。对于循环码来说，除了用捕错解码、多数逻辑解码等外，其判决方法也有所谓硬判决解码与软判决解码。在这里，只举例说明了捕错解码方法的解码过程，说明错码是可以自动纠正以及是如何自动纠正的。至于循环码解码原理的详细分析，已超出本书范围，故不再讨论了。

9.5.3 缩短循环码

在循环码的研究中发现，并不是在所有长度 n 和信息位数 k 上都能找到相应的满足某纠错能力的循环码。但在系统设计中，码长 n、信息位数 k 和纠错能力常常是预先给定的，这时若将循环码缩短，即可满足 n、k 和纠错码能力的要求，且拥有循环码编译码简单的特点。

给定一（n，k）循环码组集合，使前 i（$0<i<k$）个高阶信息数字全为零，于是得到有 2^{k-i} 个码组的集合，然后从这些码组中删去这 i 个零信息位数字，最终得到一种新的（$n-i$，$k-i$）的线性码，称这种码为缩短循环码。缩短循环码与产生该码的原循环码至少具有相同的纠错能力，缩短循环码的编码和译码可用原循环码使用的电路完成。例如，若要求

构造一个能够纠正一位错误的（13，9）码，则可以由（15，11）汉明码挑出前面两个信息位均为零的码组，构成一个码组集合。然后在发送时，这两个零信息位皆不发送，即发送的是（13，9）缩短循环码。因校验位数相同，（13，9）码与（15，11）循环码具有相同的纠错能力。原循环码可纠正一位错，所以（13，9）码也可纠正一位错，满足要求。

9.5.4 交织技术

交织技术是利用纠随机错误的码字，以交织的方法来构造新的码字，从而达到纠突发错误的目的。

把纠随机错误的（n，k）线性分组码的 m 个码字，排成 m 行的一个矩阵，这个矩阵称为交织码。交织码的每一行称为交织码的子码。行数 m 称为交织度。下面是一个交织度为4的（28，16）交织码，其子码为能纠单个随机错误的（7，4）线性分组码。

$$\begin{matrix} a_{61} & a_{51} & a_{41} & a_{31} & a_{21} & a_{11} & a_{01} \\ a_{62} & a_{52} & a_{42} & a_{32} & a_{22} & a_{12} & a_{02} \\ a_{63} & a_{53} & a_{43} & a_{33} & a_{23} & a_{13} & a_{03} \\ a_{64} & a_{54} & a_{44} & a_{34} & a_{24} & a_{14} & a_{04} \end{matrix}$$

发送时按列的顺序进行，因此送入信道的码字为 $a_{61}a_{62}a_{63}a_{64}a_{51}a_{52}\cdots a_{01}a_{02}a_{03}a_{04}$。在传输过程中，如果发生长度小于4的单个突发错误，那么无论从哪一位开始，至多只影响交织码中每个子码中的一个码元。接收端将接收到的码字重新按照交织方式进行排列。然后逐行进行译码，由于每一行码能纠正一个错误，故译完后，就可把突发错误纠正过来。

一般来说，一个（n，k）线性分组码能纠正 t 个随机错误，按照上述方法进行交织，交织度为 m，则可得到一个（mn，mk）交织码。该交织码能纠正长度小于 mt 的单个突发错误。可以证明，如果（n，k）线性分组码是一个循环码，它的生成多项式为 $g(x)$，那么（mn，mk）交织码也是一个循环码，其生成多项式为 $g(x^m)$，且码率与其子码相同。

9.6 卷积码

9.6.1 基本概念

卷积码又称连环码，是1955年提出来的一种纠错码，它和分组码有明显的区别。（n，k）线性分组码中，本组 $r=n-k$ 个监督元仅与本组 k 个信息元有关，与其他各组无关，也就是说分组码编码器本身并无记忆性。卷积码则不同，每个（n，k）码段（也称子码）内的 n 个码元不仅与该码段内的信息元有关，而且与前面 m 段的信息元有关。通常称 m 为编码存储。卷积码常用符号（n，k，m）表示。图9-8是卷积码（2，1，2）的编码器。它由移位寄存器、模二加法器及开关电路组成。

起始状态，各级移位寄存器清零，即 $S_1S_2S_3$ 为000。S_1 为当前输入数据，而移位寄存器状态 S_2S_3 存储以前的数据，输出码字 C 由下式确定：

$$\begin{cases} C_1 = S_1 \oplus S_2 \oplus S_3 \\ C_2 = S_1 \oplus S_3 \end{cases} \tag{9-63}$$

当输入数据 $D=[11010]$ 时，输出码字可以计算出来，具体计算过程如表9-8所示。另外，为了保证全部数据通过寄存器，还必须在数据位后加 3 个 0。

从上述的计算可知，每 1 位数据影响 $(m+1)$ 个输出子码，称 $(m+1)$ 为编码约束度。每个子码有 n 个码元，在卷积码中有约束关系的最大码元长度则为 $(m+1)n$，称为编码约束长度。(2，1，2) 卷积码的编码约束度为 3，约束长度为 6。

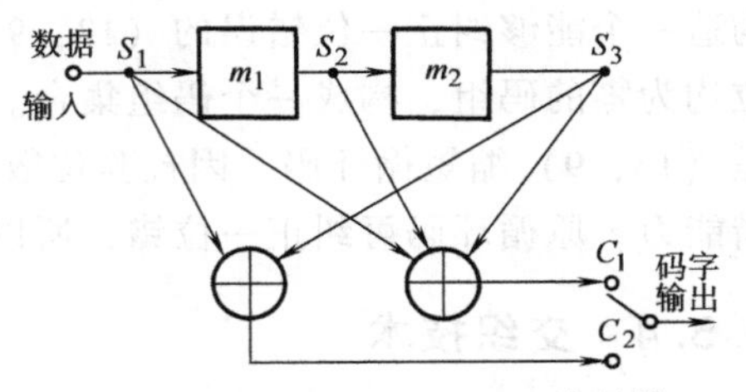

图 9-8　卷积码 (2，1，2) 编码器

表 9-8　(2，1，2) 编码器的工作过程

S_1	1	1	0	1	0	0	0	0
S_3S_2	00	01	11	10	01	10	00	00
C_1C_2	11	01	01	00	10	11	00	00
状态	a	b	d	c	b	c	a	a

9.6.2　卷积码的描述

卷积码同样也可以用矩阵的方法描述，但较抽象。因此，采用图解的方法直观描述其编码过程。常用的图解法有 3 种：状态图、树图和格状图。

1. 状态图

图 9-9 是 (2，1，2) 卷积编码器的状态图。在图中有 4 个节点 a、b、c、d，同样分别表示 S_3S_2 的 4 种可能状态：00、01、10 和 11。每个节点有两条线离开该节点，实线表示输入数据为 0，虚线表示输入数据为 1，线旁的数字即为输出码字。

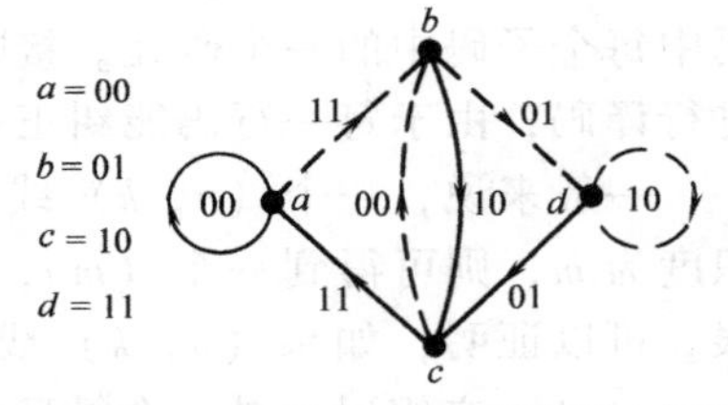

图 9-9　(2，1，2) 码的状态图

2. 树图

树图描述的是在任何数据序列输入时，码字所有可能的输出。对应于图 9-8 所示的 (2，1，2) 卷积码的编码电路，可以画出其树图如图 9-10 所示。

以 $S_1S_2S_3=000$ 作为起点。若第一位数据 $S_1=0$，输出 $C_1C_2=00$，从起点通过上支路到达状态 a，即 $S_3S_2=00$；若 $S_1=1$，输出 $C_1C_2=11$，从起点通过下支路到达状态 b，即 $S_3S_2=01$；依次类推，可得整个树图。输入不同的信息序列，编码器就走不同的路径，输出不同的码序列。例如当输入数据为 [11010] 时，其路径如图中虚线所示，并得到输出码序列为 [11010100…]，与表 9-8 的结果一致。

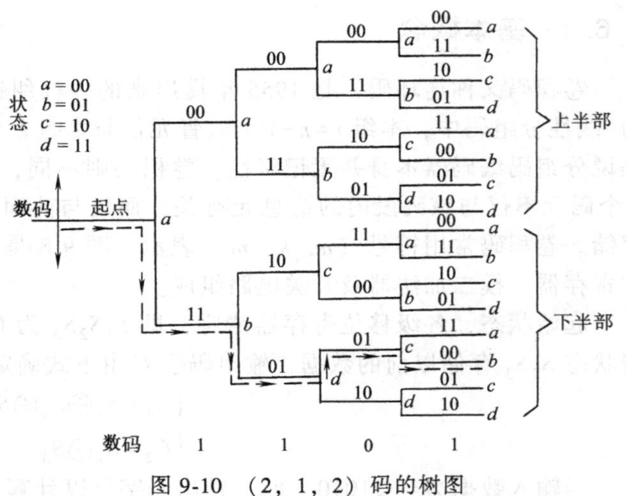

图 9-10　(2，1，2) 码的树图

3. 格状图

格状图也称网络图或篱笆图，它由状态图在时间上展开而得到，如图 9-11 所示。图中画出了所有可能数据输入时，状态转移的全部可能轨迹，实线表示数据为 0，虚线表示数据为 1，线旁数字为输出码字，节点表示状态。

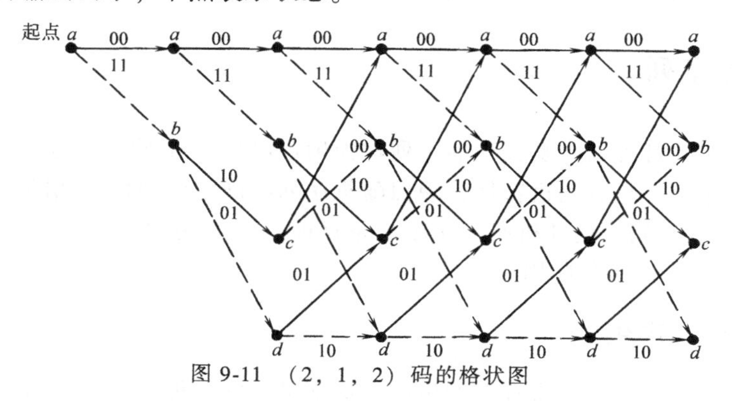

图 9-11 （2，1，2）码的格状图

以上的 3 种卷积码的描述方法，不但有助于求解输出码字，了解编码工作过程，而且对研究解码方法也很有用。

9.6.3 卷积码的译码

卷积码的译码可分为代数译码和概率译码两大类。代数译码是利用生成矩阵和监督矩阵来译码，最主要的方法是大数逻辑译码。概率译码的典型方法之一是维特比译码，本节将简要讨论维特比译码。

维特比译码是一种最大似然译码算法。最大似然译码算法的基本思路是，把接收码字与所有可能的码字比较，选择一种码距最小的码字作为解码输出。由于接收序列通常很长，所以维特比译码时做了简化，即它把接收码字分段处理。每接收一段码字，计算、比较一次，保留码距最小的路径，直至译完整个序列。

现以上述（2，1，2）码为例说明维特比译码过程。设发端的信息数据 $D=[11010000]$，由编码器输出的码字 $C=[1101010010110000]$，收端接收的码序列 $B=[0101011010010010]$，有 4 位码元差错。下面参照图 9-11 的格状图说明译码过程。

如图 9-12 所示，先选前 3 个码作为标准，对到达第 3 级的 4 个节点的 8 条路径进行比

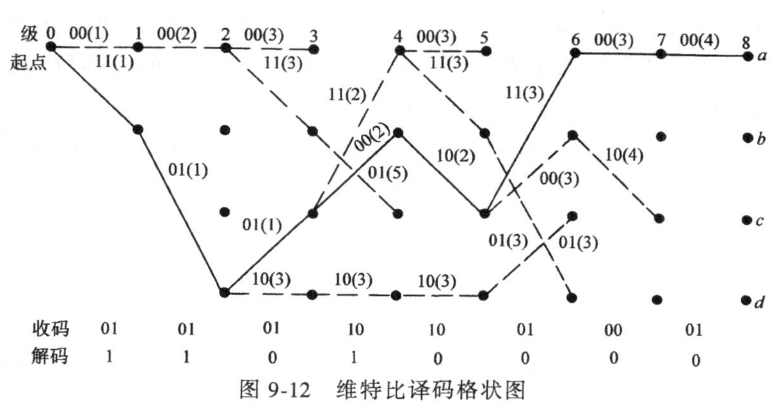

图 9-12 维特比译码格状图

二维码 9-6

较，逐步算出每条路径与接收码字之间的累计码距。累计码距分别用括号内的数字标出，对照后保留一条到达该节点的码距较小的路径作为幸存路径。再将当前节点移到第 4 级，计算、比较、保留幸存路径，直至最后得到到达终点的一条幸存路径，即为解码路径如图 9-12 中实线所示。根据该路径，得到解码结果。

9.7 伪随机序列

可以预先确定并且可以重复实现的序列称为确定序列。既不能预先确定又不能重复实现的序列称为随机序列。具有随机特性，貌似随机序列的确定序列称为伪随机序列。伪随机序列又称伪噪声（PN）码或伪随机码。m 序列是目前广泛应用的一种伪随机序列，本节主要讨论 m 序列的产生、性质和应用。

9.7.1 m 序列的产生

m 序列是由线性反馈移位寄存器产生的、周期最长的一种二进制序列。线性反馈移位寄存器的一般结构如图 9-13 所示。它由 n 级移位寄存器、若干模二加法器、线性反馈逻辑网络和移位时钟脉冲产生器（省略未画）组成。图中移位寄存器的状态用 a_i（$i=0,1,\cdots,n-1$）表示，c_i 表示反馈线的连接状态，相当于反馈系数，即 $c_i=1$ 表示此线接通，参与反馈逻辑运算，$c_i=0$ 表示此线断开，不参与运算，$c_0=c_n=1$。由于带有反馈，因此在移位脉冲作用下，移位寄存器各级的状态将不断变化，通常移位寄存器的最后一级做输出，输出序列为

$$\{a_k\}=a_0a_1\cdots a_{n-1}\cdots \tag{9-64}$$

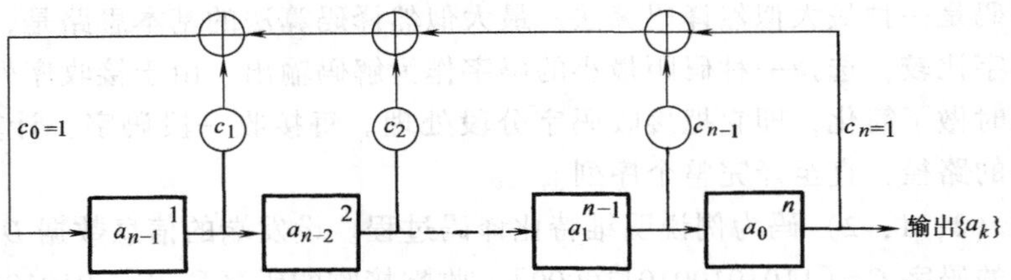

$c_0=1$ c_1 c_2 c_{n-1} $c_n=1$
a_{n-1} 1 a_{n-2} 2 a_1 $n-1$ a_0 n 输出$\{a_k\}$

图 9-13 线性反馈移位寄存器

很明显，输出序列是一个周期序列。其特性由移位寄存器的级数、初始状态、反馈逻辑以及时钟速率（决定着输出码元的宽度）所决定。当移位寄存器的级数及时钟一定时，输出序列就由移位寄存器的初始状态及反馈逻辑完全确定。当初始状态为全零状态时，移位寄存器输出全 0 序列。为了避免这种情况，需设置全 0 排除电路。

设图 9-13 所示的线性反馈移位寄存器的初始状态为（$a_0a_1\cdots a_{n-2}a_{n-1}$），经一次线性移位反馈，移位寄存器左端第一级的输入为

$$a_n=c_1a_{n-1}+c_2a_{n-2}+\cdots+c_{n-1}a_1+c_na_0=\sum_{i=1}^{n}c_ia_{n-i}$$

若经 k 次移位，则第一级的输入为

$$a_l=\sum_{i=1}^{n}c_ia_{l-i} \tag{9-65}$$

式中，$l=n+k-1>n$，$k=1$，2，3，…。由此可见，移位寄存器第一级的输入，由反馈逻辑及移位寄存器的原状态所决定。式（9-65）称为递推关系式。

可以用多项式

$$f(x)=c_0+c_1x+\cdots+c_nx^n=\sum_{i=0}^{n}c_ix^i \tag{9-66}$$

来描述线性反馈移位寄存器的反馈连接状态。式（9-66）称为特征多项式或特征方程。其中 x^i 存在表明 $c_i=1$，否则 $c_i=0$，x 本身无实际意义。c_i 的取值决定了移位寄存器的反馈连接。由于 $c_0=c_n=1$，因此 $f(x)$ 是一常数项为 1 的 n 次多项式，n 为移位寄存器级数。

可以证明，一个 n 级线性反馈移位寄存器能产生 m 序列的充要条件是它的特征多项式为一个 n 次本原多项式。若一个 n 次多项式 $f(x)$ 满足下列条件：

1）$f(x)$ 为既约多项式（即不能分解因式的多项式）。

2）$f(x)$ 可整除（x^p+1），$p=2^n-1$。

3）$f(x)$ 除不尽（x^q+1），$q<p$。

则称 $f(x)$ 为本原多项式。以上为构成 m 序列提供了理论根据。

用线性反馈移位寄存器构成 m 序列产生器，关键是确定特征多项式 $f(x)$。现以 $n=4$ 为例来说明 m 序列产生器的构成。用 4 级线性反馈移位寄存器产生的 m 序列，其周期为 $p=2^4-1=15$，其特征多项式 $f(x)$ 是 4 次本原多项式，能整除 $x^{15}+1$。先将（$x^{15}+1$）分解因式，使各因式为既约多项式，再寻找 $f(x)$。即

$$x^{15}+1=(x+1)(x^2+x+1)(x^4+x+1)(x^4+x^3+1)(x^4+x^3+x^2+x+1)$$

式中，4 次既约多项式有 3 个，但（$x^4+x^3+x^2+x+1$）能整除（x^5+1），故它不是本原多项式。因此找到两个 4 次本原多项式（x^4+x^3+1）和（x^4+x+1）。由其中任何一个都可产生 m 序列。用 $f(x)=(x^4+x+1)$ 构成的 m 序列产生器如图 9-14 所示。

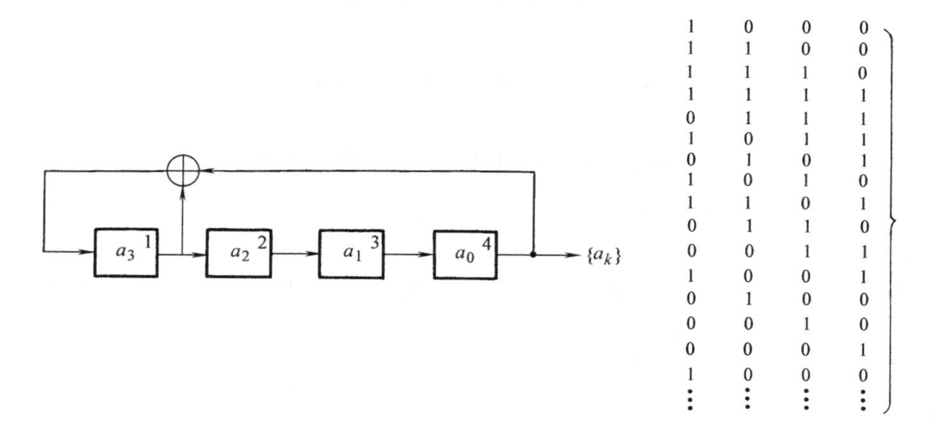

图 9-14 m 序列产生器

设 4 级移位寄存器的初始状态为 1000。$c_4=c_1=c_0=1$，$c_3=c_2=0$。输出序列 $\{a_k\}$ 为 000111101011001，它的周期为 15。

9.7.2 m序列的性质

1. 平衡特性（1和0的数目基本相等）

二维码 9-7

m序列每一周期中1的个数比0的个数多1个。由于$p=2^n-1$为奇数，因而在每一周期中1的个数为$(p+1)/2=2^{n-1}$为偶数，而0的个数为$(p-1)/2=2^{n-1}-1$为奇数。上例中$p=15$，1的个数为8，0的个数为7。当p足够大时，在一个周期中1与0出现的次数基本相等。

2. 游程特性

把一个序列中取值（1或0）相同连在一起的元素称为一个游程。在一个游程中，元素的个数称为游程长度。例如图9-14中给出的m序列$\{a_k\}=000111101011001\cdots$。在其一个周期的15个元素中，共有8个游程，其中长度为4的游程一个，即1111；长度为3的游程1个，即000；长度为2的游程2个，即11与00；长度为1的游程4个，即2个1与2个0。

m序列的一个周期$p=2^n-1$中，游程总数为2^{n-1}。其中长度为1的游程个数占总数的1/2；长度为2的游程个数占游程总数的$1/2^2=1/4$；长度为3的游程个数占总数的$1/2^3=1/8$；……一般地，长度为k的游程个数占游程总数的$1/2^k=2^{-k}$，其中$1\leqslant k\leqslant(n-2)$，而且，在长度为$k$的游程中，连1游程与连0游程各占一半；长度为$(n-1)$的游程是连0游程，长度为$n$的游程是连1游程。

3. 移位相加特性

m序列和它的位移序列模二相加后所得序列仍是该m序列的某个位移序列。设m_p是周期为p的m序列，m_r是m_p经过r次延迟移位后的序列，那么

$$m_p\oplus m_r=m_s \tag{9-67}$$

式中，m_s为m_p某次延迟移位后的序列。例如

$$m_p=\cdots01,000111101011001,00\cdots$$

m_p延迟两位后得m_r

$$m_r=\cdots10,010001111010110,01\cdots$$

再模二相加

$$m_s=m_p\oplus m_r=\cdots11,010110010001111,10\cdots$$

可见m_s为m_p延迟8位后的序列。

4. 自相关特性

m序列具有非常重要的自相关特性。在m序列中，常用+1代表0，用−1代表1。设长为$p(p=2^n-1)$的m序列，记作

$$a_1,a_2,a_3,\cdots,a_p$$

经过j次移位后，m序列为

$$a_{1+j},a_{2+j},a_{3+j},\cdots,a_{p+j} \tag{9-68}$$

式中，$a_{p+j}=a_j$（以p为周期），以上两序列的对应项相乘然后相加，利用所得的总和

$$a_1a_{j+1}+a_2a_{j+2}+a_3a_{j+3}+a_pa_{j+p}=\sum_{i=1}^{p}a_ia_{j+i} \tag{9-69}$$

来衡量一个 m 序列与它的 j 次移位序列之间的相关程度，并把它叫作 m 序列（a_1，a_2，a_3，…，a_p）的自相关函数。记作

$$R(j)=\sum_{i=1}^{p}a_i a_{j+i} \tag{9-70}$$

由移位相加特性可知，$a_i a_{i+j}$ 仍是 m 序列。另外由 m 序列的均衡性可知，在一个周期中 0 比 1 的个数少一个，故上式的结果为−1（j 为非零整数时）或 p（j 为零）。因此得归一化自相关函数为

$$R(j)=\begin{cases}1, j=0\\ -1/p, j=\pm1,\pm2,\cdots,\pm(p-1)\end{cases} \tag{9-71}$$

如图 9-15 所示。

m 序列的归一化自相关函数只有两种取值（1 和−1/p）。$R(j)$ 是一个周期函数，即

$$R(j)=R(j+kp) \tag{9-72}$$

式中，$k=1$，2，3，…，p 为周期。而且 $R(j)$ 为偶函数

$$R(j)=R(-j)\qquad j\text{ 为整数} \tag{9-73}$$

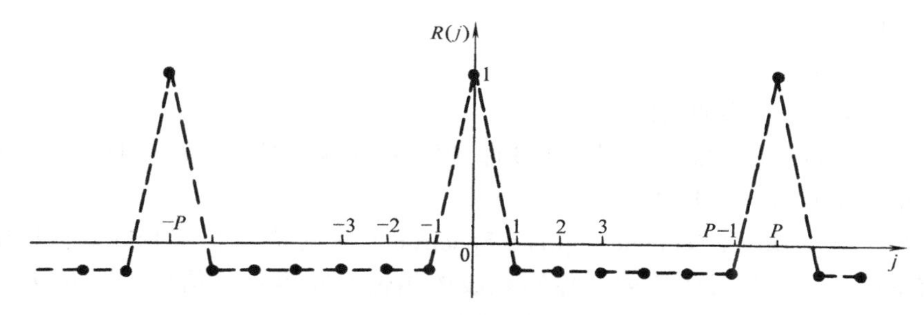

图 9-15　m 序列的自相关函数

5. 伪噪声特性

如果对一个正态分布白噪声取样，若取样值为正，记为+1，若取样值为负，记−1，将每次取样所得极性排成序列，可以写为

$$\cdots+1,-1,+1,+1,+1,-1$$

这是一个随机序列，它具有如下基本性质：

1）序列中+1 和−1 出现的概率相等。

2）序列中长度为 1 的游程约占 1/2，长度为 2 的游程约占 1/4，长度为 3 的游程约占 1/8，……一般地，长度为 k 的游程约占 $1/2^k$，而且+1、−1 游程的数目各占一半。

3）由于白噪声的功率谱为常数，因此其自相关函数为一冲击函数 $\delta(\tau)$

把 m 序列与上述随机序列进行比较，当周期长度 p 足够大时，m 序列与随机序列的性质是十分相似的。可见，m 序列是一种伪噪声特性较好的伪随机序列，且易产生，因此应用十分广泛。

9.7.3　m 序列的应用

m 序列在通信领域中得到广泛应用，它可以应用在扩频通信、卫星通信的码分多址，数

字通信中的加密、扰码、同步、误码率测量等领域中。本书仅将一些有代表性的应用作简要介绍。

1. 扩频通信

扩频通信系统是将待传送的基带信号在频域上扩展到很宽的频谱，远远大于原来信号的带宽；在接收端再把已扩展频谱的信号变换到原来信号的频带上，恢复出原来的基带信号。扩展频谱技术的理论基础是香农公式。对于加性白高斯噪声的连续信道，其信道容量 C 与信道传输带宽 B 及信噪比 S/N 之间的关系可以用下式表示：

$$C=B\log_2\left(1+\frac{S}{N}\right) \tag{9-74}$$

这个公式表明，在保持信息传输速率不变的条件下，信噪比和带宽之间具有互换关系。就是说，可以用扩展信号的频谱作为代价，换取用很低信噪比传送信号，同样可以得到很低的差错率。扩频系统有以下特点：

1）具有选择地址能力。

2）信号的功率谱密度很低，有利于信号的隐蔽。

3）有利于加密，防止窃听。

4）抗干扰性强。

5）抗衰落能力强。

6）可以进行高分辨率的测距。

扩频通信系统的工作方式有：直接序列扩频、跳变频率扩频、跳变时间扩频和混合式扩频，本书简单介绍直接序列扩频。

直接序列扩频（Direct Sequence Spread Spectrum）又称为直扩（DS），它是用高速伪随机序列与信息序列模2加后的序列去控制载波的相位而获得直扩信号。图9-16就是直扩系统的原理框图。在图9-16中，信息码与伪码模2加后产生发送序列，进行2PSK调制后输出。在接收端用一个和发射端同步的伪随机码所调制的本地信号，与接收到的信号进行相关处理，相关器输出中频信号经中频电路和解调器，恢复原信息。

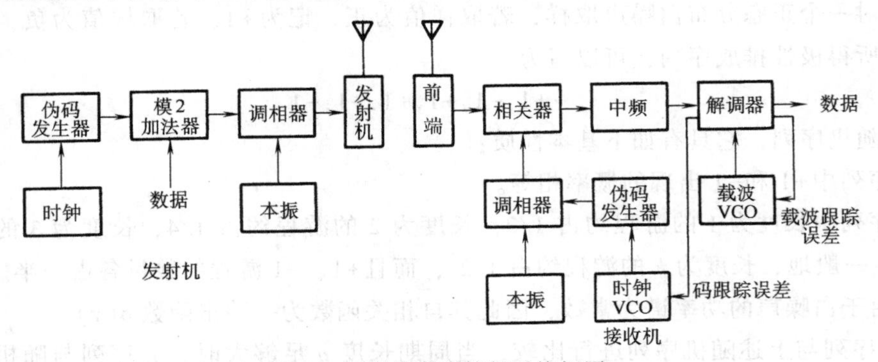

图9-16 直接序列扩频系统框图

该方式同其他工作方式比较，实现频谱扩展方便，因此是一种最典型的扩频系统。

2. 通信加密

数字通信的一个重要优点是容易做到加密，在这方面 m 序列应用很多。数字加密的基本原理可用图9-17表示。将信源产生的二进制数字消息和一个周期很长的 m 序列模2相加，这样就将原消息变成不可理解的另一序列。将这种加密序列在信道中传输，即使被他人窃听也不可理解其内容。在接收端再加上一同样的 m 序列，就能恢复为原发送消息。

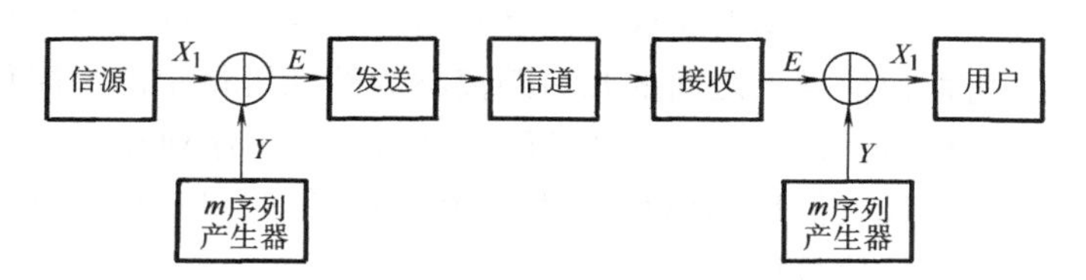

图 9-17 利用 m 序列加密

3. 误码率的测量

数字通信中误码率是一项主要的性能指标。在实际测量数字通信系统的误码率时，一般测量结果与信源送出信号的统计特性有关。通常认为二进制信号中 0 和 1 是以等概率随机出现的。所以，测量误码率时最理想的信源应是随机信号产生器。

由于 m 序列是周期性的伪随机序列，可作为一种较好的随机信源。在发送端产生一个 m 序列，然后通过信道发送到接收端；在接收端产生一个同步的 m 序列，与收码序列逐位进行模 2 加运算，一旦有错，就会出现“1”码，用计数器计数，如图 9-18 所示，这样就可以对通信系统的误码率进行测量了。

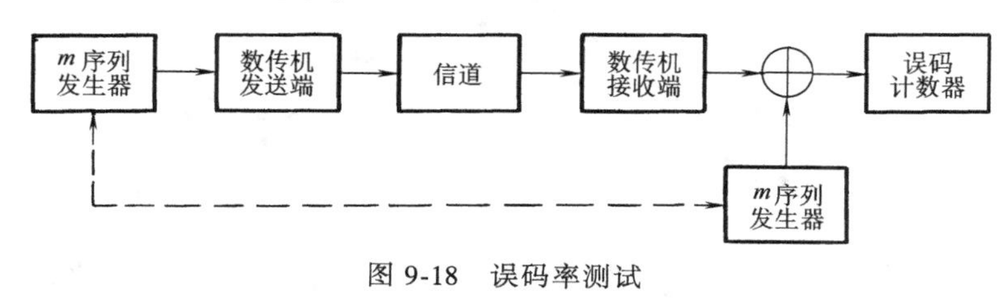

图 9-18 误码率测试

9.8 现代编码技术

9.8.1 网格编码调制

在数字通信系统中，调制解调和纠错编码是两个主要技术，它们也是提高通信系统传输速率，降低误码率的两个关键技术。过去这两个问题是分别独立考虑的，如前面讨论的差错编码，在发送端编码和调制是分开设计的，同样在接收端译码和解调也是分开完成的。在码流中增加监督元以达到检错或纠错的目的，但这样会使码流的比特速率增加，从而使传输带宽增加，也就是说用频带利用率的降低来换取可靠性的改善。

在带限信道中，人们总是既希望能提高频带利用率，同时也希望在不增加信道传输带宽的前提下降低差错率。为了解决这个问题，引入了编码和调制相结合统一进行设计的方法，也就是网络编码调制（Trellis Coded Modulation，TCM）技术。它是利用编码效率为 $n/(n+1)$ 的卷积码，并将每一码段映射为 2^{n+1} 个调制信号集中的一个信号。在收端信号解调后，送入维特比译码器译码。它有两个基本特点：

1）在信号空间[2] 中的信号点数目比无编码的调制情况下对应的信号点数目要多，这增加的信号点使编码有了冗余，而不牺牲带宽。

2）采用卷积码的编码规则，使信号点之间引入相互依赖关系。仅有某些信号点图样或序列是允许用的信号序列，并可模型化成为网格状结构，因此又称为“格状”编码。

在信号空间中，通常把信号点之间的几何距离称为欧几里得距离，简称欧氏距离。其中最短距离称为最小欧氏距离，记作 $d_{\min}$。当编码调制后的信号序列经过一个加性高白噪声的信道以后，在接收端采用最大似然解调和译码，用维特比算法寻找最佳格状路径，以最小欧氏距离为准则，解出接收的信号序列。

TCM 设计的一个主要目标就是寻找与各种调制方式相对应的卷积码，当卷积码的每个分支与信号点映射后，使得每条信号路径之间有最大的欧氏距离。根据这个目标，对于多电平/多相位的二维信号空间，把信号点集不断地分解为 2，4，8，…个子集，使它们中信号点的最小欧氏距离不断增大，这种映射规则称为集合划分映射。

下面举例说明。图 9-19 画出了一种 8PSK 信号空间的集合划分，所有 8 个信号布在一个圆周上，都具有单位能量。连续 3 次划分后，分别产生 2，4，8 个子集，最小欧氏距离逐次增大，即 $d_0<d_1<d_2$，如图 9-19 所示。

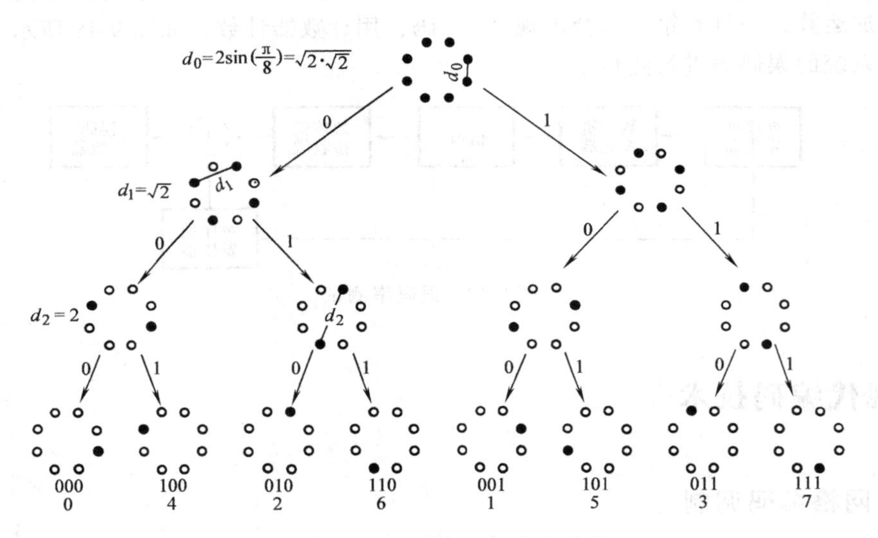

图 9-19 8PSK 信号空间的集合划

根据上述思想，可以得到 TCM 的编码调制器的系统框图，如图 9-20 所示。设输入码字有 n 比特，在采用多电平/多相位调制时，有同相分量和正交分量。因此采用无编码调制时，在二维信号空间中应有 2^n 个信号点与它对应。在采用编码调制时，加冗余度，有 2^{n+1} 个信号点。在图 9-19 中，可划分为 4 个子集，对应于码字的 1bit 加到编码效率为 1/2 的卷积码编码器输入端，输出 2bit，选择相应的子集。码字的剩余的未编码数据比特确定信号与子集中信号点之间的映射关系。在收端采用维特比算法执行最大似然检测。编码网格状图中的每一条支路对应于一个子集，而不是一个信

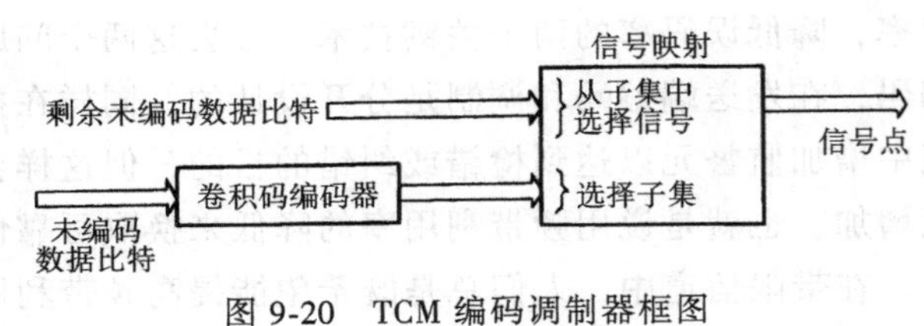

图 9-20 TCM 编码调制器框图

号点。检测的第一步是确定每个子集中的信号点，在欧氏距离意义下，这个子集最靠近接收信号的子集。

图 9-21a 描述了最简单的传输 2bit 码字的 8PSK TCM 编码方案。它采用了效率为 1/2 的卷积码编码器，对应的格图如图 9-21b 所示。该结构有 4 个状态，每个状态对应于图 9-19 中距离为 d_2 的 4 个子集。

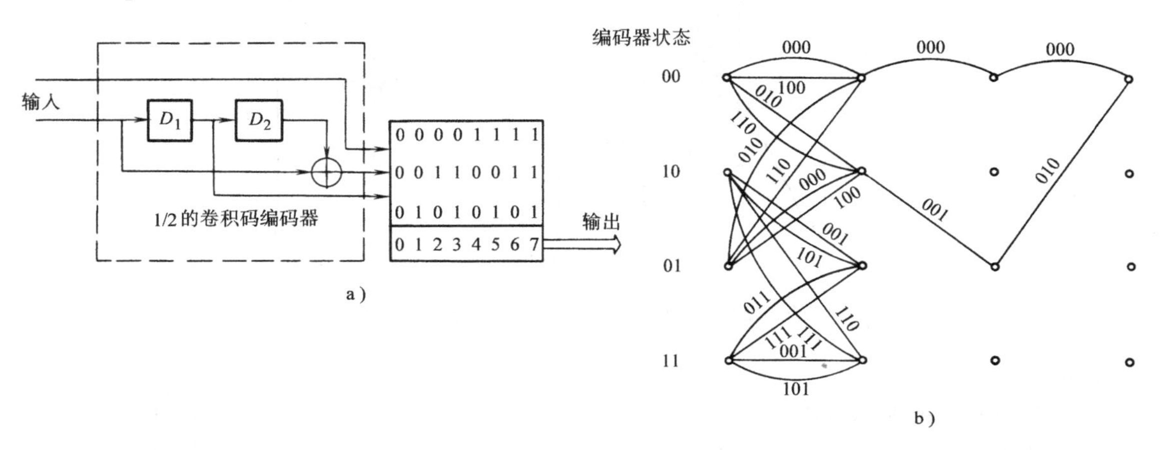

图 9-21 4 状态编码方案

9.8.2 Turbo 编码

1993 年 Berrou 等人[50] 提出了 Turbo 码，它通过对子码的伪随机交织实现大约束长度的编码，具有接近随机编码的特性，并采用迭代译码取得了中等的译码复杂度，它的误码性能在 10^{-5} 数量级上逼近了 Shannon 极限。目前，Turbo 码被看作是 1982 年 TCM 技术问世以来，在信道编码理论与技术研究上所取得的最伟大的成就，具有里程碑的意义。

1. Turbo 码编译码方案的提出

Berrou 提出的 Turbo 码是一种并行级联卷积码，采用递归系统卷积码（RSC）作为子码，一个子编码器直接对信息比特进行编码，另一个子编码器则对交织后的信息比特进行编码。Turbo 码的码字由信息比特和两个子码的校验比特组成，并可对校验比特进行删节获得期望的码率。可以采用交织使 Turbo 码具有很大的约束长度，从而使它的特性接近于随机编码。译码采用软输入软输出（SISO）的最大后验概率（MAP）算法，通过计算后验概率，对两个子码进行迭代译码，多次迭代后后验概率收敛，这时进行硬判决输出译码后的码字。在 AWGN 信道下，如果采用长度为 65636 的交织器，1/2 码率的 Turbo 码获得 10^{-5} 的误码率所需的 E_b/N_0 仅为 0.7dB。图 9-22 给出了 Turbo 和其他编码方案的性能比较，从中可以看出 Turbo 编码方案的优越性。

2. Turbo 码的编码方式

一般的 Turbo 编码器主要由交织器、递归系统卷积码（RSC）编码器、码率调整模块 3 部分组成。图 9-23 给出了由 2 个 RSC 子编码器组成的 Turbo 编码器。对于输入的信息序列 $\{d_k\}$，其对应的 RSC 编码器输出的校验序列为 $\{y_{1k}\}$，$\{y_{2k}\}$。校验序列通过码率调整，连接在信息序列 $\{x_k\}$ 后面，构成 Turbo 码的码字。与传统的串行级联码不同，Turbo 码采用并

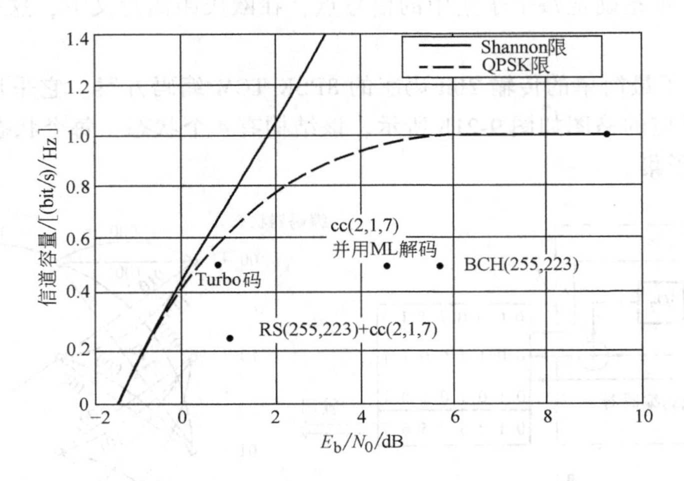

图 9-22 AWGN 信道中的码率与 Shannon 限

行级联。

3. Turbo 码的译码方式

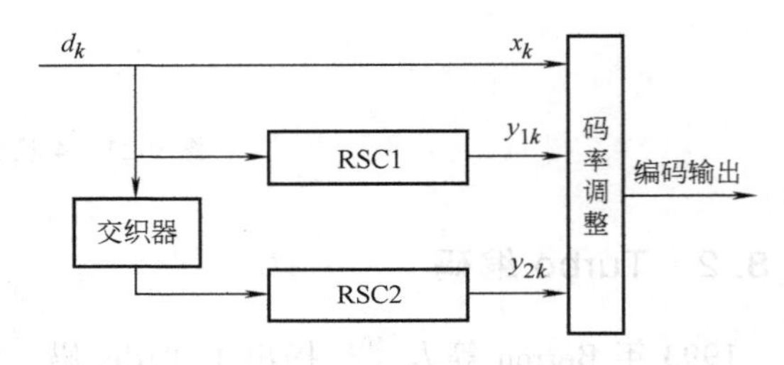

图 9-23 典型的 Turbo 编码器

我们知道采用最大似然译码算法对 Turbo 码整体进行译码是一种最佳译码方法，但实际中该算法的复杂度太大而难以实现。从 Turbo 码的编码结构中可以看出，Turbo 码本质上是一种并行级联结构，而级联码可以采用两个子码分段译码的方式，这大大减少了译码的复杂度。Turbo 码的译码也是采用两个子码分段译码的方式，但是它引入了迭代译码的思想，它通过在各级子译码器之间传递译码判决输出比特的可靠性信息，从而可以获得接近最大似然译码算法的性能。具体实现时，可以采用最大后验概率（MAP）算法或软输出维特比算法（SOVA）。

图 9-24 是迭代译码的示意图，SISO Ⅰ 输出的外信息作为 SISO Ⅱ 的先验信息，SISO Ⅱ 输出的外信息又反馈到 SISO Ⅰ 作为先验信息。这样循环迭代，最后根据一定的判决准则决定何时停止迭代，并把 SISO Ⅱ 的输出送到后级处理器或直接进行硬判得到信息比特。

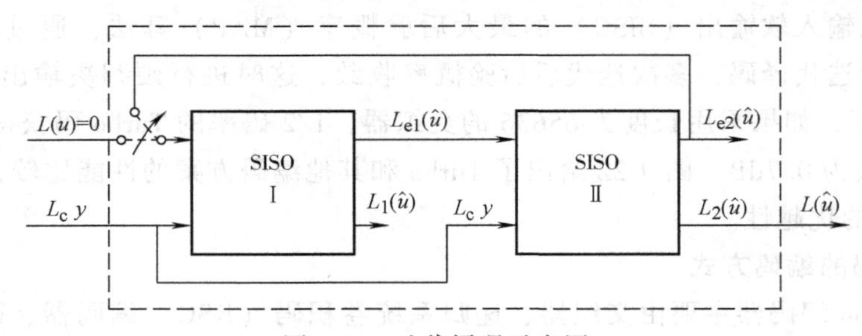

图 9-24 迭代译码示意图

以上讨论的是两个子码并行级联的情况，还可以扩展到多个子码或串行级联的情况，而且在一般情况下，假设信息是先验等概的，当不等概时，译码需要知道先验信息。另外在级联中一般要加交织器，而图 9-24 省略了交织和解交织的框图。

9.8.3 LDPC 编码

香农噪声信道编码理论告诉我们要有效地使用信道，就应当让传输速率接近于信道容量，此时为了达到满意的差错概率，编码约束长度应当很大。现在的问题就是怎样在编码约束长度很大时构造编译码。

已经证明对大多数信道从理论上来说采用奇偶校验码编码时所需设备的复杂性很低。但奇偶校验码的译码并不容易实现，因此需要寻找一类特殊的奇偶校验码。低密度奇偶校验码（Low Density Parity Check Code，LDPC）不但具备了奇偶校验码的优点，性能接近于香农限，而且其译码也很简单。LDPC 码由 Gallager 在 1962 年首先提出，但并未受到人们的重视，直到 1996 年 Mackay 和 R. Neal 证明 LDPC 码可以达到 Turbo 码的性能且成本远低于 Turbo 码，LDPC 码才又引起了人们的研究兴趣。目前，LDPC 码已成为编码领域的一个研究热点。

1. LDPC 码的基本原理

Gallager 对 LDPC 码的定义是：(n, j, k) 码是长为 n 的码字，在它的奇偶校验矩阵中，每一行和列中 1 的个数是固定的，其中每一列 $j(j>3)$ 个 1，每行 $k(k>j)$ 个 1，列之间 1 的重叠数目小于等于 1。

按该定义生成的码就是现在所说的规则 LDPC 码，式（9-75）是 LDPC 构造的一个（20，3，4）码的校验矩阵。可以看出在校验矩阵 $\boldsymbol{H}$ 中，其行和列中 1 的个数都固定。有了校验矩阵 $\boldsymbol{H}$ 后，通过高斯消元法，得到生成矩阵，从而生成码子。

$$
\boldsymbol{H}=\begin{vmatrix}
1&1&1&1&0&0&0&0&0&0&0&0&0&0&0&0&0&0&0&0\\
0&0&0&0&1&1&1&1&0&0&0&0&0&0&0&0&0&0&0&0\\
0&0&0&0&0&0&0&0&1&1&1&1&0&0&0&0&0&0&0&0\\
0&0&0&0&0&0&0&0&0&0&0&0&1&1&1&1&0&0&0&0\\
0&0&0&0&0&0&0&0&0&0&0&0&0&0&0&0&1&1&1&1\\
1&0&0&0&1&0&0&0&1&0&0&0&1&0&0&0&0&0&0&0\\
0&1&0&0&0&1&0&0&0&1&0&0&0&0&0&0&1&0&0&0\\
0&0&1&0&0&0&1&0&0&0&0&0&0&1&0&0&0&1&0&0\\
0&0&0&1&0&0&0&0&0&0&1&0&0&0&1&0&0&0&1&0\\
0&0&0&0&0&0&0&1&0&0&0&1&0&0&0&1&0&0&0&1\\
1&0&0&0&0&1&0&0&0&0&0&1&0&0&0&0&0&1&0&0\\
0&1&0&0&0&0&1&0&0&0&1&0&0&0&0&1&0&0&0&0\\
0&0&1&0&0&0&0&1&0&0&0&0&1&0&0&0&0&0&1&0\\
0&0&0&1&0&0&0&0&1&0&0&0&0&1&0&0&1&0&0&0\\
0&0&0&0&1&0&0&0&0&1&0&0&0&0&1&0&0&0&0&1
\end{vmatrix} \tag{9-75}
$$

2. LDPC 码的译码算法

LDPC 码一般采用被称为置信传播（Belief Propagation，BP）的迭代概率译码算法，该算法过于复杂，本书未涉及。

在这里提供一种简单的译码算法[51]，这种方法仅能应用于二进制对称信道（BSC），而且要求信息传输率远低于信道容量，但它对理解译码的思路很有帮助。译码算法的步骤如下：

1）译码器计算所有的校验方程，如果所有包含某一位比特的校验方程有超过一定数目的方程不满足校验规则，则翻转这一位。

2）使用这些更改后的值重新计算所有校验方程。

3）重复进行这样的译码过程，直到所有的校验方程都满足为止，这时的值就是译码结果。

当每个校验方程包含的位数很少时，某一个方程中要么没有错误，要么包含一个错误，这种译码方法就可以很有效地进行纠错，即使某一个校验方程中发生了多于一个的错误，仍可以进行纠错。

例如，在（20，3，4）LDPC 码中，一个发送的码子为全 0 码，接收的码子为[10000000000000000000]，也就是第一个比特发生了错误，这时候校验矩阵中的包含第一个比特的第 1 行、第 6 行和第 11 行不满足校验条件，这时把第一个比特翻转为 0，重新计算，这时所有的校验方程都满足，所以就纠正了第一个比特的错误。

3. LDPC 码和 Turbo 码的比较

经研究发现 Turbo 码就是 LDPC 码的一种特例。规则 LDPC 性能不如 Turbo 码接近香农限，但 Turbo 码对低码重的码字存在较严重的“地板效应”（Error Floor），大约是在 10^{-6}，也就是在误码率小于 10^{-6} 时，即使增大信噪比，Turbo 码的误码率几乎不再减小。而在 LDPC 码中该特性明显减小，LDPC 码的性能优于 Turbo 码。另一方面，LDPC 码的译码也比 Turbo 码简单。

9.9 小结

所谓差错控制，就是在发送端利用信道编码器在数字信息中添加一些多余码元（冗余度），在接收端信道译码器利用这些码元的内在规律来减少错误。差错控制编码是提高数字传输可靠性的一种重要技术，当然它是以牺牲数字传输的有效性为代价的。

差错控制有 3 种工作方式，即前向纠错（FEC）、自动请求重传（ARQ）以及混合纠错（HEC）方式，它们在不同的通信方式中都得到了广泛应用。差错控制编码的类型很多，大致可分为检错码、线性分组码和卷积码。目前应用较多的是一些检错码、线性分组码中的汉明码和循环码，卷积码在新的编码技术中也得到了广泛应用。以前人们往往将编码和调制分开考虑，这样得到的结果并不理想。基于最小欧氏距离，人们又提出了格状编码调制（TCM），它很好地将编码和调制结合在一起，得到了更大的编码增益。在实际的工作中，为了获得具有随机特性、又便于产生的二进制随机信号，人们发明了 m 序列。m 序列是一种伪随机序列，它具有产生简单，特性优良等特点，因而在实际中得到了广泛的应用。

编码是一个发展迅速的领域，随着集成电路技术和计算机技术的进步，人们开始研究越来越复杂的编码及相应的译码算法，如 Turbo 码、LDPC 码和 Polar 码等，并将其应用到实际的通信系统中，感兴趣的读者可以参考相应的文献资料。

9.10 思考题

1. 纠错码能够检错或纠错的根本原因是什么？

2. 差错控制的基本工作方式有哪几种？各有什么特点？
3. 什么是分组码？其结构特点如何？
4. 分组码的检（纠）错能力与最小码距有什么关系？检、纠错能力之间有什么联系？
5. 二维监督码检测随机错误和突发错误的能力如何？是否能够纠错？
6. 线性分组码的最小距离与码的最小重量有什么关系？
7. 汉明码有哪些特点？
8. 系统分组码的监督矩阵、生成矩阵各有什么特点？相互之间有什么关系？
9. 利用伴随式检错和纠错的原理是什么？
10. 循环码的生成多项式、监督多项式各有什么特点？
11. 卷积码的特点如何？何谓卷积码的格状图、树图和状态图？
12. 格状编码调制（TCM）有何特点？
13. m 序列具有哪些特点？m 序列在实际中有哪些应用？
14. 试比较 Turbo 码和 LDPC 码

9.11 习题

1. 已知码集合中有 8 个码组为（000000）、（001110）、（010101）、（011011）、（100011）、（101101）、（110110）和（111000），求该码集合的最小码距。

2. （4，1）重复码若用于检错，能检出几位错码？若用于纠错，能纠正几位错码？若同时用于检错、纠错，各能检测、纠正几位错码？

3. 已知（7，3）分组码的监督关系式为

$$\begin{cases} x_6 \quad x_3+x_2+x_1=0 \\ x_6 \quad x_2+x_1+x_0=0 \\ x_6+x_5 \quad x_1=0 \\ x_6+x_4 \quad +x_0=0 \end{cases}$$

求其监督矩阵、生成矩阵、全部码字及纠错能力。

4. 码长 $n=15$ 的汉明码，监督位 r 应为多少？编码效率为多少？试写出监督元与信息码元之间的关系。

5. 已知（15，11）循环汉明码的生成多项式为

$$g(x)=x^4+x^3+1$$

试求其生成矩阵和监督矩阵。

6. 已知 $x^{15}+1=(x+1)(x^4+x+1)(x^4+x^3+1)(x^4+x^3+x^2+x+1)(x^2+x+1)$，试问由它共可构成多少种码长为 15 的循环码？请列出它们的生成多项式，并选择其中的一种画出其编码电路和译码电路。

7. 试构造周期为 7 的 m 序列发生器，并说明其均衡性、游程特性、移位相加特性及自相关特性（注：$x^7+1=(x+1)(x^3+x^2+1)(x^3+x+1)$）。

第10章 同 步 原 理

同步是数字通信技术中的一个重要问题。为了实现相干解调，必须得到和接收信号同频同相的载波，这就称为载波同步。在数字通信中，无论是基带通信或是频带通信，必须提供一个频率和发送端码元速率一致，相位对准匹配滤波器输出最大值时刻的位同步时钟，这就称为位同步。在数字通信中，一般用若干个码元为一组来代表特定的含义，如在 PCM 通信系统中用 8 个码元代表一个抽样值的幅度信息，那么在接收端必须知道这 8 个码元在连续码流中的起止时刻，这就称为帧同步。

本章重点介绍实现载波同步、位同步和帧同步的常用的方法和性能评价指标。通过本章的学习，读者应该能够根据通信信号形式，来独立选择合适的同步方式，并采用合适的方式来实现系统需要的同步。

10.1 概述

同步是通信系统中一个重要的实际问题。当采用同步解调或相干检测时，接收端需要提供一个与接收信号的载波同频同相的相干载波。这个相干载波的获取就称为载波提取，或称为载波同步。

数字通信中，除了有载波同步的问题外，还有位同步的问题。因为消息是一串相继的信号码元的序列，解调时常需知道每个码元的起止时刻。例如在本书前面介绍的最佳接收机结构中，需要对积分器或匹配滤波器的输出进行抽样判决。抽样判别的时刻应位于每个码元的终止时刻，因此，接收端产生与发送码元的重复频率和相位一致的定时脉冲序列的过程称为码元同步或位同步，而称这个定时脉冲序列为码元同步脉冲或位同步脉冲。

数字通信中的消息数字流总是用若干码元组成一个“字”，又用若干“字”组成一“句”。因此，在接收这些数字流时，同样也必须知道这些“字”、“句”的起止时刻。在接收端产生与“字”、“句”起止时刻相一致的定时脉冲序列，称为“字”同步和“句”同步，统称为群同步或帧同步。

当通信是在两点之间进行时，完成了载波同步、位同步和群同步之后接收端不仅获得了相干载波，而且通信双方的时标关系也解决了。这时，接收端就能以较低的错误概率恢复出数字信息。

同步系统性能的降低，会直接导致通信系统性能的降低，甚至使通信系统不能正常工作。可以说，在同步通信系统中，同步是进行信息传输的前提，正因为如此，为了保证信息的可靠传输，要求同步系统应有更高的可靠性。

二维码 10-1

本章将分别讨论载波同步、位同步和群同步。

10.2　载波同步

10.2.1　载波同步的方法

提取载波的方法一般分为两类：一类是在发送有用信号的同时，在适当的频率位置上，插入一个（或多个）称为导频的正弦波，接收端就由导频提取载波，这类方法称为插入导频法；另一类是不专门发送导频，而在接收端直接从发送信号中提取载波，这类方法称为直接法。

1. 插入导频法

抑制载波的双边带信号本身不含有载波；残留边带信号虽然一般都含有载波分量，但很难从已调信号的频谱中将它分离出来；二相数字相位调制信号由其功率谱密度表示式可看出，当 $P=1/2$ 时，该信号中的载波分量为零；单边带信号更是不存在载波分量。对这些信号的载波提取，可以用插入导频法，特别是单边带调制信号，只能用插入导频法提取载波。在这一节，将分别讨论抑制载波的双边带信号和残留边带信号的插入导频法。

（1）在抑制载波的双边带信号中插入导频

假设采用第 5 章介绍过的相关编码信号去进行抑制载波的双边带调制，从图 10-1 所示的频谱图可以看出，在载频处，已调信号的频谱分量为零，载频附近的频谱分量也很小，这样就便于插入导频以及解调时易于滤出它。插入的导频并不是用于调制器的载波，而是将该载波移相 90°后的所谓“正交载波”，如图 10-1 所示。这样，就可组成插入导频的发端框图，如图 10-2 所示。设调制信号为 $m(t)$，$m(t)$ 中无直流分量，被调载波为 $a_c\sin(\omega_c t)$，调制器假设为一相乘器，插入导频是被调载波移相 90°形成的，为 $-a_c\cos(\omega_c t)$，其中，a_c 是插入导频的振幅。于是输出信号为

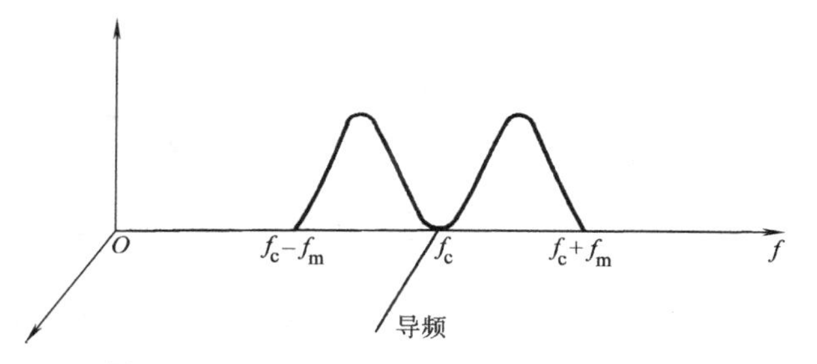

图 10-1　抑制载波双边带信号的导频插入

$$u_o(t)=a_c m(t)\sin(\omega_c t)-a_c\cos(\omega_c t) \tag{10-1}$$

设收端收到的信号与发端输出信号相同，则收端用一个中心频率为 f_c 的窄带滤波器就可取得导频 $-a_c\cos(\omega_c t)$，再将它移相 $\pi/2$ 就可得到与调制载波同频同相的信号 $\sin(\omega_c t)$。收端的框图如图 10-3 所示。

前面提到，插入的导频应为正交载波，这是什么原因呢？只要看收端相乘器的输出就清楚了，即

$$\begin{aligned} v(t)=u_o(t)\sin(\omega_c t)&=a_c m(t)\sin^2(\omega_c t)-a_c\sin(\omega_c t)\cos(\omega_c t) \\ &=\frac{a_c}{2}m(t)-\frac{a_c}{2}m(t)\cos(2\omega_c t)-\frac{a_c}{2}\sin(2\omega_c t) \end{aligned} \tag{10-2}$$

若框图中低通滤波器的截止频率为 f_m，$v(t)$ 经低通滤波器后，就可以恢复出调制信号 $m(t)$。然而，如果发端加入的导频不是正交载波，而是调制载波，则从收端相乘器的输出

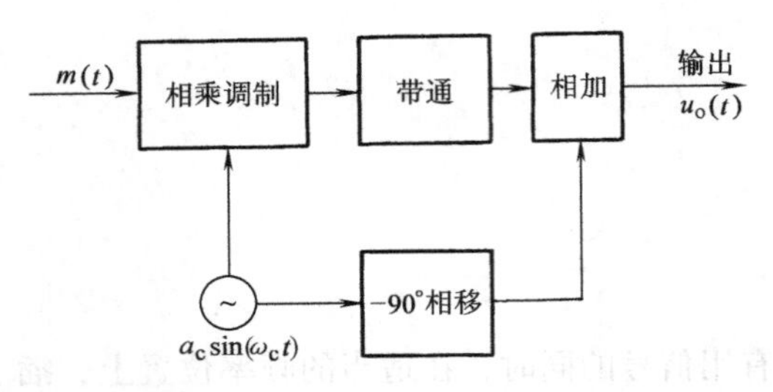

图 10-2　插入导频法发端框图

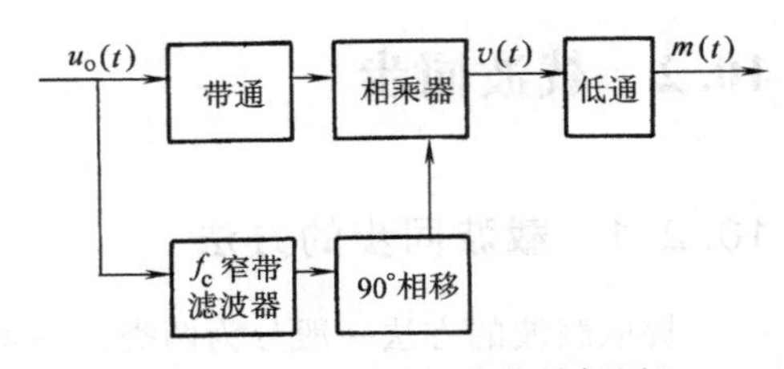

图 10-3　插入导频法收端框图

可以发现，除了有调制信号外，还有直流分量，这个直流分量将通过低通滤波器对数字信号产生影响。这就是发端导频正交插入的原因。

二进制数字调相信号就是一抑制载波的双边带信号，所以，上述插入导频法完全适用。对于单边带调制信号，导频插入的原理与上面讨论的一样。

(2) 在残留边带信号中插入导频

残留边带信号的频谱特点已在前面介绍过，图 10-4 画出了残留边带信号形成滤波器的传输函数。它使下边带信号绝大部分通过，而使上边带信号小部分残留。由于 f_c 附近有信号分量，所以，如果直接在 f_c 处插入导频，那么，该导频必然会受到 f_c 附近信号的干扰。然而，可以在信号频谱之外插入两个导频 f_1 和 f_2，使它们在接收端经过某些变换后产生所需的 f_c。设两导频与信号频谱两端的间隔分别为 Δf_1 和 Δf_2（见图 10-4），则

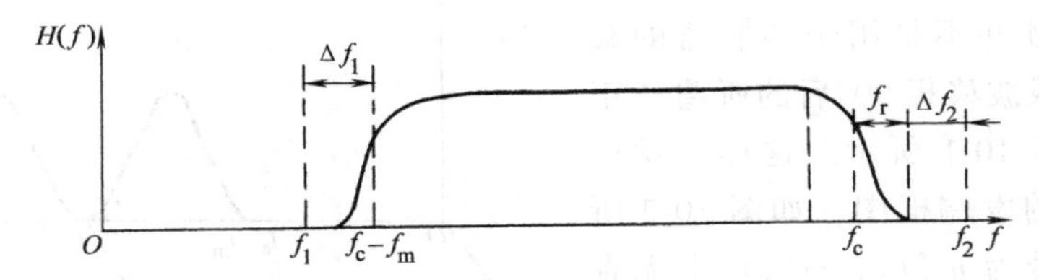

图 10-4　残留边带信号形成滤波器的传输函数

$$f_1=f_c-f_m-\Delta f_1\text{，}\ f_2=f_c+f_r+\Delta f_2$$

式中，f_r 为残留边带形成滤波器传输函数中滚降部分所占带宽的一半（见图 10-4）；f_m 为调制信号的带宽。

下面讨论接收端如何从 f_1 和 f_2 提取所需的 f_c，其框图如图 10-5 所示。设两导频分别为 $\cos(\omega_1 t+\theta_1)$ 和 $\cos(\omega_2 t+\theta_2)$，其中，$\theta_1$ 和 θ_2 是两导频信号初始相位。如果经信道传输后，使两个导频和已调信号中的载波都产生了频偏 $\Delta\omega(t)$ 和相偏 $\theta(t)$，那么提取出的载波也应该有相同的频偏和相偏，才能达到真正的相干解调。由图 10-5 可见，两导频信号经相乘器相乘后的输出应为

$$\cos[\omega_1 t+\Delta\omega(t)t+\theta_1+\theta(t)]\cos[\omega_2 t+\Delta\omega(t)t+\theta_2+\theta(t)]$$

滤波器输出差频信号为

$$\begin{aligned}\frac{1}{2}\cos[(\omega_2-\omega_1)t+\theta_2-\theta_1]&=\frac{1}{2}\cos[2\pi(f_r+\Delta f_2+f_m+\Delta f_1)t+\theta_2-\theta_1]\\&=\frac{1}{2}\cos\left[2\pi(f_r+\Delta f_2)\left(1+\frac{f_m+\Delta f_1}{f_r+\Delta f_2}\right)t+\theta_2-\theta_1\right]\end{aligned}\qquad(10\text{-}3)$$

令 $1+\dfrac{f_m+\Delta f_1}{f_r+\Delta f_2}=q$，则式（10-3）可写为

$$\frac{1}{2}\cos[2\pi(f_r+\Delta f_2)qt+\theta_2-\theta_1] \quad (10\text{-}4)$$

经 q 次分频后，得

$$a\cos[2\pi(f_r+\Delta f_2)t+\theta_q] \quad (10\text{-}5)$$

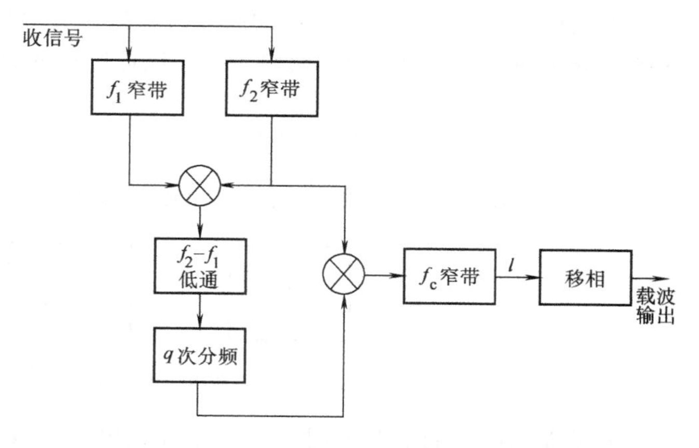

图 10-5　残留边带信号插入导频法收端框图

式（10-5）中的 θ_q 为分频输出的初始相位，它是一个常数。将式（10-5）与 $\cos[\omega_2 t+\Delta\omega(t)t+\theta_2+\theta(t)]$ 相乘，取差频，再通过中心频率为 f_c 的窄带滤波器，就可得

$$\frac{1}{2}a\cos[\omega_c t+\Delta\omega(t)t+\theta_2-\theta_q+\theta(t)] \quad (10\text{-}6)$$

已知接收端在考虑了信道所引起的频偏和相偏后，应该提取出的载波信号为 $\frac{a}{2}\cos[\omega_c t+\Delta\omega(t)t+\theta_c+\theta(t)]$，其中，$\theta_c$ 是相干载波所要求的初始相位。与式（10-6）比较，因 θ_2、θ_1、θ_c 和 θ_q 都是固定值，故将 l 处信号再经过移相电路，消除固定相移 $[\theta_c-(\theta_2-\theta_q)]$ 就可获得所需的相干载波。

$$\frac{a}{2}\cos[\omega_c t+\Delta\omega(t)t+\theta_c+\theta(t)] \quad (10\text{-}7)$$

由分频次数 q 的表示式看出，可以通过调整 Δf_1 和 Δf_2 得到整数的 q。增大 Δf_1 或 Δf_2，有利于减小信号频谱对导频的干扰，然而，所需信道的频带却要加宽。因此，应根据实际情况正确选择 Δf_1 和 Δf_2。

插入导频法提取载波要使用窄带滤波器。这个窄带滤波器也可以用锁相环来代替，这是因为锁相环本身就是一个性能良好的窄带滤波器，因而使用锁相环后，载波提取的性能将有所改善。

2. 直接法

抑制载波的双边带信号虽然不包含载波分量，但对该信号进行某种非线性变换后，就可以直接从其中提取出载波分量来。

（1）平方变换法和平方环法

设调制信号为 $m(t)$，$m(t)$ 中无直流分量，则抑制载波的双边带信号为

$$s(t)=m(t)\cos(\omega_c t)$$

接收端将该信号进行平方变换，即经过一个平方律部件后就得到

$$e(t)=m^2(t)\cos^2(\omega_c t)=\frac{m^2(t)}{2}+\frac{1}{2}m^2(t)\cos(2\omega_c t) \quad (10\text{-}8)$$

由式（10-8）看出，虽然前面设了 $m(t)$ 中无直流分量，但 $m^2(t)$ 中却有直流分量，而 $e(t)$ 表示式的第二项中包含有 $2\omega_c$ 频率的分量。若用一窄带滤波器将 $2\omega_c$ 频率分量滤

出，再进行二分频，就获得所需的载波。根据这种分析所得出的平方变换法提取载波的框图如图 10-6 所示。若调制信号 $m(t)=\pm1$，该抑制载的双边带信号就成为二相移相信号，这时

$$e(t)=[m(t)\cos(\omega_c t)]^2=\frac{1}{2}+\frac{1}{2}\cos(2\omega_c t) \tag{10-9}$$

因而，用图 10-6 所示的框图同样可以提取出载波。

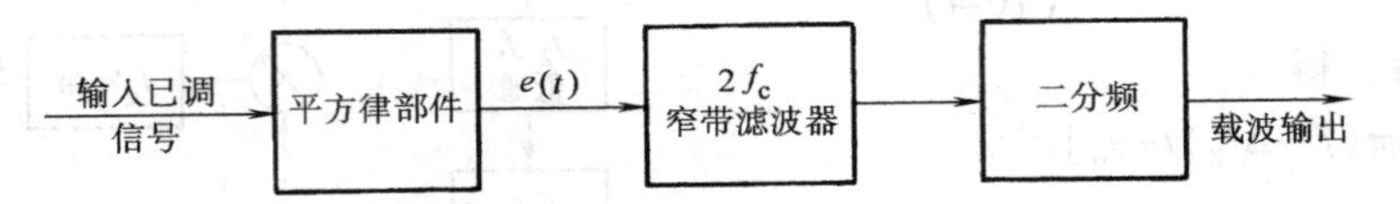

图 10-6 平方变换法提取载波

由于提取载波的框图中用了一个二分频电路，故提取出的载波存在 180°的相位含糊问题。对移相信号而言，解决这个问题的常用方法是采用前面已介绍过的相对移相。

平方变换法提取载波图中的 $2f_c$ 窄带滤波器若用锁相环代替，构成图 10-7 所示的框图，就称为平方环法提取载波。由于锁相环具有良好的跟踪、窄带滤波和记忆性能，平方环法比一般的平方变换法具有更好的性能。因此，平方环法提取载波应用较为广泛。

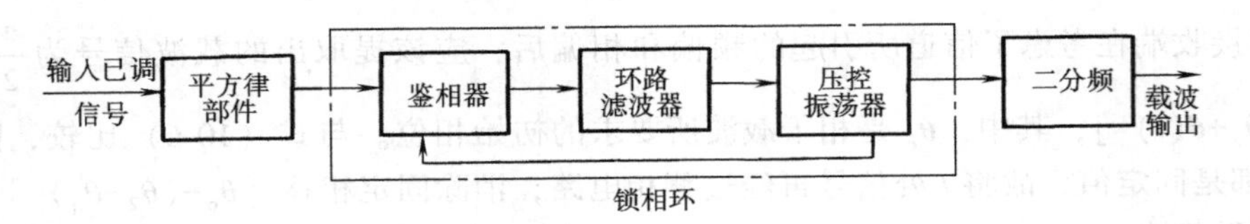

图 10-7 平方环法提取载波

(2) 同相正交环法

利用锁相环提取载波的另一种常用方法如图 10-8 所示。加于两个相乘器的本地信号分别为压控振荡器的输出信号 $\cos(\omega_c t-\theta)$ 和它的正交信号 $-\sin(\omega_c t-\theta)$。因此通常称这种环路为同相正交环，有时也称这种环路为科斯塔斯环。

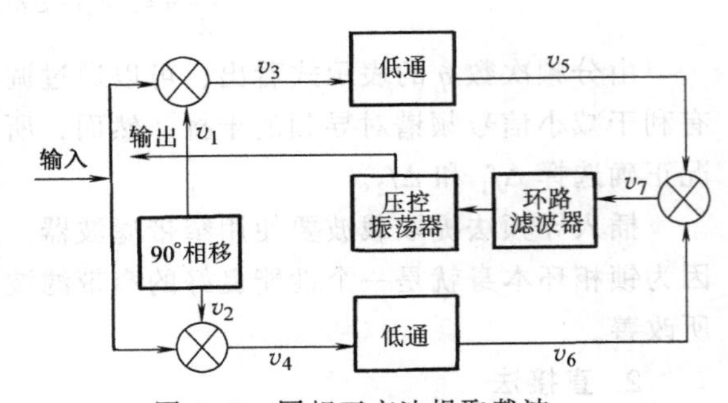

图 10-8 同相正交法提取载波

设输入的抑制载波双边带信号为 $m(t)\cos(\omega_c t)$，则

$$v_3=m(t)\cos(\omega_c t)\cos(\omega_c t-\theta)=\frac{1}{2}m(t)[\cos\theta+\cos(2\omega_c t-\theta)]$$

$$v_4=m(t)\cos(\omega_c t)[-\sin(\omega_c t-\theta)]=\frac{1}{2}m(t)[\sin\theta-\sin(2\omega_c t-\theta)]$$

经低通后的输出分别为

$$v_5=\frac{1}{2}m(t)\cos\theta \tag{10-10}$$

$$v_6=\frac{1}{2}m(t)\sin\theta \tag{10-11}$$

低通滤波器应该允许 $m(t)$ 通过。将 v_5 和 v_6 加于相乘器，得

$$v_7 = v_5 v_6 = \frac{1}{8} m^2(t) \sin(2\theta) \tag{10-12}$$

式中，θ 是压控振荡器输出信号与输入已调信号载波之间的相位误差。当 θ 较小时，

$$v_7 \approx \frac{1}{4} m^2(t) \theta \tag{10-13}$$

式（10-13）中 v_7 的大小与相位误差 θ 成正比，它就相当于一个鉴相器的输出。用 v_7 去调整压控振荡器输出信号的相位，最后使稳态相位误差减小到很小的数值。这样压控振荡器输出 v_1 就是所需提取的载波。

同相正交环的工作频率是载波频率本身，而平方环的工作频率是载波的两倍。显然当载波频率很高时，工作频率较低的同相正交环路易于实现。

（3）从多相移相信号中提取载波

数字通信中经常使用多相移相信号。下面介绍两种从多相移相信号中提取载波的方法。

二维码 10-2

前面已经介绍过，可以用平方变换法或平方环法从二相移相信号中提取载波。对多相移相信号，也可以类似地用多次方变换法或多次方环法提取载波。现以四相移相信号为例，在图 10-9 中画出这种载波提取方法的框图。

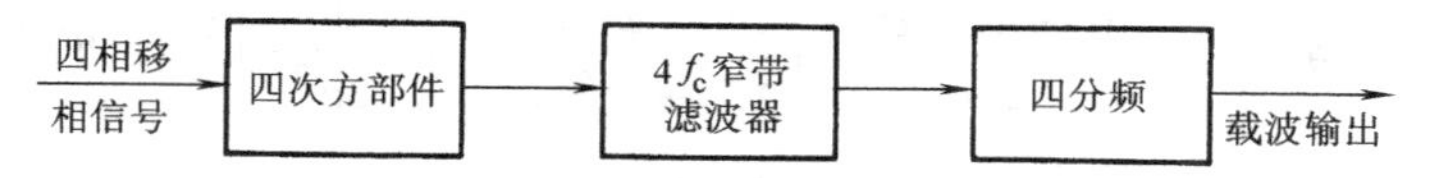

图 10-9　四相移相信号提取载波的方法

另一种方法类似于同相正交法，称为多相科斯塔斯环法，也以四相移相信号为例，这种方法的框图如图 10-10 所示。压控振荡器输出就是所需的载波信号。

这两种方法所提取的载波也同样存在相位含糊问题，常见的解决办法是采用四相相对移相。

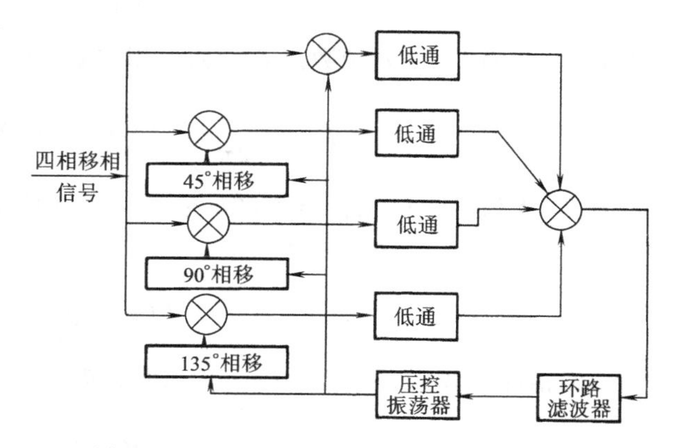

图 10-10　四相科斯塔斯环法的载波提取

10.2.2　载波同步系统的性能

载波同步系统的主要性能指标是高效率和高精度。所谓高效率就是为了获得载波信号而尽量少消耗发送功率。用直接法提取载波时，发端不专门发送导频，因而效率高；而用插入导频法时，由于插入导频要消耗一部分功率，因而系统的效率降低。所谓高精度，就是提取出的载波应是相位尽量精确的相干载波，也就是相位误差应该尽量小。

相位误差通常由稳态相差和随机相差组成。稳态相差主要是载波信号通过同步信号提取电路以后，在稳态下所引起的相差；随机相差是由于随机噪声的影响而引起同步信号的相位误差。实际的同步系统中，由于同步信号提取电路的不同，信号和噪声形式的不同，相位误差的计算方法也就不同。这一节，将对一些典型情况进行讨论，而相位误差对相干解调的影

响，则留在下一节专门分析。

载波同步系统的性能除了高效率、高精度外，还要求同步建立时间快、保持时间长等，本节将对它们进行简单的讨论。

1. 稳态相差

用窄带滤波器提取载波，假设所用的窄带滤波器为一个简单的调谐回路，其 Q 值一定，那么，当回路的中心频率 ω_0 与载波频率 ω_c 不相等时，就会使输出的载波同步信号引起一稳态相差 $\Delta\varphi$。若 ω_0 与 ω_c 之差为 $\Delta\omega$，且 $\Delta\omega$ 较小时，可得

$$\Delta\varphi \approx 2Q\Delta\omega/\omega_0 \tag{10-14}$$

由式（10-14）可见，Q 值越高，所引起的稳态相差越大。

同步系统使用锁相环时，当锁相环压控振荡器固有频率与输入载波信号之间有频率差 $\Delta\omega$ 时，也会引起一稳态相差。该稳态相差为

$$\Delta\varphi = \Delta\omega/K_v \tag{10-15}$$

式中，K_v 为环路直流增益。只要使 K_v 足够大，$\Delta\varphi$ 就可以足够小。

2. 随机相差

由于随机的高斯噪声叠加在载波信号上，会使载波同步信号产生随机的相位误差。一给定初始相位为 φ 的正弦波叠加窄带高斯噪声后的相位分布为

$$f(\theta/\varphi)=\frac{\exp(-A^2/2\sigma^2)}{2\pi}+\frac{A\cos(\varphi-\theta)}{2(2\pi)^{1/2}\sigma}\exp\left[-\frac{A^2}{2\sigma^2}\sin^2(\varphi-\theta)\right]\times \left\{1+\operatorname{erf}\left[\frac{A\cos(\varphi-\theta)}{\sqrt{2}\sigma}\right]\right\} \tag{10-16}$$

式中，$\operatorname{erf}(x)$ 为误差函数。若设初始相位 $\varphi=0$，可得此时的相位分布为

$$f(\theta)=\frac{1}{2\pi}\mathrm{e}^{-r}\left[1+\sqrt{4\pi r}\cos\theta\,\mathrm{e}^{r\cos^2\theta}\Phi(\sqrt{2r}\cos\theta)\right] \tag{10-17}$$

式中，r 为信号噪声比，$r=A^2/2\sigma^2$；$\Phi(x)$ 为概率积分函数。

概率积分函数 $\Phi(x)$ 为

$$\Phi(x)=\frac{1}{2\pi}\int_{-\infty}^{x}\mathrm{e}^{-t^2/2}\mathrm{d}t$$

当信噪比较大，即式中的 x 较大时，$\Phi(x)$ 可近似为

$$\Phi(x)\approx 1-\frac{\mathrm{e}^{-x^2/2}}{\sqrt{2\pi}x} \tag{10-18}$$

把它代入式（10-17）后，得

$$f(\theta)=\sqrt{\frac{r}{\pi}}\cos\theta\,\mathrm{e}^{-r\sin^2\theta} \tag{10-19}$$

式（10-19）是载波信号加噪声后的相位分布。因为已假设载波信号的初始相位为零，故所得 $f(\theta)$ 实际上就是噪声引起的相位误差 θ_n 的分布 $f(\theta_n)$。如果再设 θ_n 较小，即得

$$f(\theta_n)=\sqrt{\frac{r}{\pi}}\mathrm{e}^{-r\theta_n^2} \tag{10-20}$$

将式（10-20）与正态分布的表示式相比就可看出，随机相差 θ_n 的方差 $\overline{\theta}_n^2$ 与信噪比 r 有如下关系：

$$\overline{\theta}_n^2 = 1/(2r) \tag{10-21}$$

这样，对一个载波同步系统来说，不仅可以用信噪比 r，也可用 $\overline{\theta}_n^2$ 来衡量随机相差的大小。

下面以窄带滤波器提取载波为例来分析所产生的随机相差。若已知该滤波器的电压、传输函数，噪声为高斯白噪声，其单边功率谱密度为 n_0，则可求出该滤波器的等效噪声带宽。例如，对于由 LC 元件所组成的单回路，其等效噪声带宽为

$$B_n = \frac{\pi f_0}{2Q} \tag{10-22}$$

式中，Q 为回路的品质因数；f_0 为窄带滤波器的中心频率。

经过窄带滤波器后的噪声功率就为 $n_0 B_n$，于是仅考虑高斯白噪声情况下，窄带滤波器的输出信噪比为

$$r_n = \frac{P_s}{n_0 B_n} \tag{10-23}$$

然后由式（10-21）就可计算出随机相差。

由式（10-22）、式（10-23）和式（10-21）可见，滤波器的 Q 值越高，随机相差越小。但由式（10-14）又可看出，Q 值越高，稳态相差越大。可见，在用这种窄带滤波器提取载波时，稳态和随机相差对其 Q 值的要求是相互矛盾的。

3. 建立时间和保持时间

以窄带滤波器提取载波同步信号为例来讨论载波同步系统的建立时间 t_s 和保持时间 t_c。

假设所用的窄带滤波器为一简单的单调谐回路，并设回路的谐振频率 ω_0 与 Q 值已经给定，如果在 $t=0$ 时刻将信号接入回路，则表示输出电压建立过程的表示式为

$$u = U\left(1-e^{-\frac{\omega_0}{2Q}t}\right)\cos(\omega_0 t) \tag{10-24}$$

式（10-24）的曲线见图 10-11。曲线的起始部分，包络逐渐增大。若 $t=t_s$ 时，输出电压 $u(t_s)$ 的包络达到 kU，认为同步信号已建立，则将 $u(t_s)$ 的表示式代入式（10-24）中，可得

$$t_s = \frac{2Q}{\omega_0}\ln\frac{1}{1-k} \tag{10-25}$$

同理，如果在 $t=0$ 时将接入回路的信号断开，则表示回路输出信号保持过程的电压表示式为

$$u = Ue^{-\frac{\omega_0}{2Q}t}\cos(\omega_0 t) \tag{10-26}$$

式（10-26）示于图 10-11 曲线的末尾部分，其包络逐渐衰减。也设 $t=t_c$ 时，输出电压 $u(t_c)$ 包络达到 kU，认为此时同步信号已经消失。将这一条件代入式（10-26）后，求得保持时间为

$$t_c = \frac{2Q}{\omega_0}\ln\frac{1}{k} \tag{10-27}$$

如果用建立时间和保持时间内的载波周期数 N_s 和 N_c 来表示建立时间和保持时间，则由式（10-25）和式（10-27）可得

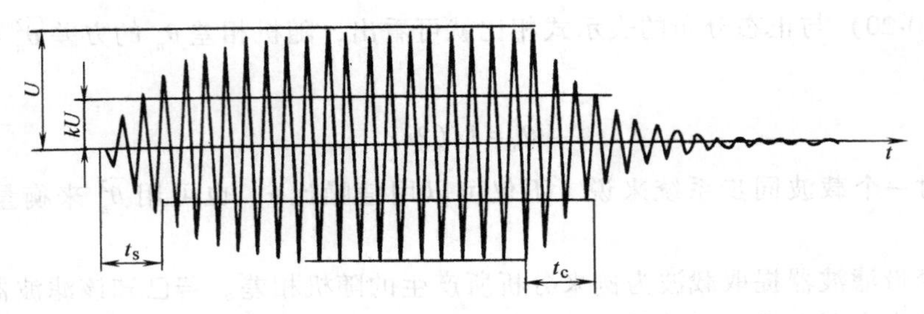

图 10-11 载波同步的建立与保持

$$N_s = t_s f_0 = \frac{Q}{\pi} \ln \frac{1}{1-k} \tag{10-28}$$

$$N_c = t_s f_0 = \frac{Q}{\pi} \ln \frac{1}{k} \tag{10-29}$$

通常令 $k=1/e$，则可求得

$$N_s = 0.14Q \tag{10-30}$$

$$N_c = 0.318Q \tag{10-31}$$

由式（10-30）和式（10-31）可以看出，建立时间短和保持时间长也是有矛盾的，Q 值高，保持时间虽然可以长，但建立时间也长了；反之，若 Q 值低，建立时间虽然短，但保持时间也短了。

10.2.3 载波相位误差对解调性能的影响

当实现相干解调时，由于载波同步系统所提取的载波存在稳态相差和随机相差，使得相干载波的相位和已调信号的载波相位不完全相同。下面就讨论这种同步相位误差对解调性能的影响。

同步系统的稳态相差和随机相差表示式已在 10.1.2 节中给出，总的相位误差 φ 应是这两部分相位误差的代数和，即

$$\varphi = \Delta\varphi + \sigma_\varphi \tag{10-32}$$

式中，$\sigma_\varphi = \sqrt{\overline{\theta_n^2}}$，称为相位抖动。

先讨论相位误差对双边带调制信号的影响。设已收到的双边带信号为

$$s(t) = m(t)\cos(\omega_c t)$$

提取出的相干载波为

$$s_c(t) = [\cos(\omega_c t) + \varphi]$$

则解调时，相乘器的输出经低通滤波器后为

$$x(t) = \frac{1}{2} m(t)\cos\varphi \tag{10-33}$$

若提取的相干载波没有相位误差，即 $\varphi=0$，此时解调器输出的低频信号为 $m(t)/2$。因而可得出，有相位误差 φ 后，信号噪声的能量比将下降 $\cos^2\varphi$ 倍，代入计算信噪比和误码率的公式，就可以计算出相位误差 φ 对解调性能的影响。现以二相移相信号为例，由于信噪比下降 $\cos^2\varphi$ 倍，故得误码率为

$$P_{e_\varphi}=\frac{1}{2}\mathrm{erfc}(\sqrt{E/n_0}\cos\varphi) \tag{10-34}$$

相位误差 φ 对双边带信号解调性能的影响只是引起信噪比下降。然而，对残留边带信号和单边带信号来说，相位误差 φ 不仅引起信噪比下降，而且还引起信号畸变。

下面以单边带信号为例，说明这种畸变是如何产生的。设基带信号 $m(t)=\cos(\Omega t)$，单边带信号取上边带为 $\frac{1}{2}\cos[(\omega_c+\Omega)t]$，当解调相干载波有相位误差 φ 时，相干载波与已调信号相乘，得

$$\frac{1}{2}\cos[(\omega_c+\Omega)t]\cos(\omega_c t+\varphi)=\frac{1}{4}[\cos(2\omega_c t+\Omega t+\varphi)+\cos(\Omega t-\varphi)]$$

取出其中低频分量为

$$x(t)=\frac{1}{4}\cos(\Omega t-\varphi)=\frac{1}{4}\cos(\Omega t)\cos\varphi+\frac{1}{4}\sin(\Omega t)\sin\varphi \tag{10-35}$$

式（10-35）中的第一项与原基带信号相比，由于 $\cos\varphi$ 的存在，使信噪比下降了；而第二项是与原基带信号正交的项，它使基带信号产生畸变。从式（10-35）还可看出，φ 越大畸变也越大。

10.3 位同步（符号同步）

10.3.1 位同步的方法

实现位同步的方法也和载波同步类似，可分为插入导频法和直接法两类。这两类方法有时也分别称为外同步法和自同步法。

基带信号若为随机的二进制不归零脉冲序列，那么这种信号本身不包含位同步信号。为了获得位同步信号，就应在基带信号中插入位同步导频信号，或者对该基带信号进行某种变换。

1. 插入导频法

这种方法与载波同步时的插入导频法类似，它是在基带信号频谱的零点 $f=1/T$ 处插入所需的导频信号，如图 10-12a 所示。若经某种相关编码的基带信号，其频谱的第一个零点在 $f=1/(2T)$ 处时，插入导频信号就应在 $1/(2T)$ 处，如图 10-12b 所示。

在接收端，对图 10-12a 所示的情况，经中心频率为 $f=1/T$ 的窄带滤波器，就可从解调后的基带信号中提取出位同步所需的信号，这时，位同步脉冲的周期与插入导频的周期是一

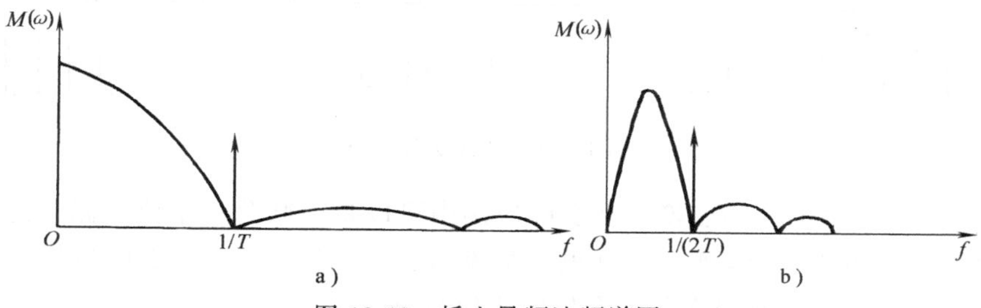

图 10-12 插入导频法频谱图

致的；对图 10-12b 所示的情况，窄带滤波器的中心频率应为 $1/2T$，因为这时位同步脉冲的周期为插入导频周期的 1/2，故需将插入导频倍频，才得所需的位同步脉冲。插入导频法的另一种形式是使数字信号的包络按位同步信号的某种波形变化。

在相移键控或频移键控的通信系统中，对已调信号进行附加的幅度调制后，接收端只要进行包络检波，就可以形成位同步信号。

设相移信号的表示式为

$$s_1(t)=\cos[\omega_c t+\varphi(t)] \tag{10-36}$$

现在用某种波形的位同步信号对 $s_1(t)$ 进行幅度调制，若这种波形为升余弦，则其表示式为

$$m(t)=\frac{1}{2}[1+\cos(\Omega t)] \tag{10-37}$$

式中，$\Omega=2\pi/T$，T 为码元宽度。幅度调制后的信号为

$$s_2(t)=\frac{1}{2}[1+\cos(\Omega t)]\cos[\omega_c t+\varphi(t)] \tag{10-38}$$

接收端对 $s_2(t)$ 进行包络检波，包络检波器的输出为$\frac{1}{2}[1+\cos(\Omega t)]$，除去直流分量后，就可获得位同步信号了$\frac{1}{2}\cos(\Omega t)$。

以上载波同步和位同步中所采用的导频插入法都是在频域内的插入。事实上，同步信号也可以在时域内插入，这时载波同步信号、位同步信号和数据信号分别被配置在不同的时间内传送。接收端用锁相环路提取出同步信号并保持它，就可以对继之而来的数据进行解调。

2. 直接法

这一类方法是发端不专门发送导频信号，而直接从数字信号中提取位同步信号的方法。这是数字通信中经常采用的一种方法。

（1）滤波法

已经知道，对于不归零的随机二进制序列，不能直接从其中滤出位同步信号。但是，若对该信号进行某种变换，例如，变成归零脉冲后，则该序列中就有 $f=1/T$ 的位同步信号分量，其大小可算出。经一个窄带滤波器，可滤出此信号分量，再将它通过一移相器调整相位后，就可以形成位同步脉冲。这种方法的框图如图 10-13 所示。它的特点是先形成含有位同步信息的信号，再用滤波器将其滤出。下面，介绍几种具体的实现方法。

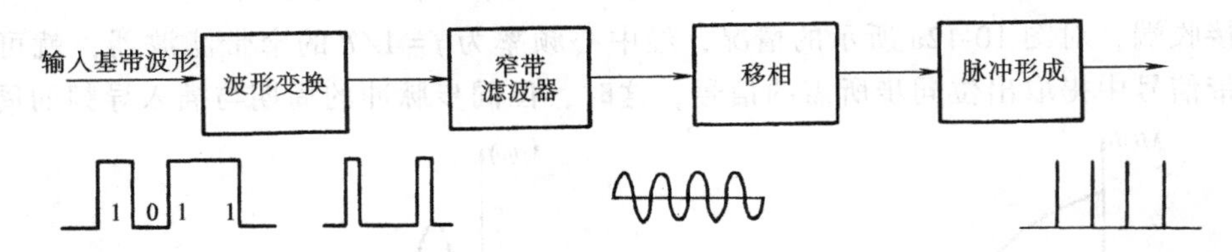

图 10-13　滤波法原理图

图 10-13 原理图中的波形变换，在实际应用中可以是一微分、整流电路，经微分、整流后的基带信号波形如图 10-14 所示。这里，整流输出的波形与图 10-13 中波形变换电路的输出波形有些区别，这个波形同样包含有位同步信号分量。

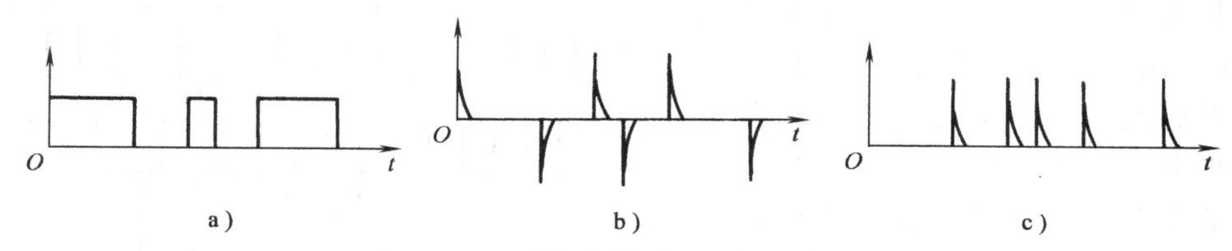

图 10-14　基带信号微分、整流波形

另一种常用的波形变换方法是对带限信号进行包络检波。在某些数字微波中继通信系统中，经常在中频上用对频带受限的二相移相信号进行包络检波的方法来提取位同步信号。频带受限的二相 PSK 信号波形如图 10-15a 所示。因频带受限，在相邻码元的相位变换点附近会产生幅度的平滑“陷落”。经包络检波后，可得图 10-15b 所示的波形。可以看出，它是一直流和图 10-15c 所示的波形相减而组成的，因此包络检波后的波形中包含有如图 10-15c 所示的波形，而这个波形中已含有位同步信号分量。因此，将它经滤波器后就可提取出位同步信号。

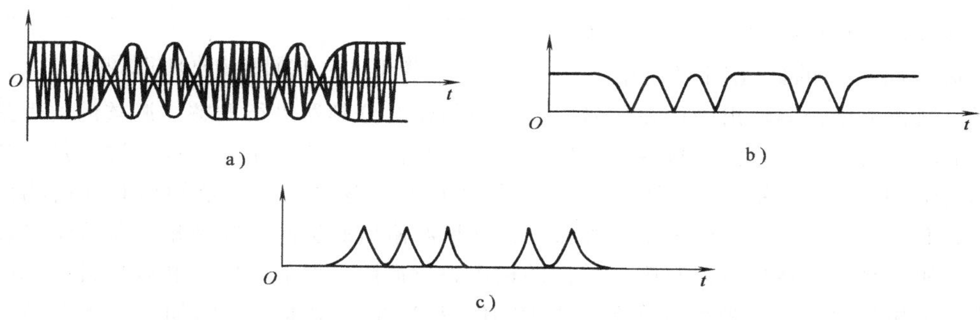

图 10-15　频带受限 2PSK 位同步信号提取锁相法

（2）锁相法

位同步锁相法的基本原理和载波同步的类似。在接收端利用鉴相器比较接收码元和本地产生的位同步信号的相位，若两者相位不一致（超前或滞后），鉴相器就产生误差信号去调整位同步信号的相位，直至获得准确的位同步信号为止。前面讨论的滤波法原理图中，窄带滤波器可以是简单的单调谐回路或晶体滤波器，也可以是锁相环路。

把采用锁相环来提取位同步信号的方法称为锁相法。下面介绍在数字通信中常采用的数字锁相法提取位同步信号的原理。

数字锁相的原理框图如图 10-16 所示，它由高稳定度振荡器（晶振）、分频器、相位比

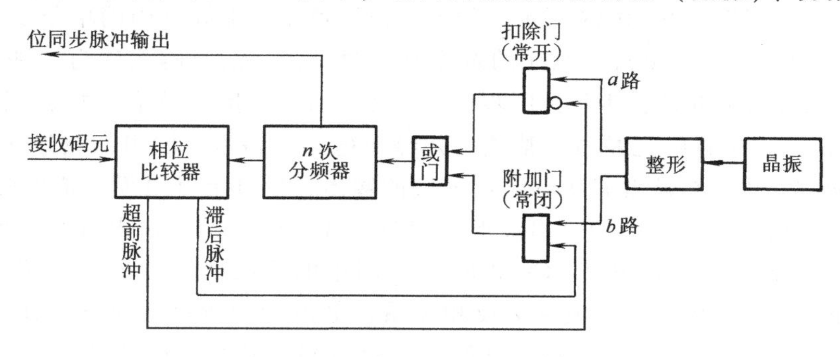

图 10-16　数字锁相原理框图

较器和控制器所组成。其中，控制器包括图中的扣除门、附加门和“或门”。高稳定度振荡器产生的信号经整形电路变成周期性脉冲，然后经控制器再送入分频器，输出位同步脉冲序列。若接收码元的速率为 F（波特），则要求位同步脉冲的重复速率也为 F（赫兹）。这里，晶振的振荡频率设计在 nF（赫兹），由晶振输出经整形得到重复频率为 nF（赫兹）的窄脉冲（见图 10-17a），经扣除门、或门并 n 次分频后，就可得到重复频率为 F（赫兹）的位同步信号（见图 10-17c）。

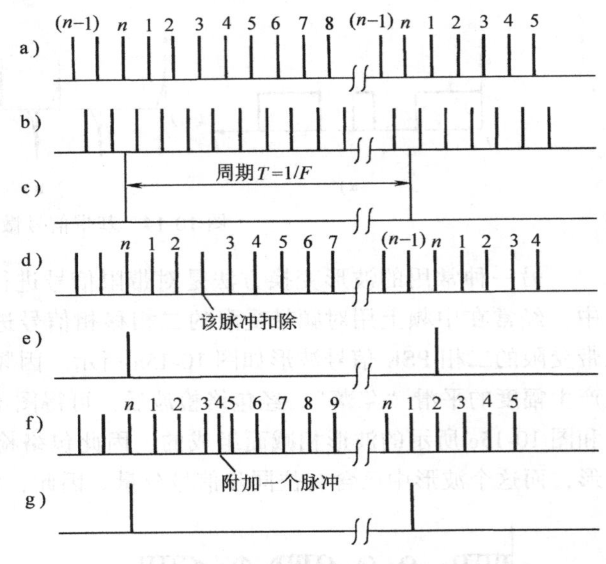

图 10-17　位同步脉冲的相位调整

如果接收端晶振输出经 n 次分频后，不能准确地和收到的码元同频同相，这时就要根据相位比较器输出的误差信号，通过控制器对分频器进行调整。调整的原理是当分频器输出的位同步脉冲超前于接收码元的相位时，相位比较器送出一超前脉冲，加到扣除门（常开）的禁止端，扣除一个 a 路脉冲（见图 10-17d），这样，分频器输出脉冲的相位就推后 $1/n$ 周期（$360°/n$），如图 10-17e 所示。若分频器输出的位同步脉冲相位滞后于接收码元的相位，如何对分频器进行调整呢？晶振的输出整形后除 a 路脉冲加于扣除门外，同时还有与 a 路相位相差 180°的 b 路脉冲序列（见图 10-17b）加于附加门。附加门在不调整时是封闭的，对分频器的工作不起作用。当位同步脉冲相位滞后时，相位比较器送出一滞后脉冲，加于附加门，使 b 路输出的一个脉冲通过“或门”，插入在原 a 路脉冲之间（见图 10-17f），使分频器的输入端添加了一个脉冲。于是，分频器的输出相位就提前 $1/n$ 周期（见图 10-17g）。经这样反复调整相位，即实现了位同步。

接收码元的相位可以从基带信号的过零点提取（它代表码元的起始相位），而对数字信号进行微分就可获得过零点的信息。由于数字信号的过零方向有正有负（即有“0”变到“1”和“1”变到“0”），因此微分再整流，就可以获得接收码元所有过零点的信息，其工作波形类似于图 10-14。得到接收码元的相位以后，再将它加于相位比较器去进行比较。因为接收码元的相位是通过微分、整流而获得的，故称这种方法为微分整流型数字锁相法，其工作原理图和波形图如图 10-18 所示。开始，先不管图中虚线框内的单稳 3。设接收信号为不归零脉冲（波形 a），将每个码元的宽度分为两个区，前半码元称为“滞后区”，即若位同步脉冲波形 b 落入此区，表示位同步脉冲的相位滞后于接收码元的相位；同样，后半码元称为“超前区”。接收码元经微分整流，并经单稳 4 电路后，输出如波形 e 所示的脉冲。当位同步脉冲波形 b（它是由 n 次分频器 d 端的输出，取其上升沿而形成的脉冲）位于超前区时，波形 e 和分频器 d 端的输出波形 d 使与门 A 有输出，该输出再经过单稳 1 就产生一超前脉冲（波形 f）。若位同步脉冲波形 b'（图中的虚线所示）落于滞后区，分频器 c 端的输出波形（c 端波形和 d 端波形为反相关系）如波形 c'所示，则与门 B 有输出，再经过单稳 2 产生一滞后脉冲（波形 g）。这样，无论位同步脉冲超前或滞后，都会分别送出超前或滞后脉冲对加于分频器的脉冲进行扣除或附加，因而达到相位调整的目的。

现在讨论图中虚线框内单稳 3 的作用。由波形图看到，位同步脉冲是由分频器 d 端输出波形（波形 d）的正沿而形成的，所以相位调整的最后结果应该使波形 d 的正沿对齐窄脉冲 e（即 d 的正沿位于窄脉冲之内）。若 d 端的输出波形最后调整到如波形图 d' 所示的位置，则 A、B 两个与门都有输出：先是通过与门 B 输出一个滞后脉冲，后是通过与门 A 输出一超前脉冲。这样调整的结果使位同步信号的相位稳定在这一位置，这是所需要的。然而，如果 d 端的输出波形调整到波形图 d'' 的位置，这时，A、B 两个与门也都有输出，只是这时是先通过 A 门输出一超前脉冲，而后通过 B 门输出一滞后脉冲。如果不采取措施，位同步信号的相位也可以稳定在这一位置，则输出的位同步脉冲（波形 b）就会与接收码元的相位相差 180°。克服这种不正确锁定的办法，是利用在这种情况下 A 门先有输出的这一特点。当 A 门先有输出时，这个输出一方面产生超前脉冲对锁相环进行调整；另一方面，这个输出经单稳 3 产生一脉冲将与门 B 封闭，不会再产生滞后脉冲。这样通过 A 门不断输出超前脉冲，就可以调整分频器输出信号的相位，直至波形 d 的正沿对齐窄脉冲（波形 e）为止。

二维码 10-3

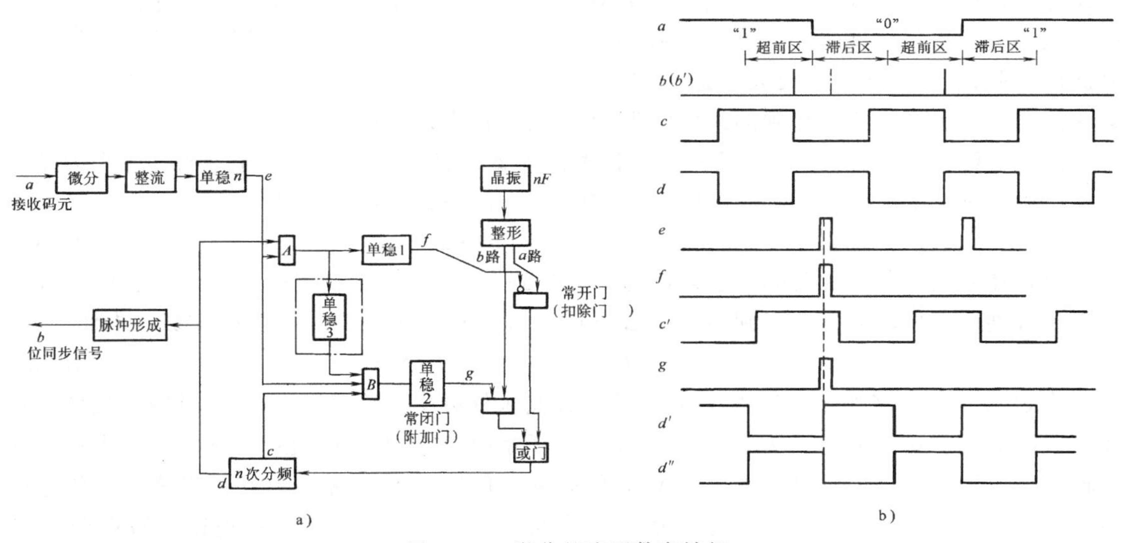

图 10-18　微分整流型数字锁相

3. 早-迟门法

早-迟门位同步算法是利用信号波形对称性的一种位同步算法。一般来说，经过匹配滤波器后的输出信号是对称的。对于图 10-19a 所示的矩形脉冲，匹配滤波器的输出是一个以 T 时刻为对称轴的三角波形。其在 $t=T$ 时达到最大值，如图 10-19b 所示。只要采样值在峰值上，就能够保证符号同步。在采用无误码间串扰的波形情况下，如频域升余弦波形，也有类似的结论。为了方便理解，这里我们采用矩形波形来进行讲解。

如果没有在峰值点对信号采样，而在 $t=T-\Delta$ 时早采样，或在 $t=T+\Delta$ 时迟采样。那么由于自相关函数相对于最佳采样时刻 $t=T$ 是偶函数，早采样值的绝对值和迟采样值的绝对值就相等。在这种条件下，适当的采样时刻应该是在 $t=T-\Delta$ 和 $T+\Delta$ 的中间，这一条件构成了早迟门同步器的基础。

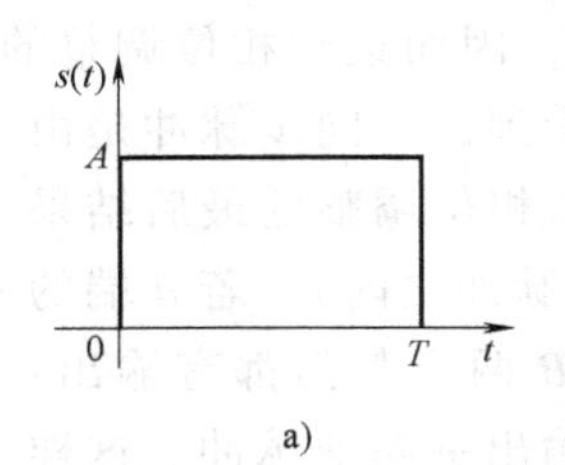

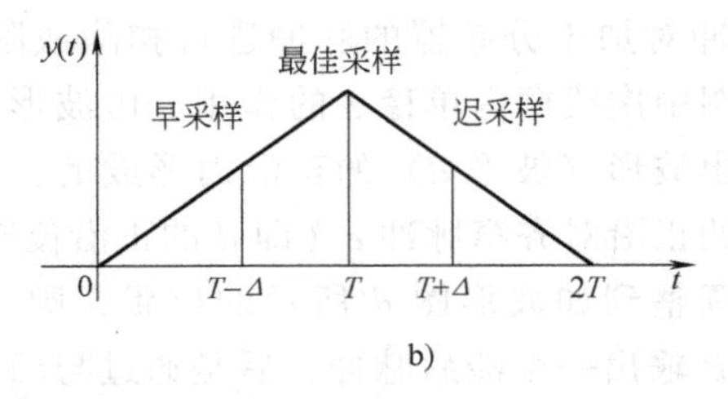

图 10-19 矩形波形和其匹配滤波器输出波形示意图
a）矩形信号脉冲 b）匹配滤波器输出

早-迟门同步器的结构如图 10-20 所示。

当采用矩形基带波形的时候，就不需要“码元波形生成”和“相乘”模块了。下面对其原理进行简单的说明。

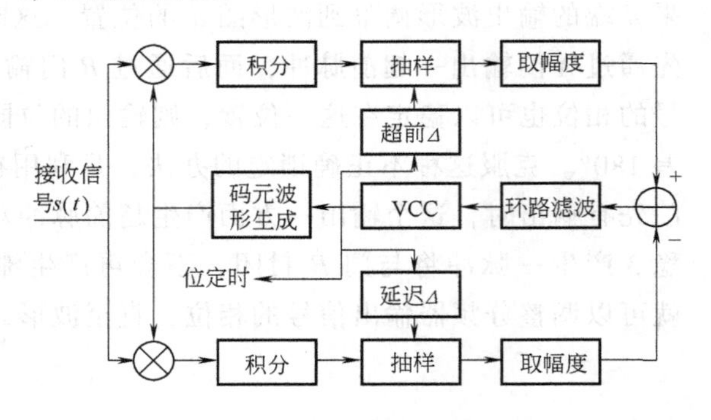

图 10-20 早-迟门位同步示意图

根据信号的特点，信号的波形是对称于最佳采样时刻的。本方法是利用信号脉冲波形对称性的特点来进行位同步。在图 10-19 中，用 $y(t)$ 表示接收匹配滤波器的输出信号波形，假设在眼图张开最大时进行采样，即在最佳时刻进行采样，得到的采样值为 $y(nT)$，nT 是最佳采样相位。

假设已经同步，如图 10-19 所示，在偏离值为 Δ 的两个采样时刻是相等的，一个为超前采样，用 $y(nT-\Delta)$ 表示；另一个为滞后采样，用 $y(nT+\Delta)$ 表示，即

$$|y(nT-\Delta)| = |y(nT+\Delta)| \tag{10-39}$$

但是在未同步时，此时的超前采样为 $y(nT-\Delta+\tau)$，滞后采样为 $y(nT+\Delta+\tau)$，两者幅度不等。分别取它们的幅度，得到 $|y(nT-\Delta+\tau)|$ 及 $|y(nT+\Delta+\tau)|$。再将两者相减，得到

$$e(t) = |y(nT-\Delta+\tau)| - |y(nT+\Delta+\tau)| \tag{10-40}$$

将 $e(t)$ 经过环路滤波，送入 VCC 电路来控制采样频率。若 VCC 产生的时钟是最佳定位相位，即 $\tau=0$，则控制电压为 0；若 τ 超前，则环路滤波输出是负值；若 τ 滞后，则环路滤波输出是正值。正的控制电压将增加 VCC 的频率，负的电压将减小 VCC 的频率。在符号同步时，VCC 将输出时钟信号，与接收信号的位同步。注意，该电路要避免输入数据全“1”或“0”的情况。

4. Gardner 算法

Gardner 算法是学者 Gardner 提出来的一种高效位同步算法，Gardner 算法的特点是实现简单，性能优良，而且与载波相位偏移无关。这种算法已被广泛应用于 BPSK/QPSK 解调器的定时恢复环路中。这种算法每符号要求抽取两个样值，其中一个样值用于数据判决。因为该算法与载波相位偏移无关，所以在解调电路中，可以先进行位同步恢复，从而简化了后续载波恢复电路的设计。

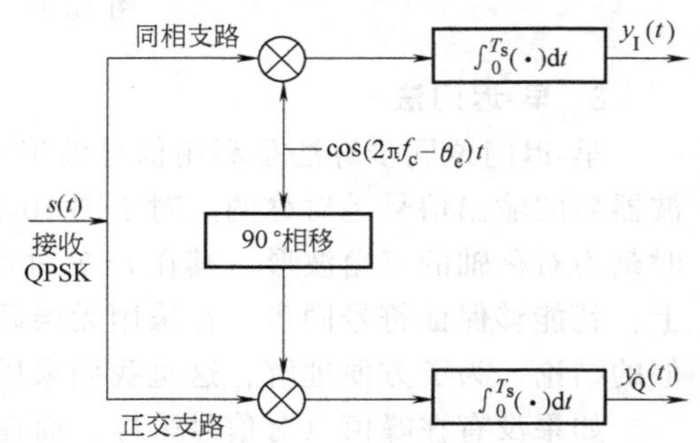

图 10-21 BPSK/QPSK 解调框图

图 10-21 是一个正交调制的典型 I/Q 接收模型，设输入信号为

$$s(t)=x_A(t)\cos(\omega_c t)-x_B(t)\sin(\omega_c t) \tag{10-41}$$

正交解调后得到 I/Q 支路基带信号分别为

$$\begin{aligned} y_I &= x_A(t)\cos(\theta_e)-x_B(t)\sin(\theta_e) \\ y_Q &= x_A(t)\sin(\theta_e)+x_B(t)\cos(\theta_e) \end{aligned} \tag{10-42}$$

其中，θ_e 为载波相位误差。

在 Gardner 算法中，定时误差计算可以表示为

$$e(d)=y_I(d-1/2)[y_I(d)-y_I(d-1)]+y_Q(d-1/2)[y_Q(d)-y_Q(d-1)] \tag{10-43}$$

其中，$y_I(d)$、$y_Q(d)$ 分别为在第 r 个符号间隔内对 I/Q 路信号的抽样值，而 $y_I(d-1/2)$、$y_Q(d-1/2)$ 则为 I/Q 路在第 d 和第 $d-1$ 个抽样点中间的抽样值，即在每一个支路上 $y(d)$ 与 $y(d-1)$ 之间的间隔为一个符号周期，$y(d)$ 与 $y(d-1/2)$ 之间的间隔为半个符号周期；$e(d)$ 为 Gardner 检测器的定时误差信号。

将式（10-42）带入式（10-43）并化简，得

$$e(d)=x_A(d-1/2)[x_A(d)-x_A(d-1)]+x_B(d-1/2)[x_B(d)-x_B(d-1)] \tag{10-44}$$

对于 BPSK 有

$$e(d)=x_A(d-1/2)[x_A(d)-x_A(d-1)] \tag{10-45}$$

显然，只要在一个符号时间内载波相位误差基本不变，Gardner 算法与载波相位误差无关，定时同步可以独立于载波同步。

根据式（10-45），可以很直观地理解 Gardner 算法。图 10-22 给出了算法的工作过程。当抽样时刻正确，即定时误差为 0 时，算法给出定时误差平均估计值为 0；当抽样时刻超前时，算法给出相位误差平均估计值大于 0；反之，当抽样时刻滞后时，算法给出相位误差平均估计值小于 0。

余弦滚降因子 α 对 Gardner 算法性能的影响很大，α 为 1 时的性能最好，当 α 接近于 0 时，算法无法实现相位误差的检测。一般来说，Gardner 算法适合 α 在 0.4~1.0 的 BPSK/QPSK 信号定时误差检测。

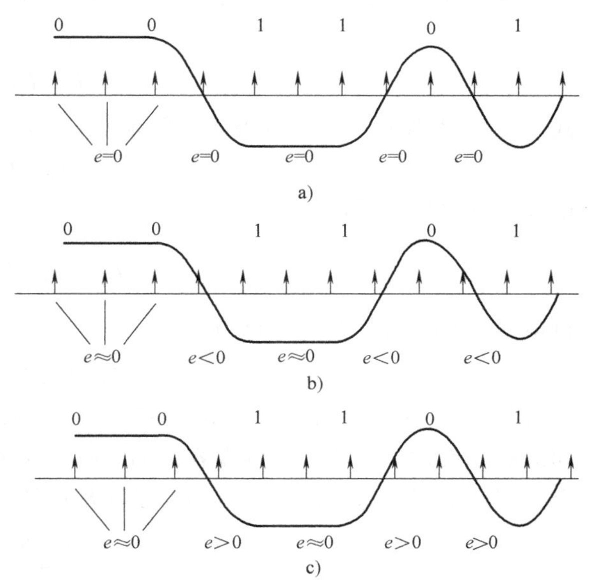

图 10-22　Gardner 算法波形
a）正确抽样时刻（$e=0$）　b）抽样时刻超前（$e>0$）
c）抽样时刻滞后（$e<0$）

10.3.2　位同步系统的性能及其相位误差对性能的影响

位同步系统的性能与载波同步系统类似，通常也是用相位误差（本地定时脉冲的相位与发端定时脉冲相位之差）、建立时间、保持时间等指标来衡量。本节将只分析数字锁相环法位同步系统的性能，并讨论其相位误差对误码率的影响。

1. 数字锁相环法位同步系统的性能

（1）相位误差 θ_e

数字锁相环法提取位同步信号时，相位误差主要是由于位同步脉冲的相位在跳变地调整

所引起的。因为每调整一步，相位改变 $2\pi/n$（n 是分频器的分频次数），故最大的相位误差为 $2\pi/n$。用这个最大的相位误差来表示 θ_e，可得

$$\theta_e = 360°/n \tag{10-46}$$

（2）同步建立时间 t_s

同步建立时间即为失去同步后重新建立同步所需的最长时间。为了求这个最长时间，令位同步脉冲的相位与输入信号脉冲的相位相差 $T/2$，而锁相环每调整一步仅为 T/n，故所需最大的调整次数为

$$N = T/2/(T/n) = n/2 \tag{10-47}$$

接收随机数字信号时，可近似认为两相邻码元中出现 01、10、11、00 的概率相等，其中，有过零点的情况占一半。在前面讨论的两种数字锁相环法中都是从数据过零点提取作比相用的标准脉冲的，因此平均来说，每 $2T$ 可调整一次相位，故同步建立时间为

$$t_s = 2T \cdot N = nT \tag{10-48}$$

（3）同步保持时间 t_c

当同步建立后，一旦接收信号受到严重衰落或消失，由于收发双方的固有位定时频率之间总存在频差 ΔF，收端同步信号的相位就会逐渐发生漂移，时间越长，相位漂移量越大，直至漂移量达到某一允许的最大值，就算失步了。

设收发两端的码元周期分别为 $T_1 = 1/F_1$ 和 $T_2 = 1/F_2$，则

$$|T_1 - T_2| = \left|\frac{1}{F_1} - \frac{1}{F_2}\right| = \frac{|F_2 - F_1|}{F_1 F_2} = \frac{\Delta F}{F_0^2} \tag{10-49}$$

式中，F_0 为收发两端固有码元重复频率的几何平均值，且有

$$T_0 = 1/F_0 \tag{10-50}$$

由式（10-49）可得

$$F_0 |T_1 - T_2| = \frac{\Delta F}{F_0} \tag{10-51}$$

再由式（10-50），上式可写为

$$(T_1 - T_2)/T_0 = \Delta F/F_0 \tag{10-52}$$

式（10-52）说明了当有频差 ΔF 存在时，每经过 T_0 时间，收发两端就会产生 $|T_1 - T_2|$ 的时间漂移。反过来，若规定两端容许的时间漂移为 T_0/K（K 为一常数），需要经过多少时间才会达到此值呢？这样求出的时间就是同步保持时间 t_c。代入式（10-52）后，得

$$\frac{T_0/K}{t_c} = \frac{\Delta F}{F_0}$$

解得

$$t_c = \frac{1}{\Delta F K} \tag{10-53}$$

若同步保持时间 t_c 的指标给定，也可由上式求出对收发两端振荡器频率差的要求为

$$\Delta F = 1/(t_c K)$$

此频率误差是由两端振荡器造成的。若两振荡器的频率稳定度相同，则要求每个振荡器的频率稳定度不能低于

$$\frac{\Delta f}{2F_0}=\pm\frac{1}{2t_c KF_0} \tag{10-54}$$

（4）同步带宽 Δf_s

由式（10-52）看到，若输入信号码元的重复频率和固有位定时脉冲的重复频率不相等时，每 T_0 时间（近似地说，也就是每隔一个码元周期），该频差会引起 $\Delta T=\Delta F/F_0^2$ 的时间漂移。而根据数字锁相环的工作原理，锁相环每次所能调整的时间为 T/n（$T/n\approx T_0/n$），如果对随机数字信号来说，平均每两个码元周期才能调整一次，那么平均一个码元周期内，锁相环能调整的时间只有 $T_0/2n$。很显然，如果输入码元的周期与收端固有位定时脉冲的周期之差为

$$|\Delta T|>T_0/2n$$

则锁相环将无法使收端位同步脉冲的相位与输入信号的相位同步，这时由频差所造成的相位差就会逐渐积累。因此，根据 $|\Delta T|=\frac{T_0}{2n}=\frac{1}{2nF_0}$，求得

$$\frac{|\Delta f_s|}{F_0^2}=\frac{1}{2nF_0}$$

最后解出

$$|\Delta f_s|=F_0/2n \tag{10-55}$$

式（10-55）就是求得的同步带宽表示式。

2. 位同步相位误差对性能的影响

前面已经求得数字锁相法位同步的相位误差 θ_e，有时不用相位差而用时间差 T_e 来表示相位误差。因每码元的周期为 T，故得

$$T_e=T/n \tag{10-56}$$

下面就来分析 T_e 对系统误码率的影响。设解调器输出的基带数字信号如图 10-23a 所示，并假设采用匹配滤波器法检测，即对基带信号进行积分、取样和判决。若位同步脉冲有相位误差 T_e（见图 10-23b），则脉冲的取样时刻就会偏离信号能量的最大点。

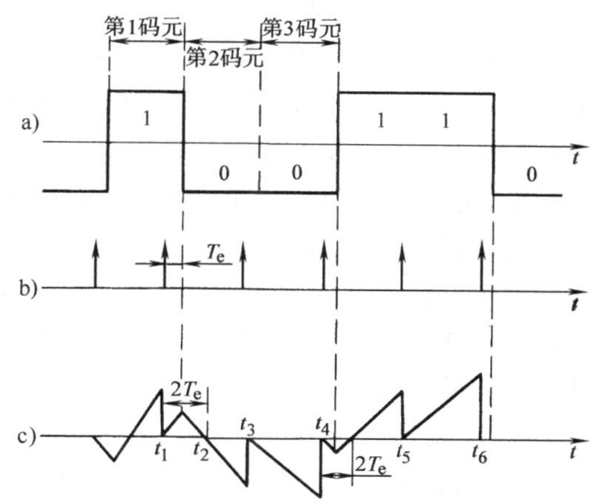

图 10-23 相位误差对性能的影响

从图 10-23c 可以看到，当相邻码元的极性无交变时，位同步信号的相位误差不影响取样点的积分能量值，在该点的取样值仍为整个码元能量 E，图 10-23c 中的 t_4 和 t_6 时刻就是这种情况。但是，相邻码元有数据变化时，位同步信号的相位误差就使取样点的积分能量减小。看图 10-23c 的波形，从 t_1 到 t_3 为一个码元时间 T，第二个码元信号为 0，若没有相位误差，从 t_1 起对“0”信号积分一直到 t_3，取样值就应为$-E$。但现在由于有同步误差 t_e，从 t_1 到 t_2 这段时间的积分值为零，因而取样点 t_3 的值只是$(T-2T_e)$ 时间内的积分值。由于积分能量与时间成正比，故积分能量减小为 $(1-2T_e/T)E$。

通常，一随机二进制数字信号相邻码元有数据变化和无变化的概率大约各占 1/2。相邻

码元无数据变化的那部分信号，由于取样点的积分值没受影响，误码率仍可用公式进行计算。而对相邻码元有数据变化的那部分信号，则原公式中的码元能量 E 应该用 $(1-2T_e/T)E$ 代替。这样，以二相 PSK 信号为例，有相位误差时的误码率公式变为

$$P_e=\frac{1}{4}\text{erfc}\left(\sqrt{E/n_0}\right)+\frac{1}{4}\text{erfc}\left[\sqrt{E\left(1-\left(\frac{2T_e}{T}\right)\right)\Big/n_0}\right] \tag{10-57}$$

10.4 群同步（帧同步）

数字通信时，一般总是以一定数目的码元组成一个个的“字”或句，即组成一个个的“群”进行传输，因此群同步信号的频率很容易由位同步信号经分频得出，但是，每群的开头和结尾时刻却无法用分频器的输出决定。群同步的任务就是要给出这个“开头”和“结尾”的时刻。群同步有时又称为帧同步。

10.4.1 群同步的方法

实现群同步通常有两类方法：一类是在数字信息流中加入一些特殊码组作为每群的头尾标记，接收端根据这些特殊码组的位置就可以实现群同步；另一类方法不需要外加的特殊的码组，它类似于载波同步和位同步中的直接法，利用数据码组本身之间彼此不同的特性来实现自同步。本节将主要讨论用插入特殊码组实现群同步的方法。

插入特殊码组实现群同步的方法有两种，即连贯式插入法和间隔式插入法。在介绍这两种方法之前，先介绍一种首先在电传机中广泛使用的起止式群同步法。

1. 起止式同步法

电传机的一个字由 7.5 个码元组成，如图 10-24 所示。每个字开头，先发一个码元的起脉冲（负值），中间 5 个码元是消息，字的末尾是 1.5 码元宽度的止脉冲（正值），收端根据正电平第一次转到负电平这一特殊规律，确定一个字的起始位置，因而就实现了群同步。由于这种方式的止脉冲宽度与码元宽度不一致，就会给同步数字传输带来不便。另外，在这种同步方式中，7.5 个码元中只有 5 个码元用于传递消息，因此效率较低。

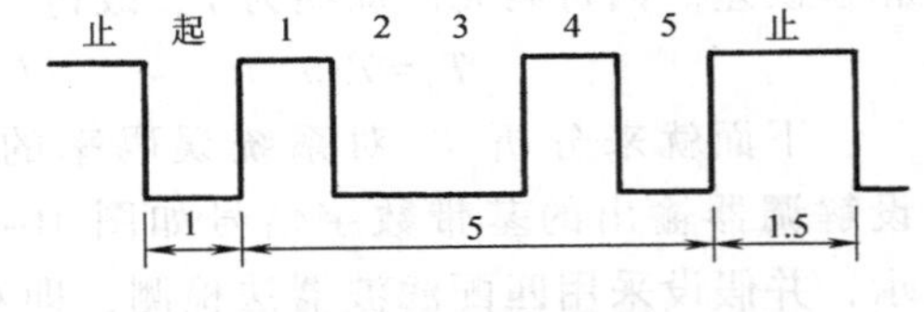

图 10-24　起止式同步的信号波形

2. 连贯式插入法

连贯式插入法就是在每群的开头集中插入群同步码组的方法。作群同步码组用的特殊码组首先应该是具有尖锐单峰特性的局部自相关函数。由于这个特殊码组 $\{x_1, x_2, x_3, \cdots, x_n\}$ 是一个非周期序列或有限序列，在求它的自相关函数时，除了在时延 $j=0$ 的情况下，序列中的全部元素都参加相关运算外，在 $j\neq0$ 的情况下，序列中只有部分元素参加相关运算，其表达式为

$$R(j)=\sum_{i=1}^{n-j}x_i x_{i+j} \tag{10-58}$$

通常把这种非周期序列的自相关函数称为局部自相关函数。对同步码组的另一个要求是识别器应该尽可能简单。目前，一种常用的群同步码组是巴克码。

巴克码是一种非周期序列。一个 n 位的巴克码组为 $\{x_1, x_2, x_3, \cdots, x_n\}$，其中，$x_i$ 取值为+1 或-1，它的局部自相关函数为

$$R(j)=\sum_{i=1}^{n-j} x_i x_{i+j}=\begin{cases} n, & j=0 \\ 0 \text{ 或} \pm 1, & 0<j<n \\ 0, & j \geqslant n \end{cases} \tag{10-59}$$

目前所找到的所有巴克码组如表 10-1 所列。

表 10-1

n	巴克码组	n	巴克码组
2	++	7	+++--+-
3	++-	11	+++---+--+-
4	+++-;++-+	13	+++++--++-+-+
5	+++-+		

以七位巴克码组 $\{+++--+-\}$ 为例，求出它的自相关函数如下：

当 $j=0$ 时：$R(j)=\sum_{i=1}^{7} x_i^2=1+1+1+1+1+1+1=7$

当 $j=1$ 时：$R(j)=\sum_{i=1}^{6} x_i x_{i+1}=1+1-1+1-1-1=0$

按式（10-58）可求出 $j=2, 3, 4, 5, 6, 7$ 时的 $R(j)$ 值分别为-1，0，-1，0，-1，0；另外，再求出 j 为负值时的自相关函数值，两者一起画在图 10-25 中。由图可见，其自相关函数在 $j=0$ 时出现尖锐的单峰。

巴克码识别器是比较容易实现的，这里以七位巴克码为例，用七级移位寄存器、相加器和判决器，如图 10-26 所示。

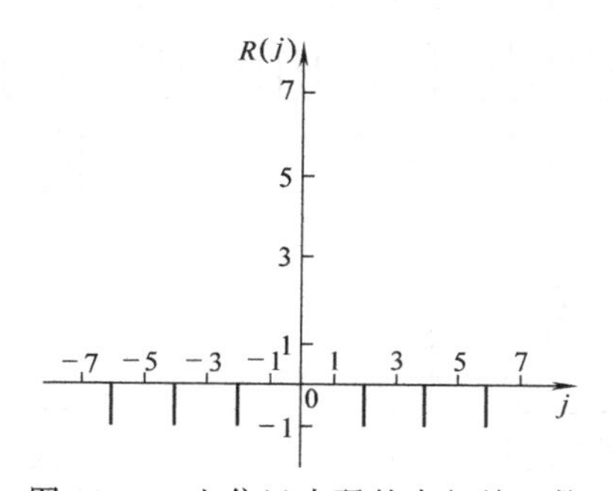

图 10-25 七位巴克码的自相关函数

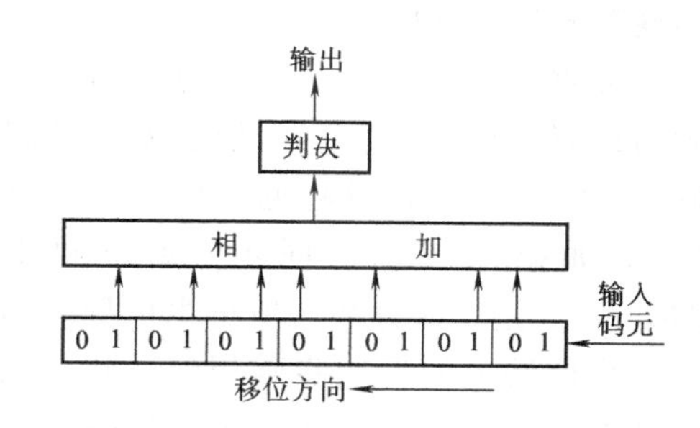

图 10-26 七位巴克码识别器

当输入数据的“1”存入移位寄存器时，“1”端的输出电平为+1，而“0”端的输出电平为-1；反之，存入数据“0”时，“0”端的输出电平为+1，“1”端的电平为-1。各移位寄存器输出端的接法和巴克码的规律一致，这样识别器实际上就是对输入的巴克码进行相关运算。当七位巴克码在图 10-27a 中的 t_1 时刻正好全部进入了 7 级移位寄存器时，7 个移位寄存器的输出端都输出+1，相加后最大输出+7；若判决器的判决门限电平为+6，那么就在七位巴克码的最后一位“0”进入识别器时，识别器输出一同步脉冲表示一群的开头，如图 10-27b 所示。

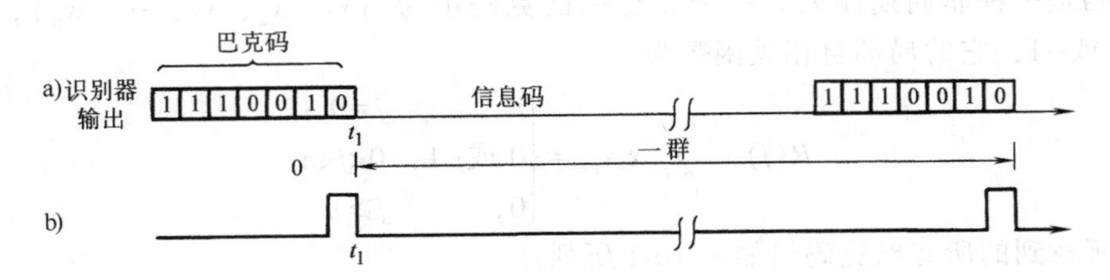

图 10-27　识别器的输出波形

二维码 10-4

3. 间隔式插入法

在某些情况下，群同步码组不是集中插入在信息码流中，而是将它分散地插入，即每隔一定数量的信息码元，插入一个群同步码元。群同步码码型选择的主要原则是：一方面要便于接收端识别，即要求群同步码具有特定的规律性，这种码型可以是全“1”码、“1”“0”交替码等；另一方面，要使群同步码的码型尽量和信息码相区别。例如在某些 PCM 多路数字电话系统中，用全“0”码代表“振铃”，用全“1”码代表“不振铃”，这时，为了使群同步码组与振铃相区别，群同步码组就不能用全“1”或全“0”。收端要确定群同步码的位置，就必须对收码进行搜索检测。常用检测方法为逐码移位法，它是一种串行的检测方法。

图 10-28a 示出逐码移位法实现群同步的原理图。下面，结合图 10-28b 的波形图来说明实现群同步的过程。

设接收信码（波形 c）中的群同步码位于画斜线码元的位置，后面依次安排各路信息码 1、2、3（为简明起见，只画有三路信息码）。如果已实现群同步，则位同步码（波形 a）经过 4 次分频后所得本地群码的相位应与收信码中的群同步码相位一致。现在假设开始时如波形 d 所示，本地群码的位置与波形 c 收信码中的群码相差两位。为了易于看出逐码移位法的工作过程，设群码为全“1”码，其余的信息码均与群码不同，为“0”。在第一码元时间，波形 c 与波形 d 不一致，原理图中的异或门有输出（波形 e），经延迟一码元后，得波形 f 加于禁门，扣掉位同步的第二个码元（波形 b 的第二个码元位置用加一叉号表示），这样分频器的状态在第

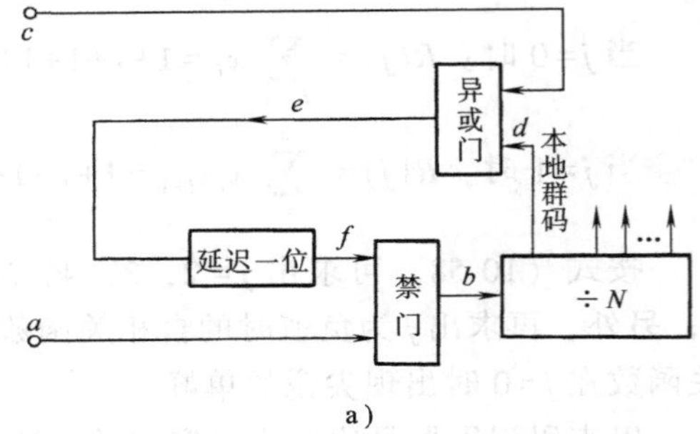

a)

b)

图 10-28　逐码移位法群同步

二码元没有变化，因而分频器本地码群的输出仍保持和第一码元时相同。这时，它的位置只与收信码中群码位置相差一位了（见波形 d'）。类似地在第二码元时间，c 又和 d'进行比较，产生码型 e'和 f'，又在第三码元位置扣掉一个位同步码，使本地码群的位置又往后移一位（波形 d''）。自此以后，收信码中的群码与本地群码的位置就完全一致了，因而就实现了群同步。同时，也就提供了各路的定时信号。

4. 群同步的保护

在本章后面分析判决门限电平对漏同步概率 P_1 和假同步概率 P_2 的影响时，会发现两者是有矛盾的。希望在同步建立时要可靠，也就是假同步概率 P_2 要小。而在同步建立以后，就要具有一定的抗干扰性能，也就是漏同步概率 P_1 要小。为了满足以上要求以及改善同步系统性能，群同步电路应加有保护措施。最常用的保护措施是将群同步的工作划分为两种状态：捕捉态和维持态。

逐码移位法实现群同步时，消息码元中与群码相同的码元约占一半，因而在同步建立过程中，假同步的概率是很大的。解决这个问题的保护措施如图 10-29 所示。必须连续 N_1 次接收码元和本地群码一致，才认为同步建立，这样假同步的概率就大大减少。图 10-29 的保护电路是在图 10-28 的基础上构成的，状态触发器 C 在同步未建立时处于“捕捉态”（此时 Q 端为低电平）。本地群码 d 和收码只有连续 N_1 次一致时，“$\div N_1$”电路才输出一个脉冲使状态触发器的 Q 端由低电平转高电平，同步系统就由捕捉态转为同步态，表示同步已经建立。这样，收码就可通过“与门 1”加至解调器。偶然的一致是不会使状态触发器改变状态的，因为 N_1 次中只要有一次不一致，就会使“$\div N_1$”电路置“0”。

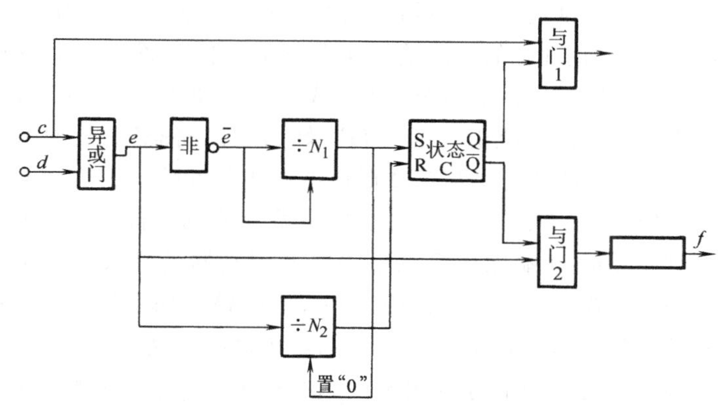

图 10-29　逐码移位法群同步保护原理图

同步建立以后要防止漏同步，提高同步系统的抗干扰能力，这个作用是由状态触发器 C 和“$\div N_2$”电路完成的。一旦转为维持态后，触发器 C 的 $\overline{Q}$ 端为低电平，将“与门 2”封闭。这时，即使由于某些干扰使 e 有输出，也不会调整本地群码的相位。如果是真正的失步，e 就会不断频繁地有输出加到“$\div N_2$”电路，同时 $\bar{e}$ 也不断频繁地将“$\div N_1$”电路置“0”。这时“$\div N_1$”电路就不会再有输出到“$\div N_2$”电路的置“0”脉冲，而当“$\div N_2$”电路输入脉冲的累计数达到 N_2 时，就输出一个脉冲使状态触发器由“维持态”转为“捕捉态”，C 触发器的 $\overline{Q}$ 端转为高电平。这样，一方面“与门 2”打开，群同步系统又重进行逐码移位，另一方面封闭“与门 1”，使解调器暂停工作。从以上分析可看出，同步系统的工作划分为“捕捉态”和“维持态”后，既提高了同步系统的可靠性，又增加了系统的抗干扰能力。

连贯式插入法群同步中（见图 10-30），也同样可以用“捕捉态”和“维持态”转换来提高系统的性能。

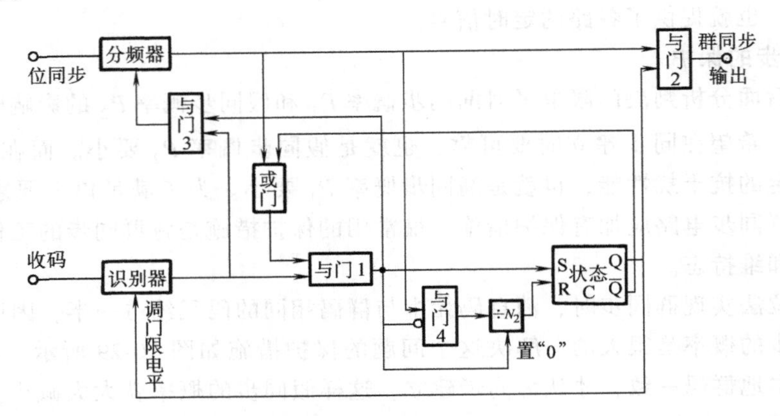

图 10-30　连贯式插入法群同步保护原理图

在同步未建立时系统处于捕捉态，状态触发器 C 的 Q 端为低电平，这时同步码组识别的判决门限电平较高，因而就减少了假同步概率。和图 10-29 所介绍的逐码移位法群同步保护电路相比，由于把判决门限电平调高以后，假同步的概率已很小，故保护电路中一般不再接入“$\div N_1$”电路。一旦识别器有输出脉冲，由于触发器 $\overline{Q}$ 端此时为高电平，于是经或门，使“与门 1”有输出。“与门 1”的一路输出至分频器，使之置“0”，这时分频器就输出一脉冲加至“与门 2”，该脉冲还分出一路经过“或门”又加至“与门 1”。“与门 1”的另一路输出加至状态触发器 C，使系统由“捕捉态”转为“维持态”，这时 Q 端变为高电平，打开与门 2，分频器输出的脉冲就通过与门 2 形成群同步脉冲输出，因而同步建立。

同步建立后，系统处于“维持态”。为了提高系统的抗干扰性能，减少漏同步概率，原理图中让触发器在维持态时 Q 端输出低电平去降低识别器的判决门限电平，这样就可以减少漏同步概率。另外，和图 10-29 类似，用“$\div N_2$”电路增加系统的抗干扰性能。同步建立以后，若在分频器输出群同步脉冲的时刻，识别器无输出，这可能是系统真正失步，也可能是由于干扰偶尔出现的情况。只有连续出现 N_2 次这种情况时，才能认为是真正失步，这时“与门 1”连续无输出，经“非”后加至“与门 4”的便是高电平。分频器每输出一脉冲，“与门 4”就输出一脉冲，这样连续 N_2 个脉冲使“$\div N_2$”电路记满，随即输出一个脉冲至触发器 C，使状态由“维持态”转为“捕捉态”。当与门 1 不是连续无输出时，“$\div N_2$”电路未记满就被置“0”，状态就不会转换，因而系统增加了抗干扰能力。

同步建立后消息码元中的假同步码组也可能会使识别器有输出而造成干扰。然而在维持态下，这种假识别的输出与分频器的输出是不同时出现的。因而这时“与门 1”没有输出，故不会影响分频器的工作。因此，这种干扰对系统没有影响。

10.4.2　群同步系统的性能

群同步系统应该建立时间短，并且在群同步建立后应有较强的抗干扰能力。通常用漏同

步概率 P_1、假同步概率 P_2 和群同步平均建立时间 t_s 来衡量这些性能。这里主要是分析连贯式插入法的性能。

1. 漏同步概率 P_1

由于干扰的影响会引起同步码组中的一些码元发生错误，从而使识别器漏识别已发出的同步码组。出现这种情况的概率就称为漏同步概率 P_1。例如图 10-25 识别器的判决门限电平为+6，若由于干扰，七位巴克码有一位错误码元，这时相加器的输出为+5，小于判决门限，识别器漏识别了群同步码组。若在这种情况下，将判决门限降为+4，识别器就不会漏识别，这时判决器允许七位同步码组中有一位错误码元。现在就来计算漏同步概率。

设 p 为码元错误概率，n 为同步码组的码元数，m 为判决器容许码组中的错误码元最大数，则同步码组码元 n 中所有不超过 m 个错误码元的码组都能被识别器识别，因而未漏概率为

$$\sum_{r=0}^{m} C_n^r p^r (1-p)^{n-r}$$

故得漏同步概率为

$$P_1 = 1 - \sum_{r=0}^{m} C_n^r p^r (1-p)^{n-r} \tag{10-60}$$

2. 假同步概率 P_2

在消息码元中，也可能出现与所要识别的同步码组相同的码组，这时识别器误认为是同步码组而实现假同步。出现这种情况的可能性就称为假同步概率 P_2。

因此，计算假同步概率 P_2 就是计算消息码元中能被判为同步码组的组合数与所有可能的码组数之比。设二进制消息码元出现“0”和“1”的概率相等，都为 1/2，则由该二进制码元组成 n 位码组的所有可能码组数为 2^n 个，而其中能被判为同步码组的组合数显然也与 m 有关。若 $m=0$，只有一个（C_n^0）码组能被识别；若 $m=1$，即与原同步码组差一位的码组都能被识别，共有 C_n^1 个码组。依次类推，就可求出消息码元中可被判为同步码组的组合数 $\sum_{r=0}^{m} C_n^r$，因而可得假同步概率为

$$P_2 = 2^{-n} \sum_{r=0}^{m} C_n^r \tag{10-61}$$

比较式（10-60）和式（10-61）可见，m 增大，即判决门限电平降低时，P_1 减少，但 P_2 增大，所以这两项指标是有矛盾的，判决门限的选取要兼顾两者。

3. 平均建立时间

设漏同步和假同步都不发生，在最不利的情况下，实现群同步最多需要一群的时间。设每群的码元数为 N（其中 n 位为群同步码），每码元时间为 T，则一群的时间为 NT。考虑到出现一次漏同步或一次假同步，大致要花费 NT 的时间才能建立起群同步，故群同步的平均建立时间大致为

$$t_s \approx NT(1+P_1+P_2) \tag{10-62}$$

现在简单分析一下间隔式插入法群同步的平均建立时间 t_s。在那里，假定消息码都与群码不同，因而建立时间很快。实际上，消息码中有与群码相同的码，并设出现这种情况的概率为 p，这时，本地群码就不再移位，要经一群的时间（NT）后再在原位置上与消息码比较，所以群同步的平均建立时间要比逐码移位法所需的时间长得多。

只要算出本地群码后移一位所花的平均时间 Δt_s，就可以计算出在最不利的情况下群同步的平均建立时间 $t_s=(N-1)\Delta t_s$。

已知本地群码和消息码不相同的概率为（$1-p$），这时本地群码后移一位的概率为 $p(1-p)$，这一过程所花的时间为（$NT+T$）；同理，由于本地群码和消息码有 K 次相同，而经过 K 群的时间后才使本地群码后移一位的统计平均时间 Δt_s 为

$$\begin{aligned}\Delta t_s &= (1-p)T+p(1-p)(NT+T)+\cdots+P^K(1-p)(KNT+T)+\cdots \\ &= (1-p)T\sum_{K=0}^{\infty}p^K+(1-p)\mathrm{NT}\sum_{K=0}^{\infty}Kp^K=T+\frac{p}{1-p}\mathrm{NT} \end{aligned} \tag{10-63}$$

于是群同步平均建立时间为

$$t_s=(N-1)\Delta t_s=(N-1)\left(T+\frac{p}{1-p}NT\right)$$

若消息码为随机二进制码元（$p=1/2$），并考虑到通常 $N\gg1$，则上式变为

$$t_s\approx N^2T \tag{10-64}$$

比较式（10-64）和式（10-62）可以看出，连贯式插入法群同步的平均建立时间比较短，因而在数据传输中被广泛采用。

10.5 小结

同步是数字通信的一个重要问题。同步技术分为载波同步、位同步、群同步。

载波同步是为了解决相干解调问题，把频带信号解调为基带信号，而且只有在相干解调时，才有载波同步的问题。最常用的方法是平方变换法和平方环法，还有同相正交法。

位同步技术在数字通信中都要用到，不论是基带传输还是频带传输。位同步信号一般可以从解调后的基带信号中提取，位同步脉冲控制抽样判决器的最佳判决时刻，以便恢复出原始数字信号。位同步的方法有外同步法和自同步法两种，外同步法就是插入导频法，自同步法主要有滤波法和锁相法。

群同步技术与位同步技术有一定的联系。因为群同步信号是由若干个位信号组成的，因此只要有了位同步信号，经分频后就可以得到群同步脉冲的频率，只要将群同步脉冲的起始相位与群同步信号的“起始”时刻对准，这样就解决了群同步的问题。最常用的群同步方法就是外同步法，一种是连贯式插入法，另一种是间隔式插入法。连贯式插入法最常用的码组是巴克码。

无论采用哪种同步方式，对正常的信息传输来说，都是必要的。只有收发之间建立了同步才能准确地传输信息。因此要求同步信息传输的可靠性高于信息传输的可靠性。

值得注意的是，虽然在本章中讨论的是载波同步系统的模拟实现方法，但是随着技术的发展，载波同步系统的数字实现方法越来越多地得到广泛的应用。

10.6 思考题

1. 对抑制载波的双边带信号、残留边带信号和单边带信号用插入导频法实现载波同步时，所插入的导频信号形式有何异同点？

2. 用四次方部件法和四相科斯塔斯环法提取四相移相信号中的载波，是否都存在相位模糊问题。

3. 对抑制载波的双边带信号，试叙述用插入导频法和直接法实现载波同步各有什么优缺点。

4. 在采用数字锁相法提取位同步时，微分整流型和同相正交积分型方法在抗干扰能力、同步时间和同步精度上有何异同？

5. 一个采用非相干解调方式的数字通信系统是否必须有载波同步和位同步？其同步性能的好坏对通信系统的性能有何影响？

6. 图 10-28 中用逐码移位法实现群同步，所用群码为全“1”码，若改用重复的巴克码组（例如 13 位巴克码），请问群同步性能与连贯式插入法和图 10-28 所示的逐码移位法群同步性能有何不同？

7. 已知由三个符号所组成的三位码，最多能组成 8 个无逗号码字，若组成四位码最多能组成的无逗号码字数为多少？若分别在这两种情况下将其中的第一位用作同步码元而实现逐码移位法群同步，问最多能组成的可能码字分别为多少？

10.7 习题

1. 若图 10-2 所示的插入导频法发端框图中，$a_c\sin(\omega_c t)$ 不经 90°相移，直接与已调信号相加输出，试证明接收端的解调输出含有直流分量。

2. 已知单边带信号的表达式为

$$s(t)=m(t)\cos(\omega_c t)+\hat{m}(t)\sin(\omega_c t)$$

若采用与抑制载波双边带信号导频插入完全相同的方法，试证明接收端可正确解调。若发端插入的导频是 $a_c\cos(\omega_c t)$，试证明调制输出中也包含有直流分量，并求出该值。

3. 已知单边带信号的表达式为

$$s(t)=m(t)\cos(\omega_c t)+\hat{m}(t)\sin(\omega_c t)$$

试证明不能用图 10-6 所示的平方变换法提取载波。

4. 正交双边带调制解调的原理框图如题图 10-1 所示，试讨论载波相位误差 φ 对该系统有什么影响。

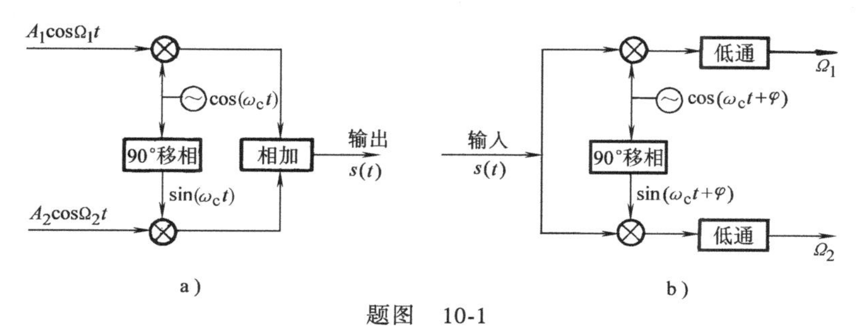

题图 10-1

5. 若采用图 10-18 所示的数字式锁相环提取位同步脉冲，试求：

（1）若图中的单稳 4 调整等不合适，使得波形 e 的脉冲宽度变为 $2T/n$，这时的同步误差为多少？

（2）若只当接收码元由“0”变为“1”时，波形 e 才会输出标准脉冲，在这种情况下的同步建立时间为多少？

6. 设有题图 10-2 所示的基带信号，它经过一带限滤波器后会变为带限信号，试画出从带限基带信号中提取位同步信号的原理框图和波形。

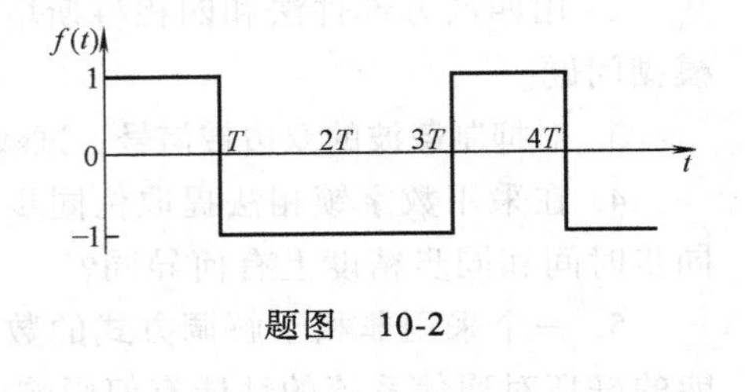

题图　10-2

7. 若 7 位巴克码组的前后全为“1”序列加到图 10-26 的码元输入端，且各移存器的初始状态均为零，试画出识别器的输出波形。

8. 若 7 位巴克码组的前后全为“0”序列加到图 10-26 的码元输入端，且各移存器的初始状态均为零，试画出识别器的输出波形。

9. 传输速率为 1kbit/s 的一个通信系统，设误码率为 10^{-4}，群同步采用连贯式插入的方法，同步码组的位数 $n=7$，试分别计算 $m=0$ 和 $m=1$ 时漏同步概率 P_1 和假同步概率 P_2 各为多少？若每群中的信息位为 153，估算群同步的平均建立时间。

第11章　现代数字通信理论与技术简介

本章介绍现代数字通信理论与技术，它们是掌握分析和设计现代通信系统的重要基础。由于现代数字通信理论与技术的内容很多，本章依据现代通信技术，特别是无线移动通信技术的发展前沿，选择了多天线通信与空时信号处理原理、MIMO-OFDM 技术、信道估值技术，以及以 M-QAM 调制方式为例阐述了多进制数字调制系统的性能分析方法，通过这些内容概要介绍了现代数字通信理论与技术。

现代数字通信理论与技术涉及的数学知识有所增加，除了微积分、随机过程与数理统计等内容外，还有矩阵理论等数学知识。所以读者要掌握好本章内容就要结合查询新资料以及相关数学知识，达到掌握现代数字通信新理论、新技术和提高学习新理论、新技术能力的目的。

11.1　分集技术

相对于同轴电缆、光纤等有线信道，征服无线信道给研究人员带来了更大的挑战。这是因为无线信道不仅功率受限，而且信道参量还随着时间、频率、空间作随机的改变。每一参量都是信道衰落和不可预见性的潜在根源，给研究工作带来了相当的复杂性，比如，信道频率的选择性可能引起码间串扰，时间选择性决定了每隔一段时间信道参数就会变化。而另一方面，如果在时间域、频率域、空间域分别引入可控的冗余度，那么就可为改善传输质量提供一个机会，分集就是这样一种技术。

在无线信道中，分集是克服多径衰落最为有效的技术，并且不会在接收机单元增加无节制的复杂度。分集的基本思想是：在不增加发射功率或牺牲通信带宽的情况下，通过两个或多个以不相关衰落的信号样本的适当组合或选择来提高传输的可靠性。要求信号样本经历不相关衰落的原因是：一条分集支路上的传输可能失败，但是所有支路上的传输同时失败的概率极小。分集技术主要有时间分集、频率分集、空间分集以及它们的多种组合形式。例如：传统提高通信系统性能的方式之一，采用相互距离足够大的两个或多个接收天线的通信模式就是一种典型的空间分集形式。分集技术可以带来系统性能的提高，但同时可能造成设备复杂性的提高或频谱利用率的下降，或信息传输效率的降低。

（1）时间分集

在时间域不同的时隙上发送相同的信息，即可实现时间分集。时间分集要求发送重复信息的最小时间间隔能保证在这两个时刻上信道引起的信号衰落、干扰特性是相互独立的，该时间间隔的最小值称为信道的相干时间。

（2）频率分集

在不同频率上发送相同的信息，即可实现频率分集。频率分集要求发送相同信息的不同频率上信道引起的信号衰落、干扰特性是相互独立的，保证这个特性的最小频率间隔称为信道的相干带宽。

（3）空间分集

空间分集是利用了信道的空间特性，比如利用接收天线或发射天线的方向图与极化方式、多个接收天线和/或多个发射天线等，实现类似于频率分集和时间分集的效果，改善通信系统的性能。在移动通信系统中，通常将接收分集（多个接收天线）用于上行链路传输，而将发射分集（多个发射天线）用于下行链路，这主要是因为在移动用户端很小的平台上集成多个天线所引起的电磁干扰问题不易解决。与前两者不同，空间分集不会带来频谱利用率上的任何损失和信息传输效率的降低，但它必须有接收机、发射机的射频硬件以及合适的信号处理方式的配合。

通过分集，经不同的衰落支路得到独立的信号样本，这仅仅是分集技术的一半。如何合并这些信号样本来提高总的接收信噪比，将决定通信系统的最终性能。目前，主要有4种合并技术，分别是选择合并、切换合并、等增益合并（EGC）和最大比合并（MRC）。其中，MRC性能最优，但需要知道衰落幅度和信号相位信息；EGC性能接近最优，而复杂性要比MRC低许多；选择合并和切换合并结构最简单。

1. 选择合并

选择合并是一种较简单的分集合并方法。对于接收天线数为 n_R 的接收分集系统，选择合并方案的原理框图如图11-1所示。该系统选择每个符号间隔内具有最大瞬时信噪比的信号作为输出，因此输出信号的信噪比等于最好输入信号的信噪比。在实际使用中，由于信噪比很难测量，一般采用信号和噪声的功率之和最大的信号。

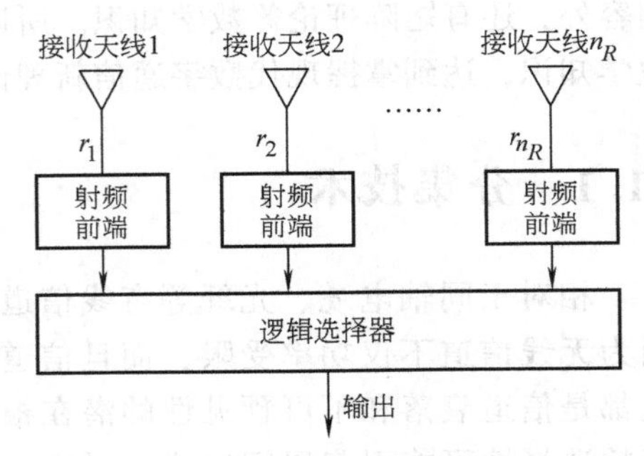

图11-1　选择合并方法

2. 切换合并

对于如图11-2所示的切换合并分集系统，接收机扫描所有的分集支路，一旦发现某支路信噪比在预设门限之上，系统将选择该支路信号作为输出信号。当信噪比低于设定的信噪比门限时，接收机开始重新扫描，并切换到满足信噪比要求的另一支路上。该方案也称为扫描合并。

由于切换合并并非连续选择最好的瞬时信号，因此它比选择合并可能要差一些。但是，由于切换合并不需要同时连续不停地监视所有的分集分支，因此这种方法要简单得多。

对选择合并和切换合并而言，两者的输出信号都是只等于所有分集支路中的一个信号。另外，它们也不需要知道信道状态信息。因此，这两种方案实现比较简单，可用于相干解调，也可用于非相干解调。

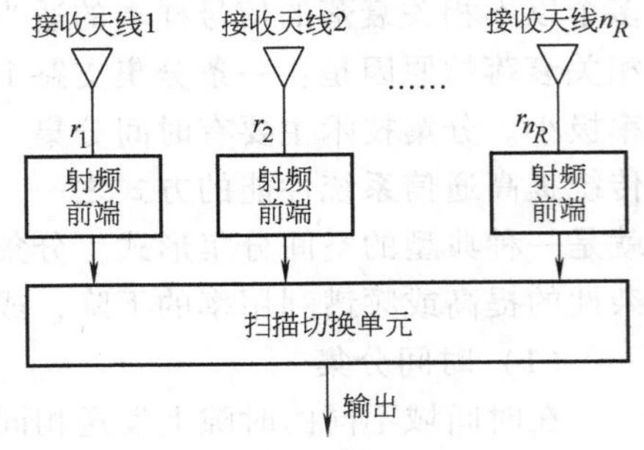

图11-2　切换合并方法

3. 最大比合并

最大比合并是一种线性合并方法。在一般的线性合并过程中，各个输入信号分别按权重相加在一起得到输出信号。加权因子的选择可以有多种方式。

图 11-3 给出了最大比合并方法的原理框图。输出信号为所有接收信号的加权后的线性组合。此加权的和为

$$r = \sum_{1}^{n_R} \alpha_i r_i \tag{11-1}$$

式中，r_i 是第 i 个接收天线的接收信号；α_i 是第 i 个接收天线的加权因子。在最大比合并中，选择每个天线的加权因子与其信号电压和噪声功率比成正比。用 A_i 和 ϕ_i 分别代表接收信号 r_i 的幅度和相位。假设每个天线具有相同的平均噪声功率，可以得到相应的加权因子

$$\alpha_i = A_i e^{-j\phi_i} \tag{11-2}$$

由于此方法能达到最大的输出信噪比，因此也称为最优合并。此方法中各信号必须同相，并且用各自相应的幅度加权后求和。由于此方法需要知道信道衰落幅度和信号相位的信息，因此只能用于相干检测的场合，而不能用于非相干检测。

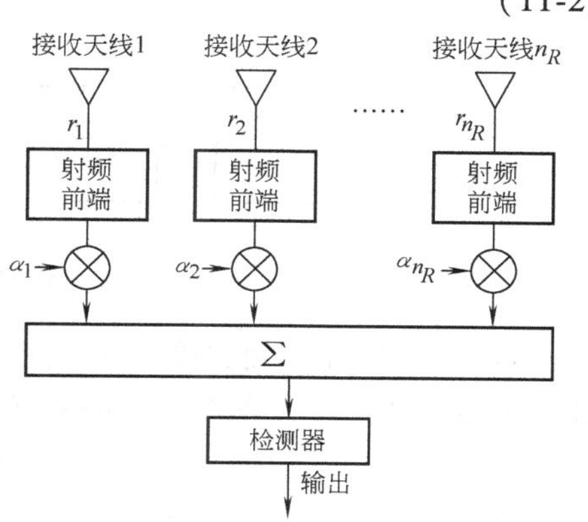

图 11-3 最大比合并方法

4. 等增益合并

等增益合并是一种次优但比较简单的线性合并方法。它不需要估计各个分支的衰落幅度，而是按照下式将加权因子的幅度设为单位 1：

$$\alpha_i = e^{-j\phi_i} \tag{11-3}$$

采用等增益合并，即所有的接收信号经同相处理后用等增益相加。等增益合并的性能接近最大比合并，而其复杂性要比最大比合并低许多。

在目前的蜂窝移动通信系统中，基站使用多副接收天线主要有两个目的：一是抑制信道间的干扰，二是减小信道衰落的影响。然而在移动台很难使用接收分集，其原因主要有两个：一是便携移动台的体积较小，不便于安装数量过多的天线；二是移动台的功率受限，而多副接收天线意味着多套射频下变频器，因此需要更大的处理功率。所以发射分集技术得到了发展。这一技术最吸引人的地方在于实现的简单性，且只需在基站一侧安装多副天线，减少了移动台的负担。实现发射分集技术的一种有效方法是采用适合于多天线的空时信号处理或空时编码技术。它将差错控制编码、调制和发射分集联合设计，可以在不牺牲带宽的情况下实现分集效果，获得一定的分集增益和编码增益，而且还可以和多副接收天线同时使用，进一步降低多径衰落的影响，达到提高通信系统容量的目的。

11.2 多天线通信系统与空时信号处理

随着蜂窝移动通信、因特网和多媒体业务的发展，世界范围内无线通信的容量需求在迅速增长。另一方面，可利用的无线频谱是有限的，如果通信频谱的利用率没有得到显著提高，就不可能满足通信容量的需求。在单天线系统中，采用先进的编码（例如 Turbo 码和低密度奇偶校验码）可以接近 Shannon 容量极限。通过增加发射端和接收端的天线数量，可以进一步提高频谱利用率。

11.2.1 多天线（MIMO）通信系统模型

假定一个点对点 MIMO（Multiple Input Multiple Output）系统有 M 个发射天线、N 个接

收天线，其系统框图如图 11-4 所示。以下的信号分析将采用离散时间的复基带表示[2]。用 $M\times1$ 列矢量 $\boldsymbol{x}^t$ 表示 t 时刻的发射信号，其中第 i 个元素 x_i^t 表示第 i 根天线发射的信号。用 $N\times1$ 列矢量 $\boldsymbol{y}^t$ 表示 t 时刻的接收信号，其中第 i 个元素 y_i^t 表示第 i 根天线接收的信号。用 $N\times1$ 列矢量 $\boldsymbol{e}^t$ 描述接收端的噪声，其中每个元素是统计独立的零均值、方差为 σ^2 的复高斯变量，且具有独立的、方差相等的实部和虚部，则噪声的协方差矩阵为

$$\boldsymbol{R}_{e^t}=E[(\boldsymbol{e}^t)(\boldsymbol{e}^t)^{\mathrm{H}}]=\sigma^2\boldsymbol{I}_N \tag{11-4}$$

式中，$E[\cdot]$ 代表数学期望值；$\boldsymbol{A}^{\mathrm{H}}$ 表示矩阵 $\boldsymbol{A}$ 的复共轭转置矩阵。

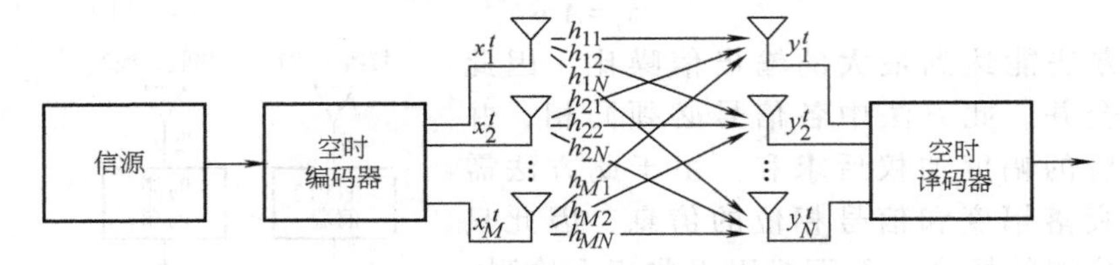

图 11-4　MIMO 基带系统模型

对于高斯信道，根据第 3 章信道容量公式知道，发射信号的最佳分布也是高斯分布。因此，$\boldsymbol{x}^t$ 的元素是零均值独立同分布的高斯变量。发射信号的协方差矩阵为

$$\boldsymbol{R}_{x^t}=E[(\boldsymbol{x}^t)(\boldsymbol{x}^t)^{\mathrm{H}}] \tag{11-5}$$

限制总的发射功率为 P，即

$$P=\mathrm{tr}(\boldsymbol{R}_{x^t}) \tag{11-6}$$

式中，$\mathrm{tr}(\boldsymbol{A})$ 代表矩阵 $\boldsymbol{A}$ 的迹，可以通过对 $\boldsymbol{A}$ 的对角元素求和得到。如果发射端未知信道状态信息，则假定从各个天线发射的信号都有相等的功率 P/M。发射信号的协方差矩阵为

$$\boldsymbol{R}_{x^t}=\frac{P}{M}\boldsymbol{I}_{\mathrm{M}} \tag{11-7}$$

假定信道是平坦的瑞利衰落，用 $M\times N$ 的复矩阵 $\boldsymbol{H}$ 描述。h_{ij} 表示矩阵 $\boldsymbol{H}$ 的第 ij 个元素，代表从 i 个发射天线到第 j 个接收天线之间的信道衰落系数。为了规范，假定每个接收天线上的功率等于总的发射功率，即

$$E\left(\sum_{i=1}^{M}|h_{ij}|^2\right)=M,\qquad j=1,\ 2,\ \cdots,\ N \tag{11-8}$$

这种假定，实际上忽略了信号传播过程中的信号衰减和放大，包括阴影、天线增益等。P_{r} 表示每个接收天线输出端的平均功率。每个接收天线处的平均信噪比定义为

$$\gamma=\frac{P_{\mathrm{r}}}{\sigma^2} \tag{11-9}$$

假定每个接收天线的总接收功率都等于总发射功率，则 γ 等于总的发射功率和每个接收天线的噪声功率的比值，而且它独立于发射天线的个数 M，可写为

$$\gamma=\frac{P}{\sigma^2} \tag{11-10}$$

使用线性模型，可将接收矢量表示为

$$\boldsymbol{y}^t=\boldsymbol{H}^{\mathrm{T}}\boldsymbol{x}^t+\boldsymbol{e}^t \tag{11-11}$$

则接收信号的协方差矩阵为

$$\boldsymbol{R}_{\boldsymbol{y}^t}=E[(\boldsymbol{y}^t)(\boldsymbol{y}^t)^{\mathrm{H}}]=\boldsymbol{H}^{\mathrm{T}}\boldsymbol{R}_{\boldsymbol{x}^t}\boldsymbol{H}^*+\sigma^2\boldsymbol{I}_{\mathrm{N}} \tag{11-12}$$

而总接收信号功率可表示为 $P=\mathrm{tr}(R_{y^t})$。

假定接收端已知信道状态信息，将特定的发射天线和接收天线对之间的信道等效成独立的平坦瑞利衰落信道，可以得到瞬时信道容量，即

$$C=W\log_2\det\left(\boldsymbol{I}_m+\frac{P}{M\sigma^2}\boldsymbol{Q}\right) \tag{11-13}$$

式中，W 是信道带宽；$m=\min(M,N)$ 为收、发天线数目的最小值；Q 是威沙特（Wishart）矩阵，定义为

$$\boldsymbol{Q}=\begin{cases}\boldsymbol{H}\boldsymbol{H}^{\mathrm{H}}, & M<N\\ \boldsymbol{H}^{\mathrm{H}}\boldsymbol{H}, & M\geqslant N\end{cases} \tag{11-14}$$

对于 MIMO 系统而言，当接收机端已知独立平坦衰落信道的状态信息，信息容量随收、发天线数目的最小值呈线性增长。相比于 SISO（Single Input Single Output，单发送单接收天线）系统，MIMO 系统显著提高了系统容量，改善了无线通信系统的可靠性。而空时码（空时信号处理内容之一）是达到或接近 MIMO 系统容量的一种可行、有效的方法。

11.2.2 MIMO 系统分集增益与空时信号处理

1998 年 AT&T 实验室的 Tarokh 等人首次系统地提出了空时码（Space Time Code，简称 STC）的概念，奠定了现代 MIMO 通信系统中空时信号处理的基础，为成功将分集负担从过去单一的接收端转移到发射端或收发两端提供了一条有效的解决途径。空时码综合了空间分集和时间分集的优点，不仅同时提供分集增益和编码增益，而且能得到很高的频谱效率，是适合多天线（MIMO）信道的一种编码方法或空时编码技术或空时信号处理技术。空时编码技术实质上是一种空时二维处理手段：在空间上，采用多发射多接收天线的空间分集来提高无线通信系统的通信容量；在时间上，不同信号在不同时隙内使用同一天线发射，并在不同天线发射的信号之间引入时域和空域联合相关，使接收端进行信号处理后获得分集增益和编码增益。图 11-5 给出了空时码 MIMO 系统模型示意图。

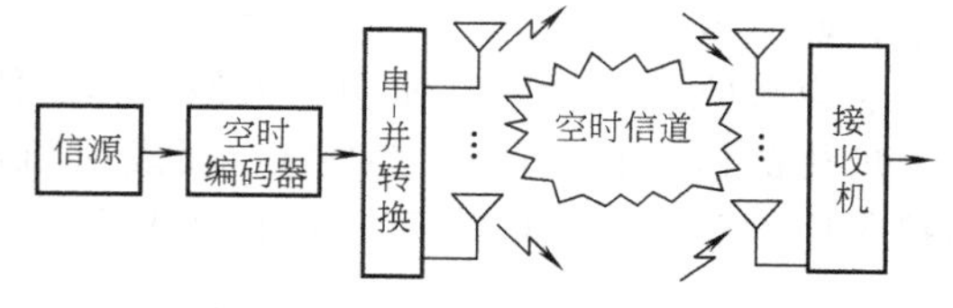

图 11-5 空时码 MIMO 系统模型

假设基带空时编码系统具有 M 个发射天线和 N 个接收天线。在每个时刻 t，将由 k 个二进制信息符号组成的块 $\boldsymbol{k}^t$ 送入空时编码器，这个块可表示为

$$\boldsymbol{k}^t=(k_1^t,\ k_2^t,\ \cdots,\ k_k^t) \tag{11-15}$$

那么所有可能的 $\boldsymbol{k}^t$ 组成了 $K=2^k$ 个点的信号集。空时编码器将输入数据 $\boldsymbol{k}^t$ 映射成 $1\times M$ 的调制符号矢量 $\boldsymbol{x}^t$，即

$$\boldsymbol{x}^t=(x_1^t,\ x_2^t,\ \cdots,\ x_M^t) \tag{11-16}$$

然后由 M 个天线同时发射。来自不同天线的编码调制符号的矢量 $\boldsymbol{x}^t$ 定义为空时符号，假定每个天线上的发射数据帧长为 T 个符号，则将发射序列按矩阵排列如下，定义为 $T\times M$ 的空时码字矩阵。

$$\boldsymbol{X}=\begin{bmatrix}\boldsymbol{x}^1\\\boldsymbol{x}^2\\\vdots\\\boldsymbol{x}^T\end{bmatrix}=\begin{bmatrix}x_1^1 & x_2^1 & \cdots & x_M^1\\x_1^2 & x_2^2 & \cdots & x_M^2\\\vdots & \vdots & \ddots & \vdots\\x_1^T & x_2^T & \cdots & x_M^T\end{bmatrix} \tag{11-17}$$

通常系统的频谱利用率（单位为 bit/s/Hz）定义为

$$\eta=\frac{R_\mathrm{b}}{B} \tag{11-18}$$

式中，R_b 是数据速度；B 是信道带宽。

假定无线信道采用平坦瑞利衰落模型。在 t 时刻的信道矩阵 $\boldsymbol{H}^t$ 中第 ij 个元素 h_{ij}^t 表示为第 i 个发射天线到第 j 个接收天线的路径衰落系数，且 h_{ij}^t 服从零均值、单位方差的独立复高斯分布。对于慢衰落或准静态衰落而言，假设衰落系数 h_{ij}^t 在一帧内固定不变，而从一帧到另一帧是变化的，这就意味着符号周期小于信道相干时间。对于快衰落而言，衰落系数在每个符号周期内是固定的，而从一个符号到另一个符号期间衰落系数是变化的。

在接收端，N 个接收天线上的每个信号都是 M 个发射信号经衰落信道衰减后与噪声信号的叠加。因此，在 t 时刻，第 j（$j=1$，…，N）个天线上的接收信号 y_j^t 可以表示为

$$y_j^t=\sum_{i=1}^{M}x_i^t\cdot h_{ij}^t+e_j^t \tag{11-19}$$

式中，e_j^t 是第 j 个接收天线在 t 时刻的噪声分量，它服从零均值、方差为 σ^2 的独立复高斯分布。

将 N 个天线上的接收信号排列在一起，记为 $1\times N$ 矢量 $\boldsymbol{y}^t$，将 N 个天线上的噪声排列在一起，记为 $1\times N$ 矢量 $\boldsymbol{e}^t$，则接收信号的矢量表示形式为

$$\boldsymbol{y}^t=\boldsymbol{x}^t\boldsymbol{H}^t+\boldsymbol{e}^t \tag{11-20}$$

式中，$\boldsymbol{y}^t=(y_1^t，y_2^t，\cdots，y_N^t)$，$\boldsymbol{e}^t=(e_1^t，e_2^t，\cdots，e_N^t)$。

假设接收机的译码器使用最大似然算法估计发射信息序列，并且接收机能获得 MIMO 信道上理想的信道状态信息（CSI），而发射机没有关于信道的任何信息。那么，在接收端计算接收序列和真实接收序列之间的（平方）欧几里得距离

$$\sum_{t}\sum_{j=1}^{N}\left|y_j^t-\sum_{i=1}^{M}x_i^t h_{ij}^t\right|^2 \tag{11-21}$$

译码器依据该距离的大小，选择对应最小距离的码字作为判决输出。

在空时码的性能分析中，有两个非常重要的指标：分集增益和编码增益。分集增益是相同差错概率时的空间分集系统相对于无分集系统的功率增益；编码增益则是相同分集增益和相同差错概率时的编码系统相对于无编码系统的功率增益。如果从误码率曲线上观察，通过有关文献分析可知分集增益决定了差错率曲线随信噪比变化的斜率，而编码增益则决定了无编码系统的差错概率曲线相对于相同分集数时空时编码得到的差错概率曲线的水平偏移程度。

定义码字差别矩阵 $\boldsymbol{B}(\boldsymbol{X}，\hat{\boldsymbol{X}})$ 为

$$\boldsymbol{B}(\boldsymbol{X},\ \hat{\boldsymbol{X}})=\boldsymbol{X}-\hat{\boldsymbol{X}} \tag{11-22}$$

式中，$\boldsymbol{X}\neq\hat{\boldsymbol{X}}$。同时构造一个 $M\times M$ 的码字距离矩阵 $\boldsymbol{A}(\boldsymbol{X}，\hat{\boldsymbol{X}})$，定义为

$$\boldsymbol{A}(\boldsymbol{X},\ \hat{\boldsymbol{X}})\triangleq\boldsymbol{B}^\mathrm{H}(\boldsymbol{X},\ \hat{\boldsymbol{X}})\cdot\boldsymbol{B}(\boldsymbol{X},\ \hat{\boldsymbol{X}}) \tag{11-23}$$

定义 r 为非负 Hermitian 矩阵 $\boldsymbol{A}(\boldsymbol{X}，\hat{\boldsymbol{X}})$ 的秩，λ_1，λ_2，… λ_r 是矩阵 $\boldsymbol{A}(\boldsymbol{X}，\hat{\boldsymbol{X}})$ 的非零特征值。那么可以证明空时编码系统的分集增益为 $r\cdot N$，编码增益为

$$G_c = \frac{(\lambda_1 \cdots \lambda_r)^{1/r}}{d_u^2} \tag{11-24}$$

式中，d_u^2 是相应无编码系统的对应码组间最小（平方）欧氏距离。

一般而言，要得到最小的差错概率，必须获得尽可能大的分集和编码增益。对于 $r \cdot N$ 值较小的系统而言，由于分集增益是指数函数，故得到较大的分集增益比得到较大的编码增益重要得多[38]。

由于空时编译码技术是 MIMO 系统的核心，在此给予简要说明。按照空时码使用信道环境的不同，可以将已有的空时码方案分成两大类：一类要求接收端能够准确地估计信道特性，如分层空时码、空时网格码、空时 Turbo 网格码和空时分组码；另一类不要求接收端进行信道估计，如酉空时码和差分空时码。

分层空时码（Layered Space-Time Code，LSTC）是由美国 Bell 实验室最早提出的一种空时码方案。它编解码过程简单，且当接收天线数大于等于发射天线数时，可以证明系统容量与发射天线数近似成正比。由于每个天线上发射的信号相互独立，所以 LSTC 不是基于发射分集的。之后，在延时分集的基础上结合 TCM 编码由 AT&T 实验室的 Tarokh 博士提出了空时网格码（Space-Time Trellis Code，STTC）。STTC 以部分频带利用率下降为代价来换取最大分集增益，在各种信道环境下均有较好的性能。根据计算，为 2-4 发射天线设计的 STTC 在慢衰落环境中的性能很好，与信道容量相比只有 2~3dB 的损耗。但 STTC 的最佳译码需要使用维特比（Viterbi）译码器，当发射天线数目固定时，译码复杂度随发射速率的增大呈指数增加，显得不太实用。为降低其复杂度，1998 年 Alamouti 博士提出了一种利用两个发射天线的传输分集方案[39]，虽然该方案的性能稍逊于 STTC，但因采用了简单的最大似然算法进行译码，编译码复杂度要比 STTC 小得多。在此基础上 Tarokh 博士将其推广，根据广义正交设计原理提出了空时分组码（Space-Time Block Code，STBC），可使用任意数目的发射天线获得完全分集，并且译码算法仍然采用最大似然算法[40]。与此同时，Ganesan 从信噪比最大的角度得到了相同的结论[41]。STBC 以编码增益和部分频带利用率为代价换取最大分集增益和低编译码复杂度。第三代移动通信（3G）的标准（IMT-2000 标准）中采用的传输分集方案之一——STTD（Space-Time Transmit Diversity）就是一种最简单的空时分组码。

在某些环境下，接收端进行信道估计会非常困难，有时甚至根本无法估计。酉空时码（Unitary Space-Time Code，USTC）在形式上类似于 STBC，是 Hochwald 构造的一种接收端不需要信道估计的空时码，要求发送码为酉矩阵[38]，适用于信道衰落系数未知的准平坦瑞利衰落信道。作为快衰落信道下的一种空时码解决方案，酉空时码具有一定的实际意义。差分空时码的概念最早是由 Tarokh 提出，基本思想类似于单天线条件下的差分调制技术。Hughes 将酉群码的思想推广到多天线信道，给出了一种基于酉群码的差分空时码。在 Hughes 提出差分空时码的同时，Hochwald 将酉空时码进一步推广，提出了一种差分酉空时码。虽然 Hughes 和 Hochwald 从两个不同角度研究差分空时码，却得出了几乎一样的结论：如果采用差分调制，在不进行信道估计的情况下，空时码的性能比进行信道估计时有 3dB 的性能损失[38]。

11.3　MIMO-OFDM 系统

最近，越来越多的研究兴趣集中于高数据率业务（例如视频会议和宽带无线信道上的移动计算)。在宽带无线通信中，与信道延迟扩展相比，符号周期变得越来越小。因此发射信号要经历频率选择性衰落。有研究表明，若在接收机进行最大似然译码，那么空时码在频率选择性衰落信道能够实现的分集增益至少与在频率非选择性衰落信道上实现的增益相同。换句话说，频率选择性衰落信道上的最优空时码能够比在频率非选择性衰落信道上实现更高的分集增益。但是，频率选择性信道上的最大似然译码非常复杂，因此改善频率选择性衰落信道，减少码间串扰（ISI）十分重要。采取适当措施，将频率选择性信道转变为频率非选择性信道，然后采用性能较好的空时码用于频率非选择性衰落信道，降低整机的复杂度。

减少 ISI 的传统方法是在接收机使用自适应均衡器。目前最佳空时均衡器可以有效抑制ISI，因此，频率选择性衰落信道变成无符号间干扰的非频率选择性衰落信道。该方法的主要缺点是接收机的复杂度较高，因为必须在接收机使用多入/多出均衡器。

另一个选择方法是使用正交频分复用（OFDM）技术。在 OFDM 中，将整个信道分成许多窄的并行子信道，因此增长了符号周期，并且减小或消除了多径环境引起的 ISI。由于 OFDM 系统不需要多入/多出均衡器，因此该方法并不复杂。

OFDM 技术将频率选择性衰落信道转变为并行的多个频率非选择性衰落子信道。OFDM 已经被选定作为多种无线通信系统的标准（包括欧洲数字音频广播（DAB）和数字视频广播（DVB）、IEEE 宽带无线局域网（WLAN）IEEE802.11 和欧洲 HIPERLAN）。在 OFDM 系统中，深衰落中的子信道具有较高的差错概率，因此 OFDM 结合使用差错控制编码可减少深衰落的影响。对于 MIMO 系统中频率选择性衰落信道而言，空时编码与 OFDM 的结合可以利用各自的优势实现鲁棒（Robust）的高速数据传输。

11.3.1 OFDM 演变为 MIMO-OFDM 系统

在传统的串行数据系统中，已经引入了自适应均衡技术来抵御 ISI。但是，如果数据率太高（达到了 Mbit/s 数量级），那么系统复杂度会阻碍均衡器的实现。

并行数据系统可以在不需要均衡的情况下减少 ISI。在此类系统中，将高速率数据流分解到大量的子信道上传输，每个子信道上数据元素的频谱只占整个带宽的一小部分。利用传统频分复用（FDM，子信道之间没有重叠）实现的并行数传系统，其频带利用率较低。通过 OFDM 技术能够获得对带宽更有效的利用，OFDM 允许各个子信道的频谱相互重叠，但各载波是相互正交的。基本的 OFDM 系统如图 11-6 所示（注意与图 7-15 一样，只是符号使用略有不同)。

假设经过编码器之后的每个串行数据符号的周期为 $T_s = 1/f_s$，其中 f_s 为输入符号速率。

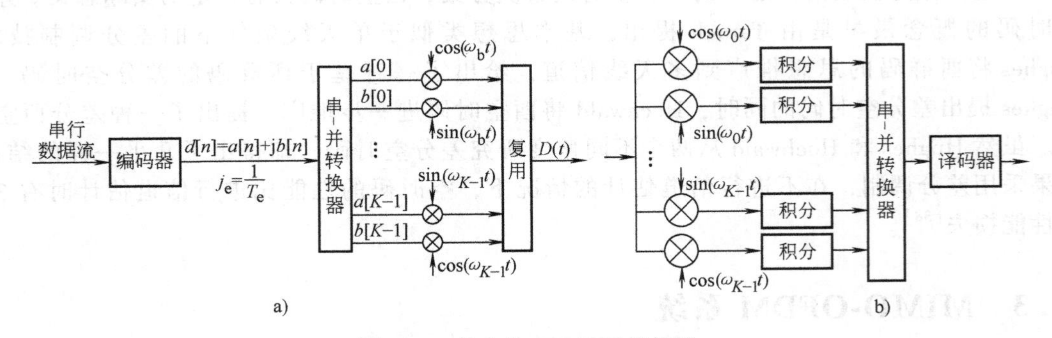

图 11-6 基本的 OFDM 系统框图

a）发射机 b）接收机

每个 OFDM 帧由 K 个编码符号组成，表示为 $d[0]$，$d[1]$，⋯，$d[K-1]$（其中 $d[n]=a[n]+\mathrm{j}b[n]$，$a[n]$和 $b[n]$分别代表离散时间 n 时采样值的实部和虚部）。在串-并转化器之后，K 个并行数据调制 K 个子载波频率 f_0，f_1，⋯，f_{K-1}（之后是频--分复用的）。用若干倍 $\Delta f=1/(KT_s)$ 的频率间隔隔开子载波频率，使得任意两个载波频率都是正交的。由于载波是正交的，因此可以检测这些密集载波的每个载波上的数据（不会有来自其他载波的干扰）。此外，在串-并转换器之后，信号间隔从 T_s 增加到了 KT_s，这使得系统不易受到多径扩展的损害。

OFDM 发射信号 $D(t)$ 可以表示为

$$D(t)=\sum_{n=0}^{K-1}\{a[n]\cos(\omega_n t)-b[n]\sin(\omega_n t)\} \tag{11-25}$$

式中

$$\omega_n=2\pi f_n \tag{11-26}$$

$$f_n=f_0+n\Delta f \tag{11-27}$$

将上式代入 $D(t)$ 的表达式中，那么发射可以重写为

$$\begin{aligned}D(t)&=\mathrm{Re}\left\{\sum_{n=0}^{K-1}\{d[n]\mathrm{e}^{\mathrm{j}\omega_n t}\}\right\}\\&=\mathrm{Re}\left\{\sum_{n=0}^{K-1}\{d[n]\mathrm{e}^{\mathrm{j}2\pi n\Delta ft}\mathrm{e}^{\mathrm{j}2\pi f_0 t}\}\right\}=Re\{\widetilde{D}(t)\mathrm{e}^{\mathrm{j}2\pi f_0 t}\}\end{aligned} \tag{11-28}$$

式中

$$\widetilde{D}(t)=\sum_{n=0}^{K-1}\{d[n]\mathrm{e}^{\mathrm{j}2\pi n\Delta ft}\} \tag{11-29}$$

代表发射信号 $D(t)$ 的复包络。

在接收端，使用相关解调（或者匹配滤波器）恢复每个子信道上的符号。但是，设备（例如滤波器和解调器）的复杂度随 N 的增大而增加，当 N 较大时，图 11-6 中的 OFDM 系统的直接实现是不切实际的。

假定以采样速率 f_s 对复包络信号 $\widetilde{D}(t)$ 进行采样。令 $t=mT_s$，其中 m 为采样时刻。OFDM 中的 $\widetilde{D}(t)$ 采样（$\widetilde{D}[0]$，$\widetilde{D}[1]$，⋯，$\widetilde{D}[K-1]$）为

$$\widetilde{D}(m)=\sum_{n=0}^{K-1}\{d[n]\mathrm{e}^{\mathrm{j}2\pi n\Delta fmT_s}\}=\sum_{n=0}^{K-1}\{d[n]\mathrm{e}^{\mathrm{j}(2\pi/K)nm}\}=\mathrm{IDFT}\{d[n]\} \tag{11-30}$$

从上式可见，OFDM 调制信号实际上是原始数据流的逆离散傅里叶变换（IDFT），类似地可以证明图 11-6b 中的相干解调器组等效于离散傅里叶变换（DFT）。这使得 OFDM 系统的实现完全是数字的，大大减小了设备的复杂度。如果子信道数 K 较大，可以使用快速傅里叶变换（FFT）进一步减小复杂度。使用 FFT 算法的 OFDM 系统如图 11-7 所示。

对于有 K 个 OFDM 子载波、发射天线数为 n_T、接收天线数为 n_R 的多输入多输出（MIMO）的 OFDM 通信系统（简称 MIMO-OFDM 通信系统或 ST-OFDM 通信系统），系统总的带宽为 W。将总带宽分成 K 个相互重叠的子频带。系统框图如图 11-8 所示。

这里简要对 MIMO-OFDM 系统进行数学表述，设在每个时刻 t 对信息比特分组编码，产生的空时码字（由 n_TL 个调制符号组成，L 是码字长度）如下所示（空时编码器的输出）：

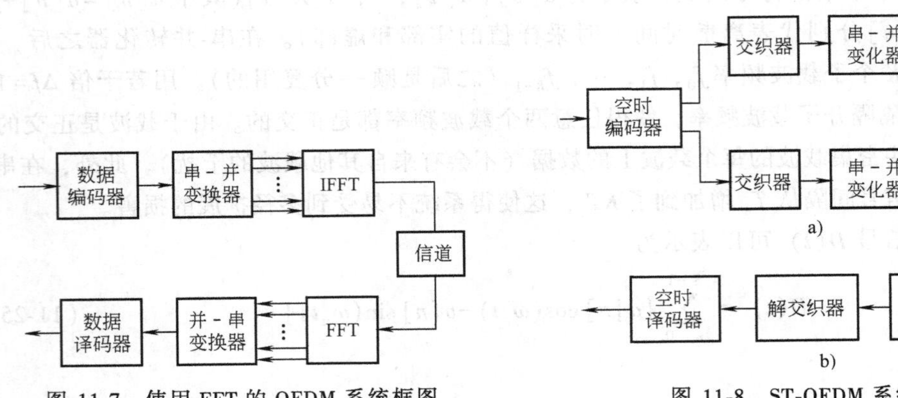

图 11-7　使用 FFT 的 OFDM 系统框图

图 11-8　ST-OFDM 系统框图
a）发射机　b）接收机

$$\boldsymbol{X}_t=\begin{bmatrix} x_{t,1}^1 & x_{t,2}^1 & \cdots & x_{t,L}^1 \\ x_{t,1}^2 & x_{t,2}^2 & \cdots & x_{t,L}^2 \\ \vdots & \vdots & \ddots & \vdots \\ x_{t,1}^{n_\mathrm{T}} & x_{t,2}^{n_\mathrm{T}} & \cdots & x_{t,L}^{n_\mathrm{T}} \end{bmatrix} \tag{11-31}$$

式中，第 i 行 $x_t^i=(x_{t,1^i},\ x_{t,2^i},\ \cdots,\ x_{t,L^i})$ $(i=1,\ 2,\ \cdots,\ n_\mathrm{T})$ 是第 i 个发射天线的数据序列。为了简单起见，假设码字长度等于 OFDM 子载波数，即 $L=K$。信号 $x_{t,1^i}$，$x_{t,2^i}$，…，x_{t,L^i} 在 K 个不同载波上进行 OFDM 调制，并且在一个 OFDM 帧期间同时从第 i 个天线发射出去，x_{t,k^i} 是在第 k 个 OFDM 子载波上发射的。

在 OFDM 系统中，为了避免信道多径扩展产生的 ISI，在 OFDM 信号的码元（帧）之间都留出了保护时间，在每个保护时间内插入了 OFDM 信号帧的“前缀”（称为循环前缀）。循环前缀是 OFDM 信号帧最后 L_P 个样值的副本，因此总的 OFDM 信号帧长为 $L+L_\mathrm{P}$，L_P 为路径数（可理解为多径扩展长度）。

在性能分析中，假设实现了发射机和接收机之间的理想帧（符号）同步，用准静态瑞利衰落模型化子信道，即衰落过程在每个 OFDM 帧期间保持不变。同时假设不同天线之间的信道是不相关的。

在接收端，在匹配滤波之后，以 $\dfrac{1}{T_\mathrm{s}}=W$（Hz）的速率对每个接收天线上的信号进行采样，并且从每一帧中删除循环前缀。然后，将这些采样值输入 OFDM 解调器。第 j（$j=1,\ 2,\ \cdots,\ n_\mathrm{R}$）个接收天线处的第 k（$k=1,\ 2,\ \cdots,\ K$）个 OFDM 子载波的 OFDM 解调器输出为

$$R_{t,k}^j=\sum_{i=1}^{n_\mathrm{T}} H_{j,i}^{t,k} x_{t,k}^i+N_{t,k}^j \tag{11-32}$$

式中，$H_{j,i}^{t,k}$ 为第 k 个 OFDM 子载波上从第 i 个发射天线到第 j 个接收天线路径的信道频率响应；$N_{t,k}^j$ 是功率谱密度为 n_0 的第 j 个接收天线和第 k 个子载波处的噪声采样值。假设接收机可以获得理想的信道状态信息，则最大似然译码准则可以表示为

$$\hat{X}_t=\underset{\hat{X}}{\operatorname{argmin}} \sum_{j=1}^{n_\mathrm{R}} \sum_{k=1}^{K} \left| R_{t,k}^j-\sum_{i=1}^{n_\mathrm{T}} H_{j,i}^{t,k} x_{t,k}^i \right|^2 \tag{11-33}$$

其中最小化是在所有可能的空时码字上进行的。

从式（11-33）看出，判决译码要用到信道信息，这里将时域中的信道脉冲响应模型化为抽头延迟线。第 i 个发射天线到第 j 个接收天线之间的信道脉冲响应为

$$h_{j,i}(t;\tau)=\sum_{l=1}^{L_{\mathrm{P}}}h_{j,i}^{t,l}\delta(\tau-\tau_l) \tag{11-34}$$

式中，L_{P} 为路径数；τ_l 为第 l 条路径的时间延迟；$h_{j,i}^{t,l}$ 为第 l 条路径的复幅度。令 T_{f} 表示 OFDM 帧的持续时间，Δf 代表 OFDM 子载波之间的间隔，则有

$$T_{\mathrm{f}}=KT_{\mathrm{s}} \tag{11-35}$$

$$T_{\mathrm{s}}=\frac{1}{W}=\frac{1}{K\Delta f} \tag{11-36}$$

于是，第 l 条路径的延迟可以表示为

$$\tau_l=n_lT_{\mathrm{s}}=\frac{n_l}{K\Delta f} \tag{11-37}$$

式中，n_l 为整数。对信道脉冲响应进行傅里叶变换，可以得到 t 时刻的信道频率响应

$$\begin{aligned}H_{j,i}^{t,k}\triangleq H_{ji}(tT_{\mathrm{f}},\ k\Delta f)&=\int_{-\infty}^{+\infty}h_{j,\ i}\ (tT_{\mathrm{f}},\tau)\,\mathrm{e}^{-\mathrm{j}2\pi k\Delta f\tau}\mathrm{d}\tau\\&=\sum_{l=1}^{L_{\mathrm{P}}}h_{j,i}(tT_{\mathrm{f}},n_lT_{\mathrm{s}})\,\mathrm{e}^{-\mathrm{j}2\pi kn_l/K}=\sum_{l=1}^{L_{\mathrm{P}}}h_{j,i}(t,n_l)\,\mathrm{e}^{-\mathrm{j}2\pi kn_l/K}\end{aligned} \tag{11-38}$$

令

$$\boldsymbol{h}_{j,i}^{t}=[h_{j,i}^{t,1},\ h_{j,i}^{t,2},\ \cdots,\ h_{j,i}^{t,L_{\mathrm{P}}}]^{\mathrm{H}} \tag{11-39}$$

$$\boldsymbol{\omega}_k=[\mathrm{e}^{-\mathrm{j}2\pi kn_1/K},\ \mathrm{e}^{-\mathrm{j}2\pi kn_2/K},\ \cdots,\ \mathrm{e}^{-\mathrm{j}2\pi kn_{L_{\mathrm{P}}}/K}]^{\mathrm{T}} \tag{11-40}$$

则

$$\boldsymbol{H}_{j,i}^{t,k}=(\boldsymbol{h}_{j,i}^{t})^{\mathrm{H}}\cdot\boldsymbol{\omega}_k \tag{11-41}$$

从上式可以看到，信道频率响应 $\boldsymbol{H}_{j,i}^{t,k}$ 是信道脉冲响应 $\boldsymbol{h}_{j,i}^{t}$ 的数字傅里叶变换。由矢量 $\boldsymbol{\omega}_k$ 指定该变换针对第 k 个 OFDM 子载波（$k=1$，2，…，K）。

11.3.2 MIMO-OFDM 系统的性能分析

讨论 MIMO-OFDM（ST-OFDM）系统的最大似然译码情况。假设接收机可以获得理想的 CSI（信道状态信息，即在时间 t 衰落信道状态信息 $\boldsymbol{H}_t$ 完全已知），则发射 $\boldsymbol{X}_t$ 与译码器基于 $\boldsymbol{H}_t$ 将其判决为另一个码字 $\hat{\boldsymbol{X}}_t$ 的成对差错概率为

$$P(\boldsymbol{X}_t,\ \hat{\boldsymbol{X}}_t\,|\,\boldsymbol{H}_t)\leqslant\exp[-d_{\mathrm{H}}^2(\boldsymbol{X}_t,\ \hat{\boldsymbol{X}}_t)E_{\mathrm{s}}/(4N_0)] \tag{11-42}$$

式中，E_{s} 是平均符号能量；N_0 是高斯白噪声单边功率谱密度；$d_{\mathrm{H}}^2(\boldsymbol{X}_t,\ \hat{\boldsymbol{X}}_t)$ 为

$$\begin{aligned}d_{\mathrm{H}}^2(\boldsymbol{X}_t,\ \hat{\boldsymbol{X}}_t)&=\sum_{j=1}^{n_{\mathrm{R}}}\sum_{k=1}^{K}\left|\sum_{i=1}^{n_{\mathrm{T}}}H_{j,i}^{t,k}(x_{t,k}^{i}-\hat{x}_{t,k}^{i})\right|^2\\&=\sum_{j=1}^{n_{\mathrm{R}}}\sum_{k=1}^{K}\left|\sum_{i=1}^{n_{\mathrm{T}}}(h_{j,i}^{t})^{\mathrm{H}}\cdot\omega_k(x_{t,k}^{i}-\hat{x}_{t,k}^{i})\right|^2=\sum_{j=1}^{n_{\mathrm{R}}}\sum_{k=1}^{K}|\boldsymbol{h}_j\boldsymbol{W}_k\boldsymbol{e}_k|^2\end{aligned} \tag{11-43}$$

其中

$$\boldsymbol{h}_j=[(h_{j,1}^{t})^{\mathrm{H}},\ (h_{j,2}^{t})^{\mathrm{H}},\ \cdots,\ (h_{j,n_{\mathrm{T}}}^{t})^{\mathrm{H}}]_{1\times L_Pn_T} \tag{11-44}$$

$$
\boldsymbol{W}_k=\begin{bmatrix}\omega_k & 0 & \cdots & 0\\ 0 & \omega_k & \cdots & 0\\ \vdots & \vdots & \ddots & \vdots\\ 0 & 0 & \cdots & \omega_k\end{bmatrix}_{L_P n_T\times L_P n_T} \tag{11-45}
$$

$$
\boldsymbol{e}_k=\begin{bmatrix}x_{t,k}^1-\hat{x}_{t,k}^1\\ x_{t,k}^2-\hat{x}_{t,k}^2\\ \vdots\\ x_{t,k}^{n_T}-\hat{x}_{t,k}^{n_T}\end{bmatrix}_{n_T\times 1} \tag{11-46}
$$

则 $d_{\mathrm{H}}^2(\boldsymbol{X}_t,\ \hat{\boldsymbol{X}}_t)$ 可以重写为

$$
\begin{aligned}
d_{\mathrm{H}}^2(\boldsymbol{X}_t,\ \hat{\boldsymbol{X}}_t) &= \sum_{j=1}^{n_{\mathrm{R}}}\sum_{k=1}^{K}\boldsymbol{h}_j\boldsymbol{W}_k\boldsymbol{e}_k\boldsymbol{e}_k^{\mathrm{H}}\boldsymbol{W}_k^{\mathrm{H}}\boldsymbol{h}_j^{\mathrm{H}}\\
&= \sum_{j=1}^{n_{\mathrm{R}}}\boldsymbol{h}_j\left[\sum_{k=1}^{K}\boldsymbol{W}_k\boldsymbol{e}_k\boldsymbol{e}_k^{\mathrm{H}}\boldsymbol{W}_k^{\mathrm{H}}\right]\boldsymbol{h}_j^{\mathrm{H}}=\sum_{j=1}^{n_{\mathrm{R}}}\boldsymbol{h}_j\boldsymbol{D}_{\mathrm{H}}(\boldsymbol{X}_t,\ \hat{\boldsymbol{X}}_t)\boldsymbol{h}_j^{\mathrm{H}}
\end{aligned} \tag{11-47}
$$

式中，$\boldsymbol{D}_{\mathrm{H}}(\boldsymbol{X}_t,\ \hat{\boldsymbol{X}}_t)$ 为 $L_{\mathrm{P}}n_{\mathrm{T}}\times L_{\mathrm{P}}n_{\mathrm{T}}$ 矩阵，定义为

$$
\boldsymbol{D}_{\mathrm{H}}(\boldsymbol{X}_t,\ \hat{\boldsymbol{X}}_t)=\sum_{k=1}^{K}\boldsymbol{W}_k\boldsymbol{e}_k\boldsymbol{e}_k^{\mathrm{H}}\boldsymbol{W}_k^{\mathrm{H}} \tag{11-48}
$$

显然，矩阵 $\boldsymbol{D}_{\mathrm{H}}(\boldsymbol{X}_t,\ \hat{\boldsymbol{X}}_t)$ 变量取决于码字差距和信道延迟分布。r_{h} 代表 $\boldsymbol{D}_{\mathrm{H}}(\boldsymbol{X}_t,\ \hat{\boldsymbol{X}}_t)$ 的秩。由于 $\boldsymbol{D}_{\mathrm{H}}(\boldsymbol{X}_t,\ \hat{\boldsymbol{X}}_t)$ 为非负定 Hermitian 矩阵，因此可以将该矩阵的特征值排序为[38]

$$
\lambda_1\geqslant\lambda_2\geqslant\cdots\lambda_{r_{\mathrm{h}}}>0 \tag{11-49}
$$

讨论矩阵 $\boldsymbol{e}_k\boldsymbol{e}_k^{\mathrm{H}}$。在第 k 个子载波和 n_{T} 个发射天线的码字 $\boldsymbol{X}_t$ 和 $\hat{\boldsymbol{X}}_t$ 的符号相同的情况下，$x_{t,k}^1x_{t,k}^2\cdots x_{t,k}^{n_T}=\hat{x}_{t,k}^1\hat{x}_{t,k}^2\cdots\hat{x}_{t,k}^{n_T}$，$\boldsymbol{e}_k\boldsymbol{e}_k^{\mathrm{H}}$ 是全零矩阵。另一方面，如果 $x_{t,k}^1x_{t,k}^2\cdots x_{t,k}^{n_{\mathrm{T}}}\neq\hat{x}_{t,k}^1\hat{x}_{t,k}^2\cdots\hat{x}_{t,k}^{n_{\mathrm{T}}}$，那么 $\boldsymbol{e}_k\boldsymbol{e}_k^{\mathrm{H}}$ 为秩为 1 的矩阵。令 δ_{H} 代表 $x_{t,k}^1x_{t,k}^2\cdots x_{t,k}^{n_{\mathrm{T}}}\neq\hat{x}_{t,k}^1\hat{x}_{t,k}^2\cdots\hat{x}_{t,k}^{n_{\mathrm{T}}}$ 的实例数 k（$k=1,\ 2,\ \cdots,\ K$）。显然，$\boldsymbol{D}_{\mathrm{H}}(\boldsymbol{X}_t,\ \hat{\boldsymbol{X}}_t)$ 的秩由下式确定：

$$
r_{\mathrm{h}}\leqslant\min(\delta_{\mathrm{H}},\ L_{\mathrm{P}}n_{\mathrm{T}}) \tag{11-50}
$$

式中，δ_{H} 称为逐符号的汉明距离。式 $P(\boldsymbol{X}_t,\ \hat{\boldsymbol{X}}_t\,|\,\boldsymbol{H}_t)$ 通过相对于信道系数 $h_{j,i}^{t,l}$ 的平均，可以获得 ST-OFDM 系统在频率选择性衰落信道上的成对差错概率，其上界为

$$
P(\boldsymbol{X}_t,\ \hat{\boldsymbol{X}}_t)\leqslant\frac{1}{\left[\prod_{j=1}^{r_{\mathrm{h}}}\left(1+\lambda_j\dfrac{E_{\mathrm{s}}}{4N_0}\right)\right]^{n_{\mathrm{R}}}}\leqslant\left(\prod_{j=1}^{r_{\mathrm{h}}}\lambda_j\right)^{-n_{\mathrm{R}}}\left(\frac{E_{\mathrm{s}}}{4N_0}\right)^{-r_{\mathrm{h}}n_{\mathrm{R}}} \tag{11-51}
$$

需要注意的是，该性能上界类似于慢瑞利衰落信道上的上界。频率选择性衰落信道的 MIMO-OFDM 可以达到 $r_{\mathrm{h}}n_{\mathrm{R}}$ 的分集增益，以及 $\left(\prod_{j=1}^{r_{\mathrm{h}}}\lambda_j\right)^{1/r_{\mathrm{h}}}/d_{\mathrm{u}}^2$ 的编码增益。为了使误码率最小，需要选择具有最大分集增益和编码增益的码。

讨论矩阵 $\boldsymbol{D}_H(\boldsymbol{X}_t,\ \hat{\boldsymbol{X}}_t)$ 的秩。空时码在频率选择性衰落信道上的最大可能分集增益 $L_{\mathrm{P}}n_{\mathrm{T}}n_{\mathrm{R}}$ 为发射天线数目 n_{T}、接收天线数目 n_{R} 和时间扩散长度（离散值）L_{P} 的乘积。为了达到这个最大可能分集，逐码符号的汉明距离 δ_{H} 必须等于或者大于 $n_{\mathrm{T}}n_{\mathrm{R}}$。这种情况下，空时码能够利用发射（天线数目）分集和多径信道延迟扩展。当 δ_{H} 小于 $n_{\mathrm{T}}n_{\mathrm{R}}$ 时，可能达到

的分集增益为 $\delta_{\mathrm{H}} n_{\mathrm{R}}$。此时，多径信道延迟扩展实际上使慢衰落信道能够近似为快衰落信道。因此，分集增益等于快衰落信道的分集增益。

在通信系统中，发射机通常不知道多径延迟数。在码的设计中，希望构造具有最大最小逐符号汉明距离 δ_{H} 的空时码。

值得注意的是，由于矩阵 $\boldsymbol{D}_{\mathrm{H}}(\boldsymbol{X}_t, \hat{\boldsymbol{X}}_t)$ 同时取决于码结构和信道延迟分布，因此不可能为不同延迟分布的各种信道设计最佳的码字。通常“在空时编码器和 OFDM 调制器之间使用交织器”有助于在这种信道上达到合理的鲁棒（或稳健）码性能。

假设衰落是准静态的（一帧信号内信道不变），发射端不知道信道信息，但是接收端完全知道信道状态信息。由于采用非各态历经随机过程描述信道，因此将瞬时信道容量定义为基于信道响应的“互信息”。瞬时信道容量为随机变量。对于随机信道频率响应的每个 $H_{j,i}^{t;k}$ 实现而言，基于 OFDM 的 MIMO 系统的瞬时信道容量为

$$C = \frac{1}{K} \sum_{k=1}^{K} \log_2 [\det(\boldsymbol{I}_{n_{\mathrm{R}}} + \mathrm{SNR}\boldsymbol{H}^k \cdot (\boldsymbol{H}^k)^{\mathrm{H}})] \tag{11-52}$$

式中，$\boldsymbol{I}_{n_{\mathrm{R}}}$ 为 n_{R} 阶单位矩阵；$\boldsymbol{H}^k$ 的第 (j, i) 项为 $H_{j,i}^{t,k}$ 的 $n_{\mathrm{R}} \times n_{\mathrm{T}}$ 信道矩阵，SNR 为每个接收天线的信噪比。通过仿真估计上式中的瞬时信道容量。如果信道是各态历经的，那么可以通过在随机信道上求瞬时容量的平均来计算信道容量。对于准静态衰落信道而言，信道的随机过程是非各态历经的。

可以得到基本结论[38]：频率选择性 MIMO 信道与频率平坦衰落信道相比具有较高的容量；换言之，增加 MIMO 系统中的延迟扩展将增加信道容量。为了达到信道容量，应该仔细设计空时码，从而利用 MIMO 多径衰落信道特性。

11.4　现代通信系统中的信道估计

无线通信系统的性能受到无线信道的影响，如多径造成的频率选择性衰落等。在无线通信中，信道的信息是可以得到利用的，如自适应的信道均衡利用信道信息来对抗码间干扰（ISI）的影响；分集技术利用信道不同路径的特性，实现了与接收信号“匹配”的接收机；最大似然（序列）检测通过信道信息的利用使得接收端错误概率显著降低。因此，如何对信道信息的估计和利用是现代通信技术和理论必须回答的问题。本节将对信道估计问题和估计方法给予简要介绍。

11.4.1　信道估计问题描述

在介绍信道估计方法之前，先复习和介绍一些基本概念，如信道、信道估计、信道估计误差的影响等。

（1）信道

信道概括地讲就是信号传输的通道，在第 3 章已经给予了说明。特别要强调的是常用的无线信道具有很大的随机性，且易受外界因素影响，信号在信道中传播，会引起信号相频失真和符号间干扰等现象。

（2）信道估计

信道估计一般是指估计从关注的信号发送点到接收点之间的部分或全部信道参数。例如，估计从发送天线到接收天线之间的无线信道的时频响应。具体可以利用接收的经信道影响产生的幅度和相位畸变并叠加了白高斯噪声的接收序列，来尽量准确地辨识出信道的时域

或频域传输特性。

（3）调制、解调与信道估计

调制方式不同，对应的解调方式也不同。总体来说，解调方式大致可分为非相干解调（如包络检波法）、相干解调（相干检测或同步检测法）以及采用差分检波法等。

1）相干检测与信道估计：如果发射机内采用非差分编码调制如 MPSK、MQAM 等，则在接收机只能采用相干检测，此时在接收机内必须进行信道估计，获得参考相位和幅值，达到恢复原始的数据的目的。也就是说，相干检测接收一般都需要信道估计配合完成。

2）差分检测法与信道估计：差分检测分为时域和频域差分检测。例如时域差分检测 DPSK 信号，就是通过比较相邻两个符号的相位来恢复出数据的，无须进行信道估计，由此可以简化系统实现的成本与复杂度。因此，差分检测接收方法一般不需要信道估计的配合。但是，差分检测与相干检测相比常常存在约 3dB 的性能损失。

3）非相干解调与信道估计：对于非相干解调方式，如 ASK 信号和 FSK 信号的包络检波解调，一般情况下也无须进行信道估计。

综上所述，相干检测接收需要信道估计配合完成，差分检测法和非相干解调无须进行信道估计。

（4）信道估计及其误差对通信系统性能的影响

此处，以 OFDM 调制方式为例，简要说明信道估计及其误差对通信系统性能的影响，不妨假设第 k 个子载波对应的信道估计值为

$$\hat{H}_k = H_k + e_k \tag{11-53}$$

式中，e_k 为信道估计的误差，也可视为信道估计时所引入的等效噪声。

假设 e_k 服从高斯分布，均值为 0，方差为 σ_e^2，其中 σ_e^2 的大小和估计算法有关。定义信道估计的偏差造成的性能损失 D_e（单位为 dB）为

$$D_e = 10\lg\frac{\mathrm{SNR}_{\mathrm{ideal}}}{\mathrm{SNR}_{\mathrm{real}}} \tag{11-54}$$

式中，$\mathrm{SNR}_{\mathrm{real}}$、$\mathrm{SNR}_{\mathrm{ideal}}$ 是为了达到一定的性能，理想情况下和实际情况下 OFDM 解调器中离散傅里叶变换（DFT）器输出端分别所需达到的信噪比。由于理想情况下和实际情况下 n 时刻第 k 个子载波上频域接收符号分别为：

1）信道理想估计情况下，重构的接收信号

$$R_{n,k} = H_k S_{n,k} + \eta_{n,k} \tag{11-55}$$

2）实际估计情况下，重构的接收信号

$$R_{n,k} = \hat{H}_k S_{n,k} + \eta_{n,k} = H_k S_{n,k} + e_k S_{n,k} + \eta_{n,k} \tag{11-56}$$

式中，$S_{n,k}$ 为 n 时刻第 k 个子载波发送的数据信号（或训练符号）；H_k 为第 k 个子载波实际的信道参数；$\hat{H}_k = H_k + e_k$ 为 H_k 的估计值；$\eta_{n,k}$ 为 n 时刻第 k 个子载波接收端噪声。注意实际接收的信号与理想重构的接收信号是一致的。对 OFDM 系统，所谓信道估计就是在信道估计器中通过对接收信号 $R_{n,k} = H_k S_{n,k} + \eta_{n,k}$ 的处理获得对 H_k 的估计值 $\hat{H}_k = H_k + e_k$。因此，理想信道估计情况下，系统中的噪声功率为 $\sigma_{\mathrm{ideal}}^2 = \sigma_n^2$（为 $\eta_{n,k}$ 的方差，$\eta_{n,k}$ 是均值为零的高斯噪声）。而实际信道估计情况下，系统中的噪声功率为 $\sigma_{\mathrm{real}}^2 = \sigma_n^2 + \sigma_e^2 |S_{n,k}|^2$，为分析方便起见，设 $S_{n,k}$ 是单位能量的，故有 $\sigma_{\mathrm{real}}^2 = \sigma_n^2 + \sigma_e^2$。可以得到

$$D_e = 10\lg\frac{\mathrm{SNR}_{\mathrm{ideal}}}{\mathrm{SNR}_{\mathrm{real}}} = 10\lg\frac{\sigma_{\mathrm{real}}^2}{\sigma_{\mathrm{ideal}}^2} = 10\lg\left(1+\frac{\sigma_e^2}{\sigma_n^2}\right) \tag{11-57}$$

由上式可见，信道估计器造成的信道估计值的误差 σ_e^2 越大，系统性能损失 D_e 越大，因此设计性能良好的信道估计器是确保良好通信效果的重要基础之一。

11.4.2　信道估计方法

了解了信道估计的基本概念后，再来了解一下信道的估计方法，为今后深入研究和实际应用奠定基础。信道估计方法可从不同角度进行分类，按照是否基于训练序列来分，可分为盲信道估计和非盲信道估计（注：OFDM 系统中导频辅助的信道估计就属于后者）。按照信道估计所用信息的范围来分，可分为一维信道估计和二维信道估计。按照估计的准则来分，可分为最小二乘估计（LS）、最大似然估计（ML）等。

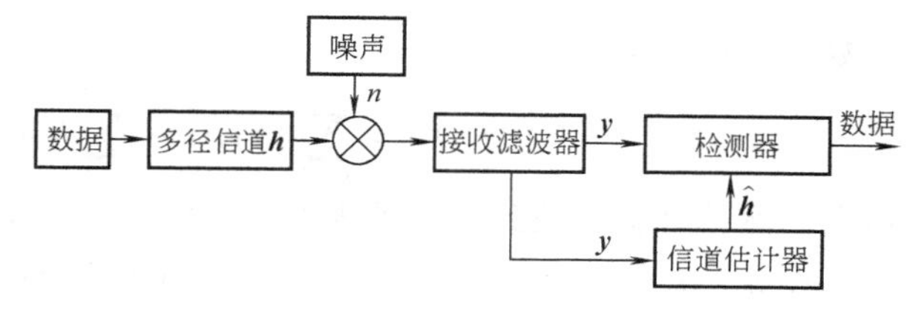

图 11-9　信道估计系统框图

1. 最小二乘估计方法

现在介绍最小二乘（LS）信道估计方法。考虑系统模型如图 11-9 所示，信道中噪声视为加性高斯白噪声，用 n 表示。接收机的任务就是从接收信号 $\boldsymbol{y}$ 中检测出发送信息。此时，检测器需要信道信息（矢量）$\boldsymbol{h}$，可通过估计得到。

接收到的信号矢量 y 可以表示为

$$y=\boldsymbol{Mh}+n \tag{11-58}$$

式中，$\boldsymbol{h}=[h_0,\ h_1,\ \cdots,\ h_L]^{\mathrm{T}}$ 表示信道矢量，为被估计的对象；n 为噪声取样值矢量。矩阵 $\boldsymbol{M}$ 为训练序列矩阵，可表示为

$$\boldsymbol{M}=\begin{bmatrix} m_L & \cdots & m_0 \\ \vdots & \vdots & \vdots \\ m_{L+P-1} & \cdots & m_{P-1} \end{bmatrix} \tag{11-59}$$

式中，P 为观测长度；L 为信道扩散长度；m_i 为双极性元素，$m_i \in \{-1,\ 1\}$。最小二乘（LS）信道估计就是要使以下平方误差最小

$$\hat{\boldsymbol{h}}=\operatorname{argmin}\|\boldsymbol{y}-\boldsymbol{Mh}\|^2 \tag{11-60}$$

只考虑高斯白噪声，可推导得

$$\hat{h}_{\mathrm{LS}}=(\boldsymbol{M}^{\mathrm{H}}\boldsymbol{M})^{-1}\boldsymbol{M}^{\mathrm{H}}\boldsymbol{y} \tag{11-61}$$

式中，$(\cdot)^{\mathrm{H}}$ 和 $(\cdot)^{-1}$ 分别表示矩阵的共轭转置和矩阵的逆。基于 LS 准则的估计方法受高斯白噪声和子载波间干扰（ICI）的影响，所以这种估计方法的准确性受到一定限制。

2. 最大似然估计方法

最大似然（ML）估计是估计和检测理论中的一种方法，第 2 章中有所介绍。下面讨论它在信道估计中的运用。

下面将以 OFDM 调制为例讨论 ML 信道估计算法。该算法采用迭代算法，首先利用导频或前一个 OFDM 符号计算得到信道的初始状态，再用直接判决模式进行迭代运算跟踪信道的变化。OFDM 系统结构特点为这种算法提供了方便。

设接收经过 DFT（或 FFT）后的接收信号为

$$\begin{aligned} Y(k) &= \left(\sum_{l=0}^{L-1} h_l \exp(-\mathrm{j}2\pi kl/N)\right)X(k)+n(k) \\ &= H(k)X(k)+n(k), \qquad 0\leqslant k\leqslant N-1 \end{aligned} \tag{11-62}$$

式中，$H(k)$为信道的频率响应；$n(k)$为高斯白噪声的傅里叶变换；N为子载波数目；L为信道的多径数。用$\underline{X}$，$\underline{h}$和$\underline{Y}$分别表示发送信号、信道冲激响应和接收信号。在给定$\underline{X}$和$\underline{h}$情况下$\underline{Y}$的似然函数为

$$f(\underline{Y}|\underline{X},\underline{h})=\frac{1}{(2\pi\sigma^2)^N}\exp\left(-\frac{D(\underline{h},\underline{X})}{2\sigma^2}\right) \tag{11-63}$$

式中，σ^2为噪声$n(k)$实部和虚部的方差，即$\sigma^2=\frac{1}{2}E[|n(k)|^2]$。定义$D(\underline{h},\underline{X})$为“距离”函数，可以表示为

$$D(\underline{h},\underline{X})=\sum_{k=0}^{N-1}\left|Y(k)-\sum_{l=0}^{L-1}h_l\exp(-\mathrm{j}2\pi kl/N)X(k)\right|^2 \tag{11-64}$$

最大似然估计就是找到合适的$\underline{h}$和$\underline{X}$，使得$f(\underline{Y}|\underline{X},\underline{h})$最大，或使得$D(\underline{h},\underline{X})$最小。

设$h_l=a_l+\mathrm{j}b_l$，$l=0, 1, \cdots L-1$，在$\underline{X}$已知的情况下，对h_l求导得到下式：

$$\left.\frac{\partial D(\underline{h},\underline{X})}{\partial a_l}\right|_{\underline{h}=\hat{\underline{h}}}=0,\quad \left.\frac{\partial D(\underline{h},\underline{X})}{\partial b_l}\right|_{\underline{h}=\hat{\underline{h}}}=0 \tag{11-65}$$

推导后得到下式：

$$\sum_{l=0}^{L-1}\hat{h}_l s(k-l)=z(k),\quad 0\leqslant k\leqslant L-1 \tag{11-66}$$

其中，$z(k)$和$s(k)$定义为$Z(k)$和$S(k)$经过IDFT（或IFFT）得到的结果

$$Z(k)=X^*(k)Y(k),\quad 0\leqslant k\leqslant N-1 \tag{11-67}$$

$$S(k)=|X(k)|^2,\quad 0\leqslant k\leqslant N-1 \tag{11-68}$$

对式（11-66）两边同时进行L维的傅里叶变换，得到

$$\hat{H}^{(L)}(l)\hat{S}^{(L)}(l)=\hat{Z}^{(L)}(l),\quad 0\leqslant l\leqslant L-1 \tag{11-69}$$

上标(L)表示维数是L的傅里叶变换，以便与前面的傅里叶变换维数N相区分。由上式得

$$h_l=\mathrm{IDFT}\left\{\frac{Z^{(L)}}{S^{(L)}}\right\}\quad 0\leqslant l\leqslant L-1 \tag{11-70}$$

对于一般常系数调制（如PSK、DPSK等）而言，对所有的k有$|X(k)|^2=C$，C为常数，所以有

$$s(k)=\begin{cases}C, & k=0\\0, & k\neq 0\end{cases} \tag{11-71}$$

则由式（11-70）得到

$$\hat{h}_l=z(l)/C\quad 0\leqslant l\leqslant L-1 \tag{11-72}$$

上式就是在$\underline{X}$给定的情况下，采用ML估计方法获得的信道冲激响应的估值。该方法存在的问题是如何确定时域信道扩散长度（或信道多径数）L，由于OFDM系统在设计符号结构是要求循环前缀（有的文献上称为保护区间）长度N_p要大于信道多径数L，所以对式（11-66）进行傅里叶变换时通常取$L=N$。ML估计方法的过程原理框图如图11-10所示。在估计得到h或H之后，可以继续应用ML方法得到发送信号$\hat{X}(k)$

$$\hat{X}(k)=\mathrm{argmin}_{\underline{X}=\hat{\underline{X}}}\{D(\underline{h},\underline{X})\}=Y(k)/\hat{H}(k),\quad 0\leqslant k\leqslant N-1 \tag{11-73}$$

ML估计方法小结：从包含导频的OFDM信号开始，初始信道的ML估计是从发送导频信号期间得到，在此基础之上，可以得到实际发送信号期间获得的第一次信道估计值，然后

将导频信号和估计得到的发送信号进行反馈，迭代得到更精确的信道特性，直到估计的准确性达到预先设定的标准。

3. 一维和二维信道估计方法

通常来说，信道估计所用的导频符号为一维的，则这种信道估计方法称为一维信道估计；若是二维的，则称为二维信道估计。下面将以 OFDM 调制为例具体地说明一维和二维信道估计方法。

（1）二维信道估计

由于多载波系统的信号可视为分布在时域和频域的二维平面上，因此二维信道估计方法是一种很好的选择。时频二维的信道估计按照多载波信号的帧（符号宽度）进行，因此它的数据突发传输也是以帧为单位进行的。信道传输函数 $H(f, t)$ 的时域频域离散表示为 $n=1, 2, \cdots, N_c$（频域）；$i=1, 2, \cdots, N_s$（时域），其中 N_c 为每个多载波符号的子载波个数，N_s 为每帧所包含的符号个数。离散信道传输函数的估值表示为 $\hat{H}_{n,i}$，$n=1, 2, \cdots, N_c$；$i=1, 2, \cdots, N_s$。如图 11-11 所示的一帧包含 $N_s=13$ 个 OFDM 符号，每个 OFDM 符号内包含 $N_c=11$ 个子载波，导频符号是按照正方形分布的。导频符号在频率方向的间距表示为 N_f，在时间方向的间距表示为 N_t，在图 11-11 中，$N_f=5$，$N_t=4$。

一个 OFDM 多载波帧的接收信号为

$$R_{n,i}=H_{n,i}S_{n,i}+N_{n,i}$$
$$(n=1, \cdots, N_c;\ i=1, \cdots, N_s) \tag{11-74}$$

式中，$S_{n,i}$ 为发送符号；$N_{n,i}$ 为高斯噪声。假定第一个导频符号位于帧结构的第一个 OFDM 符号的第一个子信道中，则导频符号可表示为 $S_{(p-1)N_f+1,(q-1)N_t+1}$，$p=1, \cdots, \lceil N_c/N_f \rceil$，$q=1, \cdots, \lceil N_s/N_t \rceil$。为了表达简洁，导频符号可以表示为 $S_{n',i'}$，其中

$$n'=(p-1)N_f+1 \quad (p=1,\cdots,\lceil N_c/N_f \rceil) \tag{11-75}$$

$$i'=(q-1)N_t+1 \quad (q=1,\cdots,\lceil N_s/N_t \rceil) \tag{11-76}$$

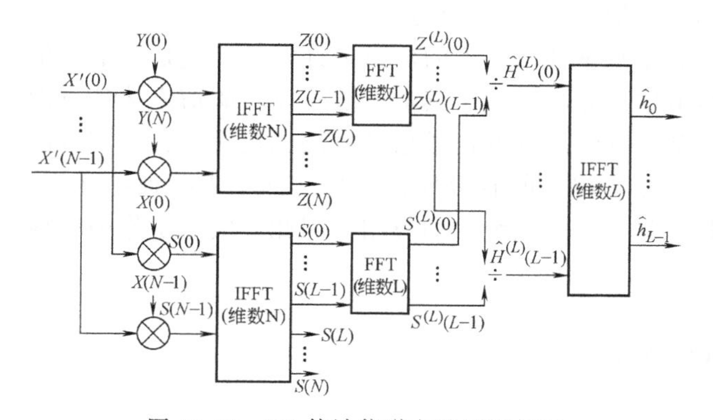

图 11-10　ML 估计信道方法原理框图

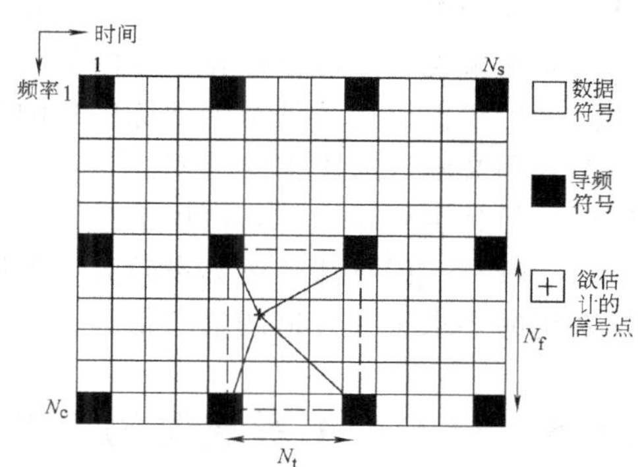

图 11-11　导频符号成正方形分布的 OFDM 符号帧结构

一帧中的所有导频符号可以表示为集合 P，导频符号的个数为

$$N_{grid}=\left\lceil \frac{N_c}{N_f} \right\rceil \left\lceil \frac{N_s}{N_t} \right\rceil = \| P \| \tag{11-77}$$

二维导频符号辅助的信道估计可以分为两步：

1）先估计插入导频符号处的信道系数为

$$\check{H}_{n',i'}=\frac{R_{n',i'}}{S_{n',i'}}=H_{n',i'}+\frac{N_{n',i'}}{S_{n',i'}},\ \forall\{n',i'\}\in P \tag{11-78}$$

其中，(n', i') 表示导频符号所处的位置。

2）利用上述导频符号位置处的估计信道系数，进行二维内插滤波，即

$$\hat{H}_{n,i}=\sum_{\{n',i'\}\in\Gamma_{n,i}}\omega_{n',i',n,i}\check{H}_{n',i'},\ \Gamma_{n,i}\subseteq P,\ (n=1,\cdots,N_c;\ i=1,\cdots,N_s) \tag{11-79}$$

其中，$\omega_{n',i',n,i}$ 为内插滤波器的加权系数；子集 $\Gamma_{n,i}\subseteq P$ 表示估计 $\hat{H}_{n,i}$ 时实际应用到的导频符号。滤波器的系数个数为

$$N_{tap}=\|\Gamma_{n,i}\|\leqslant N_{grid} \tag{11-80}$$

在图 11-11 中，$N_{grid}=12$，$N_{tap}=4$，即其中包含 12 个导频符号，但是在信道估计中只利用了其中的 4 个导频符号。

在什么情况下能利用导频无失真恢复信道响应？插入导频的密度应该多大呢？下面，把抽样定理推广到二维，抽样频率必须不小于带宽的两倍。滤波器在时间轴方向的归一化带宽为 $f_{D,filter}T'_s$，在频率轴方向的归一化带宽为 $\tau_{filter}/2\times F_s$。因此导频符号在时间轴方向的间隔需满足

$$N_t\leqslant\frac{1}{2f_{D,filter}T'_s} \tag{11-81}$$

导频符号在频率轴方向的间隔需满足

$$N_f\leqslant\frac{1}{\tau_{filter}F_s} \tag{11-82}$$

注意 N_t 和 N_f 只能取整数。

（2）一维信道估计

对于 OFDM 调制，还可采用两个级联的一维有限冲激响应（FIR）滤波器进行信道估计，在性能损失不大的情况下，大大减小计算量，在此不再赘述。

概括来说，信道估计算法有两类，一类是基于训练序列的信道估计，另一类是盲信道估计。这里仅仅讨论几种基于训练序列的信道估计方法，关于其他方法可以参阅信道估计方面的专著和文献。这里需要指明的是：一般基于训练序列的信道估计方法比较简单，适用范围广泛，但其主要缺点就是占用信息比特，降低了传输的有效性；而盲估计不需要训练序列，节约了带宽，但算法的运算量较大，限制了其在实际系统中的应用。因此，实际工作中应根据系统的要求选择合适的信道估计方法。

11.5 M-QAM 系统误码率性能分析

本节对 M 进制的正交振幅调制方式的信号构成的通信系统误码性能进行分析，信号星座图是矩形形状，信道是 AWGN 信道。以下给出了矩形正交幅度调制（QAM）的误比特率（BER）的确切封闭形式表达式。给出的误码率公式在设计和分析调制方案，特别是非格雷映射的调制方案时，特别有用。

11.5.1 系统模型

考虑一个系统，用 γ 来表示信息比特，经过无记忆的和任意的映射 $\mu\{\cdot\}$ 映射为符

号 x，$x(n)=\mu\{\boldsymbol{y}(n)\}\in A$，这里 n 是离散时间，$\boldsymbol{y}(n)=[y(nB+1),\cdots,y(nB+B)]$ 从所有可能码子集合 β 中取得的调制码子，$A=\{a_1,\cdots,a_M\}$ 是调制星座，$M=2^B$ 是星座大小。

接下来，考虑矩形 M 元正交幅度调制（QAM），也就是，$A=A_R\times\{jA_I\}$，这里 $j=\sqrt{-1}$，×是 Cartesian 乘积，集合 $A_R=\{a_{R,1},\cdots,a_{R,M_R}\}$，$A_I=\{a_{I,1},\cdots,a_{I,M_I}\}$ 的大小分别为 M_R 和 M_I（$M=M_RM_I$）包含了符号的实数部分和虚数部分。为了简化推导，以原点为中心，假设 A_R 和 A_I 中包含了等距的元素，就是 $a_{R,k+1}-a_{R,k}=a_{I,k+1}-a_{I,k}=d_{\min}$。如果需要也可以进一步放宽假设。另外，用 $\Delta_R\equiv a_{R,M_R}=-a_{R,1}$ 和 $\Delta_I\equiv a_{I,M_I}=-a_{I,1}$ 分别表示符号的实数部分和虚数部分的最大绝对值。

信道输出表达式为 $r(n)=x(n)+\eta(n)$，这里 $\eta(n)$ 是具有零均值方差为 N_0 的复白高斯噪声。平均比特能量为 $E_b=(1/B\cdot 2^B)\sum_l|a_l|^2$，它可以容易的表示为[42]

$$E_b=\frac{1}{12B}[M_R^2+M_I^2-2]d_{\min}^2=Kd_{\min}^2 \tag{11-83}$$

给定观察值 $r(n)$，检测器判决具有最近星座符号的码子

$$\hat{y}(n)=b\in\beta \text{ 如果 } r(n)\in Z_b=\{r:|r-\mu\{b\}|<|r-\mu\{\tilde{b}\}|,b\neq\tilde{b}\} \tag{11-84}$$

式中，Z_b 是相应符号 $\mu\{b\}$ 的判决区域；$|\cdot|$ 是欧氏距离。

11.5.2 误比特率的确切表达式

当发送码子 b，也就是 $x(n)=\mu\{b\}$，误差发生在当 $r(n)$ 落到 $Z_{\tilde{b}}$ 的时候，这里 $\tilde{b}\neq b$。误比特的数量与 b 和 $\tilde{b}$ 之间的汉明距离 $d_H(b,\tilde{b})$ 有关。因此可以用汉明距离，通过下式给定平均误比特率的表达式[42]

$$P_b=\frac{1}{B\cdot 2^B}\sum_{b\in\beta}\sum_{\tilde{b}\in\beta}d_H(b,\tilde{b})\Pr\{r(n)\in Z_{\tilde{b}}|x(n)=\mu\{b\}\} \tag{11-85}$$

这里 $\Pr\{\cdot|\cdot\}$ 表示条件概率。

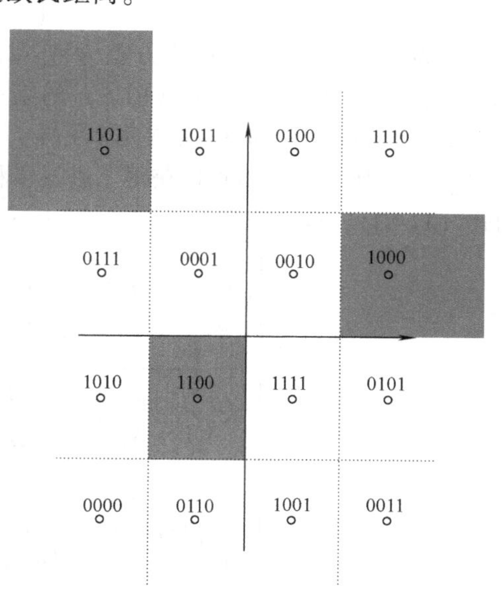

图 11-12　用于仿真的 16-QAM
（这个阴影区域表示判决区域的例子：平方区域、1/4 个平面和半边无限的条带）

在矩形 QAM 的情况下，判决区域 $Z_{\tilde{b}}$ 是大小为 $d_{\min}\times d_{\min}$ 的区域，除了那些符号在星座点的边界，它们可以是半边无限的条带或者是 1/4 个平面。如图 11-12 所示。因为 $r(n)$ 的实数部分和虚数部分是相互独立的。那么每个判决区域可以写成 $Z_b=Z_{R,b}\times\{jZ_{I,b}\}$（$Z_{R,b}$ 和 $Z_{I,b}$ 分别是在 Z_b 里元素的实数部分和虚数部分），式（11-85）中的条件概率可写为

$$\Pr\{r(n)\in Z_{\tilde{b}}|x(n)=\mu\{b\}\}=\Pr\{r_R(n)\in Z_{R,\tilde{b}}|x(n)=\mu\{b\}\}\cdot\Pr\{r_I(n)\in Z_{I,\tilde{b}}|x(n)=\mu\{b\}\} \tag{11-86}$$

式中，$r_R(n)=R[r(n)]$ 和 $r_I(n)=I[r(n)]$ 分别是 $r(n)$ 的实数部分和虚数部分。

$$\Pr\left\{r_{\mathrm{R}}(n)\in Z_{\mathrm{R},\tilde{b}}\,\middle|\,x(n)=\mu\{b\}\right\}\equiv I(\mu_{\mathrm{R}}\{b\},\ \mu_{\mathrm{R}}\{\tilde{b}\};\ \Delta_{\mathrm{R}})$$

$$=\begin{cases}\dfrac{1}{\sqrt{\pi N_0}}\displaystyle\int_{\mu_{\mathrm{R}}\{\tilde{b}\}-\frac{d_{\min}}{2}}^{\mu_{\mathrm{R}}\{\tilde{b}\}+\frac{d_{\min}}{2}}\exp\left(-\frac{(t-\mu_{\mathrm{R}}\{b\})^2}{N_0}\right)\mathrm{d}t, \\ \text{如果}-\Delta_{\mathrm{R}}<\mu_{\mathrm{R}}\{\tilde{b}\}<\Delta_{\mathrm{R}} \\ \dfrac{1}{\sqrt{\pi N_0}}\displaystyle\int_{-\infty}^{\mu_{\mathrm{R}}\{\tilde{b}\}+\frac{d_{\min}}{2}}\exp\left(-\frac{(t-\mu_{\mathrm{R}}\{b\})^2}{N_0}\right)\mathrm{d}t, \\ \text{如果}\ \mu_{\mathrm{R}}\{\tilde{b}\}=-\Delta_{\mathrm{R}} \\ \dfrac{1}{\sqrt{\pi N_0}}\displaystyle\int_{\mu_{\mathrm{R}}\{\tilde{b}\}-\frac{d_{\min}}{2}}^{\infty}\exp\left(-\frac{(t-\mu_{\mathrm{R}}\{b\})^2}{N_0}\right)\mathrm{d}t, \\ \text{如果}\ \mu_{\mathrm{R}}\{\tilde{b}\}=\Delta_{\mathrm{R}}\end{cases}\tag{11-87}$$

因为 $r_{\mathrm{R}}(n)$ 和 $r_{\mathrm{I}}(n)$ 的方差为 $N_0/2$，它们的均值分别为 $\mu_{\mathrm{R}}\{b\}=R[\mu\{b\}]$ 和 $\mu_{\mathrm{I}}\{b\}=I[\mu\{b\}]$，式（11-86）右边（RHS）的第一个乘积项可以写为式（11-87），式（11-86）右手边（RHS）的第二个乘积项是关系 $r(n)$ 的虚数部分，可以通过将式（11-87）中的下标为 $(\cdot)_{\mathrm{R}}$ 的换为 $(\cdot)_{\mathrm{I}}$ 而直接获得。进一步将公式（11-87）中的变量进行简单的变换，同时利用式（11-83），这个完整的 $I(\cdot,\ \cdot;\ \cdot)$ 可以用函数 Q 来表示。

$$I(v,\ \tilde{v};\ \Delta)=\begin{cases}Q\left(\sqrt{\dfrac{2|v-\tilde{v}|^2}{N_0}}-\sqrt{\dfrac{E_b}{2\kappa N_0}}\right) \\ -Q\left(\sqrt{\dfrac{2|v-\tilde{v}|^2}{N_0}}+\sqrt{\dfrac{E_b}{2\kappa N_0}}\right),\ \text{如果}-\Delta<\tilde{v}<\Delta \\ Q\left(\sqrt{\dfrac{2|v-\tilde{v}|^2}{N_0}}-\sqrt{\dfrac{E_b}{2\kappa N_0}}\right),\ \text{如果}\ |\tilde{v}|=\Delta\end{cases}\tag{11-88}$$

式中，v、$\tilde{v}$ 和 Δ 是 $I(\cdot,\ \cdot;\ \cdot)$ 的一般的参数（也就是，$\mu\{b\}$ 或 $\mu\{\tilde{b}\}$ 和 Δ_{R} 或 Δ_{I} 的实数和/或虚数部分）；$K=\dfrac{1}{12\cdot B}[M_{\mathrm{R}}^2+M_{\mathrm{I}}^2-2]$ 在式（11-83）中已经给出；条件 $|\tilde{v}|=\Delta$ 是检查符号 $\mu\{\tilde{b}\}$ 的实数部分和虚数部分是否在星座点的边界。

最后，式（11-88）必须用于计算式（11-86）中的乘积项。式（11-86）也进一步在式（11-85）中得到了应用。这个结果就是 QAM 平均误比特率的封闭形式的表达式。

注意这里推导的表达式可以直接推广到非等距点的矩形星座映射[42]。这里给出的表达式可以和所谓的一致边界[43]的表达式

$$P_e(\text{上界}) = \frac{1}{B \cdot 2^B}\sum_{b\in\beta}\sum_{\tilde{b}\in\beta} d_H(b,\tilde{b})\, Q\left(\sqrt{\frac{2\,|\mu\{\tilde{b}\}-\mu\{b\}|^2}{N_0}}\right) \tag{11-89}$$

进行比较。将式（11-85）和式（11-89）进行比较，可见对于每对（b，$\tilde{b}$）在式（11-89）中 $Q(\cdot)$ 函数使用一次，在式（11-85）中可能会使用到4次（在符号的实数部分使用2次，在符号的虚数部分使用2次）。因此，在式（11-85）中计算复杂度大约是一致边界中计算复杂度的4倍。另一方面，所谓的删除边界比一致边界紧[44]，它和式（11-89）有相似的形式，但是计算代价高。

11.5.3　数值算例

为了说明本节给出的QAM误码率解析表达式的优点，将它和一致边界式（11-89）和删除边界[44]在16-QAM（图11-13a）和64-QAM（图11-13b）时进行比较。对于16-QAM，采用文献[45]中的非格雷映射并在图11-12中显示；对于64-QAM，映射是从文献［46，图9］中取得的。作为双重检测，用随机产生的10^6bit的蒙特卡罗仿真的结果进行比较。本节给出的封闭形式误码率表达式的计算结果和仿真结果吻合。

可以看到在图11-13a和图11-13b中在高信噪比 E_b/N_0 值时，一致边界和删除边界的值和仿真的值能很好地匹配。这个差异在低信噪比时出现（对于16-QAM在误比特率为2×10^{-1}时有0.5dB的差别），对于64-QAM在误比特率为2×10^{-1}时，差别大约为2dB，这主要是由于式（11-85）右边出现了增多的项。

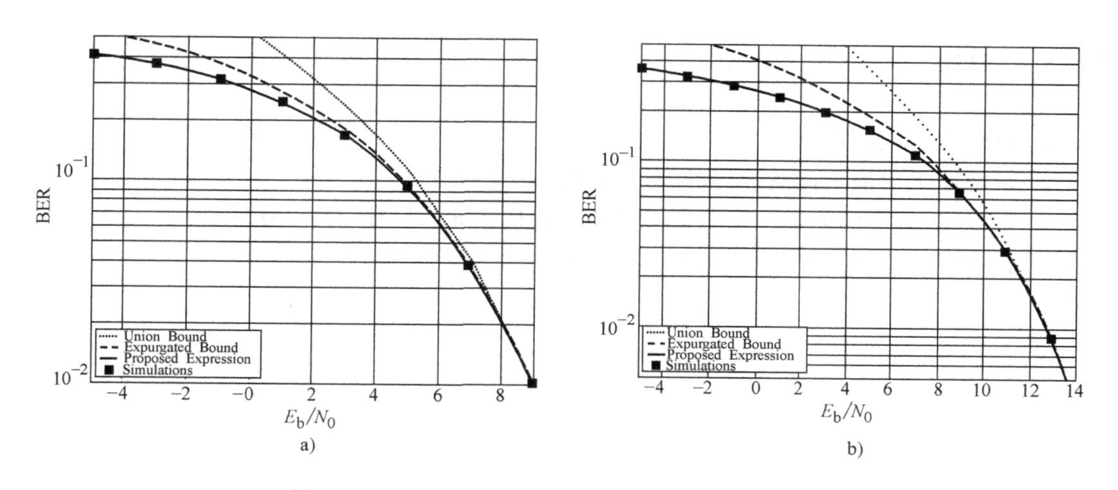

图11-13　未编码的QAM信号BER仿真和理论值

a）图11-12中的16-QAM星座映射的仿真BER和解析表达式的BER的比较

b）文献［46，图9］中的64-QAM星座映射的仿真BER和解析表达式的BER的比较

本节给出了矩形QAM误比特率的一种简单的封闭形式的公式，这种表达式不像其他文献中这种类型调制的表达式，可以用在非格雷映射中。用数字仿真和通过与一致边界和删除边界的比较，证明了使用这个推导出来的表达式的优势，特别是在低信噪比环境下。当和一致边界比较时，给出的公式的实现复杂度是它的4倍。这时增加的复杂度是可以控制的，这

样，本节给出的表达式相对于一致边界和删除边界应该是首选的误码率公式。

11.6 小结

本章通过对分集技术、多天线（MIMO）系统、MIMO-OFDM 系统、信道估值技术和 M-QAM 系统误码率性能分析等有关最近几年通信技术热点知识的介绍，使读者在接触现代实际通信系统或设计现代通信系统之前准备必要的知识，力求缩短读者掌握设计、分析优化现代通信系统方法手段的时间。当然本章的介绍是初步的，需要深入学习和研究现代通信理论与技术的读者还需学习、参阅更深入广泛的国内外文献资料［1，2，38~46］。

11.7 思考题

1. 试简述时间分集、频率分集、空间分集的含义。
2. 试说明相干时间的定义。
3. 试说明相干带宽的定义。
4. 试分别解释何谓选择合并、切换合并、等增益合并（EGC）和最大比合并（MRC）。
5. MIMO 技术能提高通信系统什么方面的性能？
6. 何谓分集增益？何谓编码增益？
7. 说明 MIMO-OFDM 系统与普通通信系统有什么优势？
8. 说明信道的估计方法是如何分类的？

11.8 习题

1. 推导式（11-33）。
2. 试证明采用最大似然译码准则可以得到式（11-33）。
3. 依据 11.4 节的内容，证明最小二乘信道估计 $\hat{\boldsymbol{h}}_{\mathrm{LS}}=(\boldsymbol{M}^{\mathrm{H}}\boldsymbol{M})^{-1}\boldsymbol{M}^{\mathrm{H}}\boldsymbol{y}$。
4. 请查相关资料，说明式（11-85）的正确性。

附　录

附录 A　帕塞瓦尔定理

1. 能量信号帕塞瓦尔定理

设能量信号为 $s(t)$，且 $\Gamma[s(t)]=S(f)$，则信号归一化能量为

$$E=\int_{-\infty}^{\infty}|s(t)|^2\mathrm{d}t=\int_{-\infty}^{\infty}|S(f)|^2\mathrm{d}f$$

所谓归一化能量或功率，是指信号 $s(t)$（电流或电压）在单位电阻（1Ω）上所消耗的能量或功率。证明如下：

$$E=\int_{-\infty}^{\infty}|s(t)|^2\mathrm{d}t=\int_{-\infty}^{\infty}s^*(t)\left[\int_{-\infty}^{\infty}S(f)\,\mathrm{e}^{\mathrm{j}2\pi ft}\mathrm{d}f\right]\mathrm{d}t$$

因为 t 和 f 是两个独立的变量，上式可以变换积分次序，从而

$$E=\int_{-\infty}^{\infty}S(f)\left[\int_{-\infty}^{\infty}s^*(t)\,\mathrm{e}^{\mathrm{j}2\pi ft}\mathrm{d}t\right]\mathrm{d}f=\int_{-\infty}^{\infty}S(f)\,S^*(f)\,\mathrm{d}f$$

于是得

$$E=\int_{-\infty}^{\infty}|s(t)|^2\mathrm{d}t=\int_{-\infty}^{\infty}|S(f)|^2\mathrm{d}f$$

2. 周期信号帕塞瓦尔定理

设周期功率信号为 $s(t)$，且 $s(t)=\sum\limits_{n=-\infty}^{\infty}F_n\mathrm{e}^{\mathrm{j}2\pi nf_0t}$，则信号归一化功率为

$$P=\frac{1}{T_0}\int_{-\frac{T_0}{2}}^{\frac{T_0}{2}}|s(t)|^2\mathrm{d}t=\sum_{n=-\infty}^{\infty}|F_n|^2$$

证明如下：

$$P=\frac{1}{T_0}\int_{-\frac{T_0}{2}}^{\frac{T_0}{2}}|s(t)|^2\mathrm{d}t=\frac{1}{T_0}\int_{-\frac{T_0}{2}}^{\frac{T_0}{2}}s^*(t)\left[\sum_{n=-\infty}^{\infty}F_n\mathrm{e}^{\mathrm{j}2\pi nf_0t}\right]\mathrm{d}t$$

$$=\sum_{n=-\infty}^{\infty}F_n\left[\frac{1}{T_0}\int_{-\frac{T_0}{2}}^{\frac{T_0}{2}}s^*(t)\,\mathrm{e}^{\mathrm{j}2\pi nf_0t}\mathrm{d}t\right]=\sum_{n=-\infty}^{\infty}F_nF_n^*=\sum_{n=-\infty}^{\infty}|F_n|^2$$

附录 B　互补误差函数和 Q 函数的数值表

互补误差函数 erfc(x) 定义为

$$\mathrm{erfc}(x)=1-\mathrm{erf}(x)=\frac{2}{\sqrt{\pi}}\int_{x}^{\infty}\mathrm{e}^{-t^2}\mathrm{d}t$$

其中，erf(x) 为误差函数，定义为

$$\operatorname{erf}(x)=\frac{2}{\sqrt{\pi}}\int_0^x \mathrm{e}^{-t^2}\mathrm{d}t$$

Q 函数的定义为

$$Q(x)=\frac{1}{\sqrt{2\pi}}\int_x^{\infty}\exp\left(-\frac{t^2}{2}\right)\mathrm{d}t$$

Q 函数与互补误差函数的关系为

$$Q(x)=\frac{1}{2}\operatorname{erfc}\left(\frac{x}{\sqrt{2}}\right)\qquad \operatorname{erfc}(x)=2Q(\sqrt{2}x)$$

互补误差函数与 Q 函数数值表见表 B-1。

表 B-1　互补误差函数与 Q 函数数值表

x	efrc(x)	Q(x)	x	efrc(x)	Q(x)
0. 00	1. 0000	0. 5000	2. 05	3. 742E-03	2. 018E-02
0. 05	0. 9436	0. 4801	2. 10	2. 979E-03	1. 786E-02
0. 10	0. 8875	0. 4602	2. 15	2. 361E-03	1. 578E-02
0. 15	0. 8320	0. 4404	2. 20	1. 863E-03	1. 390E-02
0. 20	0. 7773	0. 4207	2. 25	1. 463E-03	1. 222E-02
0. 25	0. 7237	0. 4013	2. 30	1. 143E-03	1. 072E-02
0. 30	0. 6714	0. 3821	2. 35	8. 893E-04	9. 387E-03
0. 35	0. 6206	0. 3632	2. 40	6. 885E-04	8. 198E-03
0. 40	0. 5716	0. 3446	2. 45	5. 306E-04	7. 143E-03
0. 45	0. 5245	0. 3264	2. 50	4. 070E-04	6. 210E-03
0. 50	0. 4795	0. 3085	2. 55	3. 107E-04	5. 386E-03
0. 55	0. 4367	0. 2912	2. 60	2. 360E-04	4. 661E-03
0. 60	0. 3961	0. 2743	2. 65	1. 785E-04	4. 025E-03
0. 65	0. 3580	0. 2578	2. 70	1. 343E-04	3. 467E-03
0. 70	0. 3222	0. 2420	2. 75	1. 006E-04	2. 980E-03
0. 75	0. 2888	0. 2266	2. 80	7. 501E-05	2. 555E-03
0. 80	0. 2579	0. 2119	2. 85	5. 566E-05	2. 186E-03
0. 85	0. 2293	0. 1977	2. 90	4. 110E-05	1. 866E-03
0. 90	0. 2031	0. 1841	2. 95	3. 020E-05	1. 589E-03
0. 95	0. 1791	0. 1711	3. 00	2. 209E-05	1. 350E-03
1. 00	0. 1573	0. 1587	3. 10	1. 165E-05	9. 676E-04
1. 05	0. 1376	0. 1469	3. 20	6. 026E-06	6. 871E-04
1. 10	0. 1198	0. 1357	3. 30	3. 058E-06	4. 834E-04
1. 15	0. 1039	0. 1251	3. 40	1. 522E-06	3. 369E-04
1. 20	8. 969E-02	0. 1151	3. 50	7. 431E-07	2. 326E-04
1. 25	7. 710E-02	0. 1056	3. 60	3. 559E-07	1. 591E-04
1. 30	6. 599E-02	9. 680E-02	3. 70	1. 672E-07	1. 078E-04
1. 35	5. 624E-02	8. 851E-02	3. 80	7. 700E-08	7. 235E-05
1. 40	4. 771E-02	8. 076E-02	3. 90	3. 479E-08	4. 810E-05
1. 45	4. 030E-02	7. 353E-02	4. 00	1. 542E-08	3. 167E-05
1. 50	3. 389E-02	6. 681E-02	4. 10	6. 700E-09	2. 066E-05
1. 55	2. 838E-02	6. 057E-02	5. 20	2. 855E-09	1. 335E-05
1. 60	2. 365E-02	5. 480E-02	4. 30	1. 193E-09	8. 540E-06
1. 65	1. 962E-02	4. 947E-02	4. 40	4. 892E-10	5. 413E-06
1. 70	1. 621E-02	4. 457E-02	4. 50	1. 966E-10	3. 398E-06
1. 75	1. 333E-02	4. 006E-02	4. 60	7. 750E-11	2. 112E-06
1. 80	1. 091E-02	3. 593E-02	4. 70	2. 995E-11	1. 301E-06
1. 85	8. 889E-03	3. 216E-02	4. 80	1. 135E-11	7. 933E-07
1. 90	7. 210E-03	2. 872E-02	4. 90	4. 219E-12	4. 792E-07
1. 95	5. 821E-03	2. 559E-02	5. 00	1. 537E-12	2. 867E-07
2. 00	4. 678E-03	2. 275E-02			

附录C 符 号 表

符号	含义
T_B（T_S）	码元周期（或符号周期）
R_B	码元速率（单位：Baud）
T_b	比特周期
R_b	信息速率（单位：bit/s）
P_e	误码率
P_b	误信率
P	概率，功率
I	信息量（单位：bit）
H	信息源平均信息量（信息熵）（单位：bit/符号）
f	频率（单位：Hz）
ω	角频率，$\omega=2\pi f$（单位：rad/s）
$\mathrm{Sa}(t)$	抽样函数
$\mathrm{sinc}(t)$	sinc 函数
$u(t)$	阶跃函数
$G_{\mathrm{T}}(t)$	单位矩形脉冲信号（门函数）
$\mathrm{sgn}(t)$	符号函数
$\delta(t)$	δ 函数
$f_1(t) * f_2(t)$	$f_1(t)$ 和 $f_2(t)$ 卷积
$R_{f1f2}(t)$	$f_1(t)$ 和 $f_2(t)$ 互相关
$F(\omega)$	$f(t)$ 的傅里叶变换
$P(\omega)$，$P(f)$	$f(t)$ 的功率谱密度
$h(t)$	信道冲激响应
$H(\omega)$，$H(f)$	信道传输函数
$E(x)$	数学期望
$D(x)$	方差
$\mathrm{conv}(x, y)$	x，y 协方差
C	信道容量
Δ	量化间隔
d	码距（汉明距离）
d_0	最小码距
e	检错能力
t	纠错能力
S	校正子
r	监督位数
k	信息位数
n	码长
G	生成矩阵
H	监督矩阵
$\Delta\varphi$	（载波同步）稳态相差

t_s	同步建立时间
t_c	同步保持时间
θ_e	(位同步) 相位误差
P_1	(群同步) 漏同步概率
P_2	(群同步) 假同步概率

附录D　缩略词表

SNR	信噪比
2ASK	二进制幅移键控
2FSK	二进制频移键控
2PSK	二进制相移键控
2DPSK	二进制差分相移键控
MASK	多进制幅移键控
MFSK	多进制频移键控
MPSK	多进制相移键控
QPSK	正交相移键控 (四进制相移键控)
QDPSK	正交差分相移键控 (四进制差分相移键控)
APK	振幅相位联合键控
QAM	正交幅度调制
16QAM	十六进制正交幅度调制
OQPSK	偏移正交相移键控 (偏移四进制相移键控)
π/4-DQPSK	π/4-正交差分相移键控
MSK	最小频移键控
GMSK	高斯最小频移键控
CPFSK	连续相位频移键控
CPM	连续相位调制
MCM	多载波复用
FDM	频分复用
TDM	时分复用
CDM	码分复用
OFDM	正交频分复用
ICI	载波间干扰
ISI	码间串扰 (码间干扰)
CCK	补码键控
PCM	脉冲编码调制
ΔM (DM)	增量调制
DPCM	差分脉冲编码调制
ADPCM	自适应差分脉冲编码调制
PDH	准同步数字系列
SDH	同步数字系列
STM	同步传输模式

ARQ	检错重发法
FEC	前向纠错法
IF	反馈校验法
TCM	网格编码调制

附录 E　常用三角公式

$\cos(x\pm y)=\cos x\cos y\mp\sin x\sin y$

$\sin(x\pm y)=\sin x\cos y\pm\cos x\sin y$

$\cos x\cos y=\frac{1}{2}[\cos(x-y)+\cos(x+y)]$

$\sin x\sin y=\frac{1}{2}[\cos(x-y)-\cos(x+y)]$

$\sin x\cos y=\frac{1}{2}[\sin(x-y)+\sin(x+y)]$

$\sin x+\sin y=2\sin\frac{x+y}{2}\cos\frac{x-y}{2}$

$\cos x+\cos y=2\cos\frac{x+y}{2}\cos\frac{x-y}{2}$

$\sin^2 x=\frac{1}{2}(1-\cos 2x)$

$\cos^2 x+\sin^2 x=1$

$\cos^2 x=\frac{1}{2}(1+\cos 2x)$

$\cos 2x=\cos^2 x-\sin^2 x$

$\sin 2x=2\sin x\cos x$

$e^{jx}=\cos x+j\sin x$

$e^{-jx}=\cos x-j\sin x$

$\cos x=\frac{1}{2}(e^{jx}+e^{-jx})$

$\sin x=\frac{1}{2j}(e^{jx}-e^{-jx})$

附录 F　常用积分公式和级数公式

$\int e^{ax}dx=\frac{e^{ax}}{a}$

$\int xe^{ax}dx=e^{ax}\left[\frac{x}{a}-\frac{1}{a^2}\right]$

$\int_0^{\infty}e^{-a^2x^2}dx=\frac{\sqrt{\pi}}{2a}\quad(a>0)$

$\int_0^{\infty}x^2e^{-x^2}dx=\frac{\sqrt{\pi}}{4}$

$\int_0^{\infty}\mathrm{Sa}^2(x)dx=\frac{\pi}{2}$

$\int\frac{1}{x}dx=\ln x$

$\int\frac{1}{x^n}dx=\frac{-1}{(n-1)x^{n-1}}\quad(n>1)$

$\int x^n dx=\frac{x^{n+1}}{n+1}\quad(n\geqslant 0)$

$\int(a+bx)^n dx=\frac{(a+bx)^{n+1}}{b(n+1)}\quad(n\geqslant 0)$

$\int\frac{1}{(a+bx)^n}dx=\frac{-1}{(n-1)b(a+bx)^{n-1}}\quad(n>1)$

$\int\frac{1}{a^2+b^2x}dx=\frac{1}{ab}\arctan\left(\frac{bx}{a}\right)$

$\int\cos x dx=\sin x$

$\int x\cos x dx=\cos x+x\sin x$

$\int\sin x dx=-\cos x$

$\int x\sin x dx=\sin x-x\cos x$

$\sum_{i=1}^{n}i=\frac{n(n+1)}{2}$

$\sum_{i=1}^{n}i^2=\frac{n(n+1)(2n+1)}{6}$

$\sum_{i=1}^{n}i^3=\frac{n^2(n+1)^2}{4}$

$\sum_{i=1}^{n}(2i-1)=n^2$

$$\sum_{i=1}^{n} 2i = n(n+1) \qquad \sum_{i=1}^{n}(2i-1)^2 = \frac{n(4n^2-1)}{3}$$

附录 G　CCK64_QPSK 扩频补码集

CCK64_QPSK 扩频码字由 64 个复码字组成，如表 G-1 所示。

表 G-1　CCK64_QPSK 扩频补码集

序号	CCK64_QPSK 扩频码字							
1	1	1	1	−1	1	1	−1	1
2	0+j	1	0+j	−1	0+j	1	0−j	1
3	−1	1	−1	−1	−1	1	1	1
4	0−j	1	0−j	−1	0−j	1	0+j	1
5	0+j	0+j	1	−1	0+j	0+j	−1	1
6	−1	0+j	0+j	−1	−1	0+j	0−j	1
7	0−j	0+j	−1	−1	0−j	0+j	1	1
8	1	0+j	0−j	−1	1	0+j	0+j	1
9	−1	−1	1	−1	−1	−1	−1	1
10	0−j	−1	0+j	−1	0−j	−1	0−j	1
11	1	−1	−1	−1	1	−1	1	1
12	0+j	−1	0−j	−1	0+j	−1	0+j	1
13	0−j	0−j	1	−1	0−j	0−j	−1	1
14	1	0−j	0+j	−1	1	0−j	0−j	1
15	0+j	0−j	−1	−1	0+j	0−j	1	1
16	−1	0−j	0−j	−1	−1	0−j	0+j	1
17	0+j	0+j	0+j	0−j	1	1	−1	1
18	−1	0+j	−1	0−j	0+j	1	0−j	1
19	0−j	0+j	0−j	0−j	−1	1	1	1
20	1	0+j	1	0−j	0−j	1	0+j	1
21	−1	−1	0+j	0−j	0+j	0+j	−1	1
22	0−j	−1	−1	0−j	−1	0+j	0−j	1
23	1	−1	0−j	0−j	0−j	0+j	1	1
24	0+j	−1	1	0−j	1	0+j	0+j	1
25	0−j	0−j	0+j	0−j	−1	−1	−1	1
26	1	0−j	−1	0−j	0−j	−1	0−j	1
27	0+j	0−j	0−j	0−j	1	−1	1	1
28	−1	0−j	1	0−j	0+j	−1	0+j	1
29	1	1	0+j	0−j	0−j	0−j	−1	1
30	0+j	1	−1	0−j	1	0−j	0−j	1
31	−1	1	0−j	0−j	0+j	0−j	1	1
32	0−j	1	1	0−j	−1	0−j	0+j	1
33	−1	−1	−1	1	1	1	−1	1
34	0−j	−1	0−j	1	0+j	1	0−j	1
35	1	−1	1	1	−1	1	1	1
36	0+j	−1	0+j	1	0−j	1	0+j	1
37	0−j	0−j	−1	1	0+j	0+j	−1	1
38	1	0−j	0−j	1	−1	0+j	0−j	1
39	0+j	0−j	1	1	0−j	0+j	1	1
40	−1	0−j	0+j	1	1	0+j	0+j	1
41	1	1	−1	1	−1	−1	−1	1

（续）

序号	CCK64_QPSK 扩频码字							
42	0+j	1	0−j	1	0−j	−1	0−j	1
43	−1	1	1	1	1	−1	1	1
44	0−j	1	0+j	1	0+j	−1	0+j	1
45	0+j	0+j	−1	1	0−j	0−j	−1	1
46	−1	0+j	0−j	1	1	0−j	0−j	1
47	0−j	0+j	1	1	0+j	0−j	1	1
48	1	0+j	0+j	1	−1	0−j	0+j	1
49	0−j	0−j	0−j	0+j	1	1	−1	1
50	1	0−j	1	0+j	0+j	1	0−j	1
51	0+j	0−j	0+j	0+j	−1	1	1	1
52	−1	0−j	−1	0+j	0−j	1	0+j	1
53	1	1	0−j	0+j	0+j	0+j	−1	1
54	0+j	1	1	0+j	−1	0+j	0−j	1
55	−1	1	0+j	0+j	0−j	0+j	1	1
56	0−j	1	−1	0+j	1	0+j	0+j	1
57	0+j	0+j	0−j	0+j	−1	−1	−1	1
58	−1	0+j	1	0+j	0−j	−1	0−j	1
59	0−j	0+j	0+j	0+j	1	−1	1	1
60	1	0+j	−1	0+j	0+j	−1	0+j	1
61	−1	−1	0−j	0+j	0−j	0−j	−1	1
62	0−j	−1	1	0+j	1	0−j	0−j	1
63	1	−1	0+j	0+j	0+j	0−j	1	1
64	0+j	−1	−1	0+j	−1	0−j	0+j	1

附录 H　部分习题参考答案

第 1 章

1. 3.25bit，6.97bit
2. 0.585bit
3. 2.375bit 符号
4. （1）200bits；（2）198.5bits

10. 30000s

第 2 章

1.（1）非周期信号，非能量信号，非功率信号；
  （2）周期信号，功率信号；
  （3）周期信号，功率信号；
  （4）非周期信号，功率信号。

2.（a）频谱函数为：$S(f)=AT\mathrm{Sa}(\pi fT)$；
  能量谱密度为：$G(f)=|S(f)|^2=A^2T^2\mathrm{Sa}^2(\pi fT)$
  自相关函数 $R(\tau)$：$R(\tau)\Leftrightarrow G(f)$
  波形：

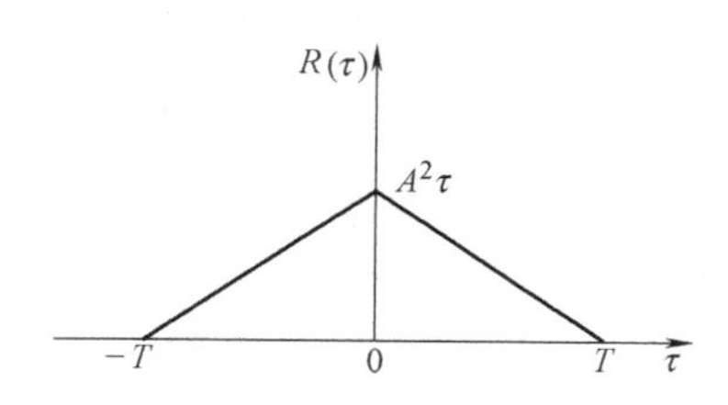

信号能量为：$E=R(0)=A^2T$。

(b) 频谱函数为：$S(f)=AT\mathrm{Sa}(\pi fT)\mathrm{e}^{-\mathrm{j}\pi T}$

能量谱密度为：$G(f)=|S(f)|^2=A^2T^2\mathrm{Sa}^2(\pi fT)$，与（a）相同；自相关函数$R(\tau)$和波形，以及信号能量均与（a）相同。

3. $s(t)\cos2\pi f_0t\Leftrightarrow\frac{1}{2}[S(f+f_0)+S(f-f_0)]$

对应$f_0=5f_s$，其频谱图为

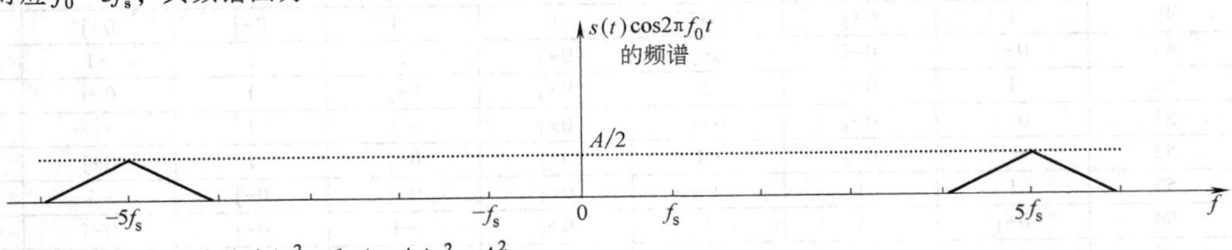

4. 平均功率为 $S=\frac{1}{2}\left(\frac{A}{2}\right)^2+\frac{1}{2}\left(-\frac{A}{2}\right)^2=\frac{A^2}{4}$

功率谱密度为：$P_s(f)=\frac{A^2}{16}[\delta(f-1100)+\delta(f+1100)+\delta(f-900)+\delta(f+900)]$

自相关函数 $R(\tau)=\frac{A^2}{8}\cos(2200\pi\tau)+\frac{A^2}{8}\cos(1800\pi\tau)$

5. $f(t)=\frac{E}{\pi}+\frac{E}{\pi}\sum_{n=1}^{\infty}\left(\frac{1}{2n+1}-\frac{1}{2n-1}\right)\cos\frac{2\pi n}{T}t$

6. 信号的能量为 $E=\frac{2}{3\tau}$

7. (1) $A=1/2$；(2) $E(X)=0$；$D(X)=2$。

8. $E(x)=0$，$D(x)=\frac{a^2}{3}$

9. $E(x)=\frac{\sqrt{b\pi}}{2}$，$D(X)=b\left(1-\frac{\pi}{4}\right)$

10. 均值为5.06，概率为0.41；

11. $f(z)=2z^3\mathrm{e}^{(-z^2)}$

12. 证明略。

13. 证明略。

14. $E_\xi(1)=1$，$R_\xi(0,1)=2$

15. (1) $a_X(t)=0$，$R_X(t,t+\tau)=\frac{2}{3}$，$X(t)$是广义平稳的。

(2) $a_Y(t)=0$，$R_Y(t,\ t+\tau)=\frac{2}{5}(t^2+\tau t+1)$，$Y(t)$不是广义平的。

16. (1) $R_z(t_1,\ t_2)=R_x(\tau)\cdot R_y(\tau)$

(2) $R_z(t_1,\ t_2)=R_x(\tau)+R_y(\tau)+2a_1a_2$

17. $R_{S_1}(t+\tau,\ t)=R_X(\tau)\cos2\pi f_0(t+\tau)\cdot\cos2\pi f_0t$，$S_1(t)$ 不是广义平稳随机过程；

$R_{S_2}(t+\tau,\ t)=R_X(\tau)\cdot\frac{1}{2}\cos2\pi f_0\tau$，$E[S_2(t)]=0$，$S_2(t)$是广义平稳随机过程。

18. (1) $R_Z(t,\ t+\tau)=R_X(\tau)+R_Y(\tau)+R_{XY}(\tau)+R_{YX}(\tau)$

(2) $R_Z(t,\ t+\tau)=R_X(\tau)+R_Y(\tau)+2m_xm_y$

19. 证明略。

20. （1）证明略；

（2）$P_Z(f)=a\sigma^2\cdot\left[\dfrac{1}{a^2+4\pi^2(f-f_0)^2}+\dfrac{1}{a^2+4\pi^2(f+f_0)^2}\right]$

曲线如图所示：

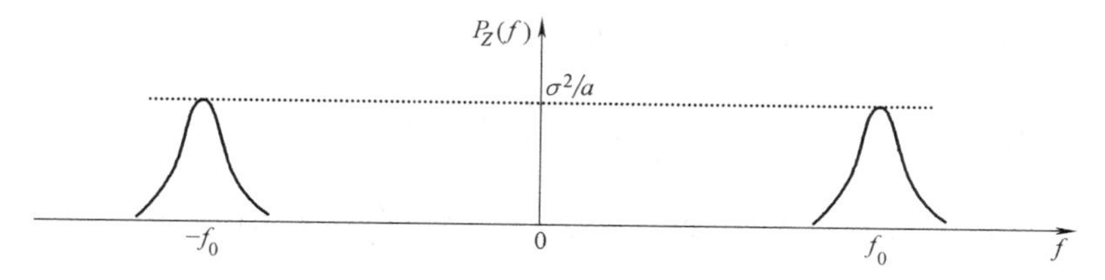

21. 证明略。

22. （1）证明略；

（2）$P_s(f)=\int_{-\infty}^{\infty}R(\tau)e^{-j2\pi f\tau}d\tau=\dfrac{1}{4}[P_m(f+f_c)+P_m(f-f_c)]$

23. （1）$S=\int_{-B}^{B}P(f)df=BK$

（2）证明略。

（3）证明略。

24. （1）$P(f)=\dfrac{\alpha R(0)}{\alpha^2+4\pi^2(f-\beta)^2}+\dfrac{\alpha R(0)}{\alpha^2+4\pi^2(f+\beta)^2}$

（2）$\alpha=1$、$\beta=0.6$时，$\dfrac{R(\tau)}{R(0)}=e^{-|\tau|}\cos1.2\pi\tau$，$P(f)=\dfrac{R(0)}{1+4\pi^2(f-0.6)^2}+\dfrac{R(0)}{1+4\pi^2(f+0.6)^2}$

曲线如下图所示

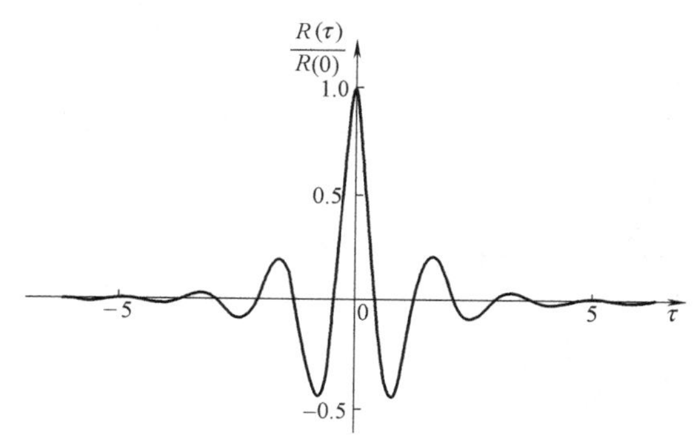

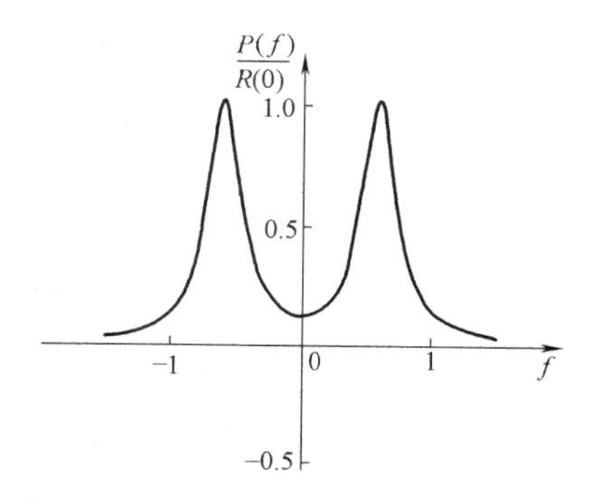

（3）（a）$\alpha=0$，$R(\tau)=R(0)\cos2\pi\beta\tau$，$P(f)=\dfrac{R(0)}{2}[\delta(f-\beta)+\delta(f+\beta)]$

（b）$\beta=0$，$P(f)=\dfrac{2\alpha R(0)}{\alpha^2+4\pi^2f^2}$

25. （1）$R(\tau)=\int_{-f_0}^{f_0}P(f)e^{j2\pi f\tau}df=0.2\text{Sa}(2\pi\times10^5\tau)$

$\sigma=\sqrt{R(0)}=\sqrt{0.2}\approx0.45\text{V}$

（2）$R_n(\tau)=0.2\text{Sa}(2\pi\times10^5\tau)$

间隔$\tau=\dfrac{k}{2\times10^5}$时$n(t)$和$n(t+\tau)$不相关

（3）$P[n(t)>0.45]=0.159$，$P[n(t)>0.9]=0.0228$

26. (1) $f_{n1n2}(x_1x_2)=\dfrac{1}{2\pi\sqrt{R_n^2(0)-R_n^2(\tau)}}\exp\left(-\dfrac{R_n(0)}{2(R_n^2(0)-R_n^2(\tau))}\cdot\right.$

$\left.((x_1)^2-2R_n(0)R_n(\tau)x_1x_2+(x_1)^2)\right)$

(2) $\tau=5\mu s$　$R(\tau)=0$，n_1，n_2 不相关。

$$f_{n1n2}(x_1x_2)=\frac{1}{\sqrt{2\pi}\sigma_n}\exp\left(-\frac{x_1^2}{2\sigma_n^2}-\frac{x_2^2}{2\sigma_n^2}\right)=f(x_1)f(x_2)$$

$\tau=2.5\mu s$，$R_n(2.5)=0.2\text{Sa}(2\times10^5\times\pi\times2.5)=\dfrac{0.4}{\pi}$，$R_n(0)=0.2$

$$f_{n1n2}(x_1x_2)=\frac{1}{0.97}\exp[-0.42(x_1^2-0.05x_1x_2+x_2^2)]$$

对于 $\tau=5\mu s$ 时，由于 n_1,n_2 不相关，故 $f_{n1n2}(x_1x_2)$ 式中无 x_1x_2 项

对于 $\tau=2.5\mu s$ 时，由于 n_1,n_2 不相关，故 $f_{n1n2}(x_1x_2)$ 式中无 x_1x_2 项

上两式与一维相比表达式复杂，且为二维。

27. 噪声输出自相关函数为

$$R(\tau)=\frac{N_0}{2}K^2\beta\sqrt{\pi}\exp(-\beta^2\pi^2\tau^2)\text{e}^{\text{j}2\pi f_0\tau}=\frac{N_0}{2}K^2\beta\sqrt{\pi}\exp(-\beta^2\pi^2\tau^2+\text{j}2\pi f_0\tau)$$

其图形如下，(a) 为幅度 $|R(\tau)|=\dfrac{N_0}{2}K^2\beta\sqrt{\pi}\exp(-\beta^2\pi^2\tau^2)$，(b) 为相位 $\angle R(\tau)=2\pi f_0\tau$；

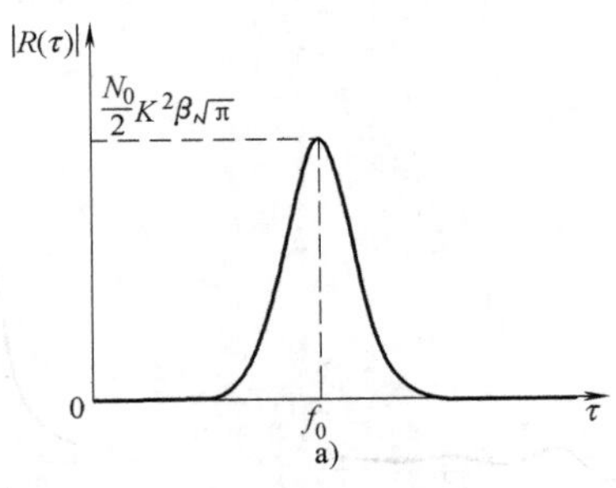

a)

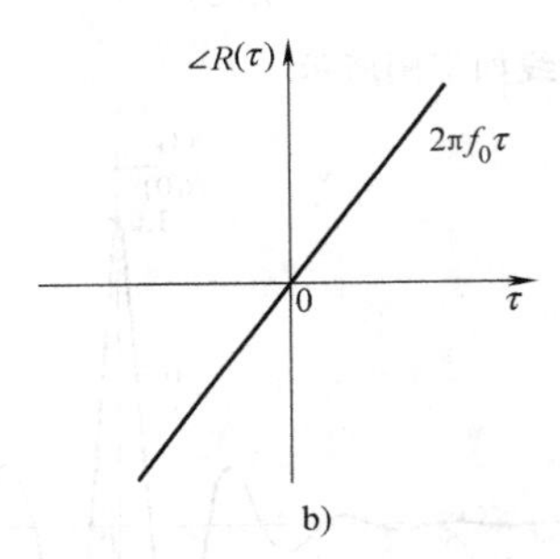

b)

28. $f(x)=\dfrac{1}{\sqrt{2\pi}\sigma}\exp\left(-\dfrac{x^2}{2\sigma^2}\right)=\sqrt{\dfrac{4RC}{2\pi n_0}}\exp\left[-\dfrac{2RC}{n_0}x^2\right]$

29. (1) 输出噪声的自相关函数为：

$R_0(\tau)=n_0B\text{Sa}(\pi B\tau)\cos2\pi f_c\tau$

平均功率为 $N_0=n_0B$

(2) 输出噪声的一维概率密度函数为

$$f(x)=\frac{1}{\sqrt{2\pi n_0B}}\exp\left[-\frac{x^2}{2n_0B}\right]$$

30. (1) $P_n(f)=\dfrac{a}{2}\left[\dfrac{1}{a-\text{j}2\pi f}-\dfrac{1}{a+\text{j}2\pi f}\right]=\dfrac{a^2}{a^2+4\pi^2f^2}$

$$S=R_n(0)=\frac{a}{2}$$

(2) $R_n(\tau)$ 及 $P_n(f)$ 的图形如下所示：

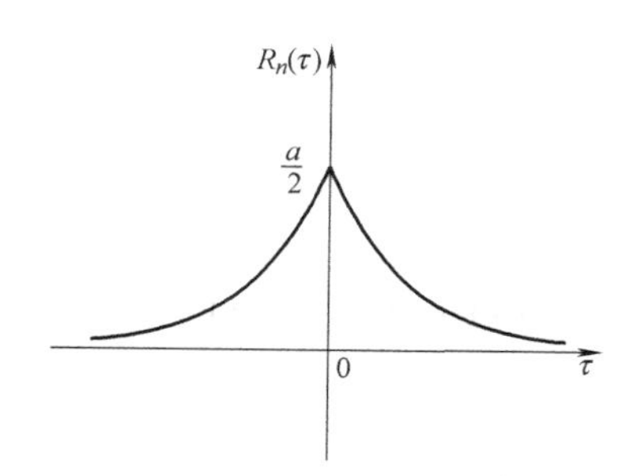

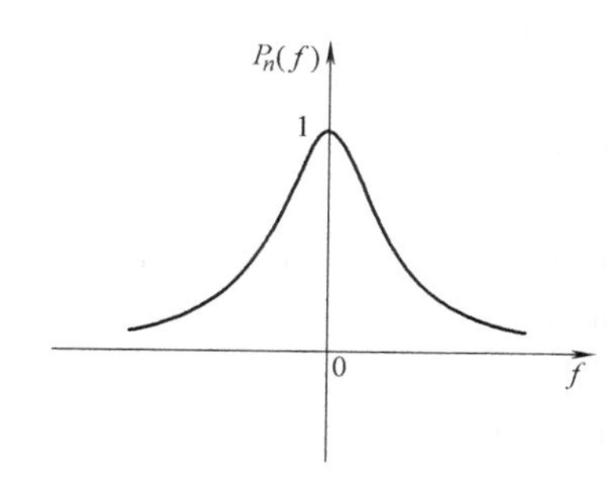

31. $R_0(\tau) = \int_{-\infty}^{\infty} P(f)\,\mathrm{e}^{\mathrm{j}2\pi f\tau}\mathrm{d}f = N_0 f_c \mathrm{Sa}(2\pi f_c \tau)$

一维概率密度函数为：$f_1(n) = \dfrac{1}{\sqrt{2\pi N_2 f_c}}\exp\left\{-\dfrac{(n-a)^2}{2N_0 f_c}\right\}$，各相值间统计独立。

32.（1）包格平方的概率密度函数为

$$f(u)=\frac{1}{2\sigma^2}\exp\left(-\frac{1}{2\sigma^2}(u+A^2)\right)\cdot I_0\left(\frac{A\sqrt{u}}{\sigma^2}\right),\ u>0$$

（2）证明略。

33. 证明略。

第 3 章

1. 时域表达式为：$K_0 s(t-t_d)$

8. $\exp\left(-\dfrac{1}{2}\right)$

9. $\sigma_v\sqrt{\dfrac{\pi}{2}}$，$\left(2-\dfrac{\pi}{2}\right)\sigma_v^2$

10. $f=\left(n+\dfrac{1}{2}\right)$(kHz）时，传输衰耗最大；$f=n$(kHz）时，对传输最有利（注：$n$ 为正整数)。

第 4 章

3. 上单边带：$\cos(12000\pi t)+\cos(14000\pi t)$，下单边带：$\cos(8000\pi t)+\cos(6000\pi t)$。

4. $m_0\cos(2000\pi t)+\dfrac{1}{2}A[0.55\sin(20100\pi t)-0.45\sin(19900\pi t)+\sin(26000\pi t)]$（设原调幅波为 $[m_0+m(t)]\cos(20000\pi t)$

6. $C_1(t)=\cos(\omega_0 t)$，$C_2(t)=\sin(\omega_0 t)$

8.（1）$\dfrac{1}{4}n_m f_m$　（2）$\dfrac{1}{8}n_m f_m$　（3）$\dfrac{n_m}{4n_0}$

10.（1）2000W　（2）4000W

11.（1）$\dfrac{1}{2}n_m f_m$　（2）$\dfrac{1}{8}n_m f_m$　（3）$\dfrac{n_m}{4n_0}$

13.（1）5000，即 37dB　（2）2000，即 33dB　（3）2/5

14. $\dfrac{n_m}{4n_0}$

16.（1）$H(f)=\begin{cases}K_0, & 99.92\text{MHz}<|f|<100.08\text{MHz}\\ 0, & \text{其他 } f\end{cases}$

（2）31.2

（3）37500

(4) $\dfrac{(S_0/N_0)_{\mathrm{FM}}}{(S_0/N_0)_{\mathrm{AM}}}=75 \quad \dfrac{B_{\mathrm{FM}}}{B_{\mathrm{AM}}}=16$

第5章

2.

AMI码：+1 0 0 0 0 0 0 0 0 0 0 −1 +1

HDB_3 码：+1 0 0 0 +V −B 0 0 −V 0 +1 −1（+1 0 0 0 +1 −1 0 0 −1 0 +1 −1）

3.

AMI码：+1 0 −1 0 0 0 0 0 +1 −1 0 0 0 0 +1 −1

HDB_3 码：+1 0 −1 0 0 0 −V 0 +1 −1 +B 0 0 +V −1 +1

（+1 0 −1 0 0 0 −1 0 +1 −1 +1 0 0 +1 −1 +1）

二者都是正、负及零三电平码，具体波形图略。

5.（1）功率谱为

$$P(f) = 4f_s p(1-P)\,|G(f)|^2 + f_s^2(2P-1)^2 \sum_{m=-\infty} |G(mf_s)|^2\delta(f-mf_s)$$

功率为

$$S = \int_{-\infty}^{+\infty} P_s(f)\,\mathrm{d}f = 4f_s P(1-P)\int_{-\infty}^{+\infty} |G(f)|^2\mathrm{d}f + f_s^2(2P-1)^2\sum_{m=-\infty}^{+\infty} |G(mf_s)|^2$$

（2）否

（3）是

6. 功率谱密度为

$$P_s(f) = \frac{A^2T_s}{16}\mathrm{Sa}^4\left(\frac{\pi fT_s}{2}\right) + \frac{A^2}{16}\sum_{m=-\infty}^{+\infty}\mathrm{Sa}^4\left(\frac{m\pi}{2}\right)\delta(f-mf_s)$$

图略

功率为

$$S = \int_{-\infty}^{+\infty}\left[\frac{A^2}{\pi^4}\delta(f-f_s) + \frac{A^2}{\pi^4}\delta(f+f_s)\right]\mathrm{d}f = \frac{2A^2}{\pi^4}\ \mathrm{W}$$

7.（1）功率谱密度为

$$P_s(f) = f_s\,|G(f)|^2 = \frac{T_s}{16}(1+\cos\pi fT_s)^2 = \frac{T_s}{4}\cos^4\frac{\pi fT_s}{2},\quad |f|\leqslant\frac{1}{T_s}$$

图略

（2）不能

（3）1000*B*，1000Hz

8.（1）功率谱密度为

$$P(f) = \frac{T_s}{12}\mathrm{Sa}^2\left(\frac{\pi fT_s}{3}\right) + \frac{1}{36}\sum_{m=-\infty}^{\infty}\mathrm{Sa}^2\left(\frac{m\pi}{3}\right)\delta(f-mf_s)$$

图略

功率为

$$S = \int_{-\infty}^{+\infty}\left\{\frac{1}{36}\mathrm{Sa}^2\left(\frac{\pi}{3}\right)\delta(f-f_s) + \frac{1}{36}\mathrm{Sa}^2\left(\frac{-\pi}{3}\right)\delta(f+f_s)\right\}\mathrm{d}f = \frac{1}{18}\mathrm{Sa}^2\left(\frac{\pi}{3}\right) = \frac{3}{8\pi^2}\ \mathrm{W}$$

9.（1）$H(f)=\dfrac{T_s}{2}\mathrm{Sa}^2\left(\dfrac{\pi fT_s}{2}\right)$

（2）$G_T(f)=G_R(f)=\sqrt{H(f)}=\sqrt{\dfrac{T_s}{2}}\mathrm{Sa}\left(\dfrac{\pi fT_s}{2}\right)$

10. （1）$h(t)=f_0\mathrm{Sa}^2(\pi f_0 t)$

（2）不能

11. （a）有　（b）有　（c）无　（d）有

12. （1）可以实现无码间串扰

（2）$B=(1+\alpha)f_0$（Hz）　$\eta=\frac{R_B}{B}=\frac{2}{1+\alpha}$（Baud/Hz）

13. （c）最好，因为（b）的频带利用率和（c）一样，都比（a）高；而且（c）的时域波形衰减快。

14. 码元传输速率为

$R_B=2W=\frac{1}{2\tau_0}\text{Baud}$

最小码元间隔为

$T_s=2\tau_0(s)$

17. 冲激响应为

$$h(t)=\mathrm{Sa}\left(\frac{\pi t}{T_s}\right)-\mathrm{Sa}\left[\frac{\pi(t-2T_s)}{T_s}\right]$$

$$H(f)=\begin{cases}T_s(1-e^{-j4\pi fT_s}), & |f|\leqslant\frac{1}{2T_s}\\ 0, & |f|>\frac{1}{2T_s}\end{cases}$$

18. （1）（2）无，（3）（4）有

19. 最大无码间串扰速率为

$R_b=\frac{1}{2\tau_0}$

对应的码元间隔为

$T_b=1/R_b=2\tau_0$

20. （a）有，（b）（c）无。原因略

23. $D_x=\frac{1}{x_0}\sum_{\substack{k=-2\\k\neq 0}}^{2}|x_k|=\frac{1}{8}+\frac{1}{3}+\frac{1}{4}+\frac{1}{16}=\frac{37}{48}$

$D_y=\frac{1}{y_0}\sum_{\substack{k=-3\\k\neq 0}}^{3}|y_k|=\frac{71}{480}$

第6章

2. （2）2×10^3Hz

6. （1）$P_e=1.24\times10^{-4}$　（2）$P_e=2.36\times10^{-5}$

7. （1）110.8dB　（2）111.8dB

8. （1）111.47dB，最佳门限为6.41μV　（2）小　（3）$P_e=12.7\times10^{-3}$

10. （1）4.4MHz　（2）$P_e=3\times10^{-8}$　（3）$P_e=4\times10^{-9}$

11. （1）113.9dB　（2）114.8dB

12. 4×10^{-6}，8×10^{-6}，2.25×10^{-5}

13. $k=\frac{\ln\pi r_{PSK}}{2r_{PSK}}+1$，$\frac{P_{ePSK}}{P_{eDPSK}}=\frac{1}{\sqrt{\pi r}}$

14. 14.45×10^{-6}W，8.65×10^{-6}W，4.32×10^{-6}W，3.61×10^{-6}W

15. $P_e=4.1\times10^{-2}$，$P_e=3.93\times10^{-6}$

第8章

2. （1）抽样间隔 $T_s<0.25$s，（2）$M_s(\omega)=5\sum_{n=-\infty}^{\infty}M(\omega-10\pi n)$

4. $N=8$，$\Delta=0.5$

5. 8.79

14. 约 17kHz

第 9 章

1. $d_0=3$

2. 检错：3 个；纠错：1 个；纠检错：纠 1 个、检 2 个

3. $t=1$

4. $r=n-k=4$；$r=11/15$

第 10 章

2. ac/2（ac 为插入导频幅度）

6. （1）$2T/n$，（2）$2nT$

9. $P_1\approx7\times10^{-4}$，$P_2\approx7.8\times10^{-3}(m=0)$，$P_1\approx4.2\times10^{-8}$，$P_2\approx6.24\times10^{-2}(m=1)$，$t_s\approx154.3\text{ms}(m=0)$，$t_s\approx162.5\text{ms}(m=1)$。

附录 I　二进制随机脉冲序列功率谱密度推导

推导思路：(1) 将随机二进制波形序列 $x(t)$ 表示成稳态项和交变项之和。

(2) 推导得出 $E[x(t)]$ 及 $R_x(t,\ t+\tau)$ 都是 t 的周期函数，即 $x(t)$ 为周期平稳随机过程。

(3) 根据第 2 章周期平稳随机过程功率谱的定义，先求自相关函数 $R_x(t,\ t+\tau)$ 在一个周期内的时间平均，再由傅里叶变换得到 $x(t)$ 的功率谱密度。

1. $x(t)$ 的数学表示

设 0 码波形 $g_1(t)$ 的出现概率为 P，1 码波形 $g_2(t)$ 的出现概率为 $(1-P)$，码元宽度为 T_b，则

$$X(t)=\sum_{n=-\infty}^{\infty}X_n(t)$$

式中，$X_n(t)=\begin{cases}g_1(t-nT_b)，概率为 P\\ g_2(t-nT_b)，概率为 1-P\end{cases}$，$X_n(t)$ 表示第 n 个 T_b 码元间隔内的波形，将 $X(t)$ 看成是由稳态项 $V(t)$ 和交变项 $U(t)$ 合成的，即 $X(t)=V(t)+U(t)$。

(1) 稳态项 $V(t)$

$V(t)$ 定义为 $X(t)$ 的统计平均，即

$$V(t)=E[X(t)]=\sum_{n=-\infty}^{+\infty}E[X(t)]=\sum_{n=-\infty}^{+\infty}[Pg_1(t-nT_b)+(1-P)g_2(t-nT_b)]$$

由上式可知，$X(t)$ 的数学期望，即 $V(t)$ 是一个周期为 T_b 的确知信号，其功率谱为离散谱，包含直流、基波及各次谐波。

(2) 交变项 $U(t)$

定义 $U(t)=X(t)-V(t)$，所以在 $-\dfrac{T_b}{2}\leqslant t\leqslant\dfrac{T_b}{2}$ 区间内，有

$$U(t)=\begin{cases}g_1(t)-V(t)=(1-P)[g_1(t)-g_2(t)]，概率为 P\\ g_2(t)-V(t)=-P[g_1(t)-g_2(t)]，概率为 1-P\end{cases}$$

故在第 n 个码元周期内，有

$$U_n(t)=\begin{cases}(1-P)[g_1(t-nT_b)-g_2(t-nT_b)]，概率为 P\\ -P[g_1(t-nT_b)-g_2(t-nT_b)]，概率为 1-P\end{cases}$$

所以

$$U(t)=\sum_{n=-\infty}^{\infty}U_n(t)=\sum_{n=-\infty}^{\infty}a_n[g_1(t-nt_b)-g_2(t-nt_b)]=\sum_{n=-\infty}^{\infty}a_n g(t-nt_b)$$

其中，$a_n=\begin{cases}1-P,\ 概率为\ P\\ -P,\ 概率为\ 1-P\end{cases}$，$g(t)=g_1(t)-g_2(t)$。

显然 $E[U(t)]=0$。

2. 证明 $X(t)$ 为周期平稳随机过程

由前面的推导可知，$E[X(t)]=E[U(t)+V(t)]=V(t)$ 是周期为 T_b 的确知信号。$X(t)$ 的自相关函数为

$$R_x(t,t+\tau)=E\{[U(t)+V(t)][U(t+\tau)+V(t+\tau)]\}$$
$$=R_u(t,t+\tau)+V(t)V(t+\tau)+E\{[U(t)V(t+\tau)\}+E\{V(t)U(t+\tau]\}$$

由于 $V(t)$ 为一确知信号，而 $E\ [U(t)]=0$，所以有

$$R_x(t,t+\tau)=R_u(t,t+\tau)+V(t)V(t+\tau)$$

显然上式第二项 $V(t)V(t+\tau)$ 仍是周期为 T_b 的函数，下面来分析第一项 $R_u\ (t,\ t+\tau)$，即

$$R_u(t,t+\tau)=E[u(t)u(t+\tau)]=E[\sum_{n=-\infty}^{\infty}a_n g(t-nt_b)\cdot\sum_{n=-\infty}^{\infty}a_m g(t-mt_b+\tau)]$$
$$=\sum_{n=-\infty}^{\infty}\sum_{m=-\infty}^{\infty}E(a_n a_m)g(t-nT_b)g(t+\tau-mT_b)$$

当 $m=n$ 时，$a_n a_m={a_m}^2=\begin{cases}(1-P)^2,\ 概率为\ P\\ (-P)^2,\ 概率为\ 1-P\end{cases}$

$$E({a_m}^2)=P(1-P)^2+(1-P)P^2=P(1-P)$$

当 $m\neq n$ 时，有

$$a_n a_m=\begin{cases}(1-P)(1-P),P^2\\ (-P)(-P),(1-P)^2\\ (1-P)(-P),P(1-P)\\ (-P)(1-P),(1-P)P\end{cases}\Rightarrow E(a_n a_m)=0$$

所以 $R_u(t,t+\tau)=\sum_{n=-\infty}^{\infty}P(1-P)g(t-nT_b)g(t+\tau-nT_b)$ 是周期为 T_b 的函数，因此

$$R_x(t,t+\tau)=R_u(t,t+\tau)+V(t)V(t+\tau)$$

也是以周期为 T_b 的函数。

由以上分析可知，$X(t)$ 的均值和自相关函数都是周期为 T_b 的函数，因而为周期平稳随机过程。

3. 求周期平稳随机过程 $X(t)$ 的功率谱密度

按照第 2 章对周期平稳随机过程功率谱密度的定义，采用求时间平均自相关函数$\overline{R_x(\tau)}$的傅里叶变换得到 $X(t)$ 的功率谱密度。

对 $X(t)$，有

$$\overline{R_x(\tau)}=\frac{1}{T_b}\int_{-T_b/2}^{T_b/2}R_x(t,t+\tau)\mathrm{d}t=\frac{1}{T_b}\int_{-T_b/2}^{T_b/2}[R_u(t,t+\tau)+V(t)V(t+\tau)]\mathrm{d}t=\overline{R_u(\tau)}+R_v(\tau)$$

式中，$\overline{R_u(\tau)}$是 $U(t)$ 时间平均自相关函数；$R_v(\tau)$ 是确知信号 $V(t)$ 的自相关函数。又因为 $P_x(f)=F[\overline{R_x(\tau)}]$，$P_u(f)=F[\overline{R_u(\tau)}]$，$P_v(f)=F[R_v(\tau)]$，故

$$P_x(f)=P_u(f)+P_v(f)$$

（1）求 $P_u(f)$

$$\overline{R_u(\tau)}=\frac{1}{T_b}\int_{-T_b/2}^{T_b/2}P(1-P)g(t)g(t+\tau)\mathrm{d}t$$
$$=f_bP(1-P)\int_{-T_b/2}^{T_b/2}[g_1(t)-g_2(t)][g_1(t+\tau)-g_2(t+\tau)]\mathrm{d}t$$
$$=f_bP(1-P)\int_{-T_b/2}^{T_b/2}[g_1(t)g_1(t+\tau)-g_1(t)g_2(t+\tau)-g_2(t)g_1(t+\tau)+g_2(t)g_2(t+\tau)]\mathrm{d}t$$

$$=f_bP(1-P)[R_1(\tau)-R_{12}(\tau)-R_{21}(\tau)+R_2(\tau)]$$

式中，$R_1(\tau)$、$R_2(\tau)$、$R_{21}(\tau)$ 及 $R_{12}(\tau)$ 是能量信号 $g_1(t)$、$g_2(t)$ 的自相关函数和互相关函数，且有 $F[R_1(\tau)]=|G_1(f)|^2, F[R_{12}(\tau)]=G_1(f)G_2^*(f)$ 故有

$$P_u(f)=F[\overline{R_u(\tau)}]=f_bP(1-P)[|G_1(f)|^2-G_1^*(f)G_2(f)-G_1(f)^*G_2(f)+|G_2(f)|^2]$$

$$=f_bP(1-P)|G_1(f)-G_2(f)|^2$$

（2）求 $P_v(f)$

因为

$$V(t)=\sum_{n=-\infty}^{\infty}[Pg_1(t-nT_b)+(1-P)g_2(t-nT_b)]\xrightarrow{\text{傅里叶变换}}\sum_{n=-\infty}^{\infty}V_m e^{j2\pi mf_bt}$$

式中，$V_m=\frac{1}{T_b}\int_{-T_b/2}^{T_b/2}V(t)e^{-j2\pi mf_bt}dt=f_b[PG_1(mf_b)+(1-P)G_2(mf_b)]$，因 $V(t)$ 是周期信号，故其功率谱为

$$P_v(f)=\sum_{m=-\infty}^{\infty}|V_m|^2\delta(f-mf_b)=\sum_{m=-\infty}^{\infty}|f_b[PG_1(mf_b)+(1-P)G_2(mf_b)]|^2\delta(f-mf_b)$$

（3）求 $P_x(f)$

综上，有

$$P_x(f)=P_u(f)+P_v(f)$$

$$=f_bP(1-P)|G_1(f)-G_2(f)|^2+\sum_{m=-\infty}^{\infty}|f_b[PG_1(mf_b)+(1-P)G_2(mf_b)]|^2$$

$\delta(f-mf_b)$，$-\infty<f<\infty$

上式为 $X(t)$ 的双边功率谱密度。$X(t)$ 的单边功率谱密度为

$$P_x(f)=2f_bP(1-P)|G_1(f)-G_2(f)|^2+f_b^2|PG_1(0)+(1-P)G_2(0)|^2\delta(f)+$$

$$2\sum_{m=1}^{\infty}|f_b[PG_1(mf_b)+(1-P)G_2(mf_b)]|^2\delta(f-mf_b),\quad f\geqslant 0$$

参 考 文 献

[1] SIMON, HAYKIN. 通信系统 [M]. 4版. 宋铁成, 等译. 北京: 电子工业出版社, 2018.

[2] PROAKIS J G. 数字通信 [M]. 5版. 北京: 电子工业出版社, 2018.

[3] 樊昌信, 曹丽娜. 通信原理 [M]. 7版. 北京: 国防工业出版社, 2019.

[4] COUCH Ⅱ, LEON W. 数字与模拟通信系统 [M]. 8版. 北京: 电子工业出版社, 2014.

[5] 曹志刚, 钱亚生. 现代通信原理 [M]. 北京: 清华大学出版社, 1994.

[6] 张辉, 曹丽娜. 现代通信原理与技术 [M]. 4版. 西安: 西安电子科技大学出版社, 2018.

[7] 李建新, 刘乃安, 刘继平. 现代通信系统分析与仿真 [M]. 西安: 西安电子科技大学出版社, 2000.

[8] 沈振元, 叶芝慧. 通信系统原理 [M]. 2版. 西安: 西安电子科技大学出版社, 2008.

[9] 中国邮电百科全书: 电信卷 [M]. 北京: 人民邮电出版社, 1993.

[10] 沈民奋、孙丽莎. 现代随机信号与系统分析 [M]. 北京: 科学出版社, 1998.

[11] 沈凤麟, 叶中付, 钱玉美. 信号统计分析与处理 [M]. 合肥: 中国科学技术大学出版社, 2001.

[12] 王宏禹, 邱天爽, 陈础. 非平稳随机信号分析与处理 [M]. 2版. 北京: 国防工业出版社, 2008.

[13] 张贤达. 现代信号处理 [M]. 2版. 北京: 清华大学出版社, 2002.

[14] 张贤达. 现代信号处理 [M]. 3版. 北京: 清华大学出版社, 2015.

[15] 现代应用数学手册编委会. 概率统计与随机过程卷 [M]. 北京: 清华大学出版社, 2000.

[16] 张尧庭, 方开泰. 多元统计分析引论 [M]. 北京: 科学出版社, 1982.

[17] 黄有度, 狄成恩, 朱士信. 矩阵论及其应用 [M]. 合肥: 中国科学技术大学出版社, 1995.

[18] KAWAHARA T, MMATSUMOTO T. Joint decorrelating multiuser detection and channel estimation in asychronous CDMA mobile communication channels [J]. IEEE Transactions on Vehicular Technology, 1995, 44 (3): 506-515.

[19] WANG X D, VINCENT POOR H. Subspace methods for blind joint channel estimation and multiuser detection in CDMA systems [J]. Wireless Networks, 2000, 6 (1): 59-71.

[20] Gong Q,FALCONER D. Cochannel Interference in Cellular Fixed Broadband Access Systems with Directional Antennas [J]. Wireless Personal Communications, 1999, 10 (1): 103-117.

[21] ERCEG V, GREENSTEIN L J, TJANDRA S Y, et al. An Empirically Based Path Loss Model for Wireless Channels in Suburban Environments [J]. IEEE J. Sel. Areas in Commun 1999, 17 (7): 1205-1211.

[22] ERCEG V. Channel Models for Broadband Fixed Wireless Systems [S] IEEE 802. 16.3 working group contribution, IEEE802. 16. 3c-00/47, 2000.

[23] ERTEL R B, CARDIERI P, SOWERBY K W, et al. Overview of Spatial Channel Models for Antenna Array Communication Systems [J]. IEEE Personal Communications, 1998, 5 (1): 10-22.

[24] FALCONER D, ZHANG W, MOAYERI N. Specific Recommended Channel Multipath Models for 802. 16. 1 [S]. IEEE 802. 16 working group contribution IEEE802. 16. 1 pc-00/21, 2000.

[25] 张贤达. 通信信号处理 [M]. 3版. 北京: 清华大学出版社, 2015.

[26] RAPPAPORT THEODORE S. 无线通信原理与应用 [M]. 2版. 北京: 电子工业出版社, 2018.

[27] 王立宁, 乐光新, 詹菲. MATLAB与通信仿真 [M]. 北京: 人民邮电出版社, 2000.

[28] 陈如明. 信号、系统与高速无线数字传输 [M]. 北京: 科学出版社, 2000.

[29] HAYKIN S. 自适应滤波器原理 [M]. 5版. 北京: 电子工业出版社, 2018.

[30] 王兴亮, 寇媛媛. 数字通信原理与技术 [M]. 4版. 西安: 西安电子科技大学出版社, 2018.

[31] 王新梅，肖国镇. 纠错码——原理与方法（修订版）[M]. 西安：西安电子科技大学出版社，2001.
[32] 楼才义，徐建良，杨小牛. 软件无线电原理与应用 [M]. 2版. 北京：电子工业出版社，2014.
[33] MITRA SANJIT K. 数字信号处理——基于计算机的方法 [M]. 4版. 北京：清华大学出版社，2020.
[34] 王金龙，沈良，任国春，等. 无线通信系统的DSP实现 [M]. 北京：人民邮电出版社，2002.
[35] 宗孔德. 多抽样率信号处理 [M]. 北京：清华大学出版社，1996.
[36] BORJESSON P O, SUNDBERG C E W. Simple approximations of the error function Q(x) for communications applications [J], IEEE Trans. Commun., 1979, 27(3): 639-643.
[37] ZEYTINOGLU O M, MA N W. Communication Systems II ELE045 Laboratory Manual, Department of Electrical and Computer Engineering, Ryerson Polytechnic University, 1994.
[38] 蒋慧娟. 空时/频移键控关键技术及其军事应用的研究 [D]. 南京：解放军理工大学通信工程学院，2006.
[39] ALAMOUTI SIAVASH M. A simple transmit diversity technique for wireless communications [J]. IEEE J. Select. Areas Commun., 1998, 16(10): 1451-1458.
[40] TAROKH V, JAFARKHANI H, CALDERBANK A R. Space-time block codes from orthogonal designs [J]. IEEE Trans. Inform. Theory, 1999, 45(7): 1456-1467.
[41] GANESAN G, STOICA P. Space-time diversity using orthogonal and amicable orthogonal designs [C]. Proc. ICASSP, 2000 (5): 2561-2564.
[42] Leszek Szczecin'ski, Cristian González, Sonia Aïssa. Exact Expression for the BER of Rectangular QAM With Arbitrary Constellation Mapping [J]. IEEE TRANSACTIONS ON COMMUNICATIONS, 2006, 54 (3): 389-392.
[43] BENEDETTO S, BIGLIERI E. Principles of Digital Transmission with Wireless Applications [M]. Norwell, MA: Kluwer, 1999.
[44] CAIRE G, TARICCO G, BIGLIERI E. Bit interleaved coded modulation [J]. IEEE Trans. Inf. Theory, 1998, 44 (3): 927-946.
[45] Schreckenbach F, Görtz N, Hagenauer J, et al. Optimization of symbol mappings forbit-interleaved coded modulation with iterative decoding [J]. IEEE Commun. Lett., 2003, 7 (12): 593-595.
[46] TAKAHARA G, ALAJAJI F, BEAULIEU N C, et al. Constellation mappings for two-dimensional signaling of nonuniform sources [J]. IEEE Trans. Commun., 2003, 51 (3): 400-408.
[47] Dušan Matiæ. OFDM as a possible modulation technique for multimedia applications in the range of mm-waves, introduction to OFDM, II edition, TU Delft Tech Report, TUD-TVS, 1998. http://circuit.ucsd.edu/~curts/courses/ECE284_ FO4/references. html
[48] 谢俊韬，CCK调制技术的研究 [D]，南京：解放军理工大学通信工程学院，2004.
[49] MILLER LEONARD E, LEE JHONG S. BER Expressions for Differentially Detectedπ/4DQPSK Modulation [J]. IEEE TRANSACTIONS ON COMMUNICATIONS, 1998, 46 (1): 71-81.
[50] BERROU C, GLAVIEUX A, THITIMAJSHIMA P. Near Shannon limit error-correcting coding and decoding: turbo-codes [C], Proc. of IEEE ICC'93, Geneva, 1993, 1064-1070.